Schnittpunkt

Mathematik für Realschulen
Baden-Württemberg

Rainer Maroska
Achim Olpp
Claus Stöckle
Jürgen Walgenbach
Hartmut Wellstein

Ernst Klett Verlag
Stuttgart Düsseldorf Leipzig

Bildquellenverzeichnis:

Angermayer, Toni, Holzkirchen 60 (Hans Reinhard), 210.1 (Günter Ziesler), 220 (Hans Reinhard) – Archiv für Kunst und Geschichte, Berlin 35.1, 35.2, 52, 83.1,94 – Bach, Eric, Superbild-Bildarchiv, München-Grünwald 38 (Bernd Ducke), 47.1 (Bernd Ducke), 62 (Schmidbauer), 103 (H. Schmidbauer), 113 (H. Schmidbauer), 117 (H. Schmidbauer), 211 (Nasa) – Baumann, Presse-Foto, Ludwigsburg 151, 158 – Bavaria Bildagentur, Gauting U 1 (TCL), 7.1 (Lederer), 90.2 (Picture Finders), 131.2 (David Ball), 167.1 (Rudolf Holtappel), 190 (Benelux-Press), 209.2 (Hansen) – Bayrischer Schulbuchverlag, München 131.3 – Bayrische Staatsbibliothek, München 147.10 – Bongarts Sportpressephoto, Hamburg 50, 69, 74, 168, 173, 182 – Bucher Verlag, München 10.1 – Deutsches Museum, München 8, 15 – dpa, Frankfurt/Main 33.3 (Wöstmann), 119.2 (Witschel), 120 (Stefan Hesse), 140.1 (Ossinger), 140.2 (Patzelt), 140.3 (Kuther) – Focus, Hamburg 200 (Loren McIntyre) – Gebhardt, Dieter, Grafik- und Fotodesign, Asperg 7.2, 32, 80, 81, 83.2, 119.3, 147.1–9, 148, 164, 165, 197.1 + 2, 215 – Globus-Infografik, Hamburg 207 – Hamann, Anne, Bildagentur, München 92 (Georg Gerster) – IFA Bilderteam, München 90.1 (Gottschalk), 174 (Ronchi), 179 (Renz), 188 (Nowitz), 191 (Jakob), 193 (Bail), 204 (Aberham), 218 (Horizon) –The Image Bank, Hamburg 119.1 – IVB Report, Heiligenhaus 209.1 – Mauritius Bildagentur, Stuttgart 31 (Waldkirch), 33.2 (K. W. Gruber), 65.1 (Reinhard), 126 (Grafica), 131.4 (Nakamura), 132 (Nägele), 163.1 + 2 (Vidler), 201.2 (Superstock), 216 (Otto) – Pfänderbahn AG, Bregenz 213.1 – Reinhard-Tierfoto, Heiligkreuzsteinach 198 – Save-Bildagentur, Augsburg 106 (Armin Maywald) – Schmidtke, Schorndorf 99 – Staatliche Münzsammlung, München 65.2 + 3 – Studio X Images de Presse, F-Limours 176 (Alain le Bot-Gamma) – Süddeutscher Verlag, Bilderdienst, München 7.3 (Jan Bauer/dpa) – Tourist-Information Konstanz, Konstanz 213.2 – Wegeng, Vollmer, Mühlhausen 10.2, 36 – Zefa-Deuter Zentrale Farbbild Agentur, Düsseldorf 7.4 (L. Migdale), 79 (Damm), 102 (Kotoh), 131.1 (Hackenberg), 135 (Goebel), 210.2 (Reinhard)

Anregungen für S. 80/81: Vernay, Rüdiger, Bremen

Gedruckt auf Papier aus chlorfrei gebleichtem Zellstoff, säurefrei.

1. Auflage € A 1 11 10 | 2004 2003 2002

Alle Drucke dieser Auflage können im Unterricht nebeneinander benutzt werden; sie sind im Wesentlichen untereinander unverändert. Die letzte Zahl bezeichnet das Jahr dieses Druckes.
Ab dem Druck 2000 ist diese Auflage auf die Währung EURO umgestellt. Zum überwiegenden Teil sind in diesen Aufgaben keine zahlenmäßigen Veränderungen erfolgt. Die wenigen notwendigen Änderungen sind mit € gekennzeichnet. Lösungen und Hinweise zu diesen Aufgaben sind im Internet unter http://www.klett-verlag.de verfügbar.

Internetadresse: http://www.klett-verlag.de

Zeichnungen: Rudolf Hungreder, Leinfelden, Günter Schlierf, Neustadt und Dieter Gebhardt, Asperg
Umschlagsgestaltung: Manfred Muraro, Ludwigsburg
Satz: Grafoline T · B · I · S GmbH, L.-Echterdingen
Druck: Appl, Wemding

ISBN 3-12-740600-2

Inhalt

Hinweise

1

Jede **Lerneinheit** beginnt mit ein bis drei **Einstiegsaufgaben**. Sie sollen die Möglichkeit bieten, sich an das neue Thema heranzuarbeiten und früher Erlerntes einzubeziehen. Sie sind ein Angebot für den Unterricht und können neben eigenen Ideen von der Lehrerin und vom Lehrer herangezogen werden.

Im anschließenden **Informationstext** wird der neue mathematische Inhalt erklärt, Rechenverfahren werden erläutert, Gesetzmäßigkeiten plausibel gemacht. Hier können die Schülerinnen und Schüler jederzeit nachlesen.

> Im Kasten wird das **Merkwissen** zusammengefasst dargestellt. In der knappen Formulierung dient es wie ein Lexikon zum Nachschlagen.

Beispiele

Sie stellen die wichtigsten Aufgabentypen vor und zeigen Lösungswege. In diesem „Musterteil" können sich die Schülerinnen und Schüler beim selbstständigen Lösen von Aufgaben im Unterricht oder zu Hause Hilfen holen. Auch für die richtige Darstellung einer Lösung werden wichtige Hinweise gegeben. Außerdem helfen Hinweise, typische Fehler zu vermeiden und Schwierigkeiten zu bewältigen.

Aufgaben

2 3 4 5 6 7...

Der Aufgabenteil bietet eine reichhaltige **Auswahlmöglichkeit**. Den Anfang bilden stets Routineaufgaben zum Einüben der Rechenfertigkeiten und des Umgangs mit dem geometrischen Handwerkszeug. Sie sind nach Schwierigkeiten gestuft. Natürlich kommen das Kopfrechnen und Überschlagsrechnen dabei nicht zu kurz. Eine Fülle von Aufgaben mit Sachbezug bieten interessante und altersgemäße Informationen und verknüpfen so nachvollziehbar Alltag und Mathematik.

Mit diesem Symbol sind Aufgaben gekennzeichnet, in denen Fehler gesucht werden müssen.

Kleine Trainingsrunden für die Grundrechenarten

> Angebote ...
> ... von Spielen, zum Umgang mit „schönen" Zahlen und geometrischen Mustern, für Knobeleien, ...
> Kleine Exkurse, die interessante Informationen am Rande der Mathematik bereithalten und zum Rätseln, Basteln und Nachdenken anregen. Sie können im Unterricht behandelt oder von Schülerinnen und Schülern selbstständig bearbeitet werden.
> Sie sollen auch dazu verleiten, einmal im Mathematikbuch zu schmökern.

Vermischte Aufgaben

Auf diesen Seiten wird am Ende eines jeden Kapitels nochmals eine Fülle von Aufgaben angeboten. Sie greifen die neuen Inhalte in teilweise komplexerer Fragestellung auf.

Themenseiten

Hier wird die Mathematik des Kapitels unter ein Thema gestellt. Es wird ein anwendungsorientiertes und fächerverbindendes Arbeiten ermöglicht und angeregt, den Unterricht einmal anders zu gestalten.

Rückspiegel

Dieser Test liefert am Ende jedes Kapitels Aufgaben, die sich in Form und Inhalt an möglichen Klassenarbeiten orientieren. Sie geben den Schülerinnen und Schülern die Möglichkeit, die wichtigsten Inhalte des Kapitels zu wiederholen. Die Lösungen befinden sich am Ende des Buchs.

I Kreis und Winkel

In der Technik weist der Kreis auf eine Drehung hin. In der Natur entstehen Kreise von selbst, wenn von einem Punkt aus das Wachstum in allen Richtungen gleich schnell voranschreitet. Das Nördlinger Ries entstand vor 15 Millionen Jahren durch den Einschlag eines Meteors. Sein Rand ist ein annähernd kreisförmiger steinerner Wall.
Das alte Längenmaß „Rute" wurde früher bei der Feldmessung mit einem Zirkel abgegriffen.
Arme und Beine des Menschen bewegen sich in den Gelenken auf Kreisbögen. Ihr Bewegungsausschlag ist auf bestimmte Winkel beschränkt.

Euklid (etwa 360–290 v. Chr.) hat seinen Lesern den Kreis mathematisch genau erklärt:
Ein Kreis ist eine ebene, von einer einzigen Linie umfasste Figur mit der Eigenschaft, dass alle von einem innerhalb der Figur gelegenen Punkt bis zur Linie laufenden Strecken einander gleich sind.

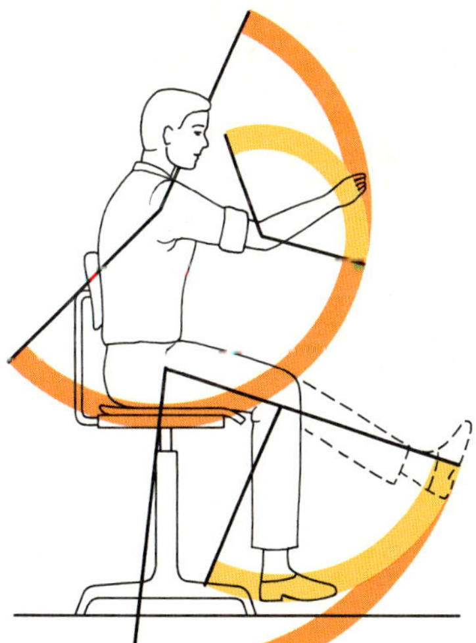

Stonehenge
(3. bis 2. Jahrtausend) ist die größte Megalith*-ansammlung Großbritanniens. Die Anlage besteht aus Kreisen von Steinen, von denen der größte 32 m Durchmesser hat. Die Steine dieses äußeren Kreises tragen auf ihren Oberseiten quer liegende Steine.
(* großer Stein)

1 Kreis

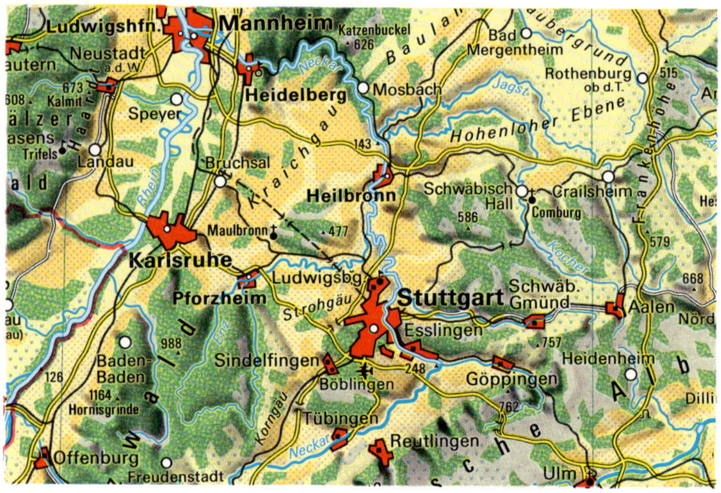

1:2 000 000
0 10 20 30 40 50
km

1
Welche Orte sind von Stuttgart in Luftlinie weniger als 50 km entfernt?
Suche einen Ort, der möglichst genau 100 km von Stuttgart entfernt ist.

2
Zum Zeichnen von Kreisen kann man sich mit vielen Geräten behelfen. Versuche es einmal selbst.

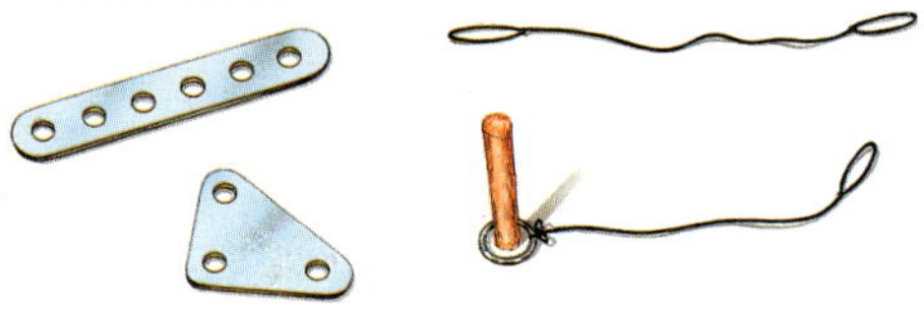

Kreise zeichnen wir mit dem Zirkel. Die Entfernung zwischen Spitze und Mine ist einstellbar. Beim vorsichtigen Drehen des Zirkels ändert sie sich nicht. Alle Punkte des Kreises haben vom Mittelpunkt dieselbe Entfernung.

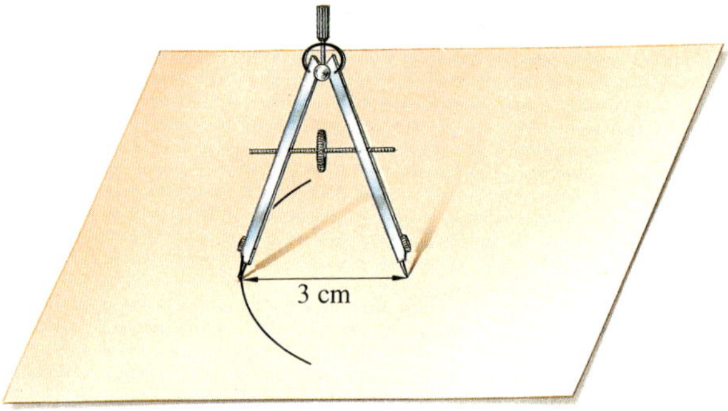

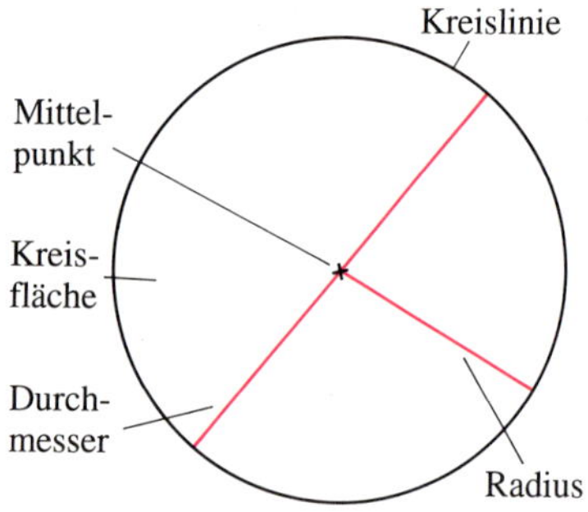

Jede Strecke vom **Mittelpunkt** des Kreises zu einem Kreispunkt heißt **Radius**.
Jede Strecke, die zwei Kreispunkte verbindet und durch den Mittelpunkt geht, heißt **Durchmesser.**

Bemerkung: Die Mehrzahl von „Radius" heißt „Radien". Statt „Länge des Radius" und „Länge des Durchmessers" sagen wir kurz „Radius" und „Durchmesser".

Altrömische Zirkel aus Bronze

Beispiele

a) Um den Mittelpunkt M(6|9) ist ein Kreis mit dem Radius 2,5 cm gezeichnet.
Der Radius wird zwischen zwei Gitterpunkten oder auf dem Lineal mit dem Zirkel abgegriffen.

b) Um den Mittelpunkt M(14|4) ist ein Kreis gezeichnet, der durch den Punkt P(16|2) geht.
Auf diesem Kreis liegen außerdem die Gitterpunkte Q, R und S.

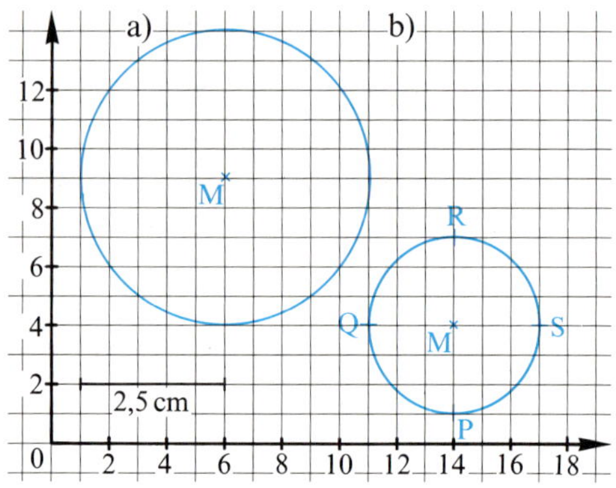

Aufgaben

3
a) Wo siehst du in deiner Umgebung oder auf deinem Schulweg Kreise?
b) Bei welchen Sportarten kannst du Kreise sehen?
Denke an die Leichtathletik und an Spiele in der Halle.

4
Zeichne Kreise mit den Radien 2 cm, 3 cm, 4 cm, 5 cm und 6 cm um einen gemeinsamen Mittelpunkt.

5
Zeichne den Kreis um M mit dem Radius r:
a) M(10|12), r = 4 cm b) M(9|10), r = 3 cm
c) M(4|8), r = 2 cm d) M(8|8), r = 3,5 cm.

6
Zeichne den Kreis um M, der durch den Punkt P geht:
a) M(8|10), P(15|10) b) M(13|8), P(10|14)
c) M(12|11), P(7|6) d) M(7|7), P(3|3).

7
Durch wie viele Gitterpunkte geht
a) der Kreis mit dem Mittelpunkt M(8|10) und dem Radius r = 3 cm?
b) der Kreis mit dem Mittelpunkt M(8|10) und dem Radius r = 2,5 cm?

8

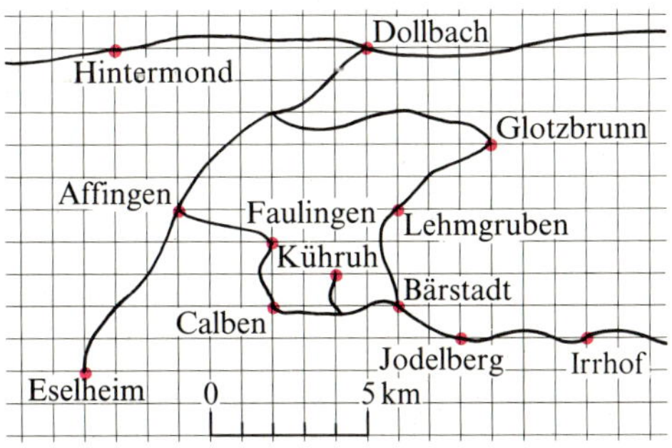

a) Zeichne die Karte ohne die Wege ab.
b) Welche Orte sind von Affingen und von Bärstadt höchstens 5 km entfernt?
c) Welche Orte sind von Affingen und von Bärstadt mehr als 5 km entfernt?

Mit Zirkel und Buntstift

Ei, Herz, Brezel und weitere Kreisfiguren. Zeichne doppelt so groß in dein Heft. Suche selbst weitere Figuren.

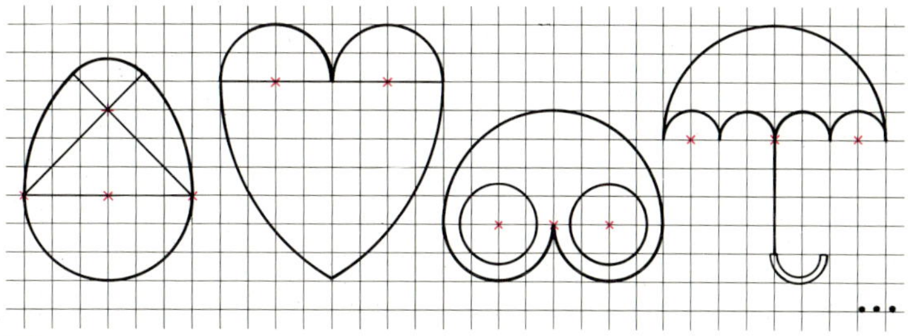

Kreismuster im 9-Punkte-Feld. Zeichne doppelt so groß.

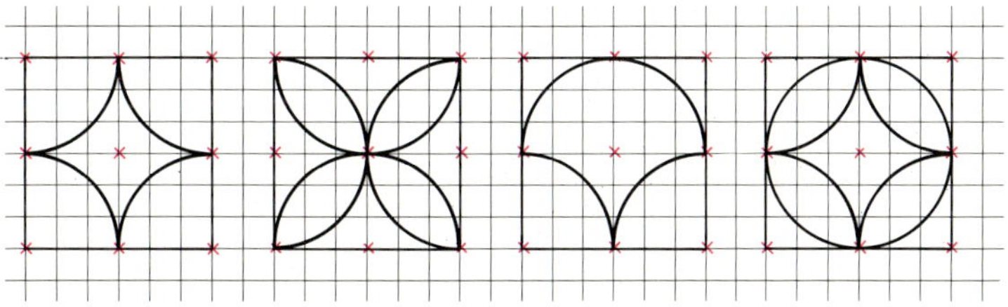

Bandornamente mit Kreisen.

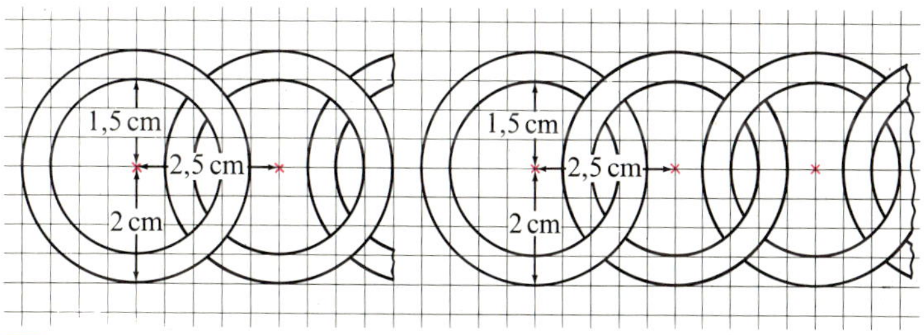

Zeichne die Kreismuster doppelt so groß in dein Heft und male sie aus. Die Teilfiguren sollen dir helfen, die ganze Figur zu verstehen.

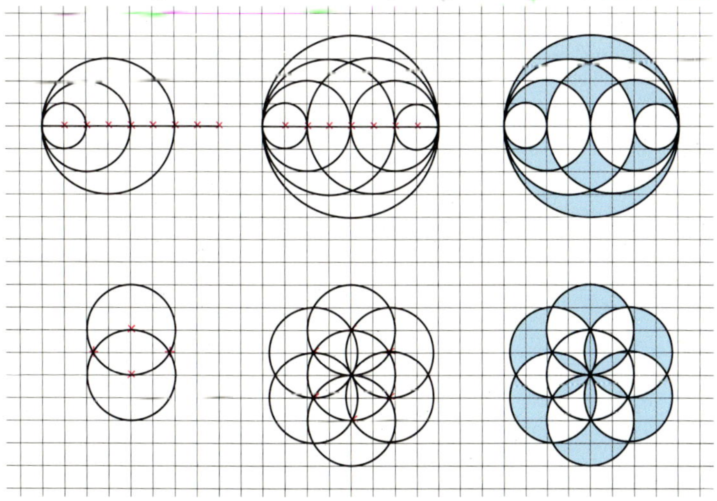

Kreise?

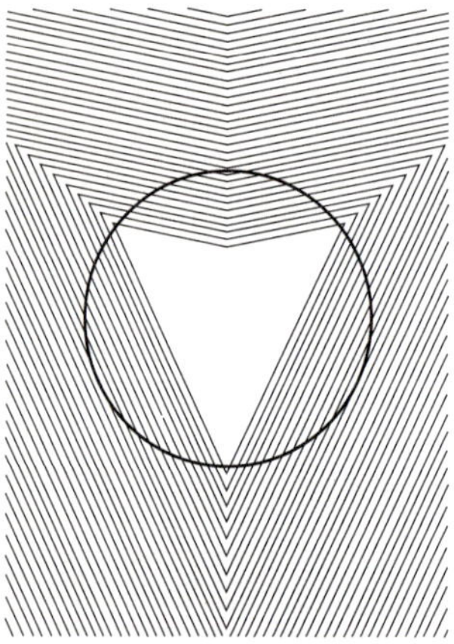

9

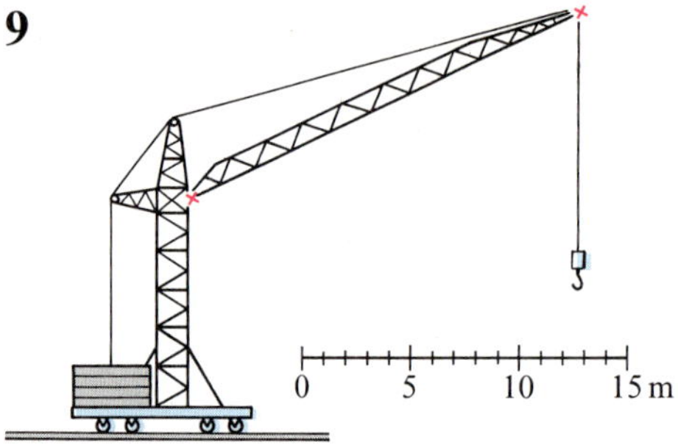

a) Welchen Radius hat der Schwenkkreis des Drehkrans, wenn der Ausleger nicht verstellt wird?
b) Welchen Radius hat der größtmögliche Schwenkkreis?

10

> **Einfamilienhaus zu verkaufen!**
> Näher als 12 km bei Astadt und weniger als 10 km von Bestadt entfernt!

Wo liegt das Haus? Übertrage in dein Heft und zeichne.

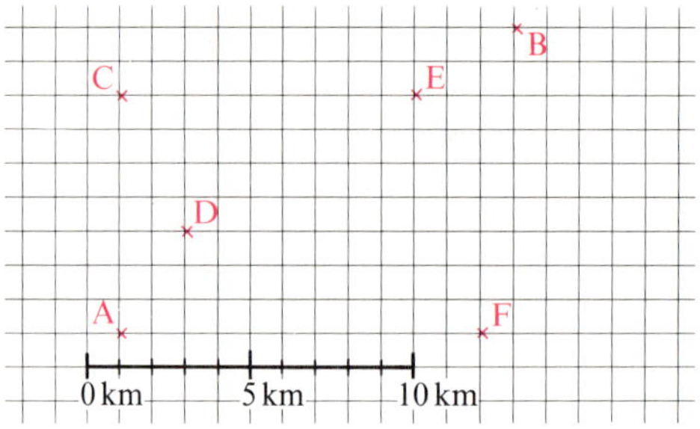

11

Vier Sender liegen im Gitternetz in den Punkten A(4|3), B(2|9), C(6|10) und D(10|6). Ihre Reichweiten entsprechen der Reihe nach 4 K (Kästchen), 3 K, 6 K und 5 K.

a) Zeichne die Sender mit ihren Empfangsgebieten.
b) Gibt es ein Gebiet, in dem alle 4 Sender zu empfangen sind?
c) Schraffiere mit Rot das Gebiet, in dem nur D zu empfangen ist,
mit Blau das Gebiet, in dem A und C, aber nicht B zu empfangen ist,
mit Grün die Gebiete, in denen drei Sender zu empfangen sind.

12

Der linke Kreis hat den Mittelpunkt A und geht durch B, der rechte hat den Mittelpunkt B und geht durch A. Begründe, warum die drei Strecken $\overline{AB}$, $\overline{AC}$ und $\overline{BC}$ gleich lang sind. Messen gilt nicht!

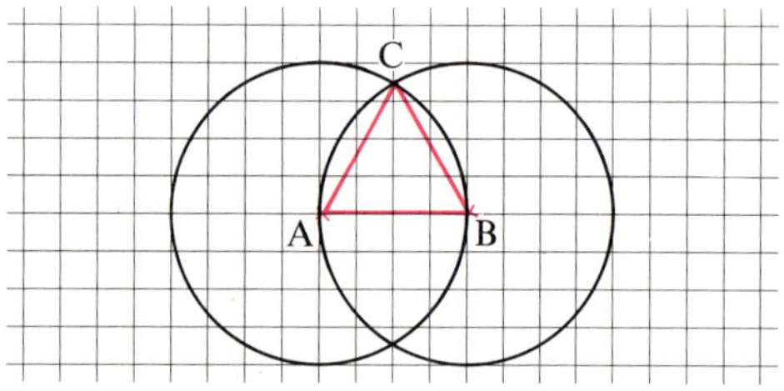

13

Was meinst du?
Gibt es große und kleine Eurostücke?

14

Wie man sich mit Kreisen täuschen kann! Zeichne die Figuren nach.

a)

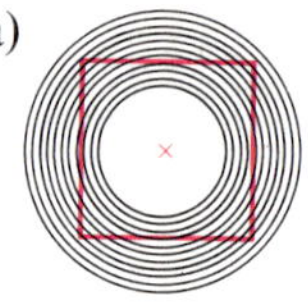

b)

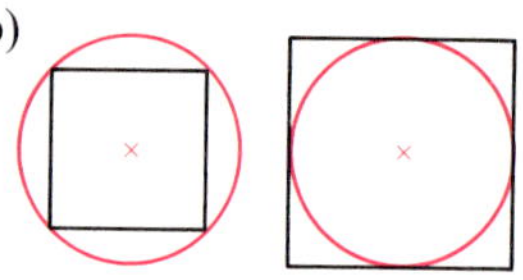

15

Die 15 Zehner passen nicht in das Rechteck. Wie viele musst du wegnehmen, damit die übrigen hineinpassen? Probiere und zeichne. (Ab 2002 kannst du 5-Cent-Stücke verwenden.)

6 cm

11 cm

2 Kreissehne. Kreisteile

1
Kannst du aus einem kreisförmigen Blatt Filterpapier mit einem einzigen geraden Schnitt ein Quadrat herausschneiden? Beschreibe die abgeschnittenen Teile.

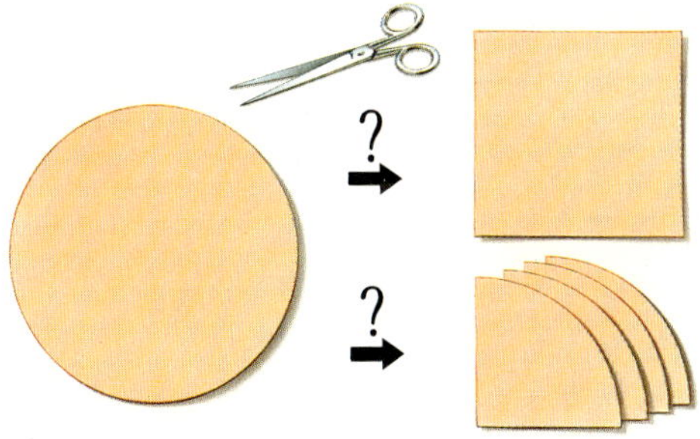

2
Kannst du ein kreisförmiges Blatt Filterpapier mit einem einzigen geraden Schnitt in vier Viertelkreise zerschneiden?

Die Verbindungsstrecke zweier Punkte des Kreises heißt Sehne. Sie zerlegt den Kreis in zwei Kreisabschnitte.

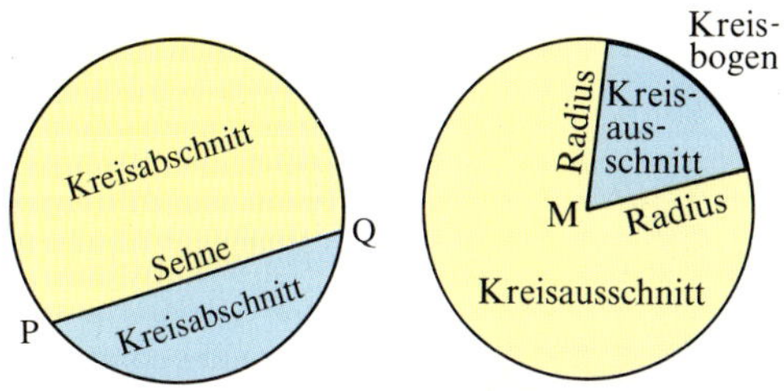

Zwei Radien zerlegen den Kreis in zwei Kreisausschnitte.

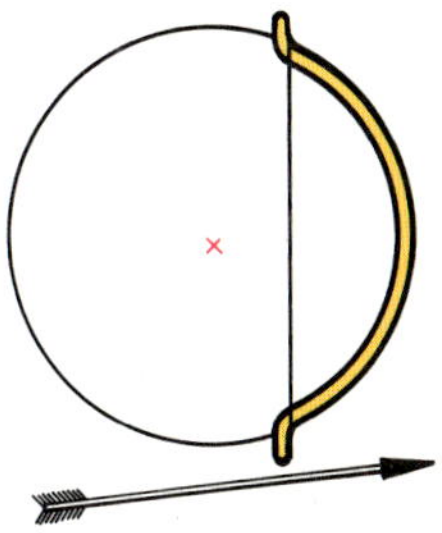

Eine Verbindungsstrecke zweier Kreispunkte heißt **Sehne**. Ein von Sehne und **Kreisbogen** begrenztes Stück der Kreisfläche heißt **Kreisabschnitt**. Ein von zwei Radien und einem **Kreisbogen** begrenztes Stück der Kreisfläche heißt **Kreisausschnitt**.

Bemerkung: Jeder Durchmesser ist eine Sehne durch den Kreismittelpunkt.

Beispiele

a) Auf dem Kreis ist der Punkt P markiert. Mit dem Zirkel ist von P aus eine Sehne mit der Länge 2 cm nach Q hin abgetragen. Auch die Sehne $\overline{PR}$ ist 2 cm lang.

b) Vom Kreispunkt P aus wird die Sehne k mit dem Zirkel zum Punkt Q hin abgetragen. Die Radien $\overline{MP}$ und $\overline{MQ}$ zerlegen den Kreis in zwei Kreisausschnitte. Der blau gefärbte Kreisausschnitt besteht aus einem Dreieck und einem Kreisabschnitt.

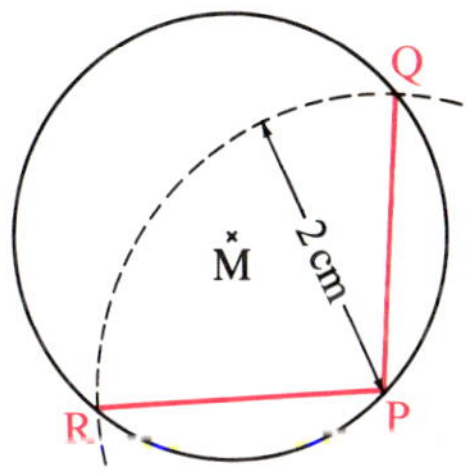

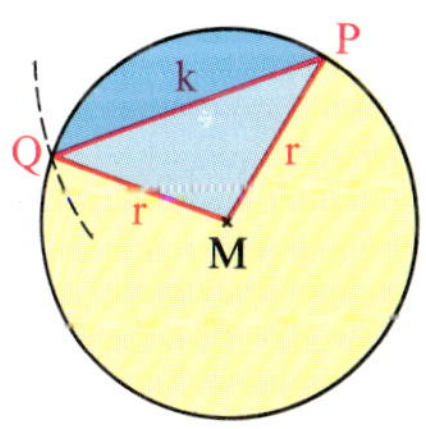

Aufgaben

3
Zwei Sehnen zerlegen den Kreis in drei oder in vier Teile.
In wie viele Teile zerlegen drei Sehnen einen Kreis? Zeichne.

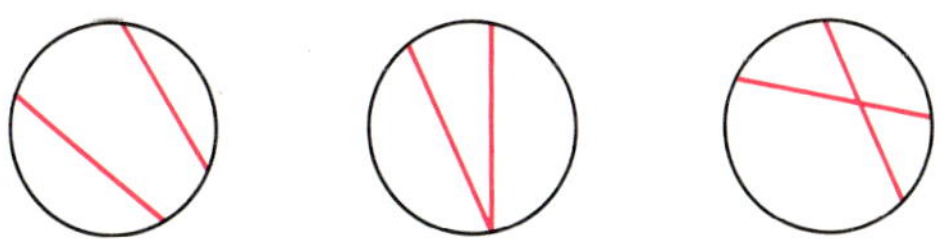

4
a) Welche Kreisausschnitte kannst du essen?
b) Bei welcher Sportart werden kleine Kreisausschnitte auf dem Spielfeld abgestreut oder markiert?
c) Bei welchen Disziplinen der Leichtathletik werden große Kreisausschnitte auf dem Rasen markiert?

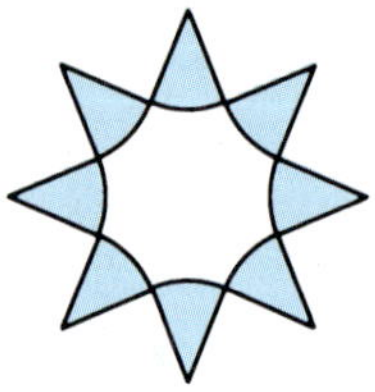

5
Welche Kreisteile sind Kreisausschnitte, welche sind Kreisabschnitte?

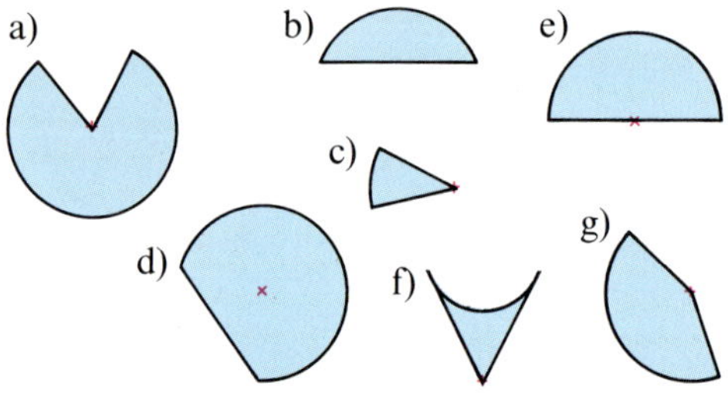

6
Zeichne in einen Kreis mit dem Radius 4 cm eine Sehne $\overline{PQ}$ mit der Länge 4 cm ein. Füge eine ebenso lange Sehne $\overline{QR}$ an, dann eine ebenso lange Sehne $\overline{RS}$ usw.
Wenn du genau zeichnest, muss dir etwas auffallen.

7
Zeichne wie abgebildet einen Kreis mit
a) 8 b) 9 c) 10
regelmäßig verteilten Punkten.
Verbinde die Punkte durch Sehnen, die immer zwei Punkte überspringen.

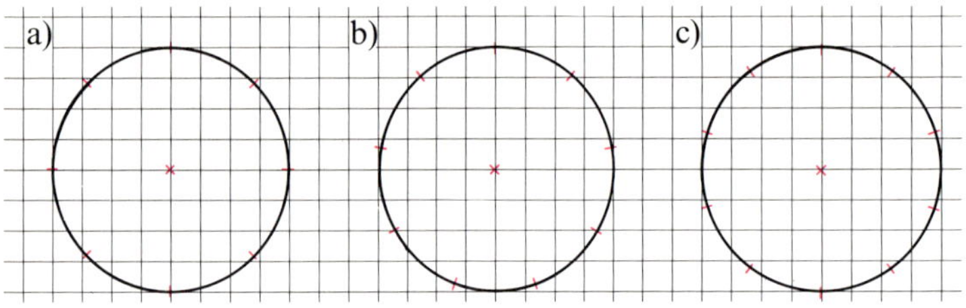

8
Auf das Kärtchen ist Garn aufgewickelt. Zwischen zwei Kerben liegt der Faden immer 15fach. Wie lang ist er insgesamt?

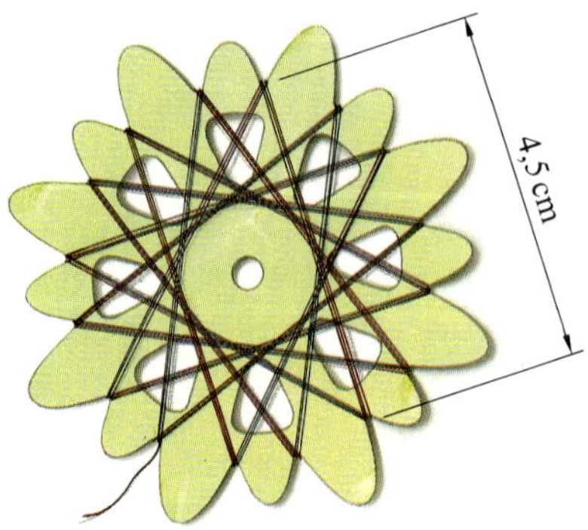

9
Schneide Kreise aus; falte Viertel- und Achtelkreise. Sechstelkreise entstehen, wenn du einen Halbkreis drittelst. Wie erhältst du nun einen Drittelkreis?

10
Zeichne und male aus:
a) Kreisausschnitte

Radius	3 cm	4 cm	6 cm	8 cm
Sehne	4 cm	3 cm	6 cm	2 cm

b) Kreisabschnitte

Radius	4 cm	5 cm	7 cm	7 cm
Sehne	3 cm	2 cm	10 cm	5 cm

11
Zeichne die Spirale aus Viertelkreisen. Der kleinste Bogen hat den Mittelpunkt A, der nächste den Mittelpunkt B. Der fünfte Bogen hat wieder den Mittelpunkt A.

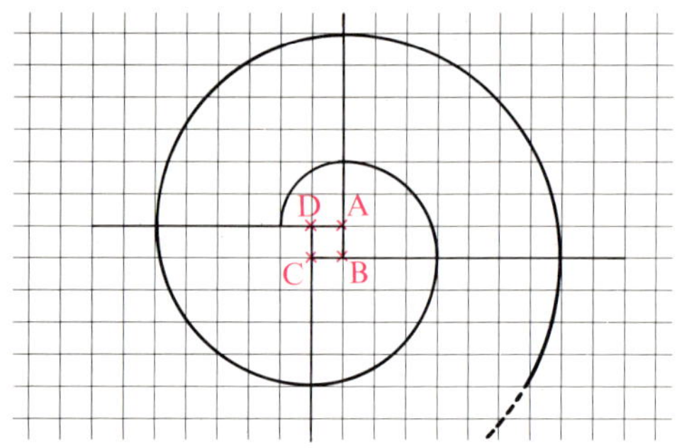

12
Zeichne das aus vier Kreisbögen zusammengesetzte Oval. Die Kreisbögen haben die Mittelpunkte A, B, C, D.

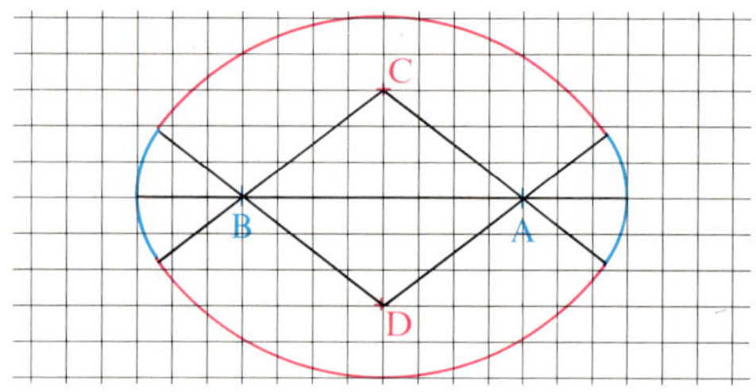

3 Winkel

1
Der gelbe Bereich im oberen Bild ist das Blickfeld des Lastwagenfahrers im Rückspiegel. Vor dem Rechtsabbiegen muss der Lastzug nach links ausholen.
Kann der Fahrer den von hinten auf dem Radweg herankommenden Radfahrer im Rückspiegel sehen?

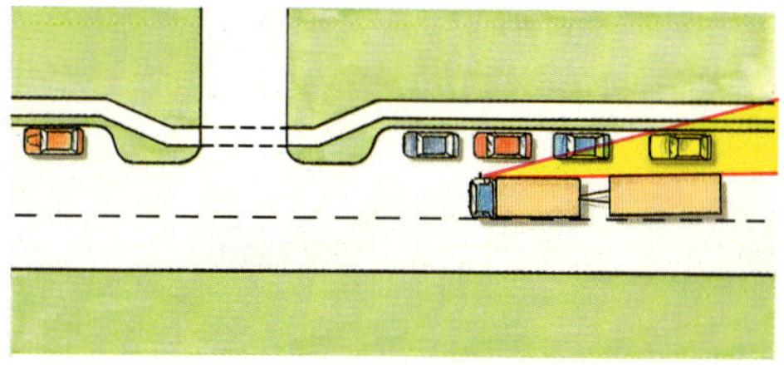

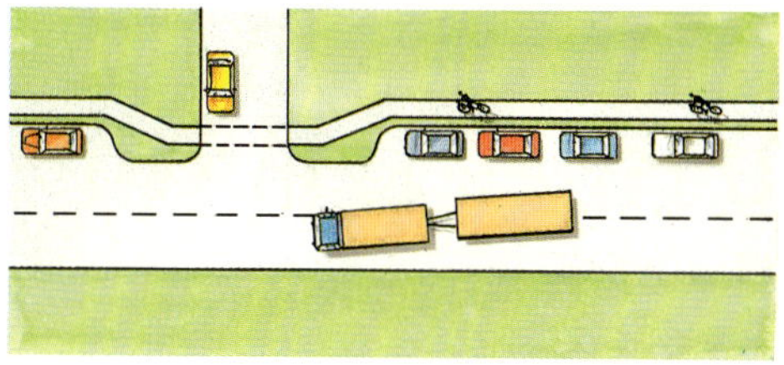

2
Warum ist das Gesichtsfeld beim Menschen, beim Hund und beim Frosch unterschiedlich groß?
(In der Abbildung sind die Gesichtsfelder von oben gezeichnet.)

Wenn sich zwei Geraden schneiden, entstehen vier **Halbgeraden**. Diese zerlegen die Ebene in vier Gebiete.
Jedes dieser Gebiete ist ein **Winkel**.

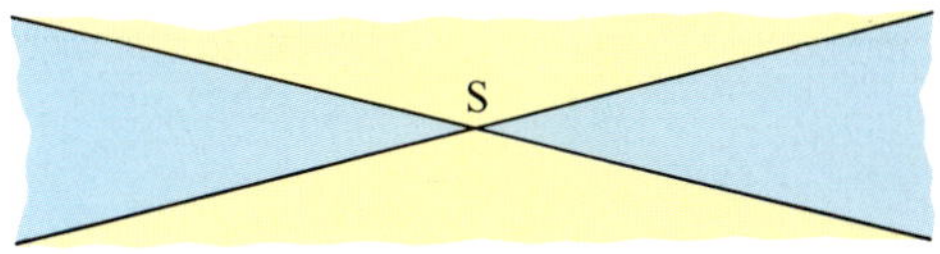

Ein **Winkel** wird von zwei Halbgeraden mit gemeinsamem Anfangspunkt S begrenzt. Der Punkt S heißt **Scheitel**, die Halbgeraden heißen **Schenkel** des Winkels.

Derjenige Schenkel, der bei der Drehung gegen den Uhrzeigersinn den Winkel überstreicht, ist der erste Schenkel. Der andere ist der zweite Schenkel.

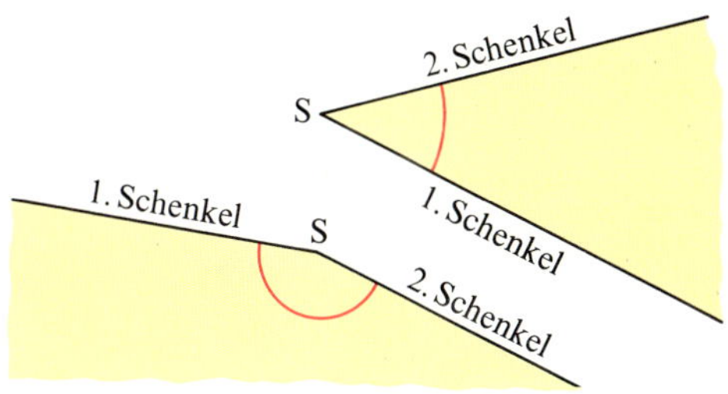

Beispiel
Bei dem in a) eingezeichneten Winkel liegt der Punkt B auf dem ersten und C auf dem zweiten Schenkel, A ist der Scheitel. Daher bezeichnen wir den Winkel mit ∢ BAC.
Entsprechend bezeichnen wir den Winkel in b) mit ∢ CAB, hier liegt C auf dem ersten und B auf dem zweiten Schenkel.

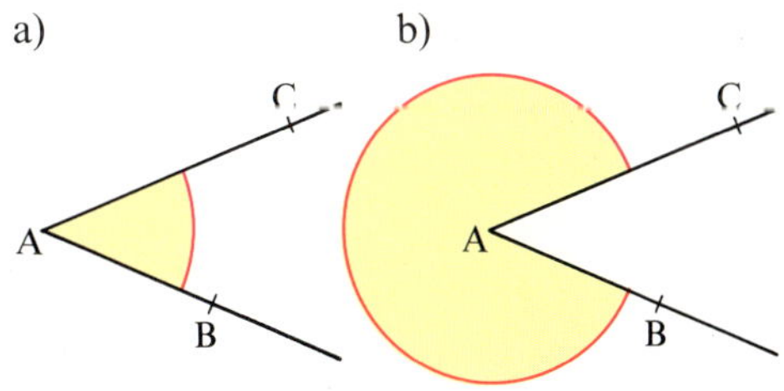

Bemerkung: Winkel werden kurz mit kleinen griechischen Buchstaben bezeichnet:

α	β	γ	δ	ε	φ
Alpha	Beta	Gamma	Delta	Epsilon	Phi

Beispiel
Für die Winkel im Viereck ABCD gilt:
α = ∢ BAD, β = ∢ CBA
γ = ∢ DCB, δ = ∢ ADC

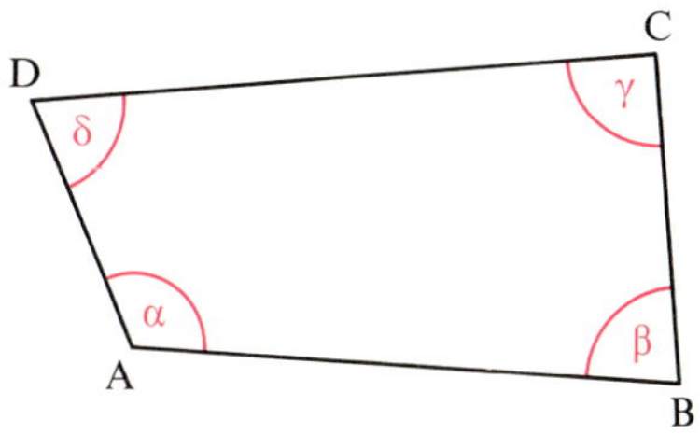

Winkel,
Winkel,
Winkel ...

Neigungswinkel

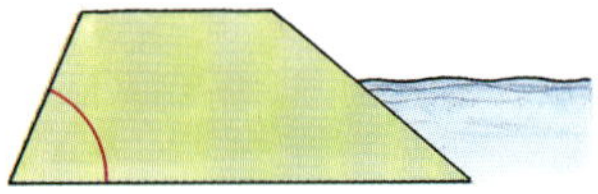

Böschungswinkel

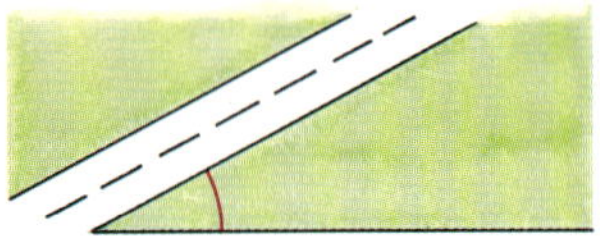

Steigungswinkel

Abwurfwinkel

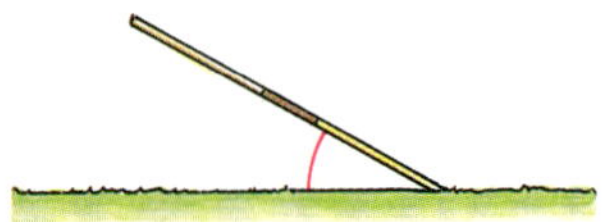

Auftreffwinkel

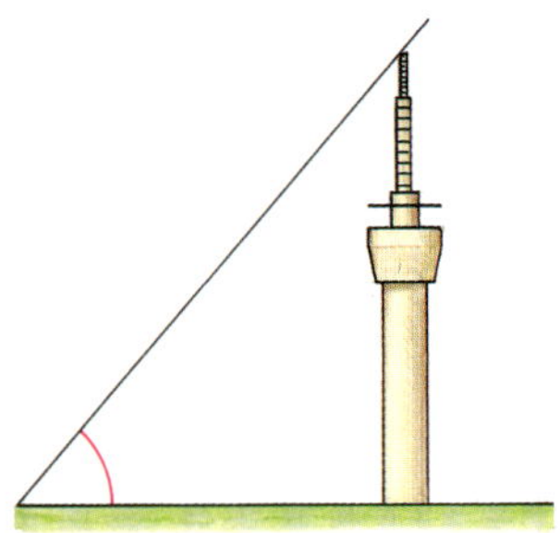

Erhebungswinkel

Aufgaben

3

Übertrage die Winkel nach Augenmaß ins Heft und zeichne den ersten Schenkel rot, den zweiten blau.

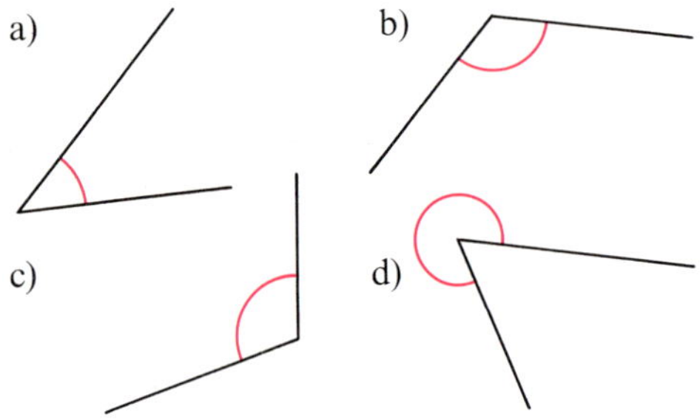

4

Schreibe alle Winkel in der Form wie $\alpha = ∢$ BAC auf.

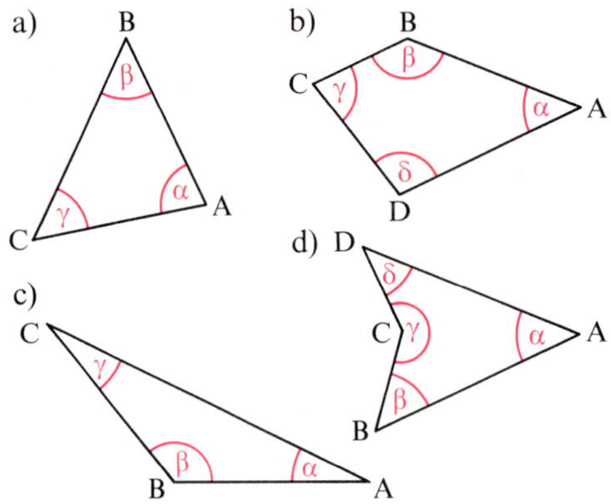

5

Zeichne die Figur ins Heft. Kennzeichne mit farbigen Kreisbögen die Winkel:

a) ∢ BAE
∢ CBD
∢ CED
∢ DCE

b) ∢ QTS
∢ RTQ
∢ RTP
∢ PTR.

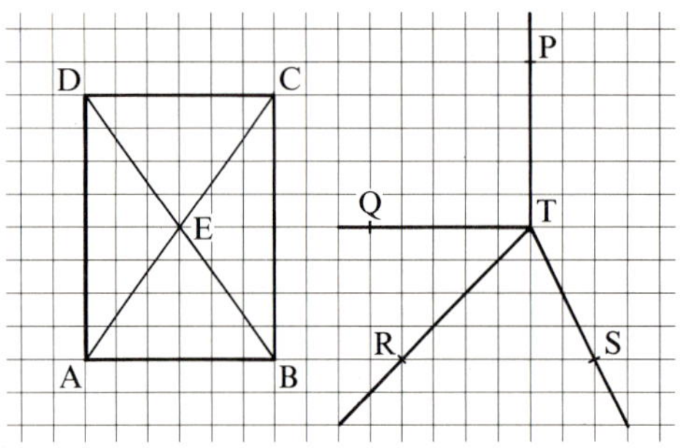

6

a) Zeichne das Rechteck in doppelter Größe ins Heft. Unterteile es so, dass die Winkel ∢ FBA, ∢ BFE und ∢ DEF entstehen.

b) Zeichne das Quadrat in doppelter Größe ins Heft. Unterteile es so, dass die Winkel ∢ AYC, ∢ ZBX, ∢ DSF und ∢ RET entstehen.

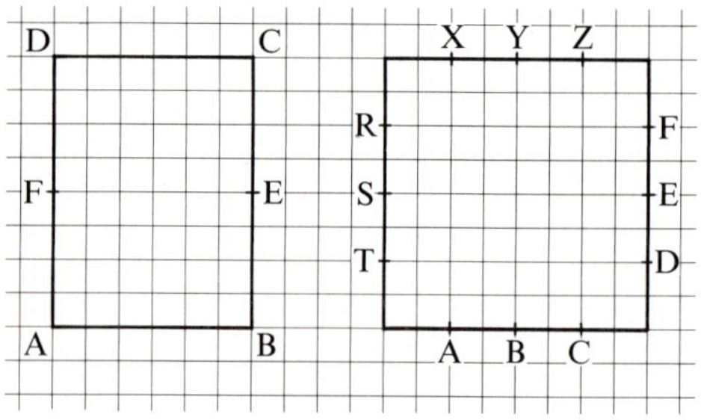

7

Welchen Schatten wirft die Baumkrone an die Hauswand? Zeichne ins Heft.

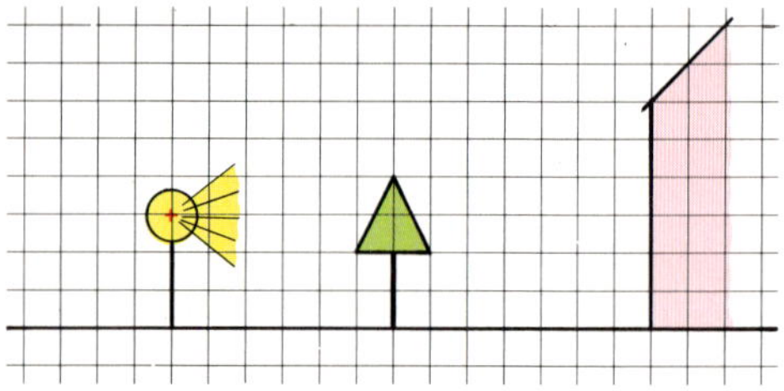

8

Welcher der zwei Schuppen wirft im Licht der Taschenlampe den höheren Schatten an die Wand? Zeichne ins Heft.

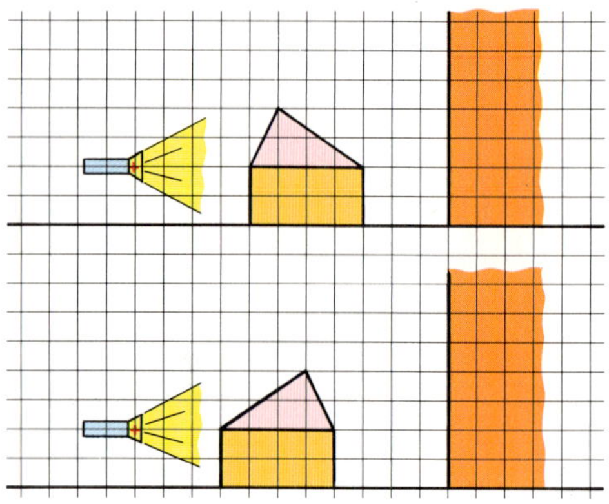

4 Winkelmessung

1
Wer reißt sein Maul weiter auf, das Flusspferd oder das Krokodil?

2
Stelle dir eine Winkelscheibe her. Dazu benötigst du zwei gleich große Kreise aus Karton, die du jeweils vom Rand zum Mittelpunkt einmal einschneidest. Danach steckst du die beiden Scheiben ineinander. Du kannst nun verschieden große Winkel einstellen.

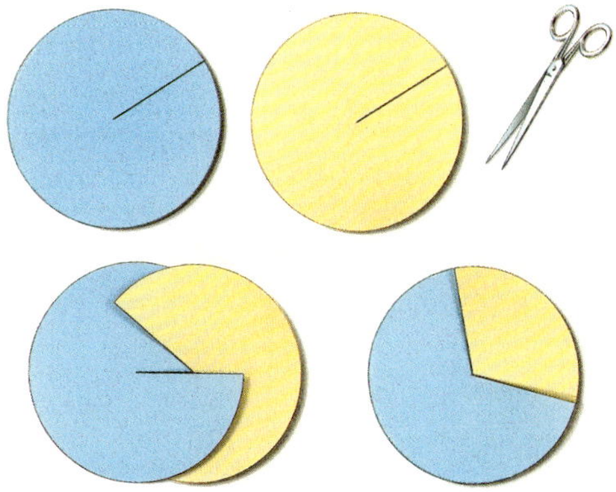

Genau wie zum Messen von Strecken Einheiten (z. B. cm) benutzt werden, verwendet man auch zum **Messen von Winkeln** eine Einheit. Schon vor 2500 Jahren teilten babylonische Mathematiker den Kreis in 360 Teile. Diese Zahl passte gut in ihr Sechzigersystem. Wir nennen diese Einheit **1°**, gelesen 1 **Grad**. Die Hälfte dieser Einteilung ist in dein Geodreieck eingedruckt.

Mit Hilfe des Geodreiecks können wir nun einen gegebenen Winkel messen oder einen Winkel mit einer vorgegebenen Größe, z. B. 60°, zeichnen.

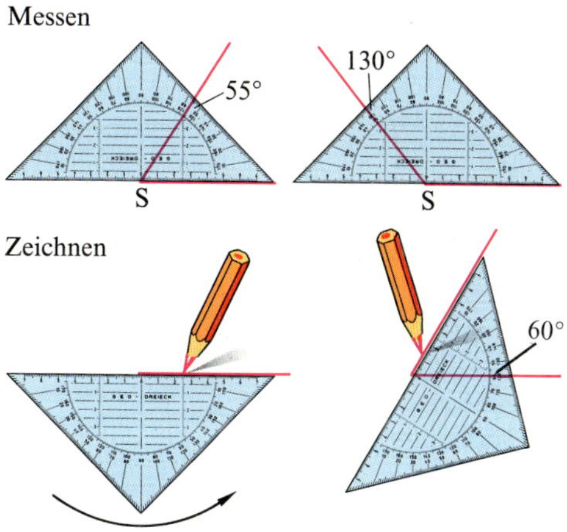

Die Maßeinheit für die Größe eines Winkels heißt 1 **Grad** (kurz: 1°); sie entsteht durch Teilung eines Kreises in 360 gleiche Teile.

Beispiel
Wir messen Winkel im Dreieck. Du musst dabei Acht geben, dass du die Winkel auf der richtigen Skala des Geodreiecks abliest. In manchen Fällen musst du die Dreiecksseiten verlängern, um den Winkel ablesen zu können.

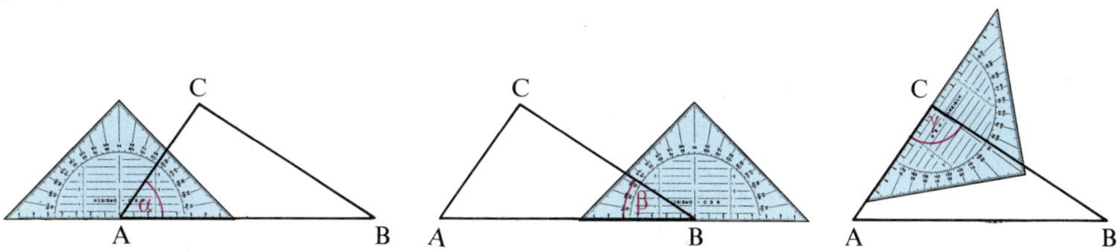

$\alpha = 54°$ $\beta = 33°$ $\gamma = 93°$

Historisches Winkelmessgerät

Bemerkung: Für sehr kleine Winkel benutzt man die Maße 1′ (1 Winkelminute) und 1″ (1 Winkelsekunde). Die Umrechnung ist: $1° = 60'$ und $1' = 60''$.

Aufgaben

3

Nenne nach Augenmaß den größten und den kleinsten Winkel.

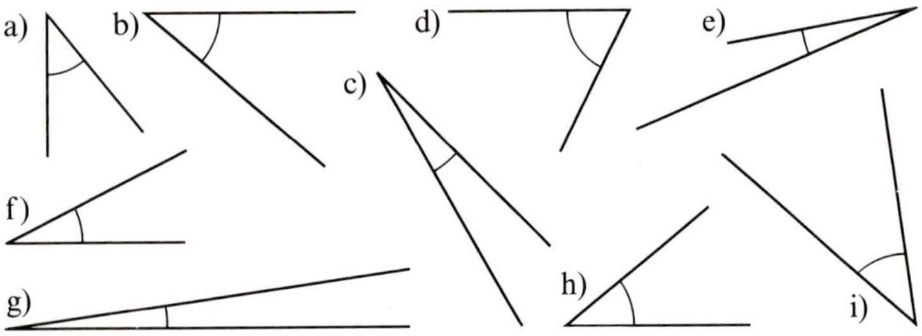

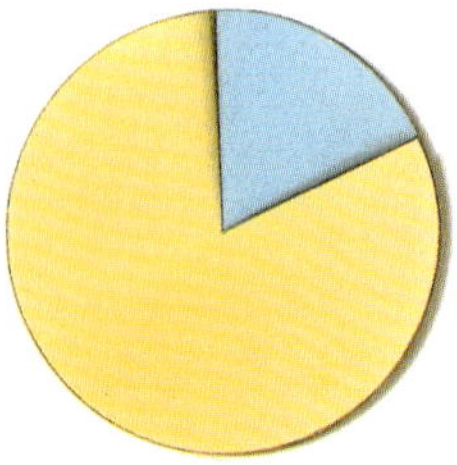

4

Stelle auf der Winkelscheibe zunächst nach Augenmaß die Winkel ein. Prüfe danach mit dem Geodreieck.

a)	60°	b)	30°	c)	45°	d)	70°
	10°		80°		20°		50°
	110°		135°		150°		120°

5

Übertrage die Winkel ins Heft und gib ihr Maß an. Schätze zunächst.

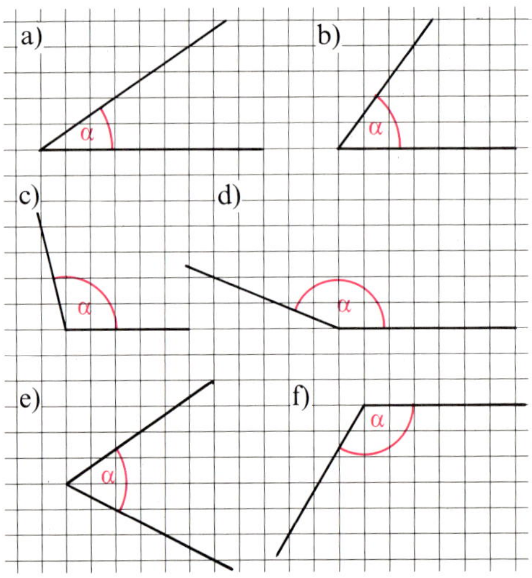

6

Zeichne einen Winkel von

a) 30°	b) 60°	c) 45°	d) 90°
e) 15°	f) 150°	g) 63°	h) 117°
i) 75°	k) 125°	l) 163°	m) 147°.

Zeichne dabei den ersten Schenkel nicht immer waagerecht.

7

Übertrage die Figur in doppelter Größe ins Heft.

Schätze zunächst und miss die Winkel. Manche Seiten musst du verlängern.

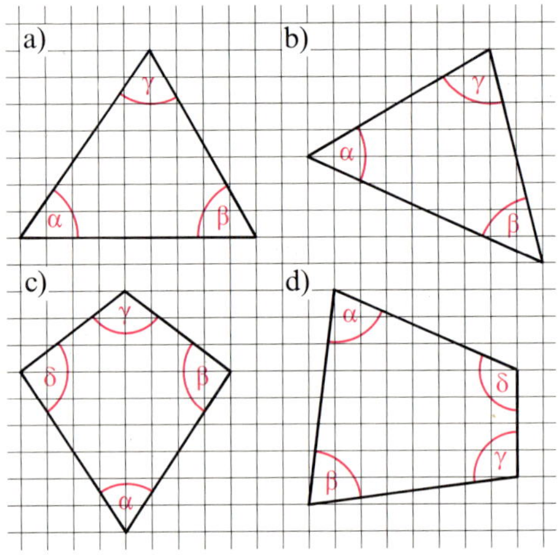

8

Zeichne die Brücke ab und miss die Winkel $\alpha, \beta, \gamma, \delta, \varepsilon$.

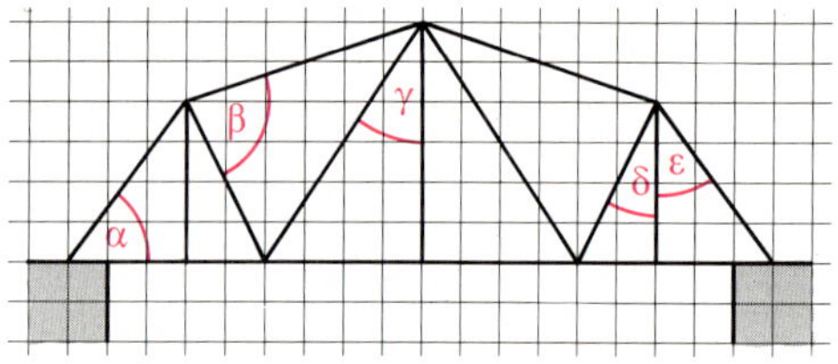

9

Die Figur zeigt, wie du ein Dreieck mit der Seite c und den Winkeln $\alpha = 50°$, $\beta = 30°$ zeichnest.

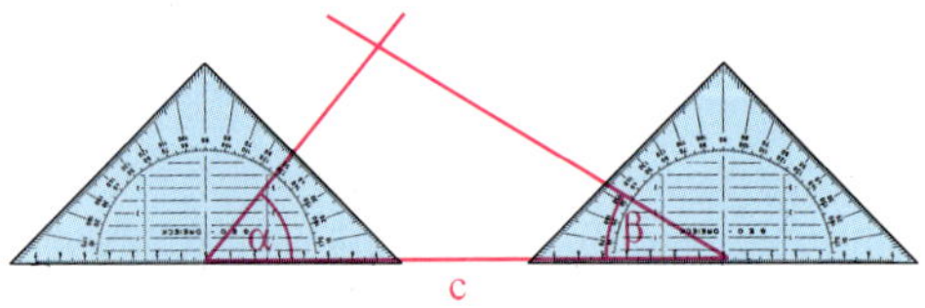

Zeichne ebenso Dreiecke mit c = 8 cm und den Winkeln

	a)	b)	c)	d)	e)	f)	g)
α	40°	70°	25°	67°	90°	120°	20°
β	30°	70°	65°	15°	45°	25°	111°

10
Wie lange braucht der Minutenzeiger einer Uhr, um einen Winkel von
a) 180° b) 90° c) 30° d) 60° e) 12°
zu überstreichen?

11
Wie viel Grad überstreicht der Minutenzeiger in
a) 20 min b) 15 min c) 6 min d) 5 min
e) 1 min f) 15 s g) 45 s h) 10 s?

Winkel auf der Erde. Das Gradnetz
Um sich auf der Erde zu orientieren, denkt man sie sich mit einem Gradnetz überzogen. Auf dem Globus oder im Atlas kannst du diese Linien erkennen.
Parallel zum **Äquator** verlaufen die **Breitenkreise**. Sie bestimmen die geografische Breite eines Ortes. Ihre Lage wird durch den Winkel beschrieben, den sie mit dem Erdmittelpunkt und der Äquatorebene bilden. Anhand der aufgeschnittenen Erdkugel kannst du das erkennen. Auf der Nordhalbkugel spricht man von nördlicher Breite, auf der Südhalbkugel von südlicher Breite.
Die **Längenhalbkreise** oder Meridiane verlaufen von Pol zu Pol. Als Nullmeridian hat man 1884 den Längenhalbkreis durch Greenwich, eine Stadt bei London, festgelegt. Die Längenhalbkreise bestimmen die geografische Länge eines Ortes. Ihre Lage wird durch den Winkel bestimmt, den sie mit dem Erdmittelpunkt und dem Nullmeridian bilden.

Beispiel: Kairo liegt auf 30° nördlicher Breite und 30° östlicher Länge.

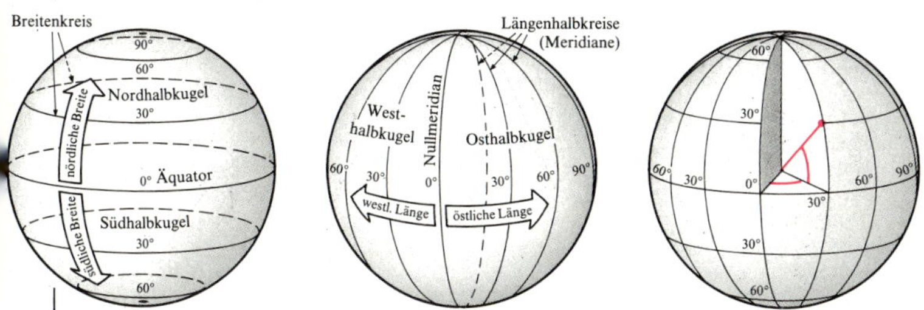

Mainz liegt auf dem 50. Breitenkreis. Ist es von dort zum Äquator oder zum Nordpol weiter?
Welcher Punkt ist mit 90° nördlicher Breite, welcher mit 90° südlicher Breite gemeint?

12
Ein Weg mit Treppe soll durch eine gleichmäßig ansteigende Rampe ersetzt werden. In welchem Winkel steigt die Rampe?

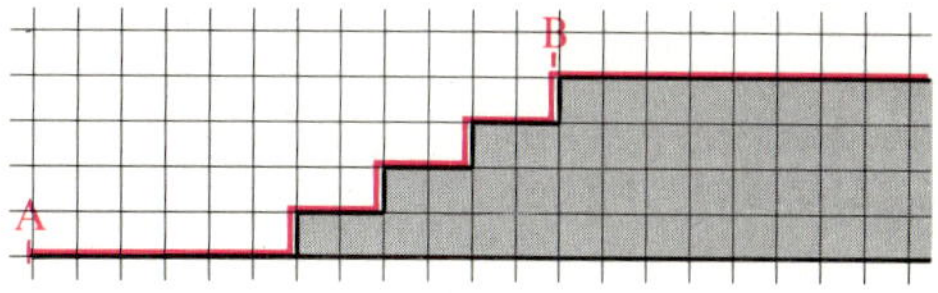

13
Aus einem dünnen Karton kannst du ein Messgerät für Steigungswinkel herstellen. Im Mittelpunkt des Halbkreises ist ein Faden mit Gewicht befestigt.

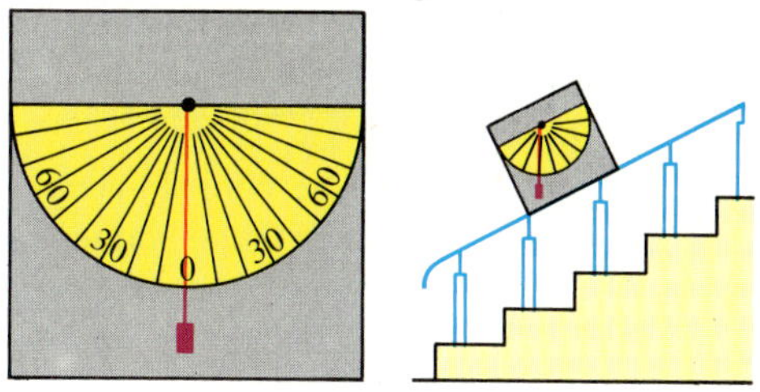

14
12 Kurvengleise der Modellbahn geben einen vollen Kreis.
Um welchen Winkel unterscheiden sich die Richtungen der Gleise in den zwei Bahnhöfen? Du brauchst nicht zu messen.

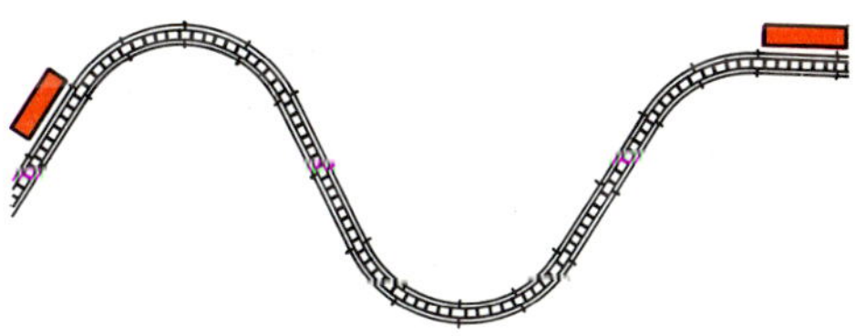

15
Bei einer Vermessung werden von Mittelheim aus fünf Orte angepeilt.
Wie groß sind die Winkel?
Wie kannst du die Ergebnisse prüfen?
Zeichne im Heft.

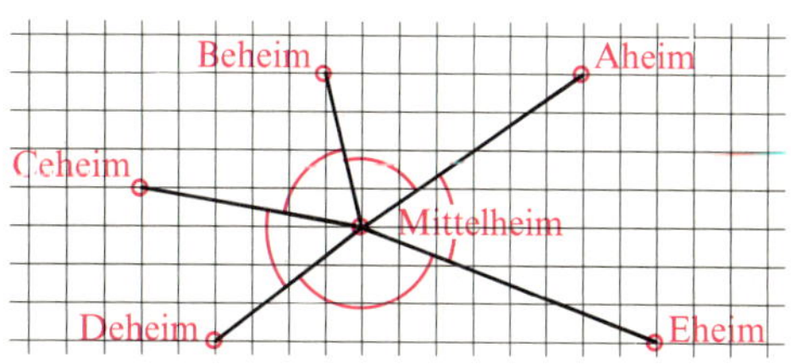

5 Einteilung der Winkel

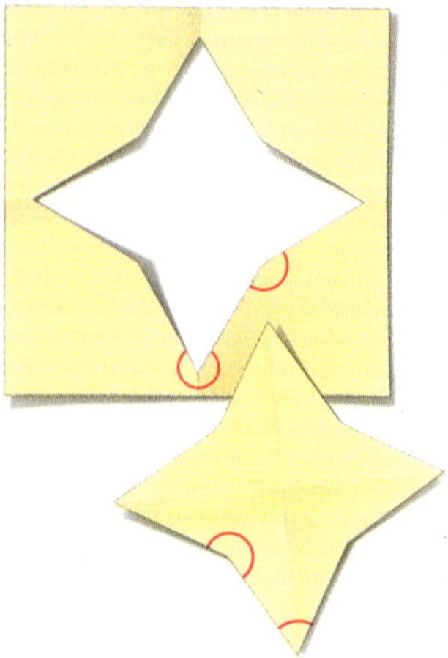

1
Falte ein Quadrat mit 20 cm Seitenlänge zweimal. Schneide es längs der eingezeichneten Linie auf.
Wie groß sind die Winkel der Figuren, die nach dem Auffalten entstehen? Wenn du gut überlegst, brauchst du nur einen einzigen Winkel wirklich zu messen.
Bei welchen Winkeln ist das Geodreieck zum Messen nicht gut geeignet?

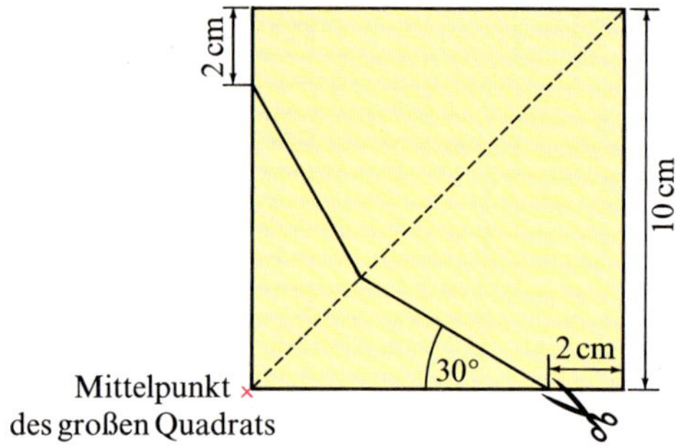

2
Welche Kreisausschnitte sind kleiner als ein Viertelkreis?
Welche sind größer als ein Viertelkreis, aber kleiner als ein Halbkreis?
Welche sind größer als ein Halbkreis?

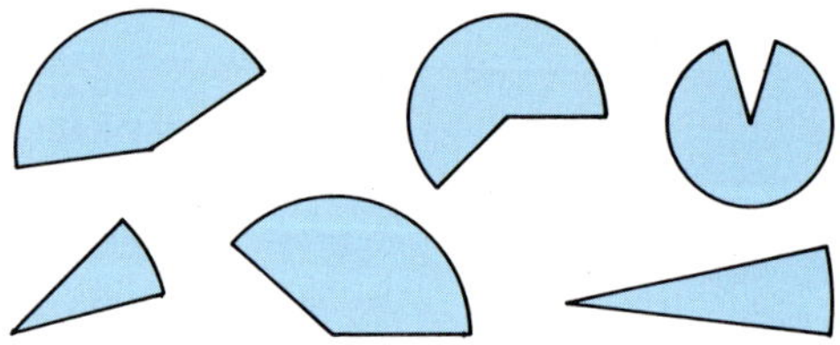

Die Winkelmaße reichen von 0° bis 360°. Wir teilen die Winkel nach ihrem Maß ein und geben ihnen Namen.

Winkelmaß

kleiner als 90°	90°	zwischen 90° und 180°	180°	zwischen 180° und 360°	360°
spitzer	rechter	stumpfer	gestreckter	überstumpfer	voller

Winkel

Beispiel
Am Schenkel g wird ein überstumpfer Winkel von 210° angetragen. Dazu denkst du dir den gestreckten Winkel und fügst an dessen zweiten Schenkel einen Winkel von 210° − 180°, also von 30°, an.
Entsprechend werden überstumpfe Winkel gezeichnet und gemessen.

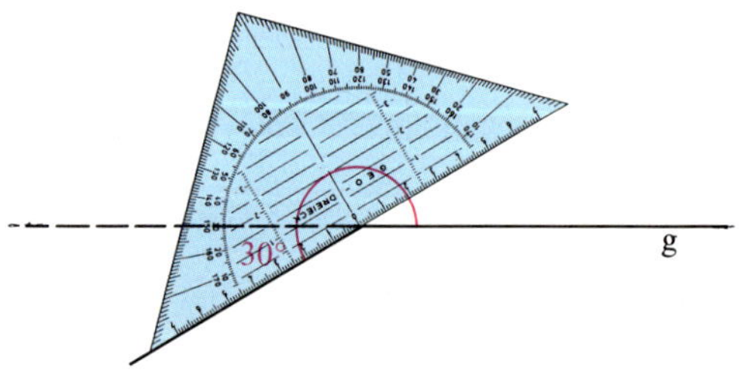

Aufgaben

3
Von welcher Art sind die Winkel

a)	b)	c)	d)
70°	150°	179°	1°
200°	100°	330°	270°
99°	123°	295°	359°
110°	190°	95°	175°?

4
Benenne die Winkel, ohne sie zu messen.

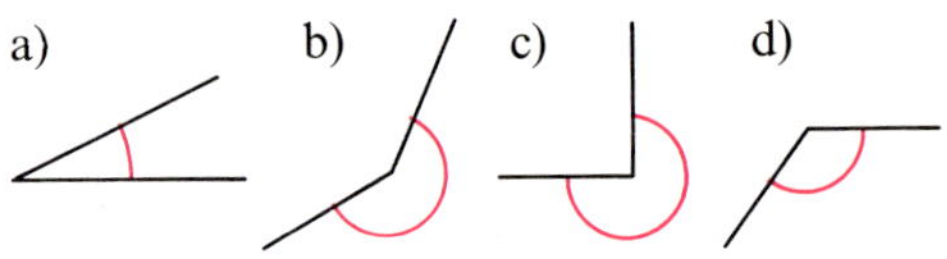

5
Von welcher Art sind die Winkel in den Dreiecken?

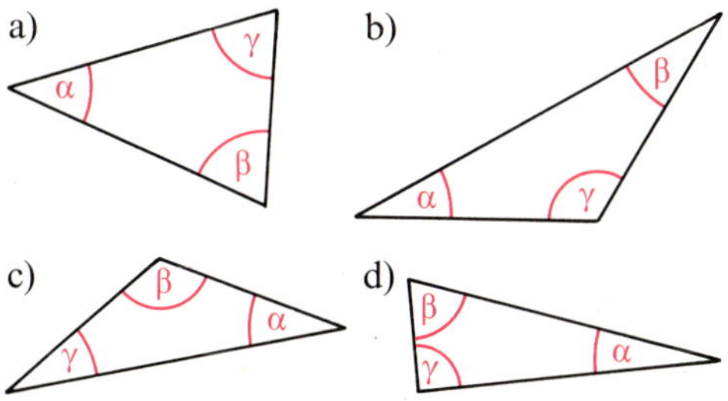

6
Zeichne die angegebenen Winkel. Dabei soll der erste Schenkel nicht immer waagerecht liegen.

a) 110°	b) 144°	c) 220°
d) 240°	e) 315°	f) 179°
g) 1°	h) 359°	i) 246°

7
Berechne den Winkel α mit Hilfe des gestreckten Winkels.
Beispiel:

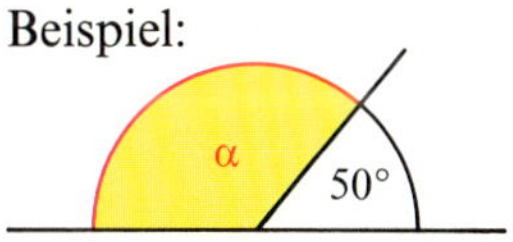

$\alpha = 180° - 50°$
$\alpha = 130°$

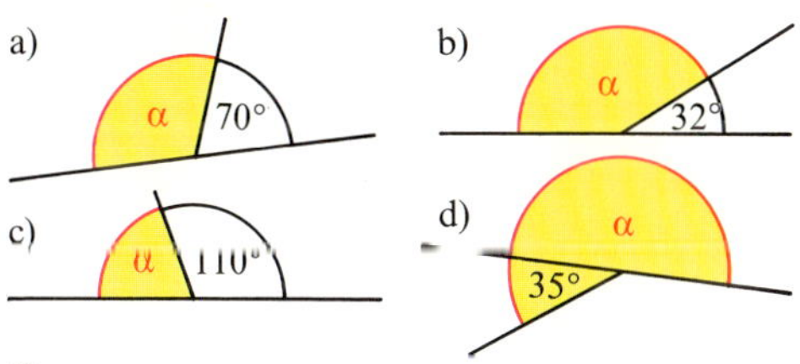

8
Berechne den Winkel α mit Hilfe der Winkeldifferenz.
Beispiel:

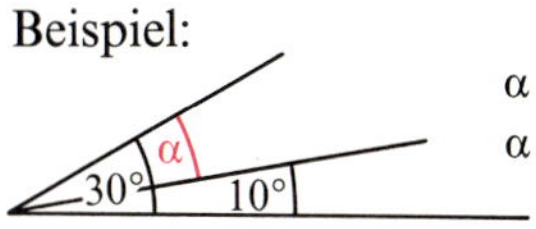

$\alpha = 30° - 10°$
$\alpha = 20°$

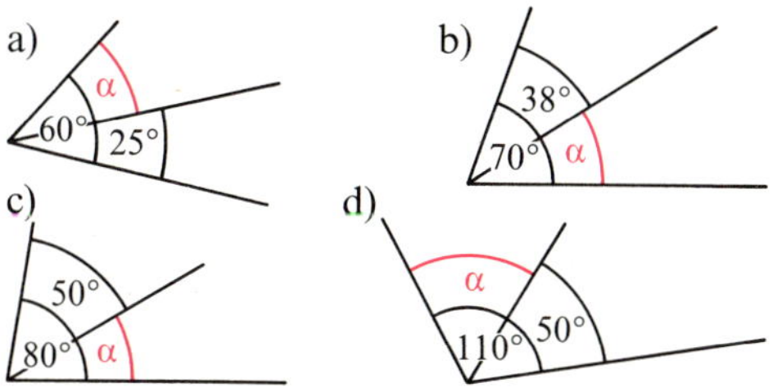

9
Zeichne ein Dreieck
a) mit einem rechten Winkel
b) mit einem stumpfen Winkel
c) mit drei spitzen Winkeln.

10
Zeichne ein Viereck
a) mit vier rechten Winkeln
b) mit zwei rechten, einem spitzen und einem stumpfen Winkel
c) mit zwei spitzen und zwei stumpfen Winkeln.

11
Um welche Winkel ändert der Radfahrer seine Richtung?

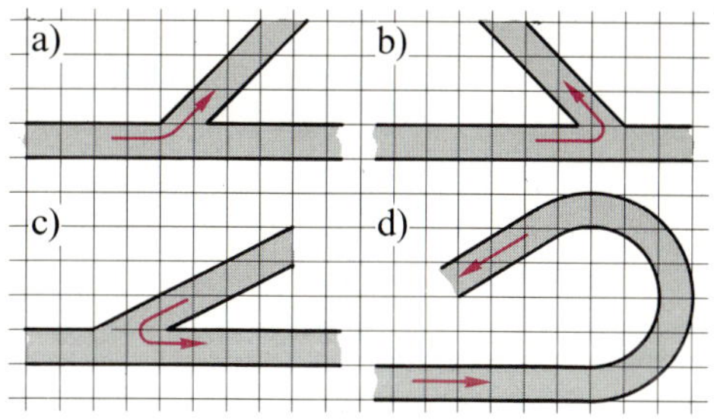

12
Zeichne die Gesichtsfelder der Tiere:

Eidechse	280°	Scholle	360°
Krokodil	295°	Turmfalke	300°
Schleiereule	160°		

13
Auf dem Kompass misst man die Winkel im Uhrzeigersinn. Die Richtung Nord hat den Winkel 0° oder 360°.

Welche Winkel gehören zu den Richtungen Nordost, Südost, Südwest, Nordwest?
Welche dieser Winkel sind spitz, stumpf, überstumpf?

6 Winkel an Parallelen

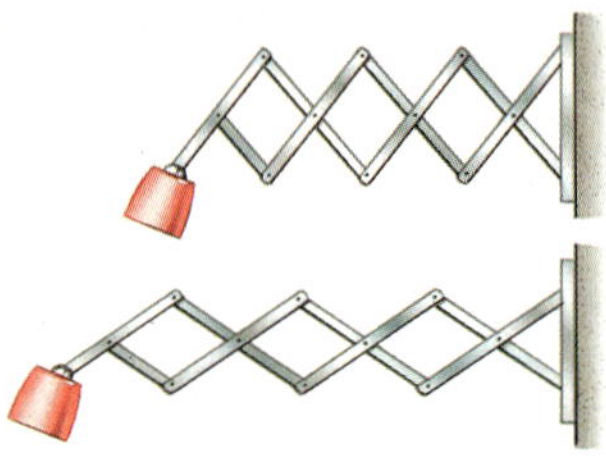

1
Wie viele verschieden große Winkel sind am Scherenarm der Lampe und am Treppengeländer zu erkennen?

In der Figur sind die Geraden g und g′ parallel. Verschiebt man den Punkt S und die Gerade g in den Punkt S′ und die Gerade g′, so gehen die Winkel bei S in die entsprechenden Winkel bei S′ über. Daher sind entsprechende Winkel gleich groß.
Beispielsweise gilt $\alpha = \alpha'$. Die Winkel α und α' heißen **Stufenwinkel**.
Da die Winkel α' und γ' jeweils den Winkel β' zu 180° ergänzen, sind α' und γ' gleich groß. Daher gilt auch $\alpha = \gamma'$. Die Winkel α und γ' heißen **Wechselwinkel**.

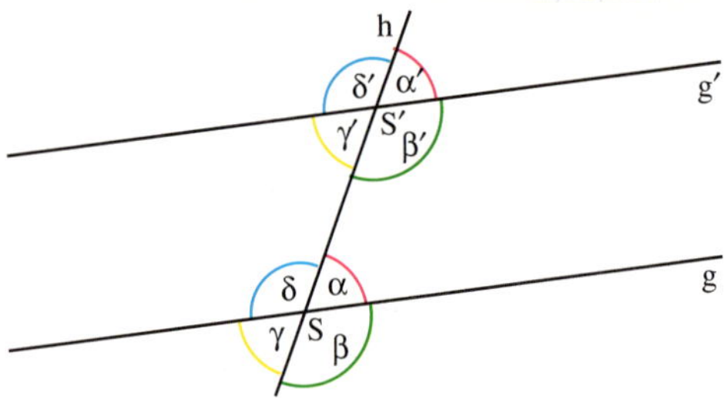

Stufenwinkelsatz
Stufenwinkel an geschnittenen Parallelen sind gleich groß.
Wechselwinkelsatz
Wechselwinkel an geschnittenen Parallelen sind gleich groß.

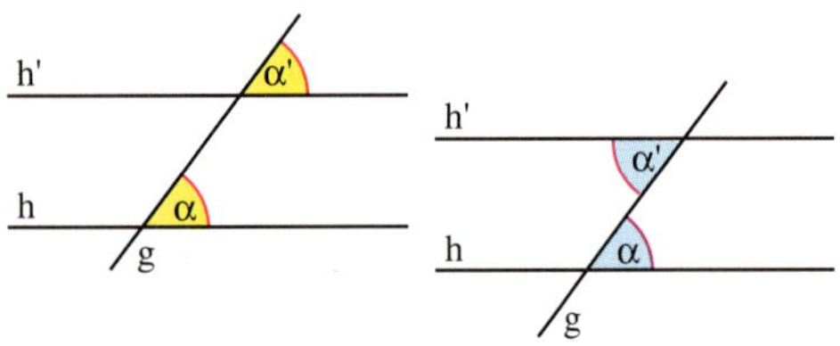

Bemerkung: Die Wechselwinkelfigur erinnert an den Buchstaben „Z“. Man spricht daher auch von Z-Winkeln.
Die Stufenwinkelfigur erinnert an den Buchstaben „F“. Man spricht daher auch von F-Winkeln.

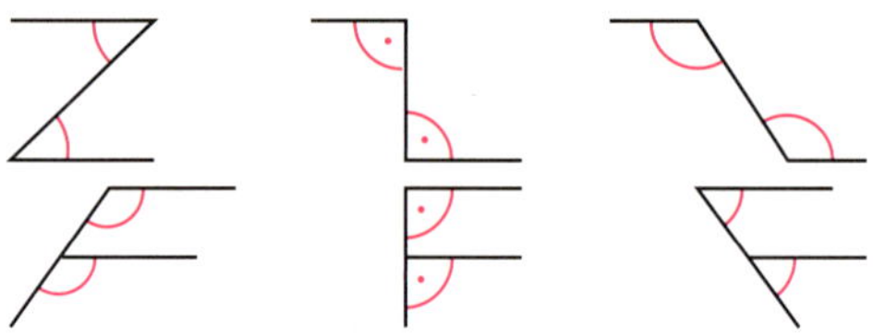

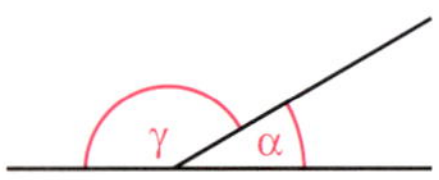

Wird ein gestreckter Winkel unterteilt, so entsteht ein Paar von **Nebenwinkeln**.
$\gamma + \alpha = 180°$.

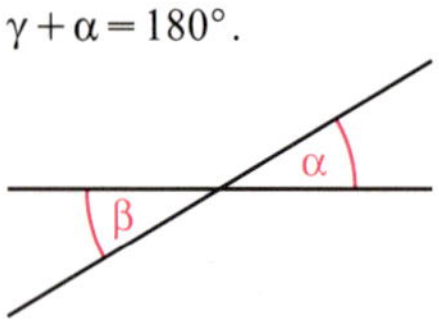

Gegenüberliegende Winkel in zwei sich schneidenden Geraden nennt man **Scheitelwinkel**. $\beta = \alpha$

Beispiele
a) Die Winkel α, β, γ und δ lassen sich aus dem gegebenen Winkel berechnen. Dabei werden die Winkelsätze benutzt.
Stufenwinkelsatz: $\alpha = 120°$
Wechselwinkelsatz: $\beta = 120°$
Nebenwinkel α und β: $\gamma = 180° - 120° = 60°$
Nebenwinkel β und δ: $\delta = 180° - 120° = 60°$

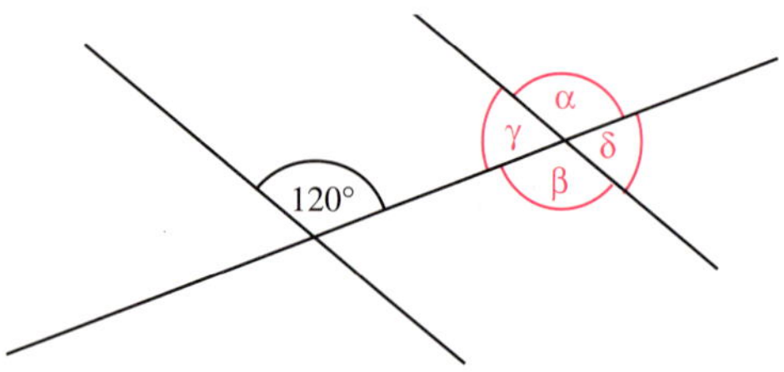

b) Im Parallelogramm ABCD gilt nach dem Wechselwinkelsatz $\alpha = \alpha'$ und nach dem Stufenwinkelsatz $\alpha' = \gamma$.
Daher gilt $\alpha = \gamma$.
Entsprechend gilt auch $\beta = \delta$.
Gegenüberliegende Winkel im Parallelogramm sind also gleich groß.

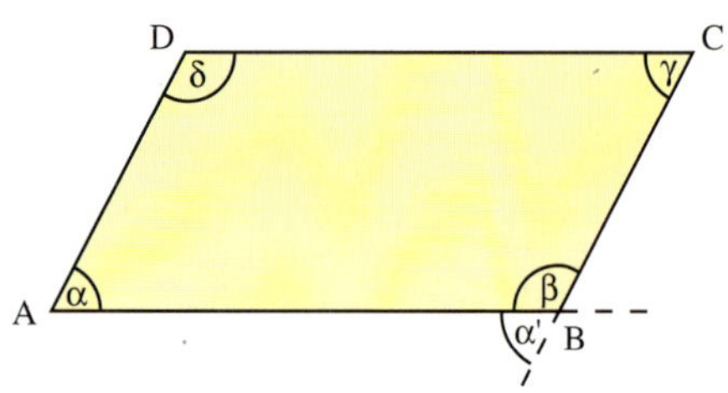

Aufgaben

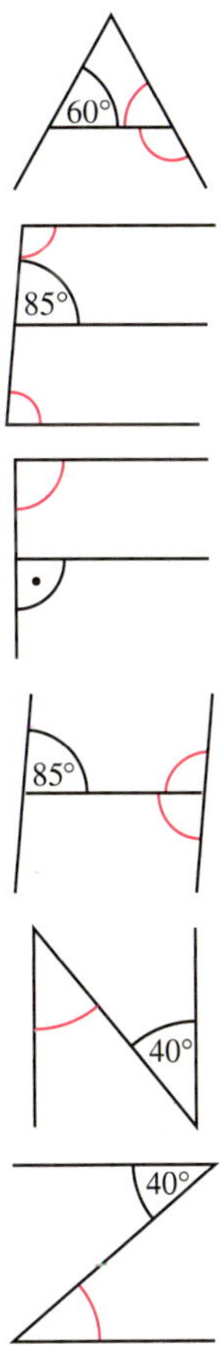

2

Wie groß ist der Winkel α? Welchen Winkelsatz wendest du an?

a)

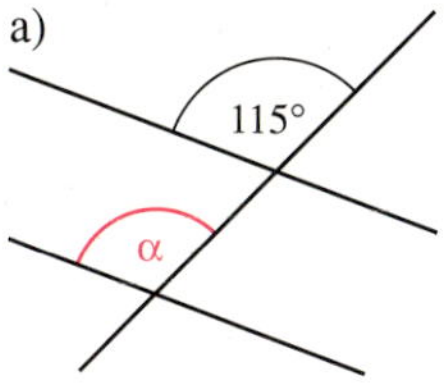

b)

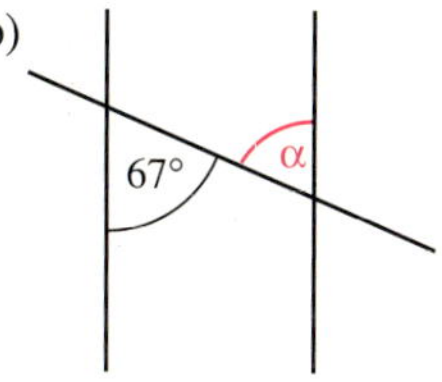

3

Welche der Winkel α, β, γ und δ sind ebenso groß wie der angegebene Winkel?

a)

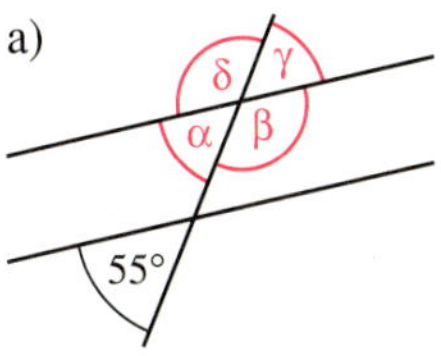

b)

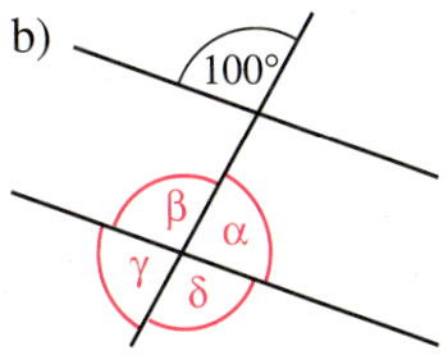

c)

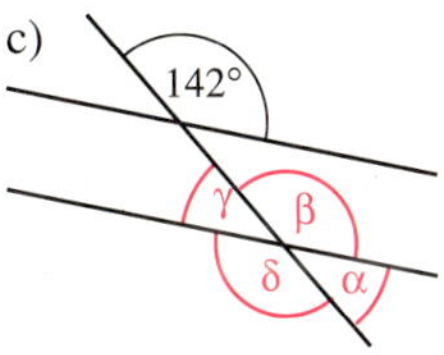

d)

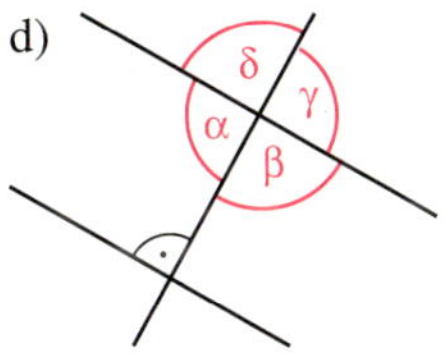

4

Wie groß sind die Winkel α, β und γ?

a)

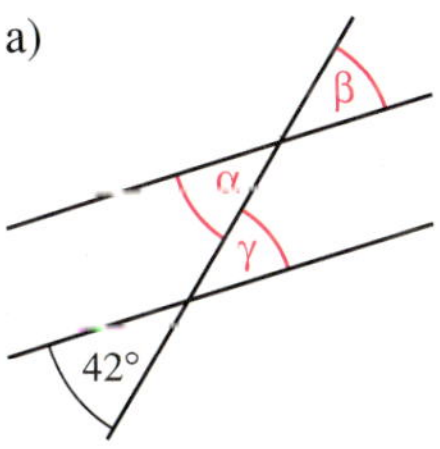

b)

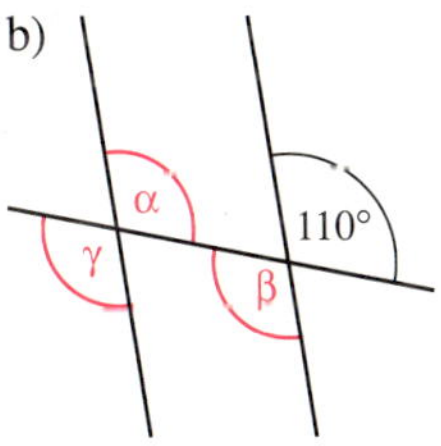

5

Die Geraden g und h sind zueinander parallel, ebenso die Geraden i und k. Wie groß sind die Winkel α, β und γ?

a)

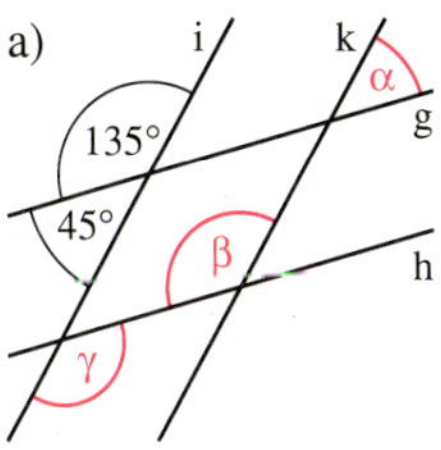

b)

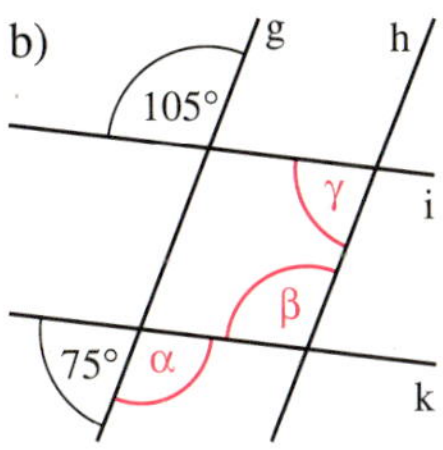

6

Sind die Geraden g und h parallel? Falls nicht: Auf welcher Seite der Geraden i schneiden sie sich?

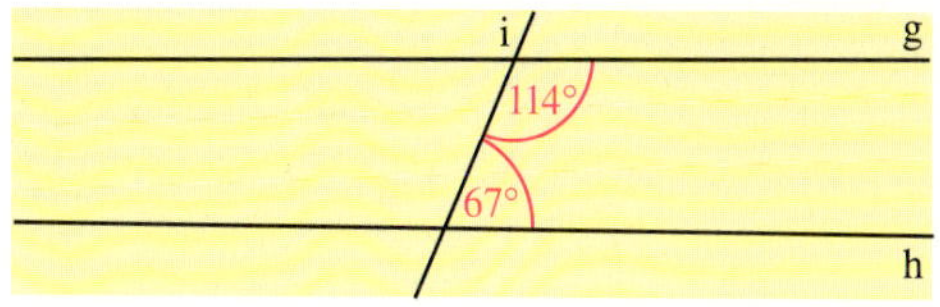

7

Zeichne die Figur ins Heft und trage die Winkelmaße ein.

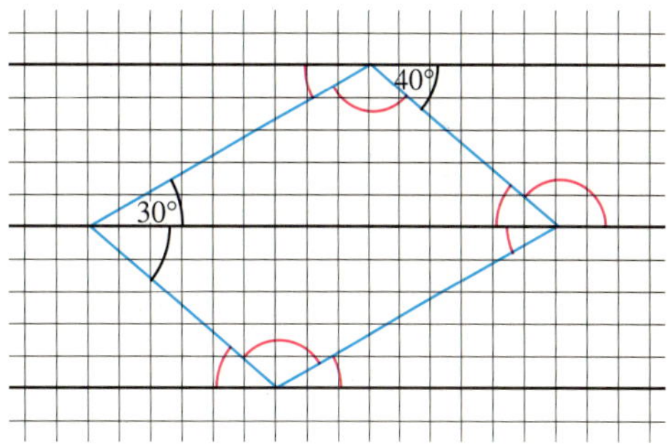

8

Die Geraden g und h sind parallel. Wie groß ist der Winkel α?

Denke dir eine Parallele zu g und h durch S gelegt.

a)

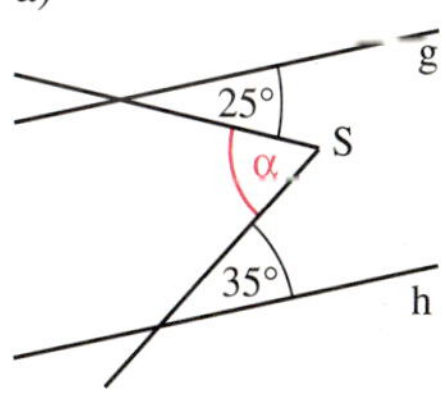

b)

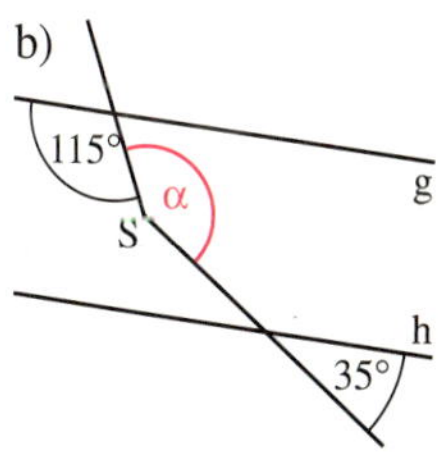

9

Wo findest du nach den Winkelsätzen Winkel, die ebenso groß sind wie α?

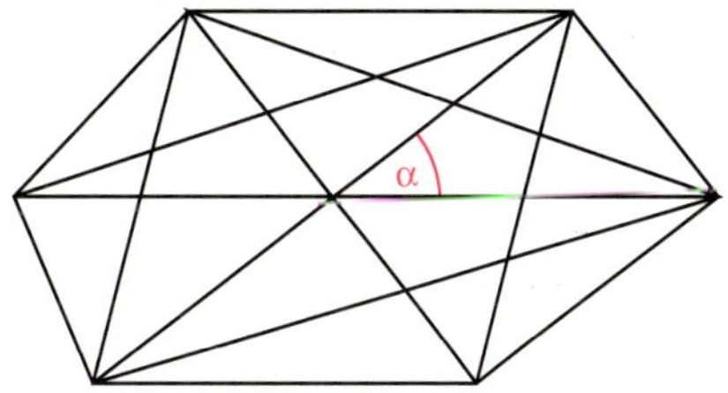

7 Mittelsenkrechte

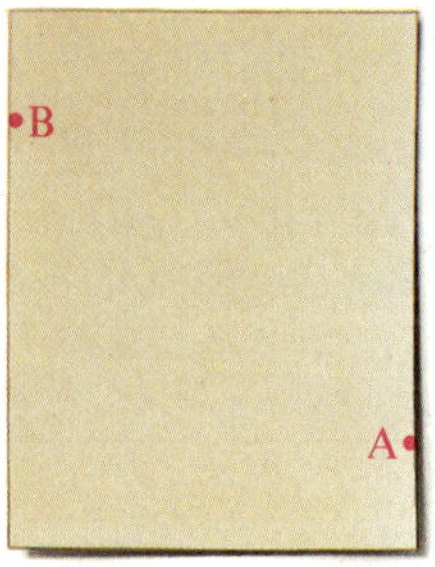

1
Falte ein Blatt Papier mit zwei am Rand markierten Punkten so, dass diese aufeinander fallen. Beschreibe die Lage des Faltknicks.

2
Welche Blätter werden gleichzeitig von beiden Wellen erreicht?

3
Zeichne um zwei 5 cm voneinander entfernte Punkte Kreise mit den Radien 4 cm, 5 cm, 6 cm, 7 cm und 8 cm. Markiere die Schnittpunkte gleich großer Kreise. Was fällt dir auf?

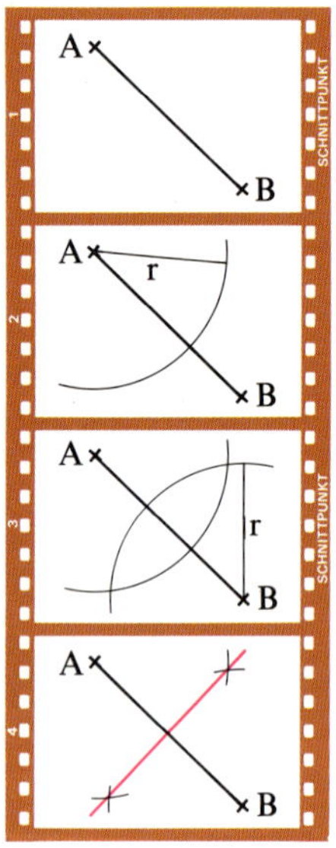

Soll der Punkt A durch eine Achsenspiegelung auf den Punkt B abgebildet werden, so muss die Achse die Verbindungsstrecke $\overline{AB}$ halbieren und auf ihr senkrecht stehen. Wir nennen sie die **Mittelsenkrechte** der Strecke $\overline{AB}$.
Jeder einzelne Punkt auf der Mittelsenkrechten ist von A und B gleich weit entfernt. Die Strecken $\overline{PA}$ und $\overline{PB}$ sind zueinander spiegelbildlich. Daher geht die Mittelsenkrechte durch die Schnittpunkte zweier gleich großer Kreise mit den Mittelpunkten A und B. Sie kann also mit Hilfe des Zirkels gezeichnet werden.

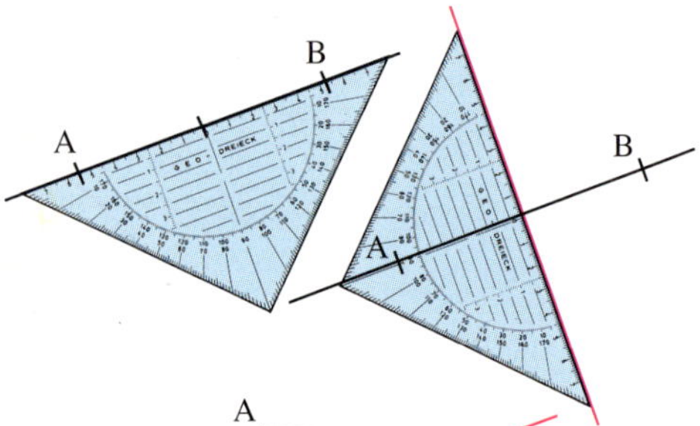

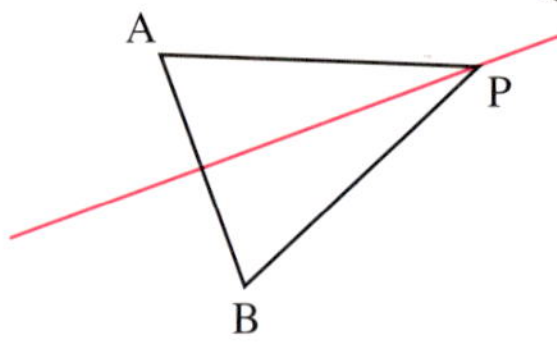

Die **Mittelsenkrechte** der Strecke $\overline{AB}$ halbiert die Strecke und steht auf ihr senkrecht.
Für jeden Punkt P der Mittelsenkrechten gilt: Die Strecken $\overline{PA}$ und $\overline{PB}$ sind gleich lang.

Beispiele

a) Gesucht sind alle Punkte, die von A und B je 3 cm, 4 cm, 5 cm, 6 cm bzw. 7 cm entfernt liegen.
Dazu zeichnet man die Mittelsenkrechte zu $\overline{AB}$ und schneidet sie mit Kreisen um A oder B mit den Radien 3 cm, ..., 7 cm. Es gibt jeweils zwei Punkte mit der gegebenen Entfernung.

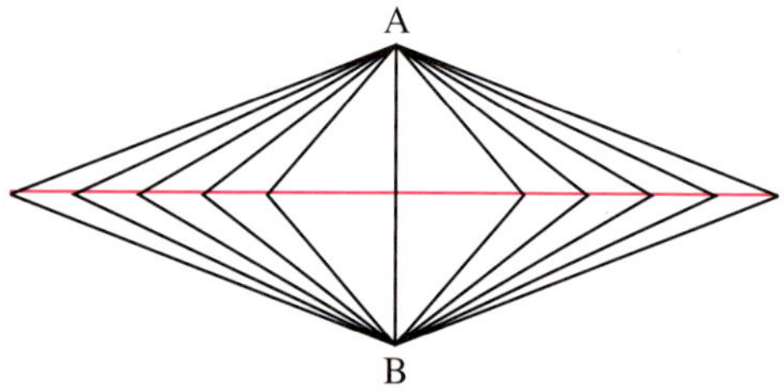

b) Gesucht ist ein Punkt M, der von den Punkten A, B und C gleich weit entfernt ist. Der Punkt muss auf der Mittelsenkrechten zu $\overline{AB}$ und auf der Mittelsenkrechten zu $\overline{BC}$ liegen. Also ist deren Schnittpunkt der gesuchte Punkt.

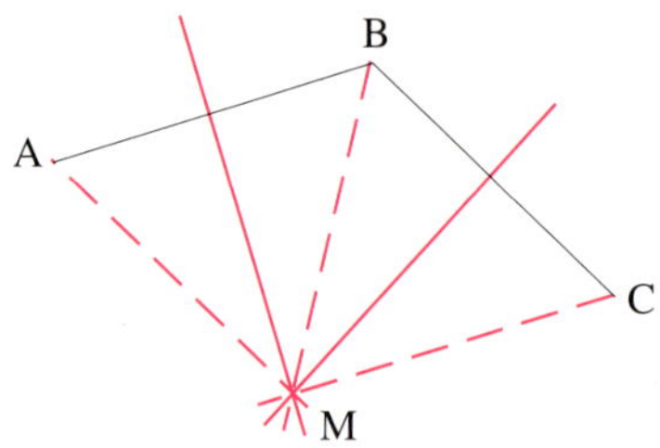

Aufgaben

4

Zeichne zuerst eine 6 cm lange Strecke $\overline{AB}$ und dazu alle Punkte, die von A und B die Entfernung 4 cm, 5 cm, 6 cm, 7 cm, 8 cm haben.
Verbinde dann diese Punkte mit den Punkten A und B.

5

Zeichne die Figur ins Heft und färbe sie.

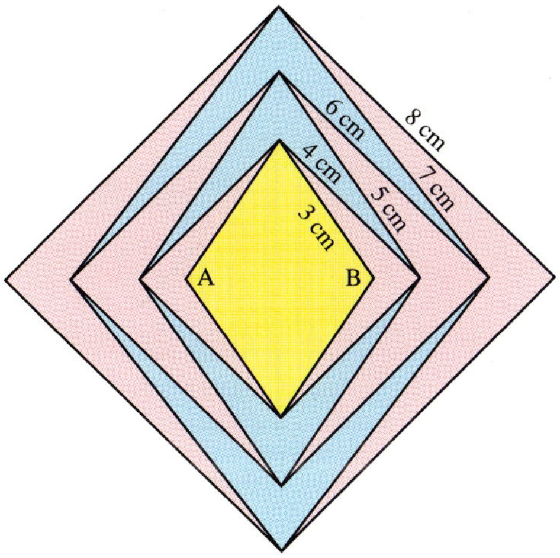

6

Zeichne jeweils die Mittelsenkrechte der Strecke $\overline{AB}$.

a) A(3|3), B(9|1) b) A(9|1), B(1|13)
c) A(8|2), B(1|10) d) A(12|2), B(2|12)

7

In der Figur gibt es zwei Punkte, die auf der Mittelsenkrechten zweier anderer Punkte liegen.
Welche Punkte sind es?

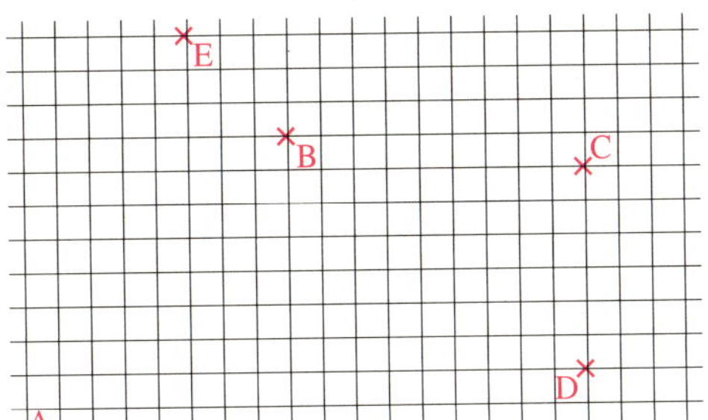

Wie könnte man im Plan den Mittelpunkt des kreisrunden Ziergartens wieder finden?

8

Der Punkt A soll durch eine Achsenspiegelung in den Punkt B übergehen. Zeichne A, B und die Spiegelachse g.

a) A(2|5), B(12|9) b) A(1|11), B(10|10)
c) A(19|14), B(1|2) d) A(4|1), B(6|15)

9

Zeichne wie in Beispiel b), Seite 22, denjenigen Punkt M, der von den Punkten A, B und C gleich weit entfernt ist.

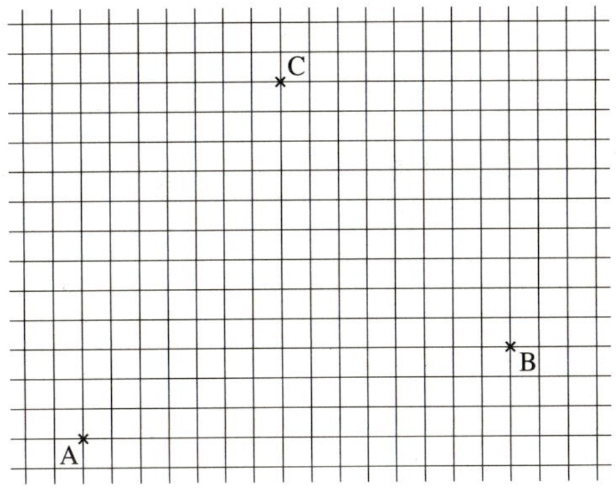

10

Zeichne
a) den Punkt der Geraden g, der von A und B gleich weit entfernt ist.
b) die Punkte des Kreises k, die von A und B gleich weit entfernt sind.

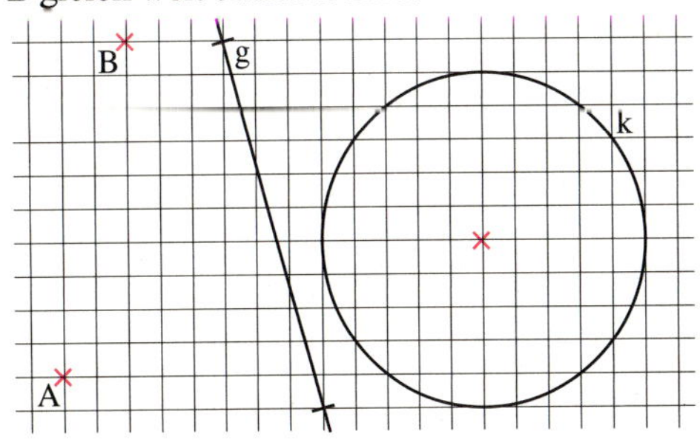

11

Zeichne die Punkte A(1|7) und B(15|1), dazu die Gerade g durch die Punkte C(7|9) und D(22|8).
Zeichne nun alle Punkte, die von A und B gleich weit entfernt sind und von g den Abstand 2 cm haben.

12
Gibt es eine Spiegelung, die zugleich den Punkt A in den Punkt C und den Punkt B in den Punkt D überführt?
Begründe anhand einer Konstruktion.

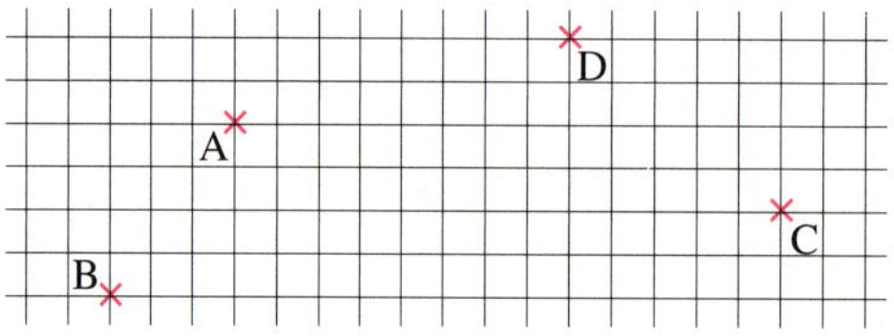

13
Bekanntlich ist die Strecke die kürzeste Verbindung zweier Punkte. In der Figur liegen die Punkte P und A auf derselben Seite der Mittelsenkrechten zu $\overline{AB}$.
Begründe, ohne zu messen, dass der Punkt P näher an A als an B liegt.

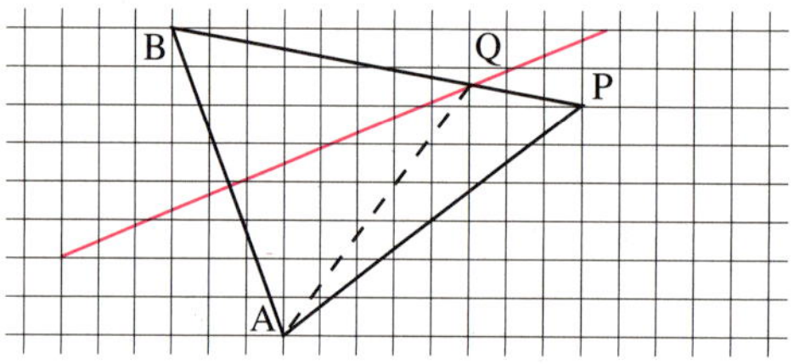

14
Übertrage die Figur ins Heft. Markiere alle Gitterpunkte im Rechteck
rot, die näher an A als an B und an C liegen,
blau, die näher an B als an A und an C liegen,
grün, die näher an C als an A und an B liegen.

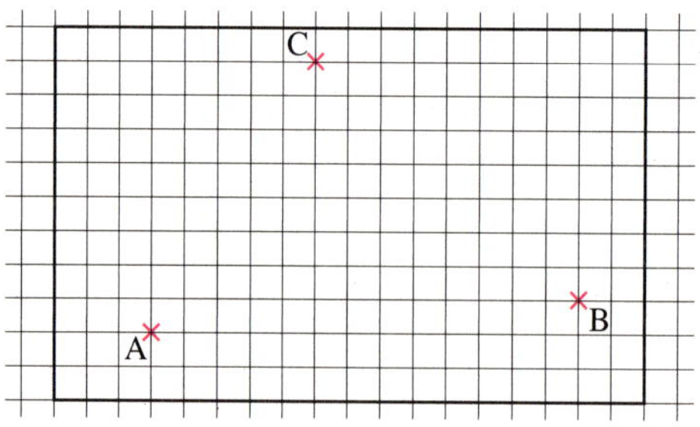

15
Der Acker ist zwischen den Höfen A, B und C aufgeteilt. Ein Punkt der Fläche gehört zu A, wenn er näher an A als an B und C liegt. Entsprechend ist der Besitz von B und C festgelegt. Ziehe die Grenzen.

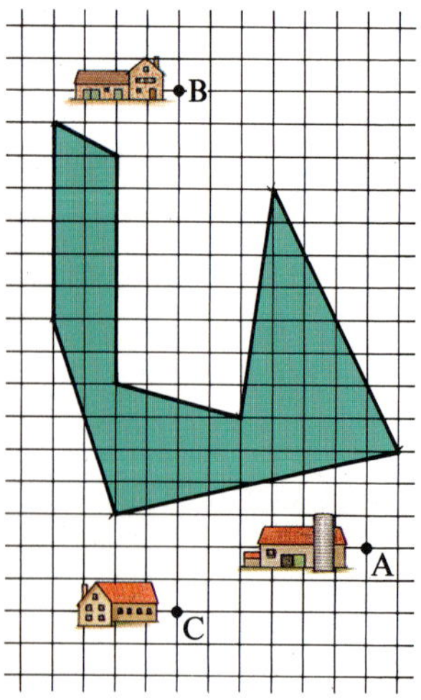

Zeichne den Film zum Drehbuch

Zeichne zwei Punkte A und B mit 5 cm Entfernung.
Zeichne die Mittelsenkrechte zu $\overline{AB}$.
Zeichne um den Mittelpunkt M von $\overline{AB}$ einen Kreis mit r = 7 cm.
Bezeichne die Schnittpunkte des Kreises und der Mittelsenkrechten mit C und D.
Zeichne das Viereck ACBD.

Zeichne zueinander senkrechte Geraden g und h mit dem Schnittpunkt S.
Markiere auf g einen 6 cm von S entfernten Punkt P. Markiere auf h einen 8 cm von S entfernten Punkt Q.
Verbinde P und Q.
Zeichne die Mittelsenkrechte von $\overline{SP}$.
Zeichne die Mittelsenkrechte von $\overline{SQ}$.

Zeichne einen Kreis um M mit r = 5 cm.
Zeichne einen Durchmesser $\overline{AB}$.
Konstruiere die Mittelsenkrechte zu $\overline{AM}$.
Markiere ihre Schnittpunkte C und D mit dem Kreis.
Zeichne das Viereck ACBD.

Schreibe das Drehbuch zum Film

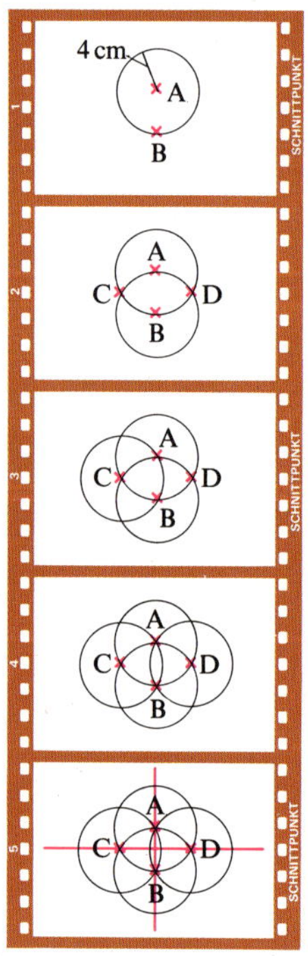

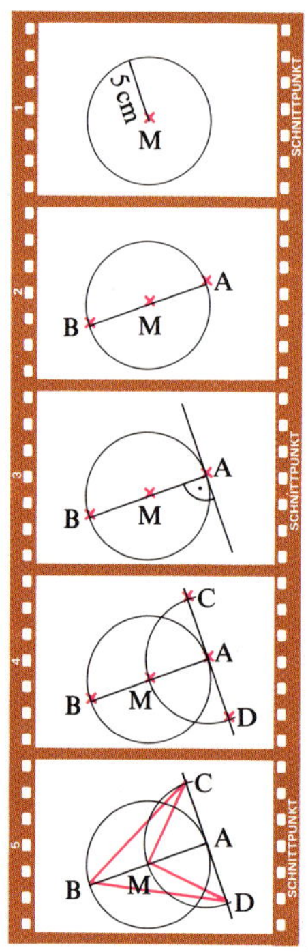

8 Winkelhalbierende

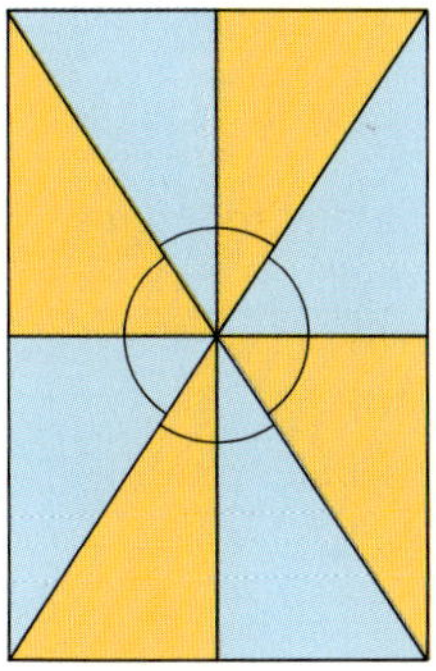

1
Das Rechteck wird durch seine Symmetrieachsen und Diagonalen zerlegt. Welche Winkel im Mittelpunkt sind gleich groß? Warum treten gleich große Winkel auf?

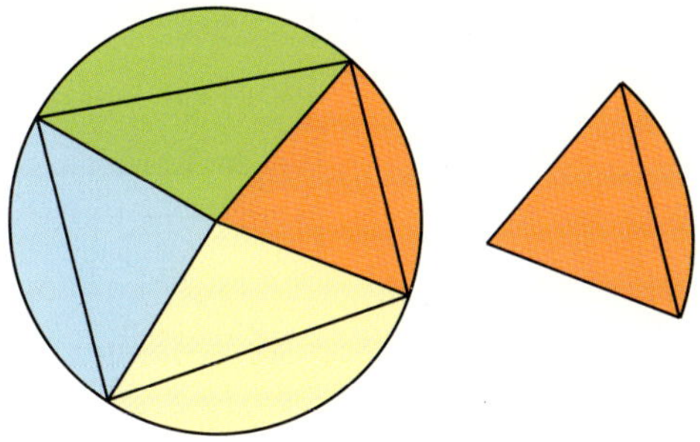

2
Zeichne einen Kreis und trage einige Radien und Sehnen ein. Zerlege den Kreis in Kreisausschnitte und halbiere sie durch Falten. Wie liegt der Faltknick in Bezug auf die Sehne?

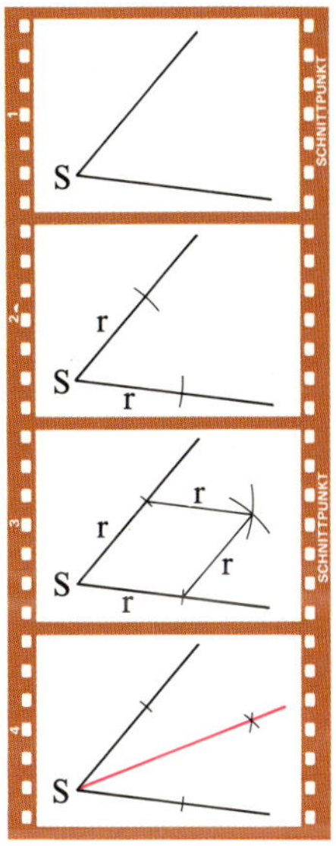

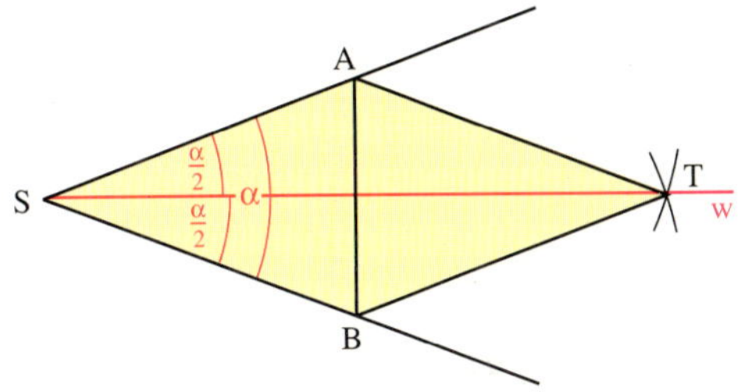

Die Gerade, die einen Winkel in zwei Hälften zerlegt, heißt **Winkelhalbierende**. Sie ist die Symmetrieachse des Winkels.

In der Figur sind die Strecken $\overline{SA}$ und $\overline{SB}$ gleich lang. Die Winkelhalbierende ist die Mittelsenkrechte der Strecke $\overline{AB}$. Daher kann man sie mit Hilfe von vier Kreisbögen zeichnen, ohne den Winkel zu messen. Der Film am Rand zeigt die einzelnen Schritte.

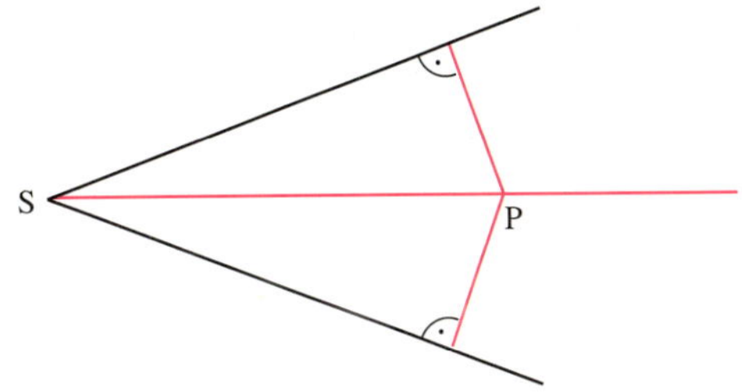

Vom Punkt P auf der Winkelhalbierenden führen zwei Strecken rechtwinklig zu den Schenkeln. Wegen der Achsensymmetrie sind diese Strecken gleich lang.

Die **Winkelhalbierende** ist die Symmetrieachse des Winkels. Jeder Punkt auf der Winkelhalbierenden hat von den zwei Schenkeln des Winkels denselben Abstand.

Beispiele

a) In das Dreieck ABC ist die Winkelhalbierende des Winkels α eingezeichnet. Ganz deutlich ist zu erkennen, dass die Winkelhalbierende die Seite $\overline{BC}$ in unserem Beispiel nicht halbiert.

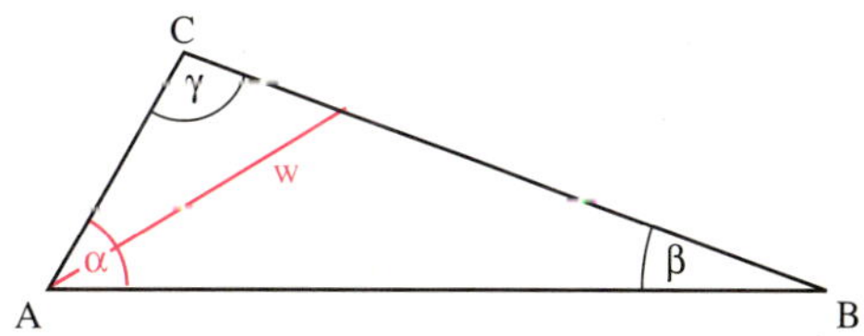

b) Zu zwei sich schneidenden Geraden g und h gibt es nicht nur eine, sondern sogar zwei Symmetrieachsen. Jede dieser Achsen halbiert zwei Winkel.
Die Figur zeigt, wie du die beiden Winkelhalbierenden w_1 und w_2 mit Hilfe von Kreisbögen zeichnen kannst.

Bemerkung: Der Winkel β liegt hier nahe bei 180°. Deshalb ist es vorteilhaft, die Kreisbögen um B und C mit größerem Radius zu zeichnen als die Kreisbögen um S.

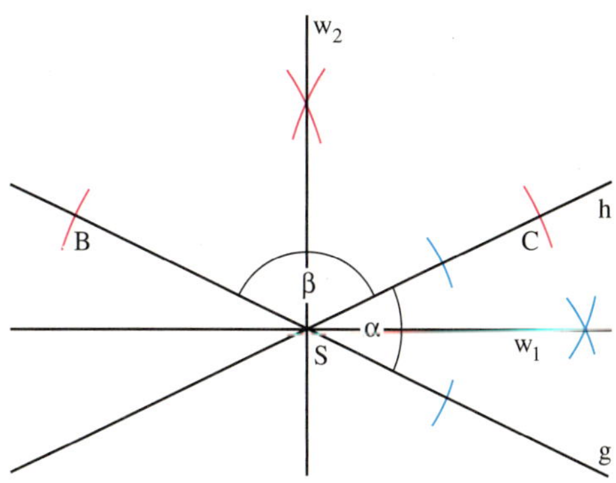

Die Uhr als Kompass
Drehst du die Uhr so, dass der Stundenzeiger zur Sonne zeigt, so liegt Süden in Richtung der Winkelhalbierenden zwischen dem Stundenzeiger und der Richtung zur 12.
Das gilt aber nicht während der Sommerzeit. Welche Regel gilt dann?

Aufgaben

3
Welche Winkel werden halbiert? Augenmaß genügt!

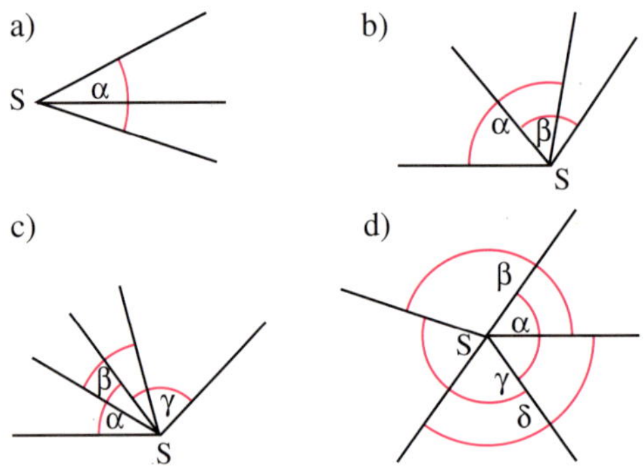

4
Zeichne Winkel von
a) 40° b) 60° c) 75° d) 85°.
Zeichne dazu mit Hilfe des Zirkels die Winkelhalbierende.

5
Zeichne Winkel von
a) 100° b) 120° c) 163° d) 174°
jeweils mit der Winkelhalbierenden.

6
Zeichne Geraden, die sich unter
a) 45° b) 60° c) 72° d) 14° e) 88°
schneiden. Zeichne dazu die zwei Winkelhalbierenden.

7
Übertrage die Figur ins Heft. Der Winkel bei S beträgt 40°, die Teilstrecken auf der Winkelhalbierenden sind jeweils 2 cm lang.

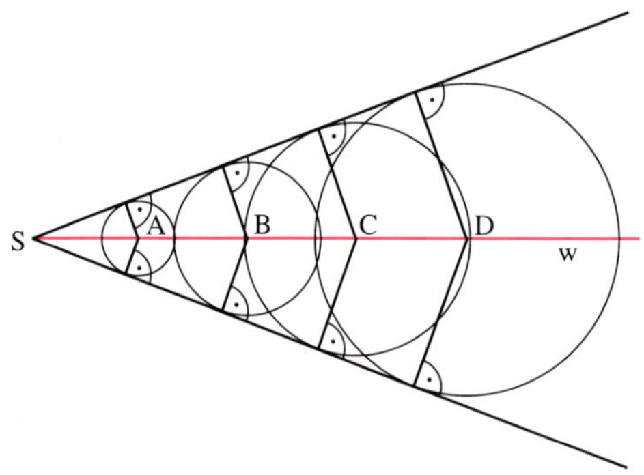

8
Zeichne die drei Winkelhalbierenden im Dreieck ABC. Was fällt auf?
a) A(1|2), B(19|0), C(9|16)
b) A(0|0), B(16|0), C(8|16)
c) A(6|4), B(22|2), C(2|16)
d) A(0|0), B(14|0), C(0|14)

9
Übertrage das Viereck in doppelter Größe ins Heft. Zeichne alle vier Winkelhalbierenden. Erkennst du Unterschiede?

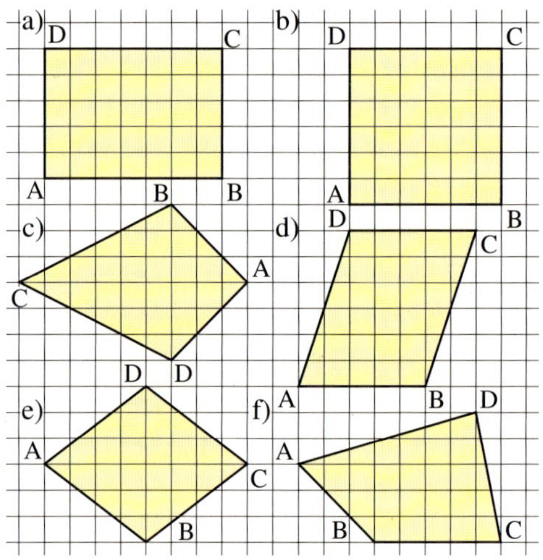

10
Zeichne die drei Winkelhalbierenden.

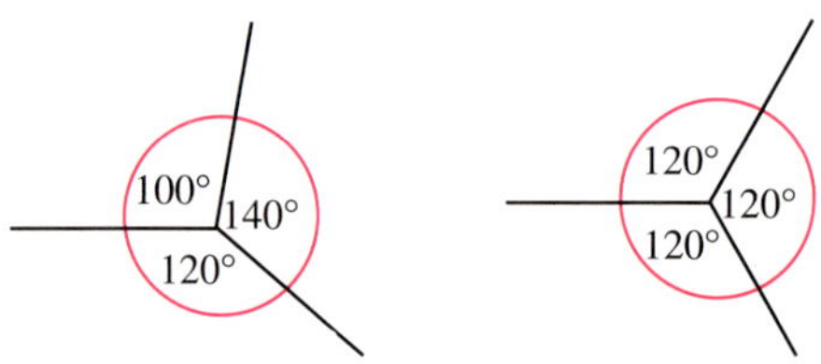

11
Zeichne den zweiten Schenkel des halbierten Winkels.

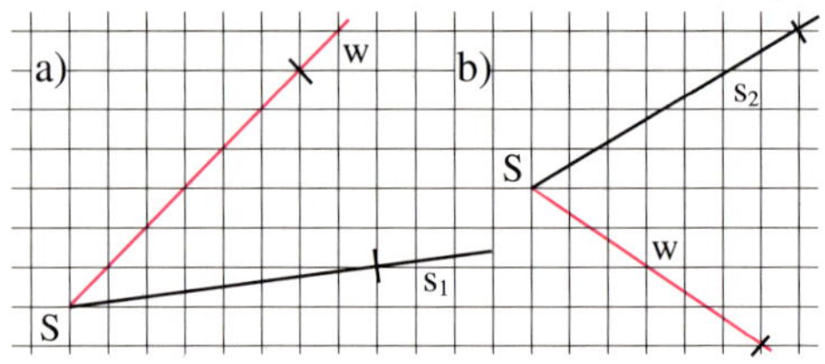

12

Teile einen Winkel von

a) 65° b) 100° c) 130° d) 175°

in vier gleich große Winkel.

13

Übertrage die Figur ins Heft. Der Winkel bei S beträgt 150°, alle gefärbten Strecken sind 5 cm lang.

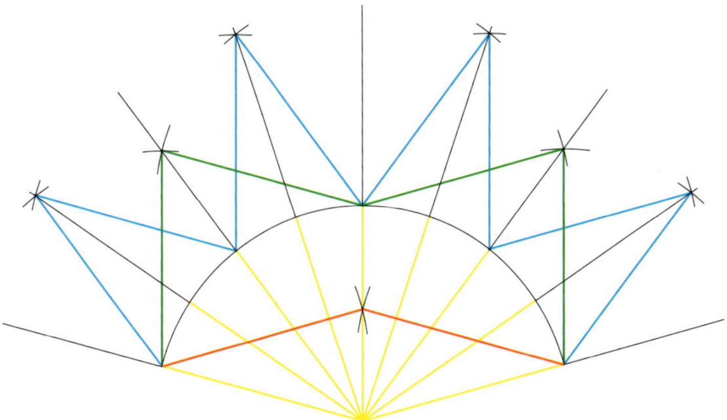

14

Zwischen den Punkten A und B ist die direkte Sicht versperrt. Wie muss der Spiegel in C gedreht werden, damit man von A nach B sehen kann? Zeichne.

Hinweis: Der Spiegel muss senkrecht auf der Winkelhalbierenden stehen.

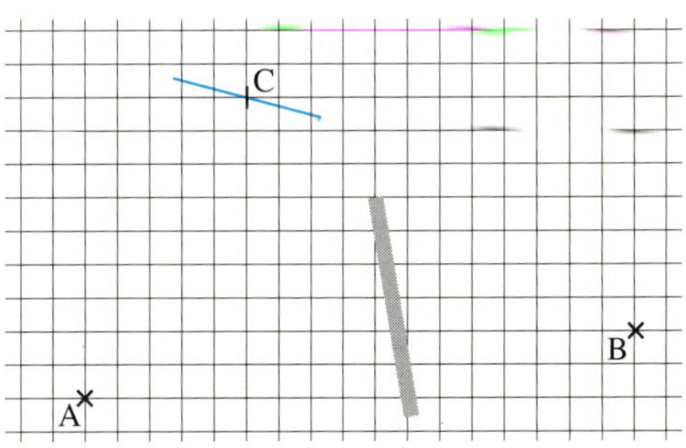

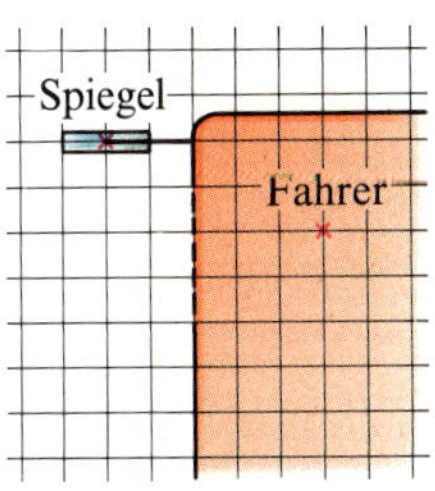

15

Wie muss der Außenspiegel des Busses stehen, damit der Fahrer gegen die Fahrtrichtung zurückschauen kann?

(Der Spiegel von einem Lkw oder einem Bus ist in Wirklichkeit gewölbt, damit das Blickfeld größer wird. Dies berücksichtigen wir hier nicht.)

16

Passt der Kreis ins Dreieck?

Überlege dir Folgendes dazu: Der Kreis rollt auf dem Schenkel s_1 ins Dreieck hinein. Auf welcher Geraden bewegt sich sein Mittelpunkt?

Auf welcher zweiten Geraden muss der Mittelpunkt liegen, nachdem der Kreis am Schenkel s_2 angestoßen ist?

Zeichne in doppelter Größe.

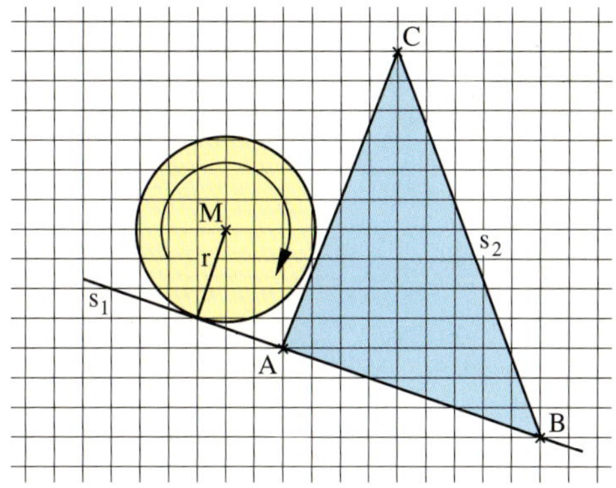

Geometrie-Diktat

Zeichne . . .

die Gerade g durch A(0|0) und B(24|2),
die Gerade h durch A(0|0) und C(12|18),
die Senkrechten auf g und h vom Punkt P(20|14) aus,
die Senkrechten auf g und h vom Punkt Q(4|15) aus,
die Winkelhalbierende in P,
die Winkelhalbierende in Q.

Unter welchem Winkel schneiden sich die zwei Winkelhalbierenden?

Zeichne das Dreieck ABC mit A(10|0), B(30|4) und C(0|10).
Zeichne die drei Winkelhalbierenden.
Markiere ihre Schnittpunkte mit den Seiten: D auf $\overline{BC}$, E auf $\overline{AC}$, F auf $\overline{AB}$.
Trage die Mittelpunkte der Seiten ein.
Spiegle D am Mittelpunkt von $\overline{BC}$.
Spiegle E am Mittelpunkt von $\overline{AC}$.
Spiegle F am Mittelpunkt von $\overline{AB}$.
Bezeichne die Bildpunkte mit D′, E′, F′.
Verbinde A mit D′, B mit E′, C mit F′.
Was fällt auf?

9 Vermischte Aufgaben

1

Zeichne die Bandmuster mit Kreisen in dein Heft. Entwirf selbst solche Muster.

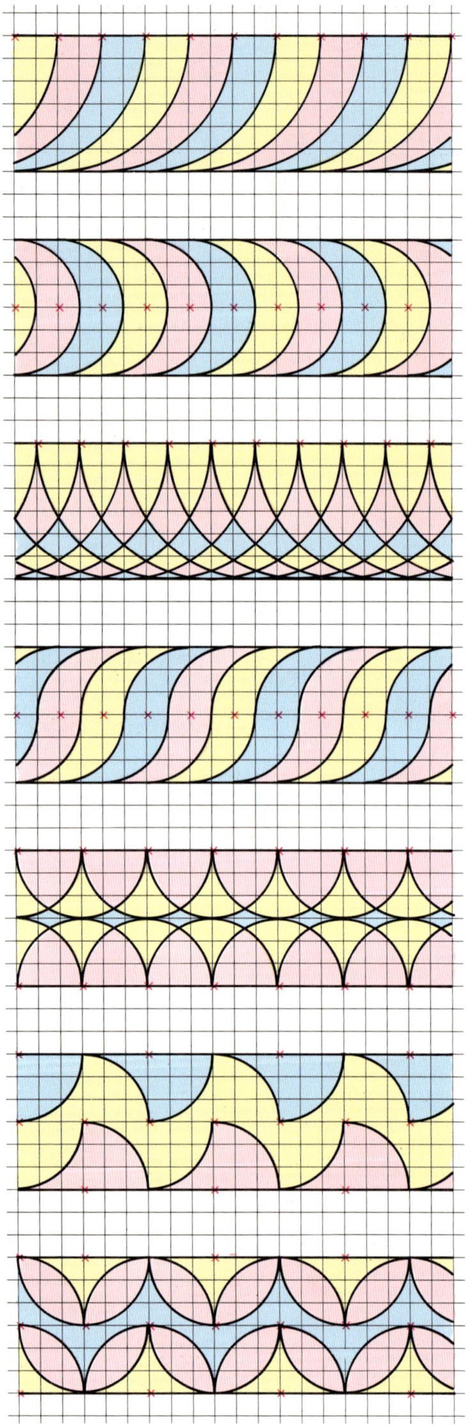

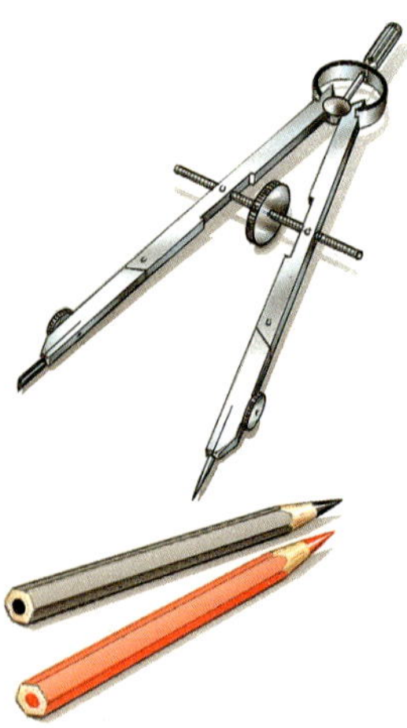

2

Zeichne das Kreismuster in dein Heft.

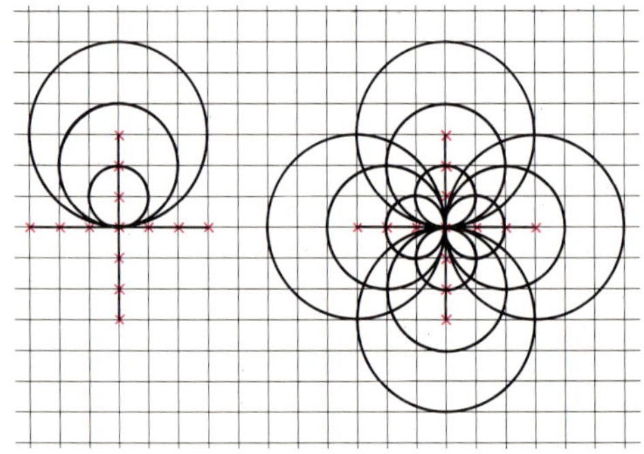

3

Zeichne einen Kreis mit dem Radius 4 cm. Trage einen Punkt P auf dem Kreis ein. Zeichne viele Kreise, deren Mittelpunkte auf dem ersten Kreis liegen und die durch den Punkt P gehen.

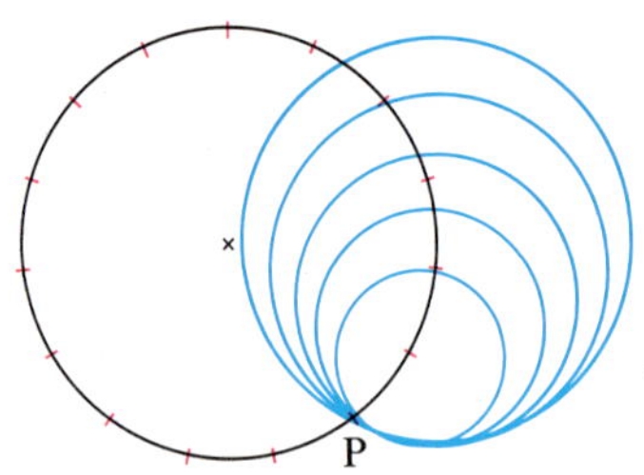

4

Zeichne einen Sportplatz im Maßstab 1 : 1 000.
(10 m entsprechen also 1 cm.)

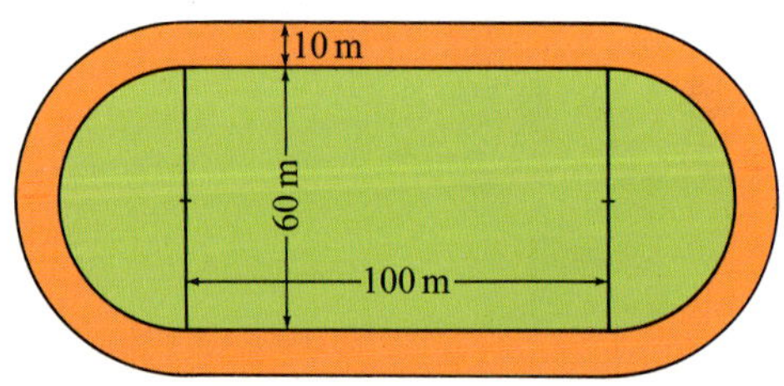

5

Ein Spiel für Zwei:
Das Spielfeld ist ein Kreis mit 10 cm Radius. Nun zeichnet ihr abwechselnd Kreise mit 2 cm Radius in das Feld. Kein Kreis darf einen anderen treffen.
Wer als Erster keinen solchen Kreis mehr zeichnen kann, hat leider verloren.

6

Wer schätzt besser?
Zeichnet zu zweit je einen Winkel; jeder schätzt die Größe des Winkels, den der andere gezeichnet hat. Wer besser geschätzt hat, bekommt einen Punkt.

7

Zeichne Winkel von

a)	b)	c)	d)
55°	27°	123°	190°
240°	325°	5°	199°
333°	175°	185°	360°.

8

Zeichne die Figuren ins Heft und gib die Größen ihrer Winkel an. Schätze zunächst.

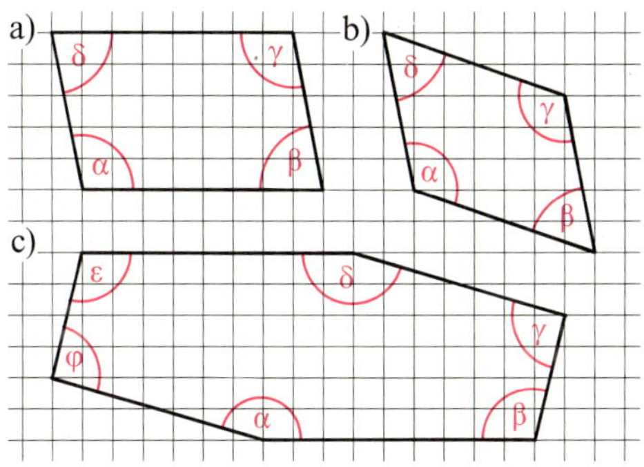

9

Zeichne den Sportplatz mit den Lichtkegeln der Scheinwerfer in doppelter Größe ins Heft. Schreibe in jeden Teil des Platzes hinein, von wie vielen Scheinwerfern er beleuchtet wird.

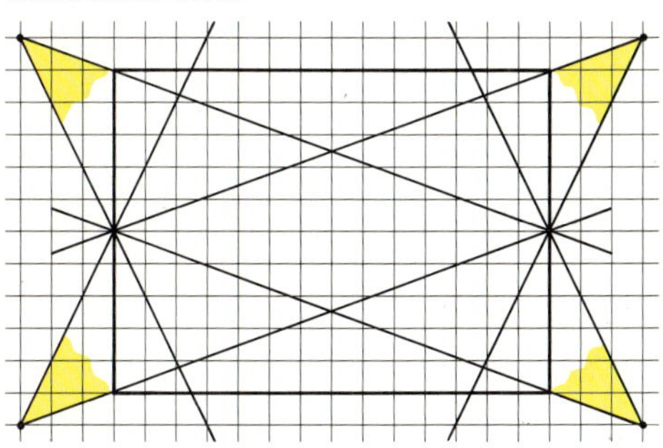

10

Wie nennt man den Bereich, in dem sich ein überholendes Auto befindet, wenn es für den Fahrer des vorausfahrenden Autos im Rückspiegel nicht zu sehen ist?

11

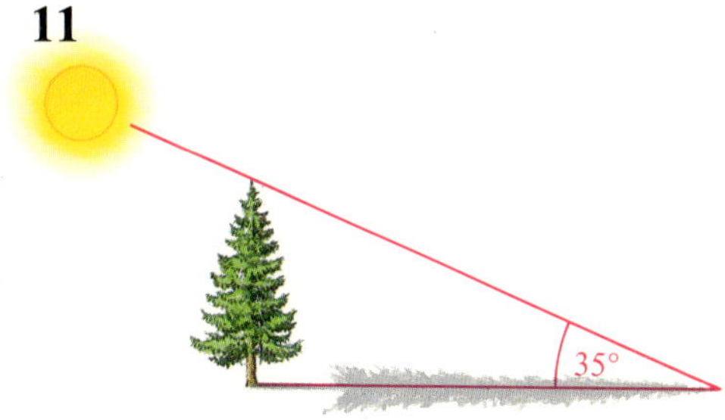

Der Baum wirft einen 60 m langen Schatten, wenn die Sonne 35° hoch steht.
a) Zeichne im Maßstab 1 : 1000 und lies die Höhe des Baumes ab.
b) Wie lang ist der Schatten, wenn die Sonne 60° hoch steht? (Zeichne zuerst den Winkel, dann eine geeignete Parallele zum horizontalen Schenkel.)

12

Zeichne Streckenzüge aus 10 Strecken. Die erste Strecke ist 10 cm lang und jede weitere um $\frac{1}{2}$ cm kürzer. Die Winkel zwischen aneinander stoßenden Strecken sollen
a) 90° b) 120° c) 100°
betragen.
Es entsteht der Anfang einer Spirale, wie du sie abgebildet siehst.

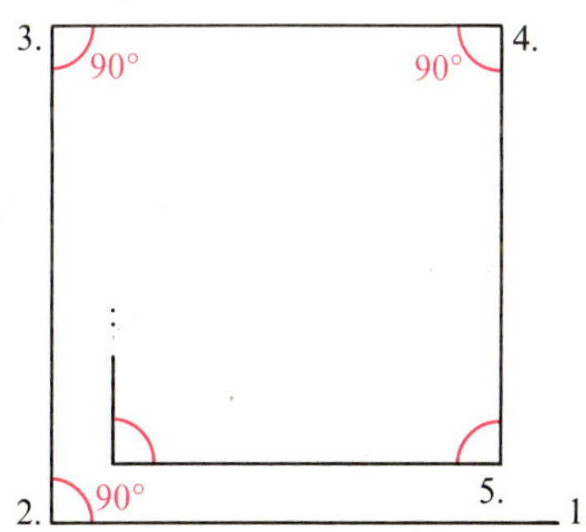

13

Zeichne einen Streckenzug nach folgender Vorschrift:
Die erste Strecke soll 8 cm lang sein. Jede weitere Strecke soll $\frac{1}{2}$ cm kürzer sein als die vorige. Die Winkel zwischen zwei aneinander stoßenden Strecken sollen der Reihe nach 150°, 140°, 130°, ... jeweils gegen den Uhrzeigersinn betragen.
Die Zeichnung ist fertig, sobald eine Strecke eine andere überkreuzt.

14
Die Geraden g und h sind parallel. Welche Winkel sind gleich groß?

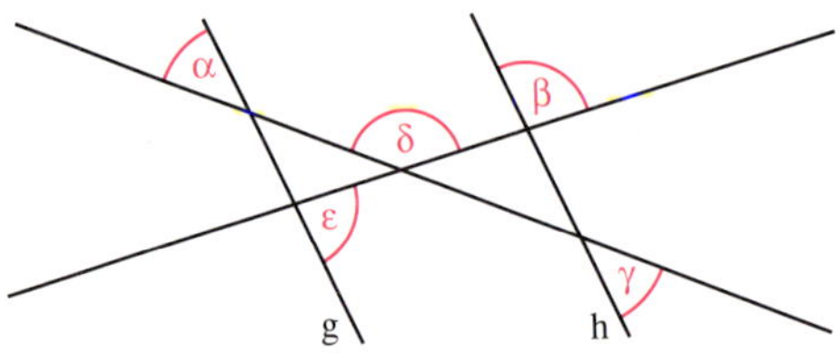

15
Wie groß sind die Winkel α und β?

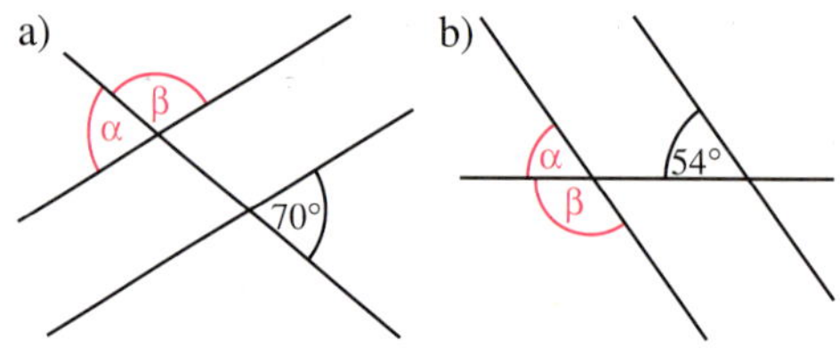

16
Je zwei Geraden sind parallel. Wie groß sind die Winkel α, β und γ?

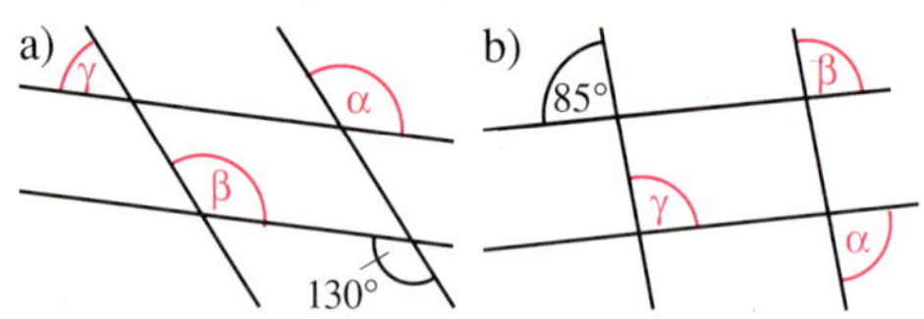

17
a) Konstruiere die Mittelsenkrechten der Strecken $\overline{AB}$ und $\overline{AC}$ mit A(12|3), B(0|0), C(10|15).

b) Wie weit sind die Punkte A, B und C vom Schnittpunkt S der zwei Mittelsenkrechten entfernt? Miss auf mm genau.

18
Gegeben sind die Punkte A (0|0), B(6|2), C(15|5) und D(21|7). Zeichne die Mittelsenkrechten zu allen sechs Verbindungsstrecken $\overline{AB}$, $\overline{AC}$, $\overline{AD}$, $\overline{BC}$, $\overline{BD}$, $\overline{CD}$.
Wie viele Mittelsenkrechten erhältst du?

19
Aus sechs gleich langen Streifen aus Kunststoff und acht Heftklammern kannst du ein Zeichengerät für Mittelsenkrechte und Winkelhalbierende herstellen.

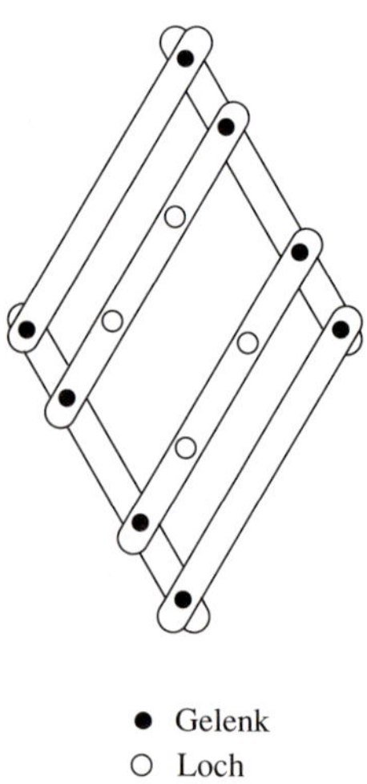

20
Unterteile den Winkel α in vier Viertel.
a) $\alpha = 60°$ b) $\alpha = 150°$ c) $\alpha = 180°$

21
Zeichne ein Rechteck mit den Seitenlängen 8 cm und 6 cm. Trage die Winkelhalbierenden ein.

22
Zeichne das Viereck mit den Eckpunkten A(0|0), B(35|0), C(27|15), D(20|15). (Du brauchst viel Platz; dafür kannst du genau zeichnen.) Trage die vier Winkelhalbierenden ein. Was fällt auf?

23
Zeichne das Viereck auf Karopapier (Hochformat). Falte es längs der Mittelsenkrechten von $\overline{AB}$ und dann, ohne vorher aufzufalten, ein zweites Mal so, dass ein möglichst kleines Rechteck entsteht. Kannst du durch zweimaliges Falten ein noch kleineres Rechteck bekommen?

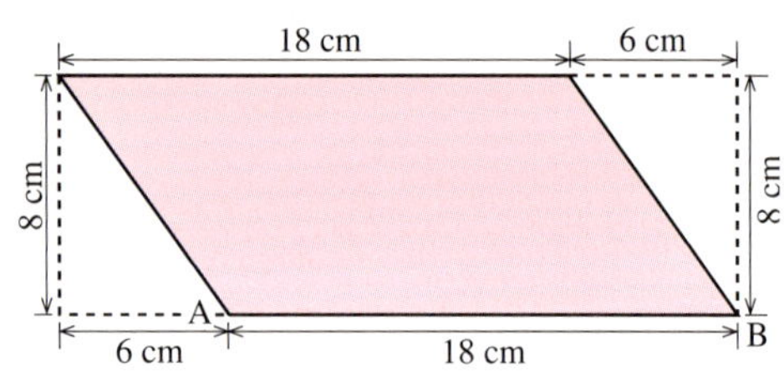

24
Die Billardkugel prallt so von der Umrandung des Tisches (der „Bande") ab, dass die Senkrechte im Auftreffpunkt den Winkel zwischen einlaufender und auslaufender Bahn halbiert. Übertrage den Tisch im Maßstab 1 : 20 ins Heft und zeichne einige weitere Teilstrecken der Bahn.

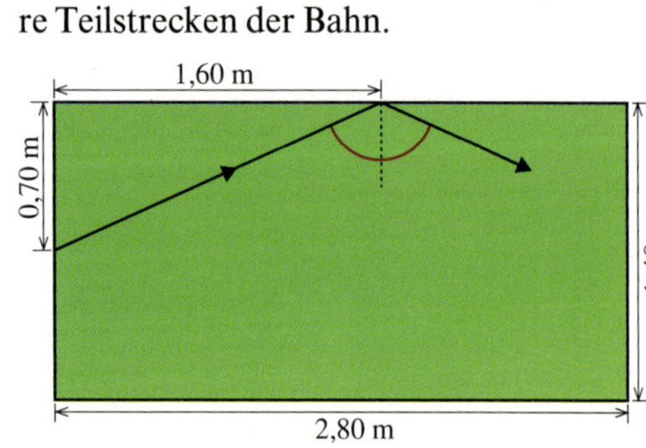

25

Ein Segelschiff fährt 600 m weit mit Kurs 90°, dann 450 m mit Kurs 45°, dann 900 m mit Kurs 315°. Mit welchem Kurs kommt es geradlinig zum Ausgangspunkt zurück? Zeichne. Nimm 1 cm für 100 m.

26

Wenn ein Segelboot gegen den Wind ankommen will, muss es kreuzen. Zeichne den Anfang des Kreuzkurses ins Heft. Ergänze ihn zu einem aus acht gleich langen Strecken mit Winkeln von 30° zusammengesetzten Kurs.
Miss im Heft aus, wie weit das Schiff sich am Ende des Kurses vom Ausgangspunkt entfernt hat.
Wie weit ist es dabei insgesamt gesegelt?
(1 cm in der Zeichnung entspricht 100 m in Wirklichkeit.)

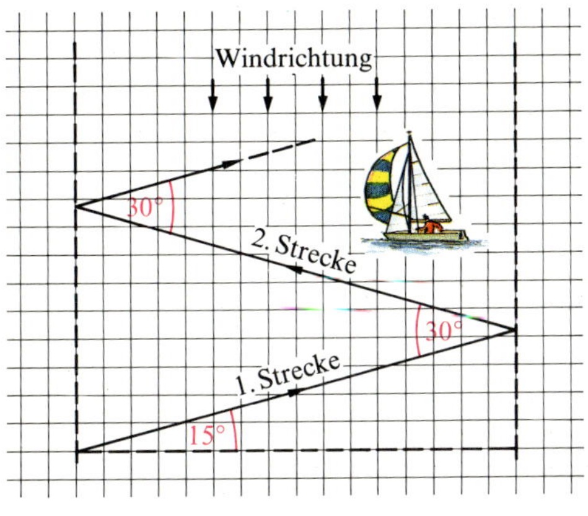

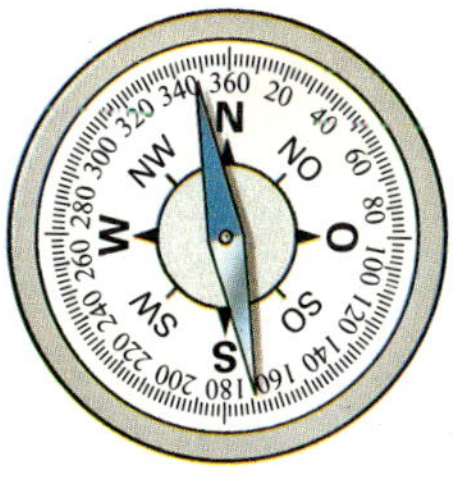

27

Sir Francis Drake, der Pirat der Königin, hat Hurrikan-Harry einen Zettel hinterlassen, auf dem der Weg vom Hafen Esperanza durch die gefährlichen Riffe zur Schatzinsel aufgeschrieben ist. Bei einer Schlägerei in der Mango-Bar hat Neidhammel-Nick den Zettel zerrissen.
Wie muss die Reihenfolge der Kursangaben gewesen sein?
(Erklärung für Landratten:
„sm" ist die Abkürzung für „Seemeile". Mit „45°" ist die Kompassrichtung 45° gemeint.)
Nimm in der Zeichnung 1 cm für 2 sm.

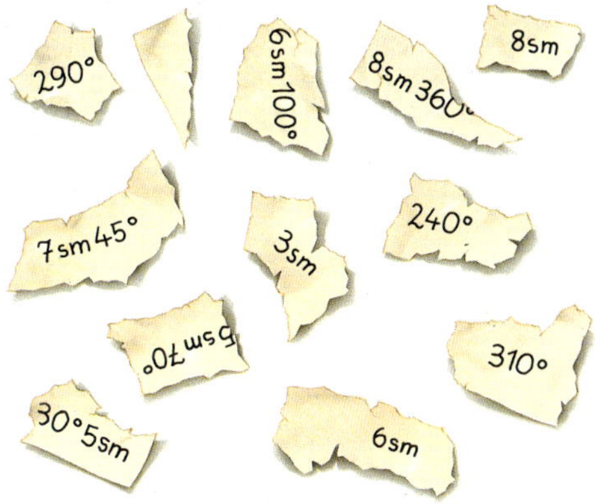

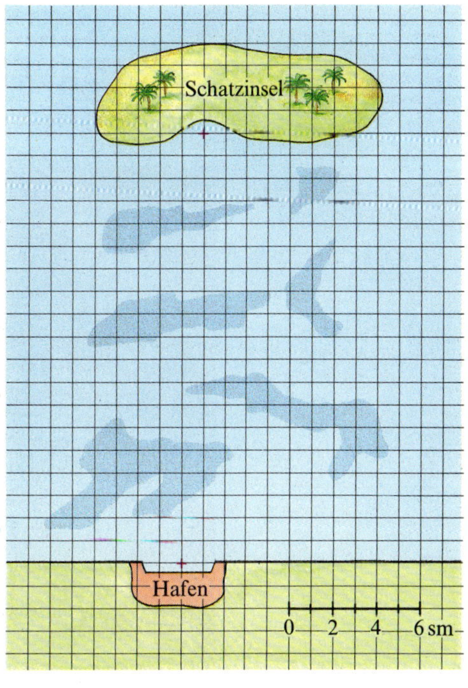

JETZT GEHTS RUND

1
Nenne aus deiner Umgebung Gegenstände, die kreisförmig sind oder Kreise enthalten. Versuche sie zu zeichnen.

2
Viele Verkehrsschilder sind kreisförmig. Zeichne sie und schreibe ihre Bedeutung dazu.

3
Viele Nationalfahnen beinhalten Kreise oder Kreisteile. Zeichne solche Fahnen und finde die Bedeutung ihrer Symbole heraus. Zu welchen Ländern gehören sie?

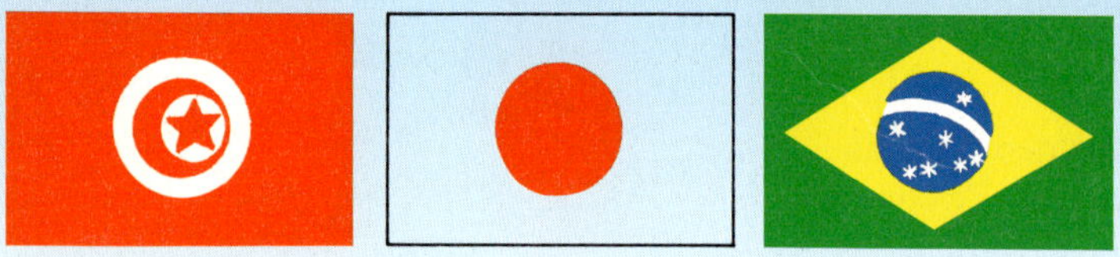

4
Der Gärtner legt ein kreisrundes Beet an. Dazu benutzt er einen Faden und einen Stock. Beschreibe, was er tut.

5
Mit Kreisringen kann man Pompons herstellen. Zeichne zwei gleich große Kreisringe auf Pappe und schneide sie aus. Lege beide Kreisringe aufeinander und umwickle sie mit viel Garn.

a) b)

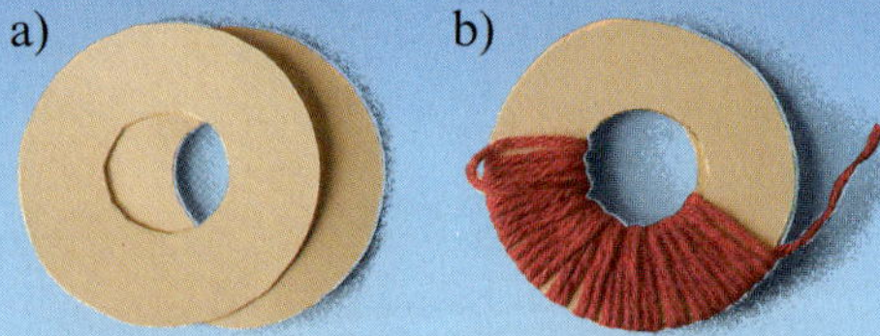

Schneide jetzt vorsichtig mit der Schere zwischen beiden Ringen das Garn auf und zieh einen Faden zwischen die Ringe. Mach einen festen Knoten. Entferne die Pappringe.

c) d)

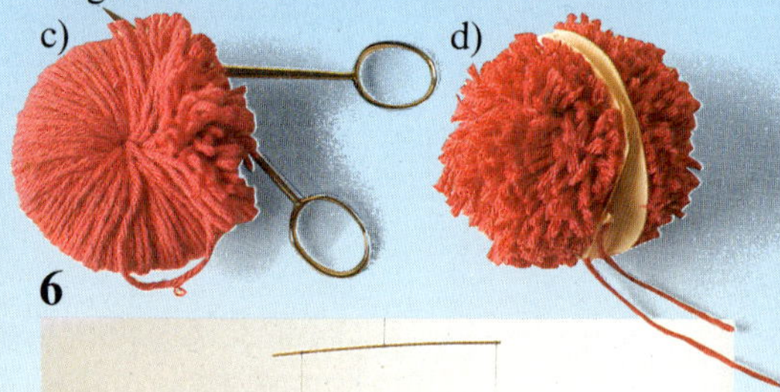

6

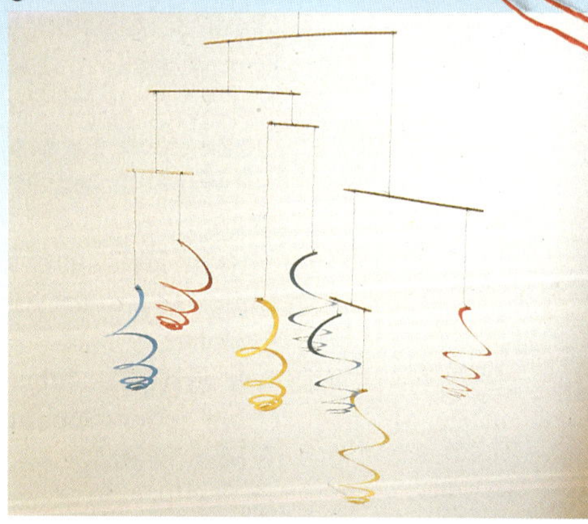

a) Zeichne eine Spirale aus Halbkreisen:

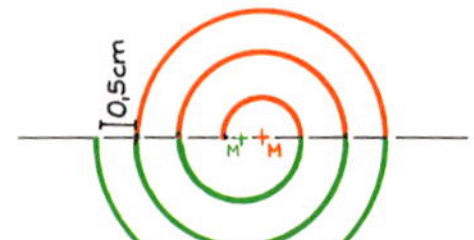

b) Schneide auf den Kreislinien entlang. Zieh einen Faden durch den Anfang der Spirale. Wenn du dir weitere Spiralfedern herstellst, kannst du dir mit kleinen Stäbchen ein interessantes Mobile anfertigen.

Heilig Kreuz Kirche in München; Klosterkirche in Alpirsbach

Geometrie und Architektur

Die Fenster an alten Kirchen und anderen Bauten waren nicht einfache Rechtecke, wie wir es heute kennen, sondern vielfach komplizierte Muster aus Kreisen und Kreisbögen. Versuche, diese Bögen selbst zu zeichnen.

Kathedrale von Reims

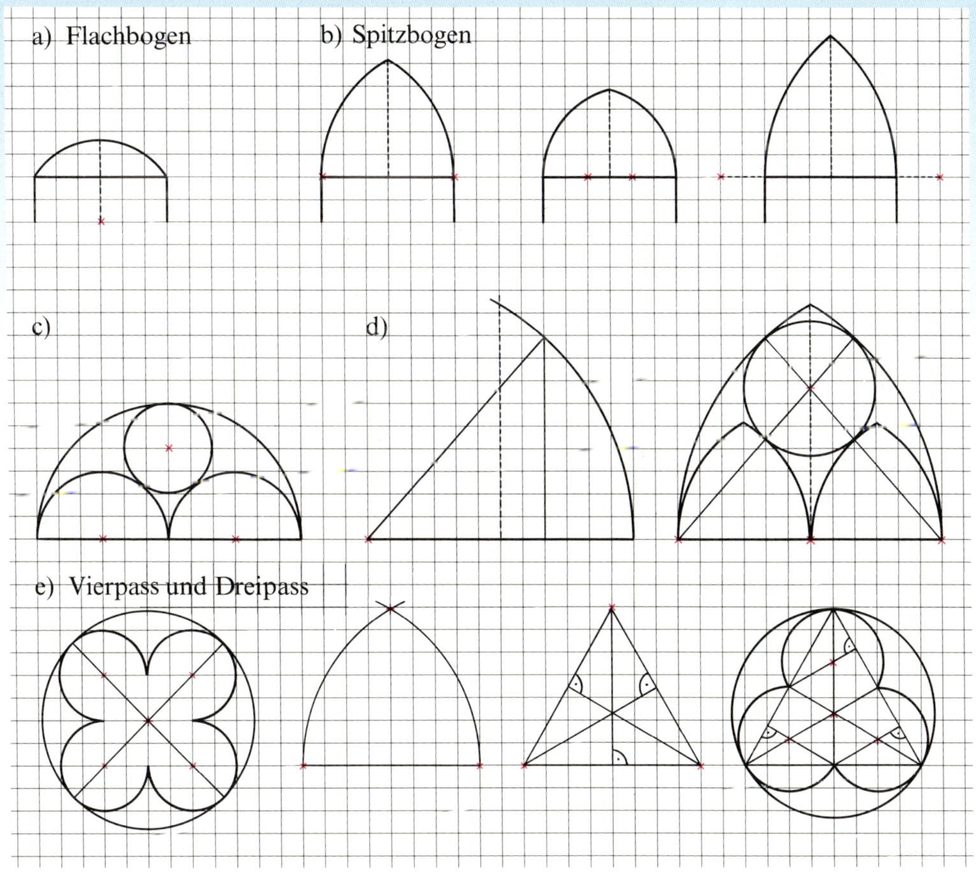

Rückspiegel

1

a) Zeichne in dein Heft je einen Kreis mit dem Radius
2 cm 4 cm 6 cm.
b) Zeichne in dein Heft je einen Kreis mit dem Durchmesser
6 cm 8 cm 10 cm.

2

a) Zeichne einen Kreis um M(12|10) mit dem Radius r = 4 cm.
b) Zeichne einen Kreis um M(10|10), der durch den Punkt P(8|4) geht.

3

Zeichne das Kreismuster in dein Heft.

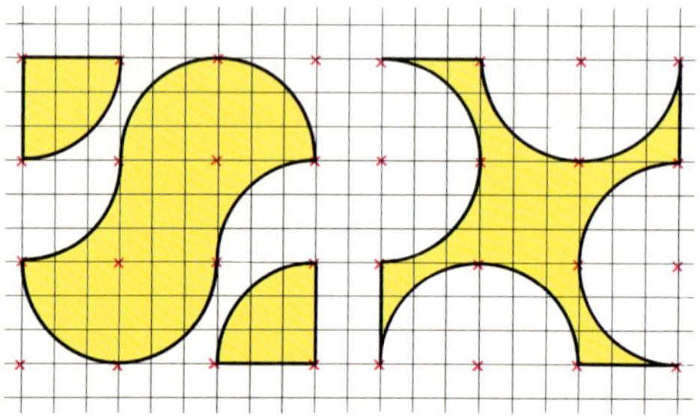

4

Zeichne die Figur ins Heft. Kennzeichne mit farbigen Bögen die Winkel
a) ∢ DSA b) ∢ ASC
c) ∢ CSD d) ∢ DSB.

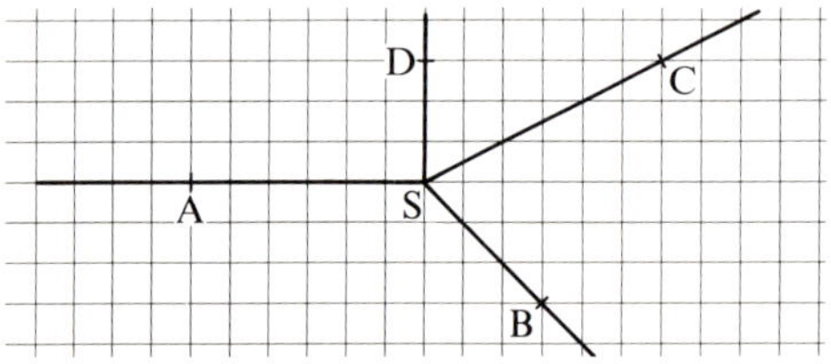

5

Schreibe die Winkel auf.
Beispiel: α = ∢ BAS.

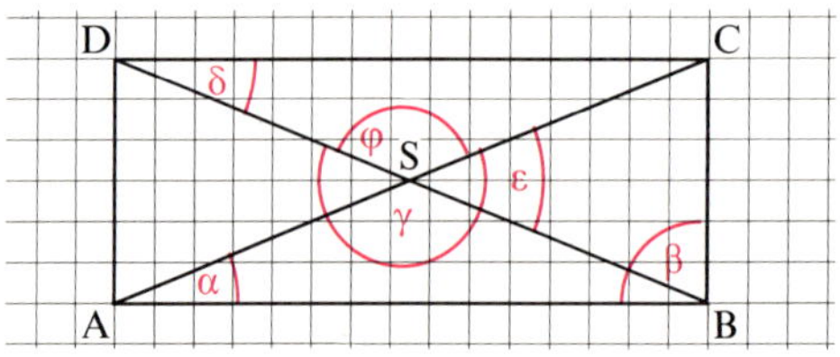

6

Zeichne je einen Winkel mit
35°, 105°, 210° und 310°.

7

Zeichne in dein Heft und miss die Winkel. Von welcher Art sind die Winkel?

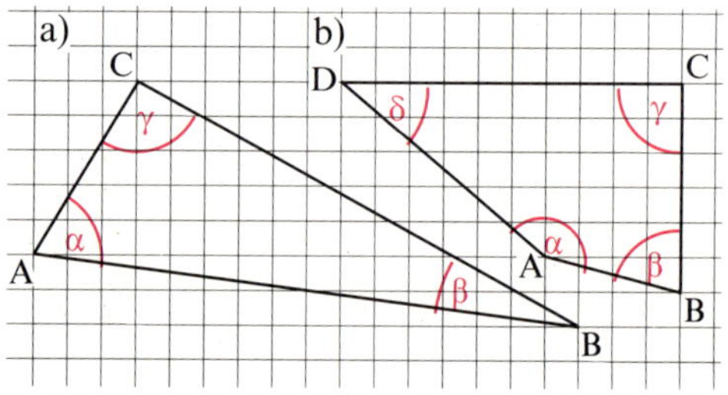

8

Die Geraden g und h sind parallel, und die Geraden i und k sind parallel.
Wie groß sind die Winkel α, β, γ und δ?

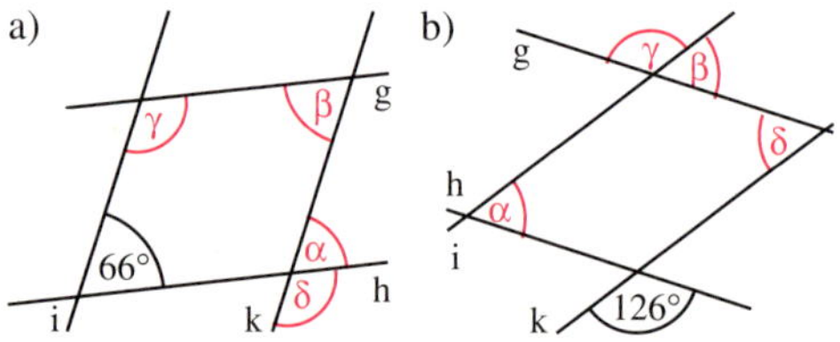

9

a) Zeichne die Mittelsenkrechten der Strecken $\overline{AB}$ und $\overline{AC}$ mit A(2|3), B(19|4), C(5|16).
b) Welche Eigenschaft hat der Schnittpunkt S der zwei Mittelsenkrechten?

10

a) Zeichne die Winkelhalbierende w des Winkels α.
b) Trage auf w den Punkt P ein, der 7 cm von S entfernt ist. Miss den Abstand zwischen P und den Schenkeln des Winkels.

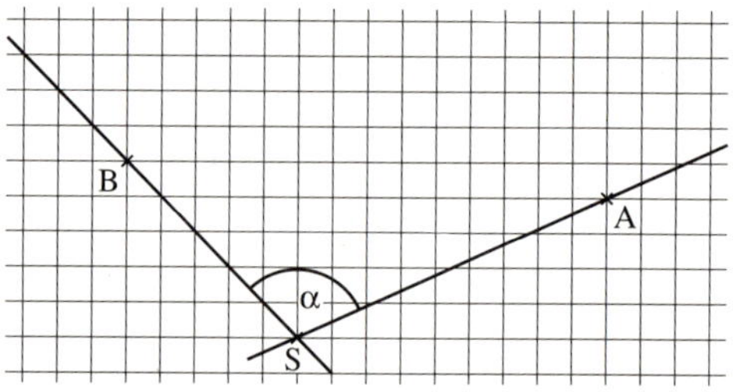

II Teilbarkeit natürlicher Zahlen

Pythagoras von Samos (etwa 580 bis etwa 500 v. Chr.)

Leuchtturm von Pharos bei Alexandria

Zur Geschichte

Der regelmäßige Lauf der Sonne, des Mondes und der Sterne brachte die Menschen schon im Altertum dazu, Regelmäßigkeiten in Zahlen auszudrücken. In Zahlen verbarg sich für sie religiöse Bedeutung und geheimes Wissen. Den Zahlen wurden Eigenschaften beigelegt. Zahlen, die man durch viele Zahlen ohne Rest teilen konnte (solche Zahlen heißen Teiler), galten als „freundlich", Zahlen mit wenigen Teilern als „unheilvoll" wie die böse Sieben und die Unglückszahl Dreizehn.
Pythagoras von Samos sah in der Verwandtschaft der Zahlen 220 und 284 ein Musterbeispiel für die menschliche Freundschaft.
Einen Meilenstein in der Beschäftigung mit den befreundeten Zahlen stellten die Arbeiten von Leonhard Euler (1707–1783) dar. Im Jahr 1747 veröffentlichte er eine Liste von 30 Zahlenpaaren. Das größte von Euler gefundene Zahlenpaar lautete
$3^5 \cdot 7^2 \cdot 13 \cdot 19 \cdot 53 \cdot 6959$ *und*
$3^5 \cdot 7^2 \cdot 13 \cdot 19 \cdot 179 \cdot 2087$.

Euklid von Alexandria kannte vollkommene Zahlen. Er fand auch ein noch heute übliches Rechenverfahren, mit dem sich die größte Zahl bestimmen lässt, die in zwei gegebenen Zahlen aufgeht.
Eratosthenes von Kyrene (um 200 v. Chr.) durchsuchte die Folge der natürlichen Zahlen auf Primzahlen; also auf solche Zahlen, die sich nicht in ein Produkt aus zwei kleineren Zahlen zerlegen lassen.

Befreundete Zahlen

220 hat die Teiler
1, 2, 4, 5, 10, 11, 20, 22, 44, 55, 110, 220.
$1 + 2 + 4 + 5 + 10 + 11 + 20 + 22 + 44 + 55 + 110 = 284$

284 hat die Teiler
1, 2, 4, 71, 142, 284.
$1 + 2 + 4 + 71 + 142 = 220$

Leonhard Euler (1707 bis 1783)

Vollkommene Zahlen

6 hat die Teiler 1, 2, 3, 6.
$1 + 2 + 3 = 6$
28 hat die Teiler 1, 2, 4, 7, 14, 28.
$1 + 2 + 4 + 7 + 14 = 28$

$$2^{137} - 1 = 174\,224\,571\,863\,520\,493\,293\,247\,799\,005\,065\,324\,265\,471$$
$$= 32\,032\,215\,596\,496\,435\,569 \cdot 5\,439\,042\,183\,600\,204\,290\,159$$

1 Teiler und Vielfache

1
Die Klasse 6 b der Gottlieb-Daimler-Realschule unternimmt eine Klassenfahrt. Herr Bauer möchte in der Klasse für die Vorbereitung Gruppen gleicher Größe bilden. Welche Möglichkeiten hat er, wenn in der Klasse 13 Schülerinnen und 11 Schüler sind?

2
Tintenpatronen werden im Schreibwarengeschäft in 6er-Packungen abgegeben. Welche Anzahlen von Patronen kannst du so erhalten?

Schreiben wir die Zahl 36 als Produkt, z. B. $4 \cdot 9$, so wissen wir, dass 4 und 9 die Zahl 36 ohne Rest teilen. Da 36 das 9fache von 4 und das 4fache von 9 ist, ist 36 ein Vielfaches von 4 und von 9.

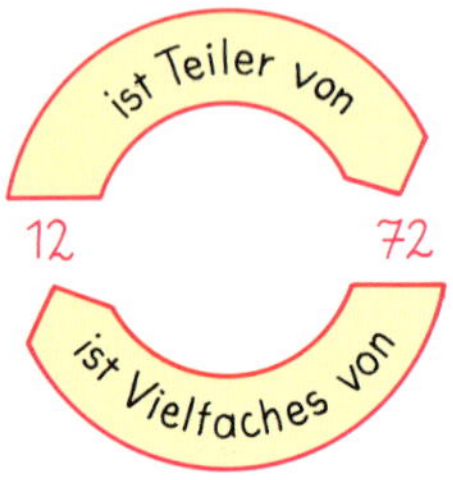

Die Divisionsaufgabe $72:12=6$ geht ohne Rest auf.
Wir sagen: 12 **teilt** 72; kurz geschrieben $12|72$.
Wir nennen 12 einen **Teiler** von 72 und umgekehrt 72 ein **Vielfaches** von 12.

Beispiele
a) Schreiben wir eine Zahl auf alle möglichen Arten als Produkt aus zwei Faktoren, so erhalten wir alle Teiler. Wir beginnen dabei stets mit der Zahl 1. Danach prüfen wir, ob 2, 3, ... Teiler der Zahl sind. Wir können aufhören, sobald ein Produkt auftritt, bei dem der erste Faktor mindestens so groß ist wie der zweite.

20	24	25	27
$1 \cdot 20$	$1 \cdot 24$	$1 \cdot 25$	$1 \cdot 27$
$2 \cdot 10$	$2 \cdot 12$	$5 \cdot 5$	$3 \cdot 9$
$4 \cdot 5$	$3 \cdot 8$		
	$4 \cdot 6$		

b) Multiplizieren wir die Zahl 7 nacheinander mit den natürlichen Zahlen 1, 2, 3, 4, 5, ..., so erhalten wir die Vielfachen von 7, also 7, 14, 21, 28, 35, 42, ...
Bemerkung: 5 ist z. B. kein Teiler von 24. Dafür schreiben wir kurz: $5 \nmid 24$.

Sämtliche Teiler einer Zahl werden in der **Teilermenge** zusammengefasst.
Die Vielfachen einer Zahl werden in der **Vielfachenmenge** aufgezählt.

Beispiele
c) Für die Teilermenge der Zahl 20 schreiben wir kurz $T_{20} = \{1, 2, 4, 5, 10, 20\}$.
Für die Teilermengen der Zahlen 24, 25, 27 schreiben wir jeweils
$T_{24} = \{1, 2, 3, 4, 6, 8, 12, 24\}$; $T_{25} = \{1, 5, 25\}$; $T_{27} = \{1, 3, 9, 27\}$.
d) In der Vielfachenmenge schreiben wir nur die ersten Zahlen. Die Vielfachenmenge der Zahl 7 bezeichnen wir kurz mit V_7.
$V_7 = \{7, 14, 21, 28, 35, 42, ...\}$; $V_{12} = \{12, 24, 36, 48, 60, ...\}$; $V_{24} = \{24, 48, 72, 96, 120 ...\}$

Aufgaben

3
Setze die Zeichen | oder ∤ richtig ein.

a) 11 □ 131 b) 14 □ 84 c) 16 □ 96
13 □ 91 11 □ 121 12 □ 144
12 □ 84 15 □ 75 13 □ 69

4
a) Welche Zahlen sind Vielfache von 8:
24, 28, 36, 54, 58, 72, 104?
b) Welche Zahlen sind Vielfache von 12:
24, 32, 48, 64, 78, 96, 112?
c) Welche Zahlen sind Vielfache von 16:
32, 48, 56, 64, 88, 96, 144?

5
Schreibe auf alle möglichen Arten als Produkt aus zwei Faktoren.

a) 32 b) 36 c) 42
d) 48 e) 56 f) 64
g) 72 h) 81 i) 112
k) 144 l) 169 m) 225

6
Bestimme die Teilermenge.

a) 18 b) 22 c) 27
d) 39 e) 45 f) 66
g) T_{44} h) T_{52} i) T_{63}
k) T_{72} l) T_{84} m) T_{112}

7
Bestimme die Vielfachenmenge.

a) 13 b) 17 c) 19
d) 23 e) 28 f) 32
g) V_9 h) V_{15} i) V_{18}

8
Teiler würfeln!
Jeder Spieler darf zweimal mit drei Würfeln werfen.
Spielregeln:
1) Bilde aus den Augenzahlen des ersten Wurfs das Produkt.
2) Bilde aus den Augenzahlen des zweiten Wurfs möglichst viele Teiler der Zahl aus dem ersten Wurf. Dabei sind alle Rechenoperationen erlaubt.
3) Für jeden Teiler gibt es einen Punkt.

9
Um welche Vielfachenmenge handelt es sich? Setze die fehlenden Zahlen ein.

a) {8, 16, 24, 32, □, □, □, ...}
b) {□, 18, 27, 36, 45, □, □, ...}
c) {□, □, □, 24, 30, 36, □, ...}
d) {□, 24, 36, □, □, □, □, ...}
e) {□, 28, 42, 56, □, □, □, ...}
f) {□, □, 51, 68, 85, □, □, ...}

10
Um welche Teilermengen handelt es sich? Setze die fehlenden Zahlen ein.

a) {1, 2, □, □, 6, 12}
b) {1, 2, 5, 10, □, □}
c) {□, □, 17, 51}
d) {□, 2, 3, 4, □, □, 12, 18, □}
e) {□, 3, □, □, 15, □}

11
Bestimme die Teilermengen der folgenden Zahlenpaare. Was fällt dir auf?

a) 4; 12 b) 6; 36
c) 9; 27 d) 21; 63

12
Bestimme die Vielfachenmengen der folgenden Zahlen. Was fällt dir auf?

a) 4; 12 b) 6; 36
c) 9; 27 d) 5; 15

13
Um welche Vielfachenmenge handelt es sich,
a) wenn 65 an fünfter Stelle steht?
b) wenn 112 an siebenter Stelle steht?

14
Gib alle Möglichkeiten an, 100 € in Geldscheine oder Münzen einer einzigen Sorte in ganze Euro zu wechseln.

15
Eine Tapetenbahn hat eine Breite von 52 cm. Wie breit kann eine Wand sein, damit keine Tapetenbahn zerschnitten werden muss? Nenne alle Möglichkeiten zwischen 5 m und 10 m.

2 Teilbarkeit von Summen

1
Eine Jugendgruppe verkauft auf einem Basar Taschenbücher, das Stück für 6 €.
Am Abend zählt sie ihre Tageseinnahme.
Sie kommt auf 632 €.
Kann das stimmen?

2
Bei der Herstellung eines Buches werden in der Regel je 16 Seiten auf einen großen Bogen gedruckt. Dieser wird dann gefaltet und geschnitten, und mehrere solcher Bögen werden zu einem Buch zusammengeheftet. Aus wie vielen Bögen besteht ein Buch mit 160 Seiten, 192 Seiten, 336 Seiten?

Durch Dividieren stellen wir fest, ob eine Zahl durch eine andere ohne Rest teilbar ist oder ob ein Rest entsteht. Oft geht es jedoch einfacher. Wollen wir z. B. wissen, ob 2 135 durch 7 teilbar ist, so zerlegen wir 2 135 geschickt:

$2\,135 : 7 = (2\,100 + 35) : 7 = 2\,100 : 7 + 35 : 7 = 300 + 5 = 305$

Da sowohl 2 100 als auch 35 durch 7 teilbar sind, ist auch die Summe durch 7 teilbar. Auf dieselbe Art erkennen wir auch, dass $715 = 700 + 15$ nicht durch 7 teilbar ist.

> Sind in einer Summe alle Summanden durch eine bestimmte Zahl teilbar, so ist auch die Summe durch diese Zahl teilbar.
> Sind in einer Summe alle Summanden bis auf einen durch eine bestimmte Zahl teilbar, so ist die Summe nicht durch diese Zahl teilbar.

Beispiele
a) 1 648 ist durch 16 teilbar, denn $1\,648 = 1\,600 + 48$; sowohl 1 600 als auch 48 sind durch 16 teilbar.
b) 2 444 ist nicht durch 12 teilbar, denn $2\,444 = 2\,400 + 44$; zwar ist 2 400 durch 12 teilbar, nicht aber 44.
c) Große Zahlen kannst du auch in mehrere Summanden zerlegen:
$481\,272 = 480\,000 + 1\,200 + 72$; so erkennst du, dass 481 272 durch 12 teilbar ist.

Bemerkung: Eine entsprechende Regel gilt auch für Differenzen:
d) $273 = 280 - 7$; da 280 und 7 durch 7 teilbar sind, ist auch die Differenz durch 7 teilbar.

Aufgaben

3
Setze im Heft die Zeichen $\mid$ oder $\nmid$ ein.
a) 3 □ (1 800 + 21) b) 6 □ (1 800 + 46)
c) 4 □ (4 000 + 34) d) 8 □ (1 600 + 32)
e) 5 □ (500 + 35) f) 15 □ (3 000 + 45)
g) 7 □ (4 200 + 49) h) 13 □ (2 600 + 39)

4
Setze $\mid$ oder $\nmid$ ein.
a) 3 □ (42 000 + 900 + 48)
b) 6 □ (48 000 + 600 + 24)
c) 7 □ (14 000 + 800 + 91)
d) 8 □ (560 000 + 900 + 88)

5
Welche Zahlen sind teilbar?
Zerlege geschickt in eine Summe.
a) durch 3: 54, 327, 628, 1 242, 2 705
b) durch 7: 84, 434, 727, 1 435, 2 195
c) durch 11: 121, 363, 555, 4 554, 1 331
d) durch 15: 155, 185, 465, 1 815, 4 575

6
Welche Zahlen sind teilbar?
Zerlege geschickt in eine Differenz.
a) durch 6: 56, 114, 174, 594, 5 988
b) durch 7: 64, 133, 203, 481, 6 986
c) durch 8: 76, 152, 392, 632, 7 984
d) durch 12: 108, 226, 588, 708, 1 176

7
Überprüfe durch Zerlegung.
a) $19|285$ b) $11|385$ c) $12|442$
d) $13|676$ e) $12|1224$ f) $15|1560$
g) $19|3838$ h) $31|3844$ i) $13|2669$
k) $16|1744$ l) $16|3316$ m) $17|3451$

8
Nenne drei Zahlen, die du einsetzen kannst.
a) $2|(40+\square)$ b) $5|(35-\square)$
c) $6|(\square+24)$ d) $4|(44+\square)$
e) $10|(100-\square)$ f) $20|(180-\square)$
g) $15|(225+\square)$ h) $25|(\square+175)$

9
Zerlege geschickt in mehrere Summanden.
a) Ist 457 590 durch 15 teilbar?
b) Teilt 12 die Zahl 9 648 144?
c) Ist 8 ein Teiler von 6 416 872?
d) Teilt 9 die Zahl 7 209 171?
e) Ist 26 039 117 durch 13 teilbar?

10
a) Bernd behauptet:

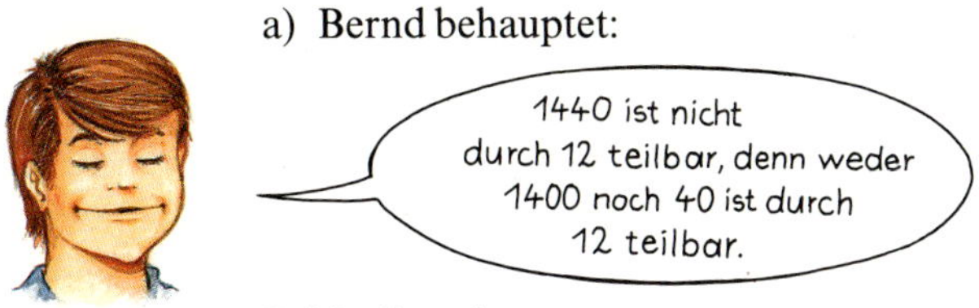

Prüfe diese Aussage.
b) Ist $4000+80$ durch 12 teilbar?
c) Ist $4000+12$ durch 8 teilbar?
d) Ist $3400+20$ durch 18 teilbar?

11
a) Gib die kleinste Zahl an, die man zu 1 705 addieren muss, um eine durch 17 teilbare Summe zu erhalten.
b) Welches ist die kleinste Zahl, die man von 1 705 subtrahieren muss, um eine durch 17 teilbare Differenz zu erhalten?

12
Auf einem Sportplatz ist eine Runde 400 m lang. Bei welcher Laufstrecke fallen Start und Ziel zusammen?
a) 1 000 m b) 3 000 m
c) 5 000 m d) 10 000 m

13
Ein Verein mit 35 Mitgliedern mietet für 1470 € einen Reisebus. Vor Beginn der Fahrt sagen 5 Mitglieder ab. Wie hoch ist der Fahrpreis pro Person vorher und nachher? Rechne im Kopf.

14
Im Kindertheater kostet der Eintritt 8 €.
An welchen Tagen stimmt der Kassenbestand nicht?

	Mo	Di	Mi	Do	Fr	Sa
€	896	860	760	984	972	912

15
An welchen Tagen lassen sich auf dem Bauernhof die Hühnereier ohne Rest auf 6er-Packungen verteilen?

Mo	Di	Mi	Do	Fr	Sa	So
1 470	1 215	1 512	1 440	1 386	1 464	1 228

16

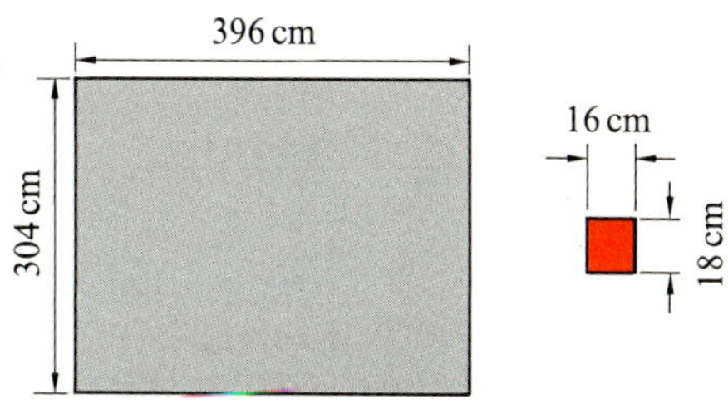

Herr Haug behauptet, er müsse Fliesen zerschneiden. Frau Haug widerspricht. Wer hat Recht? Begründe.

3 Endziffernregeln

1

Frau Stein hat Ziffernkarten in den Unterricht mitgebracht. Die Schüler sollen Zahlen legen, die durch 2, durch 4, durch 2, aber nicht durch 4, durch 5 teilbar sind. Gib selbst einige Beispiele an. Kannst du eine Regel erkennen?

Wir können große Zahlen auch als Summen von Vielfachen der Stufenzahlen angeben:

$$5\,648 = 5 \cdot 1\,000 + 6 \cdot 100 + 4 \cdot 10 + 8$$

10, 100, 1000 und alle Vielfachen sind durch 2 teilbar. Somit genügt es festzustellen, ob die letzte Ziffer, die Endziffer, durch 2 teilbar ist.
100, 1000 und alle Vielfachen sind durch 4 teilbar. Somit genügt es festzustellen, ob die Zahl aus den letzten beiden Ziffern durch 4 teilbar ist.
1 000 und alle Vielfachen sind durch 8 teilbar. Somit genügt es festzustellen, ob die Zahl aus den letzten drei Ziffern durch 8 teilbar ist.

Eine Zahl ist nur dann
durch 2 teilbar, wenn die **Endziffer** durch 2 teilbar ist.
durch 4 teilbar, wenn die **zwei** letzten Ziffern eine durch 4 teilbare Zahl bilden.
durch 8 teilbar, wenn die **drei** letzten Ziffern eine durch 8 teilbare Zahl bilden.

Beispiel
a) 5 176 ist durch 2 teilbar, da 6 durch 2 teilbar ist.
5 176 ist durch 4 teilbar, da 76 durch 4 teilbar ist.
5 176 ist durch 8 teilbar, da 176 durch 8 teilbar ist.
Bemerkung: Eine Zahl, die durch 4 teilbar ist, ist stets auch durch 2 teilbar.

Alle Vielfachen von 10 haben die Endziffer 0,
alle Vielfachen von 5 haben die Endziffer 0 oder 5,
alle Vielfachen von 25 haben 00, 25, 50 oder 75 als letzte Ziffern.

Eine Zahl ist nur dann
durch 10 teilbar, wenn sie die Endziffer 0 hat.
durch 5 teilbar, wenn sie die Endziffer 5 oder 0 hat.
durch 25 teilbar, wenn sie 00, 25, 50 oder 75 als letzte Ziffern hat.

Beispiel
b) 475, 525 und 2 050 sind durch 25 teilbar. 615 und 3 585 sind nicht durch 25 teilbar.

Aufgaben

2

a) Welche der Zahlen sind durch 4 teilbar?

56	345	336	4 216	78 420
74	476	995	5 319	85 896

b) Welche der Zahlen sind durch 8 teilbar?

88	128	284	3 408	72 816
72	188	248	4 568	36 804

3

a) Welche der Zahlen sind durch 5 teilbar?

35	352	650	4 315	48 000
80	552	752	6 800	62 125

b) Welche der Zahlen sind durch 25 teilbar?

55	155	900	4 300	76 325
75	350	925	9 255	29 900

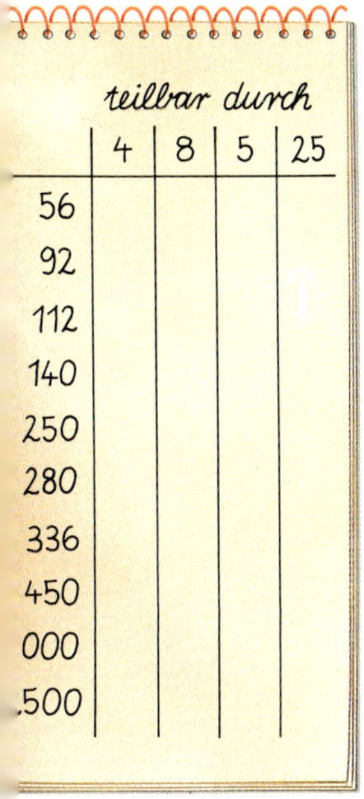

4
Prüfe, ob die Zahlen durch 2, 5 oder 25 teilbar sind.

a) 50	b) 55	c) 80	d) 95
e) 115	f) 130	g) 175	h) 180
i) 375	k) 550	l) 675	m) 850
n) 1 200	o) 1 755	p) 2 450	q) 3 775

5
Prüfe, ob die Zahlen durch 4 oder 8 teilbar sind.

a) 28	b) 32	c) 76	d) 78
e) 104	f) 136	g) 150	h) 196
i) 264	k) 356	l) 496	m) 514
n) 1 248	o) 1 332	p) 1 806	q) 2 416

6
Nenne
a) alle zwischen 36 und 92 liegenden, durch 4 teilbaren Zahlen,
b) alle zwischen 100 und 200 liegenden, durch 8 teilbaren Zahlen,
c) alle durch 25 teilbaren, dreistelligen Zahlen, die kleiner als 400 sind.

7
Wie heißt die kleinste Zahl, die
a) durch 2, 4 und 5 teilbar ist,
b) durch 2, 8 und 10 teilbar ist,
c) durch 8, 5 und 25 teilbar ist,
d) durch 4, 10 und 25 teilbar ist?

8
Suche für folgende Zahlen die nächstgrößere und die nächstkleinere durch 5 (durch 8) teilbare Zahl.
a) 66, 113, 476, 1 326, 3858
b) 76, 208, 881, 3 567, 1223
c) 97, 316, 786, 4 359, 5882
d) 93, 512, 914, 5 678, 2271

9
Setze Ziffern ein, so dass die entstehenden Zahlen
a) durch 2: 52□, 79□, 51□4, 45□□
b) durch 4: 52□, 73□, 36□6, 24□□
c) durch 5: 52□, 71□, 82□0, 59□□
d) durch 25: 52□, 77□, 71□5, 31□□
teilbar sind.

10
Setze Ziffern ein, so dass die entstehenden Zahlen
a) durch 2, aber nicht durch 4 teilbar sind:
12□, 21□, 30□, 99□, 33□, 3□4, 3□6.
b) durch 5, aber nicht durch 25 teilbar sind:
12□, 45□, 70□, 26□, 27□, 6□, 32□5.

11

Bilde aus den Ziffern 4-stellige Zahlen,
a) die durch 4, aber nicht durch 8
b) die durch 4, aber nicht durch 25
teilbar sind.

12
Zeige an Beispielen, dass eine Zahl,
a) die durch 2 und 5 teilbar ist, auch durch 10 teilbar ist,
b) die durch 4 und 10 teilbar ist, nicht immer auch durch 40 teilbar ist. Vergleiche.

13
Welche der Zahlen 4, 5 oder 8 ist für □ jeweils zu setzen? Ergänze die Tabelle im Heft.

	16	20	25	50	64
teilbar durch □	ja	ja	...	...	...
teilbar durch □	...	nein	...	...	ja
teilbar durch □	nein	ja	..	...	...

14
Wie viele kleine Würfel mit der Kantenlänge 4 cm kann man in einem 64 cm langen, 48 cm breiten und 20 cm hohen Karton unterbringen?

15
Ist die Jahreszahl durch 4 teilbar, so ist das Jahr ein Schaltjahr. (Ausnahmen sind Hunderterzahlen, die nicht durch 400 teilbar sind, also war 1900 kein Schaltjahr.)
a) Welche sind Schaltjahre?
1648, 1700, 1884, 1993, 2000, 2028
b) Karin wurde am 29. 2. 1984 geboren. Wie oft kann sie bis zum Jahr 2018 ihren Geburtstag am „richtigen" Tag feiern?

4 Quersummenregeln

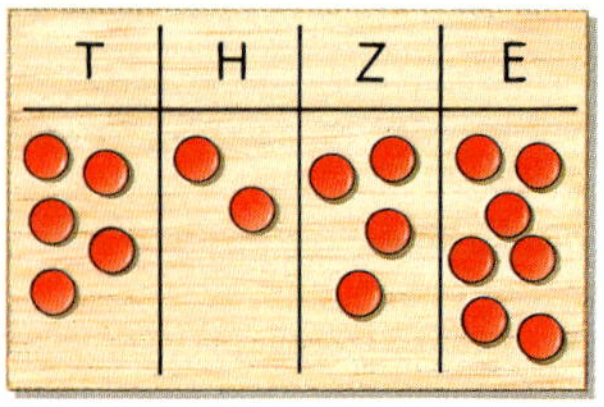

1
Lege mit 18 Spielmarken auf dem Rechenbrett drei verschiedene Zahlen.
Prüfe, welche Zahlen durch 9 teilbar sind. Wiederhole die Aufgabe mit 12 Spielmarken.

2
Welchen Rest haben die Zahlen
10, 20, 30, 40, ...   100, 200, 300, 400, ...   1 000, 2 000, 3 000, 4 000, ...
bei der Division durch 9?

Wir überprüfen die Teilbarkeit durch 3 oder 9 an der Summendarstellung:

$$\begin{aligned} 8\,646 &= 8\cdot 1\,000 + 6\cdot 100 + 4\cdot 10 + 6 \\ &= 8\cdot\ \ 999 + 8 + 6\cdot 99 + 6 + 4\cdot 9 + 4 + 6 \\ &= 8\cdot\ \ 999 + 6\cdot 99 + 4\cdot 9 + (8 + 6 + 4 + 6) \end{aligned}$$

Die Zahlen 9, 99, 999 ... und ihre Vielfachen sind alle durch 3 und durch 9 teilbar. Wir brauchen also nur die Summe in der Klammer zu überprüfen.
Da $(8+6+4+6)=24$ durch 3, aber nicht durch 9 teilbar ist, ist auch
8 646 durch 3, aber nicht durch 9 teilbar.
$(8+6+4+6)=24$ nennen wir die **Quersumme** der Zahl 8646.

> Eine Zahl ist nur dann
> durch 3 teilbar, wenn ihre Quersumme durch 3 teilbar ist.
> durch 9 teilbar, wenn ihre Quersumme durch 9 teilbar ist.

Beispiele
a) 828 ist durch 3 und durch 9 teilbar, da die Quersumme $8+2+8=18$ durch 3 und durch 9 teilbar ist.
b) 7 257 ist durch 3, aber nicht durch 9 teilbar, da die Quersumme $7+2+5+7=21$ zwar ein Vielfaches von 3 ist, aber kein Vielfaches von 9.
c) 2 615 ist weder durch 3 noch durch 9 teilbar, denn 2 615 hat die Quersumme 14.

Bemerkung: Eine Zahl ist durch 6 teilbar, wenn sie durch 2 und durch 3 teilbar ist:
Die Zahl 654 hat die Endziffer 4 und die Quersumme $6+5+4=15$. Sie ist daher durch 2 und durch 3, also durch 6 teilbar.

Aufgaben

3
Untersuche auf Teilbarkeit durch 3:
a) 162 b) 213 c) 678 d) 921
e) 1 049 f) 3 942 g) 7 201 h) 4 297
i) 51 723 k) 82 464 l) 33 771 m) 48 831

4
Untersuche auf Teilbarkeit durch 9:
a) 181 b) 252 c) 423 d) 780
e) 8 640 f) 1 296 g) 5 861 h) 8 298
i) 99 999 k) 17 388 l) 47 653 m) 27 496

5
Welche Zahlen sind durch 3, welche zusätzlich durch 9 teilbar?
a) 5 769 b) 1 233 c) 7 563 d) 17 322
e) 75 954 f) 99 075 g) 290 542 h) 867 442

6
Setze Ziffern ein, damit eine durch 3 teilbare Zahl entsteht.
a) 25□ b) 73□ c) 9□4 d) □56
e) □256 f) 20□1 g) 865□ h) 100□

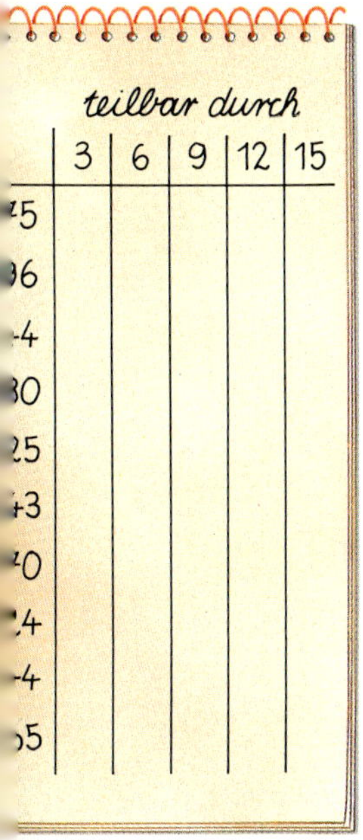

7
Welche Ziffern kann man für das Sternchen setzen, damit eine durch 3, aber nicht durch 9 teilbare Zahl entsteht?

a) ∗41	b) 3∗8	c) 65∗	d) 4∗0
e) 6∗39	f) 720∗	g) 32∗0	h) 444∗
i) 318∗2	k) 4992∗	l) 90∗28	m) 1000∗

8
Bestimme mit Hilfe der Quersumme die nächstkleinere durch 9 teilbare Zahl:

a) 568	b) 334	c) 328	d) 659
e) 2341	f) 4454	g) 5000	h) 3783
i) 3252	k) 6666	l) 8642	m) 9753.

9
Welche der Zahlen sind durch 2 und durch 3 teilbar?

a) 54	b) 57	c) 78	d) 82
e) 126	f) 144	g) 186	h) 194
i) 264	k) 352	l) 498	m) 662

10
Welche der Zahlen sind durch 4 und durch 9 teilbar?

a) 384	b) 11106	c) 585	d) 5967
e) 3782	f) 2088	g) 1332	h) 4936

11
a) Gib die kleinste durch 9 teilbare Zahl an, die nur mit der Ziffer 8 geschrieben wird.
b) Gib die kleinste durch 9 teilbare Zahl an, die mit den Ziffern 8 und 5 geschrieben werden kann.

12
Wenn du auf einer Schreibmaschine nacheinander alle zehn Zifferntasten anschlägst, so erhältst du stets eine durch 9 teilbare Zahl. Die Reihenfolge spielt dabei keine Rolle. Kannst du das erklären?

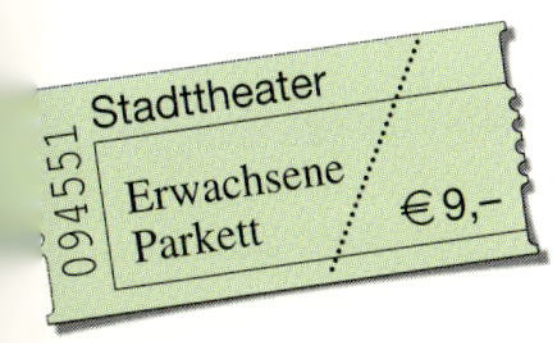

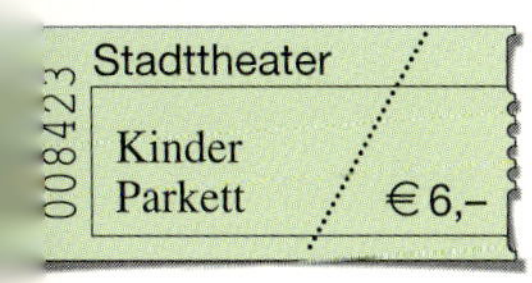

13
In der Theaterkasse befinden sich am Abend 1820 €. „Da stimmt etwas nicht“, behauptet der Kassierer. Weißt du, warum?

14
a) Welches ist die kleinste vierstellige Zahl, die durch 3 teilbar ist?
b) Welches ist die kleinste vierstellige Zahl, die durch 9 teilbar ist?
c) Welches ist die kleinste vierstellige Zahl, die durch 6 teilbar ist?

15
a) Welche Zahl liegt zwischen 50 und 60 und ist durch 2 und 3 teilbar?
b) Welche Zahl liegt zwischen 99 und 111 und ist durch 3 und 4 teilbar?
c) Welche Zahl liegt zwischen 120 und 140 und ist durch 2, 3 und 9 teilbar?
d) Welche Zahl liegt zwischen 155 und 275 und ist durch 8 und 9 teilbar?

16
Setze | oder ∤ ein, ohne die Summen und Differenzen auszurechnen.

a) 3 □ (402 + 870)	b) 9 □ (624 + 342)
c) 3 □ (5370 + 444)	d) 9 □ (7749 + 1503)
e) 9 □ (702 − 388)	f) 3 □ (882 − 241)
g) 3 □ (5471 − 3033)	h) 9 □ (7008 − 2466)

17
Eine Zahl ist durch 6 teilbar, wenn sie durch 2 und 3 teilbar ist. Gib entsprechende Regeln für Teilbarkeit durch 12, 15, 18 an. Prüfe an Beispielen.

18
Welche der Zahlen 3, 6 und 15 ist für □ zu setzen? Ergänze die Tabelle.

	27	45	63	96	105
teilbar durch □	nein	...	...	...	...
teilbar durch □	ja	...	...	...	...
teilbar durch □	...	...	nein	...	ja

19
Hartmut kauft 2 Pakete Gelierzucker zu je 1,30 €, 2 Stücke Seife für je 90 Cent und 3 Päckchen Nudeln. Für die Nudeln weiß er den Preis nicht mehr. Als er auf dem Kassenzettel 9,00 € liest, sagt er zum Verkäufer: „Sie haben sich verrechnet“.
Wie konnte er das feststellen?

5 Primzahlen

1

Warum verpackt die Firma Süß 29 Schokoladeneier nicht in eine rechteckige Packung? Warum sind 24, 27 oder 32 günstigere Anzahlen?

2

Zeichne in dein Heft alle Rechtecke, die aus 12 Kästchen bestehen. Wie viele erhältst du? Wie viele erhältst du, wenn ein Rechteck aus 13 Kästchen bestehen soll?

Sucht man für verschiedene Zahlen alle möglichen Darstellungen als Produkt mit zwei Faktoren, so gibt es für manche Zahlen nur eine Darstellung: $7 = 1 \cdot 7$, $19 = 1 \cdot 19$, $37 = 1 \cdot 37$, $53 = 1 \cdot 53 \ldots$

> Eine Zahl, die nur zwei verschiedene Teiler hat, nennt man eine **Primzahl**.
> Sie ist nur durch 1 und sich selbst teilbar.

Bemerkung: Die Zahl 1 ist demnach keine Primzahl.

Beispiele

a) Die ersten Primzahlen sind 2, 3, 5, 7, 11, 13, 17, 19, 23 . . .

b) Um zu prüfen, ob eine Zahl, z. B. 97, eine Primzahl ist, untersuchen wir die Teiler dieser Zahl:

2 ist kein Teiler von 97, also können auch 4, 6, 8, . . . keine Teiler von 97 sein,
3 ist kein Teiler von 97, also können auch 6, 9, 12, . . . keine Teiler von 97 sein,
5 ist kein Teiler von 97, also können auch 10, 15, 20, . . . keine Teiler von 97 sein,
7 ist kein Teiler von 97, also können auch 14, 21, 28, . . . keine Teiler von 97 sein.

Die Division durch 11 brauchen wir nicht mehr zu versuchen, denn $11 \cdot 11 > 97$, somit müsste der Quotient kleiner als 11 sein. Die Zahlen 2, 3, 4, . . ., 9, 10 sind aber als Teiler schon ausgeschlossen. Aus demselben Grund brauchen wir auch weitere Zahlen nicht mehr als Teiler zu untersuchen. 97 ist also eine Primzahl.

Aufgaben

3

Welche der Zahlen sind Primzahlen?

a) 11, 21, 31, 41 b) 13, 23, 33, 43
c) 17, 27, 37, 47 d) 19, 29, 39, 49

4

Schreibe alle Primzahlen auf, die zwischen folgenden Zahlen liegen.

a) 30 und 40 b) 40 und 50
c) 50 und 70 d) 70 und 100

5

Schreibe die Tabelle ins Heft und fülle sie aus. Woran erkennst du die Primzahlen?

Zahl	29	33	42	45	46	47
Anzahl der Teiler						

6

Bestimme die Teiler der folgenden Zahlen. Kreise diejenigen Teiler ein, die Primzahlen sind.

a) 24 b) 30 c) 125 d) 121
e) 128 f) 170 g) 175 h) 190

7

Zeige mit Hilfe der Teilbarkeitsregeln, dass die Zahlen

a) 102, 123, 177, 189 b) 205, 249, 267, 291

keine Primzahlen sind.

8

Bestimme

a) die kleinste dreistellige Primzahl
b) die größte zweistellige Primzahl.

Eratosthenes von Kyrene lebte vermutlich von 276–194 v. Chr. Er studierte in Athen und wurde später Leiter der berühmten Bibliothek in Alexandria (Ägypten). Er hat dieses Verfahren erfunden, mit dem sehr schnell Primzahlen „ausgesiebt“ werden können.

+	7	10	13	16	…
7	12	17	22	27	…
0	17	24	31	38	…
3	22	31	40	49	…
6	27	38	49	60	…
…	…	…	…	…	

9

Sieb des Eratosthenes

Schreibe alle Zahlen von 1 bis 100 auf.

a) Streiche die 1, sie ist keine Primzahl.

b) Umrahme die 2 und streiche alle Vielfachen von 2; sie fallen durch das Sieb.

c) Umrahme die 3 und streiche alle Vielfachen von 3; sie fallen auch durch das Sieb.

d) Verfahre ebenso mit 5 und 7.

Jetzt sind alle nicht gestrichenen Zahlen Primzahlen.

~~1~~	[2]	[3]	~~4~~	[5]	~~6~~
[7]	~~8~~	~~9~~	~~10~~	11	~~12~~
13	~~14~~	~~15~~	~~16~~	17	~~18~~
19	~~20~~	~~21~~	~~22~~	23	~~24~~
~~25~~	~~26~~	~~27~~	~~28~~	…	

Setze das Sieb in deinem Heft fort und schreibe alle Primzahlen von 1 bis 100 auf.

10

Der indische Mathematikstudent S. P. Sundaram erdachte ein neues Sieb für Primzahlen.

Für jede Zahl, die in diesem Sieb **nicht** vorkommt, gilt: Ihr Doppeltes, vergrößert um 1, ist eine Primzahl:

$1 \cdot 2 + 1 = 3, \quad 5 \cdot 2 + 1 = 11, \quad 20 \cdot 2 + 1 = 41$

Bestimme nach diesem Verfahren 10 weitere Primzahlen.

11

Zwei aufeinander folgende Primzahlen, deren Differenz 2 beträgt, nennt man Primzahlzwillinge. Beispiel: 5 und 7.

Suche die Primzahlzwillinge bis 100. Es sind acht solcher Paare.

12

a) Nenne eine gerade Primzahl.

b) Zwischen welchen zwei Primzahlen steht keine andere Zahl?

c) Nenne vier durch 6 teilbare Zahlen, die zwei Primzahlen als Nachbarn haben.

d) Nenne je zwei Primzahlen mit den Differenzen 4, 6, 8 und 10.

e) Nenne eine zweistellige Primzahl, deren Quersumme eine Primzahl ist.

Interessantes zu Primzahlen

Die größte derzeit (1992) bekannte Primzahl ist $2^{756839} - 1$. Sie hat im Zehnersystem 227 832 Ziffern. Schriebe man diese auf Kästchenpapier (1 Ziffer pro Kästchen), wäre die Zahl 1 139 m lang.

Die Mathematiker interessieren sich für Zahlen, die eine um 1 verminderte Zweierpotenz sind.

Nicht alle diese Zahlen sind Primzahlen, z. B. hat $2^{137} - 1$ die beiden Faktoren:

1. Faktor: 32 032 215 596 496 435 569
2. Faktor: 5 439 042 183 600 204 290 159.

Um diese Zerlegung zu finden, musste ein Computer viele Stunden lang rechnen.

Eine schon sehr große Primzahl ist

$2^{127} - 1 =$

170 141 183 460 469 231 731 687 303 715 884 105 727.

Beim Verschlüsseln von Nachrichten braucht man Zahlen, die aus zwei sehr großen Primzahlen zusammengesetzt sind.

Wie das geht, ist sehr schwer zu erklären.

Sicher kannst du aber die folgende Geheimschrift verstehen.

Setze für die 26 Buchstaben des Alphabets die Zahlen 1 bis 26

A B C D E F G H I …

1 2 3 4 5 6 7 8 9 …

Nimm zwei Schlüsselzahlen, z. B. 19 und 5.

Nun wird z. B. F = 6 so verschlüsselt:

$6 \cdot 19 + 5 = 119 \qquad 119 : 26 = 4 \text{ Rest } 15$

Für 6 wird 15 gesetzt, für F also O.

Verschlüssle so das Alphabet.

verschlüsseln →

A	$1 \cdot 19 + 5 = 24$	$24 : 26 = 0$ Rest 24	X
B	$2 \cdot 19 + 5 = 43$	$43 : 26 = 1$ Rest 17	Q
C	$3 \cdot 19 + 5 = 62$	$62 : 26 = 2$ Rest 10	J
D	$4 \cdot 19 + 5 = 81$	$81 : 26 = 3$ Rest 3	C
E	$5 \cdot 19 + 5 = 100$	$100 : 26 = 3$ Rest 22	V
F	$6 \cdot 19 + 5 = 119$	$119 : 26 = 4$ Rest 15	O
		…	

← entschlüsseln

Kannst du die Botschaft entschlüsseln?

UIVOOVK ZTI NKB NR
CIVT NAI TR OIVTQXC

6 Primfaktorzerlegung

210 = ■ · ■

210 = ■ · ■ · ■

210 = ■ · ■ · ■ · ■

1

Zerlege die Zahl 210 auf alle möglichen Arten in ein Produkt mit zwei oder drei oder mit vier Faktoren. Die Faktoren sollen größer als 1 sein.
Wie viele Möglichkeiten gibt es jeweils?
Gibt es eine Möglichkeit mit 5 Faktoren?

Zahlen, die keine Primzahl sind, lassen sich in ein Produkt zerlegen, dessen Faktoren nicht 1 und nicht die Zahl selbst sind. Sind dabei die Faktoren keine Primzahlen, so lassen sich diese Faktoren weiter zerlegen:

$30 = 2 \cdot 15 = 2 \cdot 3 \cdot 5$ $\qquad$ $30 = 3 \cdot 10 = 3 \cdot 2 \cdot 5$ $\qquad$ $30 = 5 \cdot 6 = 5 \cdot 2 \cdot 3$

Am Ende sind alle Faktoren Primzahlen. Eine solche Darstellung nennt man **Primfaktorzerlegung.**

> Jede natürliche Zahl außer 0 und 1 ist entweder eine **Primzahl** oder eine **zerlegbare Zahl.**
> Für jede zerlegbare Zahl gibt es nur eine einzige Primfaktorzerlegung.

Beispiele

a) $48 = 2 \cdot 24 = 2 \cdot 2 \cdot 12 = 2 \cdot 2 \cdot 2 \cdot 6 = 2 \cdot 2 \cdot 2 \cdot 2 \cdot 3$

b) $260 = 2 \cdot 130 = 2 \cdot 2 \cdot 65 = 2 \cdot 2 \cdot 5 \cdot 13$

c) $1\,575 = 3 \cdot 525 = 3 \cdot 3 \cdot 175 = 3 \cdot 3 \cdot 5 \cdot 35 = 3 \cdot 3 \cdot 5 \cdot 5 \cdot 7$

Bemerkung: Wir können gleiche Faktoren in der **Potenzschreibweise** zusammenfassen.

$48 = 2^4 \cdot 3$ $\qquad$ $260 = 2^2 \cdot 5 \cdot 13$ $\qquad$ $1\,575 = 3^2 \cdot 5^2 \cdot 7$

Die Zahl 1 001 hat die Primfaktorzerlegung $1\,001 = 7 \cdot 11 \cdot 13$. Aus ihr können wir alle Teiler von 1 001 ablesen: 1, 7, 11, 13, $7 \cdot 11 = 77$, $7 \cdot 13 = 91$, $11 \cdot 13 = 143$, 1 001

Aufgaben

2

Bestimme die Primfaktorzerlegung. Teile zuerst so oft wie möglich durch 2.

a) 80 b) 136 c) 176 d) 208
e) 192 f) 224 g) 320 h) 352

3

Teile zuerst so oft wie möglich durch 3.

a) 63 b) 117 c) 135 d) 189
e) 513 f) 405 g) 567 h) 729

4

Teile so oft wie möglich nacheinander durch 2, 3, 5 und 7.

a) 42 b) 105 c) 315 d) 420
e) 252 f) 441 g) 400 h) 504
i) 1 575 k) 1 800 l) 1 960 m) 6 300

5

Bestimme die Primfaktorzerlegung und gib sie in der Potenzschreibweise an.

a) 72 b) 100 c) 120 d) 225
e) 392 f) 441 g) 648 h) 900
i) 1 080 k) 1 764 l) 2 160 m) 8 575

6

Bestimme die Primfaktorzerlegung.

a) 304 b) 435 c) 603 d) 888
e) 1 116 f) 1 230 g) 1 988 h) 3 204

7

Bestimme die Primfaktorzerlegung. Teile dabei auch durch 11, 13, 17 und 19.

a) 143 b) 221 c) 247 d) 361
e) 323 f) 2 057 g) 2 873 h) 4 199

8

Zeige durch Zerlegen, dass die folgenden Produkte gleich sind.

a) $4\cdot 39$, $26\cdot 6$ b) $8\cdot 59$, $4\cdot 118$
c) $18\cdot 17$, $2\cdot 153$ d) $33\cdot 15$, $11\cdot 45$
e) $28\cdot 45$, $35\cdot 36$ f) $36\cdot 32$, $72\cdot 16$

9

Gib die Primfaktorzerlegung der Zahlen 10, 100, 1 000 und 10 000 an. Welche Regel kannst du erkennen?
Wie lautet die Primfaktorzerlegung für die Zahl 1 000 000 000?

10

Bestimme alle Zahlen von 1 bis 350, deren Primfaktorzerlegung

a) nur aus Zweien b) nur aus Dreien
c) nur aus Fünfen d) nur aus Sieben

besteht.

11

Wie heißen alle Zahlen zwischen 1 und 100, deren Primfaktorzerlegung nur aus

a) Zweien und Dreien
b) Dreien und Fünfen

besteht?

12

Wie heißen alle Zahlen zwischen 1 und 75, deren Primfaktorzerlegung

a) nur drei b) nur vier

Primfaktoren enthält?

13

Mit Hilfe der Primfaktorzerlegung können wir uns für verschiedene Zahlen Erkennungskarten herstellen. Die Anzahl der Löcher gibt an, wie oft ein Primfaktor in der Zahl enthalten ist.
Beispiel: $12936 = 2^3\cdot 3\cdot 7^2\cdot 11$

a) Von welchen Zahlen stammen die Erkennungskarten?

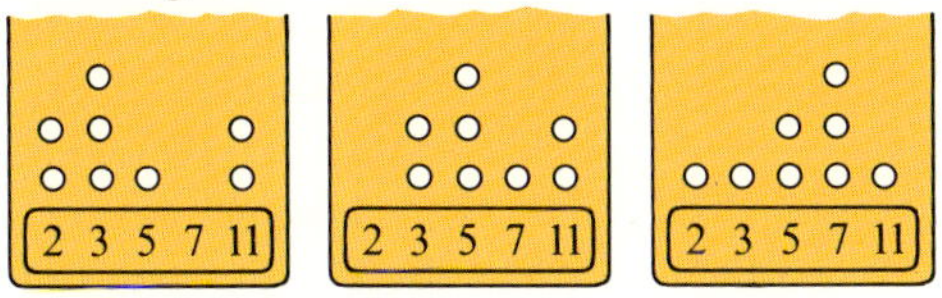

b) Zeichne für die Zahlen 3 080, 7 920, 24 200 und 97 020 selbst solche Karten.

14

a) Mit welcher Zahl muss man das Produkt $2\cdot 2\cdot 3\cdot 7$ multiplizieren, um das Produkt $2\cdot 2\cdot 2\cdot 3\cdot 3\cdot 7$ zu erhalten?
b) Mit welcher Zahl muss man das Produkt $3\cdot 3\cdot 5\cdot 11$ multiplizieren, um das Produkt $3\cdot 3\cdot 5\cdot 5\cdot 7\cdot 11\cdot 17$ zu erhalten?

15

Mit welchem Faktor muss die linke Zahl multipliziert werden, um die rechte zu erhalten?

a) $3\cdot 5\cdot 7$ $3^3\cdot 5\cdot 7$
b) $2^4\cdot 3^2\cdot 5$ $2^6\cdot 3^3\cdot 5^2$
c) $2^2\cdot 3\cdot 5^3$ $2^5\cdot 3^2\cdot 5^4$
d) $3^2\cdot 5$ $2^2\cdot 3^3\cdot 5\cdot 7\cdot 11$

16

Entscheide, ohne zu rechnen.

a) Ist $2\cdot 3\cdot 5$ ein Teiler von $2\cdot 2\cdot 3\cdot 5$?
b) Ist $5\cdot 7\cdot 11$ ein Teiler von $3\cdot 7\cdot 7\cdot 11$?
c) Ist $3\cdot 5\cdot 11$ ein Teiler von $2\cdot 3\cdot 5\cdot 7\cdot 11$?

17

Die Zahl 30 030 hat die Primfaktorzerlegung $2\cdot 3\cdot 5\cdot 7\cdot 11\cdot 13$. Bestimme mit Hilfe der Primfaktorzerlegung die Ergebnisse der Divisionsaufgaben.

a) 30 030 : 11 b) 30 030 : 13
c) 30 030 : 35 d) 30 030 : 77
e) 30 030 : 130 f) 30 030 : 1001

18

Bestimme die Primfaktorzerlegung der folgenden Zahl. Gib ohne zu rechnen an, wie oft die in Klammern stehenden Zahlen in der ersten Zahl enthalten sind.

a) 840 (35, 105, 42, 28)
b) 3 150 (18, 35, 45, 525)
c) 4 459 (13, 49, 343, 91)

19

Zeige an Beispielen mit Hilfe der Primfaktordarstellung:

a) Eine Zahl, die durch 3 und 7 teilbar ist, muss auch durch $3\cdot 7$ teilbar sein.
b) Eine Zahl, die durch 6 und 35 teilbar ist, muss auch durch $6\cdot 35$ teilbar sein.
c) Eine Zahl, die durch 6 und 9 teilbar ist, muss nicht durch $6\cdot 9$ teilbar sein.

7 Größter gemeinsamer Teiler

1

In einem Büro mussten im Jahr 2000 häufig Briefsendungen je nach Art und Größe mit 3,00 DM oder mit 3,50 DM frankiert werden. Es wurde ein Vorrat an gleichen Briefmarken angelegt, mit denen beide Sendungen frankiert werden konnten. Welche Briefmarken kamen infrage? Welche Briefmarke war besonders günstig?

Wir betrachten die Teiler der beiden Zahlen 12 und 18:

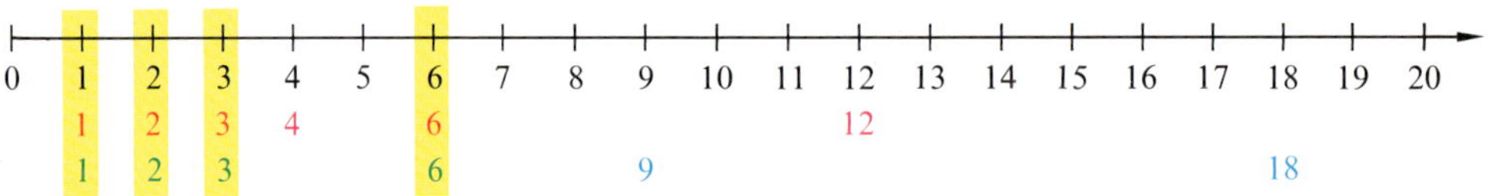

Die Zahlen 1, 2, 3 und 6 sind die **gemeinsamen Teiler** von 12 und 18.
Die Zahl 15 hat die Teiler 1, 3, 5 und 15, die Zahl 28 hat die Teiler 1, 2, 4, 7, 14 und 28.
Nur die Zahl 1 ist ein gemeinsamer Teiler von 15 und 28.

Den **größten gemeinsamen Teiler** von zwei Zahlen nennt man kurz **ggT**.
Haben zwei Zahlen nur den gemeinsamen Teiler 1, so nennt man sie **teilerfremd**.

Beispiele

a) Der ggT von 12 und 18 ist 6. Der ggT von 6, 15 und 18 ist 3.

b) $T_{48} = \{1, 2, 3, 4, 6, 8, 12, 16, 24, 48\}$ und $T_{60} = \{1, 2, 3, 4, 5, 6, 10, 12, 15, 20, 30, 60\}$.

Die gemeinsamen Teiler von 48 und 60 sind 1, 2, 3, 4, 6 und 12, der ggT ist 12.

c) 24 ist ein Teiler von 120, daher ist der ggT von 24 und 120 die Zahl 24.

Beachte: Bei größeren Zahlen hilft oft die Primfaktorzerlegung:

$$\begin{aligned} 48 &= 2 \cdot 2 \cdot 2 \cdot 2 \cdot 3 \\ 60 &= 2 \cdot 2 \cdot 3 \cdot 5 \\ \text{ggT}&: 2 \cdot 2 \cdot 3 = 12 \end{aligned}$$

$$\begin{aligned} 1980 &= 2 \cdot 2 \cdot 3 \cdot 3 \cdot 5 \cdot 11 \\ 4158 &= 2 \cdot 3 \cdot 3 \cdot 3 \cdot 7 \cdot 11 \\ \text{ggT}&: 2 \cdot 3 \cdot 3 \cdot 11 = 198 \end{aligned}$$

Der größte gemeinsame Teiler zweier Zahlen ist das Produkt der Primzahlen, die in beiden Zahlen enthalten sind. Treten sie unterschiedlich häufig auf, so entscheidet die niedrigere Anzahl, wie oft die einzelne Primzahl als Faktor zu nehmen ist.

Aufgaben

2

Bestimme alle gemeinsamen Teiler von

a) 6 und 9 b) 6 und 12
c) 8 und 12 d) 9 und 21
e) 6 und 15 f) 8 und 18
g) 15 und 18 h) 15 und 24.

3

Bestimme im Kopf den ggT von

a) 15 und 35 b) 12 und 28
c) 18 und 36 d) 36 und 42
e) 24 und 32 f) 27 und 45
g) 21 und 35 h) 35 und 65.

4

Welche Zahlenpaare sind teilerfremd?

a) 15 und 25 b) 15 und 27
c) 10 und 27 d) 12 und 27
e) 24 und 35 f) 18 und 45
g) 21 und 45 h) 17 und 51.

5

Nenne jeweils drei passende Zahlen.

a) Der ggT von 12 und □ ist 4.
b) Der ggT von 15 und □ ist 3.
c) Der ggT von 28 und □ ist 7.
d) Der ggT von 84 und □ ist 14.

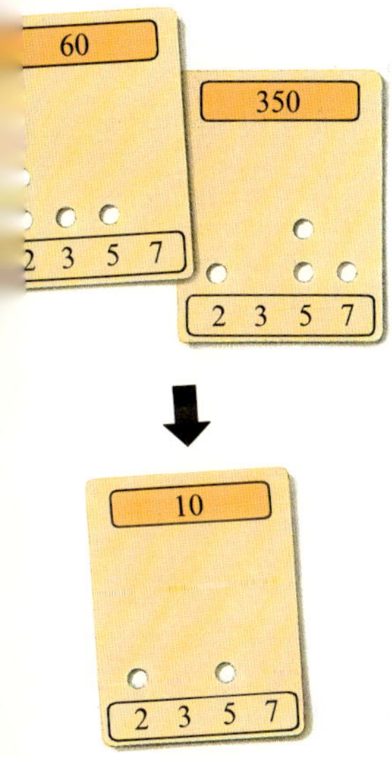

6

Warum gibt es für □ keine passende Zahl?
a) Der ggT von 18 und □ ist 5.
b) Der ggT von □ und 51 ist 7.
c) Der ggT von 111 und □ ist 11.

7

Bestimme mit Hilfe der Primfaktorzerlegung den ggT von
a) 175 und 280 b) 168 und 252
c) 144 und 216 d) 130 und 208
e) 81 und 243 f) 106 und 240
g) 132 und 308 h) 98 und 126.

8

Bestimme den ggT von
a) 252 und 288 b) 336 und 384
c) 702 und 780 d) 285 und 442
e) 625 und 875 f) 864 und 1 728
g) 1 260 und 2 352 h) 3 960 und 7 260.

9

Mit Hilfe der Lochkarten lässt sich der ggT zweier Zahlen leicht ermitteln: Lege die beiden Karten übereinander. Die Löcher, die in beiden Karten gemeinsam vorhanden sind, bestimmen die Primfaktoren des ggT.
a) Zeichne und bestimme anhand der Karten den ggT.

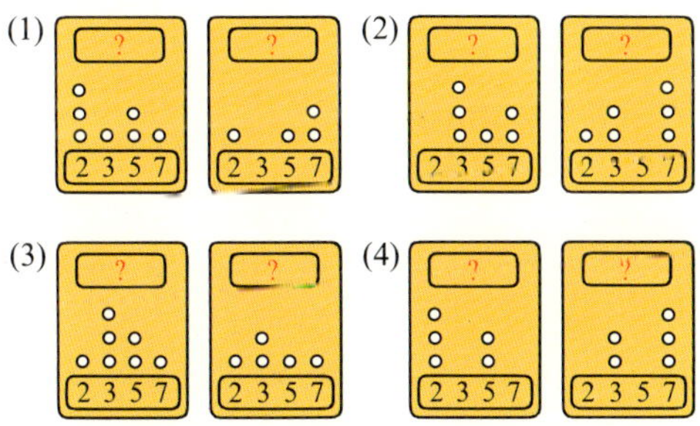

b) Zeichne die Karten für die Zahlen 84 und 315, 120 und 252, 490 und 1 050 und bestimme den ggT.

10

Nenne jeweils drei mögliche Zahlenpaare für □ und △.
a) Der ggT von □ und △ ist 4.
b) Der ggT von □ und △ ist 5.
c) Der ggT von □ und △ ist 12.

11

Von drei Zahlen □, △ und ○ ist bekannt:
Der ggT von □ und △ ist 2,
der ggT von △ und ○ ist 6 und
der ggT von □ und ○ ist 10.
Nenne drei Möglichkeiten, um welche Zahlen es sich handeln könnte.

12

Auf den Ziffernkärtchen stehen Primfaktoren. Bilde aus den Faktoren zwei Zahlen,
a) deren ggT 30 ist.
b) deren ggT 105 ist.
c) die teilerfremd sind.
d) die teilerfremd sind und deren Differenz möglichst klein ist.

13

In einer Bäckerei sollen quadratische Stücke Streuselkuchen geschnitten werden. Das Kuchenblech ist 144 cm lang und 120 cm breit.
a) Welche Möglichkeiten gibt es?
b) Welche sind sinnvoll?
c) Beantworte die Fragen a) und b) für ein 108 cm breites und 126 cm langes Blech.

14

In einem Neubau ist jedes Stockwerk 2,55 m hoch, das Erdgeschoss 2,89 m.
Es sollen überall Treppen mit gleich hohen Stufen in ganzen Zentimetern eingebaut werden.
a) Wie hoch wird eine Stufe?
b) Wie viele Stufen werden es im Erdgeschoss, wie viele in einem Stockwerk?

15

Für den Schullandheimaufenthalt der Klassen 6 a und 6 b der Goethe-Realschule spendet die Firma Huber GmbH 450 €. Das Geld soll entsprechend den Schülerzahlen auf die beiden Klassen verteilt werden. Die 6 a hat 28, die 6 b hat 35 Schüler. Wie viel Euro bekommt jede Klasse?

8 Kleinstes gemeinsames Vielfaches

1
Silke und Petra schwimmen mehrmals die 25-m-Bahn. Sie starten gleichzeitig. Silke braucht für eine Bahn 30 Sekunden, Petra 36 Sekunden. Nach welcher Zeit schlagen die Mädchen zum ersten Mal gemeinsam am Beckenrand an? Wie viele Bahnen ist jede dann geschwommen?

2
Am 1. Januar verlassen drei Schiffe gemeinsam den Hafen. Das erste kehrt alle drei Wochen, das zweite alle vier und das dritte alle fünf Wochen zurück. Nach wie vielen Wochen treffen sich alle im Hafen wieder?

Wir betrachten die Vielfachen der beiden Zahlen 6 und 8:

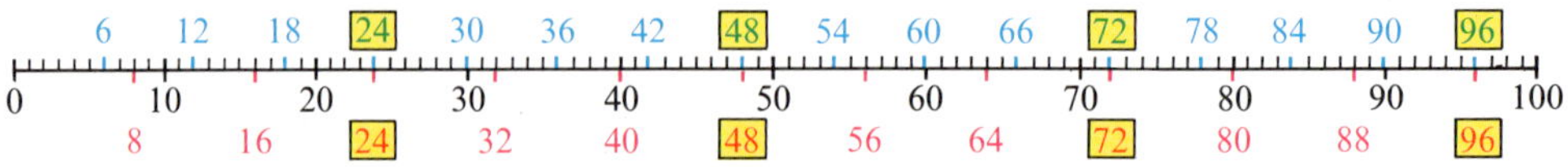

Die Zahlen 24, 48, 72, ... sind die **gemeinsamen Vielfachen** von 6 und 8.

Unter den gemeinsamen Vielfachen von zwei Zahlen gibt es stets ein kleinstes. Man nennt es das **kleinste gemeinsame Vielfache**, kurz **kgV**.

Beispiele

a) Bei kleinen Zahlen kann man das kgV meist im Kopf bestimmen: Um das kgV von 12 und 15 zu finden, zählen wir die Vielfachen von 15 so lange auf, bis wir erstmals ein Vielfaches von 12 erhalten: 15, 30, 45, 60, ...

b) 36 ist ein Teiler von 72, daher ist das kgV von 36 und 72 die Zahl 72.

c) Sind zwei Zahlen teilerfremd, so ist das kgV das Produkt dieser Zahlen.
$V_4 = \{4, 8, 12, 16, 20, 24, 28, \ldots\}$ und $V_7 = \{7, 14, 21, 28, \ldots\}$. Das kgV von 4 und 7 ist 28.

Beachte: Bei großen Zahlen kann das kgV mit der Primfaktorzerlegung bestimmt werden:

$120 = 2 \cdot 2 \cdot 2 \cdot 3 \cdot 5$
$144 = 2 \cdot 2 \cdot 2 \cdot 2 \cdot 3 \cdot 3$
kgV: $2 \cdot 2 \cdot 2 \cdot 2 \cdot 3 \cdot 3 \cdot 5 = 720$

$110 = 2 \cdot 5 \cdot 11$
$273 = 3 \cdot 7 \cdot 13$
kgV: $2 \cdot 3 \cdot 5 \cdot 7 \cdot 11 \cdot 13 = 30\,030$

Das kgV zweier Zahlen ist das Produkt der Primzahlen, die in einer der Zahlen oder in beiden enthalten sind. Treten sie unterschiedlich häufig auf, entscheidet die höhere Anzahl, wie oft die einzelne Primzahl als Faktor zu nehmen ist.

Aufgaben

3
Bestimme die ersten vier gemeinsamen Vielfachen von
a) 4 und 3 b) 2 und 7 c) 6 und 8.

4
Bestimme im Kopf das kgV von
a) 12 und 16 b) 15 und 21
c) 18 und 72 d) 12 und 30.

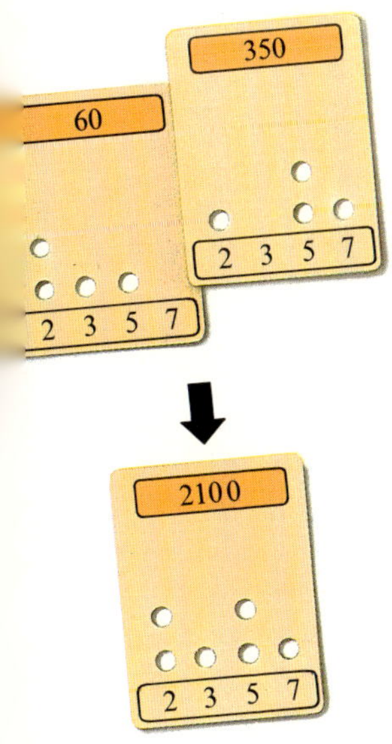

5

Bestimme aus den Zerlegungen das kgV und die Ausgangszahlen.

a) $2\cdot2\cdot3\cdot7,\ 2\cdot3\cdot11$ b) $5\cdot7,\ 2\cdot5\cdot13$
c) $3\cdot3\cdot11,\ 2\cdot3\cdot7$ d) $3\cdot5,\ 7\cdot17$
e) $2\cdot2\cdot5,\ 2\cdot2\cdot5\cdot7$ f) $5\cdot7,\ 2\cdot5\cdot7\cdot13$
g) $5\cdot7\cdot11,\ 2\cdot7\cdot11$ h) $2\cdot3\cdot19,\ 5\cdot23$

6

Bestimme das kgV mit Hilfe der Primfaktorzerlegung von

a) 36 und 90 b) 18 und 24
c) 42 und 105 d) 51 und 68
e) 70 und 105 f) 96 und 168
g) 120 und 144 h) 105 und 135.

7

Nenne jeweils einige passende Zahlen.

a) Das kgV von 9 und □ ist 45.
b) Das kgV von 7 und □ ist 42.
c) Das kgV von □ und 12 ist 60.
d) Das kgV von 35 und □ ist 105.

8

Bestimme im Kopf das kgV von

a) 2, 3 und 5 b) 2, 3 und 7
c) 3, 4 und 5 d) 4, 8 und 12
e) 4, 16 und 20 f) 5, 7 und 21
g) 7, 11 und 13 h) 10, 15 und 27.

9

Mit Hilfe der Lochkarten lässt sich auch das kgV bestimmen: Die Karte des kgV enthält alle Löcher, die in mindestens einer der beiden Karten vorhanden sind.

a) Zeichne und bestimme anhand der Karten die Zahlen und das kgV.

(1)

(2)

(3)

(4)

b) Zeichne selbst die Lochkarten für die Zahlen: 60 und 84, 35 und 77, 51 und 85.

10

Bestimme das kgV und den ggT der Zahlen

a) 4 und 15 b) 16 und 9
c) 15 und 14 d) 7 und 13
e) 12 und 25 f) 21 und 16.

11

Nenne jeweils drei mögliche Zahlenpaare für □ und △.

a) Das kgV von □ und △ ist 42.
b) Das kgV von □ und △ ist 225.
c) Das kgV von □ und △ ist 1764.

12

Auf einer Steinplatte in einer Pyramide ist die Zahl 2 520 eingehauen. Das Besondere dieser Zahl ist, dass sie das kgV der Zahlen 1, 2, 3, 4, 5, . . ., 10 ist.

Bestimme

a) das kgV der Zahlen 1, 2, 3, . . . 8,
b) das kgV der Zahlen 1, 2, 3, 4, . . . 12,
c) das kgV der Zahlen 1, 2, 3, 4, 5, . . . 18.

13

Wartungsintervalle

Ölwechsel alle 7 500 km; Luftfilter alle 15 000 km; Zündkerzen alle 25 000 km; Bremsflüssigkeit alle 30 000 km.

Wann fallen welche Wartungen zusammen? Erstelle einen Serviceplan bis 100 000 km.

14

Von 9.00 Uhr an fährt alle 12 Minuten vom Bismarckplatz ein Bus ab, alle 20 Minuten eine Straßenbahn und alle 45 Minuten eine S-Bahn.

a) Zu welchen Zeiten bis 20.00 Uhr fahren alle drei Verkehrsmittel wieder gleichzeitig ab?

b) Durch welche möglichst kleinen Fahrplanänderungen ließe sich erreichen, dass mit jeder S-Bahn zugleich eine Straßenbahn und mit jeder Straßenbahn zugleich ein Bus abfährt?

9 Vermischte Aufgaben

1

Bestimme die Teilermenge der Zahl.

a) 10 b) 14 c) 18 d) 24
e) 25 f) 40 g) 81 h) 144
i) 175 k) 215 l) 216 m) 217

2

Welche der folgenden Zahlen sind durch 2, 4 oder 8 teilbar?

a) 210 b) 316 c) 508
d) 1 318 e) 2 744 f) 4 762
g) 5 944 h) 9 372 i) 15 970

3

Suche die Zahlen, die durch 3, aber nicht durch 9 teilbar sind.

a) 414 b) 2 703 c) 9 711
d) 92 748 e) 83 654 f) 76 503
g) 56 016 h) 41 914 i) 27 324

4

Welche der folgenden Zahlen sind Primzahlen? Wende die Teilbarkeitsregeln an!

a) 127 b) 135 c) 158 d) 199
e) 223 f) 253 g) 280 h) 303
i) 331 k) 342 l) 479 m) 519

5

Zerlege in Primfaktoren.

a) 50 b) 252 c) 468 d) 640
e) 704 f) 2 016 g) 1 600 h) 1 225
i) 2 880 k) 1 911 l) 5 005 m) 9 999

6

Bestimme den ggT und das kgV.

a) 154, 294 b) 115, 207
c) 376, 564 d) 880, 396
e) 445, 172 f) 11 011, 8 624

7

Bestimme den ggT und das kgV.

a) 2, 3, 5 b) 2, 3, 4
c) 6, 8, 10 d) 10, 15, 90
e) 38, 19, 76 f) 11, 22, 44

8

Bestimme den ggT und das kgV.

a) 4, 8, 12, 36 b) 3, 9, 15, 90
c) 10, 2, 5, 15 d) 8, 6, 16, 48

Euklidischer Algorithmus

Euklid war einer der bedeutendsten Mathematiker der Antike. Er wurde etwa 360 v. Chr. in Griechenland geboren. Seine Jugendzeit verbrachte er in Athen. Später ging er nach Alexandria in Ägypten. Diese Stadt war damals das Zentrum der Wissenschaft, dort wurde eines der ersten staatlichen Forschungsinstitute, vergleichbar mit unseren heutigen Universitäten, eingerichtet. Euklid wurde etwa 70 Jahre alt. Er hat sich hauptsächlich mit der Geometrie beschäftigt.
Das folgende Verfahren zur Bestimmung des ggT wurde nach ihm benannt.

Gesucht ist der ggT von 98 und 77:

98 − 77 = 21
77 − 21 = 56
56 − 21 = 35
35 − 21 = 14
21 − 14 = 7
14 − 7 = 7
7 − 7 = 0

Man bildet jeweils die Differenz der beiden gelb unterlegten Zahlen, so lange, bis die Differenz null ergibt. Der ggT ist 7.

Bestimme mit diesem Verfahren den ggT der Zahlen

a) 56 und 40 b) 60 und 24 c) 144 und 48
d) 250 und 75 e) 15 und 11 f) 51 und 39
g) 96 und 64 h) 77 und 49 i) 169 und 144
k) 147 und 49 l) 261 und 207 m) 209 und 187.

Schneller geht es, wenn du dividierst, statt wiederholt dieselbe Zahl zu subtrahieren.

98 : 77 = 1 R 21
77 : 21 = 3 R 14
21 : 14 = 1 R 7
14 : 7 = 2 R 0

Bestimme mit diesem Verfahren den ggT der Zahlen

a) 704 und 650 b) 143 und 91 c) 319 und 203
d) 451 und 287 e) 583 und 371 f) 247 und 209
g) 407 und 259 h) 649 und 413 i) 473 und 301
k) 817 und 731 l) 4 896 und 3 744 m) 8 343 und 2 664.

Bemerkung: Das Wort Algorithmus wurde von dem Namen des Mathematikers Al Chwarismi (etwa 780–850 n. Chr.) abgeleitet und bedeutet hier Rechenvorschrift.

Ist	
12	durch 2
123	durch 3
1236	durch 4
12365	durch 5
123654	durch 6
1236543	durch 7
12365432	durch 8
123654321	durch 9
teilbar?	

?

Aus dem indischen Rechenbuch Mahauiracarya (um 850 n. Chr.): „Aus Früchten werden 63 gleich große Haufen gelegt, 7 Stück bleiben übrig. Es kommen 23 Reisende, unter denen alle Früchte gleichmäßig verteilt werden. Keine bleibt übrig. Wie viele Früchte waren es?“

9

Überprüfe die Teilbarkeit der Zahlen am Rand. Prüfe – wo möglich – mit Hilfe der Teilbarkeitsregeln.

10

Torsten hat für die Klassenfahrt 211 € eingesammelt; alle Schüler sollten denselben Euro-Betrag bezahlen. Haben das alle getan?

11

Manche Leute halten „Freitag, den 13.“ für einen Unglückstag. Nimm an, jeder Monat hätte 30 Tage. Wie oft könnte dann dieser Unglückstag im Jahr vorkommen?

12

Der 1. Januar eines bestimmten Jahres fällt auf einen Montag. An welchem Tag wird Silvester gefeiert? Auf welchen Tag fällt Silvester, wenn das Jahr ein Schaltjahr ist?

13

Drei Geschäftsreisende treffen sich in einem Intercityexpress auf der Fahrt nach Hamburg. Frau Berg benutzt den Zug alle 15 Tage, Herr Müller alle 18 Tage, Herr Martens alle 30 Tage.
Nach wie vielen Tagen treffen sich die drei Personen in demselben Zug wieder?

14

Elke und Marion laufen im Training die ganze Strecke nebeneinander. Elke hat eine mittlere Schrittlänge von 80 cm, die etwas kleinere Marion nur 70 cm. Sie geraten deshalb sofort „außer Schritt“. Nach welcher Strecke sind sie wieder „im Schritt“?
Wie viele Schritte hat Elke, wie viele Schritte hat Marion bis dahin zurückgelegt?

15

Die drei Planeten Merkur, Venus und Erde bewegen sich auf nahezu kreisförmigen Bahnen um die Sonne. Die Erde braucht für einen Umlauf 365 Tage, der Merkur 88 Tage, die Venus 250 Tage. Nach wie vielen Jahren und Tagen wiederholt sich die beschriebene Stellung?

16

Von Christian Goldbach (1690–1764) stammt die Vermutung: „Jede gerade Zahl, größer als 2, kann als Summe zweier Primzahlen geschrieben werden.“
Beispiel: $32 = 19 + 13$
a) Prüfe selbst: 24, 28, 34, 38, 42, 46, 52.
b) Schreibe die Zahl 100 auf möglichst viele verschiedene Arten als Summe von zwei Primzahlen.

Teilbarkeit durch 7

Verfahren für sechsstellige Zahlen:

$$751\,695 \qquad \begin{array}{r} 751 \\ -695 \\ \hline 56 \end{array}$$

7 teilt 56, also teilt 7 auch 751 695.

Prüfe mit diesem Verfahren die Zahlen:
a) 717 346 b) 864 192 c) 949 340
d) 994 084 e) 622 475 f) 714 686
Auch 346 717 kannst du mit diesem Verfahren prüfen. Dazu berechnest du 717 – 346.

Verfahren für beliebige Zahlen:
Addiere zu der Zahl aus den letzten beiden Ziffern das Doppelte des vorderen Teils:
$6958 \rightarrow 2 \cdot 69 + 58 = 196$
$196 \rightarrow 2 \cdot 1 + 96 = 98$
7 teilt 98, also teilt 7 auch 196 und 6 958.

Prüfe mit diesem Verfahren die Zahlen:
a) 5978 b) 6041 c) 5123
d) 4396 e) 5838 f) 6511

Teilbarkeit durch 11

Überprüfe mit diesem Verfahren:
a) 648 582 b) 292 478 c) 402 391
d) 428 499 e) 259 578 f) 929 698.

Rückspiegel

1
Bestimme alle Teiler.
a) 12 b) 16 c) 18
d) 28 e) 36 f) 48
g) 58 h) 64 i) 72

2
Bestimme die ersten fünf Vielfachen.
a) 7 b) 9 c) 13
d) 15 e) 17 f) 19
g) 23 h) 27 i) 31

3
Zerlege zuerst geschickt in eine Summe.
a) Ist 9 ein Teiler von 1 845?
b) Teilt 12 die Zahl 9 648?
c) Ist 6 150 teilbar durch 15?
d) Ist 21 ein Teiler von 4 410?

4
Zerlege zuerst geschickt in eine Differenz.
a) Ist 12 ein Teiler von 588?
b) Teilt 15 die Zahl 735?
c) Ist 1 782 teilbar durch 18?
d) Ist 2 277 teilbar durch 23?

5
a) Welche Zahlen sind durch 5 teilbar?
15, 75, 552, 656, 755, 775
b) Welche Zahlen sind durch 25 teilbar?
65, 75, 125, 185, 225, 775, 1 025

6
a) Welche Zahlen sind durch 4 teilbar?
24, 34, 44, 72, 104, 106, 882
b) Welche Zahlen sind durch 8 teilbar?
96, 112, 284, 368, 482, 648, 1008

7
a) Welche Zahlen sind durch 3 teilbar?
13, 18, 51, 64, 123, 234, 2 121
b) Welche Zahlen sind durch 9 teilbar?
108, 235, 459, 630, 711, 2 304

8
a) Welche Zahlen sind durch 6 teilbar?
78, 82, 114, 264, 454, 636, 3 210
b) Welche Zahlen sind durch 12 teilbar?
180, 333, 372, 540, 722, 1 188

9
Bestimme die fehlende Ziffer so, dass eine durch 3 und durch 4 teilbare Zahl entsteht.
a) 12□4 b) 1□68 c) 174□
d) □664 e) 304□ f) 4□44
g) 4□48 h) 666□ i) □468

10
Welche Zahlen sind Primzahlen?
a) 41 b) 51 c) 61
d) 53 e) 63 f) 73
g) 77 h) 87 i) 97

11
Zerlege in Primfaktoren.
a) 60 b) 126 c) 252
d) 336 e) 432 f) 594
g) 2 310 h) 5 148 i) 6 732

12
Bestimme den größten gemeinsamen Teiler der Zahlen.
a) 18 und 24 b) 14 und 35 c) 27 und 45
d) 17 und 51 e) 13 und 65 f) 11 und 143
g) 13 und 53 h) 17 und 69 i) 27 und 32.

13
Bestimme das kleinste gemeinsame Vielfache der Zahlen.
a) 5 und 15 b) 6 und 15 c) 12 und 15
d) 4 und 7 e) 5 und 13 f) 15 und 18
g) 24 und 36 h) 15 und 25 i) 28 und 63.

14
Der Garten von Familie Beckmann liegt an einem Hang. Er besteht aus vier Terrassen, die durch Treppen verbunden werden sollen. Alle Stufen sollen gleich hoch werden. Wie hoch kann eine Stufe höchstens werden?

III Bruchzahlen

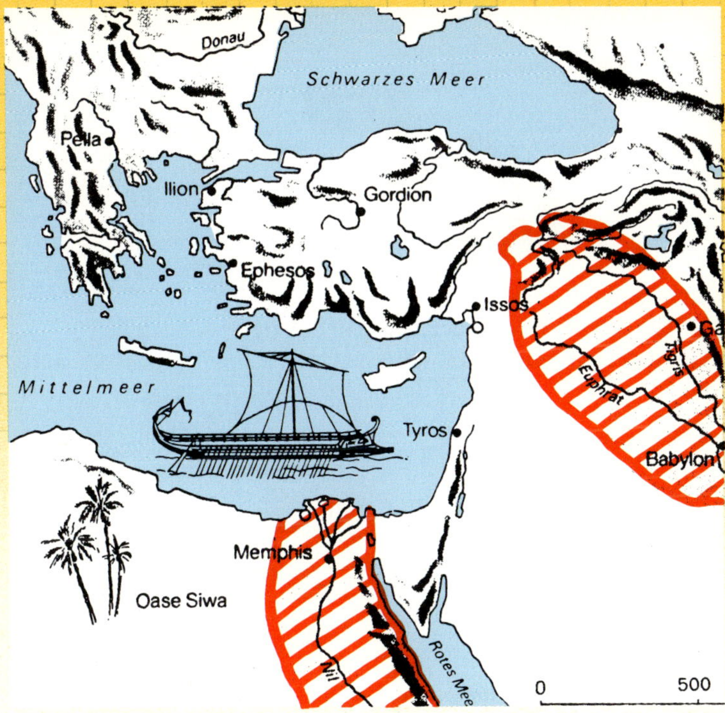

Zur Geschichte

Die ältesten mathematischen Brüche findet man in ägyptischen Texten, die bis auf die Zeit um 2000 v. Chr. zurückgehen. Unsere Kenntnis geht wesentlich auf den Papyrus Rhind zurück, den der ägyptische Schreiber Ahmes zwischen 1800 und 1600 v. Chr. von einem etwa 100 Jahre älteren Handbuch abschrieb.

Bruchzahlen entstehen, wenn ein Ganzes in gleiche Teile zerbrochen wird. Alte Zahlzeichen verraten diesen ursprünglichen Gedanken noch: Das 3000 Jahre alte babylonische Keilschriftzeichen für $\frac{1}{2}$ ist ein halb gefülltes Gefäß. Im altägyptischen Zeichen für $\frac{1}{2}$ können wir einen halben Brotfladen erkennen. Das Zeichen für $\frac{1}{4}$ verstehen wir als zwei sich kreuzende Schnitte.

Bruchstriche wurden schon vor fast 2500 Jahren von indischen Mathematikern geschrieben. In Europa wurde der Bruchstrich erst um 1500 üblich. In einem Rechenbuch aus dieser Zeit findet sich eine umständliche Schreibanweisung.

Merkwürdig sehen Brüche in römischen Zahlzeichen aus; sie stammen hier aus einem Rechenbuch von 1514. Die Zeichen II^C und IIII^C stehen für 200 und 400.

Zur gleichen Zeit schrieben Kaufleute noch für $\frac{1}{2}$ das halbierte römische Zeichen für 1. Der Halbierungsstrich wurde auch verwendet, um die letzte Einheit von 5 oder 10 Einheiten zu halbieren.

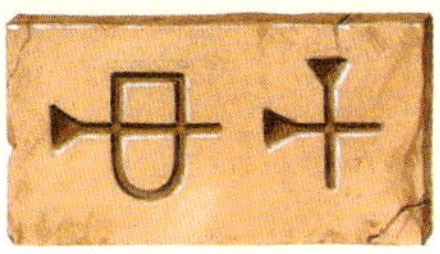

$\frac{1}{2}$ $\frac{1}{4}$

babylonisch

Du ſolt mercken / das ayn yeglicher bruch geſchriben / vnnd auß geſprochen wirt/durch zwaierley/ zale vnd wirt die erſt zale oben geſatzt/vnd hayſt der Zäler/ dan durch die ſelb zale wirt gezelt/wie vil man tayl hat vñ wirt vnder die ſelb zale übertzwerch ain ſtrichlein gemacht/vnnd vnder das ſelb ſtrichleyn / die ander tzale geſchriben/die ſelbig tzale hayſt der Nenner /wan ſie nendt/was tayl das ſein/oder was namens die tayl haben die durch dye öberſt tzale/das iſt den tzeler getzeldt worden ſein/

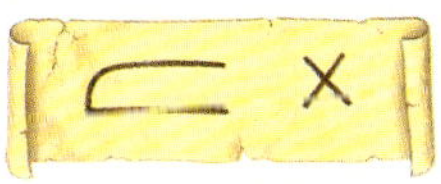

$\frac{1}{2}$ $\frac{1}{4}$

ägyptisch

$\frac{\text{I}}{\text{IIII}}$ Dieſſe figur iſt vñ bedeüt ain fiertel von ainez gantzen/alſo mag man auch ain fünfftail/ayn ſechſtail/ain ſybentail oder zwai ſechſtail 2c. vnd alle ander brüch beſchreiben/Als $\frac{\text{I}}{\text{V}}$ | $\frac{\text{I}}{\text{VI}}$ | $\frac{\text{I}}{\text{VII}}$ | $\frac{\text{II}}{\text{VI}}$ 2c.

$\frac{\text{VI}}{\text{VIII}}$ Diß ſein Sechs achtail/das ſein ſechstail der acht ain gantz machen.

$\frac{\text{IX}}{\text{XI}}$ Diß Figur betzaigt ann newn ayilfftail das ſeyn IX·tail/der XI·ain gantz machen.

$\frac{\text{XX}}{\text{XXXI}}$ Diß Figur betzaichet/zwentzigk ainundreyſigk tail /das ſein tzwentzigk tail .der ainsundreiſſigk ain gantz machen.

$\frac{\text{II}^{\text{C}}}{\text{IIII}^{\text{C}}\text{.LX}}$ Diß ſein tzwaihundert tail/der Fierhundert vnd ſechtzigk ain gantz machen.

$2\frac{1}{2}$ $12\frac{1}{2}$ $4\frac{1}{2}$ $9\frac{1}{2}$

1 Brüche

1

Beschreibe, was du siehst.

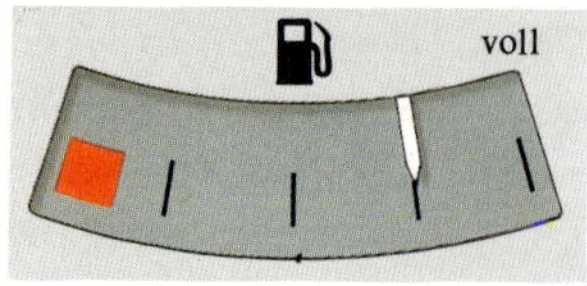

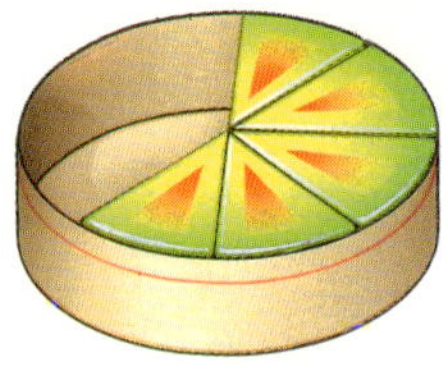

2

Ein Blatt Papier wird zweimal gefaltet.
In wie viele Teile wird das Blatt geteilt? Wie viele davon sind dunkler?
Falte das zusammengelegte Blatt ein weiteres Mal. Welche Unterteilung erkennst du nun?

Wird ein Ganzes in 2, 3, 4, 5, ... gleich große Teile geteilt, so erhalten wir Halbe, Drittel, Viertel, Fünftel, ... Ein Viertel, drei Viertel, fünf Achtel, ... sind Bezeichnungen für **Bruchteile** eines Ganzen. Man nennt sie **Brüche**.

> Zwei Fünftel: $\frac{2}{5}$ ← Zähler, ← Bruchstrich, ← Nenner } Bruch
>
> Der **Nenner** gibt an, in wie viele gleich große Teile geteilt wird.
> Der **Zähler** gibt an, wie viele dieser Teile jeweils genommen werden.

Beispiele

a)

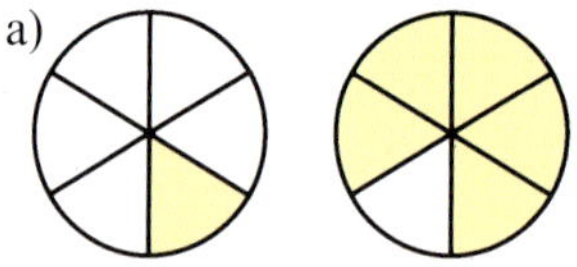

ein Sechstel $\frac{1}{6}$ — fünf Sechstel $\frac{5}{6}$

b)

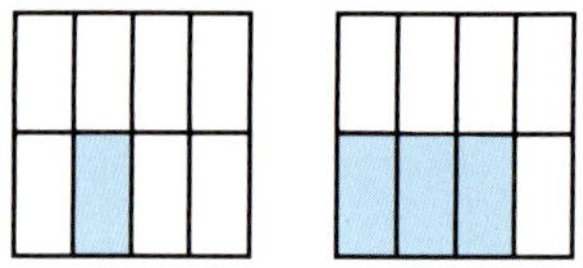

ein Achtel $\frac{1}{8}$ — drei Achtel $\frac{3}{8}$

c)

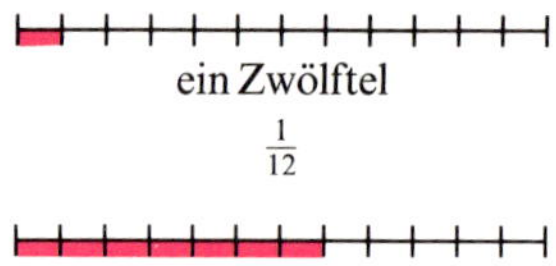

ein Zwölftel $\frac{1}{12}$ — sieben Zwölftel $\frac{7}{12}$

Bemerkung: Der Bruch $\frac{5}{6}$ kann durch Bruchteile unterschiedlich dargestellt werden.

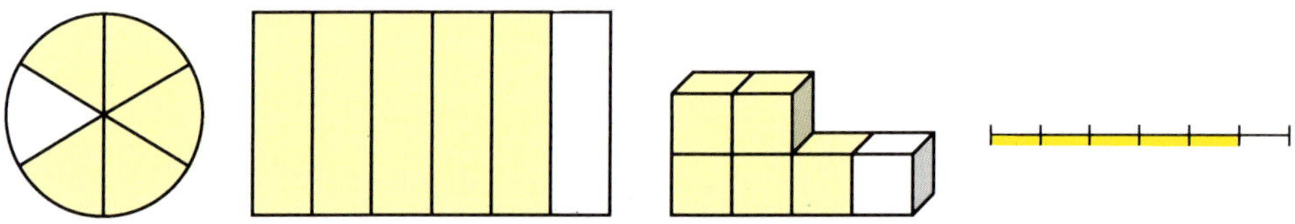

Aufgaben

3

a) Schreibe als Bruch: ein Halbes, ein Drittel, zwei Drittel, drei Achtel, sieben Zehntel.
b) Schreibe mehrere Brüche auf, die den Nenner 7 haben.
c) Schreibe mehrere Brüche mit dem Zähler 3 auf.

4

In wie viele Teile ist das Quadrat jeweils zerlegt? Wie heißt ein solcher Teil?

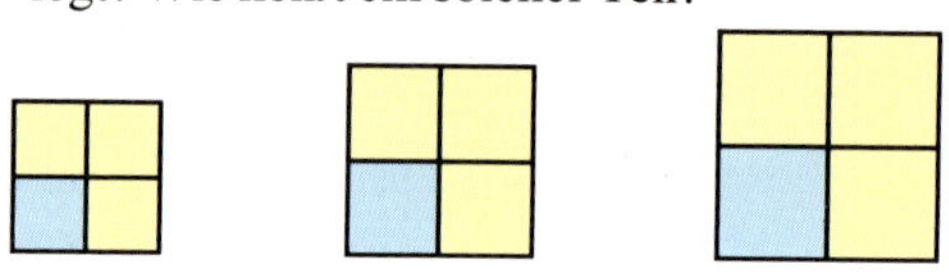

5
Was bedeuten die folgenden Aussagen?
a) Im Mittelalter verlangte die Kirche von den Bauern den Zehnten als Abgabe.
b) Wir machen halbe – halbe.
c) Jeder vierte Erdbewohner ist ein Chinese.
d) Kleinhausen ist ein Stadtviertel von Hohenburg.
e) Die Eishockeyteams kommen zum zweiten Drittel auf das Eis.

6
In wie viele gleich große Teile ist das Ganze zerlegt?
Wie heißt ein solcher Bruchteil?

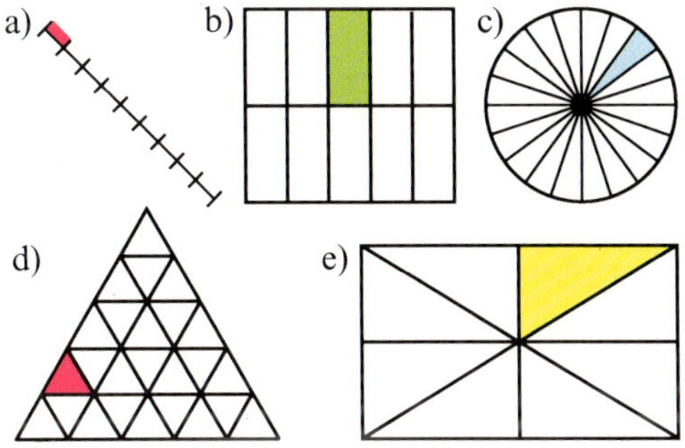

7
Welcher Bruchteil der Stange ist abgebrochen?

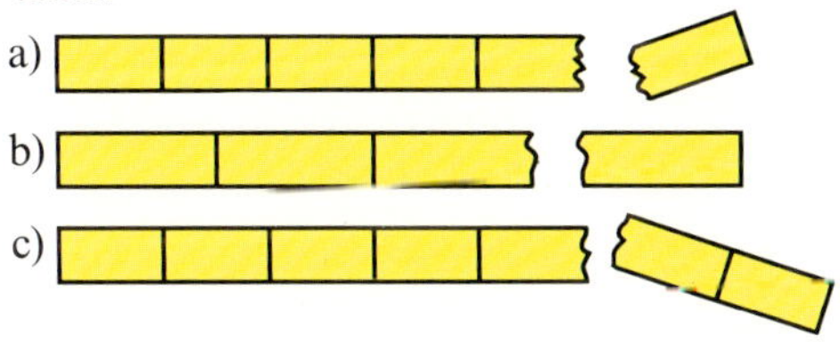

8
In wie viele Teile ist unterteilt worden?
Welcher Bruchteil ist gefärbt?

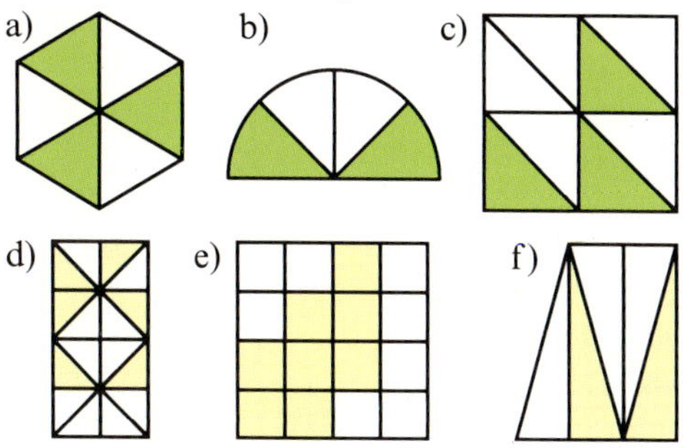

9
Welcher Bruch wird durch die gefärbte Fläche dargestellt? Wie groß ist der Rest?

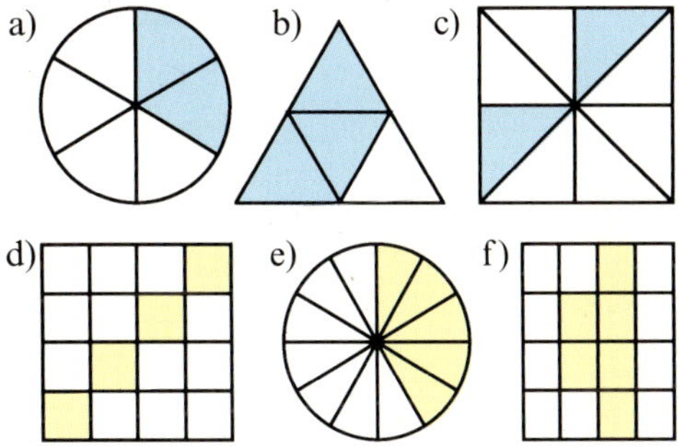

10
Drücke die Teilfiguren A, B, C, D als Bruchteile des ganzen Rechtecks aus. Welchen Teil ergeben die farbigen Flächen zusammen?

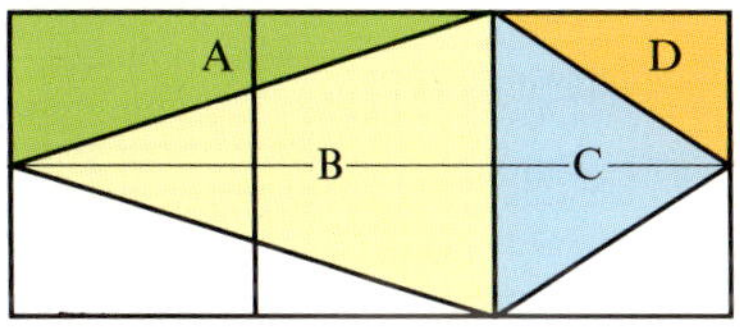

11
Drücke die Teilfiguren als Bruchteile des ganzen Quadrates aus. Finde weitere Bruchteile durch Kombinieren der Einzelteile.

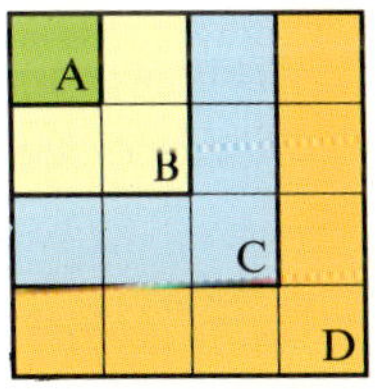

12
In jeder Figur ist ein Teilkörper hervorgehoben. Welcher Bruchteil des Körpers ist dies? Wie groß ist der Rest?

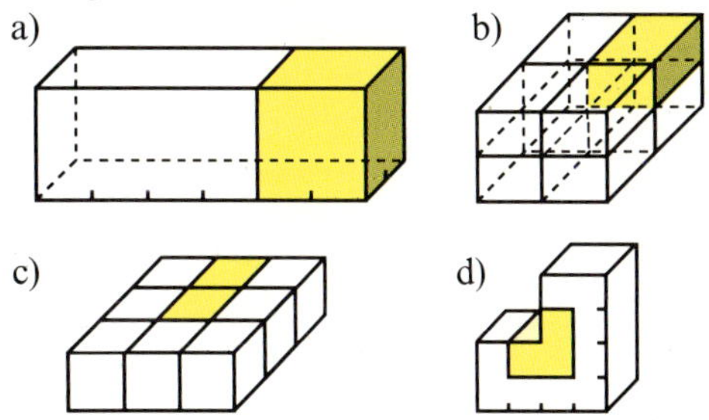

13

Wo haben sich Fehler eingeschlichen?

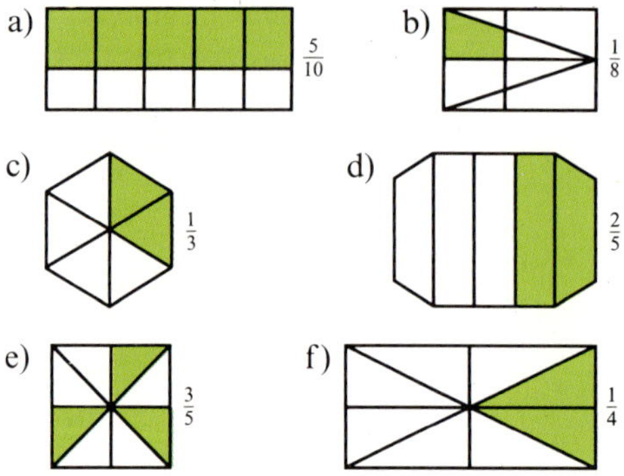

14

Übertrage ins Heft und färbe jeweils den angegebenen Bruchteil der Fläche blau.

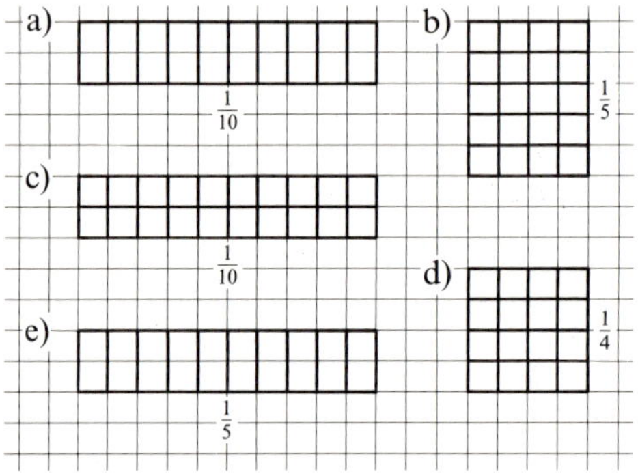

15

Wie viele Halbe, Fünftel, Zehntel oder Zwanzigstel ergeben jeweils ein Ganzes?

16

Welchen Bruchteil der großen Säule auf dem Rand stellen die beiden kleineren Säulen jeweils dar?

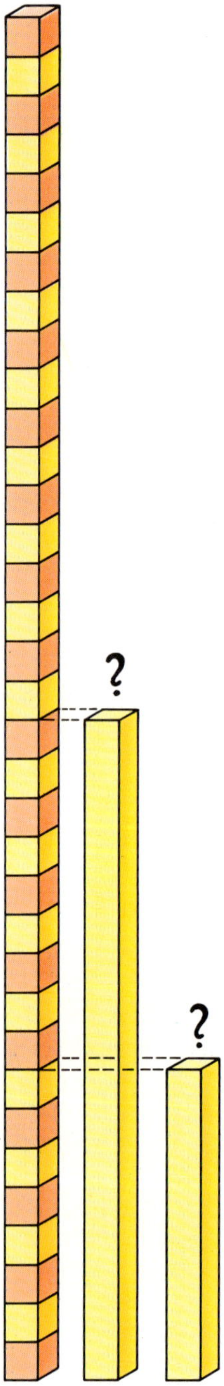

17

Zeichne ein Rechteck, das 12 Kästchen lang und 6 Kästchen breit ist, und stelle die Brüche $\frac{1}{2}$, $\frac{1}{3}$ und $\frac{1}{9}$ nebeneinander farbig dar. Wie viele Kästchen bleiben frei?

18

Trage in deinem Heft auf einer Strecke von 9 Kästchen Länge zweimal den Bruch $\frac{1}{3}$ mit verschiedenen Farben ab. Welcher Bruchteil bleibt übrig?

19

Zeichne jeweils ein geeignetes Rechteck und färbe

a) $\frac{1}{3}$ b) $\frac{1}{5}$ c) $\frac{1}{12}$ der Fläche.

20

a) Stelle die Bruchteile jeweils in einem Rechteck dar. Wähle hierzu eine geeignete Rechteckslänge.

$\frac{2}{5}$, $\frac{3}{7}$, $\frac{4}{9}$, $\frac{5}{10}$

b) Veranschauliche mit Hilfe von Strecken mit geeigneter Länge:

$\frac{2}{3}$, $\frac{5}{6}$, $\frac{6}{11}$, $\frac{9}{12}$

c) Färbe jeweils in einem Kreis:

$\frac{1}{4}$, $\frac{2}{4}$, $\frac{1}{8}$, $\frac{4}{8}$

21

Zeichne die Figur in dein Heft und ergänze sie zu einem Ganzen.

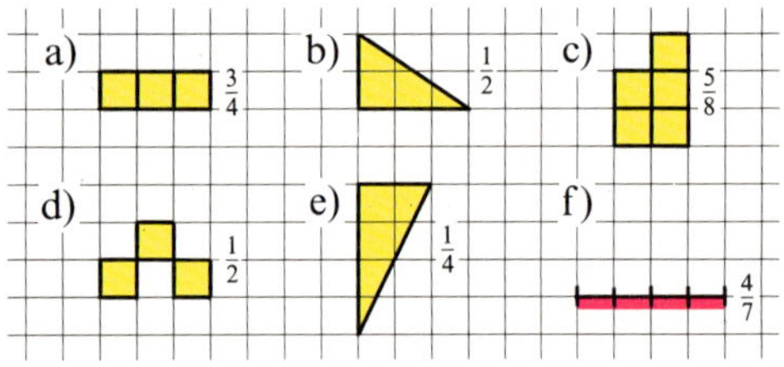

22

Von verschiedenen Rechtecken oder Quadraten siehst du Bruchteile. Zeichne jeweils ein Ganzes in dein Heft.

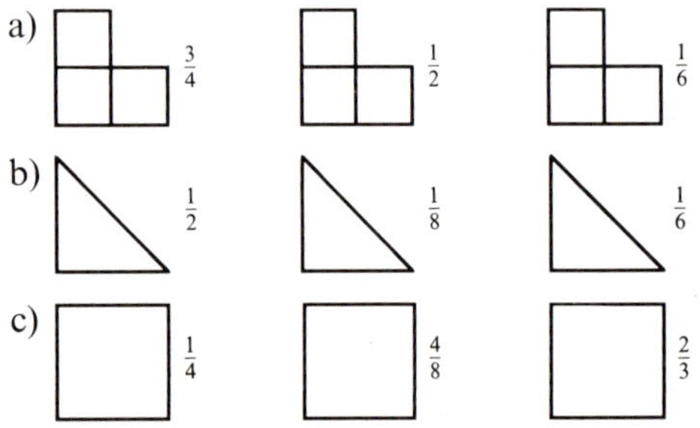

23

Wie heißt der zugehörige Bruch? Schätze!

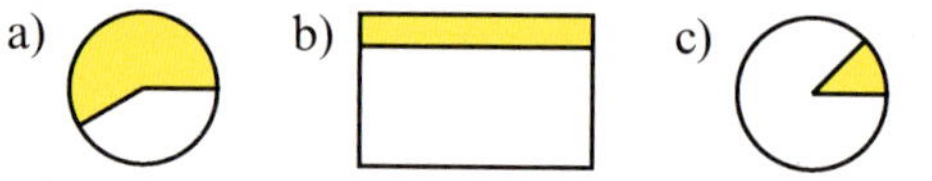

a) $\frac{2}{3}$ oder $\frac{3}{4}$? b) $\frac{1}{5}$ oder $\frac{1}{6}$? c) $\frac{1}{6}$ oder $\frac{1}{8}$?

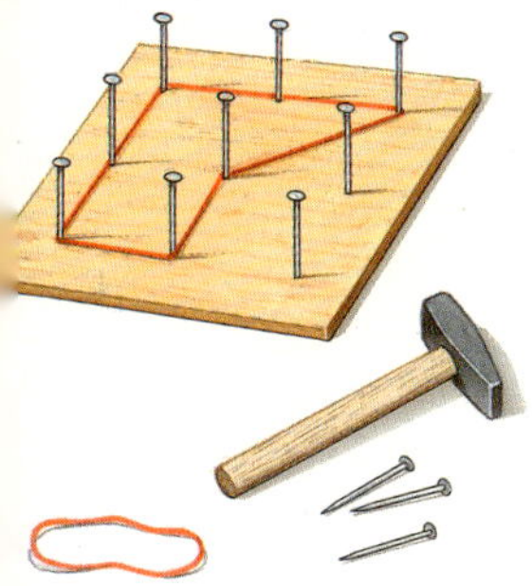

24

Du kannst nach der nebenstehenden Abbildung aus 9 Nägeln und einer Holztafel ein Nagelbrett herstellen.
Welcher Bruchteil des Bretts ist jeweils mit einem Gummiring umspannt?

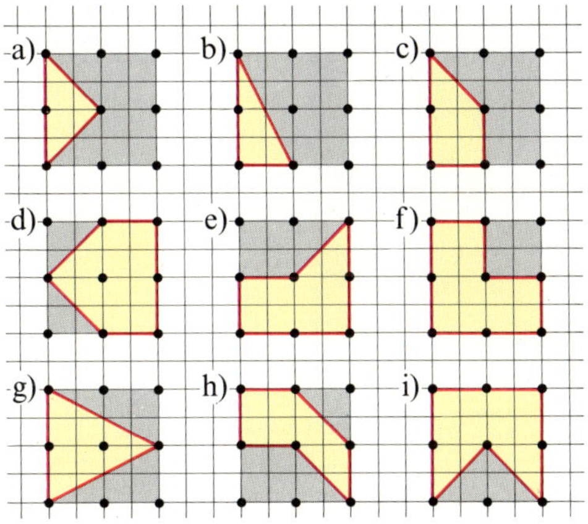

Umspanne selbst Flächen und gib den jeweiligen Bruchteil der Gesamtfläche an.

25

Bei Julias Geburtstag gibt es Kuchen vom Blech.

a) Gib ein Stück als Bruchteil des ganzen Kuchens an.
b) Welcher Bruchteil des Kuchens ist schon gegessen?
c) Wie viel ist noch übrig?

26

Beschreibe die unterschiedliche Größe des Mondes. Welche Mondphasen kannst du mit Brüchen in Verbindung bringen?

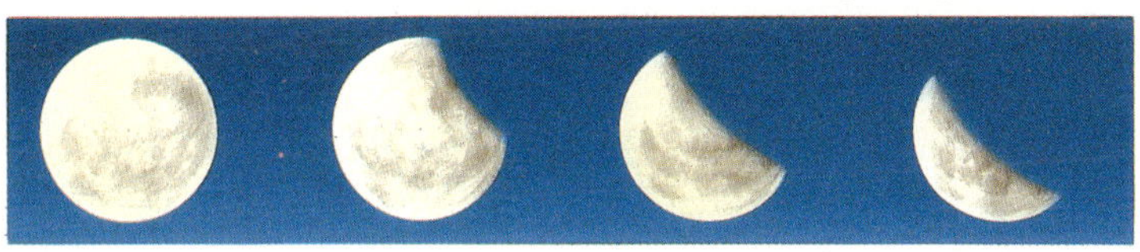

27

Du siehst Ausschnitte aus verschiedenen Stoffmustern.
Gib die Bruchteile der verschiedenfarbigen Flächen an.

Zeichne selbst ein Muster und gib die Bruchteile der verschiedenen Flächen an.

28

Hat Theo schon mehr als die Hälfte seines Schulwegs zurückgelegt?
Schätze zuerst und prüfe dann mit Hilfe des Quadratgitters nach.

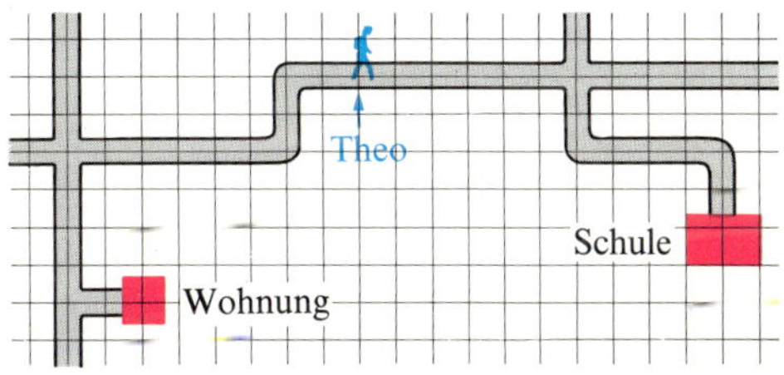

29

Der Teppich wird im Zimmer von der Markierung A bis C ausgelegt.
a) Welcher Teil des Teppichs ist schon ausgerollt?

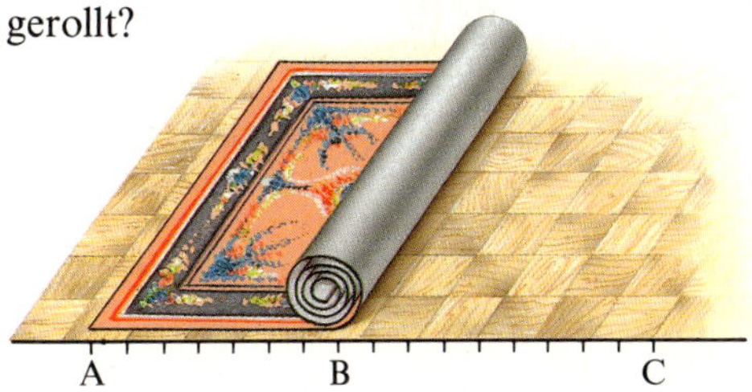

b) An welcher Stelle wären $\frac{3}{4}$ des Teppichs ausgerollt?

2 Brüche als Maßzahlen von Größen

1
Der junge Elefant wiegt etwa drei viertel Tonnen. Der Wagen eines Filmteams wiegt etwa 880 kg.
Ist der Elefant schwerer als das Auto?

2
Anna geht auf den Wochenmarkt. Auf ihrem Einkaufszettel steht $1\frac{3}{4}$ kg Tomaten. Der Händler wiegt ihr 1 700 g ab. Ist das mehr oder weniger?

Im Alltag spricht man häufig von $\frac{1}{4}$ Stunde, $\frac{1}{2}$ kg, $\frac{3}{4}$ m, ... Dabei werden Brüche als **Maßzahlen** verwendet. Das Ganze ist dabei eine Stunde, ein Kilogramm, ein Meter, ...

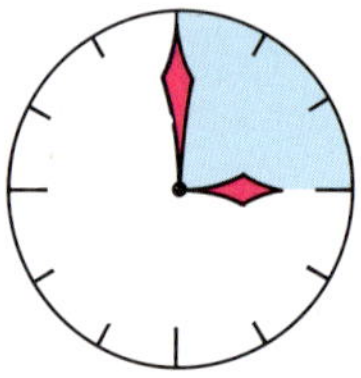

$\frac{1}{4}$ h

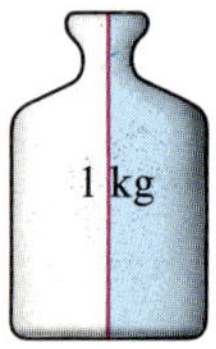

$\frac{1}{2}$ kg

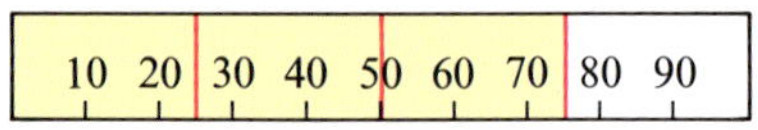

$\frac{3}{4}$ m

$\frac{3}{4}$ kg ist der **Bruchteil** von 1 kg, den man erhält, wenn 1 kg in 4 gleiche Teile geteilt wird und danach 3 Teile zusammengenommen werden.

Beispiele
In vielen Fällen können wir in eine andere Maßeinheit umwandeln.

a) $1\ cm^2 = 100\ mm^2$
$\frac{1}{4}\ cm^2 = 25\ mm^2$

b) $1\ dm = 10\ cm$
$\frac{1}{5}\ dm = 2\ cm$
$\frac{2}{5}\ dm = 4\ cm$

c) $1\ kg = 1\,000\ g$
$\frac{1}{8}\ kg = 125\ g$
$\frac{3}{8}\ kg = 375\ g$

Bemerkung: Bei manchen Maßzahlen treten natürliche Zahlen und Brüche auf:
$1\frac{1}{2}$ l, $2\frac{1}{2}$ h, $1\frac{1}{4}$ kg. Wir nennen dies die **gemischte Schreibweise**; dabei bedeutet $1\frac{1}{4}$ kg:
$1\frac{1}{4}\ kg = 1\ kg + \frac{1}{4}\ kg$
$= 1\,000\ g + 250\ g = 1\,250\ g$

Aufgaben

3
a) Gib in Minuten an.
$\frac{1}{4}$ h, $\frac{1}{2}$ h, $\frac{3}{4}$ h, $1\frac{1}{2}$ h, $2\frac{3}{4}$ h, $5\frac{1}{4}$ h
b) Gib in Zentimeter an.
$\frac{1}{2}$ m, $\frac{1}{4}$ m, $\frac{3}{4}$ m, $1\frac{1}{2}$ m, $4\frac{1}{4}$ m, $7\frac{1}{2}$ m

4
a) Gib in Gramm an.
$\frac{1}{4}$ kg, $\frac{1}{2}$ kg, $\frac{1}{8}$ kg, $\frac{5}{8}$ kg, $\frac{7}{8}$ kg, $3\frac{1}{2}$ kg
b) Gib in Kilogramm an.
$\frac{1}{2}$ t, $\frac{1}{10}$ t, $\frac{4}{5}$ t, $\frac{7}{5}$ t, $\frac{5}{8}$ t, $3\frac{3}{4}$ t, $7\frac{1}{2}$ t

5

a) Gib in dm^2 an: $\frac{1}{4}\,m^2$, $\frac{1}{5}\,m^2$, $\frac{1}{20}\,m^2$, $\frac{1}{25}\,m^2$

b) Gib in ml an: $\frac{1}{4}\,l$, $\frac{1}{2}\,l$, $\frac{1}{8}\,l$, $1\frac{1}{2}\,l$

c) Gib in l an: $\frac{1}{2}\,m^3$, $\frac{1}{10}\,m^3$, $\frac{1}{100}\,m^3$, $\frac{1}{20}\,m^3$

d) Gib in cm^3 an: $\frac{1}{2}\,dm^3$, $\frac{1}{4}\,dm^3$, $\frac{1}{5}\,dm^3$.

6

Gib in einer anderen Maßeinheit an:
a) eine zehntel Tonne
b) drei viertel Meter
c) ein achtel Liter
d) drei viertel Hektar
e) ein halbes Pfund.

7

Bis zu welchem Messstrich wird der Messbecher jeweils gefüllt?

a) 250 g b) 500 g c) 1 000 g
d) 750 g e) 125 g f) 375 g

8

Wie viele Gefäße können mit einem Liter Flüssigkeit jeweils gefüllt werden?

a) Weinglas: $\frac{1}{4}\,l$ b) Bierkrug: $\frac{1}{2}\,l$
c) Likörglas: $\frac{1}{50}\,l$ d) Saftglas: $\frac{1}{5}\,l$
e) Probierglas: $\frac{1}{10}\,l$ f) Tasse: $\frac{1}{8}\,l$

9

Bestimme im Kopf den Bruchteil.
a) 1 Stunde: 45 min, 20 min, 6 min
b) 1 Tag: 6 h, 3 h, 8 h, 18 h, 1 h
c) 1 Jahr: 4 Mon., 3 Mon., 1 Mon.
d) 1 t: 125 kg, 200 kg, 100 kg, 50 kg
e) $1\,m^2$: $20\,dm^2$, $5\,dm^2$, $4\,dm^2$, $2\,dm^2$

10

Gib die gekennzeichneten Streckenlängen in einer kleineren Einheit an.

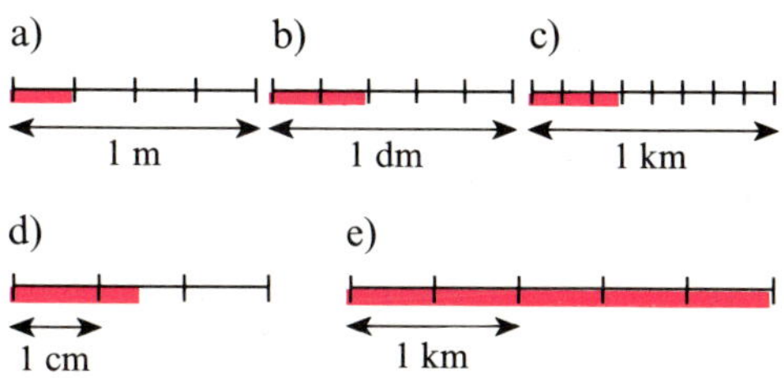

11

Wie groß ist das Quadrat? Wie groß ist die gefärbte Fläche? Drücke das Ergebnis in zwei verschiedenen Einheiten aus.

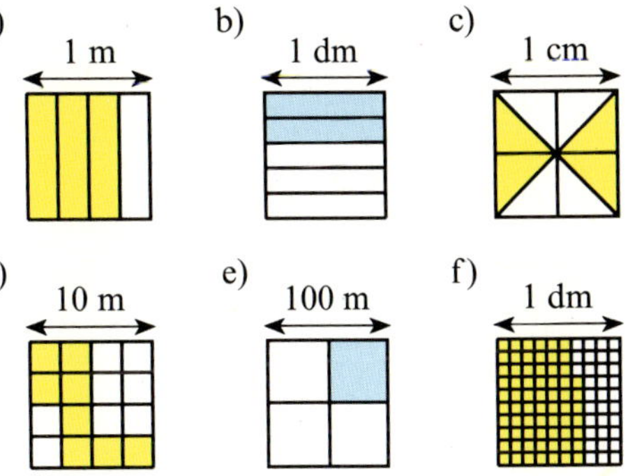

12

a) Zeichne jeweils ein Quadrat mit 10 cm Seitenlänge und färbe die Fläche:
$\frac{1}{10}\,dm^2$, $\frac{2}{5}\,dm^2$, $\frac{13}{20}\,dm^2$.

b) Zeichne jeweils einen 1 cm breiten Streifen und veranschauliche:
$4\frac{1}{4}\,cm^2$, $2\frac{3}{4}\,cm^2$, $6\frac{1}{5}\,cm^2$.

13

Wandle in eine kleinere Maßeinheit um.
Beispiel: $\frac{3}{4}\,a = \frac{3}{4}$ von $100\,m^2 = 75\,m^2$

a) $\frac{1}{5}$ kg	b) $\frac{3}{10}$ km	c) $\frac{2}{3}$ h	d) $\frac{2}{3}$ Jahr
$\frac{1}{8}$ t	$\frac{2}{5}$ m	$1\frac{1}{4}$ Tag	$1\frac{3}{4}$ Jahr
e) $\frac{3}{10}\,cm^2$	f) $\frac{3}{5}\,m^2$	g) $\frac{3}{4}$ min	h) $\frac{3}{20}\,l$
$\frac{3}{100}\,cm^2$	$\frac{2}{25}$ ha	$5\frac{1}{2}$ min	$2\frac{1}{4}\,l$

14

Zeichne die Skalen ins Heft und setze die Beschriftung fort.

a)
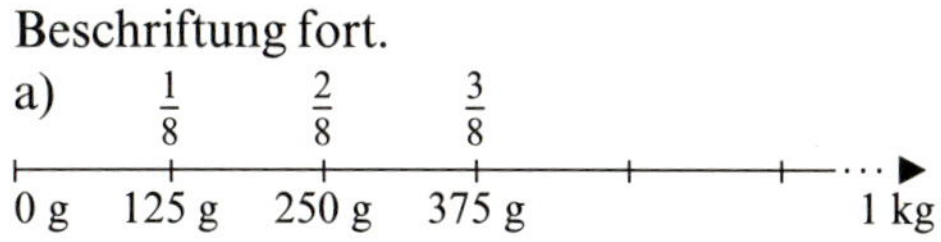

b)
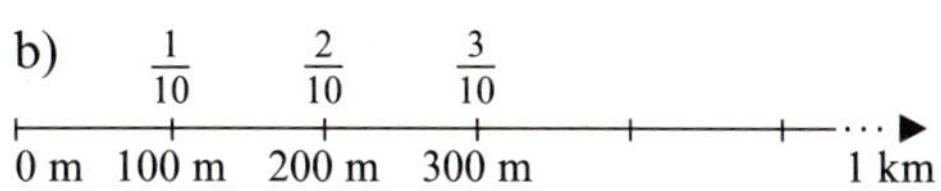

c)
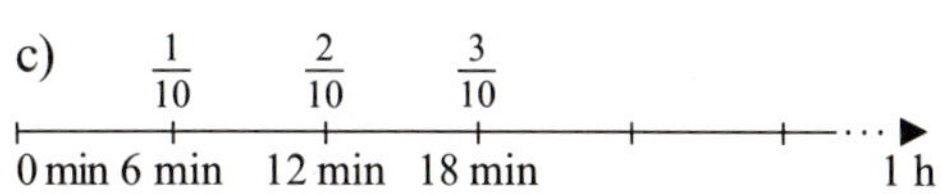

15
Schreibe als Bruchteile in der nächstgrößeren Einheit.

a) 1 cm	b) 200 m	c) 750 kg	d) 5 m^2
5 cm	700 m	50 kg	40 m^2
e) 125 cm^3	f) 20 s	g) 8 h	h) 8 Mon.
250 cm^3	5 min	18 h	15 Mon.

16
Wandle um.

a) $2\frac{3}{4}$ kg = □ g b) $1\frac{3}{10}$ km = □ m

c) $3\frac{1}{5}$ t = □ kg d) $\frac{3}{2}$ l = □ ml

e) $\frac{8}{5}$ m = □ dm f) $\frac{9}{4}$ m^2 = □ dm^2

17
Gib in einer anderen Maßeinheit an.

a) $1\frac{1}{2}$ Ar b) $2\frac{1}{2}$ Pfund c) 16 Mon.

d) $2\frac{1}{2}$ Tage e) 36 Stunden f) $2\frac{3}{4}$ Jahre

18
Wende die gemischte Schreibweise an und gib dann in der nächstkleineren Einheit an.

a) 5 min + $\frac{3}{4}$ min b) 2 km + $\frac{2}{8}$ km

c) 6 kg + $\frac{2}{5}$ kg d) 26 m + $\frac{9}{10}$ m

e) 4 l + $\frac{1}{8}$ l f) 3 ha + $\frac{1}{20}$ ha

19
a) Der Eilzug aus Stuttgart kommt laut Fahrplan um 16.28 Uhr an. Er hat jedoch eine Viertelstunde Verspätung.
Zu welcher Uhrzeit trifft der Eilzug ein?
b) Der ICE aus Hamburg trifft mit viertelstündiger Verspätung erst um 13.09 Uhr ein. Errechne die fahrplanmäßige Ankunftszeit.

20
Angaben über Vitamine, Nährstoffe und Chemikalien findet man oft in Bruchteilen von Gramm. Gib in mg an (1 g = 1 000 mg).

a) $\frac{1}{10}$ g, $\frac{1}{5}$ g, $\frac{1}{8}$ g, $\frac{3}{4}$ g, $\frac{3}{5}$ g

b) $\frac{1}{20}$ g, $\frac{7}{100}$ g, $\frac{3}{50}$ g, $\frac{2}{25}$ g

c) $\frac{15}{100}$ g, $\frac{9}{1000}$ g, $\frac{11}{250}$ g, $\frac{35}{200}$ g.

21
a) Zutaten für einen Gewürzkuchen:

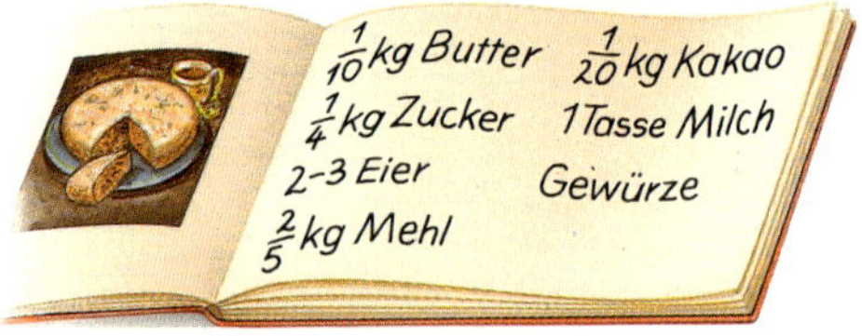

Die Küchenwaage zeigt nur Gramm an.
b) Rechne ebenso die Zutaten für einen Kirschkuchen um:

$\frac{1}{4}$ kg Mehl	$\frac{3}{4}$ kg Kirschen
$\frac{3}{40}$ kg Zucker	$\frac{1}{20}$ kg Fett
2 Eier	Zitronenschale

Brüche im Mittelalter
Das „Zerbrechen" von Zahlen in Brüche führte man zuerst bei den Maßen durch. So halbierte man einen Laib Brot, ein Stück Land, einen Scheffel Weizen oder viertelte sie gar. Mit diesen Maßbrüchen gelang dann einfaches Rechnen: Bruchteile eines Maßes wurden in Ganze eines Untermaßes verwandelt. So wurde das alte Getreidemaß „Malter" mehrmals in Viertel aufgeteilt: 1 Malter zu 4 Simmer, 1 Simmer zu 4 Kumpf, 1 Kumpf zu 4 Gscheid. Ein Malter umfasste je nach Region 190 l bis 670 l.

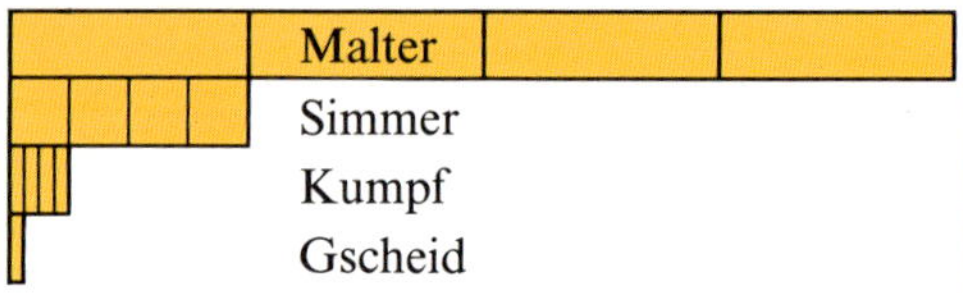

$\frac{3}{4}$ Malter = 3 Simmer

$\frac{1}{4}$ Simmer = 1 Kumpf

$\frac{1}{2}$ Kumpf = 2 Gscheid

Wandle selbst um:

$1\frac{1}{2}$ Malter = □ Simmer

$2\frac{1}{2}$ Simmer = □ Kumpf

$3\frac{3}{4}$ Kumpf = □ Gscheid

10 Simmer = □ Malter

24 Gscheid = □ Kumpf = □ Simmer

20 Kumpf = □ Simmer = □ Malter

3 Bruchteile von beliebigen Größen

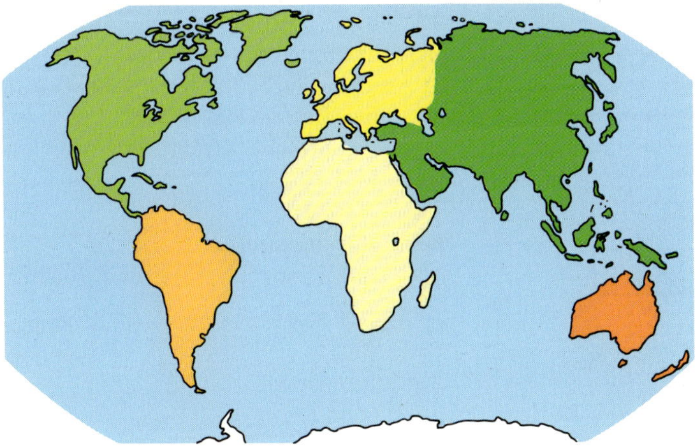

1

Die gesamte Landoberfläche der Erde von 150 Mio. km² lässt sich in 7 Erdteile aufteilen:

Afrika $\frac{1}{5}$	Europa $\frac{1}{15}$
Antarktis $\frac{1}{10}$	Nordamerika $\frac{4}{25}$
Asien $\frac{3}{10}$	Südamerika $\frac{3}{25}$
Australien $\frac{4}{75}$	

Wie groß sind die Erdteile in km² ?

2

Anke darf mit auf die Jugendfreizeit. Mit ihren Eltern bespricht sie, von den 540 € Gesamtkosten $\frac{2}{3}$ selbst beizusteuern. Wie viel Euro hebt Anke von ihrem Sparkonto ab?

Bisher haben wir hauptsächlich Bruchteile von geometrischen Figuren oder von Maßeinheiten betrachtet.
Oftmals kommen jedoch auch Bruchteile beliebiger Größen wie z. B. $\frac{3}{4}$ von 48 € vor.

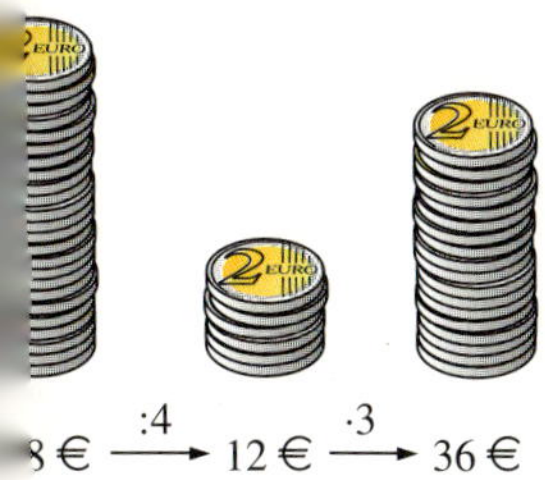

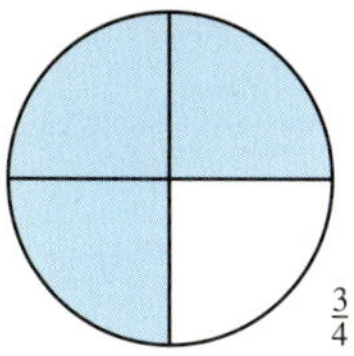

$\frac{3}{4}$

$\frac{3}{4}$ € = 75 ct

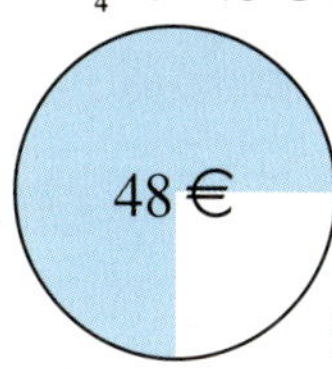

$\frac{3}{4}$ von 48 €

Mit einem Bruch kann ein **Anteil** an einer beliebigen Größe angegeben werden.
Um z. B. $\frac{2}{3}$ **von** einer Größe zu bestimmen, teilt man die Größe durch den Nenner 3 und multipliziert das Ergebnis mit dem Zähler 2.

Beispiele

a) $\frac{2}{3}$ von 24 ha:

24 ha $\xrightarrow{\frac{2}{3}}$ 16 ha

24 ha $\xrightarrow{:3}$ 8 ha $\xrightarrow{\cdot 2}$ 16 ha

$\frac{2}{3}$ von 24 ha sind 16 ha.

b) 5 m² von 12 m²:

12 m² $\xrightarrow{\frac{5}{12}}$ 5 m²

12 m² $\xrightarrow{:12}$ 1 m² $\xrightarrow{\cdot 5}$ 5 m²

5 m² von 12 m² sind $\frac{5}{12}$.

Aufgaben

3

Berechne im Kopf.

a) $\frac{1}{4}$ von: 12 m, 600 g, 72 ha, 96 h
b) $\frac{1}{3}$ von: 12 m, 600 g, 72 ha, 96 h
c) $\frac{3}{4}$ von: 8 l, 36 kg, 44 m², 56 m
d) $\frac{1}{5}$ von: 50 ct, 10 €, 15 €, 60 €
e) $\frac{2}{5}$ von: 20 €, 25 €, 30 €, 35 €
f) $\frac{1}{8}$ von: 16 km, 40 kg, 200 €, 96 t
g) $\frac{3}{8}$ von: 16 km, 40 kg, 200 €, 96 t
h) $\frac{1}{7}$ von: 700 l, 35 g, 28 dm², 56 €

4

Welcher Teil der Strecke ist gefärbt?
Gib seine Länge an.

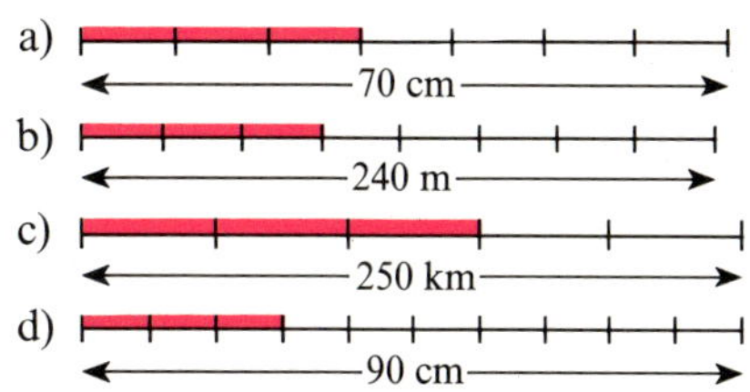

...von	24 m	72 g	144 cm
$\frac{1}{3}$			
$\frac{2}{3}$			
$\frac{1}{4}$			
$\frac{3}{4}$			
$\frac{1}{6}$			
$\frac{5}{6}$			
$\frac{1}{12}$			
$\frac{5}{12}$			
$\frac{7}{12}$			

5

Welcher Bruchteil der Fläche ist gefärbt?
Wie groß ist der Bruchteil?

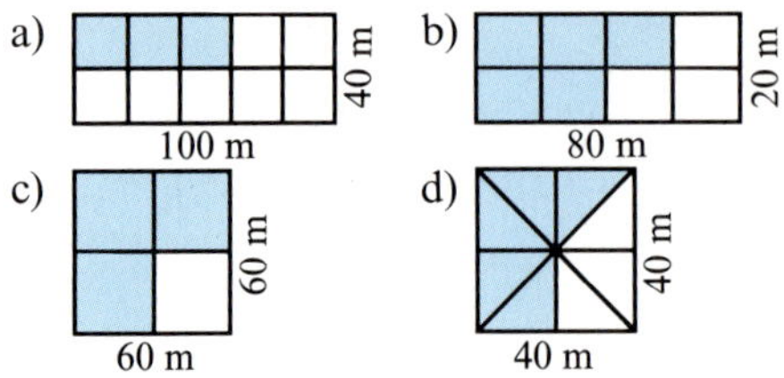

6

Berechne die Bruchteile.

a) $\frac{2}{5}$ von 30 s b) $\frac{3}{4}$ von 24 kg
c) $\frac{1}{9}$ von 81 € d) $\frac{5}{6}$ von 66 g
e) $\frac{3}{7}$ von 42 € f) $\frac{3}{8}$ von 120 €

7

Übertrage und fülle aus.

a)

$\frac{3}{4}$ von	
60 min	□
240 g	□
160 cm	□

b)

$\frac{2}{3}$ von	
180 cm²	□
270 m³	□
480 €	□

c)

$\frac{5}{9}$ von	
54 s	□
18 ha	□
117 m	□

d)

$\frac{2}{13}$ von	
65 ha	□
91 km	□
143 l	□

8

Wandle vorher wie im Beispiel um:
$\frac{5}{8}$ von 4 cm sind $\frac{5}{8}$ von 40 mm sind 25 mm.

a) $\frac{3}{8}$ von 4 kg b) $\frac{7}{8}$ von 12 t
c) $\frac{4}{5}$ von 3 kg d) $\frac{5}{6}$ von 3 m²
e) $\frac{1}{50}$ von 12 cm² f) $\frac{3}{25}$ von 5 dm²

9

a) $\frac{2}{3}$ von 2 h b) $\frac{5}{12}$ von 2 h
c) $\frac{3}{16}$ von 4 h d) $\frac{7}{25}$ von 10 l
e) $\frac{7}{30}$ von 9 l f) $\frac{2}{250}$ von 8 l

10

a) $\frac{3}{4}$ von 8,40 € b) $\frac{2}{7}$ von 2,10 €
c) $\frac{2}{17}$ von 1,70 € d) $\frac{6}{11}$ von 3,30 €

11

Berechne im Kopf das Ganze.

a) $\frac{1}{4}$ einer Tafel Schokolade wiegt 25 g.
b) $\frac{1}{5}$ eines Betrags sind 0,80 €.
c) $\frac{1}{8}$ einer Strecke beträgt 35 m.

12

Bestimme das Ganze.

a) $\frac{3}{4}$ sind 75 m b) $\frac{2}{3}$ sind 90 cm
c) $\frac{2}{5}$ sind 10 kg d) $\frac{3}{10}$ sind 60 m²

13

Berechne den Anteil.

a) 5 € an 35 € b) 7 € an 28 €
c) 9 € an 54 € d) 12 € an 60 €

14

Rechne wie im Beispiel.

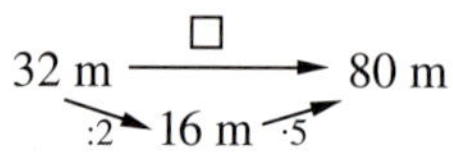

32 m sind $\frac{2}{5}$ von 80 m.

a) 16 l an 24 l b) 18 l an 24 l
c) 20 l an 24 l d) 150 g an 200 g
e) 375 g an 500 g f) 900 g an 1 200 g

15

a) 30 s $\xrightarrow{\square}$ 25 s b) 72 s $\xrightarrow{\square}$ 60 s
c) 90 s $\xrightarrow{\square}$ 27 s d) 54 ha $\xrightarrow{\square}$ 36 ha
e) 30 ha $\xrightarrow{\square}$ 18 ha f) 117 ha $\xrightarrow{\square}$ 65 ha

16

Übertrage ins Heft und berechne.

	Ganzes in kg	Anteil	Bruchteil in kg
a)	155	$\frac{4}{5}$	□
b)	□	$\frac{7}{8}$	112
c)	□	$\frac{2}{11}$	88
d)	50	□	35

17

$\overline{AL}$ ist in 10 gleiche Teile unterteilt:

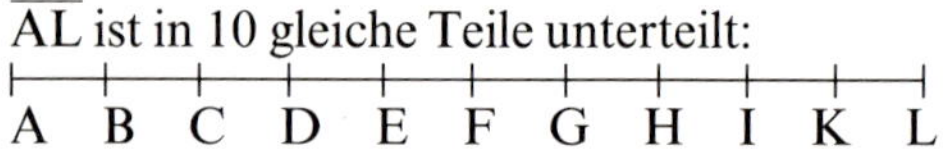

Beispiel: $\frac{1}{2}$ von $\overline{AE}$ ist $\overline{AC}$ oder $\overline{CE}$

a) $\frac{2}{3}$ von $\overline{AD} = \square$ b) $\frac{3}{5}$ von $\overline{DI} = \square$
c) $\overline{AG} = \frac{6}{10}$ von □ d) $\overline{BD} = \frac{1}{4}$ von □
e) $\overline{EG}$ = □ von $\overline{EL}$ f) $\overline{BE}$ = □ von $\overline{BG}$

18
Auf einem Grundstück stehen 96 Obstbäume.
a) Ein Drittel davon ist von Schädlingen befallen. Wie viele Bäume sind dies?
b) Außerdem hat ein Viertel Frostschäden. Wie viele Bäume sind noch gesund?

19
Familie Jungmann stehen monatlich 3 600 € zur Verfügung. $\frac{1}{3}$ gibt sie für Wohnen, $\frac{3}{10}$ für Ernährung und $\frac{2}{15}$ für Kleidung aus. Bleiben noch 700 € für anderen Bedarf und einen Sparvertrag übrig?

20
Petra hat von ihrem Opa 60 € zu Weihnachten erhalten. Davon spart sie $\frac{4}{5}$ für Skiferien. Wie viel Euro sind das?

21
Vier Personen teilen einen Lotteriegewinn von 4 800 € nach ihren Einsätzen unter sich auf. Die erste erhält zwei Drittel, die zweite ein Zwölftel und die dritte ein Sechstel des Gewinns.
Wie viel Euro bekommt die vierte Person?

22
Beim Backen verliert ein Teig etwa $\frac{1}{5}$ seines Gewichtes. Wie viel Gewicht geht beim Backen von 800 g Teig verloren?

23
Die gesamte Oberfläche der Erde beträgt 510 Mio. km². Meer und Land sind nicht gleichmäßig verteilt. Nur $\frac{3}{10}$ der Erdoberfläche sind Land, $\frac{7}{10}$ dagegen Meer.
Berechne die Flächen in km².

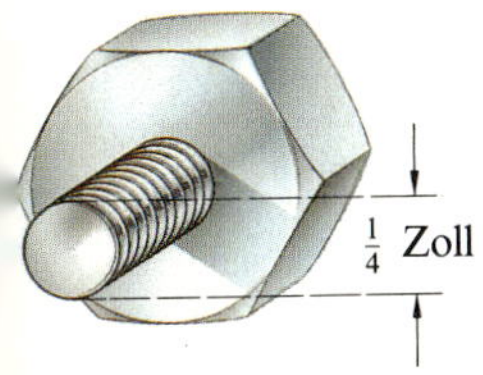

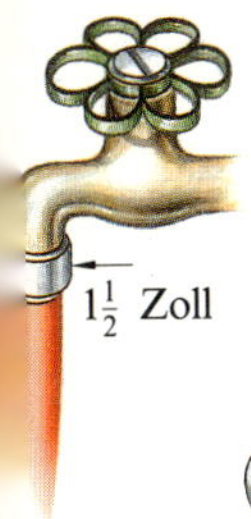

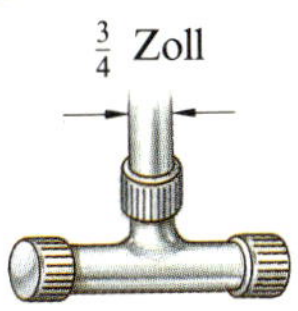

24
In der Technik wird noch die Längeneinheit Zoll benutzt. Ein Zoll beträgt etwa 24 mm.
Rechne in mm um:
a) Gewindedurchmesser: $\frac{1}{4}$ Zoll
b) Durchmesser eines Wasserrohrs: $\frac{3}{4}$ Zoll
c) Durchmesser eines Gartenschlauchanschlusses: $1\frac{1}{2}$ Zoll
d) Schraubenlänge: $2\frac{2}{3}$ Zoll
e) Reifengröße eines Fahrrades: $26 \times 1\frac{1}{4}$ Zoll

25
Die Körpertemperatur eines Igels beträgt 35 °C. Während des Winterschlafs sinkt sie im Oktober auf $\frac{3}{7}$ und im Januar auf $\frac{1}{7}$ des ursprünglichen Werts. Berechne die zwei Temperaturen.

26
Landwirt Pflüger besitzt 18 ha Wald. Das sind $\frac{2}{5}$ seiner gesamten Nutzfläche. Über wie viel ha Ackerland verfügt er?
Auf $\frac{7}{9}$ seiner Ackerfläche pflanzt Herr Pflüger Rüben an. Wie viel ha sind dies?

27
Von der Umgehungsstraße um Eburg sind $\frac{5}{6}$ fertig gestellt. Das sind 2 400 m. Wie viel km beträgt die gesamte Neubaustrecke?

Die römischen Brüche
Der Umgang mit Brüchen entwickelte sich bei den Römern aus ihren Gewichts- und Geldeinheiten.
Ein wichtiges Zahlungsmittel war die Münze 1 **As**. Den zwölften Teil eines Asses nannten die Römer **Unze**, die es als Münze allerdings nicht gab.

$\frac{1}{4}$ As

1 As = 12 Unzen
1 Unze = $\frac{1}{12}$ As

Brüche	$\frac{1}{12}$	$\frac{2}{12}$	$\frac{3}{12}$	$\frac{4}{12}$
röm. Brüche	Unze	$\frac{1}{6}$As	$\frac{1}{4}$As	$\frac{1}{3}$As

Bis 1971 bestand die Zwölferordnung in der englischen Währung (1 Schilling = 12 Pence), aber auch in unserer Dutzendrechnung (1 Dutzend = 12 Stück, 12 Dutzend = 1 Gros) taucht diese Einteilung noch auf.

4 Brüche am Zahlenstrahl

1

Auf der Skala einer Tankuhr kann Markus die Tankfüllung ablesen. Wie viel Liter sind noch im Tank, wenn dieser 40 Liter fasst?
Übertrage diese Skala auf eine 8 cm lange Strecke in dein Heft. Schreibe an alle Teilstriche die entsprechenden Brüche und die dazugehörigen Füllmengen.

Wie jeder natürlichen Zahl 0, 1, 2, 3, ... können wir auch jedem Bruch, wie z. B. $\frac{1}{2}, \frac{1}{3}, \frac{1}{4}, \frac{2}{3}, \ldots$, genau einen Punkt auf dem Zahlenstrahl zuordnen.

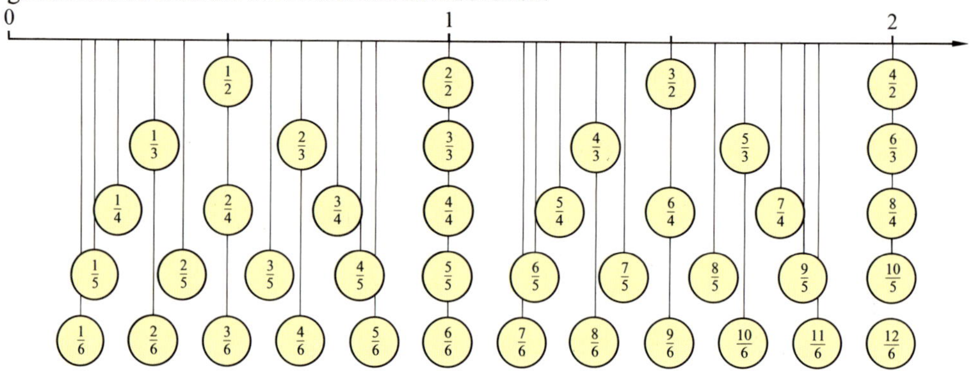

Am Zahlenstrahl kannst du erkennen, dass die Brüche $\frac{1}{2}, \frac{2}{4}, \frac{3}{6}, \frac{4}{8}, \ldots$ demselben Punkt zugeordnet sind; sie bezeichnen dieselbe **Bruchzahl**.

> Jede Bruchzahl kann durch beliebig viele verschiedene Brüche angegeben werden.

Beispiele

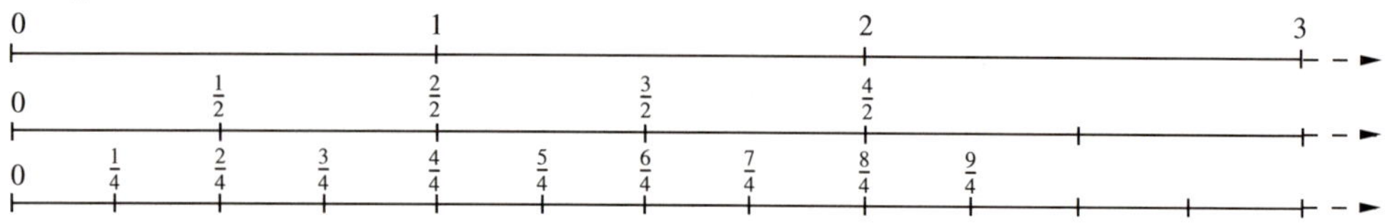

Bemerkung: Die Menge der natürlichen Zahlen $\mathbb{N} = \{0, 1, 2, 3, \ldots\}$ wird zur Menge $\mathbb{B}$ der Bruchzahlen erweitert.
Brüche wie $\frac{3}{4}$, deren Zähler kleiner als der Nenner ist, liegen stets zwischen 0 und 1.
Brüche wie $\frac{7}{3}$, deren Zähler größer als der Nenner ist, sind größer als 1.

Aufgaben

2

Welcher Zahlenstrahl zeigt die Markierungen für
a) $\frac{1}{4}, \frac{2}{4}, \frac{3}{4}, \ldots$ b) $\frac{1}{5}, \frac{2}{5}, \frac{3}{5}, \ldots$ c) $\frac{1}{7}, \frac{2}{7}, \frac{3}{7}, \ldots$?

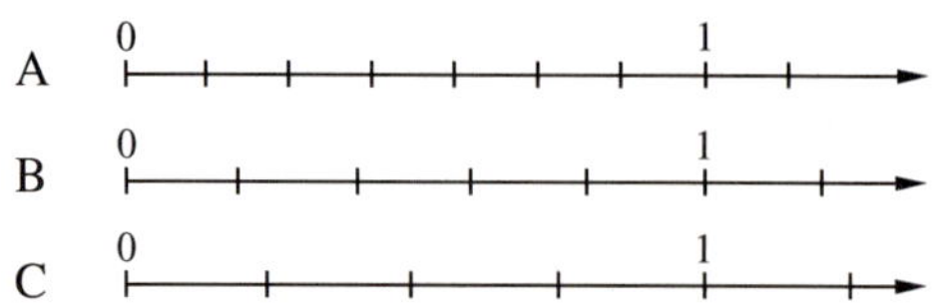

3

Bezeichne in deinem Heft die Markierungen auf dem Zahlenstrahl.

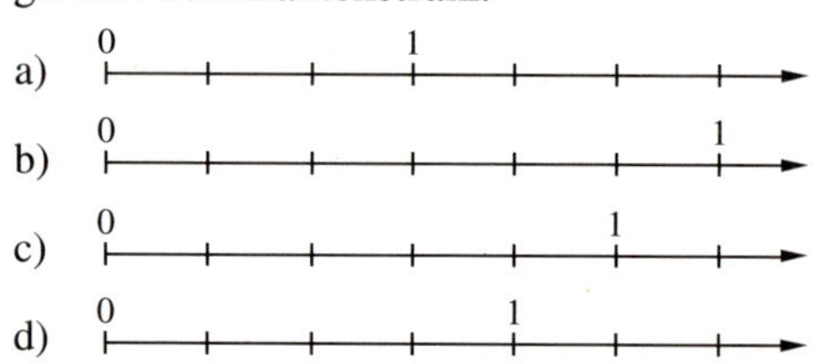

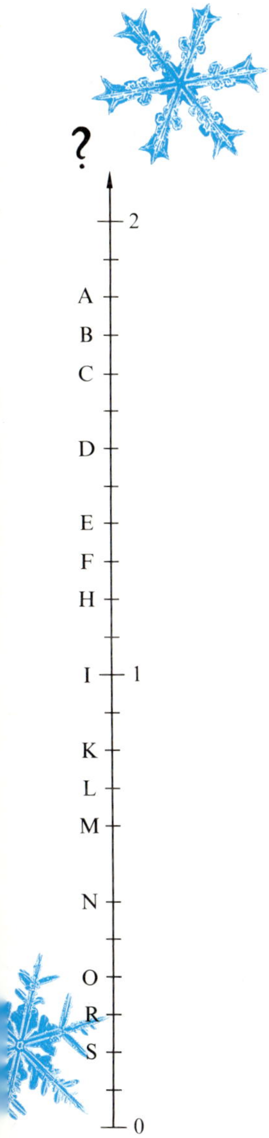

Die Buchstaben markieren Brüche zwischen 0 und 2. Suche zu den Brüchen die richtigen Buchstaben.
$\frac{1}{6}, \frac{5}{3}, \frac{7}{6}, \frac{2}{4}, \frac{8}{6}, \frac{4}{3}$
$\frac{5}{4}, \frac{3}{4}, \frac{1}{3}, \frac{10}{6}, \frac{5}{6}, \frac{16}{12}$

4

Wie heißen die Brüche, die durch die Großbuchstaben markiert sind?

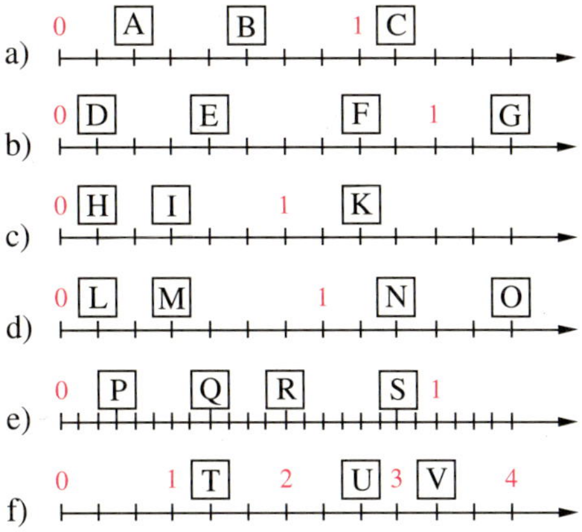

5

Zeichne einen Zahlenstrahl mit einer 10 cm langen Einheitsstrecke.

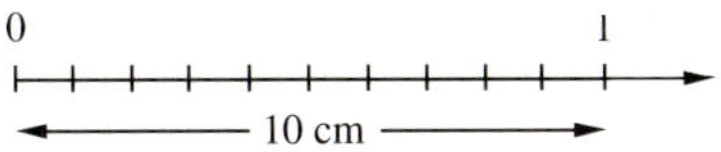

Trage folgende Brüche ein:
$\frac{2}{10}, \frac{3}{10}, \frac{4}{10}, \frac{6}{10}, \frac{8}{10}, \frac{1}{5}, \frac{2}{5}, \frac{3}{5}, \frac{4}{5}$.
Welche gehören zur selben Bruchzahl?

6

Zeichne drei Zahlenstrahlen mit je einer 12 cm langen Einheitsstrecke untereinander.
Markiere auf
dem ersten $\frac{2}{12}, \frac{3}{12}, \frac{4}{12}, \frac{6}{12}, \frac{8}{12}, \frac{9}{12}, \frac{12}{12}$,
dem zweiten $\frac{1}{6}, \frac{2}{6}, \frac{3}{6}, \frac{4}{6}, \frac{6}{6}$,
dem dritten $\frac{1}{4}, \frac{2}{4}, \frac{3}{4}, \frac{1}{3}, \frac{2}{3}, \frac{3}{3}$.
Vergleiche!

7

Übertrage den Zahlenstrahl ins Heft und ergänze.

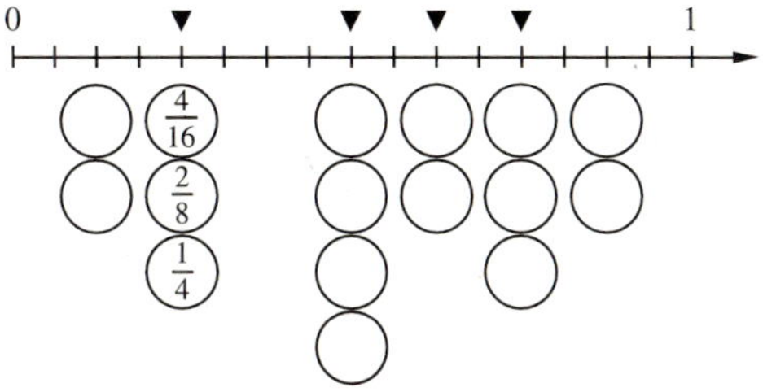

8

Zeichne einen Zahlenstrahl mit einer 6 cm langen Einheitsstrecke und verlängere ihn bis zur Zahl 2. Trage die Brüche ein.

a)	b)	c)
$\frac{8}{6}$	$\frac{7}{12}$	$\frac{16}{12}$
$\frac{5}{6}$	$\frac{7}{6}$	$\frac{8}{6}$
$\frac{4}{3}$	$\frac{14}{12}$	$\frac{20}{12}$

Welche Brüche bezeichnen jeweils dieselbe Bruchzahl?

9

Zeichne einen Zahlenstrahl mit einer 8 cm langen Einheitsstrecke. Unterteile ihn zwischen den Punkten 1 und 2 in vier gleiche Teile.

a) Wie heißen die Bruchzahlen?
b) Bestimme durch eine feinere Unterteilung für die Bruchzahlen weitere Namen.

10

Zu welchen Brüchen gehört jeweils derselbe Punkt am Zahlenstrahl?

a) $\frac{3}{12}, \frac{8}{12}, \frac{9}{12}, \frac{1}{4}, \frac{2}{3}, \frac{4}{6}, \frac{2}{8}, \frac{6}{8}$
b) $\frac{2}{10}, \frac{5}{10}, \frac{1}{5}, \frac{2}{5}, \frac{4}{8}, \frac{6}{8}, \frac{2}{4}, \frac{3}{4}, \frac{1}{2}$

11

Nenne jeweils drei verschiedene Brüche, die dieselbe Bruchzahl bezeichnen wie

a) $\frac{1}{2}$ b) $\frac{2}{3}$ c) $\frac{3}{4}$ d) $\frac{4}{5}$.

12

Gib eine Bruchzahl an, die auf dem Zahlenstrahl genau in der Mitte liegt zwischen

a) 2 und 3 b) $\frac{1}{4}$ und $\frac{3}{4}$ c) $\frac{2}{7}$ und $\frac{6}{7}$
d) $\frac{1}{11}$ und $\frac{9}{11}$ e) $\frac{4}{9}$ und $\frac{16}{9}$ f) $\frac{3}{4}$ und $1\frac{3}{4}$.

13

Woran erkennst du am Zähler und Nenner eines Bruches, dass er

a) eine natürliche Zahl bezeichnet?
b) eine Zahl größer als 1 bezeichnet?
c) eine Zahl kleiner als 1 bezeichnet?
d) eine Zahl kleiner als $\frac{1}{2}$ bezeichnet?
e) eine Zahl kleiner als $\frac{1}{3}$ bezeichnet?
f) eine Zahl größer als $\frac{1}{4}$ bezeichnet?

5 Brüche als Quotienten

1

Die Klasse 6 b hat Wandertag. Auf dem Heimweg wird noch einmal eine Rast eingelegt. Angelika, Sabrina, Timo und Fabian teilen ihren restlichen Proviant unter sich auf: eine Tafel Schokolade, drei Äpfel und sechs Mandarinen.
Wie würdest du die Schokolade, die Äpfel und die Mandarinen gleichmäßig unter den vier Kindern aufteilen?

Unter 4 Personen lassen sich 3 Riegel gleichmäßig aufteilen, wenn jeder Riegel in 4 gleiche Stücke geteilt wird. Jede Person erhält $\frac{3}{4}$ von einem Riegel. 3 Ganze dividiert durch 4 ergibt $\frac{3}{4}$.

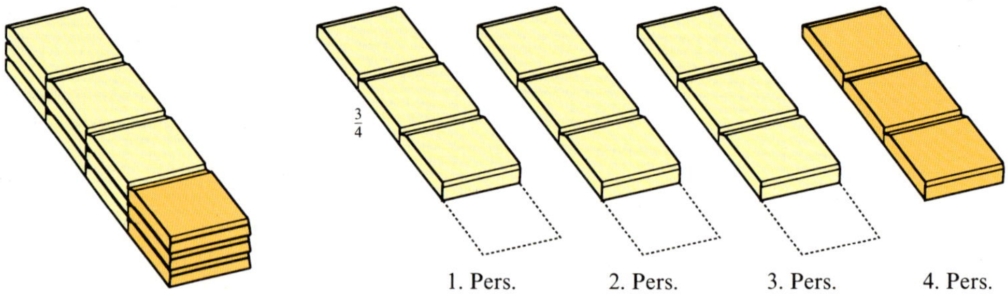

> Ein Bruch kann als **Quotient von zwei natürlichen Zahlen** aufgefasst werden. Der Bruchstrich und das Divisionszeichen bedeuten dasselbe: $\frac{2}{3} = 2:3$

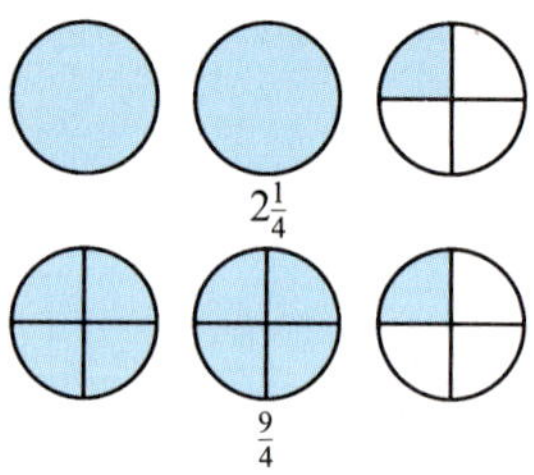

Beispiele

a) $\frac{1}{6} = 1:6$ **b)** $\frac{12}{4} = 12:4 = 3$ **c)** $\frac{4}{1} = 4:1 = 4$

d) $\frac{14}{3} = 14:3$ zerlegen
$= (12+2):3$ das Verteilungsgesetz anwenden
$= 12:3 + 2:3$
$= 4 + \frac{2}{3} = 4\frac{2}{3}$

e) $2\frac{1}{4} = 2 + \frac{1}{4}$
$= 8:4 + 1:4$
$= (8+1):4$
$= 9:4 = \frac{9}{4}$

Aufgaben

2

Welche Brüche sind gemeint?

a) 3 : 5 5 : 7 7 : 9 9 : 11 11 : 13
b) 1 : 17 1 : 103 11 : 501 37 : 1 001

3

Gib in gemischter Schreibweise an.

a) 7 : 3 b) 13 : 4 c) 25 : 7 d) 50 : 11
  8 : 3   16 : 5   31 : 13   60 : 13
  10 : 3   19 : 6   37 : 19   70 : 17

4

Wie kann man 4 Tafeln Schokolade an 5 Kinder gerecht verteilen?

5

Zeichne Streifen mit der Breite eines Kästchens und veranschauliche die Bruchteile auf zwei verschiedene Arten.

Beispiel:

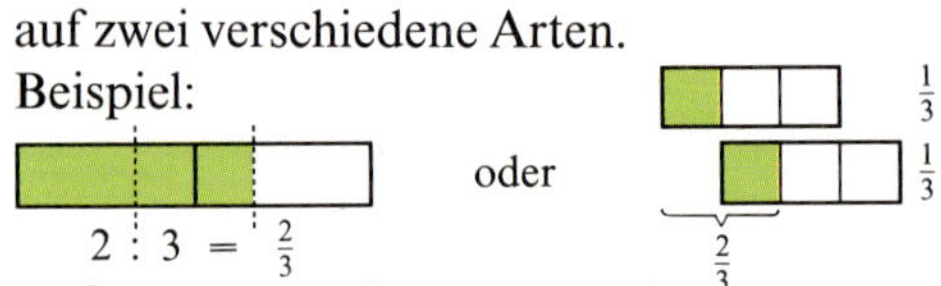

a) $\frac{2}{5}$ b) $\frac{3}{5}$ c) $\frac{3}{4}$ d) $\frac{2}{7}$

6

a) Welche Zahl ist mit dem Bruch $\frac{8}{1}$ gemeint? Schreibe auch als Divisionsaufgabe.
b) Schreibe die Zahlen 5, 50, 500 als Eintel.

7
In den fünf Zahlenreihen sind natürliche Zahlen versteckt. Suche sie heraus und addiere sie. Zur Kontrolle: Die Summe der gesuchten Zahlen beträgt 50.

8
Rechne wie im Beispiel in die nächstkleinere Einheit um:

$\frac{4}{5}$ km = 4 km : 5 = 4000 m : 5 = 800 m

a) $\frac{3}{10}$ t	b) $\frac{9}{10}$ dm²	c) $\frac{3}{5}$ hl	d) $\frac{3}{20}$ m³
$\frac{8}{20}$ t	$\frac{4}{25}$ dm²	$\frac{7}{20}$ hl	$\frac{17}{50}$ m³
$\frac{5}{4}$ t	$\frac{6}{5}$ dm²	$\frac{5}{4}$ hl	$\frac{8}{5}$ m³

9
Schreibe in einer kleineren Maßeinheit.

a) $3\frac{1}{2}$ m	b) $3\frac{1}{2}$ l	c) $2\frac{1}{3}$ h	d) $4\frac{1}{4}$ kg
e) $1\frac{3}{4}$ Jahr	f) $5\frac{1}{4}$ m²	g) $6\frac{2}{5}$ a	h) $7\frac{3}{4}$ ha
i) $2\frac{3}{4}$ cm²	k) $3\frac{3}{5}$ dm²	l) $8\frac{1}{4}$ dm³	m) $5\frac{3}{4}$ l

10
Verwandle wie im Beispiel:

$2\frac{1}{5} = 2 + \frac{1}{5} = 10:5 + 1:5 = (10+1):5 = \frac{11}{5}$

a) $3\frac{1}{3}$	b) $1\frac{1}{10}$	c) $4\frac{2}{11}$	d) $5\frac{4}{13}$
$3\frac{1}{4}$	$3\frac{1}{10}$	$4\frac{2}{13}$	$6\frac{6}{15}$
$3\frac{1}{5}$	$4\frac{1}{10}$	$4\frac{2}{15}$	$10\frac{7}{13}$
$3\frac{1}{6}$	$5\frac{1}{10}$	$4\frac{2}{17}$	$11\frac{7}{11}$

Läufer beim New York Marathon

11
Ordne die Brüche der unteren Reihe so, dass zusammengehörende Paare übereinander stehen. Die Buchstaben ergeben ein fast kugelrundes Lösungswort.

$2\frac{3}{7}$	$1\frac{1}{7}$	$1\frac{1}{4}$	$4\frac{2}{5}$	$1\frac{6}{7}$	$2\frac{1}{4}$	$2\frac{2}{5}$	$3\frac{3}{4}$

$\frac{15}{4}$	$\frac{9}{4}$	$\frac{17}{7}$	$\frac{12}{5}$	$\frac{22}{5}$	$\frac{13}{7}$	$\frac{8}{7}$	$\frac{5}{4}$
L	A	F	L	S	B	U	S

12
Gib als Bruchteil der Einheit an und wandle in die nächstkleinere Einheit um.

a) Der zehnte Teil von 3 €.
b) Der 20. Teil von 6 €.
c) Das Doppelte des vierten Teils von 1 m.
d) Das Dreifache des 10. Teils von 1 €.
e) Das 6fache des 20. Teils von 1 €.
f) Das 8fache des 3. Teils von 1 h.

13
Schreibe die gemischten Zahlen als Bruch.

a) $1\frac{1}{2}$	b) $8\frac{3}{8}$	c) $15\frac{2}{3}$	d) $20\frac{7}{12}$
$2\frac{1}{4}$	$10\frac{2}{5}$	$25\frac{6}{7}$	$32\frac{9}{20}$
$3\frac{1}{3}$	$12\frac{4}{7}$	$42\frac{7}{9}$	$55\frac{17}{30}$

14
Acht Schatzgräber wollen 7 kg Silbermünzen gerecht unter sich aufteilen.

a) Wie viel Kilogramm bekommt jeder?
b) Wie viel Gramm sind das?

15
Der Gepard ist eines der schnellsten Tiere der Welt. Er erreicht kurzzeitig eine Geschwindigkeit von 120 km in der Stunde. Wie lange benötigt er für einen Kilometer? Gib das Ergebnis zuerst als Bruchteil einer Stunde und dann in Sekunden an.

16
Ein trainierter Langstreckenläufer legt in zwei Stunden etwa 24 km zurück. Wie lange benötigt er für einen Kilometer?
Gib das Ergebnis in Stundenbruchteilen und in Minuten an.

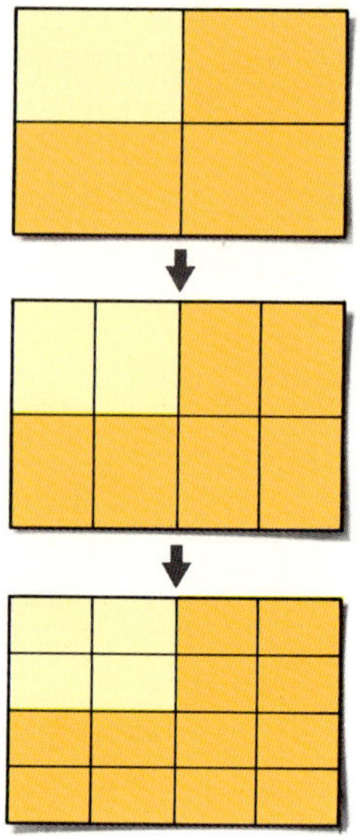

6 Erweitern und Kürzen

1
Ein DIN-A5-Blatt Papier wird zweimal gefaltet. Drei Viertel der Fläche werden ausgemalt. Wenn du weiterfaltest, erhältst du Teilflächen wie links abgebildet.
Benenne die gefärbte Fläche mit verschiedenen Brüchen.

2
Für eine Süßspeise werden 6 Becher Joghurt zu je $\frac{1}{8}$ l in die Rührschüssel geschüttet.
Wie hoch ist das Gefäß gefüllt?

Der Nenner 3 des Bruches $\frac{1}{3}$ unterteilt die Einheit in drei gleiche Teile. Wir können nun zu kleineren Unterteilungen übergehen: So wird aus $\frac{1}{3}$ nacheinander $\frac{2}{6}, \frac{3}{9}, \frac{4}{12}, \ldots$ Zähler und Nenner wachsen durch Vervielfachen mit derselben Zahl.
Diesen Vorgang nennen wir **erweitern**.

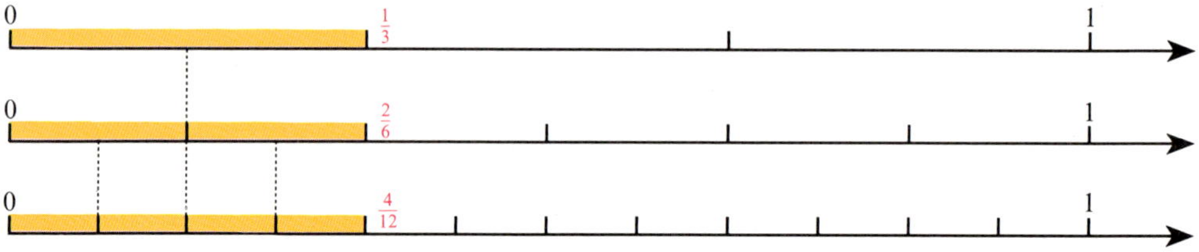

Beim **Erweitern** eines Bruches werden Zähler und Nenner mit derselben Zahl multipliziert:
$\frac{3}{5} = \frac{3 \cdot 4}{5 \cdot 4} = \frac{12}{20}$
Beide Brüche bezeichnen dieselbe Bruchzahl.

Beispiele

a) Wir erweitern mit der Zahl 5:
$\frac{3}{4} = \frac{3 \cdot 5}{4 \cdot 5} = \frac{15}{20}$

b) Wir erweitern auf einen vorgegebenen Nenner:
$\frac{3}{8} = \frac{\square}{40}$ $\qquad$ $\frac{\square}{27} = \frac{8}{9}$
$\frac{3 \cdot 5}{8 \cdot 5} = \frac{15}{40}$ $\qquad$ $\frac{24}{27} = \frac{8 \cdot 3}{9 \cdot 3}$

Bemerkung: Brüche heißen **gleichnamig**, wenn sie denselben Nenner haben.

Zähler und Nenner des Bruches $\frac{8}{16}$ enthalten gemeinsame Teiler. Am Streifenmuster wird deutlich, dass der Bruch $\frac{8}{16}$ denselben Wert hat wie $\frac{4}{8}$ oder $\frac{1}{2}$. Wenn Zähler und Nenner durch dieselbe Zahl dividiert werden, nennen wir dies **kürzen**.

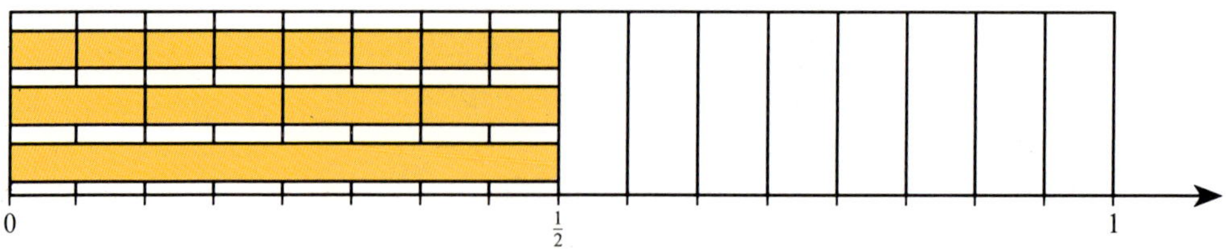

Beim **Kürzen** eines Bruches werden Zähler und Nenner durch dieselbe Zahl dividiert:
$\frac{15}{20} = \frac{15:5}{20:5} = \frac{3}{4}$
Beide Brüche bezeichnen dieselbe Bruchzahl.

Beispiele

a) $\frac{3}{12} = \frac{3:3}{12:3} = \frac{1}{4}$ **b)** $\frac{15}{21} = \frac{15:3}{21:3} = \frac{5}{7}$ **c)** $\frac{24}{64} = \frac{24:2}{64:2} = \frac{12:2}{32:2} = \frac{6:2}{16:2} = \frac{3}{8}$

oder $\frac{24}{64} = \frac{24:8}{64:8} = \frac{3}{8}$

Bemerkung: Sind Zähler und Nenner eines Bruches **teilerfremd**, ist der Bruch vollständig gekürzt,
z. B. $\frac{5}{9}$ oder $\frac{7}{11}$.

erweitere mit

	2	5	7	12	15
$\frac{2}{7}$					
$\frac{3}{8}$					
$\frac{5}{9}$					
$\frac{4}{11}$					
$\frac{3}{20}$					
$\frac{7}{30}$					
$\frac{4}{25}$					

Aufgaben

3

Nenne verschiedene Brüche für denselben Bruchteil.

a)

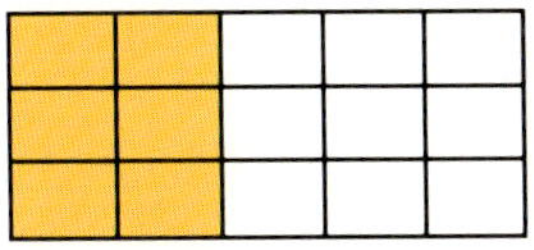

b)

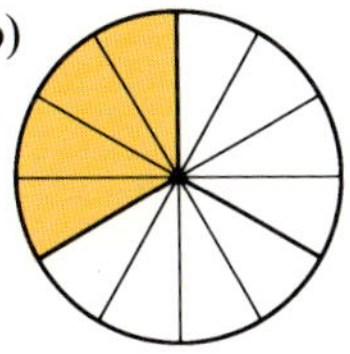

c)

4

a) Wie viele Viertel, Sechstel, Achtel sind $\frac{1}{2}$?
b) Wie viele Sechstel, Neuntel sind $\frac{1}{3}$?
c) Wie viele Achtel, Sechzehntel sind $\frac{1}{4}$?
d) Wie viele Zehntel, Zwanzigstel sind $\frac{1}{5}$?
e) Wie viele Hundertstel, Tausendstel sind $\frac{1}{10}$?

5

Erweitere die Brüche im Kopf.

a) $\frac{1}{3}$ mit 3, 6, 9, 12, 13, 15
b) $\frac{1}{7}$ mit 2, 6, 7, 10, 12, 14
c) $\frac{1}{9}$ mit 4, 5, 6, 8, 11, 17
d) $\frac{1}{12}$ mit 5, 7, 10, 11, 13, 15
e) $\frac{1}{15}$ mit 4, 6, 8, 10, 11, 14
f) $\frac{1}{20}$ mit 3, 9, 12, 15, 17, 19
g) $\frac{3}{10}$ mit 6, 7, 9, 11, 13, 17
h) $\frac{4}{11}$ mit 5, 6, 8, 9, 14, 16

6

Mit welcher Zahl wurde erweitert?

Beispiel: $\frac{2}{5} = \frac{6}{15} = \frac{2 \cdot 3}{5 \cdot 3}$

a) $\frac{2}{3} = \frac{6}{9}$ b) $\frac{2}{5} = \frac{8}{20}$ c) $\frac{4}{7} = \frac{16}{28}$
d) $\frac{5}{6} = \frac{15}{18}$ e) $\frac{3}{8} = \frac{18}{48}$ f) $\frac{7}{10} = \frac{35}{50}$
g) $\frac{8}{9} = \frac{56}{63}$ h) $\frac{5}{12} = \frac{40}{96}$ i) $\frac{6}{13} = \frac{42}{91}$

7

Erweitere und bestimme die fehlende Zahl.

a) $\frac{2}{3} = \frac{\square}{9}$ b) $\frac{3}{5} = \frac{\square}{20}$ c) $\frac{7}{9} = \frac{\square}{72}$
$\frac{3}{4} = \frac{\square}{16}$ $\frac{5}{7} = \frac{\square}{49}$ $\frac{9}{10} = \frac{\square}{90}$
d) $\frac{2}{5} = \frac{10}{\square}$ e) $\frac{4}{9} = \frac{24}{\square}$ f) $\frac{7}{12} = \frac{84}{\square}$
$\frac{3}{8} = \frac{24}{\square}$ $\frac{6}{11} = \frac{54}{\square}$ $\frac{8}{15} = \frac{96}{\square}$

8

Bestimme die fehlende Zahl. Die richtigen Zahlen bringen dich auf das Lösungswort.

a) $\frac{\square}{12} = \frac{1}{2}$ b) $\frac{\square}{42} = \frac{5}{6}$ c) $\frac{\square}{108} = \frac{5}{9}$
$\frac{\square}{40} = \frac{4}{5}$ $\frac{\square}{42} = \frac{3}{7}$ $\frac{\square}{121} = \frac{8}{11}$
d) $\frac{9}{\square} = \frac{1}{3}$ e) $\frac{45}{\square} = \frac{5}{8}$ f) $\frac{60}{\square} = \frac{5}{12}$
$\frac{16}{\square} = \frac{2}{7}$ $\frac{91}{\square} = \frac{7}{10}$ $\frac{99}{\square} = \frac{9}{13}$

27	144	32	60	143	18	6	130	72	88	56	35
T	U	C	I	H	L	S	H	C	T	S	H

9

Zeichne die „Bruchbuden“ ins Heft und ergänze.

a)

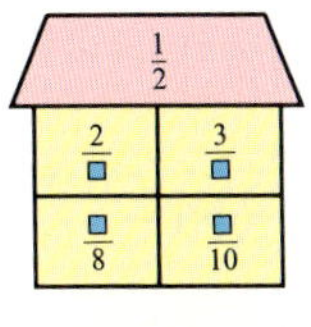

b)

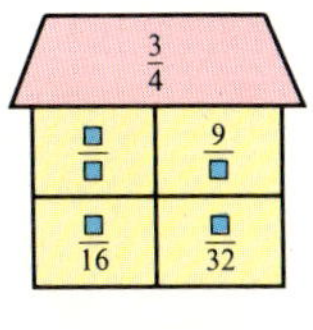

c)

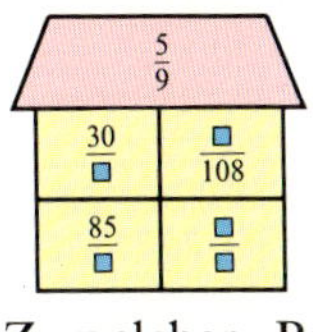

d)

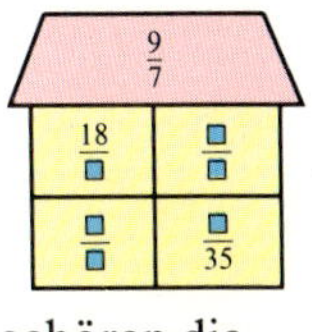

e) Zu welcher „Bruchbude“ gehören die Brüche $\frac{15}{20}, \frac{15}{27}, \frac{45}{60}, \frac{45}{81}, \frac{45}{90}, \frac{27}{36}, \frac{63}{49}, \frac{10}{20}, \frac{99}{77}, \frac{57}{76}$?

10
Erweitere auf die angegebenen Nenner.

a) 10: $\frac{1}{2}, \frac{1}{5}, \frac{3}{5}, \frac{5}{5}, \frac{6}{5}, \frac{11}{5}$

b) 20: $\frac{1}{2}, \frac{1}{4}, \frac{2}{5}, \frac{4}{10}, \frac{13}{10}, \frac{19}{10}$

c) 100: $\frac{1}{50}, \frac{3}{10}, \frac{7}{20}, \frac{9}{25}, \frac{4}{5}, \frac{3}{4}$

d) 1 000: $\frac{3}{500}, \frac{11}{250}, \frac{8}{125}, \frac{7}{50}, \frac{12}{25}, \frac{9}{20}$

11
Ergänze die fehlenden Zähler und Nenner.

a) $\frac{8}{12} = \frac{\square}{36} = \frac{48}{\square}$ b) $\frac{\square}{6} = \frac{15}{18} = \frac{60}{\square}$

c) $\frac{28}{\square} = \frac{\square}{81} = \frac{4}{9}$ d) $\frac{32}{48} = \frac{4}{\square} = \frac{\square}{12}$

e) $\frac{\square}{5} = \frac{21}{35} = \frac{63}{\square}$ f) $\frac{\square}{64} = \frac{\square}{16} = \frac{54}{96}$

g) $\frac{33}{\square} = \frac{\square}{40} = \frac{3}{8} = \frac{\square}{96}$ h) $\frac{56}{\square} = \frac{\square}{60} = \frac{\square}{45} = \frac{7}{5}$

12
Erweitere auf einen gemeinsamen Nenner.
Gib jeweils drei Lösungen an.

a) $\frac{1}{2}$ und $\frac{1}{4}$ b) $\frac{2}{3}$ und $\frac{2}{9}$ c) $\frac{3}{4}$ und $\frac{7}{12}$

$\frac{1}{4}$ und $\frac{1}{8}$ $\frac{2}{3}$ und $\frac{5}{12}$ $\frac{3}{5}$ und $\frac{9}{20}$

$\frac{1}{8}$ und $\frac{1}{16}$ $\frac{2}{3}$ und $\frac{7}{15}$ $\frac{5}{6}$ und $\frac{5}{36}$

13
Erweitere auf den kleinsten gemeinsamen Nenner.

a) $\frac{1}{2}$ und $\frac{1}{3}$ b) $\frac{1}{5}$ und $\frac{1}{6}$ c) $\frac{3}{4}$ und $\frac{4}{7}$

$\frac{1}{3}$ und $\frac{1}{4}$ $\frac{5}{6}$ und $\frac{1}{7}$ $\frac{5}{9}$ und $\frac{3}{10}$

$\frac{1}{4}$ und $\frac{1}{5}$ $\frac{3}{7}$ und $\frac{1}{8}$ $\frac{4}{9}$ und $\frac{6}{11}$

14
Erweitere wie in Aufgabe 13.

a) $\frac{3}{4}$ und $\frac{1}{6}$ b) $\frac{5}{6}$ und $\frac{1}{9}$ c) $\frac{1}{15}$ und $\frac{7}{10}$

$\frac{3}{4}$ und $\frac{3}{10}$ $\frac{1}{6}$ und $\frac{2}{15}$ $\frac{5}{12}$ und $\frac{7}{8}$

$\frac{3}{4}$ und $\frac{5}{18}$ $\frac{3}{8}$ und $\frac{7}{20}$ $\frac{2}{15}$ und $\frac{9}{20}$

Beispiel:

$\frac{2 \cdot 5}{3 \cdot 5} = \frac{10}{15}$

15
Ein Würfelspiel zum Erweitern.
Die nacheinander gewürfelten Augenzahlen geben zuerst den Zähler und dann den Nenner an. Mit der Zahl des dritten Würfels soll der Bruch anschließend erweitert werden.

16
Kürze die Brüche

a) mit 2: $\frac{4}{10}, \frac{8}{10}, \frac{6}{14}, \frac{10}{16}, \frac{10}{18}$

b) mit 3: $\frac{3}{9}, \frac{6}{15}, \frac{9}{12}, \frac{3}{24}, \frac{15}{21}$

c) mit 5: $\frac{5}{15}, \frac{10}{15}, \frac{15}{25}, \frac{20}{35}, \frac{25}{45}$.

17
Kürze die Brüche

a) mit 4: $\frac{4}{12}, \frac{16}{20}, \frac{28}{40}, \frac{44}{60}, \frac{52}{76}$

b) mit 6: $\frac{12}{18}, \frac{12}{30}, \frac{18}{42}, \frac{24}{54}, \frac{36}{72}$

c) mit 7: $\frac{14}{49}, \frac{28}{35}, \frac{21}{56}, \frac{49}{77}, \frac{63}{91}$

d) mit 13: $\frac{26}{39}, \frac{52}{91}, \frac{65}{104}, \frac{13}{117}, \frac{78}{130}$.

18
Ergänze die fehlenden Zähler.

a) $\frac{21}{27} = \frac{\square}{9}$ b) $\frac{15}{25} = \frac{\square}{5}$ c) $\frac{16}{64} = \frac{\square}{16}$

$\frac{24}{36} = \frac{\square}{9}$ $\frac{36}{60} = \frac{\square}{5}$ $\frac{24}{72} = \frac{\square}{24}$

$\frac{48}{54} = \frac{\square}{9}$ $\frac{57}{95} = \frac{\square}{5}$ $\frac{49}{126} = \frac{\square}{18}$

19
Bestimme das Lösungswort.

a) $\frac{18}{20} = \frac{9}{\square}$ b) $\frac{18}{24} = \frac{3}{\square}$ c) $\frac{48}{90} = \frac{8}{\square}$

$\frac{15}{18} = \frac{5}{\square}$ $\frac{25}{45} = \frac{5}{\square}$ $\frac{42}{91} = \frac{6}{\square}$

$\frac{16}{24} = \frac{2}{\square}$ $\frac{36}{60} = \frac{3}{\square}$ $\frac{63}{39} = \frac{21}{\square}$

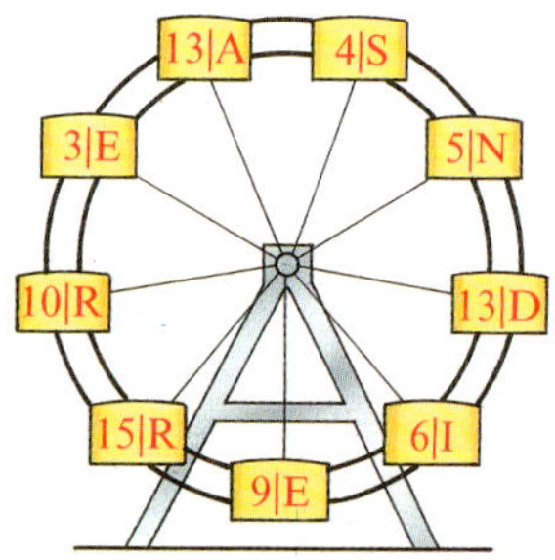

20
Mit welcher Zahl wurde gekürzt?

Beispiel: $\frac{9}{12} = \frac{3}{4} = \frac{9:3}{12:3}$

a) $\frac{10}{22} = \frac{5}{11}$ b) $\frac{18}{20} = \frac{9}{10}$ c) $\frac{16}{28} = \frac{4}{7}$

$\frac{9}{12} = \frac{3}{4}$ $\frac{15}{33} = \frac{5}{11}$ $\frac{18}{42} = \frac{3}{7}$

$\frac{10}{25} = \frac{2}{5}$ $\frac{30}{55} = \frac{6}{11}$ $\frac{30}{45} = \frac{2}{3}$

kürze wenn möglich mit

	2	3	4	5	6
$\frac{24}{48}$					
$\frac{30}{90}$					
$\frac{60}{72}$					
$\frac{90}{120}$					
$\frac{84}{144}$					
$\frac{100}{150}$					
$\frac{\dots 40}{360}$					

21

Zeige, dass die Brüche jeweils gleich sind.

a) $\frac{10}{15}$ und $\frac{14}{21}$ b) $\frac{9}{12}$ und $\frac{15}{20}$ c) $\frac{16}{20}$ und $\frac{28}{35}$

d) $\frac{10}{16}$ und $\frac{25}{40}$ e) $\frac{12}{28}$ und $\frac{18}{42}$ f) $\frac{21}{27}$ und $\frac{49}{63}$

22

Wo kannst du ein Gleichheitszeichen setzen?

a) $\frac{4}{12}\square\frac{8}{24}$ b) $\frac{4}{5}\square\frac{24}{30}$ c) $\frac{3}{8}\square\frac{6}{24}$

d) $\frac{3}{4}\square\frac{12}{18}$ e) $\frac{1}{3}\square\frac{6}{24}$ f) $\frac{4}{7}\square\frac{12}{28}$

g) $\frac{3}{5}\square\frac{9}{15}$ h) $\frac{3}{2}\square\frac{9}{4}$ i) $\frac{6}{13}\square\frac{36}{78}$

23

Gib als Bruchteil der nächstgrößeren Einheit an und kürze dann.

Beispiel: 4 cm = $\frac{4}{10}$ dm = $\frac{2}{5}$ dm.

a) 20 m	b) 5 kg	c) 18 s
80 m	25 kg	42 s
260 m	50 kg	56 s
d) 10 m^2	e) 75 dm^3	f) 8 g
12 m^2	125 dm^3	150 g
80 m^2	625 dm^3	825 g

24

Kürze zuerst und bringe dann die Paare auf einen gemeinsamen Nenner.

a) $\frac{10}{12}$ und $\frac{14}{10}$ b) $\frac{16}{24}$ und $\frac{34}{66}$

c) $\frac{12}{15}$ und $\frac{30}{40}$ d) $\frac{33}{77}$ und $\frac{48}{64}$

e) $\frac{18}{24}$ und $\frac{20}{96}$ f) $\frac{36}{54}$ und $\frac{100}{125}$

25

Gib fünf verschiedene Brüche mit dem Nenner 30 an, die sich

a) nicht mehr kürzen lassen,
b) nur mit 2 kürzen lassen,
c) nur mit 3 oder 5 kürzen lassen,
d) nur mit 3 und 5 kürzen lassen.

6a	16	10	6
6b	2	14	12

26

Die Tabelle zeigt, wie die Kinder der Klassen 6a und 6b zur Schule kommen. Berechne die Anteile und gib sie in vollständig gekürzten Brüchen an.

Beispiel: 10 von 32 Schülern der 6a fahren mit dem Rad: $\frac{10}{32} = \frac{5}{16}$

27

Die Klasse 6c wählt ihre Klassensprecher. Jedes der 24 Kinder hat zwei Stimmen zu vergeben. Das Ergebnis der Wahl steht an der Tafel. Berechne den Stimmenanteil von Karin, Bernd, Rolf und Stefanie an der Gesamtstimmenzahl. Gib die Ergebnisse als gekürzte Brüche an.

28

Die Erdbevölkerung betrug 1990 etwa 5 Mrd. (5000 Mio.) Menschen. Die bevölkerungsreichsten Staaten waren:

China	1100 Mio.	Indien	800 Mio.
Sowjetunion	275 Mio.	USA	250 Mio.

Berechne den Anteil dieser Staaten an der Weltbevölkerung und gib die Ergebnisse in gekürzten Brüchen an.

29

Die SMV der Gauß-Realschule befragt die Klassen zum Thema „gesundes Pausenbrot". Für die Einführung von Vollwertkost sprechen sich in der Unter- und Mittelstufe 117 von 195 befragten Schülern aus, in der Oberstufe 51 von 85. Die Auswertung durch den Vergleich der Brüche brachte ein überraschendes Ergebnis.

30

Wer hat Recht?

a) Heidi: „Wenn im Zähler und im Nenner eines Bruches gerade Zahlen stehen, dann kann man den Bruch auf jeden Fall kürzen."
b) Manuel: „Einen Bruch kann man nicht mehr kürzen, wenn der Zähler und der Nenner verschiedene Primzahlen sind."
c) Doris: „Man kann einen Bruch schon dann nicht mehr kürzen, wenn im Zähler und im Nenner verschiedene ungerade Zahlen stehen."

7 Ordnen von Brüchen

1
Trinkmilch setzt sich zu $\frac{87}{100}$ aus Wasser, zu $\frac{4}{100}$ aus Eiweiß, zu $\frac{5}{100}$ aus Zucker, zu $\frac{3}{100}$ aus Fett und zu $\frac{1}{100}$ aus Mineralsalzen zusammen. Ordne die Anteile ihrer Größe nach. Überprüfe dein Ergebnis, indem du die Bruchteile von 1 kg Milch in Gramm umrechnest.

2
Bei einem Jugendfußballturnier geht es um die Ehrung des treffsichersten Elfmeterschützen. Kai erzielte bei 8 Versuchen 7 Tore. Daniel verwandelte dagegen 8 von 10 Strafstößen. Wer von beiden traf besser?

Haben Brüche denselben Nenner, können wir ihre Größe mit Hilfe der Zähler vergleichen. Brüche mit unterschiedlichen Nennern kürzen oder erweitern wir so, dass gleiche Nenner entstehen.

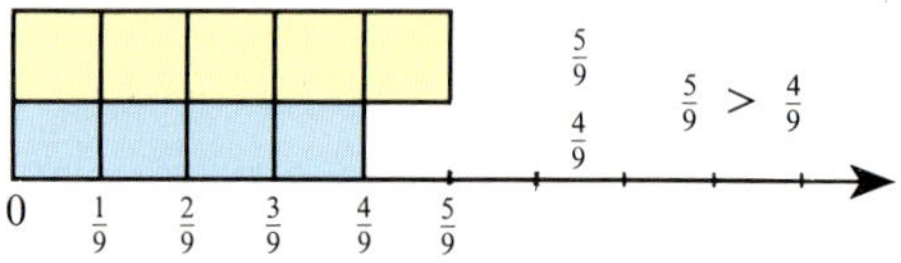

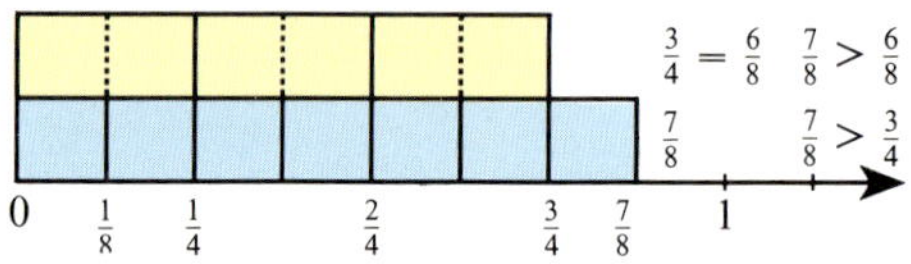

> Brüche kann man mit Hilfe ihrer Zähler der Größe nach vergleichen, wenn sie gleiche Nenner haben.
> Bei ungleichen Nennern müssen wir die Brüche zuerst gleichnamig machen.

Beispiele

a) Wir ordnen der Größe nach: $\frac{7}{11}$, $\frac{5}{11}$ und $\frac{9}{11}$. Da $5 < 7 < 9$, folgt $\frac{5}{11} < \frac{7}{11} < \frac{9}{11}$.

b) Um $\frac{3}{5}$ und $\frac{5}{7}$ vergleichen zu können, müssen wir die Nenner gleichnamig machen. Dazu bestimmen wir das kgV von 5 und 7, nämlich 35.
Wir erweitern: $\frac{3}{5} = \frac{3 \cdot 7}{5 \cdot 7} = \frac{21}{35}$, $\frac{5}{7} = \frac{5 \cdot 5}{7 \cdot 5} = \frac{25}{35}$. Da $\frac{21}{35} < \frac{25}{35}$, folgt $\frac{3}{5} < \frac{5}{7}$.

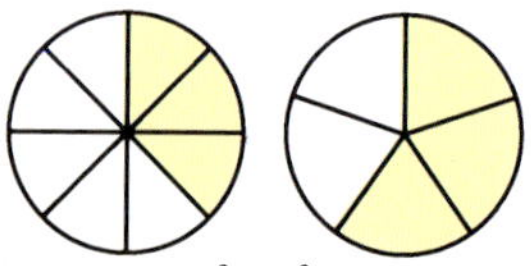
$\frac{3}{8} < \frac{3}{5}$

Bemerkung: Vergleicht man Brüche mit denselben Zählern, wie z. B. $\frac{3}{8}$ und $\frac{3}{5}$, dann hat der Bruch mit dem kleineren Nenner den größeren Wert: $\frac{3}{5} > \frac{3}{8}$.

Aufgaben

3
Vergleiche die Brüche ihrer Größe nach.

a) $\frac{2}{4}$ und $\frac{3}{4}$; $\frac{3}{5}$ und $\frac{4}{5}$; $\frac{4}{7}$ und $\frac{6}{7}$; $\frac{5}{8}$ und $\frac{3}{8}$

b) $\frac{4}{7}$ und $\frac{5}{7}$; $\frac{5}{9}$ und $\frac{4}{9}$; $\frac{7}{10}$ und $\frac{3}{10}$; $\frac{5}{12}$ und $\frac{7}{12}$

c) $\frac{5}{3}$ und $\frac{8}{3}$; $\frac{5}{4}$ und $\frac{7}{4}$; $\frac{9}{4}$ und $\frac{11}{4}$; $\frac{8}{5}$ und $\frac{6}{5}$

4
Setze > oder < im Heft passend ein.

a) $\frac{2}{3} \square \frac{5}{6}$; $\frac{3}{4} \square \frac{5}{8}$; $\frac{4}{5} \square \frac{7}{10}$; $\frac{3}{8} \square \frac{1}{4}$

b) $\frac{5}{6} \square \frac{13}{18}$; $\frac{11}{12} \square \frac{2}{3}$; $\frac{8}{15} \square \frac{2}{5}$; $\frac{5}{14} \square \frac{2}{7}$

c) $\frac{4}{5} \square \frac{17}{20}$; $\frac{11}{27} \square \frac{5}{9}$; $\frac{37}{40} \square \frac{9}{10}$; $\frac{7}{12} \square \frac{23}{36}$

5
Setze > oder < im Heft passend ein.

a) $\frac{2}{3} \square \frac{3}{4}$ b) $\frac{3}{8} \square \frac{4}{9}$ c) $\frac{5}{9} \square \frac{11}{15}$

$\frac{3}{5} \square \frac{4}{7}$ $\frac{6}{11} \square \frac{5}{9}$ $\frac{3}{10} \square \frac{7}{25}$

$\frac{5}{6} \square \frac{6}{7}$ $\frac{9}{10} \square \frac{11}{12}$ $\frac{9}{16} \square \frac{15}{24}$

6
Suche jeweils drei passende Zahlen.

a) $\frac{\square}{4} > \frac{3}{4}$ b) $\frac{\square}{11} > \frac{4}{11}$ c) $\frac{7}{12} < \frac{\square}{12}$

d) $\frac{7}{8} > \frac{\square}{4}$ e) $\frac{3}{5} > \frac{\square}{15}$ f) $\frac{\square}{18} > \frac{5}{6}$

g) $\frac{4}{9} > \frac{\square}{12}$ h) $\frac{5}{8} < \frac{\square}{12}$ i) $\frac{\square}{15} > \frac{3}{20}$

7
Gib den nächstkleineren und den nächstgrößeren Bruch mit dem gleichen Nenner an.

a) $\frac{2}{3}$ b) $\frac{3}{7}$ c) $\frac{5}{12}$ d) $\frac{7}{15}$ e) $\frac{11}{9}$

8
Bestimme die fehlende Zahl. Wo gibt es mehrere Möglichkeiten?

a) $\frac{5}{13} < \frac{\square}{13} < \frac{7}{13}$ b) $\frac{5}{9} < \frac{\square}{9} < \frac{8}{9}$

c) $\frac{5}{12} < \frac{\square}{12} < \frac{11}{12}$ d) $\frac{6}{11} < \frac{\square}{11} < \frac{9}{11}$

e) $\frac{11}{15} < \frac{\square}{15} < \frac{15}{15}$ f) $\frac{13}{10} < \frac{\square}{10} < \frac{17}{10}$

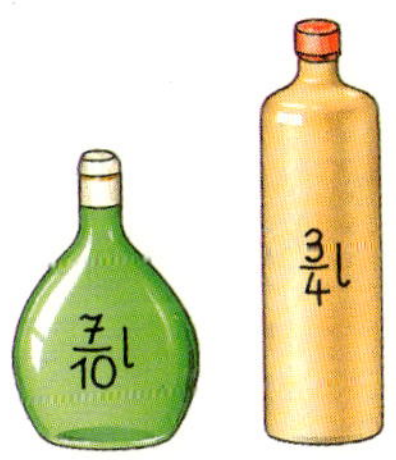

9
Brüche als Maßzahlen von Größen kannst du ordnen, indem du sie in die nächstkleinere Maßeinheit umwandelst.

Beispiel: Wir vergleichen $\frac{7}{10}$ l und $\frac{5}{8}$ l.

$\frac{7}{10}$ l = 700 ml, $\frac{5}{8}$ l = 625 ml, also $\frac{7}{10}$ l > $\frac{5}{8}$ l.

a) $\frac{3}{8}$ t und $\frac{9}{20}$ t b) $\frac{4}{5}$ kg und $\frac{9}{10}$ kg

c) $\frac{7}{25}$ km und $\frac{6}{20}$ km d) $\frac{1}{2}$ km und $\frac{11}{25}$ km

e) $\frac{1}{3}$ h, $\frac{3}{10}$ h und $\frac{2}{5}$ h f) $\frac{1}{4}$ h, $\frac{7}{20}$ h und $\frac{4}{15}$ h.

10
Ordne die Brüche nach der Größe.

a) $\frac{3}{17}, \frac{9}{17}, \frac{2}{17}, \frac{10}{17}$ b) $\frac{2}{3}, \frac{5}{9}, \frac{7}{18}, \frac{23}{36}$

c) $\frac{3}{4}, \frac{5}{8}, \frac{9}{16}, \frac{15}{32}$ d) $\frac{4}{5}, \frac{11}{15}, \frac{23}{30}, \frac{41}{60}$

e) $\frac{3}{4}, \frac{5}{8}, \frac{9}{12}, \frac{17}{24}$ f) $\frac{7}{12}, \frac{5}{9}, \frac{11}{18}, \frac{5}{6}$

g) $\frac{2}{3}, \frac{4}{9}, \frac{5}{12}, \frac{13}{24}$ h) $\frac{5}{8}, \frac{11}{12}, \frac{5}{6}, \frac{9}{16}$

11
Ordne die Brüche nach ihrer Größe, beginne mit dem Kleinsten.

a) $\frac{7}{25}, \frac{21}{100}, \frac{13}{20}, \frac{9}{10}$ b) $\frac{4}{21}, \frac{28}{63}, \frac{1}{3}, \frac{4}{7}$

c) $\frac{1}{2}, \frac{2}{3}, \frac{4}{5}, \frac{7}{10}$ d) $\frac{3}{4}, \frac{5}{6}, \frac{5}{8}, \frac{7}{12}$

e) $\frac{2}{3}, \frac{1}{6}, \frac{2}{9}, \frac{3}{10}$ f) $\frac{4}{5}, \frac{5}{7}, \frac{11}{14}, \frac{3}{4}$

12
Ordne die zählergleichen Brüche.

a) $\frac{1}{9}, \frac{1}{4}, \frac{1}{3}, \frac{1}{2}, \frac{1}{7}, \frac{1}{10}$ b) $\frac{1}{3}, \frac{1}{11}, \frac{1}{7}, \frac{1}{8}, \frac{1}{5}, \frac{1}{6}$

c) $\frac{2}{3}, \frac{2}{7}, \frac{2}{13}, \frac{2}{5}, \frac{2}{9}, \frac{2}{11}$ d) $\frac{9}{4}, \frac{9}{5}, \frac{9}{2}, \frac{9}{11}, \frac{9}{7}, \frac{9}{13}$

13
Ordne. Beginne mit dem kleinsten Bruch.

a) $\frac{9}{10}, \frac{9}{11}, \frac{9}{8}, \frac{9}{13}$ b) $\frac{10}{11}, \frac{10}{3}, \frac{10}{13}, \frac{10}{19}$

c) $\frac{13}{17}, \frac{13}{18}, \frac{13}{5}, \frac{13}{8}$ d) $\frac{16}{9}, \frac{16}{5}, \frac{16}{20}, \frac{16}{19}$

14
Kürze die Brüche vollständig und vergleiche.

a) $\frac{4}{8}, \frac{9}{27}$ b) $\frac{10}{40}, \frac{20}{50}$ c) $\frac{6}{8}, \frac{30}{48}$

d) $\frac{15}{30}, \frac{63}{108}$ e) $\frac{12}{18}, \frac{9}{135}$ f) $\frac{16}{40}, \frac{75}{105}$

g) $\frac{60}{100}, \frac{21}{30}, \frac{14}{20}$ h) $\frac{85}{102}, \frac{117}{195}, \frac{70}{100}$

15
Füge wie im Beispiel ein: $\frac{1}{7}, \frac{2}{7}, \frac{3}{7}, \boxed{\frac{1}{2}}, \frac{4}{7}, \ldots$

a) $\frac{1}{2}$ in die Reihe der Drittelbrüche.

b) $\frac{1}{3}$ und $\frac{2}{3}$ in die Reihe der Fünftelbrüche.

c) $\frac{1}{5}$ und $\frac{3}{5}$ in die Reihe der Sechstelbrüche.

16
Zwischen zwei Brüchen lässt sich durch Erweitern immer ein weiterer Bruch finden.

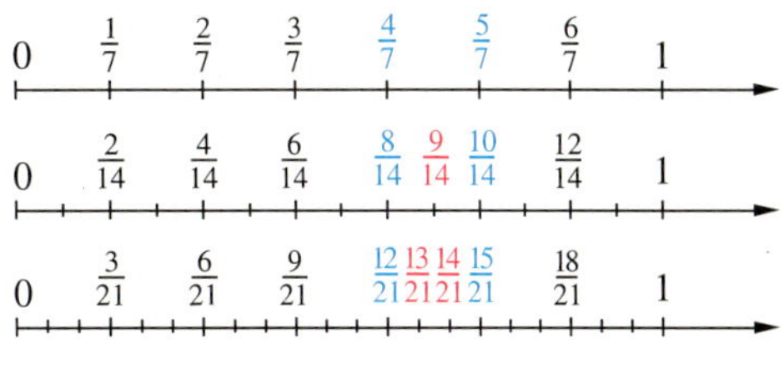

Nenne einen Bruch zwischen

a) $\frac{1}{2}$ und $\frac{1}{3}$ b) $\frac{2}{3}$ und $\frac{3}{4}$ c) $\frac{5}{6}$ und $\frac{4}{5}$

d) $\frac{3}{4}$ und $\frac{5}{7}$ e) $\frac{3}{8}$ und $\frac{4}{9}$ f) $\frac{7}{10}$ und $\frac{8}{11}$.

17

a) Bestimme zu $\frac{3}{8}$ vier größere Brüche, indem du nur den Zähler veränderst.
b) Findest du vier kleinere Brüche, indem du den Zähler beibehältst?

18

Gib zwei Brüche an, die zwischen ...

a) $\frac{7}{9}$ und 1 b) $\frac{1}{3}$ und $\frac{2}{3}$
c) $\frac{2}{3}$ und $\frac{5}{8}$ d) $\frac{4}{5}$ und $\frac{5}{6}$
e) $\frac{3}{4}$ und $\frac{5}{8}$ f) $\frac{1}{6}$ und $\frac{1}{7}$ liegen.

19

a) Welche der Zahlen liegen zwischen $\frac{2}{3}$ und $\frac{7}{10}$?
$\frac{3}{5}, \frac{5}{8}, \frac{6}{7}, \frac{19}{30}, \frac{69}{100}$
b) Welche Zahlen liegen zwischen $\frac{2}{3}$ und 2?
$\frac{4}{3}, \frac{7}{4}, \frac{10}{6}, \frac{18}{8}, \frac{19}{10}$

20

Welcher Bruch liegt am nächsten bei $\frac{2}{3}$?

a) $\frac{3}{5}, \frac{5}{6}, \frac{7}{10}$ b) $\frac{5}{6}, \frac{5}{7}, \frac{9}{14}$
c) $\frac{3}{4}, \frac{5}{8}, \frac{10}{12}$ d) $\frac{7}{9}, \frac{10}{12}, \frac{11}{18}$

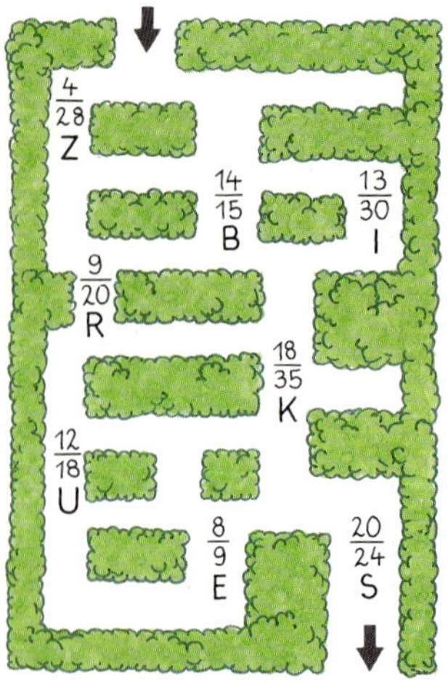

21

Hier haben sich Fehler eingeschlichen!

a) $\frac{8}{11} < \frac{9}{11}$ b) $\frac{11}{8} < \frac{11}{9}$ c) $\frac{4}{11} < \frac{5}{11}$
d) $\frac{8}{12} < \frac{4}{8}$ e) $\frac{3}{5} > \frac{74}{125}$ f) $\frac{15}{18} > \frac{10}{12}$
g) $\frac{60}{125} > \frac{24}{50}$ h) $\frac{12}{18} = \frac{60}{72}$ i) $\frac{75}{140} = \frac{15}{28}$

22

Suche den Weg durch das Labyrinth, indem du der Größe der Brüche folgst. Beginne mit dem kleinsten Bruch.
Auf deinem Weg kommst du an sechs Buchstaben vorbei, die, in richtiger Reihenfolge, einen Ort angeben, an dem du viel Freude hast.

23

Mit einem 12-teiligen und einem 16-teiligen Tortenteiler wird die Größe der Stücke für eine Torte und einen Obstkuchen festgelegt. Von beiden Sorten bleibt je ein Stück übrig. Welches ist größer? Begründe.

24

Wo ist der Anteil größer?
a) In der Klasse 6 a haben 5 von 26 Schülern ein Mountainbike, in Klasse 6 b sind es 5 von 25.
b) In Klasse 6 a ist Tina mit 20 von 25 Stimmen zur Klassensprecherin gewählt worden. In Klasse 6 b schaffte es Rainer mit 17 von 20 Stimmen.
c) In Tinas Schule sind von 486 Schülern 180 auswärtig, in der Nachbarschule 152 von 432.

25

Bärbel beklagt sich über die verregneten Sommerferien. „In vier Wochen hat es an 15 Tagen geregnet!" Rolf sagt daraufhin: „Bei uns war es noch schlimmer, in 21 Tagen hatten wir nur 10 Tage ohne Regen."
Überprüfe, ob Rolfs Sommerferien wirklich verregneter waren als Bärbels.

26

Auf einem Jahrmarkt werben drei Losbuden um Käufer. Bei welcher Bude sind die Gewinnchancen am größten, bei welcher am geringsten?

Lose von Familie Glück:
Jedes dritte Los gewinnt!

Sensation, Sensation:
auf 50 Lose 17 Gewinne!!

Hier hat jeder eine Chance:
3 Gewinne bei 10 Losen!

27

Welche Rübensorte hat den größten Zuckergehalt? Vergleiche die Zuckeranteile.

	Sorte 1	Sorte 2	Sorte 3
Rübengewicht	1 200 kg	1 500 kg	2 100 kg
Zuckergehalt	192 kg	225 kg	329 kg

28

Eine Maschine stellt Kunststoffgehäuse her. Bei einer Materialprüfung stellte man fest, dass die Maschine am 1. Tag 12 von 800, am 2. Tag 16 von 1 000 und am 3. Tag 10 von 500 Teilen fehlerhaft hergestellt hat.
Wann lag das beste Ergebnis vor?

8 Vermischte Aufgaben

1

Welcher Bruch ist hier dargestellt?

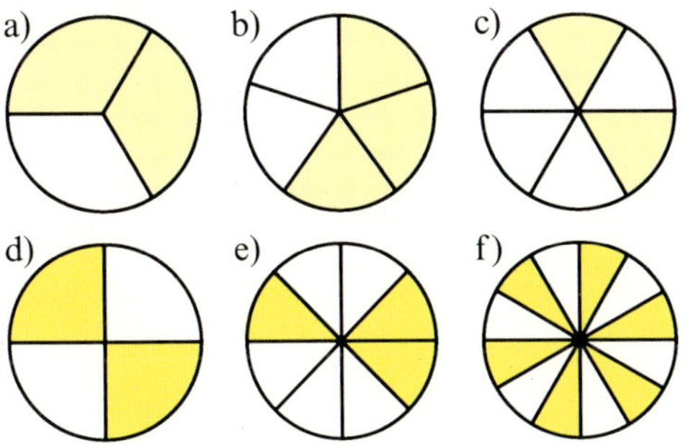

2

Bezeichne den Bruchteil.

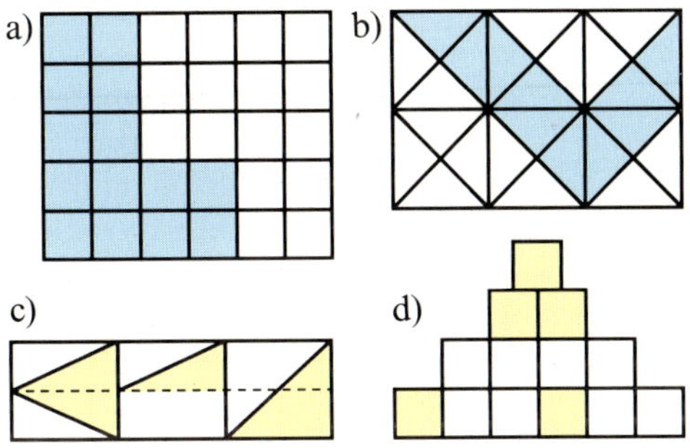

3

Zeichne einen geeigneten Streifen und färbe

a) $\frac{1}{6}$ b) $\frac{1}{7}$ c) $\frac{1}{8}$ d) $\frac{1}{9}$

der Fläche.

4

Stelle die Bruchteile in einem geeigneten Quadrat dar.

a) $\frac{2}{3}$ b) $\frac{5}{9}$ c) $\frac{5}{8}$ d) $\frac{7}{16}$

5

Gleiche Brüche mit unterschiedlicher Bedeutung! Wandle in die nächstkleinere Maßeinheit um.

a) $\frac{3}{4}$ kg b) $\frac{3}{4}$ dm² c) $\frac{3}{4}$ hl

d) $\frac{3}{4}$ h e) $\frac{3}{4}$ l f) $\frac{3}{4}$ Tag

6

Schreibe als Bruchteil der nächstgrößeren Maßeinheit.

a) 2 dm b) 6 min c) 3 Mon.
45 cm 4 min 7 Mon.

7

a) Gib in l an:

$\frac{1}{25}$ m³, $\frac{1}{50}$ m³, $\frac{7}{50}$ m³, $\frac{1}{125}$ m³

b) Gib in ha an:

$\frac{3}{4}$ km², $\frac{3}{100}$ km², $\frac{4}{5}$ km², $\frac{18}{25}$ km²

c) Gib in mg an:

$\frac{1}{1000}$ g, $\frac{7}{500}$ g, $\frac{12}{250}$ g, $\frac{19}{50}$ g.

8

Fülle die Tabelle im Heft aus.

a)

$\frac{4}{5}$ von	
10 kg	□
25 kg	□
95 kg	□

b)

$\frac{5}{8}$ von	
32 l	□
200 l	□
656 l	□

9

Wandle zuerst in eine kleinere Einheit um.

a) $\frac{3}{8}$ von 3 kg b) $\frac{8}{25}$ von 2 km
$\frac{9}{10}$ von 4 kg $\frac{27}{50}$ von 4 km
$\frac{1}{12}$ von 9 kg $\frac{31}{80}$ von 6 km

10

a) Welche Brüche markieren denselben Punkt am Zahlenstrahl?

$\frac{4}{12}$, $\frac{7}{8}$, $\frac{2}{6}$, $\frac{1}{2}$, $\frac{2}{3}$, $\frac{3}{9}$, $\frac{10}{12}$

b) Gib jeweils 2 verschiedene Brüche für dieselbe Bruchzahl an.

$\frac{4}{7}$, $\frac{5}{9}$, $\frac{7}{12}$, $\frac{8}{15}$

11

Rechne in die nächstkleinere Einheit um:

Beispiel: $\frac{5}{8}$ kg = 5 kg : 8 = 5000 g : 8 = 625 g

a) $\frac{7}{10}$ m² b) $\frac{3}{5}$ a c) $\frac{1}{5}$ € d) $\frac{1}{6}$ Jahr
$\frac{7}{20}$ m² $\frac{9}{10}$ a $\frac{13}{20}$ € $\frac{2}{3}$ Jahr
$\frac{11}{25}$ m² $\frac{81}{100}$ a $\frac{19}{25}$ € $\frac{5}{6}$ Jahr

12

Schreibe als Bruch.

a) $1\frac{1}{2}$ b) $2\frac{2}{3}$ c) $3\frac{1}{8}$ d) $8\frac{5}{8}$
$1\frac{1}{4}$ $2\frac{2}{5}$ $4\frac{2}{9}$ $9\frac{7}{10}$
$1\frac{2}{5}$ $2\frac{6}{7}$ $5\frac{3}{10}$ $10\frac{6}{11}$

13

Kürze vollständig. Wende die Teilbarkeitsregeln an.

a) $\frac{8}{16}$, $\frac{18}{36}$ b) $\frac{25}{75}$, $\frac{14}{42}$ c) $\frac{12}{18}$, $\frac{62}{93}$ d) $\frac{18}{72}$, $\frac{36}{96}$

e) $\frac{25}{120}$, $\frac{30}{155}$ f) $\frac{32}{168}$, $\frac{132}{200}$ g) $\frac{196}{448}$, $\frac{175}{520}$ h) $\frac{512}{360}$, $\frac{584}{484}$

14

Bestimme die fehlenden Zahlen.

a) $\frac{1}{3} = \frac{\square}{12} = \frac{6}{\square} = \frac{10}{30} = \frac{\square}{6} = \frac{26}{\square} = \frac{16}{\square}$

b) $\frac{28}{12} = \frac{7}{\square} = \frac{\square}{27} = \frac{49}{\square} = \frac{\square}{\square} = \frac{\square}{9} = \frac{84}{\square}$

c) $\frac{4}{5} = \frac{\square}{25} = \frac{100}{\square} = \frac{\square}{\square} = \frac{96}{\square} = \frac{400}{\square} = \frac{\square}{375}$

15

Hier musst du zuerst kürzen und dann erweitern. Beispiel: $\frac{12}{15} = \frac{12:3}{15:3} = \frac{4}{5} = \frac{4 \cdot 7}{5 \cdot 7} = \frac{28}{35}$

a) $\frac{7}{14} = \frac{2}{4}$ b) $\frac{6}{8} = \frac{21}{28}$ c) $\frac{10}{25} = \frac{18}{45}$

d) $\frac{9}{24} = \frac{15}{40}$ e) $\frac{28}{40} = \frac{70}{100}$ f) $\frac{25}{60} = \frac{35}{84}$

g) $\frac{24}{42} = \frac{80}{140}$ h) $\frac{4}{68} = \frac{6}{102}$ i) $\frac{45}{72} = \frac{35}{56}$

16

Welche der folgenden Brüche liegen zwischen $\frac{1}{4}$ und $\frac{1}{2}$?

a) $\frac{1}{3}, \frac{1}{5}, \frac{1}{7}, \frac{3}{8}, \frac{3}{10}, \frac{5}{12}$

b) $\frac{2}{5}, \frac{7}{20}, \frac{11}{24}, \frac{17}{32}, \frac{15}{40}, \frac{27}{100}$

17

Bestimme mindestens 4 Brüche, die zwischen den folgenden Bruchzahlen liegen.

a) $\frac{4}{10}$ und $\frac{5}{10}$ b) $\frac{2}{3}$ und $\frac{3}{4}$ c) $\frac{3}{4}$ und $\frac{4}{5}$

d) $\frac{1}{4}$ und $\frac{1}{5}$ e) $\frac{1}{20}$ und $\frac{1}{10}$ f) $\frac{5}{6}$ und $\frac{6}{7}$

18

Welche Zahl liegt genau in der Mitte von

a) $\frac{2}{5}$ und $\frac{4}{5}$ b) $\frac{2}{7}$ und $\frac{6}{7}$

c) $\frac{2}{3}$ und $\frac{8}{9}$ d) $\frac{3}{5}$ und $\frac{11}{15}$

e) $\frac{2}{3}$ und $\frac{3}{5}$ f) $\frac{3}{4}$ und 1

g) $\frac{3}{4}$ und $\frac{3}{8}$ h) $\frac{5}{8}$ und $\frac{5}{10}$?

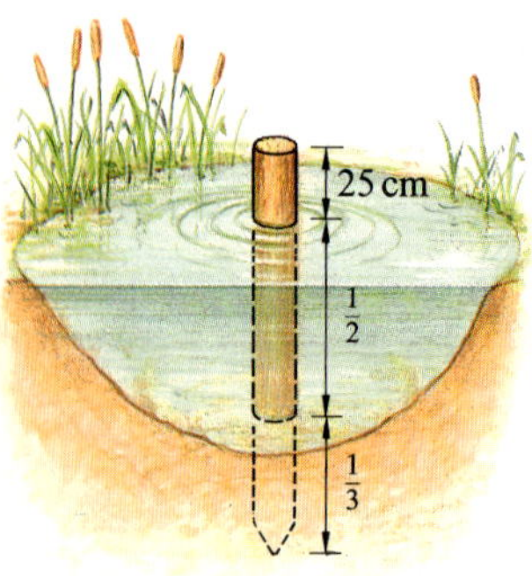

Wie lang ist der Pfahl?

19

a) Welchen Bruch muss man mit 3 kürzen, um $\frac{8}{5}$ zu erhalten?

b) Welcher Bruch muss mit 5 erweitert werden, damit man $\frac{75}{100}$ erhält?

20

Erweitert man einen Bruch zuerst mit 4 und kürzt ihn anschließend mit 12, erhält man $\frac{3}{4}$. Wie heißt der Bruch?

21

Woran kann man schnell erkennen, ob eine Bruchzahl größer oder kleiner als $\frac{1}{2}$ ist?

22

Ein Fruchtsaftgetränk besteht etwa aus $\frac{3}{10}$ Frucht, der Rest ist Wasser. Eine Flasche enthält 700 ml Fruchtsaft.
Wie viel ml reine Frucht und wie viel ml Wasser sind in der Flasche?

23

Frau Mühlich erhält monatlich 2 800 € Gehalt. Für Miete gibt sie 600 € aus, für ihren PKW 250 €. Der wievielte Teil ihres Gehalts ist dies jeweils?
Welcher Anteil bleibt ihr noch?

24

Herr Walter hat mit seiner Wettgemeinschaft im Lotto gewonnen. Er erhält 8 325 € ausbezahlt. Das sind $\frac{3}{7}$ des gesamten Gewinns.
Berechne den Gesamtgewinn in Euro.

25

Von den 24 Schülern der Klasse 6 a sind 9 Mädchen. Der Anteil der Mädchen in der Klasse 6 b ist genauso groß. Diese Klasse besuchen 32 Kinder.
Wie viele Mädchen gehen in die Klasse 6 b?

26

Frau Koch hat $2\frac{1}{4}$ kg Brombeeren, $3\frac{3}{4}$ kg Himbeeren und $4\frac{1}{2}$ kg Johannisbeeren gepflückt und packt jeweils $\frac{3}{4}$-kg-Portionen für die Tiefkühltruhe ab.
Wie viele Frischhaltebeutel benötigt sie?

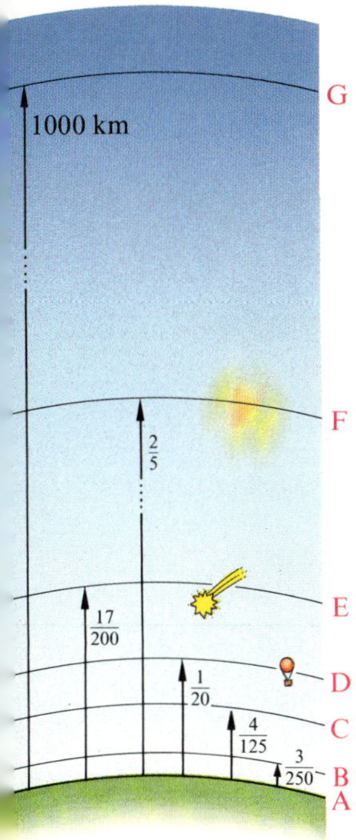

27

Die Lufthülle der Erde, die Atmosphäre, umschließt den Erdball in einer etwa 1 000 km mächtigen Schicht (A–G).
Bis B spielt sich das tägliche Wettergeschehen ab. Bis C können Flugzeuge, bis D sogar Wetterballone aufsteigen. Sternschnuppen sieht man im Bereich E und Polarlichter bis in die Höhe von F. Berechne die Höhe der Markierungen von B bis F in Kilometern.

28

Die Weltmeere Pazifischer Ozean, Atlantischer Ozean und Indischer Ozean umfassen insgesamt 360 Mio. km^2. Davon nehmen der Pazifik die Hälfte und der Atlantik $\frac{7}{24}$ an Fläche ein.

a) Berechne die Wasserflächen des Pazifiks und Atlantiks in km^2.

b) Welchen Bruchteil bedeckt der Indische Ozean?

29

Der Feldberg im Südschwarzwald ist mit etwa 1 500 m der höchste Berg Baden-Württembergs.
Die Hornisgrinde im Nordschwarzwald hat $\frac{23}{30}$, der Hohenzollern auf der Schwäbischen Alb $\frac{17}{30}$, der Lemberg auf der Schwäbischen Alb $\frac{2}{3}$, der Katzenbuckel bei Heidelberg $\frac{2}{5}$ und der Kaiserstuhl bei Freiburg $\frac{11}{30}$ der Höhe des Feldbergs.
Wie hoch sind die einzelnen Berge?

30

Wie heißen jeweils die Zahlen?

a) $\frac{3}{4}$ der gesuchten Zahl ist 60.

b) $\frac{2}{3}$ der gesuchten Zahl ist 36.

c) $\frac{2}{5}$ der gesuchten Zahl ist 40.

d) Nimmt man das 10fache von der Hälfte einer Zahl, erhält man 50.

e) Nimmt man das Doppelte vom dritten Teil einer Zahl, erhält man 18.

f) Ein Viertel vom Dreifachen einer Zahl beträgt 12.

g) Die Hälfte vom 5fachen einer Zahl ist 20.

Zum Knobeln

Aus sieben Streichhölzern ist der Bruch $\frac{1}{7}$ gelegt. Lege ein Streichholz so um, dass der Bruch den Wert $\frac{1}{3}$ hat.

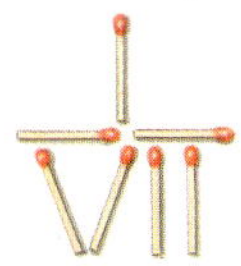

Wie kannst du durch Umlegen aus 5 Streichhölzern den Bruch ein Viertel legen?

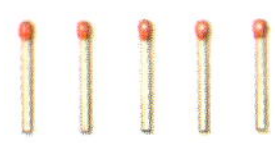

Kannst du durch Umlegen von nur einem Streichholz den Bruch verkleinern?

Der Wert eines Bruches beträgt $\frac{2}{5}$. Findest du eine weitere Darstellung mit nur einem Streichholz mehr?

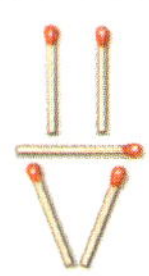

Wie kannst du durch Umlegen eines Streichholzes den Wert dieses Bruches verdoppeln?

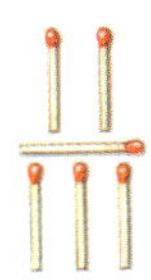

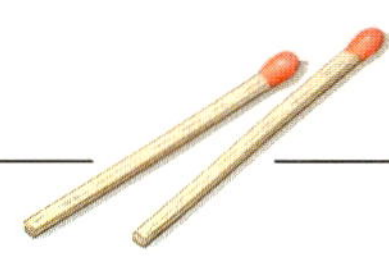

SPIELE FÜR DEN

Eine Gruppe von Schülerinnen und Schülern der Jahn-Realschule hat sich vorgenommen, während der Projektwoche Spiele für den Unterricht zu basteln. Maike, Steffen, Torsten und Lisa stellen ihre Ergebnisse vor. Sie haben sich Spiele für den Mathematikunterricht ausgedacht. Probiere diese Spiele doch selbst einmal aus.

1

Bruchzahlenquartett

Es spielen Gruppen mit 3–4 Personen.

Herstellung:

Aus Tonkarten werden 32 rechteckige Karten mit den Seitenlängen 8 cm und 6 cm hergestellt. Auf je vier Karten wird dieselbe Bruchzahl dargestellt. Oben rechts in die Ecke wird auf jeder Karte die Bruchzahl notiert.

Spielanleitung:

Die Karten werden gleichmäßig an die Spielerinnen und Spieler verteilt. Das Ziel des Spiels besteht darin, Quartette aus vier zusammengehörenden Karten zu bilden. Haben die Kinder ihre Karten geordnet und schon vollständige Quartette offen abgelegt, so versuchen sie, fehlende Karten durch geschicktes Fragen zu bekommen. Möglich wäre die Frage: „Hast du die Karte mit der Bruchzahl $\frac{2}{3}$ oder einem wertgleichen Bruch?"

Hat der oder die Angesprochene die Karte nicht, ist dieses Kind mit Fragen an der Reihe. Hat das Kind die Karte aber, so muss es sie hergeben und die Fragerin bzw. der Frager darf weiter Fragen stellen. Gewonnen hat, wer zum Schluss die meisten Quartette abgelegt hat.

2

Der größere Bruch gewinnt

Kartenspiel für 2 Personen

Dieses Spiel könnt ihr mit den Karten aus dem „Bruchzahlenquartett" spielen. Die Karten werden wieder gleichmäßig verteilt. Die beiden Spieler oder Spielerinnen legen ihren Stapel verdeckt vor sich auf den Tisch. Beide drehen gleichzeitig die oberste Karte um. Das Kind, das die Karte mit dem größeren Wert aufgedeckt hat, bekommt beide Karten und legt sie unter seinen Stapel. Bei gleichwertigen Karten werden die nächsten Karten gespielt. Verloren hat das Kind, das keine Karten mehr besitzt.

3

Viel Spaß macht den Kindern auch ihr neues Brettspiel, das du hier abgebildet siehst.

Material:
- einen farbigen Bogen Tonkarton (eine möglichst helle Farbe!)
- Tonpapier (verschiedene Farben)
- 2-ct-Stück (als Vorlage für die Kreise)
- Bleistift
- Buntstifte
- Schere
- Kleber

Auf den farbigen kleinen Kärtchen stehen Rechenaufgaben, deren Ergebnisse der Spielleiter auf einem selbst geschriebenen Lösungsblatt findet.
Die Kärtchen haben die Kinder für verschiedene Themenbereiche hergestellt.
Dieses Spiel ist für 2–4 Personen gedacht, dabei ist es möglich, dass ein weiteres Kind die Spielleitung übernimmt, d. h. die Karten vorliest und die Lösungen kontrolliert.
Außer einem Würfel werden nur noch Spielfiguren benötigt.
Der Schüler oder die Schülerin, die eine Sechs gewürfelt hat, beginnt mit dem Spiel.

Jedes Kind setzt die gewürfelte Augenzahl. Erreicht es ein ausgemaltes Feld, muss es rechnen. Stimmt das Ergebnis, darf auf das angezeigte Feld vorgerückt werden, bei einem falschen Ergebnis muss in der nächsten Runde eine neue Aufgabe ausgerechnet werden. Gewonnen hat, wer als Erster das Ziel erreicht.
Natürlich kann man sich bei diesem Spiel noch sehr viele Abwandlungen einfallen lassen. Lisa hat z. B. den Weg zum Ziel noch schwieriger gestaltet. So gab es bei ihr nach jedem Würfeln eine Aufgabe, erst dann durfte gesetzt werden. Bei richtiger Lösung vorwärts, sonst rückwärts.

4

Torsten und Lisa haben sich für das Kopfrechnen einen neuen Zettel einfallen lassen und diesen in ihrer Klasse auch schon ausprobiert. Die Aufgaben diktiert der Lehrer.

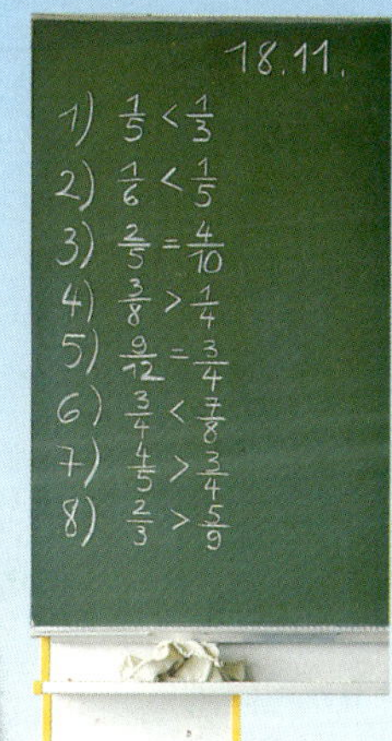

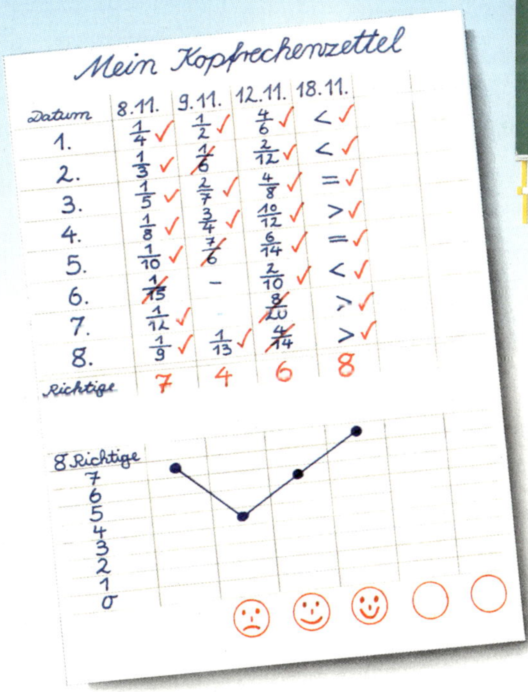

Ist das Ergebnis besser als am Vortag, so malt man ein lachendes Gesicht, ansonsten ein weinendes.

Rückspiegel

1

Welche Brüche sind hier dargestellt?

a) 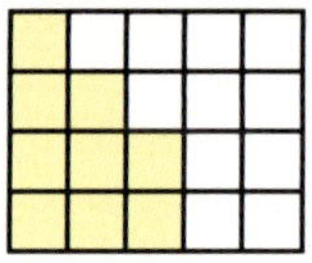 b) 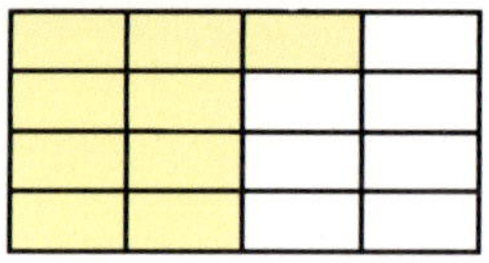

c) 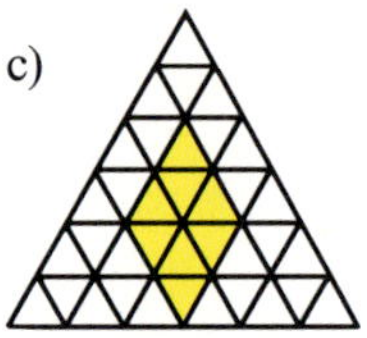 d) 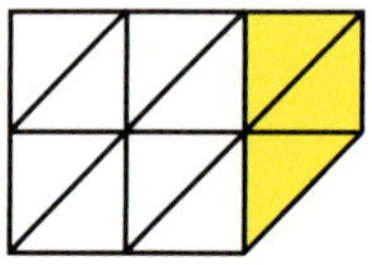

2

Übertrage ins Heft und stelle die Bruchteile dar.

a) 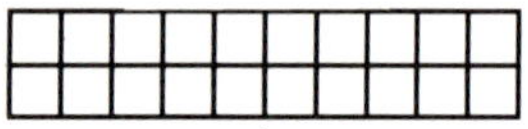

$\frac{1}{10}$

b) $\frac{3}{4}$ 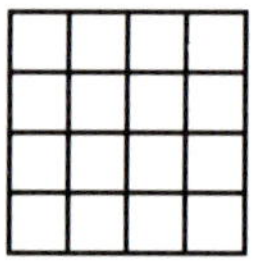

c) 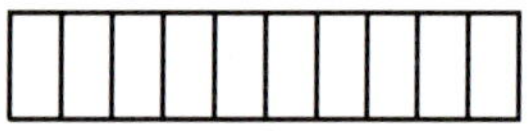

$\frac{7}{10}$

d) $\frac{7}{12}$ 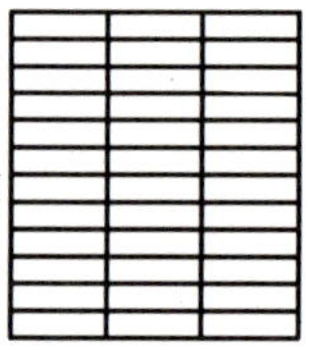

3

a) Gib in m an: $\frac{1}{4}$ km, $\frac{7}{10}$ km, $\frac{1}{8}$ km, $\frac{3}{8}$ km.

b) Gib in m^2 an: $\frac{3}{4}$ Ar, $\frac{1}{10}$ Ar, $\frac{3}{100}$ Ar, $\frac{4}{5}$ Ar.

c) Gib in dm^3 an: $\frac{3}{4}$ m^3, $\frac{1}{5}$ m^3, $\frac{1}{8}$ m^3, $\frac{3}{50}$ m^3.

4

Berechne den Bruchteil.

a) $\frac{3}{4}$ von 40 l b) $\frac{3}{5}$ von 90 l

c) $\frac{2}{3}$ von 6 kg d) $\frac{5}{6}$ von 54 kg

e) $\frac{3}{20}$ von 120 ha f) $\frac{9}{10}$ von 180 ha

5

Rechne wie im Beispiel in die nächstkleinere Einheit um: $\frac{4}{5}$ km = 4000 m : 5 = 800 m

a) $\frac{3}{10}$ km b) $\frac{9}{10}$ ha c) $\frac{5}{12}$ h

d) $\frac{7}{20}$ l e) $\frac{1}{200}$ t f) $\frac{1}{6}$ min

g) $\frac{5}{8}$ m^3 h) $\frac{7}{25}$ kg i) $\frac{11}{40}$ cm^3

6

a) Welcher Bruchteil von 1 Minute sind 6 s, 10 s, 45 s, 18 s, 5 s?

b) Welcher Bruchteil von 64 m sind 8 m, 4 m, 16 m, 40 m, 56 m?

c) Welchen Bruchteil stellen 48 kg von 96 kg, 192 kg, 80 kg, 120 kg, 720 kg dar?

7

Verwandle wie im Beispiel:

$3\frac{5}{6} = \frac{18}{6} + \frac{5}{6} = \frac{23}{6}$

a) $3\frac{4}{7}$ b) $7\frac{5}{9}$ c) $8\frac{5}{6}$

d) $10\frac{1}{8}$ e) $10\frac{5}{14}$ f) $7\frac{8}{15}$.

8

Zu welchen Brüchen gehört jeweils derselbe Punkt auf dem Zahlenstrahl?

$\frac{12}{15}, \frac{2}{3}, \frac{9}{12}, \frac{8}{10}, \frac{12}{18}, \frac{12}{16}, \frac{4}{5}, \frac{10}{15}$

9

Kürze so weit wie möglich.

a) $\frac{30}{105}$ b) $\frac{44}{132}$ c) $\frac{54}{81}$

$\frac{60}{450}$ $\frac{96}{160}$ $\frac{88}{121}$

$\frac{18}{144}$ $\frac{51}{136}$ $\frac{625}{1000}$

10

Erweitere die folgenden Brüche – wenn möglich – auf den Nenner 100.

a) $\frac{1}{2}, \frac{2}{3}, \frac{4}{5}, \frac{2}{15}, \frac{19}{20}$ b) $\frac{6}{6}, \frac{3}{2}, \frac{9}{12}$

11

Setze > oder < im Heft passend ein.

a) $\frac{2}{5} \square \frac{7}{15}$ b) $\frac{1}{6} \square \frac{1}{7}$ c) $\frac{7}{8} \square \frac{10}{12}$

$\frac{11}{24} \square \frac{3}{8}$ $\frac{5}{12} \square \frac{2}{5}$ $\frac{9}{16} \square \frac{13}{24}$

$\frac{7}{45} \square \frac{2}{9}$ $\frac{5}{7} \square \frac{7}{10}$ $\frac{11}{30} \square \frac{17}{45}$

$\frac{6}{11} \square \frac{23}{44}$ $\frac{2}{9} \square \frac{3}{11}$ $\frac{7}{50} \square \frac{3}{20}$

12

Gib einen Bruch an, der zwischen den gegebenen Brüchen liegt.

a) $\frac{3}{4} < \square < 1$ b) $\frac{1}{3} < \square < \frac{1}{2}$

c) $\frac{1}{8} < \square < \frac{1}{5}$ d) $\frac{5}{6} <$ ü$\square < \frac{8}{9}$

IV Rechnen mit Bruchzahlen

Notenwerte

Ganze Noten
Halbe Noten
Viertelnoten
Achtelnoten
Sechzehntelnoten

Brüche und Musik

In der Musik wird der Rhythmus durch den Takt, z. B. $\frac{3}{4}$-, $\frac{4}{4}$- oder $\frac{6}{8}$-, bestimmt. Er legt gleich lange Zeitabschnitte fest, die in der Notenschrift durch Taktstriche begrenzt werden. Die einzelnen Noten geben neben der Höhe auch die Dauer eines Tones an. Ein ganzer Ton kann unterschiedliche Dauer haben. Dies hängt von der Geschwindigkeit ab, mit der das Musikstück gespielt werden soll. Zwei Achtelnoten entsprechen einer Viertelnote, zwei Viertelnoten einer halben Note, zwei halbe Noten einer ganzen Note. Ein Punkt hinter einer Note verlängert ihren Zeitwert um die Hälfte.

Johann Sebastian Bach (1685–1750)

Oboe I

$\frac{1}{4} + \frac{1}{16} + \frac{2}{32} + \frac{1}{16} + \frac{2}{32} + \frac{1}{8} + \frac{1}{16} + \frac{1}{16} + \frac{1}{16} + \frac{2}{32} + \frac{2}{16} = \frac{4}{4}$

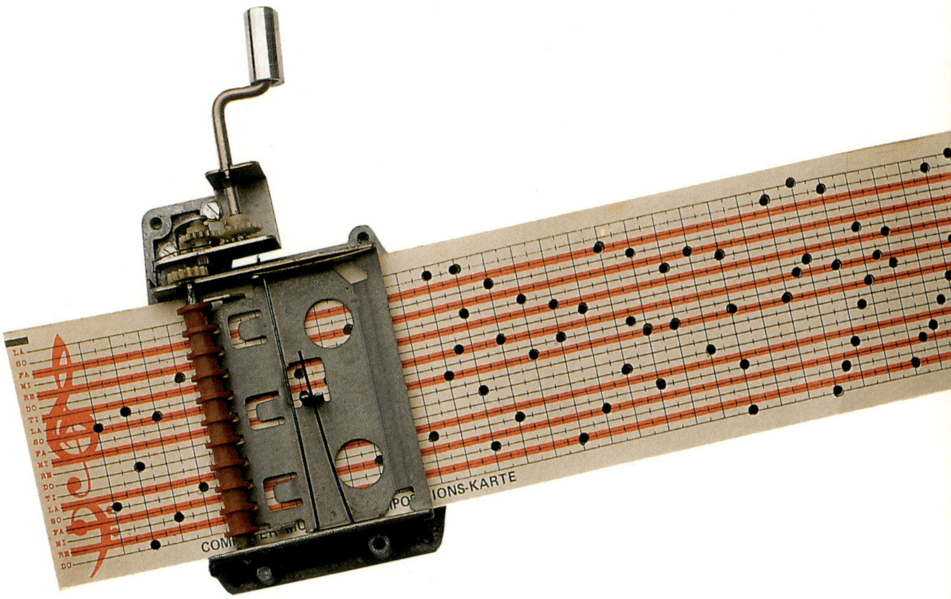

Mechanische Spieluhr
Auf dem Lochstreifen können Notenwerte und Notenhöhen eingegeben und abgelesen werden.

1 Addieren und Subtrahieren gleichnamiger Brüche

1
Bei Utas Feier sind ein Stück Obsttorte, zwei Stücke Käsetorte und vier Stücke Nusstorte übrig geblieben. Alle Torten waren in 12 gleich große Stücke geteilt. Uta legt die restlichen Stücke auf eine Platte. Welcher Bruchteil einer ganzen Torte ist übrig geblieben?

2
Die Gesamtfläche der Bundesrepublik Deutschland bestand 1991 ungefähr zu $\frac{7}{20}$ aus Ackerland, zu $\frac{3}{20}$ aus Grünland und zu $\frac{6}{20}$ aus Wald. Der Rest ist Ödland (überbaute Flächen, Felsgebirge usw.). Ergänze die fehlende Angabe.

Das Addieren und Subtrahieren von Brüchen mit gleichen Nennern können wir auch am Zahlenstrahl beschreiben:

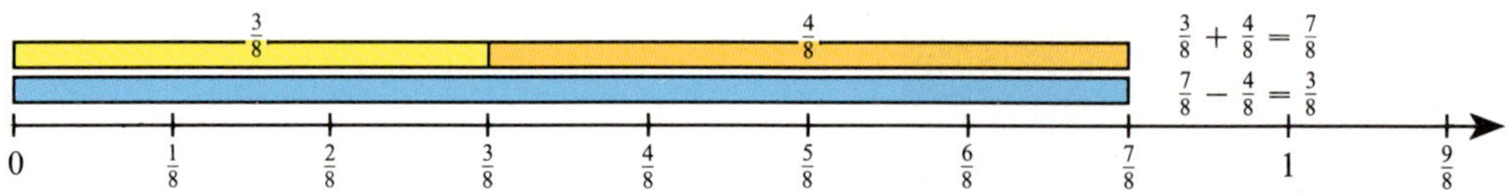

Gleichnamige Brüche werden **addiert**, indem du ihre Zähler addierst und den gemeinsamen Nenner beibehältst.
Gleichnamige Brüche werden **subtrahiert**, indem du ihre Zähler subtrahierst und den gemeinsamen Nenner beibehältst.

Beispiele

a) $\frac{2}{7} + \frac{3}{7} = \frac{2+3}{7} = \frac{5}{7}$

b) $\frac{7}{9} - \frac{2}{9} = \frac{7-2}{9} = \frac{5}{9}$

c) Enthalten Zähler und Nenner im Ergebnis gemeinsame Teiler, kannst du kürzen:
$\frac{1}{8} + \frac{3}{8} = \frac{4}{8} = \frac{1}{2}$

d) Ist der Zähler größer als der Nenner, kannst du das Ergebnis in gemischter Schreibweise angeben.
$\frac{10}{13} + \frac{9}{13} = \frac{19}{13} = \frac{13}{13} + \frac{6}{13} = 1\frac{6}{13}$

e) Addieren gemischter Zahlen:
$2\frac{3}{5} + 1\frac{1}{5}$
$= 2 + 1 + \frac{3}{5} + \frac{1}{5}$
$= 3 + \frac{4}{5} = 3\frac{4}{5}$

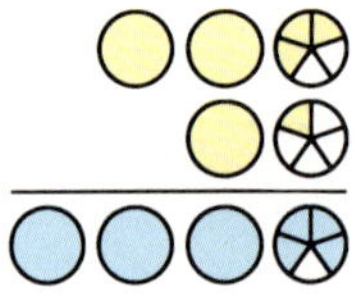

f) Subtrahieren gemischter Zahlen kann das Umwandeln eines Bruches notwendig machen:
$3\frac{1}{5} - 1\frac{4}{5}$
$= 2\frac{6}{5} - 1\frac{4}{5} = 1\frac{2}{5}$

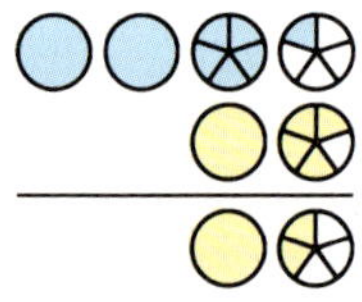

Aufgaben

3
a) 2 Sechstel + 3 Sechstel
b) 3 Fünftel + 2 Fünftel
c) 4 Siebtel + 5 Siebtel

4
a) 9 Zehntel − 6 Zehntel
b) 11 Achtel − 7 Achtel
c) 5 Drittel − 3 Drittel

5
Rechne im Kopf.

a) $\frac{2}{5}+\frac{1}{5}$ b) $\frac{1}{10}+\frac{3}{10}$ c) $\frac{5}{11}+\frac{5}{11}$
$\frac{2}{8}+\frac{5}{8}$ $\frac{2}{7}+\frac{3}{7}$ $\frac{8}{15}+\frac{6}{15}$
$\frac{1}{9}+\frac{7}{9}$ $\frac{7}{12}+\frac{4}{12}$ $\frac{11}{20}+\frac{9}{20}$

6
a) $\frac{3}{4}-\frac{1}{4}$ b) $\frac{6}{8}-\frac{1}{8}$ c) $\frac{10}{12}-\frac{7}{12}$
$\frac{4}{5}-\frac{3}{5}$ $\frac{7}{9}-\frac{4}{9}$ $\frac{9}{11}-\frac{6}{11}$
$\frac{6}{7}-\frac{5}{7}$ $\frac{7}{10}-\frac{4}{10}$ $\frac{11}{15}-\frac{7}{15}$

7
Schreibe zu jeder Abbildung die zugehörige Additionsaufgabe und das Ergebnis.

a)
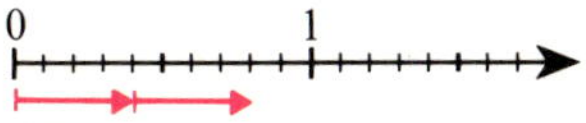

b)
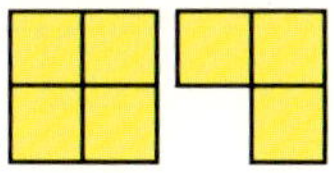

c)
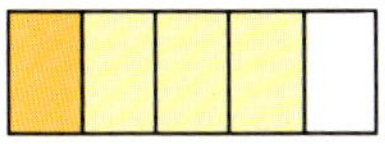

d)
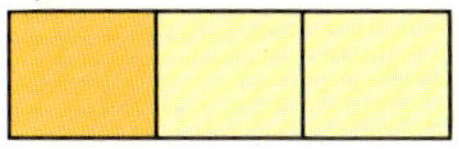

e)
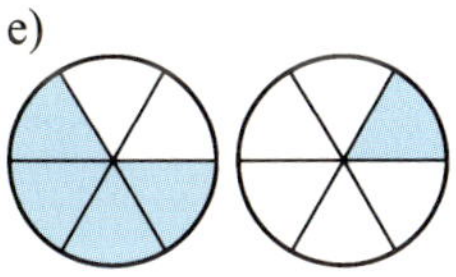

f)
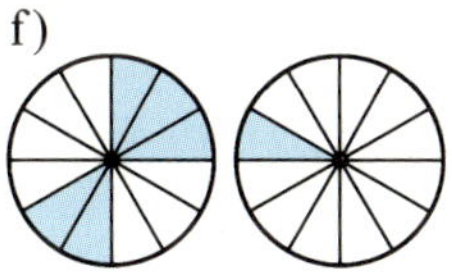

8
Berechne.

a) $\frac{5}{14}+\frac{3}{14}$ b) $\frac{7}{25}+\frac{12}{25}$ c) $\frac{11}{48}+\frac{23}{48}$
$\frac{11}{18}+\frac{5}{18}$ $\frac{19}{30}+\frac{9}{30}$ $\frac{62}{85}-\frac{47}{85}$
$\frac{12}{19}-\frac{6}{19}$ $\frac{29}{40}-\frac{17}{40}$ $\frac{88}{100}-\frac{59}{100}$

9
Sprünge auf dem Zahlenstrahl.
Nenne die sieben ersten Stationen.

a)
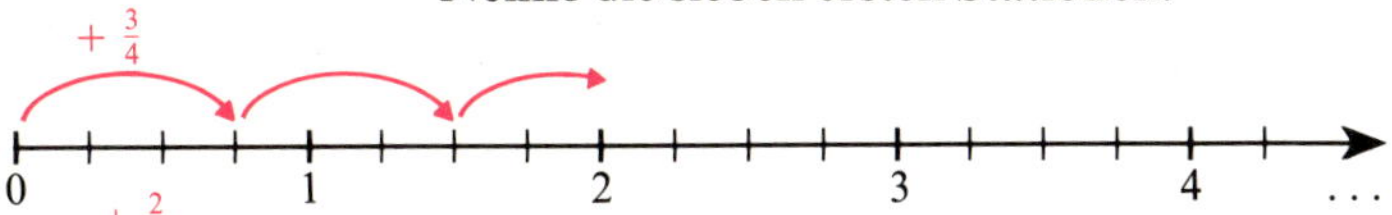

b)
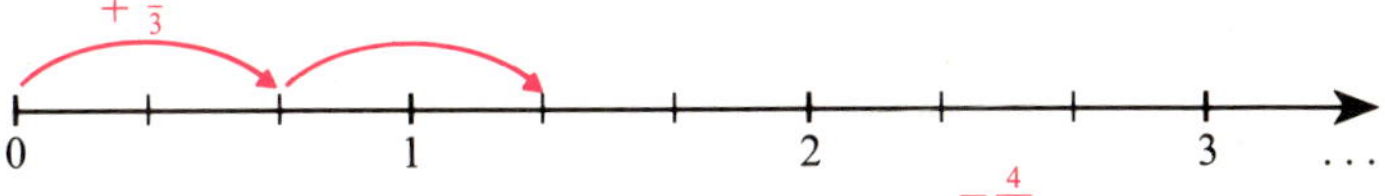

c)
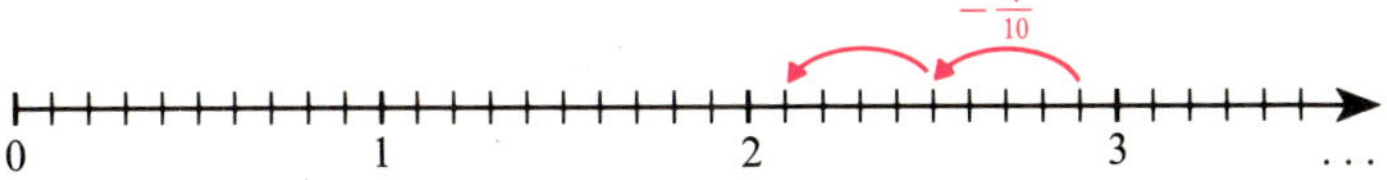

10
Rechne und kürze.

a) $\frac{1}{6}+\frac{2}{6}$ b) $\frac{1}{8}+\frac{5}{8}$ c) $\frac{5}{12}-\frac{1}{12}$
$\frac{2}{10}+\frac{3}{10}$ $\frac{7}{12}+\frac{1}{12}$ $\frac{13}{15}-\frac{8}{15}$
$\frac{4}{9}+\frac{2}{9}$ $\frac{3}{16}+\frac{9}{16}$ $\frac{19}{20}-\frac{3}{20}$

d) $\frac{16}{25}-\frac{11}{25}$ e) $\frac{19}{50}+\frac{21}{50}$ f) $\frac{73}{100}-\frac{37}{100}$
$\frac{39}{40}-\frac{3}{40}$ $\frac{71}{84}-\frac{15}{84}$ $\frac{55}{96}+\frac{29}{96}$
$\frac{44}{45}-\frac{17}{45}$ $\frac{27}{64}+\frac{37}{64}$ $\frac{131}{144}-\frac{23}{144}$

11
Gib das Ergebnis in gemischter Schreibweise an.

a) $\frac{2}{3}+\frac{2}{3}$ b) $\frac{4}{9}+\frac{7}{9}$ c) $\frac{8}{13}+\frac{11}{13}$
$\frac{4}{7}+\frac{4}{7}$ $\frac{8}{11}+\frac{6}{11}$ $\frac{18}{29}+\frac{19}{29}$
$\frac{5}{7}+\frac{6}{7}$ $\frac{10}{11}+\frac{7}{11}$ $\frac{37}{39}+\frac{38}{39}$

12
Gib das Ergebnis in gemischter Schreibweise an.

a) $\frac{3}{4}+\frac{3}{4}$ b) $\frac{3}{10}+\frac{9}{10}$ c) $\frac{18}{25}+\frac{17}{25}$
$\frac{7}{8}+\frac{3}{8}$ $\frac{7}{12}+\frac{11}{12}$ $\frac{41}{64}+\frac{39}{64}$

13
Schreibe in dein Heft und ergänze.

a) $\frac{\square}{14}+\frac{3}{14}=\frac{9}{14}$ b) $\frac{6}{17}+\frac{5}{\square}=\frac{11}{17}$
c) $\frac{4}{15}+\frac{\square}{15}=\frac{11}{15}$ d) $\frac{\square}{27}+\frac{5}{27}=\frac{22}{27}$
e) $\frac{18}{37}+\frac{17}{37}=\frac{\square}{37}$ f) $\frac{26}{53}+\frac{\square}{53}=\frac{51}{\square}$

14
Addiere die gemischten Zahlen.

a) $1\frac{1}{5}+1\frac{3}{5}$ b) $2\frac{2}{7}+3\frac{4}{7}$
c) $3\frac{1}{4}+2\frac{3}{4}$ d) $5\frac{7}{10}+4\frac{3}{10}$
e) $2\frac{5}{8}+1\frac{7}{8}$ f) $6\frac{5}{12}+10\frac{11}{12}$

15
Subtrahiere die gemischten Zahlen.

a) $2\frac{3}{4}-1\frac{1}{4}$ b) $4\frac{3}{10}-1\frac{1}{10}$
c) $5\frac{7}{9}-4\frac{2}{9}$ d) $4\frac{1}{5}-2\frac{2}{5}$
e) $3\frac{1}{6}-1\frac{5}{6}$ f) $5\frac{3}{8}-4\frac{5}{8}$

2 Addieren und Subtrahieren ungleichnamiger Brüche

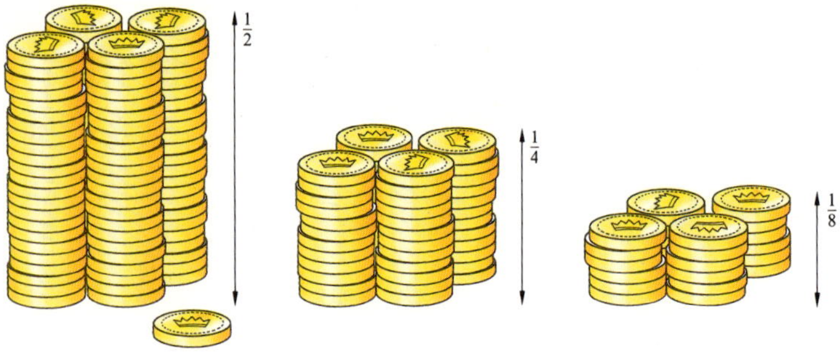

1

Ein reicher König vererbte seinen Schatz: der erste Sohn sollte die Hälfte, der zweite ein Viertel und der dritte ein Achtel erhalten. Als die Söhne an das Verteilen gingen, mussten sie lange überlegen. Bleibt nach der Erbteilung noch etwas übrig?
Wie viel erhält der erste Sohn mehr als der zweite und als der dritte Sohn?

Wenn du Brüche mit verschiedenen Nennern addieren oder subtrahieren willst, musst du sie zunächst gleichnamig machen. Dazu suchst du das kleinste gemeinsame Vielfache (kgV) der Nenner und erweiterst dann die Brüche entsprechend. Der kleinste gemeinsame Nenner heißt **Hauptnenner** (HN).

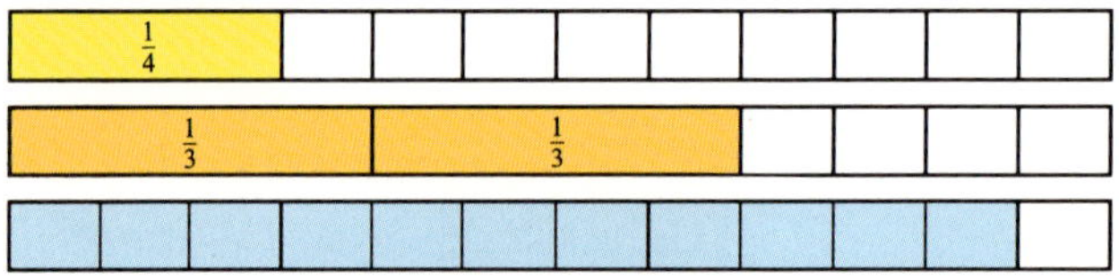

$\frac{1}{4} + \frac{2}{3} = \frac{3}{12} + \frac{8}{12} = \frac{11}{12}$

Wir **addieren** oder **subtrahieren ungleichnamige Brüche**, indem wir
1. ihren Hauptnenner bestimmen,
2. die Brüche erweitern und
3. die nun gleichnamigen Brüche addieren oder subtrahieren.

Beispiele

a) Einer der Nenner ist der HN.

$\frac{3}{14} + \frac{1}{7}$

$= \frac{3}{14} + \frac{2}{14} = \frac{5}{14}$

b) Die Nenner sind teilerfremd. Ihr Produkt ist der HN.

$\frac{1}{2} + \frac{1}{3}$ HN: $2 \cdot 3 = 6$

$= \frac{1 \cdot 3}{2 \cdot 3} + \frac{1 \cdot 2}{3 \cdot 2}$

$= \frac{3}{6} + \frac{2}{6} = \frac{5}{6}$

$\frac{2}{3} - \frac{1}{5}$ HN: $3 \cdot 5 = 15$

$= \frac{2 \cdot 5}{3 \cdot 5} - \frac{1 \cdot 3}{5 \cdot 3}$

$= \frac{10}{15} - \frac{3}{15} = \frac{7}{15}$

c) Die Nenner haben gemeinsame Teiler. Wir bilden das kgV.

$\frac{7}{16} + \frac{1}{12}$

$= \frac{7 \cdot 3}{16 \cdot 3} + \frac{1 \cdot 4}{12 \cdot 4}$

$= \frac{21}{48} + \frac{4}{48} = \frac{25}{48}$

$16 = 2 \cdot 2 \cdot 2 \cdot 2$
$12 = 2 \cdot 2 \quad \cdot 3$
HN: $2 \cdot 2 \cdot 2 \cdot 2 \cdot 3 = 48$

$\frac{11}{15} - \frac{5}{18}$

$= \frac{11 \cdot 6}{15 \cdot 6} - \frac{5 \cdot 5}{18 \cdot 5}$

$= \frac{66}{90} - \frac{25}{90} = \frac{41}{90}$

$15 = \quad 3 \cdot 5$
$18 = 2 \cdot 3 \cdot 3$
HN: $2 \cdot 3 \cdot 3 \cdot 5 = 90$

Aufgaben

2

Addiere im Kopf.

a) $\frac{1}{2} + \frac{1}{4}$ $\frac{1}{2} + \frac{1}{6}$
b) $\frac{1}{3} + \frac{1}{6}$ $\frac{1}{4} + \frac{1}{8}$
c) $\frac{1}{4} + \frac{1}{12}$ $\frac{1}{2} + \frac{1}{10}$
d) $\frac{1}{6} + \frac{7}{12}$ $\frac{5}{14} + \frac{4}{7}$
e) $\frac{2}{3} + \frac{2}{9}$ $\frac{5}{12} + \frac{1}{3}$
f) $\frac{2}{5} + \frac{1}{15}$ $\frac{2}{15} + \frac{2}{3}$

3

Subtrahiere im Kopf.

a) $\frac{1}{2} - \frac{1}{4}$ $\frac{1}{3} - \frac{1}{6}$
b) $\frac{1}{4} - \frac{1}{8}$ $\frac{1}{3} - \frac{1}{9}$
c) $\frac{10}{12} - \frac{1}{3}$ $\frac{7}{8} - \frac{1}{2}$
d) $\frac{3}{8} - \frac{1}{4}$ $\frac{7}{12} - \frac{1}{4}$
e) $\frac{5}{6} - \frac{2}{3}$ $\frac{11}{15} - \frac{3}{5}$
f) $\frac{15}{16} - \frac{5}{8}$ $\frac{11}{12} - \frac{2}{3}$

4

Addiere bzw. subtrahiere die Streckenlängen.

a) 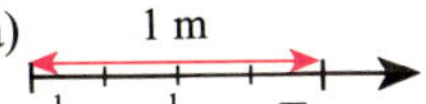

$\frac{1}{2}$ m + $\frac{1}{4}$ m = □

b) 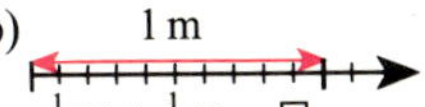

$\frac{1}{5}$ m + $\frac{1}{2}$ m = □

c) 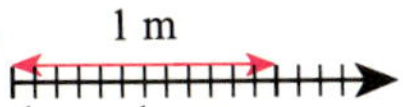

$\frac{1}{3}$ m + $\frac{1}{4}$ m = □

d) 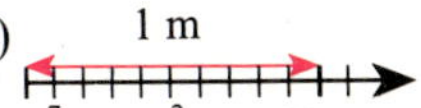

$\frac{7}{10}$ m + $\frac{2}{5}$ m = □

5

Berechne mit Hilfe der Kreiseinteilung.

Beispiel:

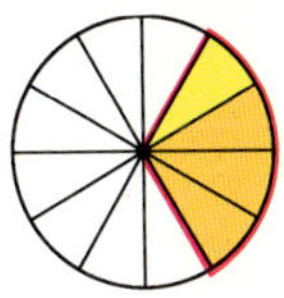

$\frac{1}{3} - \frac{1}{4} = \frac{1}{12}$

a) $\frac{1}{3} + \frac{1}{2}$, $\frac{3}{4} + \frac{1}{6}$ b) $\frac{1}{4} - \frac{1}{6}$, $\frac{11}{12} - \frac{1}{3}$

6

Stelle jede Aufgabe in Streifen von 24 Kästchen Länge dar und berechne.

Beispiel:

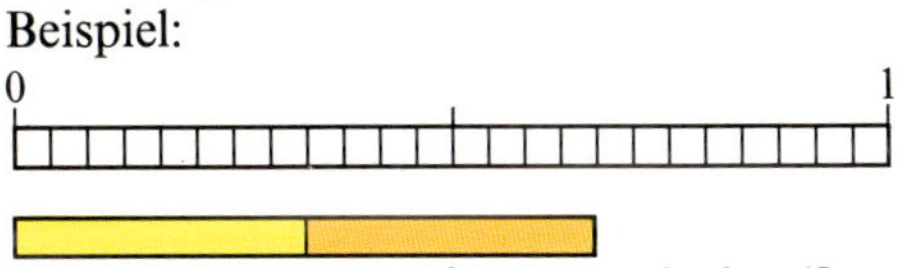

$\frac{1}{3} + \frac{3}{8} = \frac{8+9}{24} = \frac{17}{24}$

a) $\frac{1}{4} + \frac{5}{12}$, $\frac{1}{6} + \frac{5}{12}$ b) $\frac{3}{4} + \frac{1}{6}$, $\frac{7}{12} + \frac{1}{4}$

c) $\frac{5}{6} - \frac{5}{8}$, $\frac{2}{3} - \frac{3}{8}$ d) $\frac{5}{12} - \frac{1}{8}$, $\frac{3}{4} - \frac{2}{3}$

7

Addiere.

a) $\frac{1}{3} + \frac{1}{4}$ b) $\frac{1}{5} + \frac{1}{6}$ c) $\frac{2}{3} + \frac{3}{4}$

$\frac{1}{4} + \frac{1}{5}$ $\frac{1}{6} + \frac{1}{7}$ $\frac{3}{4} + \frac{5}{6}$

d) $\frac{2}{5} + \frac{3}{6}$ e) $\frac{2}{3} + \frac{3}{2}$ f) $\frac{3}{8} + \frac{4}{7}$

$\frac{3}{5} + \frac{3}{8}$ $\frac{4}{5} + \frac{5}{4}$ $\frac{5}{12} + \frac{2}{5}$

8

Addiere und kürze, wenn möglich.

a) $\frac{1}{3} + \frac{1}{6}$ b) $\frac{1}{8} + \frac{1}{6}$ c) $\frac{1}{4} + \frac{2}{5}$

$\frac{1}{6} + \frac{1}{4}$ $\frac{1}{5} + \frac{1}{20}$ $\frac{1}{6} + \frac{1}{10}$

d) $\frac{2}{5} + \frac{1}{10}$ e) $\frac{1}{18} + \frac{4}{9}$ f) $\frac{2}{3} + \frac{3}{10}$

$\frac{7}{10} + \frac{1}{4}$ $\frac{3}{7} + \frac{1}{14}$ $\frac{11}{18} + \frac{5}{36}$

?

$\frac{2}{3}$ einer Tafel Schokolade sind $\frac{1}{2}$ Tafel und 2 Stückchen. Wie viele Stückchen hat die Tafel?

9

Suche zuerst das kleinste gemeinsame Vielfache der Nenner. Erweitere und addiere.

a) $\frac{3}{8} + \frac{5}{12}$ b) $\frac{4}{21} + \frac{3}{14}$ c) $\frac{5}{24} + \frac{7}{36}$

$\frac{7}{12} + \frac{7}{18}$ $\frac{7}{12} + \frac{4}{9}$ $\frac{2}{9} + \frac{11}{15}$

d) $\frac{8}{15} + \frac{3}{20}$ e) $\frac{7}{12} + \frac{4}{15}$ f) $\frac{11}{36} + \frac{19}{48}$

$\frac{13}{18} + \frac{17}{24}$ $\frac{9}{20} + \frac{15}{16}$ $\frac{10}{21} + \frac{18}{35}$

10

Ergänze die Zauberquadrate. In jeder Zeile, in jeder Spalte und jeder Diagonale soll die Summe 1 herauskommen.

a)

$\frac{4}{15}$		$\frac{2}{15}$
	$\frac{1}{3}$	
$\frac{8}{15}$		$\frac{2}{5}$

b)

	$\frac{3}{5}$	$\frac{4}{15}$
	$\frac{1}{3}$	

11

Bestimme zuerst den Hauptnenner.

a) $\frac{1}{3} - \frac{1}{4}$ b) $\frac{1}{4} - \frac{1}{6}$ c) $\frac{1}{5} - \frac{1}{8}$

$\frac{1}{2} - \frac{1}{5}$ $\frac{1}{6} - \frac{1}{8}$ $\frac{1}{6} - \frac{1}{9}$

d) $\frac{3}{5} - \frac{1}{2}$ e) $\frac{4}{5} - \frac{3}{4}$ f) $\frac{2}{3} - \frac{5}{8}$

$\frac{5}{6} - \frac{1}{2}$ $\frac{1}{5} - \frac{1}{7}$ $\frac{4}{5} - \frac{4}{9}$

12

Suche zuerst das kleinste gemeinsame Vielfache der Nenner.

a) $\frac{3}{8} - \frac{1}{12}$ b) $\frac{5}{12} - \frac{2}{5}$ c) $\frac{6}{7} - \frac{5}{6}$

$\frac{9}{10} - \frac{3}{4}$ $\frac{15}{16} - \frac{11}{12}$ $\frac{8}{9} - \frac{7}{8}$

d) $\frac{4}{9} - \frac{4}{15}$ e) $\frac{7}{10} - \frac{14}{25}$ f) $\frac{24}{25} - \frac{19}{20}$

$\frac{7}{12} - \frac{7}{18}$ $\frac{9}{20} - \frac{13}{30}$ $\frac{29}{36} - \frac{19}{24}$

13

Subtrahiere.

a) $\frac{5}{8} - \frac{7}{12}$ b) $\frac{11}{14} - \frac{4}{21}$ c) $\frac{7}{15} - \frac{9}{25}$

$\frac{8}{15} - \frac{3}{10}$ $\frac{13}{36} - \frac{7}{24}$ $\frac{13}{18} - \frac{17}{24}$

d) $\frac{13}{21} - \frac{9}{28}$ e) $\frac{20}{27} - \frac{13}{18}$ f) $\frac{29}{100} - \frac{21}{125}$

$\frac{14}{25} - \frac{7}{30}$ $\frac{49}{72} - \frac{35}{54}$ $\frac{21}{26} - \frac{31}{39}$

+	$\frac{1}{2}$	$\frac{2}{3}$	$\frac{3}{4}$	$\frac{4}{5}$
$\frac{1}{3}$				
$\frac{2}{5}$				
$\frac{1}{6}$				
$\frac{5}{6}$				
$\frac{1}{7}$				
$\frac{3}{7}$				
$\frac{5}{8}$				
$\frac{7}{8}$				

14

Addiere oder subtrahiere.

a) $\frac{9}{40}+\frac{7}{120}$ b) $\frac{17}{36}-\frac{1}{4}$ c) $\frac{11}{18}+\frac{15}{27}$

$\frac{25}{80}+\frac{11}{16}$ $\frac{11}{18}-\frac{29}{90}$ $\frac{62}{105}+\frac{43}{70}$

$\frac{37}{96}+\frac{7}{12}$ $\frac{55}{144}-\frac{1}{12}$ $\frac{1}{54}+\frac{7}{30}$

d) $\frac{7}{45}-\frac{2}{25}$ e) $\frac{5}{12}+\frac{3}{11}$ f) $\frac{6}{13}-\frac{1}{12}$

$\frac{11}{12}-\frac{23}{28}$ $\frac{1}{16}+\frac{5}{9}$ $\frac{7}{15}-\frac{4}{11}$

$\frac{33}{64}-\frac{31}{96}$ $\frac{3}{8}+\frac{9}{13}$ $\frac{17}{19}-\frac{8}{9}$

15

Rechne mit gemischten Zahlen.

Beispiel: $1\frac{1}{2}+2\frac{3}{8}=1\frac{4}{8}+2\frac{3}{8}=3\frac{7}{8}$

a) $1\frac{1}{4}+\frac{1}{2}$ b) $3\frac{2}{3}+2\frac{1}{6}$ c) $4\frac{5}{6}-1\frac{1}{2}$

$1\frac{1}{6}+\frac{1}{3}$ $2\frac{5}{8}+4\frac{1}{4}$ $3\frac{4}{9}-2\frac{1}{3}$

16

Rechne wie im Beispiel:

$5\frac{3}{4}+3\frac{2}{5}=5\frac{15}{20}+3\frac{8}{20}=8\frac{23}{20}=9\frac{3}{20}$.

a) $1\frac{3}{5}+\frac{7}{10}$ b) $2\frac{2}{3}+3\frac{4}{5}$ c) $3\frac{5}{8}+6\frac{7}{12}$

$1\frac{1}{4}+\frac{7}{8}$ $4\frac{3}{5}+8\frac{5}{6}$ $7\frac{5}{7}+6\frac{4}{9}$

$1\frac{2}{3}+\frac{5}{6}$ $5\frac{1}{2}+1\frac{5}{7}$ $9\frac{5}{6}+10\frac{10}{11}$

17

Rechne wie im Beispiel:

$4\frac{1}{2}-2\frac{3}{5}=4\frac{5}{10}-2\frac{6}{10}=3\frac{15}{10}-2\frac{6}{10}=1\frac{9}{10}$.

a) $1\frac{2}{3}-\frac{3}{4}$ b) $3\frac{2}{9}-2\frac{3}{5}$ c) $12\frac{5}{9}-7\frac{3}{5}$

$1\frac{2}{5}-\frac{1}{2}$ $8\frac{1}{7}-5\frac{3}{5}$ $10\frac{3}{14}-9\frac{1}{4}$

18

Berechne. Erkennst du eine Regel?

$\frac{2}{3}+\frac{3}{2}$, $\frac{3}{4}+\frac{4}{3}$, $\frac{4}{5}+\frac{5}{4}$, ...

Was ergibt dann $\frac{40}{41}+\frac{41}{40}$?

19

Wohin fliegt der Ballon?

$\frac{5}{12}+\frac{1}{3}=\square$, $\frac{3}{7}+\frac{5}{21}=\square$, $\frac{4}{3}+\frac{1}{6}=\square$

$\frac{13}{5}+\frac{17}{10}=\square$, $\frac{5}{8}+\frac{1}{4}=\square$, $\frac{1}{9}+\frac{1}{3}=\square$

$\frac{11}{15}+\frac{4}{5}=\square$

20

Fülle die „Bruchsteine“ durch Addieren aus.

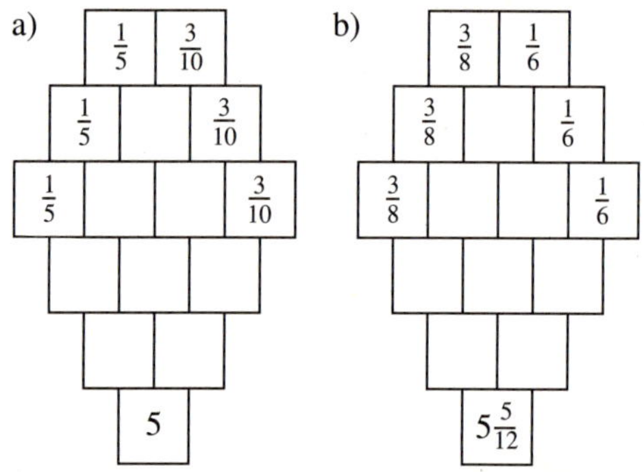

21

Erweitere zunächst und bestimme dann den fehlenden Zähler oder Nenner.

Beispiel: $\frac{2}{3}+\frac{\square}{4}=\frac{11}{12}$ $\frac{8}{12}+\frac{3}{12}=\frac{11}{12}$

$\frac{2}{3}+\frac{1}{4}=\frac{11}{12}$

a) $\frac{2}{5}+\frac{\square}{3}=\frac{11}{15}$ b) $\frac{1}{6}+\frac{2}{\square}=\frac{17}{30}$

$\frac{3}{8}+\frac{\square}{5}=\frac{31}{40}$ $\frac{2}{5}+\frac{1}{\square}=\frac{11}{15}$

c) $\frac{\square}{9}+\frac{5}{12}=\frac{31}{36}$ d) $\frac{3}{\square}+\frac{5}{12}=\frac{19}{24}$

$\frac{\square}{7}+\frac{2}{3}=\frac{20}{21}$ $\frac{1}{\square}+\frac{3}{10}=\frac{7}{15}$

22

Beispiel: $\frac{5}{9}+\frac{\square}{9}=1\frac{4}{9}$ $\frac{5}{9}+\frac{8}{9}=\frac{13}{9}$

a) $\frac{3}{5}+\frac{\square}{5}=1\frac{2}{5}$ b) $\frac{\square}{5}+\frac{5}{6}=1\frac{7}{30}$

$\frac{4}{7}+\frac{\square}{7}=1\frac{3}{7}$ $\frac{\square}{4}+\frac{4}{5}=1\frac{11}{20}$

c) $1\frac{1}{2}+\frac{\square}{8}=2\frac{1}{8}$ d) $2\frac{3}{8}+\frac{7}{\square}=3\frac{3}{40}$

$2\frac{1}{2}+\frac{\square}{12}=2\frac{11}{12}$ $3\frac{5}{6}+\frac{7}{\square}=4\frac{11}{18}$

23

Die Pyramide ist aus „Differenzbausteinen“ aufgebaut. Ergänze.

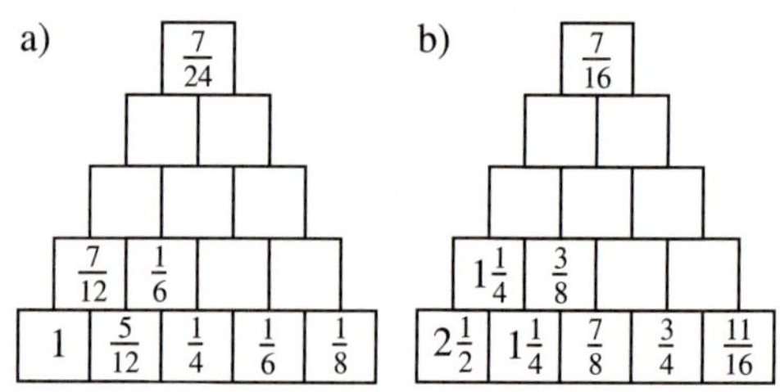

–	$\frac{2}{7}$	$\frac{3}{8}$	$\frac{1}{9}$	$\frac{3}{10}$
$\frac{1}{2}$				
$\frac{2}{3}$				
$\frac{4}{5}$				
$\frac{5}{6}$				
$\frac{7}{8}$				
$\frac{8}{9}$				
$\frac{9}{10}$				
$\frac{10}{11}$				

$\frac{\square}{\square} - \frac{\square}{\square} = \frac{\square}{\square}$

Löse das Rechenpuzzle mit den sechs Zahlenkärtchen.

24

Ergänze. Beispiel: $\frac{1}{6} + \square = \frac{3}{4}$, $\frac{2}{12} + \frac{7}{12} = \frac{9}{12}$

a) $\frac{5}{8} + \square = \frac{37}{40}$ b) $\square + \frac{4}{15} = \frac{5}{6}$

$\frac{4}{9} + \square = \frac{31}{36}$ $\square + \frac{3}{10} = \frac{21}{25}$

c) $\square + \frac{2}{5} = \frac{59}{60}$ d) $\frac{1}{5} + \square = \frac{5}{8}$

$\square + \frac{3}{8} = \frac{5}{7}$ $\frac{4}{5} + \square = \frac{11}{12}$

25

Subtrahiere und kontrolliere dein Ergebnis.

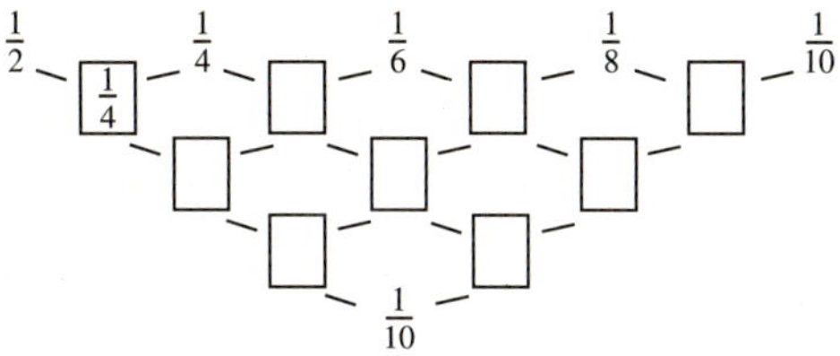

26

Subtrahiere den kleineren vom größeren Bruch.

a) $\frac{4}{5}, \frac{7}{9}$ b) $\frac{2}{3}, \frac{7}{8}$ c) $\frac{3}{11}, \frac{2}{7}$

d) $\frac{5}{8}, \frac{7}{11}$ e) $\frac{4}{15}, \frac{9}{25}$ f) $\frac{6}{13}, \frac{4}{9}$

g) $\frac{7}{12}, \frac{11}{20}$ h) $\frac{8}{21}, \frac{2}{5}$ i) $\frac{19}{24}, \frac{7}{10}$

27

Ordne die Differenzen der Größe nach.

a) $\frac{2}{3} - \frac{3}{8}$, $\frac{4}{5} - \frac{3}{10}$, $\frac{5}{6} - \frac{5}{8}$, $\frac{3}{4} - \frac{2}{3}$

b) $\frac{5}{6} - \frac{4}{9}$, $\frac{13}{18} - \frac{8}{15}$, $\frac{1}{20} - \frac{1}{30}$, $\frac{5}{9} - \frac{3}{10}$

c) $\frac{9}{10} - \frac{5}{12}$, $\frac{3}{4} - \frac{11}{20}$, $\frac{11}{12} - \frac{4}{5}$, $\frac{3}{8} - \frac{2}{15}$

28

Subtrahiere in den „Bruchsteinen".

a)

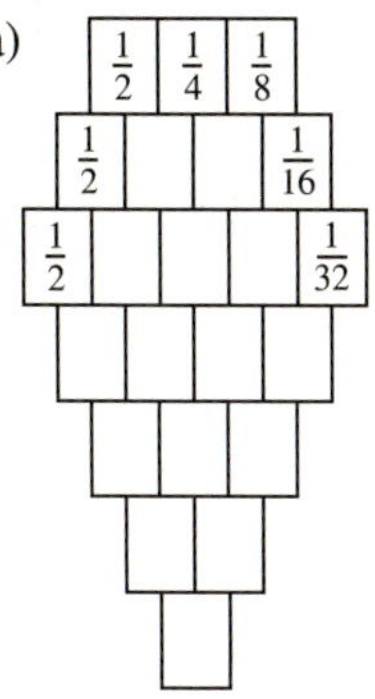

b)

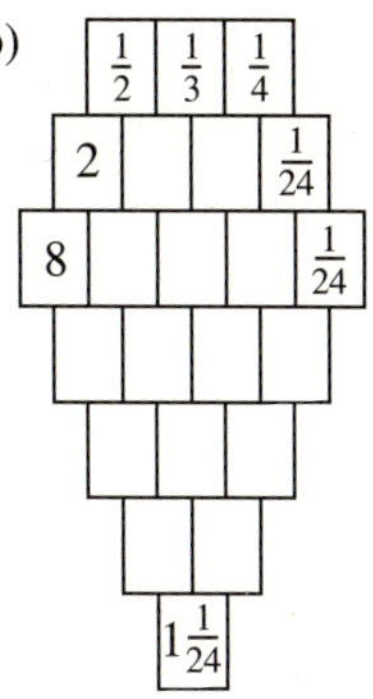

29

Suche durch das Labyrinth den Weg von A nach E mit dem

a) kleinsten b) größten Summenwert.

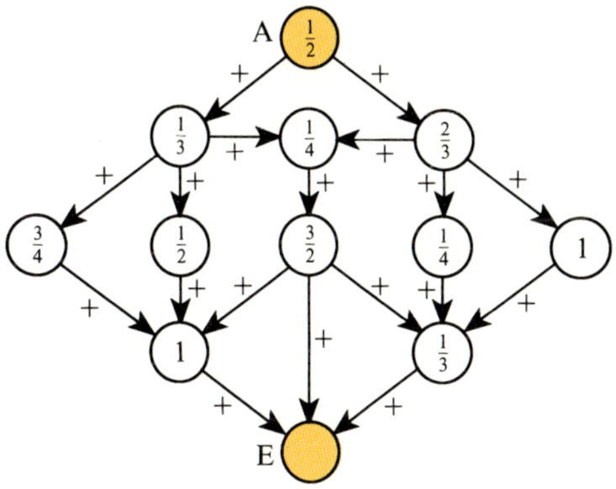

30

Rechne zum Mittelpunkt hin.

a)

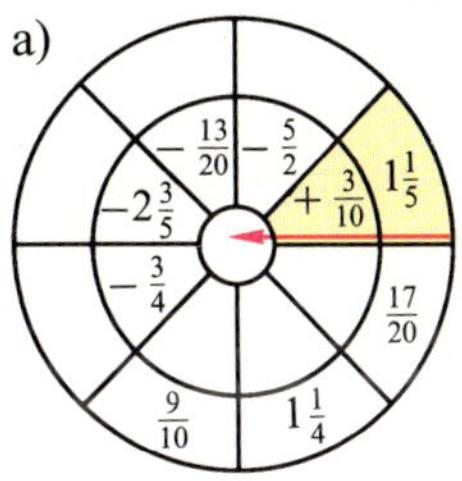

b)

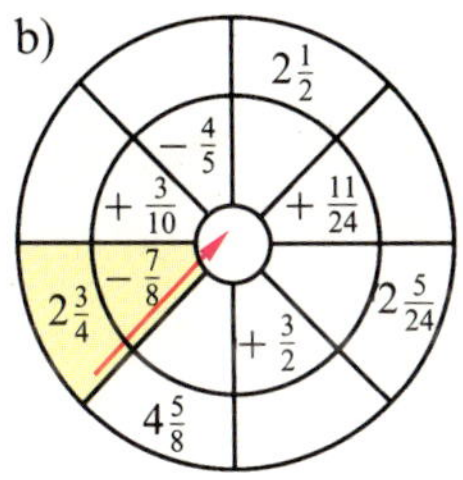

31

Jedes rote Quadrat nimmt $\frac{1}{20}$, jedes blaue $\frac{1}{15}$ und jedes grüne $\frac{1}{12}$ der Gesamtfläche ein. Welcher Teil des Rechtecks bleibt frei?

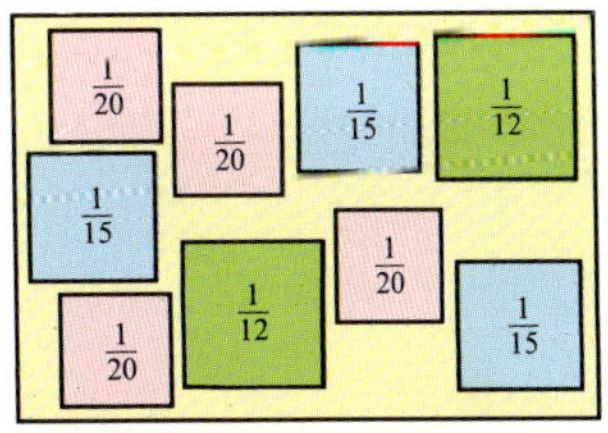

32

Übertrage das Zauberquadrat in dein Heft und fülle es aus.

a)

$\frac{1}{2}$	$\frac{2}{5}$	$\frac{3}{4}$	$\frac{1}{4}$
		$\frac{3}{10}$	
		$\frac{1}{5}$	$\frac{7}{10}$
$\frac{4}{5}$	$\frac{1}{10}$		

b)

$\frac{5}{8}$	$1\frac{1}{2}$		$\frac{7}{8}$
	$\frac{3}{4}$	$\frac{1}{2}$	
1		$1\frac{3}{8}$	
	$\frac{3}{8}$		2

33
Übertrage ins Heft.

a) ↑ bedeutet $+\frac{1}{6}$
→ bedeutet $+\frac{2}{3}$

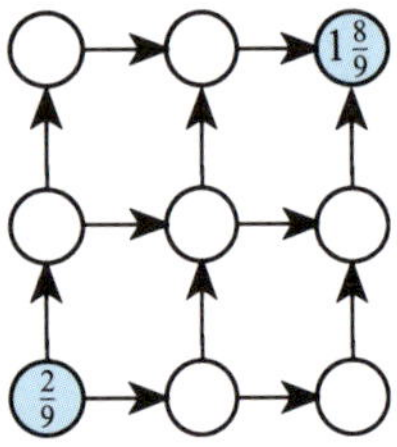

b) ↑ bedeutet $+\frac{1}{8}$
→ bedeutet $+\frac{3}{4}$

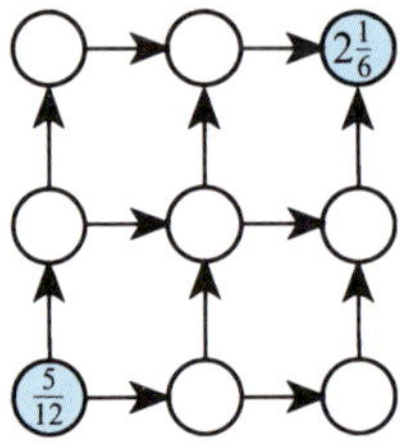

34
Florian kauft beim Metzger ein: 1 kg Gulasch, $\frac{1}{2}$ kg Hackfleisch, $\frac{1}{4}$ kg Schinken und 200 g Wurstaufschnitt.
Wie viel kg hat Florian zu tragen?

35
Unter günstigen Bedingungen weisen einige heimische Baumarten folgendes jährliches Längenwachstum auf: die Tanne etwa $\frac{1}{2}$ m, die Buche etwa $\frac{2}{5}$ m und die Eiche etwa $\frac{3}{10}$ m.
Berechne den Wachstumsunterschied
a) zwischen Tanne und Buche,
b) zwischen Tanne und Eiche und
c) zwischen Buche und Eiche.

36
Australien besteht zu $\frac{1}{25}$ aus Ackerland, zu $\frac{1}{20}$ aus Wald, zu $\frac{3}{5}$ aus Weideland und im Übrigen aus Ödland, vor allem Wüste. Welcher Teil der Gesamtfläche ist dies?

Ayers Rock, Australien

37
Herr Süß kocht Marmelade aus $1\frac{1}{2}$ kg Johannisbeeren, $1\frac{1}{4}$ kg Rhabarber und $\frac{3}{4}$ kg Erdbeeren. Dazu nimmt er ebenso viel Zucker wie die Früchte insgesamt wiegen. Durch das Kochen verdampft $\frac{1}{10}$ kg Wasser. Wie viel wiegt die fertige Marmelade insgesamt?

38
Für ein Klassenfest mischen die Schüler der Klasse 6 ein Erfrischungsgetränk aus $3\frac{1}{2}$ l Orangensaft, $\frac{3}{4}$ l Limonade und 2 Flaschen Grapefruitsaft zu je $\frac{7}{10}$ l zusammen.
Welche Gesamtmenge erhalten sie?

Knobelei

Ein alter Araber bestimmte vor seinem Tode, dass der Erste seiner Freunde die Hälfte, der Zweite den vierten und der Dritte den fünften Teil seiner Kamele erben sollte. Da der Alte 19 Kamele hinterließ, konnten sich die drei Freunde nicht einigen. Sie wandten sich an einen Derwisch, der auf einem alten Kamel dahergeritten kam, und baten ihn um Hilfe.
Dieser sagte: „Ich will euch mein Kamel leihen.“ Nun nahm sich der Erste die Hälfte von den 20 Kamelen heraus, der Zweite $\frac{1}{4}$ und der Dritte $\frac{1}{5}$. Zum Schluss blieb das Kamel des Derwischs übrig.
Der Derwisch bestieg es wieder und ritt davon. Alle waren zufrieden. Rechne nach.

3 Rechengesetze. Rechenvorteile

1

Wie viel Liter sind in jedem Eimer?

Wie bei einer Summe von natürlichen Zahlen dürfen auch bei den Brüchen die Summanden vertauscht und beliebig zusammengefasst werden:

$\frac{4}{13} + \frac{7}{13} = \frac{7}{13} + \frac{4}{13} = \frac{11}{13}$

$$\left(\frac{5}{11} + \frac{2}{11}\right) + \frac{6}{11} = \frac{5}{11} + \left(\frac{2}{11} + \frac{6}{11}\right)$$
$$\frac{7}{11} + \frac{6}{11} = \frac{5}{11} + \frac{8}{11} = \frac{13}{11}.$$

> **Vertauschungsgesetz (Kommutativgesetz)**
> Beim Addieren von Bruchzahlen dürfen die Summanden vertauscht werden.
> **Verbindungsgesetz (Assoziativgesetz)**
> Beim Addieren von Bruchzahlen dürfen die Summanden beliebig zusammengefasst werden.

Beispiele

Manche Summen kannst du geschickt berechnen, wenn du beide Rechengesetze anwendest.

a) $\frac{1}{4} + \frac{1}{5} + \frac{3}{4}$
$= \frac{1}{4} + \frac{3}{4} + \frac{1}{5}$
$= \left(\frac{1}{4} + \frac{3}{4}\right) + \frac{1}{5}$
$= 1\frac{1}{5}$

b) $\frac{2}{11} + \frac{3}{7} + \frac{2}{7}$
$= \frac{2}{11} + \left(\frac{3}{7} + \frac{2}{7}\right)$
$= \frac{2}{11} + \frac{5}{7}$
$= \frac{14}{77} + \frac{55}{77} = \frac{69}{77}$

c) $\frac{2}{9} + \left(\frac{1}{4} + \frac{4}{9}\right)$
$= \frac{2}{9} + \left(\frac{4}{9} + \frac{1}{4}\right)$
$= \left(\frac{2}{9} + \frac{4}{9}\right) + \frac{1}{4}$
$= \frac{2}{3} + \frac{1}{4} = \frac{11}{12}$

Beachte: Für die Subtraktion gibt es weder Vertauschungs- noch Verbindungsgesetz.

Bemerkung: Beim Subtrahieren mehrerer Bruchzahlen kann man die Subtrahenden in einer Klammer addieren und diese Summe vom Minuenden subtrahieren.

$$\frac{8}{9} - \frac{1}{3} - \frac{1}{6} - \frac{1}{12} = \frac{8}{9} - \frac{4}{12} - \frac{2}{12} - \frac{1}{12}$$
$$= \frac{8}{9} - \left(\frac{4}{12} + \frac{2}{12} + \frac{1}{12}\right) = \frac{8}{9} - \frac{7}{12} = \frac{32}{36} - \frac{21}{36} = \frac{11}{36}$$

Wie bei den natürlichen Zahlen gelten auch für Bruchzahlen die „Vorfahrtsregeln“.

> Wir rechnen **von links nach rechts** und – wenn vorhanden – die **Klammern zuerst** aus.

Beispiele

d) $\frac{1}{2} + \frac{1}{3} + \frac{1}{4}$
$= \frac{3+2}{6} + \frac{1}{4} = \frac{5}{6} + \frac{1}{4}$
$= \frac{10+3}{12} = \frac{13}{12} = 1\frac{1}{12}$

e) $\frac{1}{2} + \left(\frac{1}{4} + \frac{1}{6}\right) + \frac{1}{12} = \frac{1}{2} + \frac{3+2}{12} + \frac{1}{12}$
$= \frac{1}{2} + \left(\frac{5}{12} + \frac{1}{12}\right)$
$= \frac{1}{2} + \frac{6}{12} = \frac{1}{2} + \frac{1}{2} = 1$

Aufgaben

2

Rechne geschickt im Kopf.

a) $\frac{1}{2} + \frac{1}{3} + \frac{2}{3}$, $\quad \frac{1}{2} + \frac{2}{3} + \frac{1}{3}$

b) $\frac{2}{5} + \frac{1}{4} + \frac{3}{4}$, $\quad \frac{3}{4} + \frac{3}{5} + \frac{2}{5}$

c) $\frac{1}{2} + \frac{2}{3} + \frac{4}{3}$, $\quad \frac{2}{5} + \frac{3}{4} + \frac{5}{4}$

3

Rechne geschickt im Kopf.

a) $\frac{1}{3} + \frac{5}{6} + \frac{7}{6}$, $\quad \frac{3}{5} + \frac{7}{10} + \frac{23}{10}$

b) $\frac{1}{3} + \frac{1}{6} + \frac{1}{6}$, $\quad \frac{1}{4} + \frac{3}{8} + \frac{3}{8}$

c) $\frac{2}{5} + \frac{4}{15} + \frac{8}{15}$, $\quad \frac{1}{5} + \frac{3}{10} + \frac{1}{10}$

4

Übertrage die Tabelle in dein Heft und fülle sie aus.

$+$	$\frac{1}{2}$	$\frac{1}{3}$	$\frac{1}{4}$	$\frac{1}{5}$
$\frac{1}{2}$				
$\frac{1}{3}$				
$\frac{1}{4}$				
$\frac{1}{5}$				

Woran kannst du in der Tabelle das Vertauschungsgesetz erkennen?

5

Nutze Rechenvorteile.

a) $\frac{3}{4} + \frac{3}{8} + \frac{1}{4}$ b) $\frac{5}{8} + \frac{1}{2} + \frac{3}{8}$

c) $\frac{5}{6} + \frac{2}{3} + \frac{1}{6}$ d) $\frac{4}{9} + \frac{1}{7} + \frac{5}{9}$

e) $\frac{3}{10} + \frac{1}{2} + \frac{2}{10}$ f) $\frac{4}{15} + \frac{1}{3} + \frac{1}{15}$

6

Rechenlabyrinth. Suche Wege und addiere wie im Beispiel: $\frac{1}{2} + 1\frac{1}{4} + \frac{2}{3} + \frac{4}{3} + \frac{5}{2}$.

a)

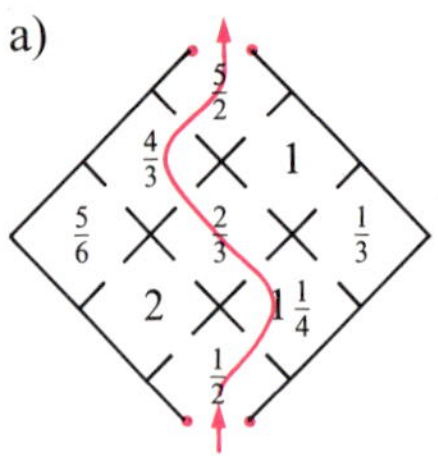

b)

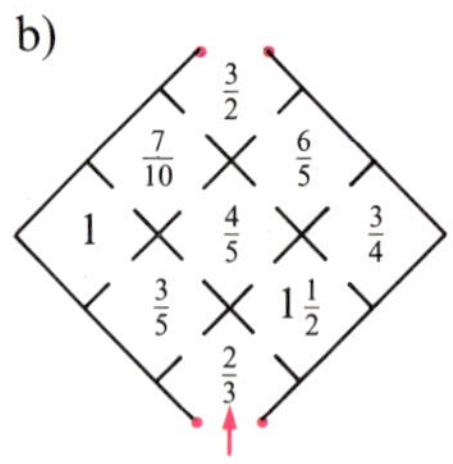

Welcher Weg gibt den höchsten, welcher den niedrigsten Summenwert?

Englands ältestes Heckenlabyrinth „Hampton Court Maze“ bei London (1690).

7

Du kannst die Klammern geschickter setzen. Berechne dann.

a) $(\frac{1}{3} + \frac{7}{10}) + \frac{3}{10}$ b) $(\frac{3}{5} + \frac{1}{4}) + \frac{3}{4}$

c) $\frac{4}{7} + (\frac{3}{7} + \frac{1}{2})$ d) $\frac{3}{20} + (\frac{11}{20} + \frac{6}{10})$

e) $(\frac{6}{7} + \frac{2}{3}) + \frac{4}{3}$ f) $\frac{5}{14} + (\frac{3}{14} + \frac{3}{7})$

8

Berechne geschickt.

a) $\frac{3}{4} + 1\frac{1}{2} + \frac{1}{2}$ b) $\frac{2}{5} + 2\frac{1}{3} + \frac{2}{3}$

c) $\frac{2}{7} + 1\frac{1}{4} + 2\frac{3}{4}$ d) $\frac{3}{8} + 2\frac{1}{5} + 3\frac{4}{5}$

e) $1\frac{1}{8} + 2\frac{1}{2} + 3\frac{3}{8}$ f) $1\frac{2}{15} + 2\frac{1}{3} + 3\frac{8}{15}$

9

Berechne von links nach rechts und kürze, wo es möglich ist.

a) $\frac{1}{2} + \frac{1}{4} + \frac{1}{8}$ b) $\frac{1}{3} + \frac{1}{6} + \frac{1}{12}$

c) $\frac{1}{6} + \frac{3}{8} + \frac{5}{12}$ d) $\frac{1}{2} + \frac{1}{3} + \frac{1}{4}$

e) $\frac{3}{4} + \frac{5}{9} + \frac{7}{18}$ f) $\frac{2}{3} + \frac{3}{4} + \frac{4}{5}$

g) $\frac{7}{8} + \frac{9}{10} + \frac{11}{12}$ h) $\frac{19}{40} + \frac{2}{15} + \frac{7}{8}$

10

a) $\frac{2}{3} + \frac{3}{4} - \frac{5}{6} - \frac{1}{5}$ b) $\frac{8}{15} - \frac{7}{20} + \frac{7}{12} - \frac{3}{4}$

c) $\frac{2}{3} + \frac{11}{18} - \frac{23}{30} + \frac{6}{5}$ d) $\frac{1}{20} + \frac{2}{25} + \frac{3}{5} - \frac{1}{4}$

e) $\frac{17}{18} - \frac{13}{24} - \frac{3}{8} + \frac{7}{12}$ f) $\frac{17}{15} - \frac{31}{45} + \frac{9}{20} + \frac{19}{30}$

g) $\frac{5}{16} + \frac{5}{6} + \frac{5}{3} - \frac{25}{48}$ h) $\frac{11}{32} - \frac{7}{40} - \frac{9}{80} + \frac{17}{16}$

11

Rechne linksherum und rechtsherum. Überlege aber erst.

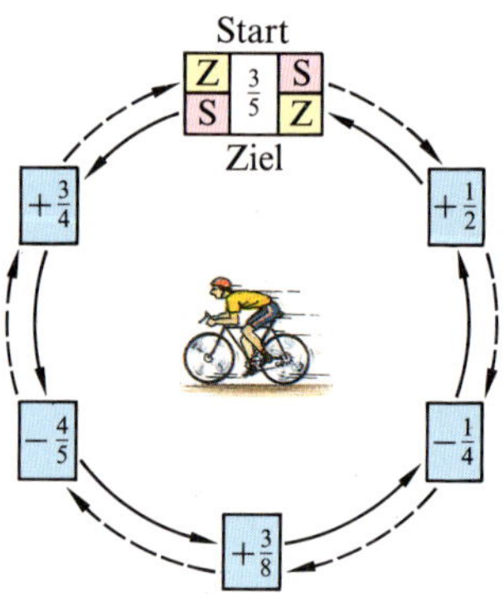

12

Berechne im Kopf.

a) $1\frac{1}{4}+2\frac{1}{4}+3\frac{1}{4}$ b) $1\frac{1}{3}+2\frac{1}{3}+3\frac{1}{3}$

c) $2\frac{1}{2}+3\frac{1}{2}+4\frac{1}{2}$ d) $5\frac{1}{4}+4\frac{3}{4}+3\frac{3}{4}$

e) $5\frac{3}{10}+3\frac{3}{10}-1\frac{2}{5}$ f) $1\frac{1}{6}+2\frac{1}{6}-2\frac{1}{3}$

g) $2\frac{1}{5}+4\frac{2}{5}-3\frac{3}{10}$ h) $3\frac{3}{7}+4\frac{2}{7}-5\frac{1}{14}$

13

Rechne geschickt.

a) $1\frac{1}{2}+2\frac{1}{3}+3\frac{2}{3}$ b) $2\frac{2}{5}+3\frac{1}{2}+1\frac{1}{2}$

c) $2\frac{1}{5}+1\frac{2}{3}+3\frac{4}{5}$ d) $3\frac{2}{7}+2\frac{1}{3}+1\frac{5}{7}$

e) $\frac{1}{2}+1\frac{1}{4}+2\frac{1}{4}$ f) $\frac{1}{3}+3\frac{1}{6}+6\frac{1}{6}$

g) $3\frac{1}{2}+3\frac{1}{5}+3\frac{3}{10}$ h) $1\frac{4}{15}+2\frac{1}{3}+3\frac{2}{5}$

14

a) $3\frac{1}{2}+1\frac{1}{5}-2\frac{1}{2}$ b) $4\frac{2}{3}+2\frac{3}{5}-3\frac{2}{3}$

c) $4\frac{3}{4}+2\frac{1}{5}-1\frac{1}{5}$ d) $3\frac{3}{8}+4\frac{2}{7}-2\frac{2}{7}$

e) $4\frac{1}{4}+2\frac{1}{4}-1\frac{1}{8}$ f) $9\frac{1}{12}+3\frac{1}{3}-2\frac{1}{6}$

g) $5\frac{1}{4}+4\frac{5}{12}-3\frac{1}{6}$ h) $5\frac{1}{2}+3\frac{3}{4}-1\frac{1}{8}$

15

Setze Klammern so, dass das Ergebnis stimmt.

a) $\frac{5}{8}-\frac{1}{2}-\frac{1}{4}=\frac{3}{8}$

b) $\frac{7}{8}-\frac{1}{2}+\frac{1}{6}=\frac{5}{24}$

c) $\frac{7}{9}-\frac{5}{12}+\frac{1}{4}=\frac{1}{9}$

d) $11\frac{1}{2}-8\frac{2}{3}-\frac{5}{6}=3\frac{2}{3}$

e) $5\frac{2}{3}-3\frac{1}{2}-\frac{5}{6}=1\frac{1}{3}$

16

Fasse geschickt zusammen und berechne.

a) $\frac{2}{3}+\frac{1}{8}+\frac{5}{6}+\frac{3}{8}$ b) $\frac{1}{2}+\frac{5}{12}+\frac{7}{12}+\frac{3}{4}$

c) $\frac{1}{2}+\frac{3}{4}+\frac{1}{18}+\frac{1}{36}$ d) $2+\frac{5}{6}+\frac{4}{11}-\frac{1}{33}$

e) $\frac{1}{9}+\frac{3}{15}+\frac{5}{18}+\frac{29}{30}$ f) $\frac{35}{88}+\frac{5}{11}+\frac{3}{4}+\frac{7}{8}$

17

Übertrage die Rechentreppe in dein Heft und ergänze die fehlenden Zahlen.

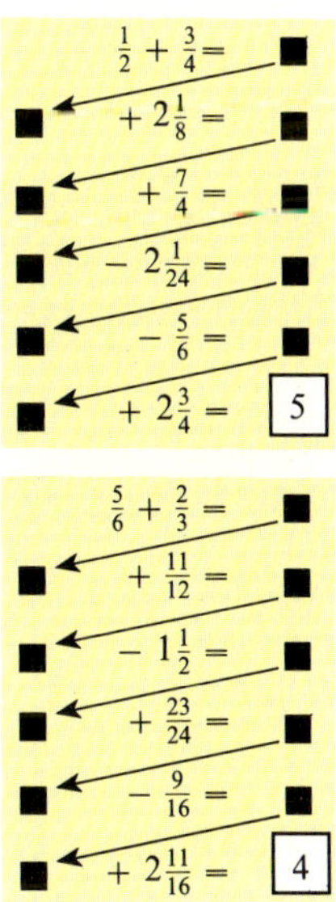

Experimentieren mit Brüchen

Subtrahiere und setze die Aufgaben fort.

a) $\frac{1}{2}-\frac{1}{3}$, $\frac{1}{3}-\frac{1}{4}$, $\frac{1}{4}-\frac{1}{5}$, $\frac{1}{5}-\frac{1}{6}$, …

b) $\frac{3}{4}-\frac{3}{5}$, $\frac{3}{6}-\frac{3}{7}$, $\frac{3}{7}-\frac{3}{8}$, $\frac{3}{8}-\frac{3}{9}$, …

c) $\frac{10}{11}-\frac{9}{10}$, $\frac{9}{10}-\frac{8}{9}$, $\frac{8}{9}-\frac{7}{8}$, $\frac{7}{8}-\frac{6}{7}$, …

Berechne und setze fort.

$1+\frac{1}{2},\ 1+\frac{1}{2}+\frac{1}{4},\ 1+\frac{1}{2}+\frac{1}{4}+\frac{1}{8},\ \ldots$

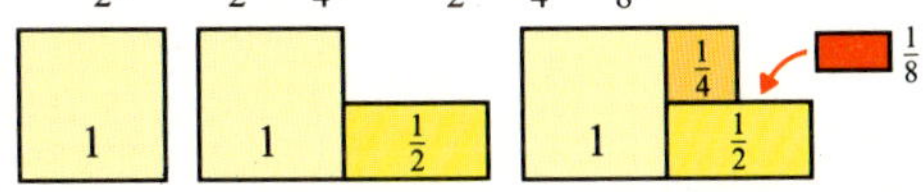

Erkennst du den Zusammenhang mit den Figuren? Was ergibt sich, wenn man immer mehr solcher Brüche addiert?

Berechne. Erkennst du eine Regel?

$3-1$

$3-(1+\frac{2}{3})$

$3-(1+\frac{2}{3}+\frac{4}{9})$

$3-(1+\frac{2}{3}+\frac{4}{9}+\frac{8}{27})$

…

Wie geht es weiter? Vergleiche.

$\frac{3}{2}-1$

$\frac{3}{2}-1-\frac{1}{3}$

$\frac{3}{2}-1-\frac{1}{3}-\frac{1}{9}$

$\frac{3}{2}-1-\frac{1}{3}-\frac{1}{9}-\frac{1}{27}$

…

Schreibe die nächste Zeile ohne zu rechnen. Prüfe dann nach!
Berechne den Unterschied zwischen den Ergebnissen und $\frac{1}{2}$. Was fällt dir auf?

$1-\frac{1}{2}=\frac{1}{2}$

$1-\frac{1}{2}+\frac{1}{4}=\frac{3}{4}$

$1-\frac{1}{2}+\frac{1}{4}-\frac{1}{8}=\frac{5}{8}$

$1-\frac{1}{2}+\frac{1}{4}-\frac{1}{8}+\frac{1}{16}=\frac{11}{16}$

$1-\frac{1}{2}+\frac{1}{4}-\frac{1}{8}+\frac{1}{16}-\frac{1}{32}=\frac{21}{32}$

…

18
Rechne in beide Richtungen.

a) 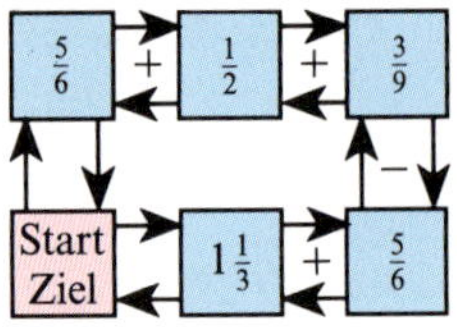

b) 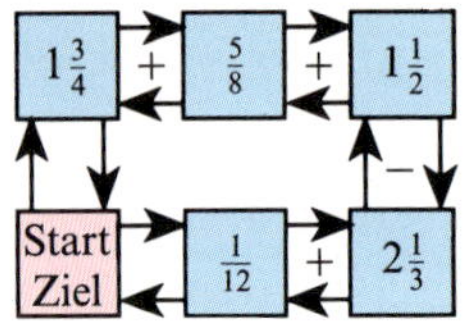

19
Wende das Verbindungs- und das Vertauschungsgesetz zweckmäßig an.

a) $\frac{1}{5}+2+\frac{1}{10}+4+\frac{7}{15}$

b) $5\frac{1}{12}+\frac{9}{8}+\frac{11}{24}+1\frac{3}{4}+\frac{3}{2}$

c) $1\frac{6}{7}+\frac{4}{3}+\frac{20}{21}+\frac{6}{7}+\frac{35}{42}$

20
Fasse zuerst mehrere Subtrahenden zusammen und subtrahiere dann.

Beispiel: $1-\frac{1}{2}-\frac{1}{4}-\frac{1}{8}=1-(\frac{4}{8}+\frac{2}{8}+\frac{1}{8})$
$=1-\frac{7}{8}=\frac{1}{8}$

a) $1-\frac{1}{3}-\frac{1}{4}-\frac{1}{12}$ b) $1-\frac{1}{2}-\frac{1}{8}-\frac{5}{16}$

c) $2-\frac{1}{10}-\frac{1}{20}-\frac{1}{80}$ d) $4-\frac{2}{3}-\frac{5}{6}-\frac{11}{24}$

e) $3-\frac{1}{5}-\frac{3}{25}-\frac{7}{75}$ f) $6\frac{1}{9}-\frac{4}{9}-\frac{3}{4}-\frac{29}{36}$

g) $12\frac{1}{6}-\frac{8}{15}-\frac{11}{10}-\frac{4}{3}$ h) $25-\frac{21}{25}-\frac{31}{50}-\frac{51}{75}$

21
Fasse geschickt zusammen.

a) $\frac{1}{2}+\frac{3}{4}+\frac{2}{3}+\frac{5}{6}-\frac{1}{6}$

b) $\frac{2}{5}+1\frac{1}{5}+\frac{7}{5}+1-\frac{9}{10}$

c) $1\frac{1}{3}+2\frac{1}{3}+\frac{1}{2}+\frac{5}{6}-\frac{1}{3}$

d) $\frac{3}{100}+2\frac{1}{10}+\frac{7}{10}+\frac{17}{100}-1\frac{1}{10}$

22
Ein Holztransporter lädt drei Stämme von $3\frac{3}{4}$ t, $2\frac{1}{4}$ t und $3\frac{1}{4}$ t Gewicht. Wie schwer ist die Ladung insgesamt?

23
Ein Tankwagen für Milch lädt an 5 Stationen zu: $1\frac{1}{3}$ t, $2\frac{3}{4}$ t, $2\frac{1}{2}$ t, $1\frac{1}{6}$ t und $2\frac{3}{8}$ t. Ist sein Ladegewicht von 12 t überschritten?

24
Herr Maier ist Verkaufsfahrer. An einem Arbeitstag fuhr er $3\frac{1}{4}$ h lang im Stadtverkehr und $2\frac{1}{2}$ h über Land. Für das Einladen brauchte er $\frac{5}{4}$ h, zum Entladen 1 h 10 min. Wie lange war Herr Maier insgesamt unterwegs? Überschlage zuerst.

25
Frau Sonnenberg teilt ihre Wanderung in drei gleich lange Teilstrecken ein, die sie an den drei Tagen zurücklegen möchte. Am ersten Tag schafft sie ein Drittel mehr, am zweiten ein Viertel weniger als geplant. Wie viel bleibt ihr für den dritten Tag?

Ägyptische Bruchrechnung

In dem mehr als 3 500 Jahre alten ägyptischen Rechenbuch des AHMES wird bereits mit Brüchen gerechnet. Allerdings kommen nur Brüche mit dem Zähler 1 vor, so genannte Stammbrüche; andere Brüche werden als Summen von Stammbrüchen geschrieben.

Beispiele: $\frac{2}{7}=\frac{1}{4}+\frac{1}{28}$ $\frac{2}{9}=\frac{1}{5}+\frac{1}{45}$

$\frac{2}{11}=\frac{1}{6}+\frac{1}{66}$ $\frac{7}{8}=\frac{1}{2}+\frac{1}{4}+\frac{1}{8}$

Schreibe – wie die alten Ägypter – die folgenden Brüche als Summen, deren Summanden verschiedene Stammbrüche sind.

a) $\frac{3}{4}$ b) $\frac{5}{6}$ c) $\frac{3}{8}$ d) $\frac{7}{12}$

e) $\frac{5}{9}$ f) $\frac{11}{12}$ g) $\frac{17}{18}$ h) $\frac{19}{20}$

Kaffee – Eis

35 g Pulverkaffee

$\frac{1}{5}$ l süße Sahne

$\frac{3}{8}$ l Milch (3 Tassen)

$2\frac{1}{3}$ Esslöffel Zucker

$\frac{1}{4}$ Stange Vanille

2 Eigelb

Pulverkaffee, Milch, Eier und Vanille auf Stufe II unter Rühren aufkochen. Erkalten lassen. Sahne schlagen und unter die Masse ziehen. Gefrierzeit 2 Std.; in der ersten halben Std. wiederholt umrühren.

4 Vervielfachen von Brüchen

1

Frau Bachmann lädt ihre Freundinnen zur Geburtstagsparty ein. Zur Überraschung soll es Kaffee-Eis geben. Das Rezept fand sie im Kochbuch. Allerdings ist es dort für 4 Personen angegeben. Sie benötigt aber die Menge für 12 Personen, also die dreifache Menge. Rechne die Zutaten um.

Brüche können wir wie natürliche Zahlen vervielfachen.

$$5 \cdot \frac{3}{4} = \frac{3}{4} + \frac{3}{4} + \frac{3}{4} + \frac{3}{4} + \frac{3}{4} = \frac{3+3+3+3+3}{4} = \frac{5 \cdot 3}{4} = \frac{15}{4} = 3\frac{3}{4}$$

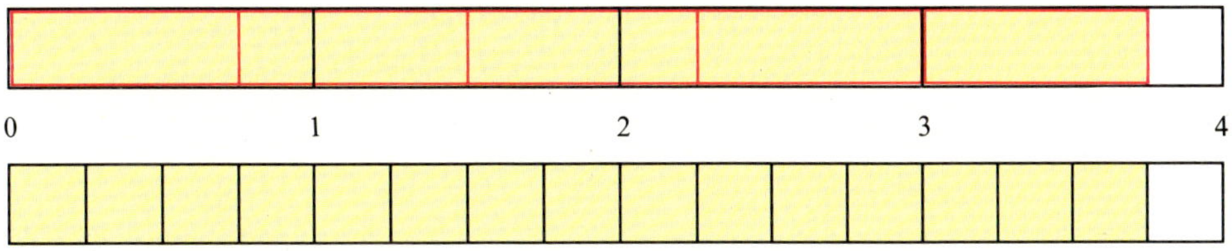

Beim **Vervielfachen** eines Bruches mit einer natürlichen Zahl **multipliziert** man den **Zähler** mit der Zahl und lässt den Nenner unverändert.

Beispiele

a) $2 \cdot \frac{3}{7} = \frac{2 \cdot 3}{7} = \frac{6}{7}$

b) $5 \cdot \frac{5}{8} = \frac{5 \cdot 5}{8} = \frac{25}{8} = 3\frac{1}{8}$

c) Brüche in gemischter Schreibweise werden vorher umgewandelt.

$6 \cdot 2\frac{4}{11} = 6 \cdot \frac{26}{11} = \frac{6 \cdot 26}{11} = \frac{156}{11} = 14\frac{2}{11}$.

Bemerkung: Wenn du vor dem Multiplizieren kürzt, kannst du die Rechnung vereinfachen:

$9 \cdot \frac{5}{6} = \frac{9 \cdot 5}{6} = \frac{3 \cdot 5}{2} = \frac{15}{2} = 7\frac{1}{2}$

Aufgaben

2

Schreibe als Summe und rechne ausführlich.

a) $2 \cdot \frac{2}{5}$ b) $3 \cdot \frac{3}{10}$ c) $4 \cdot \frac{1}{7}$

d) $4 \cdot \frac{1}{2}$ e) $4 \cdot \frac{2}{3}$ f) $5 \cdot \frac{4}{5}$

g) $5 \cdot \frac{5}{8}$ h) $6 \cdot \frac{3}{4}$ i) $7 \cdot \frac{7}{9}$

3

Multipliziere im Kopf.

a) $4 \cdot \frac{1}{9}$ b) $7 \cdot \frac{1}{12}$ c) $3 \cdot \frac{2}{7}$

d) $5 \cdot \frac{2}{11}$ e) $2 \cdot \frac{4}{5}$ f) $6 \cdot \frac{6}{7}$

g) $8 \cdot \frac{2}{3}$ h) $7 \cdot \frac{3}{8}$ i) $9 \cdot \frac{7}{10}$

k) $4 \cdot \frac{1}{8}$ l) $6 \cdot \frac{5}{12}$ m) $12 \cdot \frac{3}{4}$

n) $8 \cdot \frac{5}{6}$ o) $10 \cdot \frac{7}{8}$ p) $9 \cdot \frac{11}{12}$

4

Berechne jeweils das Doppelte, Dreifache, Vierfache und Fünffache des Bruches.

a) $\frac{3}{4}$ b) $\frac{3}{10}$ c) $\frac{5}{6}$

d) $\frac{7}{11}$ e) $\frac{4}{3}$ f) $\frac{5}{2}$

g) $1\frac{1}{2}$ h) $1\frac{4}{9}$ i) $2\frac{11}{12}$

5

a) Wie groß ist das 24fache von $\frac{1}{6}, \frac{3}{8}, \frac{10}{12}, \frac{13}{24}, \frac{19}{48}, \frac{23}{72}$?

b) Wie groß ist das 100fache von $\frac{1}{2}, \frac{3}{4}, \frac{5}{4}, \frac{19}{20}, \frac{41}{50}, 1\frac{1}{2}$?

c) Wie groß ist das 180fache von $\frac{1}{3}, \frac{5}{6}, \frac{13}{18}, \frac{11}{30}, \frac{4}{45}, \frac{7}{36}$?

6
Kürze – wenn möglich – vor dem Multiplizieren.

a) $4 \cdot \frac{1}{2}$ b) $8 \cdot \frac{3}{4}$ c) $9 \cdot \frac{2}{3}$
d) $6 \cdot \frac{5}{11}$ e) $5 \cdot \frac{9}{10}$ f) $8 \cdot \frac{5}{24}$
g) $5 \cdot \frac{7}{8}$ h) $15 \cdot \frac{13}{20}$ i) $24 \cdot \frac{11}{36}$

7
Multipliziere die Größen mit der Zahl.

a) $3 \cdot \frac{1}{2}$ kg b) $4 \cdot \frac{3}{4}$ kg c) $8 \cdot \frac{7}{10}$ m
d) $4 \cdot \frac{4}{5}$ m e) $6 \cdot \frac{3}{4}$ ℓ f) $5 \cdot 1\frac{3}{4}$ ℓ
g) $10 \cdot 2\frac{1}{8}\,\text{m}^2$ h) $9 \cdot 2\frac{1}{3}\,\text{m}^2$ i) $15 \cdot 1\frac{7}{10}\,\text{m}^2$

8
Setze die richtigen Zahlen ein.

a) $5 \cdot \frac{\square}{7} = \frac{10}{7}$ b) $3 \cdot \frac{\square}{5} = \frac{12}{5}$
c) $7 \cdot \frac{\square}{20} = \frac{49}{20}$ d) $8 \cdot \frac{\square}{15} = \frac{56}{15}$
e) $16 \cdot \frac{\square}{35} = 1\frac{13}{35}$ f) $15 \cdot \frac{\square}{16} = 4\frac{11}{16}$

9
Hier wurde gekürzt.

a) $3 \cdot \frac{5}{\square} = \frac{5}{3}$ b) $5 \cdot \frac{9}{\square} = \frac{9}{2}$
c) $5 \cdot \frac{7}{\square} = \frac{7}{8}$ d) $12 \cdot \frac{5}{\square} = \frac{20}{3}$
e) $18 \cdot \frac{5}{\square} = \frac{30}{7}$ f) $30 \cdot \frac{9}{\square} = \frac{54}{7}$

10
Ergänze. Es gibt mehrere Möglichkeiten.

a) $7 \cdot \frac{\square}{\square} = \frac{56}{11}$ b) $11 \cdot \frac{\square}{12} = \frac{77}{\square}$
c) $8 \cdot \frac{6}{\square} = \frac{\square}{7}$ d) $\square \cdot \frac{13}{15} = \frac{78}{\square}$
e) $15 \cdot \frac{\square}{\square} = \frac{35}{3}$ f) $20 \cdot \frac{\square}{14} = \frac{90}{\square}$

11
Unterscheide das Vervielfachen von Brüchen vom Erweitern.

Vervielfachen: $4 \cdot \frac{2}{9} = \frac{4 \cdot 2}{9} = \frac{8}{9}$

Erweitern: $\frac{2}{9} = \frac{2 \cdot 4}{9 \cdot 4} = \frac{8}{36}$.

a) Vervielfache und erweitere mit 4.
$\frac{1}{4}$, $\frac{3}{7}$, $\frac{9}{16}$, $\frac{25}{34}$, $\frac{52}{65}$

b) Vervielfache und erweitere mit 15.
$\frac{1}{2}$, $\frac{1}{3}$, $\frac{1}{5}$, $\frac{3}{10}$, $\frac{7}{12}$

12
Wie oft ist der Bruch enthalten?

a) $\frac{3}{4}$ in $1\frac{1}{2}, 3, \frac{15}{4}, \frac{15}{2}$ b) $\frac{2}{3}$ in $2, \frac{8}{3}, \frac{10}{3}, 5\frac{1}{3}$
c) $\frac{5}{6}$ in $\frac{5}{6}, \frac{25}{6}, 5, \frac{25}{3}$ d) $\frac{4}{7}$ in $\frac{12}{7}, \frac{96}{7}, \frac{144}{7}, 12$

13
a) Kannst du die Bruchzahl $\frac{7}{8}$ so vervielfachen, dass du als Produkt eine natürliche Zahl erhältst? Gib 3 Möglichkeiten an.
b) Welche Vielfachen aus natürlichen Zahlen und $\frac{3}{20}$ liegen zwischen den beiden Zahlen 1 und 2?
c) Der Bruch $\frac{4}{9}$ soll mit einer natürlichen Zahl multipliziert werden. Das Ergebnis soll eine natürliche Zahl sein. Es gibt mehrere Möglichkeiten.

14
Winzige Pflanzenzellen werden nacheinander unter einem Mikroskop mit 20facher, 25facher und 75facher Vergrößerung betrachtet.
Berechne jeweils die Bildgrößen, wenn die Zellen $\frac{1}{5}$ mm, $\frac{1}{10}$ mm und $\frac{1}{15}$ mm groß sind.

15
Petra trainiert in der Woche dreimal $1\frac{1}{2}$ Stunden Tennis, Sven dagegen fünfmal eine Dreiviertelstunde.
Wer trainiert in der Woche mehr?

16
In einem Kasten mit Kunststoff-Mehrwegflaschen sind 9 Flaschen zu je $1\frac{1}{2}$ Liter Inhalt.
Wie viel Liter sind es insgesamt?

17
Peter und seine Freunde trinken nach dem Sport 5 Flaschen Saft zu je $\frac{7}{10}$ ℓ.
Wie viel Liter Saft haben sie zusammen getrunken?

18
Auf der Ladefläche eines LKW stehen in der Breite 4 Paletten und in der Länge 6 Paletten. Jede Palette wiegt $\frac{3}{8}$ Tonnen.
Wie schwer ist die gesamte Ladung?

5 Teilen von Brüchen

1
Am Ende des Klassenfestes teilt der Aufräumdienst die Reste unter sich auf. Alexander und Salvatore teilen sich einen Liter Fruchtbowle, Tanja, Silvia und Martin eine halbe Schüssel Schokoladencreme, Birgit und Jochen stürzen sich auf $1\frac{1}{2}$ Packungen Chips. Welche Bruchteile entstehen?

Brüche lassen sich durch natürliche Zahlen teilen.
Wenn die natürliche Zahl ein Teiler des Zählers ist, wie im Beispiel $\frac{8}{9}:4$, erkennen wir:

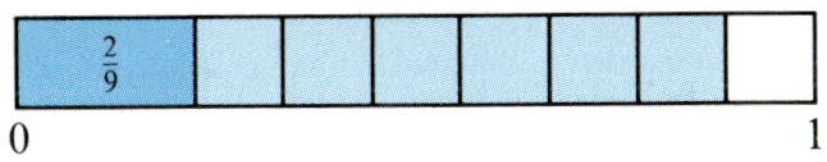

$\frac{8}{9}:4 = \frac{8:4}{9} = \frac{2}{9}$

Soll $\frac{4}{5}$ einer Fläche durch 3 geteilt werden, so lässt sich mit Hilfe einer Unterteilung das Ergebnis wieder als Bruch schreiben:

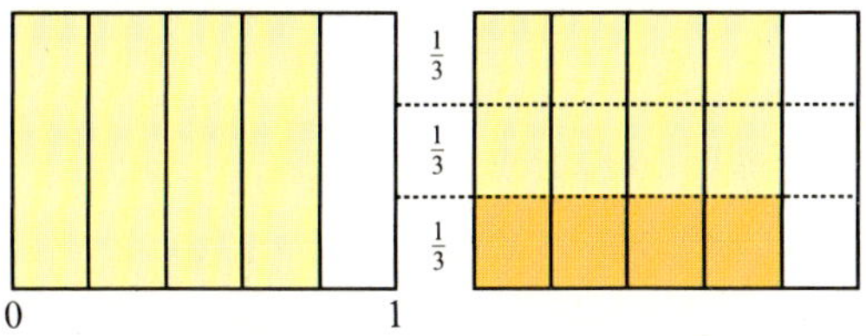

$\frac{4}{5}:3 = \frac{4\cdot 3}{5\cdot 3}:3 = \frac{(4\cdot 3):3}{5\cdot 3} = \frac{4}{5\cdot 3} = \frac{4}{15}.$

Um den Bruch $\frac{4}{5}$ durch 3 teilen zu können, erweitert man ihn mit der Zahl 3. Dann lässt sich der Zähler durch 3 dividieren. Die Division durch 3 bedeutet also, dass der Nenner mit 3 vervielfacht wird.

Beim Teilen eines Bruches durch eine natürliche Zahl wird in der Regel der **Nenner** mit der Zahl multipliziert. Der Zähler bleibt unverändert.
Ist aber der **Zähler** durch die Zahl teilbar, wird im Zähler dividiert. Der Nenner bleibt dann unverändert.

Beispiele

a) $\frac{5}{7}:6 = \frac{5}{7\cdot 6} = \frac{5}{42}$

b) $7\frac{1}{5}:5 = \frac{36}{5}:5 = \frac{36}{5\cdot 5} = \frac{36}{25} = 1\frac{11}{25}$

c) Bei $\frac{12}{13}:3$ lässt sich der Zähler dividieren: $\frac{12:3}{13} = \frac{4}{13}$

Bemerkung: Vor dem Multiplizieren soll möglichst gekürzt werden.
$\frac{6}{7}:9 = \frac{6}{7\cdot 9} = \frac{2}{7\cdot 3} = \frac{2}{21}$

Aufgaben

2
Schreibe als Division und berechne:

a) $\frac{4}{3}$ geteilt durch 2 b) $\frac{15}{6}$ geteilt durch 3
c) $\frac{8}{3}$ geteilt durch 4 d) $\frac{10}{7}$ geteilt durch 5
e) $\frac{1}{4}$ geteilt durch 6 f) $\frac{1}{5}$ geteilt durch 7.

3
Rechne im Kopf.

a) $\frac{4}{5}:2,\ \frac{6}{11}:2,\ \frac{10}{13}:2$ b) $\frac{9}{10}:3,\ \frac{12}{14}:3,\ \frac{15}{19}:3$
c) $\frac{6}{7}:6,\ \frac{18}{20}:6,\ \frac{30}{37}:6$ d) $\frac{1}{2}:3,\ \frac{1}{3}:4,\ \frac{1}{4}:5$
e) $\frac{3}{7}:4,\ \frac{3}{5}:4,\ \frac{5}{8}:3$ f) $\frac{2}{5}:4,\ \frac{3}{8}:4,\ \frac{3}{8}:5,\ \frac{7}{9}:4$

:	2	5	12	20
$\frac{2}{5}$				
$\frac{5}{9}$				
$\frac{24}{7}$				
$\frac{40}{41}$				
$\frac{72}{85}$				
$\frac{80}{111}$				
$\frac{15}{144}$				

4

Wie groß ist
a) die Hälfte von einem Drittel?
b) die Hälfte von einer Hälfte?
c) der dritte Teil von einem Viertel?
d) der vierte Teil von einem Drittel?
e) die Hälfte von einem Fünftel?
f) der dritte Teil von einem Achtel?

5

Achte auf das Kürzen.

a) $\frac{3}{4}:3$ b) $\frac{3}{4}:6$ c) $\frac{3}{4}:18$
d) $\frac{6}{7}:2$ e) $\frac{6}{7}:12$ f) $\frac{8}{7}:12$
g) $\frac{6}{11}:9$ h) $\frac{6}{11}:18$ i) $\frac{9}{11}:27$
k) $\frac{3}{4}:60$ l) $\frac{12}{15}:60$ m) $\frac{36}{39}:72$

6

Führe zur Probe die Multiplikation durch.
Beispiel: $\frac{2}{5}:3=\frac{2}{15}$ $3\cdot\frac{2}{15}=\frac{6}{15}=\frac{2}{5}$.

a) $\frac{4}{9}:8$ b) $\frac{3}{17}:15$ c) $\frac{7}{10}:21$
d) $\frac{6}{7}:24$ e) $\frac{8}{11}:12$ f) $\frac{9}{11}:8$
g) $\frac{12}{17}:8$ h) $\frac{9}{14}:9$ i) $\frac{16}{17}:20$
k) $\frac{13}{20}:26$ l) $\frac{10}{19}:25$ m) $\frac{25}{27}:30$

7

Dividiere
a) $\frac{4}{5}$ durch 1, 2, 3, 4, 5, 6.
b) $\frac{1}{2}$ durch 2, 4, 8, 16, 32.
c) $\frac{5}{6}$ durch 3, 5, 6, 10, 45.
d) $\frac{2}{3}$ durch 5, 10, 20, 40, 100.

8

Rechne mit Größen. Gib das Ergebnis auch in der nächstkleineren Einheit an.
a) Wie viel ist die Hälfte von $\frac{3}{4}$ kg?
b) Wie viel ist ein Viertel von einer halben Stunde?
c) Wie viel ist ein Zehntel von einem halben Kilometer?
d) Wie viel ist der achte Teil von $\frac{1}{5}$ Liter?
e) Wie viel ist ein Drittel von $1\frac{1}{2}$ Tonnen?
f) Wie viel ist ein Fünftel von $\frac{1}{2}$ Hektar?
g) Wie viel ist ein Viertel von einem viertel Hektoliter?

9

Dividiere.

a) $\frac{5}{6}\,m^2:2$ b) $\frac{7}{8}$ kg : 5
c) $2\frac{1}{2}$ t : 40 d) $3\frac{3}{4}\,m^2:6$
e) $2\frac{3}{8}$ dm : 19 f) $4\frac{4}{11}$ ha : 24
g) $12\frac{3}{4}$ hl : 15 h) $17\frac{1}{4}$ t : 48

10

Ersetze die Kästchen durch die passenden Zahlen.

a) $\frac{2}{3}:\square=\frac{2}{9}$ b) $\frac{5}{6}:\square=\frac{5}{24}$
c) $\frac{\square}{7}:4=\frac{5}{28}$ d) $\frac{\square}{13}:9=\frac{2}{117}$
e) $\frac{6}{\square}:5=\frac{6}{35}$ f) $\frac{6}{\square}:5=\frac{3}{35}$

11

Unterscheide das Teilen vom Kürzen.

Division: $\frac{15}{18}:3=\frac{15}{18\cdot 3}=\frac{5}{18}$

Kürzen: $\frac{15}{18}=\frac{15:3}{18:3}=\frac{5}{6}$

a) Dividiere durch 5 und kürze mit 5.
$\frac{5}{45}$, $\frac{25}{90}$, $\frac{100}{135}$, $\frac{185}{10}$
b) Dividiere durch 8 und kürze mit 8.
$\frac{24}{32}$, $\frac{40}{88}$, $\frac{96}{72}$, $\frac{288}{112}$

12

a) 10 l Heizöl wiegen $8\frac{3}{4}$ kg. Wie viel wiegt 1 Liter Heizöl?
b) 10 l Benzin wiegen $7\frac{1}{2}$ kg. Wie viel wiegt 1 Liter Benzin?
c) 5 l Milch wiegen $5\frac{3}{20}$ kg. Berechne das Gewicht von 1 Liter Milch.
d) 8 dm^3 Beton wiegen $19\frac{1}{5}$ kg. Berechne das Gewicht von 1 dm^3 Beton.

13

Für einen 5 km langen Rundweg gibt der Wanderführer $1\frac{1}{2}$ h Wanderzeit an.
Welche Zeit wird für einen Kilometer veranschlagt?

14

Heiner und Toni vergleichen ihre Laufleistungen. Toni läuft $3\frac{1}{2}$ km in 15 Minuten, Heiner $5\frac{1}{4}$ km in 21 Minuten.
Wer läuft schneller?

6 Multiplizieren von Brüchen

1
In der Klasse 6b der Lämpel-Realschule sind insgesamt 30 Schüler. $\frac{2}{5}$ der Klasse fehlte bisher im laufenden Schuljahr wegen Krankheit, $\frac{1}{3}$ dieser Schüler sogar mehr als einen Tag. Wie viele Schüler waren länger als einen Tag krank?

2
Ein Schulgarten wird neu bepflanzt. $\frac{3}{4}$ der Gesamtfläche soll als Freilandfläche angelegt werden, davon $\frac{1}{5}$ als Gemüsebeete. Wie groß ist der Anteil der Gemüsebepflanzung am gesamten Schulgarten? Zeichne.

Bruchteile von Bruchteilen können wir durch Teilen und Vervielfachen bestimmen.
$\frac{2}{3}$ von $\frac{4}{5}$ kannst du dir so vorstellen:

$\frac{4}{5}$ in 3 Teile teilen   2 Teile davon

Du erkennst: $\frac{8}{15}$ ist der Bruch, der aus $\frac{2}{3}$ und $\frac{4}{5}$ durch die Multiplikation der zwei Zähler und der zwei Nenner entsteht.
Wir nennen diesen Rechenvorgang die **Multiplikation der Brüche.** $\frac{2}{3} \cdot \frac{4}{5} = \frac{2 \cdot 4}{3 \cdot 5} = \frac{8}{15}$

Bruchzahlen werden miteinander **multipliziert**, indem man Zähler mit Zähler und Nenner mit Nenner multipliziert.

Beispiele

a) $\frac{3}{7} \cdot \frac{2}{5} = \frac{3 \cdot 2}{7 \cdot 5} = \frac{6}{35}$ **b)** $\frac{3}{5} \cdot \frac{7}{4} = \frac{3 \cdot 7}{5 \cdot 4} = \frac{21}{20} = 1\frac{1}{20}$ **c)** $2\frac{3}{4} \cdot 1\frac{2}{3} = \frac{11}{4} \cdot \frac{5}{3} = \frac{11 \cdot 5}{4 \cdot 3} = \frac{55}{12} = 4\frac{7}{12}$

d) Wenn du vor dem Multiplizieren kürzt, kannst du dir die Rechnung häufig vereinfachen:
$\frac{27}{40} \cdot \frac{16}{21} = \frac{27 \cdot 16}{40 \cdot 21} = \frac{3 \cdot 9 \cdot 8 \cdot 2}{8 \cdot 5 \cdot 3 \cdot 7} = \frac{9 \cdot 2}{5 \cdot 7} = \frac{18}{35}$.

Bemerkung: Ist ein Faktor eine natürliche Zahl, so können wir diese auch als Bruch schreiben und dann multiplizieren: $\frac{5}{6} \cdot 4 = \frac{5}{6} \cdot \frac{4}{1} = \frac{5 \cdot 2}{3 \cdot 1} = \frac{10}{3} = 3\frac{1}{3}$.

Aufgaben

3
Zeichne ein passendes Rechteck zu jeder Aufgabe und gib die Lösung an.

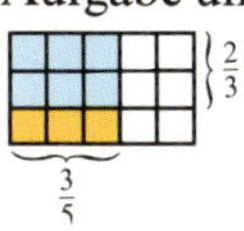

$\frac{2}{3} \cdot \frac{3}{5} = \frac{2}{5}$

a) $\frac{2}{3} \cdot \frac{1}{4}$ b) $\frac{3}{4} \cdot \frac{2}{3}$ c) $\frac{1}{4} \cdot \frac{1}{10}$

4
Schreibe als Produkt und berechne.

a) $\frac{1}{6}$ von $\frac{3}{4}$ b) $\frac{1}{5}$ von $\frac{4}{5}$
c) $\frac{1}{4}$ von $\frac{3}{5}$ d) $\frac{2}{5}$ von $\frac{6}{7}$
e) $\frac{3}{5}$ von $\frac{3}{4}$ f) $\frac{2}{3}$ von $\frac{4}{5}$
g) $\frac{4}{5}$ von $\frac{2}{7}$ h) $\frac{2}{3}$ von $\frac{5}{11}$

Adam Risen Rechenbuch

1574.

Multipliciren in gebrochnen.

Die Zehler multiplicir mit einander / vnnd auch die Nenner/so hastu es gemacht.

Item $\frac{3}{4}$ mit $\frac{4}{5}$ wirdt $\frac{12}{20}$ oder $\frac{3}{5}$ theil.

Wiltu gantze mit gebrochnen multipliciren/ so brich die gantzen mit vndersetzung 1. Als dann multiplicir die obern mit einander vnd auch die vndern.

Item 24 mit $\frac{3}{7}$ setz $\frac{24}{1}$ mit $\frac{3}{7}$. Machs fort wie oben/kommen $10\frac{2}{7}$ theil. Wiltu aber multipliciren gantze mit gantzen vnd gebrochnen/ oder gantze vnd gebrochne/mit gantzen vnd gebrochnen/so resoluir vorhin die gantzen in theil/vnd machs darnach wie oben.

Item $3\frac{2}{3}$ mit $\frac{3}{4}$. resoluir gantze in theil/kommen $\frac{11}{3}$. $\frac{15}{4}$. Machs nach gesagten/so kommen $13\frac{3}{4}$ theil.

In der Figur siehst du, wie Adam Ries vor über 400 Jahren seinen Zeitgenossen das Multiplizieren von Bruchzahlen erklärt hat.

5

Rechne im Kopf.

a) $\frac{1}{4}\cdot\frac{1}{5}$ $\frac{1}{5}\cdot\frac{1}{6}$ $\frac{1}{6}\cdot\frac{1}{7}$

b) $\frac{1}{2}\cdot\frac{2}{3}$ $\frac{2}{3}\cdot\frac{3}{4}$ $\frac{3}{4}\cdot\frac{4}{5}$

c) $\frac{3}{7}\cdot\frac{3}{8}$ $\frac{7}{9}\cdot\frac{7}{10}$ $\frac{7}{5}\cdot\frac{4}{5}$

6

Multipliziere im Kopf.

a) $\frac{3}{5}\cdot\frac{4}{7}$ $\frac{5}{6}\cdot\frac{3}{8}$ $\frac{4}{5}\cdot\frac{6}{7}$

b) $\frac{2}{7}\cdot\frac{5}{11}$ $\frac{5}{12}\cdot\frac{1}{3}$ $\frac{8}{9}\cdot\frac{7}{10}$

c) $\frac{10}{7}\cdot\frac{5}{9}$ $\frac{12}{5}\cdot\frac{7}{11}$ $\frac{11}{12}\cdot\frac{7}{6}$

7

Rechne. Kürze, wenn möglich.

a) $\frac{3}{2}\cdot\frac{5}{4}$ $\frac{6}{7}\cdot\frac{9}{8}$ $\frac{2}{9}\cdot\frac{1}{4}$

b) $\frac{5}{6}\cdot\frac{3}{5}$ $\frac{8}{3}\cdot\frac{3}{4}$ $\frac{10}{7}\cdot\frac{7}{5}$

c) $\frac{7}{8}\cdot\frac{3}{10}$ $\frac{9}{7}\cdot\frac{5}{11}$ $\frac{3}{14}\cdot\frac{7}{9}$

d) $\frac{12}{5}\cdot\frac{8}{15}$ $\frac{7}{8}\cdot\frac{16}{21}$ $\frac{8}{25}\cdot\frac{15}{4}$

e) $\frac{7}{11}\cdot\frac{22}{14}$ $\frac{16}{17}\cdot\frac{4}{3}$ $\frac{36}{15}\cdot\frac{10}{24}$

f) $\frac{21}{52}\cdot\frac{4}{35}$ $\frac{34}{21}\cdot\frac{14}{51}$ $\frac{12}{44}\cdot\frac{55}{60}$

8

a) $\frac{15}{16}\cdot\frac{12}{25}$ $\frac{9}{16}\cdot\frac{8}{15}$ $\frac{10}{17}\cdot\frac{3}{5}$

b) $\frac{7}{25}\cdot\frac{15}{28}$ $\frac{18}{35}\cdot\frac{7}{24}$ $\frac{39}{27}\cdot\frac{36}{13}$

c) $\frac{42}{45}\cdot\frac{18}{28}$ $\frac{30}{17}\cdot\frac{34}{5}$ $\frac{27}{55}\cdot\frac{40}{9}$

d) $\frac{19}{81}\cdot\frac{27}{38}$ $\frac{24}{66}\cdot\frac{11}{48}$ $\frac{49}{12}\cdot\frac{60}{63}$

e) $\frac{25}{13}\cdot\frac{39}{125}$ $\frac{56}{9}\cdot\frac{7}{32}$ $\frac{69}{60}\cdot\frac{48}{23}$

f) $\frac{60}{77}\cdot\frac{98}{144}$ $\frac{88}{52}\cdot\frac{39}{121}$ $\frac{125}{72}\cdot\frac{108}{375}$

9

a) Wie viel sind zwei Drittel von einem halben Liter?

b) Wie viel sind ein Drittel von drei viertel Kilogramm?

c) Wie viel sind drei Viertel von einem halben Liter?

d) Wie viel sind vier Fünftel von drei viertel Kilometern?

e) Wie viel sind zwei Drittel von einer Dreiviertelstunde?

10

Wie viel sind

a) $\frac{2}{3}$ von $\frac{1}{2}$ kg
b) $\frac{2}{5}$ von $\frac{7}{8}$ t

c) $\frac{3}{2}$ von $\frac{3}{4}$ km
d) $\frac{5}{6}$ von 9 m^3

e) $\frac{3}{4}$ von $1\frac{1}{2}$ l
f) $\frac{3}{8}$ von $2\frac{1}{2}$ dm^2?

11

Ein Faktor ist eine natürliche Zahl.

a) $\frac{4}{5}\cdot 7$ $\frac{5}{7}\cdot 4$ $\frac{4}{7}\cdot 5$

b) $\frac{6}{13}\cdot 8$ $\frac{7}{11}\cdot 6$ $4\cdot\frac{8}{15}$

c) $\frac{11}{14}\cdot 10$ $12\cdot\frac{17}{18}$ $\frac{16}{21}\cdot 14$

12

Berechne und vergleiche.

a) $\frac{1}{4}+\frac{1}{4}$, $\frac{1}{4}\cdot\frac{1}{4}$
b) $\frac{5}{7}+\frac{5}{7}$, $\frac{5}{7}\cdot\frac{5}{7}$

c) $\frac{4}{9}+\frac{3}{9}$, $\frac{4}{9}\cdot\frac{3}{9}$
d) $\frac{8}{15}+\frac{7}{15}$, $\frac{8}{15}\cdot\frac{7}{15}$

e) $\frac{10}{3}+\frac{25}{3}$, $\frac{10}{3}\cdot\frac{25}{3}$
f) $\frac{5}{6}+\frac{6}{5}$, $\frac{5}{6}\cdot\frac{6}{5}$

g) $\frac{8}{24}+\frac{1}{18}$, $\frac{8}{24}\cdot\frac{1}{18}$
h) $\frac{5}{6}+\frac{2}{7}$, $\frac{5}{6}\cdot\frac{2}{7}$

i) $4+\frac{2}{3}$, $4\cdot\frac{2}{3}$
k) $6+\frac{5}{12}$, $6\cdot\frac{5}{12}$

13

Ersetze das Kästchen durch den entsprechenden Bruch.

a) $\frac{8}{15}=\frac{4}{5}\cdot\square$
b) $\frac{9}{20}=\frac{3}{4}\cdot\square$

c) $\frac{10}{27}=\square\cdot\frac{2}{3}$
d) $\frac{3}{14}=\square\cdot\frac{3}{7}$

e) $\frac{10}{21}=\frac{2}{3}\cdot\square$
f) $\frac{20}{99}=\square\cdot\frac{4}{9}$

14

Schreibe ins Heft und setze ein.

a) $\frac{4}{7}\cdot\frac{5}{9}=\frac{\square}{63}$
b) $\frac{\square}{9}\cdot\frac{4}{7}=\frac{4}{63}$

c) $\frac{5}{\square}\cdot\frac{3}{11}=\frac{15}{88}$
d) $\frac{6}{13}\cdot\frac{\square}{5}=\frac{72}{65}$

e) $\frac{5}{7}\cdot\frac{\square}{7}=\frac{30}{49}$
f) $\frac{\square}{10}\cdot\frac{3}{4}=\frac{21}{\square}$

15

Hier wurde zusätzlich gekürzt.

a) $\frac{2}{5}\cdot\frac{8}{\square}=\frac{8}{25}$
b) $\frac{3}{\square}\cdot\frac{7}{9}=\frac{7}{12}$

c) $\frac{8}{5}\cdot\frac{\square}{12}=\frac{16}{15}$
d) $\frac{\square}{8}\cdot\frac{12}{25}=\frac{3}{10}$

e) $\frac{14}{27}\cdot\frac{3}{\square}=\frac{7}{18}$
f) $\frac{15}{\square}\cdot\frac{13}{12}=\frac{5}{8}$

$\cdot$	$\frac{4}{5}$	$\frac{3}{7}$	$\frac{5}{9}$	$\frac{8}{11}$
$\frac{5}{2}$				
$\frac{7}{8}$				
$\frac{16}{5}$				
$\frac{1}{40}$				
$\frac{3}{13}$				
$\frac{10}{11}$				
$\frac{22}{45}$				

Beispiel:

$\frac{6}{4} \cdot \frac{2}{5} = \frac{12}{20}$

16
Setze ein. Es gibt mehrere Lösungen.

a) $\frac{5}{\square} \cdot \frac{\square}{9} = \frac{5}{18}$ b) $\frac{\square}{15} \cdot \frac{12}{\square} = \frac{84}{120}$

c) $\frac{3}{7} \cdot \frac{\square}{\square} = \frac{57}{119}$ d) $\frac{\square}{\square} \cdot \frac{2}{3} = 10$

e) $\frac{\square}{5} \cdot \square = \frac{49}{5}$ f) $\frac{\square}{\square} \cdot \frac{\square}{\square} = \frac{169}{256}$

17
Wähle Zähler und Nenner so, dass das Produkt kleiner als 1 wird.

Zähler	1	$\square$	$\square$	$\square$	$\square$	$\square$	$\square$
Nenner	2	$\square$	$\square$	$\square$	$\square$	$\square$	$\square$
2. Faktor	$\cdot\frac{8}{7}$	$\cdot\frac{8}{7}$	$\cdot\frac{8}{7}$	$\cdot\frac{8}{7}$	$\cdot\frac{3}{2}$	$\cdot\frac{3}{2}$	$\cdot\frac{3}{2}$
Ergebnis	$\frac{4}{7}$	$\square$	$\square$	$\square$	$\square$	$\square$	$\square$

18
Berechne wie im Beispiel:

$7\frac{1}{8} \cdot 5 = \frac{57 \cdot 5}{8 \cdot 1} = \frac{285}{8} = 35\frac{5}{8}$.

a) $2\frac{1}{5} \cdot 10$ b) $1\frac{3}{4} \cdot 8$ c) $13 \cdot 2\frac{1}{3}$

d) $3\frac{2}{3} \cdot 9$ e) $5 \cdot 5\frac{3}{10}$ f) $6\frac{1}{9} \cdot 12$

19
Multipliziere wie im Beispiel:

$\frac{4}{5} \cdot 3\frac{1}{6} = \frac{4}{5} \cdot \frac{19}{6} = \frac{2 \cdot 19}{5 \cdot 3} = \frac{38}{15} = 2\frac{8}{15}$.

a) $\frac{3}{8} \cdot 1\frac{7}{9}$ b) $\frac{6}{7} \cdot 5\frac{2}{3}$ c) $\frac{5}{6} \cdot 1\frac{1}{2}$

d) $\frac{2}{3} \cdot 3\frac{3}{4}$ e) $\frac{3}{2} \cdot 2\frac{7}{12}$ f) $\frac{9}{8} \cdot 2\frac{2}{27}$

20
Multipliziere die gemischten Zahlen.

Beispiel: $2\frac{1}{2} \cdot 3\frac{1}{3} = \frac{5 \cdot 10}{2 \cdot 3} = \frac{5 \cdot 5}{1 \cdot 3} = \frac{25}{3} = 8\frac{1}{3}$.

a) $2\frac{1}{7} \cdot 7\frac{1}{2}$ b) $4\frac{4}{5} \cdot 2\frac{2}{9}$

c) $7\frac{1}{5} \cdot 4\frac{1}{5}$ d) $11\frac{1}{9} \cdot 9\frac{1}{11}$

21
Rechenspiel mit 4 Würfeln.

Würfle und bilde aus den vier Augenzahlen zwei Brüche und multipliziere sie.

a) Wer hat das am nächsten an der Zahl 1 liegende Ergebnis?

b) Wer hat das größte, wer das kleinste Ergebnis?

22
Übertrage ins Heft und fülle aus.

$\cdot$	$\frac{1}{6}$	$\frac{4}{5}$	$\frac{10}{11}$	$\frac{9}{25}$	$\frac{8}{13}$
$1\frac{1}{2}$	$\frac{1}{4}$				
$5\frac{3}{4}$					

23
a) Multipliziere. Was stellst du fest?

$\frac{5}{11} \cdot \frac{11}{5}$, $\frac{1}{3} \cdot \frac{3}{1}$, $\frac{8}{9} \cdot \frac{9}{8}$, $\frac{7}{2} \cdot \frac{2}{7}$, $\frac{1}{12} \cdot 12$, $\frac{35}{62} \cdot \frac{62}{35}$

b) Welchen Bruch kannst du einsetzen?

$\frac{4}{5} \cdot \square = 1$ $\square \cdot \frac{7}{8} = 1$ $6 \cdot \square = 1$

$\frac{8}{5} \cdot \square = 1$ $\frac{9}{9} \cdot \square = 1$ $\square \cdot 1\frac{3}{5} = 1$

24
a) Berechne das Produkt aus den Faktoren $\frac{7}{12}$ und $\frac{27}{35}$.

b) Mit welcher Zahl muss man $\frac{1}{2}$ multiplizieren, um $\frac{6}{11}$ zu erhalten?

c) Der Wert eines Produkts beträgt 2. Ein Faktor heißt $\frac{4}{5}$. Berechne den 2. Faktor.

25
Übertrage ins Heft und fülle die Felder aus.

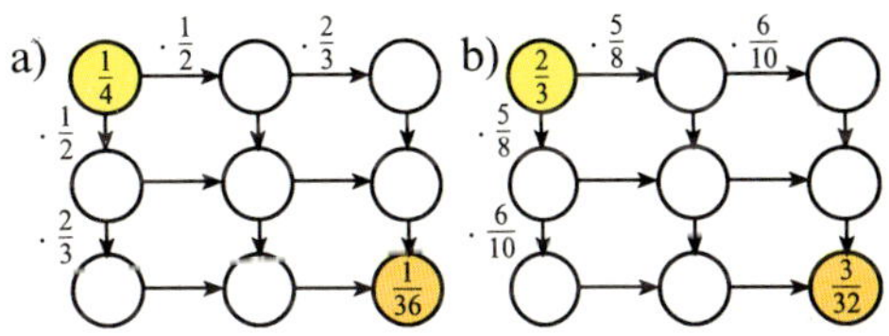

26
Der Produktwert steht im Stein darüber.

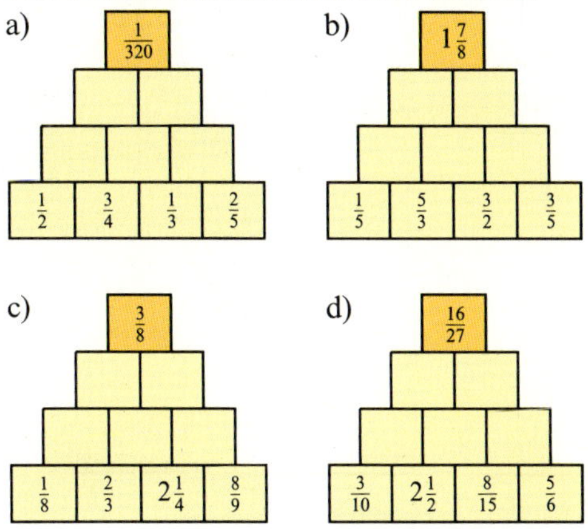

27
Wähle zwei Brüche so aus, dass sich
a) der größte Produktwert,
b) der kleinste Produktwert,
c) der Produktwert $1\frac{5}{16}$ ergibt.

28
Rechne wie im Beispiel: $\left(\frac{4}{7}\right)^2 = \frac{4}{7} \cdot \frac{4}{7} = \frac{16}{49}$.

a) $\left(\frac{2}{3}\right)^2$ b) $\left(\frac{5}{6}\right)^2$ c) $\left(\frac{7}{9}\right)^2$
d) $\left(\frac{2}{15}\right)^2$ e) $\left(\frac{8}{13}\right)^2$ f) $\left(\frac{9}{17}\right)^2$
g) $\left(\frac{11}{18}\right)^2$ h) $\left(\frac{24}{19}\right)^2$ i) $\left(8\frac{1}{2}\right)^2$

29
Berechne den Flächeninhalt des Rechtecks aus Länge und Breite.

a) $\frac{1}{2}$ m und $\frac{3}{4}$ m b) $\frac{1}{2}$ m und $\frac{1}{2}$ m
c) $\frac{1}{2}$ m und $\frac{3}{10}$ m d) $\frac{1}{4}$ m und $\frac{3}{4}$ m
e) $\frac{3}{4}$ m und $\frac{3}{4}$ m f) $\frac{9}{10}$ m und $\frac{3}{10}$ m

30
Ein 42 km langer Radweg wird angelegt. Davon sind $\frac{4}{7}$ bereits geteert, $\frac{2}{3}$ der geteerten Strecke sind schon befahrbar. Wie viel Kilometer kann man befahren?

31
Der afrikanische Kontinent ist zu $\frac{3}{5}$ mit Wüsten oder Halbwüsten bedeckt. Die Wüste Sahara nimmt $\frac{5}{12}$ davon ein. Welcher Teil des Kontinents entfällt auf die Sahara?

Sandwüste in Algerien

32
Die Ernte eines Bauernhofes besteht zu drei Fünftel aus Getreide, davon sind zwei Drittel Weizen.
Welchen Bruchteil macht der Weizen an der gesamten Ernte aus?

33
In einer Klasse ist ein Drittel der Schüler erkrankt, die Hälfte davon an Masern.
Wie hoch ist der Anteil der an Masern Erkrankten in der Klasse?

34
Jutta erhält drei Viertel eines Lottogewinns. Nun muss sie das Versprechen einlösen, das sie ihrem Freund Heinz gegeben hat: „Wenn ich gewinne, bekommst du die Hälfte meines Gewinns."
a) Mit welchem Anteil am Gesamtgewinn kann Heinz rechnen?
b) Wie viel Euro bekommt Heinz, wenn der Gesamtgewinn 10 000 € beträgt?

35
Von dem Kabel auf einer Rolle wird zunächst $\frac{2}{5}$ verbraucht und anschließend $\frac{5}{6}$ vom Rest. Danach bleiben 2 m Kabel übrig. Wie viel Meter Kabel waren anfangs auf der Rolle?

36
Die Erdoberfläche ist zu etwa $\frac{7}{10}$ mit Meeren bedeckt. Davon fallen $\frac{3}{10}$ auf den Atlantischen Ozean, $\frac{1}{5}$ auf den Indischen Ozean und der Rest auf den Pazifischen Ozean.
a) Welchen Anteil der Erdoberfläche nehmen die drei Meere jeweils ein?
b) Wie viel km² beträgt die Fläche dieser Ozeane, wenn die Erdoberfläche 510 000 000 km² beträgt?

37
Von den Zimmern in einem Hotel sind $\frac{4}{9}$ Einzelzimmer, die Restlichen sind Doppelzimmer. Jedes vierte Einzelzimmer und jedes zweite Doppelzimmer hat ein Bad.
Gib jeweils den Anteil der Einzel- bzw. Doppelzimmer mit und ohne Bad an.

7 Dividieren von Brüchen

1

Imker Albrecht schleudert Honig und füllt ihn in Gläser ab.
Wie viele Gläser zu je $\frac{3}{4}$ kg gewinnt er aus $7\frac{1}{2}$ kg Honig?
Ein Bienenvolk hat $8\frac{3}{4}$ kg Honig gesammelt. Wie viele volle Gläser ergibt dies?

2

Jonas und Christina überlegen, wie oft $\frac{1}{4}$ in $\frac{3}{4}$ und $\frac{1}{2}$ in $\frac{3}{4}$ passen.

Um zu bestimmen, wie oft der Bruch $\frac{3}{4}$ in $\frac{4}{5}$ passt, müssen wir die Divisionsaufgabe $\frac{4}{5}:\frac{3}{4}$ lösen. Dazu bringen wir die Brüche auf den Hauptnenner:

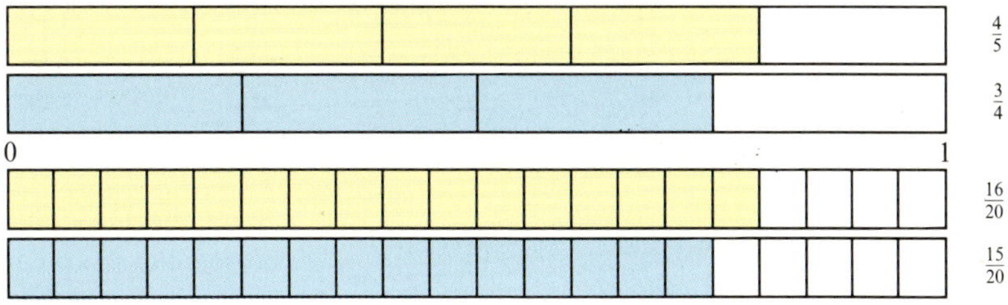

$\frac{4}{5}:\frac{3}{4} = \frac{16}{20}:\frac{15}{20}$

Der Bruch $\frac{15}{20}$ passt so oft in den Bruch $\frac{16}{20}$ wie 15 in 16. Das Ergebnis ist $16:15$, also $\frac{16}{15}$.
Du erkennst:
$\frac{4}{5}:\frac{3}{4} = \frac{16}{15} = \frac{4 \cdot 4}{5 \cdot 3}$, also $\frac{4}{5}:\frac{3}{4} = \frac{4}{5} \cdot \frac{4}{3}$
Vertauscht man Zähler und Nenner eines Bruchs, entsteht sein **Kehrbruch**. $\frac{4}{3}$ ist demnach der Kehrbruch von $\frac{3}{4}$.

Ein Bruch wird durch einen Bruch **dividiert**, indem man den ersten Bruch mit dem **Kehrbruch** des zweiten Bruchs multipliziert.

Beispiele

a) $\frac{4}{7}:\frac{3}{5} = \frac{4}{7} \cdot \frac{5}{3} = \frac{4 \cdot 5}{7 \cdot 3} = \frac{20}{21}$

b) $9:\frac{3}{4} = \frac{9}{1} \cdot \frac{4}{3} = \frac{9 \cdot 4}{3} = \frac{3 \cdot 4}{1} = 12$

c) $2\frac{1}{6}:3\frac{3}{8} = \frac{13}{6}:\frac{27}{8} = \frac{13 \cdot 8}{6 \cdot 27} = \frac{13 \cdot 4}{3 \cdot 27} = \frac{52}{81}$

Bemerkung: Eine andere Schreibweise für den Quotienten $\frac{3}{4}:\frac{1}{2}$ ist $\frac{\frac{3}{4}}{\frac{1}{2}}$. Man nennt diese Darstellung einen **Doppelbruch**.

Aufgaben

3

Wie oft passt

a) $\frac{3}{4}$ kg in $2\frac{1}{4}$ kg
b) $\frac{1}{5}$ m in 2 m
c) $\frac{1}{4}$ t in $1\frac{1}{2}$ t
d) $\frac{3}{10}$ km in $\frac{9}{10}$ km
e) $\frac{1}{6}$ h in $\frac{1}{2}$ h
f) $\frac{3}{8}$ m^2 in $\frac{3}{4}$ m^2?

4

Rechne im Kopf.

a)	b)	c)	d)
$\frac{2}{3}:\frac{1}{2}$	$\frac{1}{7}:\frac{2}{3}$	$\frac{3}{8}:\frac{4}{5}$	$\frac{3}{7}:\frac{2}{5}$
$\frac{3}{4}:\frac{2}{3}$	$\frac{1}{3}:\frac{3}{4}$	$\frac{5}{6}:\frac{1}{5}$	$\frac{5}{8}:\frac{2}{5}$
$\frac{4}{5}:\frac{3}{4}$	$\frac{4}{5}:\frac{3}{2}$	$\frac{3}{5}:\frac{2}{7}$	$\frac{4}{9}:\frac{3}{5}$

:	$\frac{3}{4}$	$\frac{4}{3}$	5	$3\frac{2}{3}$
$\frac{2}{3}$				
$\frac{4}{7}$				
$\frac{3}{8}$				
$\frac{10}{11}$				
$1\frac{1}{2}$				
$2\frac{1}{3}$				
$4\frac{1}{5}$				

5

Berechne.

a) $\frac{3}{4}:\frac{4}{3}$ $\quad \frac{6}{7}:\frac{7}{6}$ $\quad \frac{9}{11}:\frac{11}{9}$

b) $\frac{5}{4}:\frac{7}{4}$ $\quad \frac{8}{5}:\frac{8}{7}$ $\quad \frac{10}{9}:\frac{10}{7}$

c) $\frac{1}{10}:\frac{1}{20}$ $\quad \frac{1}{15}:\frac{1}{60}$ $\quad \frac{1}{50}:\frac{1}{175}$

6

Dividiere. Achte auf das Kürzen.

a) $\frac{3}{4}:\frac{8}{9}$ $\quad \frac{4}{9}:\frac{8}{11}$ $\quad \frac{5}{8}:\frac{7}{6}$

b) $\frac{9}{2}:\frac{27}{4}$ $\quad \frac{6}{5}:\frac{18}{15}$ $\quad \frac{21}{12}:\frac{49}{16}$

c) $\frac{14}{25}:\frac{2}{3}$ $\quad \frac{22}{21}:\frac{11}{28}$ $\quad \frac{4}{13}:\frac{15}{39}$

d) $\frac{70}{36}:\frac{35}{27}$ $\quad \frac{63}{50}:\frac{98}{75}$ $\quad \frac{17}{18}:\frac{68}{81}$

e) $\frac{35}{42}:\frac{45}{56}$ $\quad \frac{19}{22}:\frac{38}{55}$ $\quad \frac{20}{63}:\frac{55}{84}$

f) $\frac{64}{81}:\frac{24}{27}$ $\quad \frac{65}{144}:\frac{39}{48}$ $\quad \frac{69}{135}:\frac{92}{225}$

7

a) $\frac{3}{5}:\frac{1}{5}$ $\quad \frac{4}{5}:\frac{2}{3}$ $\quad \frac{1}{2}:\frac{3}{4}$

b) $\frac{1}{6}:\frac{2}{3}$ $\quad \frac{1}{3}:\frac{3}{4}$ $\quad \frac{4}{5}:\frac{3}{2}$

c) $\frac{3}{8}:\frac{4}{5}$ $\quad \frac{5}{6}:\frac{1}{5}$ $\quad \frac{3}{5}:\frac{2}{7}$

d) $\frac{5}{12}:\frac{15}{8}$ $\quad \frac{9}{14}:\frac{3}{7}$ $\quad \frac{8}{3}:\frac{10}{9}$

e) $\frac{10}{21}:\frac{15}{14}$ $\quad \frac{21}{16}:\frac{7}{24}$ $\quad \frac{11}{18}:\frac{22}{27}$

f) $\frac{26}{35}:\frac{52}{63}$ $\quad \frac{48}{11}:\frac{16}{33}$ $\quad \frac{35}{36}:\frac{25}{54}$

8

Dividiere die Zahlen wie im Beispiel:

$5:\frac{1}{6} = 5 \cdot \frac{6}{1} = \frac{30}{1} = 30.$

a) $3:\frac{1}{2}$ $\quad 4:\frac{1}{3}$

b) $8:\frac{1}{7}$ $\quad 9:\frac{1}{6}$

c) $7:\frac{2}{5}$ $\quad 5:\frac{3}{4}$

d) $3:\frac{6}{7}$ $\quad 6:\frac{8}{7}$

e) $14:\frac{12}{7}$ $\quad 18:\frac{9}{13}$

f) $10:\frac{3}{13}$ $\quad 10:\frac{6}{13}$

Beispiel:

$\frac{6}{2} : \frac{3}{5} = 5$

9

Rechenspiel mit 4 Würfeln.
Würfle und bilde aus den Augenzahlen Brüche. Dividiere den ersten durch den zweiten Bruch.

a) Wer hat das größte Ergebnis?

b) Wer hat das kleinste Ergebnis?

10

a) Übertrage ins Heft und fülle aus.

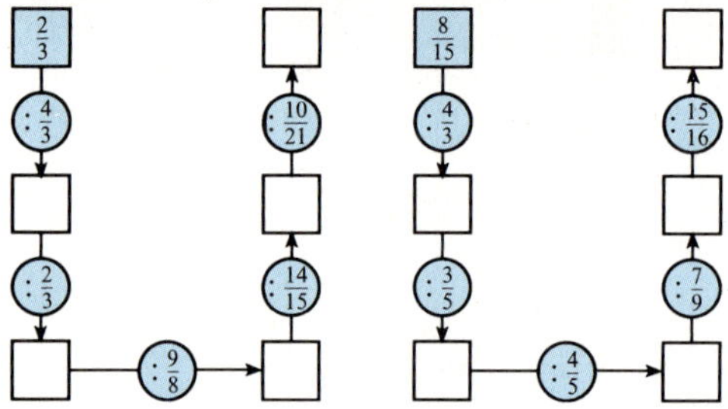

b) Hier kannst du deine Rechnung kontrollieren.

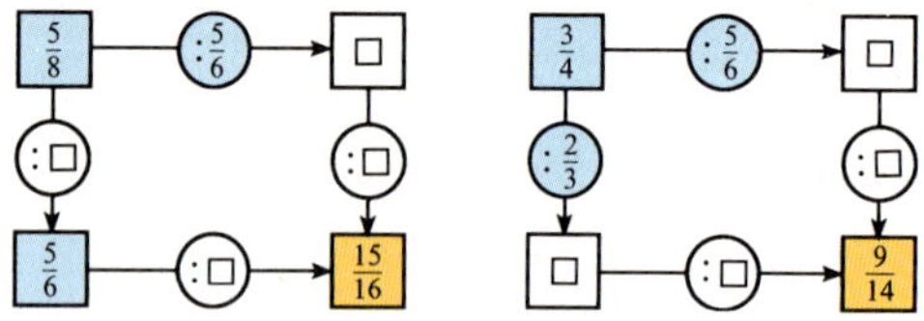

11

Berechne. Du kannst die natürlichen Zahlen als Brüche schreiben.

Beispiel: $\frac{2}{7}:5 = \frac{2}{7}:\frac{5}{1} = \frac{2}{7}\cdot\frac{1}{5} = \frac{2}{35}.$

a) $\frac{6}{7}:7$ $\quad \frac{5}{6}:10$ $\quad \frac{4}{5}:12$

b) $\frac{9}{10}:6$ $\quad \frac{18}{11}:12$ $\quad \frac{49}{10}:7$

c) $\frac{14}{3}:8$ $\quad \frac{27}{35}:15$ $\quad \frac{36}{41}:24$

12

Dividiere. Was fällt dir auf?

a) $1:\frac{3}{2},\ 1:\frac{4}{5},\ 1:\frac{7}{8},\ 1:\frac{8}{9},\ 1:\frac{9}{10}$

b) $1:\frac{10}{3},\ 1:\frac{15}{7},\ 1:\frac{20}{19},\ 1:\frac{25}{23},\ 1:\frac{36}{31}$

c) $1:\frac{1}{6},\ 1:\frac{1}{15},\ 1:\frac{1}{62},\ 1:\frac{1}{95},\ 1:\frac{1}{101}$

13

Wie oft geht

a) $\frac{2}{3}$ in $\frac{1}{3}$ $\quad$ b) $\frac{1}{2}$ in 2 $\quad$ c) $\frac{3}{4}$ in $\frac{1}{10}$

d) $\frac{1}{10}$ in $\frac{3}{4}$ $\quad$ e) $\frac{4}{7}$ in $\frac{3}{4}$ $\quad$ f) $\frac{5}{7}$ in $\frac{9}{10}$

g) $\frac{10}{9}$ in $\frac{3}{7}$ $\quad$ h) $\frac{1}{2}$ in $3\frac{3}{4}$ $\quad$ i) $\frac{5}{3}$ in $2\frac{1}{6}$?

14

Dividiere und kürze, wenn möglich.

a) $\frac{5}{7}:1\frac{2}{3}$ $\quad$ b) $\frac{5}{9}:4\frac{4}{9}$ $\quad$ c) $\frac{7}{10}:2\frac{4}{5}$

d) $\frac{7}{12}:5\frac{5}{6}$ $\quad$ e) $\frac{6}{11}:4\frac{2}{7}$ $\quad$ f) $\frac{30}{49}:4\frac{2}{7}$

15

Berechne. Gib das Ergebnis vollständig gekürzt und – wenn möglich – auch als gemischte Zahl an.

a) $3\frac{1}{2}:2\frac{1}{3}$ $\quad 1\frac{2}{3}:2\frac{1}{3}$

b) $3\frac{1}{5}:1\frac{2}{5}$ $\quad 2\frac{1}{6}:4\frac{5}{6}$

c) $6\frac{6}{7}:5\frac{1}{3}$ $\quad 8\frac{3}{4}:3\frac{1}{8}$

d) $4\frac{1}{4}:8\frac{1}{2}$ $\quad 9\frac{2}{3}:3\frac{2}{9}$

e) $11\frac{2}{3}:5\frac{5}{9}$ $\quad 7\frac{4}{5}:1\frac{3}{10}$

f) $8\frac{4}{9}:4\frac{3}{4}$ $\quad 16\frac{4}{5}:3\frac{11}{15}$

16

a) $2\frac{1}{5}:5\frac{1}{2}$ b) $6\frac{1}{4}:4\frac{1}{6}$ c) $3\frac{1}{7}:7\frac{1}{3}$

d) $7\frac{1}{3}:3\frac{1}{7}$ e) $9\frac{1}{2}:2\frac{1}{9}$ f) $5\frac{1}{8}:8\frac{1}{5}$

Erkennst du eine Regel?

Was ergibt dann $6\frac{1}{11}:11\frac{1}{6}$?

17

Dividiere nacheinander. Du erhältst das Alter des Lokomotivführers.

a)

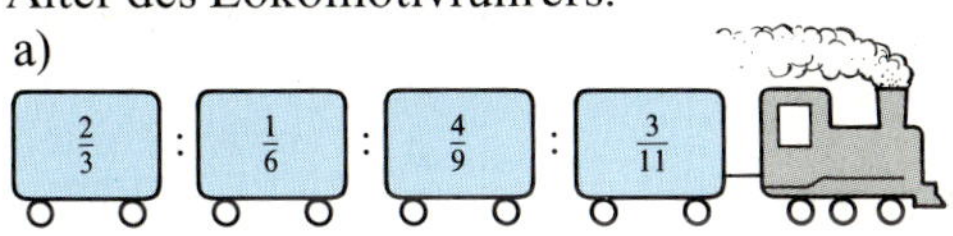

b)

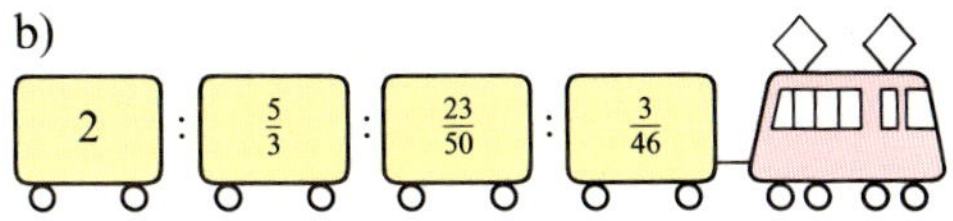

18

Dividiere.

a) $10\frac{1}{2}$ km : $4\frac{1}{2}$ km b) $1\frac{7}{10}$ t : $\frac{1}{20}$ t

c) $2\frac{3}{8}$ l : $\frac{3}{4}$ l d) $7\frac{1}{2}$ m^3 : $\frac{3}{10}$ m^3

e) $2\frac{1}{4}$ ha : $1\frac{3}{5}$ ha f) $4\frac{1}{3}$ cm^2 : $1\frac{1}{3}$ cm^2

g) $6\frac{5}{6}$ kg : $6\frac{1}{6}$ kg h) $3\frac{3}{8}$ kg : $4\frac{7}{20}$ kg

19

Ordne die Ergebnisse nach ihrer Größe.

a) $16:\frac{8}{9}$, $8:\frac{8}{9}$, $4:\frac{8}{9}$, $2:\frac{8}{9}$

b) $24:\frac{16}{17}$, $24:\frac{8}{17}$, $24:\frac{4}{17}$, $24:\frac{2}{17}$

1	2	3	4	5
□	□	□	□	□

20

Ordne die Schilder auf dem Rand einander zu, die dasselbe Ergebnis haben. Wie heißt das Lösungswort?

21

Ersetze die Leerstelle durch die passende Zahl.

a) $\frac{2}{3}:\square=\frac{4}{3}$ b) $\frac{3}{5}:\square=\frac{9}{10}$

c) $\frac{1}{3}:\square=\frac{7}{6}$ d) $\frac{5}{4}:\square=\frac{7}{8}$

e) $\frac{9}{10}:\square=\frac{5}{7}$ f) $\frac{5}{8}:\square=\frac{3}{14}$

g) $\frac{5}{9}:\square=\frac{2}{3}$ h) $\frac{13}{21}:\square=\frac{3}{7}$

22

a) $1\frac{4}{5}:\square=\frac{5}{6}$ b) $2\frac{7}{8}:\square=\frac{3}{4}$

c) $4\frac{4}{9}:\square=\frac{10}{27}$ d) $5\frac{5}{16}:\square=\frac{17}{24}$

e) $\frac{3}{4}:\square=2\frac{1}{2}$ f) $\frac{5}{6}:\square=7\frac{2}{3}$

g) $\frac{21}{25}:\square=2\frac{9}{20}$ h) $\frac{14}{23}:\square=8$

23

Löse durch Dividieren.

Beispiel: $\square\cdot\frac{2}{3}=\frac{5}{6}$ $\quad \frac{5}{6}:\frac{2}{3}=\frac{5}{6}\cdot\frac{3}{2}=\frac{5}{4}=1\frac{1}{4}$.

a) $\square\cdot\frac{5}{8}=\frac{2}{5}$ b) $\square\cdot\frac{8}{9}=\frac{3}{4}$

c) $\square\cdot\frac{7}{4}=2\frac{5}{8}$ d) $\square\cdot\frac{11}{6}=2\frac{4}{9}$

e) $\square\cdot\frac{13}{10}=3\frac{7}{15}$ f) $\square\cdot\frac{16}{15}=3\frac{21}{25}$

24

Bestimme den fehlenden Zähler oder den fehlenden Nenner.

a) $\frac{7}{9}\cdot\frac{\square}{35}=\frac{1}{5}$ b) $\frac{3}{7}\cdot\frac{10}{\square}=\frac{10}{49}$

c) $\frac{\square}{4}\cdot\frac{32}{39}=\frac{8}{13}$ d) $\frac{8}{\square}\cdot\frac{12}{5}=\frac{32}{5}$

25

Wie heißt der Dividend?

a) $\square:\frac{1}{6}=12$ b) $\square:\frac{3}{4}=8$

c) $\square:5=\frac{1}{2}$ d) $\square:9=\frac{1}{3}$

e) $\square:2\frac{1}{4}=4$ f) $\square:\frac{2}{5}=2\frac{1}{2}$

26

a) Dividiere $\frac{3}{4}$ nacheinander durch $\frac{1}{2}$, $\frac{1}{4}$, $\frac{1}{6}$, $\frac{1}{8}$, $\frac{1}{10}$, $\frac{1}{12}$, …
Wann ist das Ergebnis erstmals größer als 8?

b) Dividiere $3\frac{2}{3}$ nacheinander durch $\frac{1}{6}$, $\frac{1}{3}$, $\frac{2}{3}$, $\frac{4}{3}$, $\frac{8}{3}$, $\frac{16}{3}$, $\frac{24}{3}$, …
Wann ist das Ergebnis erstmals kleiner als 1?

27

a) Durch welche Zahl muss man $\frac{1}{16}$ dividieren, um $\frac{1}{2}$ zu erhalten?
b) Durch welche Zahl muss man $2\frac{3}{8}$ dividieren, um $\frac{3}{8}$ zu erhalten?
c) Welche Zahl muss man durch $2\frac{1}{2}$ dividieren, um $1\frac{3}{4}$ zu erhalten?

28

Übertrage in dein Heft und berechne.

$8:8=$	$8:8=$	$8:\frac{1}{2}=$	$\frac{1}{2}:8=$
$8:4=$	$4:8=$	$4:\frac{1}{2}=$	$\frac{1}{2}:4=$
$8:2=$	$2:8=$	$2:\frac{1}{2}=$	$\frac{1}{2}:2=$
$8:1=$	$1:8=$	$1:\frac{1}{2}=$	$\frac{1}{2}:1=$
$8:\frac{1}{2}=$	$\frac{1}{2}:8=$	$\frac{1}{2}:\frac{1}{2}=$	$\frac{1}{2}:\frac{1}{2}=$
$8:\frac{1}{4}=$	$\frac{1}{4}:8=$	$\frac{1}{4}:\frac{1}{2}=$	$\frac{1}{2}:\frac{1}{4}=$
$8:\frac{1}{8}=$	$\frac{1}{8}:8=$	$\frac{1}{8}:\frac{1}{2}=$	$\frac{1}{2}:\frac{1}{8}=$

29

Zahlenzauber!
Setze die „Schachtelbrüche" fort und berechne sie.

$$\frac{1}{2} \qquad \frac{1}{1+\frac{1}{2}} \qquad \frac{1}{1+\frac{1}{1+\frac{1}{2}}} \qquad \frac{1}{1+\frac{1}{1+\frac{1}{1+\frac{1}{2}}}} \qquad \ldots$$

$$\frac{1}{2} \qquad \frac{2}{3} \qquad \frac{3}{5} \qquad ? \qquad \ldots$$

Kannst du eine Regel erkennen und sie für die folgenden Schachtelbrüche bestätigen?

Monarchfalterschwarm

30

a) Ein Behälter fasst $16\frac{1}{4}$ l Wasser. Wie oft kann man ihn aus einem mit 390 l Wasser gefüllten Tank füllen?
b) Eine Betonschütte fasst $\frac{7}{8}$ m³ Frischbeton. Mit wie vielen Ladungen kann man einen $5\frac{1}{4}$ m³ fassenden Betonmischer leeren?

31

Ulrichs Oma will 20 l Saft in $\frac{7}{10}$-l-Flaschen abfüllen.
Wie viele Flaschen werden voll?
Wie viel l bleiben übrig?

32

Ein rechteckiges Grundstück hat den Flächeninhalt 730 m² und eine Seite mit der Länge $18\frac{1}{4}$ m.
Berechne die Länge der anderen Seite.

33

Die rechteckige Bodenfläche eines Schwimmbassins von 800 m² Größe soll mit $\frac{1}{16}$ m² großen Platten ausgelegt werden.
Berechne die Materialkosten, wenn eine Platte 12,50 € kostet.

34

10 l Heizöl wiegen ca. $8\frac{3}{4}$ kg. Wie viel Liter hat ein Tanklastzug mit $15\frac{1}{4}$ t Eigengewicht geladen, wenn er insgesamt $25\frac{3}{4}$ t wiegt?

35

Ein Schwimmbecken, das 780 m³ Wasser fasst, kann in $4\frac{1}{3}$ Stunden gefüllt werden. Der Ablauf des gesamten Wassers dauert $3\frac{1}{4}$ Stunden. Berechne, wie viel m³ Wasser pro Stunde zufließen und wie viel abfließen.

36

Wie groß sind die Schmetterlinge in Wirklichkeit?

$\frac{2}{5}$ der wahren Größe

$\frac{3}{10}$ der wahren Größe

8 Rechengesetze. Rechenvorteile

1

Maximilian hat eine $\frac{3}{4}$ Tafel Schokolade mitgebracht. Er verteilt davon eine Hälfte an seine Freunde. Björn dagegen hat nur eine halbe Tafel Schokolade dabei, schneidet davon $\frac{3}{4}$ ab und verschenkt diesen Teil an Klassenkameradinnen.
Welchen Anteil an der ganzen Tafel Schokolade erhalten die beschenkten Kinder? Vergleiche!

Wie die Summanden bei der Addition von Brüchen dürfen auch die Faktoren bei der Multiplikation von Brüchen vertauscht und beliebig zusammengefasst werden:

$\frac{5}{7}\cdot\frac{2}{3} = \frac{5\cdot 2}{7\cdot 3} = \frac{10}{21}$ $\qquad$ $\frac{2}{3}\cdot\frac{5}{7} = \frac{2\cdot 5}{3\cdot 7} = \frac{10}{21}$

$(\frac{1}{3}\cdot\frac{2}{5})\cdot\frac{3}{4} = \frac{2}{15}\cdot\frac{3}{4} = \frac{1}{10}$ $\qquad$ $\frac{1}{3}\cdot(\frac{2}{5}\cdot\frac{3}{4}) = \frac{1}{3}\cdot\frac{3}{10} = \frac{1}{10}$

Vertauschungsgesetz (Kommutativgesetz)
Beim Multiplizieren von Brüchen dürfen die Faktoren vertauscht werden.

Verbindungsgesetz (Assoziativgesetz)
Beim Multiplizieren von Brüchen dürfen Klammern beliebig gesetzt oder auch weggelassen werden.

Beispiele

Produkte kannst du oft geschickt berechnen, wenn du beide Rechengesetze anwendest.

a) $\frac{2}{5}\cdot\frac{1}{3}\cdot\frac{5}{8} = (\frac{2}{5}\cdot\frac{5}{8})\cdot\frac{1}{3} = \frac{1}{4}\cdot\frac{1}{3} = \frac{1}{12}$

b) $\frac{3}{7}\cdot\frac{4}{9}\cdot\frac{3}{8} = \frac{3}{7}\cdot\frac{1\cdot 1}{3\cdot 2} = \frac{3}{7}\cdot\frac{1}{6} = \frac{1}{14}$

c) $\frac{7}{15}\cdot(\frac{3}{8}\cdot\frac{5}{14}) = \frac{7}{15}\cdot(\frac{5}{14}\cdot\frac{3}{8}) = (\frac{7}{15}\cdot\frac{5}{14})\cdot\frac{3}{8} = \frac{1}{6}\cdot\frac{3}{8} = \frac{1}{16}$

Beachte: Für die Division gelten das Vertauschungs- und das Verbindungsgesetz nicht.

Aufgaben

2

Rechne möglichst vorteilhaft.

a) $\frac{1}{2}\cdot\frac{1}{3}\cdot\frac{3}{4}$ b) $\frac{1}{4}\cdot\frac{3}{5}\cdot\frac{1}{3}$ c) $\frac{1}{8}\cdot\frac{3}{4}\cdot\frac{2}{3}$
d) $\frac{2}{3}\cdot\frac{4}{5}\cdot\frac{5}{4}$ e) $\frac{5}{7}\cdot\frac{7}{5}\cdot\frac{1}{12}$ f) $\frac{1}{8}\cdot\frac{4}{5}\cdot\frac{5}{7}$
g) $\frac{2}{5}\cdot\frac{1}{3}\cdot\frac{3}{5}$ h) $\frac{4}{5}\cdot\frac{5}{8}\cdot\frac{1}{7}$ i) $\frac{2}{9}\cdot\frac{3}{5}\cdot\frac{5}{7}$
k) $\frac{3}{7}\cdot\frac{6}{5}\cdot\frac{5}{6}$ l) $\frac{4}{7}\cdot\frac{3}{8}\cdot\frac{8}{9}$ m) $\frac{5}{6}\cdot\frac{8}{9}\cdot\frac{3}{5}$

3

Nutze Rechenvorteile.

a) $\frac{1}{2}\cdot\frac{3}{4}\cdot\frac{2}{5}$ b) $\frac{1}{3}\cdot\frac{2}{7}\cdot\frac{3}{5}$ c) $\frac{3}{4}\cdot\frac{5}{7}\cdot\frac{4}{5}$
d) $\frac{4}{5}\cdot\frac{3}{5}\cdot\frac{3}{4}$ e) $\frac{1}{5}\cdot\frac{7}{4}\cdot\frac{15}{8}$ f) $\frac{6}{5}\cdot\frac{2}{3}\cdot\frac{5}{9}$
g) $\frac{2}{7}\cdot\frac{7}{9}\cdot\frac{5}{4}$ h) $\frac{1}{6}\cdot\frac{9}{16}\cdot\frac{8}{3}$ i) $\frac{5}{8}\cdot\frac{9}{14}\cdot\frac{7}{15}$
k) $\frac{4}{17}\cdot\frac{3}{7}\cdot\frac{14}{15}$ l) $\frac{9}{4}\cdot\frac{11}{13}\cdot\frac{2}{15}$ m) $\frac{7}{18}\cdot\frac{5}{14}\cdot\frac{9}{25}$

4

Wandle um und rechne geschickt.

a) $1\frac{1}{5} \cdot 1\frac{1}{2} \cdot 1\frac{1}{3}$ b) $3\frac{1}{3} \cdot 1\frac{3}{4} \cdot 1\frac{1}{7}$

c) $2\frac{1}{2} \cdot 1\frac{1}{2} \cdot 2\frac{1}{3}$ d) $2\frac{3}{10} \cdot 1\frac{2}{7} \cdot 1\frac{1}{9}$

5

Übertrage und fülle aus.

$\cdot$	$\frac{1}{2}$	$\frac{2}{3}$	$\frac{3}{4}$	$\frac{4}{3}$
$\frac{1}{2}$				
$\frac{2}{3}$				
$\frac{3}{4}$				
$\frac{4}{3}$				

6

Übertrage die Tabelle ins Heft, fülle sie aus und vergleiche die Ergebnisse.

△	○	△ · ○	○ · △	△ : ○	○ : △
$\frac{1}{2}$	$\frac{1}{5}$				
3	$\frac{2}{3}$				
$1\frac{1}{3}$	$1\frac{1}{4}$				

?

Sieben Zahlenkärtchen stehen dir zur Verfügung; ordne sie passend an.

$\frac{\square}{\square} : \frac{\square}{\square} = \square\frac{\square}{\square}$

$\frac{\square}{\square} \cdot \square\frac{\square}{\square} = \frac{\square}{\square}$

7

Berechne. Vergleiche Rechenweg und Ergebnis.

a) $(\frac{8}{9} \cdot \frac{3}{4}) \cdot \frac{1}{7}$ und $\frac{8}{9} \cdot (\frac{3}{4} \cdot \frac{1}{7})$

b) $(\frac{3}{4} \cdot \frac{1}{8}) \cdot \frac{8}{5}$ und $\frac{3}{4} \cdot (\frac{1}{8} \cdot \frac{8}{5})$

c) $\frac{2}{3} \cdot (3 \cdot 2\frac{3}{4})$ und $(\frac{2}{3} \cdot 3) \cdot 2\frac{3}{4}$

d) $\frac{5}{6} \cdot (\frac{3}{25} \cdot \frac{10}{21})$ und $(\frac{5}{6} \cdot \frac{3}{25}) \cdot \frac{10}{21}$

8

Berechne und vergleiche die Ergebnisse.

a) $\frac{3}{4} : \frac{2}{9}$ und $\frac{2}{9} : \frac{3}{4}$ b) $\frac{4}{7} : \frac{8}{5}$ und $\frac{8}{5} : \frac{4}{7}$

c) $\frac{10}{11} : \frac{5}{2}$ und $\frac{5}{2} : \frac{10}{11}$ d) $\frac{18}{7} : \frac{9}{7}$ und $\frac{9}{7} : \frac{18}{7}$

e) $\frac{3}{4} : 1\frac{3}{4}$ und $1\frac{3}{4} : \frac{3}{4}$ f) $\frac{8}{15} : \frac{16}{45}$ und $\frac{16}{45} : \frac{8}{15}$

9

Dividiere und vergleiche.

a) $(\frac{3}{4} : \frac{9}{8}) : \frac{4}{9}$ und $\frac{3}{4} : (\frac{9}{8} : \frac{4}{9})$

b) $(\frac{8}{15} : \frac{4}{3}) : \frac{4}{15}$ und $\frac{8}{15} : (\frac{4}{3} : \frac{4}{15})$

10

Setze <, > oder = richtig ein.

a) $(\frac{6}{5} \cdot \frac{9}{2}) \cdot \frac{1}{3}$ □ $\frac{6}{5} \cdot (\frac{9}{2} \cdot \frac{1}{3})$

b) $\frac{7}{4} : (\frac{4}{5} \cdot \frac{2}{5})$ □ $(\frac{7}{4} : \frac{4}{5}) \cdot \frac{2}{5}$

c) $(9 : \frac{1}{7}) : \frac{1}{5}$ □ $9 : (\frac{1}{7} : \frac{1}{5})$

d) $(\frac{3}{8} \cdot \frac{5}{6}) : 7\frac{1}{2}$ □ $\frac{3}{8} \cdot (\frac{5}{6} : 7\frac{1}{2})$

e) $(\frac{3}{10} : \frac{9}{5}) : \frac{5}{12}$ □ $\frac{3}{10} : (\frac{9}{5} : \frac{5}{12})$

11

Berechne und vergleiche.

a) $4 \cdot (\frac{2}{8} \cdot \frac{5}{6})$ und $(4 \cdot \frac{2}{8}) \cdot \frac{5}{6}$

b) $2 : (\frac{3}{4} \cdot 6)$ und $(2 : \frac{3}{4}) \cdot 6$

c) $\frac{4}{5} : (\frac{5}{7} : \frac{7}{5})$ und $(\frac{4}{5} : \frac{5}{7}) : \frac{7}{5}$

d) $\frac{3}{8} \cdot (\frac{6}{7} : \frac{3}{5})$ und $(\frac{3}{8} \cdot \frac{6}{7}) : \frac{3}{5}$

12

Berechne vorteilhaft.

a) $\frac{1}{2} \cdot \frac{2}{3} \cdot \frac{1}{5} \cdot \frac{5}{6}$ b) $\frac{4}{5} \cdot \frac{3}{4} \cdot \frac{7}{8} \cdot \frac{3}{7}$

c) $\frac{1}{7} \cdot \frac{4}{3} \cdot \frac{3}{8} \cdot \frac{7}{5}$ d) $\frac{5}{2} \cdot \frac{4}{9} \cdot \frac{3}{4} \cdot \frac{11}{5}$

e) $\frac{14}{25} \cdot \frac{1}{7} \cdot \frac{5}{7} \cdot \frac{49}{3}$ f) $\frac{16}{21} \cdot \frac{5}{9} \cdot \frac{35}{24} \cdot \frac{27}{15}$

g) $1\frac{1}{4} \cdot \frac{3}{8} \cdot \frac{16}{7} \cdot 2\frac{1}{5}$ h) $3\frac{1}{2} \cdot 1\frac{1}{6} \cdot 2\frac{2}{7} \cdot 1\frac{3}{7}$

13

Schreibe auf einen Bruchstrich, ordne die Faktoren und kürze mehrfach.

Beispiel: $\frac{2}{5} \cdot \frac{6}{13} \cdot \frac{25}{72} \cdot \frac{26}{15} = \frac{2 \cdot 6 \cdot 25 \cdot 26}{5 \cdot 13 \cdot 72 \cdot 15}$

$= \frac{25 \cdot 6 \cdot 26 \cdot 2}{5 \cdot 72 \cdot 13 \cdot 15}$

$= \frac{5 \cdot 1 \cdot 2 \cdot 2}{1 \cdot 12 \cdot 1 \cdot 15} = \frac{1}{9}.$

a) $\frac{1}{2} \cdot \frac{2}{3} \cdot \frac{3}{4} \cdot \frac{4}{5} \cdot \frac{5}{6} \cdot \frac{6}{7}$ b) $\frac{1}{3} \cdot \frac{2}{5} \cdot \frac{3}{7} \cdot \frac{5}{8} \cdot \frac{4}{11} \cdot \frac{7}{9}$

c) $\frac{36}{17} \cdot \frac{28}{9} \cdot \frac{17}{11} \cdot \frac{33}{32} \cdot \frac{27}{14}$ d) $\frac{33}{100} \cdot \frac{250}{99} \cdot \frac{77}{25} \cdot \frac{90}{49}$

e) $\frac{21}{88} \cdot \frac{3}{4} \cdot \frac{22}{35} \cdot \frac{32}{39}$ f) $\frac{39}{64} \cdot \frac{7}{13} \cdot \frac{8}{15} \cdot \frac{75}{49}$

14

Multipliziere geschickt.

a) $\frac{11}{13} \cdot \frac{15}{17} \cdot \frac{13}{19} \cdot \frac{17}{15} \cdot \frac{19}{11}$ b) $\frac{33}{14} \cdot \frac{70}{48} \cdot \frac{13}{15} \cdot \frac{12}{11} \cdot \frac{45}{52}$

c) $\frac{33}{17} \cdot \frac{18}{65} \cdot \frac{19}{11} \cdot \frac{51}{95} \cdot \frac{13}{54}$ d) $\frac{91}{112} \cdot \frac{108}{128} \cdot \frac{144}{120} \cdot \frac{96}{104} \cdot \frac{135}{162}$

e) $\frac{5}{11} \cdot 8 \cdot \frac{99}{105} \cdot \frac{3}{22} \cdot \frac{42}{27}$ f) $2\frac{1}{3} \cdot 5\frac{7}{10} \cdot 1\frac{11}{28} \cdot 2\frac{2}{19}$

9 Rechengesetze. Verbindung der Rechenarten

1

Im fernen Land Calculistan bezahlt man mit Dukaten. Tauscht man Euro gegen Dukaten, so erhält man 3 Dukaten für 7 €. Ein Dukaten ist also $\frac{7}{3}$ € wert. Herr und Frau Weltenbummler kaufen ein: eine Landkarte für $2\frac{1}{2}$ Dukaten, ein Wörterbuch für 4 Dukaten, einen Sonnenhut für $5\frac{1}{2}$ Dukaten. Herr Weltenbummler rechnet nach, wie viel Euro er ausgegeben hat: $\frac{7}{3} \cdot 2\frac{1}{2}$ € + $\frac{7}{3} \cdot 4$ € + $\frac{7}{3} \cdot 5\frac{1}{2}$ €. „Du rechnest viel zu umständlich", meint seine Frau und rechnet so $\frac{7}{3} \cdot (2\frac{1}{2} + 4 + 5\frac{1}{2})$ €.
Ist der zweite Rechenweg tatsächlich günstiger?

Wie wir bei den natürlichen Zahlen einen Rechenausdruck wie $5 \cdot 3 + 5 \cdot 4$ auf zwei verschiedenen Wegen berechnen können, lassen sich auch bei den Brüchen Rechenausdrücke wie $\frac{1}{4} \cdot \frac{1}{3} + \frac{1}{4} \cdot \frac{2}{3}$ auf zwei Arten berechnen.

Erster Weg:
$$\frac{1}{4} \cdot \frac{1}{3} + \frac{1}{4} \cdot \frac{2}{3} = \frac{1}{12} + \frac{2}{12} = \frac{3}{12} = \frac{1}{4}.$$

Zweiter Weg:
$$\frac{1}{4} \cdot \frac{1}{3} + \frac{1}{4} \cdot \frac{2}{3} = \frac{1}{4} \cdot \left(\frac{1}{3} + \frac{2}{3}\right) = \frac{1}{4} \cdot 1 = \frac{1}{4}.$$

Du erkennst, dass das Setzen einer Klammer im zweiten Rechenweg einen deutlichen Rechenvorteil bietet. Das Rechengesetz, das dir dieses Ausklammern erlaubt, heißt Verteilungsgesetz oder Distributivgesetz.

Verteilungsgesetz (Distributivgesetz)
Man kann eine Summe von Produkten, in denen derselbe Bruch als Faktor vorkommt, auch durch Ausklammern dieses Faktors berechnen. $\frac{3}{4} \cdot \frac{1}{2} + \frac{3}{4} \cdot \frac{1}{4} = \frac{3}{4} \cdot \left(\frac{1}{2} + \frac{1}{4}\right)$

Beispiele

a)
$$\frac{3}{4} \cdot \frac{1}{2} + \frac{3}{4} \cdot \frac{1}{4} = \frac{3}{4} \cdot \left(\frac{1}{2} + \frac{1}{4}\right) = \frac{3}{4} \cdot \frac{3}{4} = \frac{9}{16}$$

b) Das Verteilungsgesetz gilt auch für die Differenz von Produkten.
$$\frac{1}{12} \cdot \frac{2}{3} - \frac{1}{12} \cdot \frac{1}{6} = \frac{1}{12} \cdot \left(\frac{2}{3} - \frac{1}{6}\right) = \frac{1}{12} \cdot \frac{1}{2} = \frac{1}{24}$$

c) Auch beim Addieren oder Subtrahieren von Quotienten gilt das Verteilungsgesetz.
$$\frac{8}{9} : 4 - \frac{4}{5} : 4 = \left(\frac{8}{9} - \frac{4}{5}\right) : 4 = \left(\frac{40}{45} - \frac{36}{45}\right) \cdot \frac{1}{4} = \frac{4}{45} \cdot \frac{1}{4} = \frac{1}{45}$$

Beachte: Für Bruchzahlen gilt wie für natürliche Zahlen, dass in Rechenausdrücken, in denen Klammern nichts anderes vorschreiben, Punktrechnung vor Strichrechnung kommt.

d)
$$\frac{3}{5} + \frac{7}{10} \cdot \frac{3}{7} = \frac{3}{5} + \frac{7 \cdot 3}{10 \cdot 7} = \frac{3}{5} + \frac{3}{10} = \frac{6}{10} + \frac{3}{10} = \frac{9}{10}$$

e)
$$\frac{8}{9} - \frac{3}{4} : \frac{9}{4} = \frac{8}{9} - \frac{3}{4} \cdot \frac{4}{9} = \frac{8}{9} - \frac{3}{9} = \frac{5}{9}$$

f)
$$\frac{4}{5} : \frac{8}{15} - \frac{2}{3} \cdot \frac{9}{4} = \frac{4}{5} \cdot \frac{15}{8} - \frac{2 \cdot 9}{3 \cdot 4} = \frac{4 \cdot 15}{5 \cdot 8} - \frac{3}{2} = \frac{3}{2} - \frac{3}{2} = 0$$

Aufgaben

2
Schreibe die Rechenbäume als Rechenausdrücke. Berechne und vergleiche.

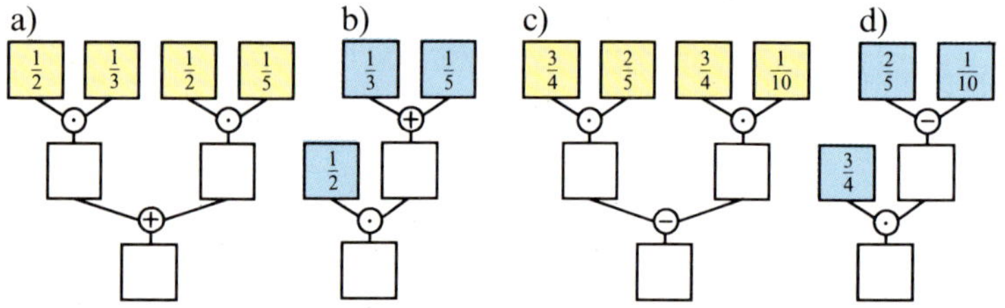

3
Berechne vorteilhaft durch Ausklammern.

a) $\frac{1}{2}\cdot\frac{3}{4}+\frac{1}{2}\cdot\frac{1}{4}$ b) $\frac{1}{3}\cdot\frac{2}{5}+\frac{1}{3}\cdot\frac{1}{5}$

c) $\frac{1}{4}\cdot\frac{2}{7}+\frac{5}{7}\cdot\frac{1}{4}$ d) $\frac{2}{3}\cdot\frac{4}{5}+\frac{4}{10}\cdot\frac{2}{3}$

e) $\frac{7}{8}\cdot\frac{1}{3}+\frac{7}{8}\cdot\frac{5}{3}$ f) $\frac{2}{7}\cdot\frac{11}{6}+\frac{10}{7}\cdot\frac{11}{6}$

g) $\frac{7}{5}\cdot\frac{3}{8}-\frac{7}{5}\cdot\frac{1}{8}$ h) $\frac{5}{9}\cdot\frac{7}{8}-\frac{3}{4}\cdot\frac{5}{9}$

i) $\frac{5}{6}\cdot\frac{5}{12}-\frac{1}{6}\cdot\frac{5}{6}$ k) $\frac{7}{9}\cdot\frac{11}{15}-\frac{11}{15}\cdot\frac{2}{3}$

4
Rechne vorteilhaft.

a) $5\cdot\frac{1}{3}+5\cdot\frac{2}{3}$ b) $6\cdot\frac{3}{5}+\frac{2}{5}\cdot 6$

c) $5\cdot\frac{3}{11}+6\cdot\frac{3}{11}$ d) $7\cdot\frac{5}{6}+7\cdot\frac{13}{6}$

e) $3\cdot\frac{3}{8}+\frac{1}{8}\cdot 3$ f) $\frac{2}{7}\cdot 4+\frac{3}{7}\cdot 4$

g) $\frac{1}{4}\cdot 7+7\cdot\frac{1}{3}$ h) $8\cdot\frac{4}{5}+8\cdot\frac{3}{10}$

5
Rechne ebenso mit Differenzen.

a) $7\cdot\frac{6}{5}-2\cdot\frac{6}{5}$ b) $13\cdot\frac{1}{7}-13\cdot\frac{1}{14}$

c) $8\cdot\frac{4}{9}-8\cdot\frac{5}{18}$ d) $25\cdot\frac{4}{15}-13\cdot\frac{4}{15}$

e) $\frac{7}{8}\cdot 19-\frac{7}{8}\cdot 3$ f) $\frac{11}{12}\cdot 23-\frac{11}{12}\cdot 5$

g) $\frac{49}{25}\cdot 13-\frac{24}{25}\cdot 13$ h) $\frac{5}{6}\cdot\frac{3}{4}-\frac{3}{4}\cdot\frac{1}{3}$

6
Berechne vorteilhaft durch Ausmultiplizieren.

a) $\frac{1}{2}\cdot(\frac{2}{3}+\frac{2}{5})$ b) $\frac{1}{3}\cdot(\frac{3}{4}+\frac{3}{5})$

c) $\frac{1}{4}\cdot(\frac{8}{5}+\frac{8}{15})$ d) $\frac{1}{5}\cdot(\frac{15}{24}+\frac{25}{12})$

e) $\frac{2}{3}\cdot(\frac{3}{8}-\frac{3}{16})$ f) $\frac{3}{4}\cdot(\frac{20}{9}-\frac{16}{15})$

7
Hier ist es vorteilhaft auszumultiplizieren.

a) $8\cdot(\frac{3}{4}+\frac{1}{8})$ b) $12\cdot(\frac{1}{3}+\frac{1}{4})$

c) $(\frac{2}{5}+\frac{3}{2})\cdot\frac{10}{3}$ d) $\frac{1}{2}\cdot(\frac{6}{5}+\frac{2}{15})$

e) $(\frac{3}{7}+\frac{3}{8})\cdot\frac{1}{3}$ f) $(\frac{2}{9}+\frac{2}{11})\cdot\frac{99}{100}$

g) $\frac{3}{2}\cdot(4+\frac{2}{3})$ h) $\frac{7}{10}\cdot(5-\frac{5}{14})$

8
Berechne wie im Beispiel:

$5\cdot 3\frac{1}{5}=5\cdot(3+\frac{1}{5})=5\cdot 3+5\cdot\frac{1}{5}$
$=15\quad+1=16.$

a) $3\cdot 4\frac{1}{3}$ b) $4\cdot 5\frac{1}{4}$ c) $5\cdot 6\frac{1}{5}$

d) $6\cdot 7\frac{1}{6}$ e) $3\cdot 5\frac{2}{3}$ f) $5\cdot 3\frac{2}{5}$

g) $8\cdot 2\frac{1}{4}$ h) $9\cdot 4\frac{2}{3}$ i) $3\cdot 6\frac{4}{9}$

9
Berechne. Schreibe dazu die gemischte Zahl als Summe.

a) $\frac{5}{9}\cdot 9\frac{3}{5}$ b) $\frac{5}{6}\cdot 6\frac{4}{5}$ c) $\frac{3}{4}\cdot 2\frac{2}{3}$

d) $\frac{3}{2}\cdot 4\frac{2}{9}$ e) $3\frac{3}{5}\cdot\frac{1}{6}$ f) $8\frac{2}{3}\cdot\frac{3}{2}$

g) $\frac{3}{8}\cdot 8\frac{5}{6}$ h) $5\frac{7}{10}\cdot 20$ i) $\frac{12}{25}\cdot 5\frac{5}{18}$

10
Welcher Weg ist günstiger?

a) $\frac{1}{3}\cdot(\frac{3}{4}+\frac{1}{4})$ oder $\frac{1}{3}\cdot\frac{3}{4}+\frac{1}{3}\cdot\frac{1}{4}$

b) $\frac{4}{3}\cdot(\frac{1}{4}+\frac{3}{4})$ oder $\frac{4}{3}\cdot\frac{1}{4}+\frac{4}{3}\cdot\frac{3}{4}$

c) $\frac{3}{5}\cdot(\frac{2}{3}+\frac{2}{3})$ oder $\frac{3}{5}\cdot\frac{2}{3}+\frac{3}{5}\cdot\frac{2}{3}$

d) $\frac{8}{9}\cdot(\frac{3}{8}+\frac{2}{8})$ oder $\frac{8}{9}\cdot\frac{3}{8}+\frac{8}{9}\cdot\frac{2}{8}$

11
Wende das Verteilungsgesetz so an, dass du geschickt rechnen kannst.

a) $\frac{4}{7}\cdot(\frac{1}{6}+\frac{5}{6})$ b) $\frac{2}{3}\cdot(\frac{3}{2}+\frac{6}{7})$

c) $(\frac{2}{3}+\frac{4}{3})\cdot\frac{7}{9}$ d) $(3+\frac{3}{10})\cdot\frac{5}{11}$

e) $(\frac{5}{9}+\frac{1}{3})\cdot\frac{27}{32}$ f) $\frac{7}{9}\cdot(\frac{9}{14}+\frac{3}{4})$

g) $3\cdot(\frac{4}{9}+\frac{5}{24})$ h) $(\frac{9}{14}+\frac{17}{28})\cdot\frac{27}{35}$

i) $\frac{5}{2}\cdot(\frac{2}{5}-\frac{1}{10})$ k) $5\frac{1}{3}\cdot(\frac{7}{16}-\frac{7}{24})$

□ · □ + □

(□ + □) · □

□ − □ · □

□ − □ : □

Setze für jedes Kästchen die Brüche in der angegebenen Reihenfolge ein.
Wo erhältst du den größten Wert, wo den kleinsten Wert?

12

Überlege vor dem Rechnen, welcher Weg vorteilhafter ist.

a) $\frac{4}{9} \cdot (\frac{9}{10} + \frac{9}{14})$ b) $\frac{2}{5} \cdot (5 + \frac{3}{5})$

c) $\frac{3}{7} \cdot (\frac{7}{3} + \frac{11}{6})$ d) $24 \cdot (\frac{3}{8} + \frac{5}{12})$

e) $(\frac{6}{7} - \frac{6}{11}) \cdot \frac{11}{12}$ f) $(3 - \frac{1}{2}) \cdot \frac{17}{10}$

g) $(\frac{18}{25} + \frac{9}{35}) : \frac{36}{5}$ h) $(\frac{11}{4} - \frac{11}{5}) : \frac{33}{20}$

13

Berechne geschickt.

a) $3 \cdot \frac{2}{5} + 3 \cdot \frac{3}{5}$ b) $8 \cdot (\frac{3}{4} + \frac{1}{8})$

c) $\frac{6}{5} \cdot (7 - 2)$ d) $\frac{3}{2} \cdot 11 + \frac{3}{2} \cdot 17$

e) $\frac{7}{8} \cdot \frac{1}{3} + \frac{7}{8} \cdot \frac{5}{3}$ f) $(\frac{2}{5} + \frac{3}{2}) \cdot \frac{10}{3}$

g) $\frac{7}{10} \cdot (5 - \frac{5}{14})$ h) $13 \cdot \frac{1}{7} - 13 \cdot \frac{1}{14}$

14

Das Verteilungsgesetz gilt auch, wenn in der Klammer mehr als zwei Zahlen stehen.

Beispiel: $\frac{3}{8} \cdot (\frac{4}{9} + 2 - \frac{2}{15}) = \frac{3}{8} \cdot \frac{4}{9} + \frac{3}{8} \cdot \frac{2}{1} - \frac{3}{8} \cdot \frac{2}{15}$
$= \frac{1}{6} + \frac{3}{4} - \frac{1}{20} = \frac{52}{60} = \frac{13}{15}$

a) $8 \cdot (\frac{1}{4} + \frac{3}{2} + \frac{5}{8})$ b) $7 \cdot (\frac{5}{21} + \frac{1}{3} - \frac{8}{21})$

c) $(\frac{11}{30} + \frac{17}{45} - \frac{7}{60}) \cdot 15$ d) $(\frac{3}{32} + \frac{1}{80} + \frac{1}{5}) \cdot 16$

e) $10 \cdot (\frac{9}{10} + \frac{7}{30} + \frac{2}{5})$ f) $\frac{6}{7} \cdot (\frac{2}{3} + \frac{5}{6} + \frac{35}{36})$

15

Klammere geschickt aus und denke ans Kürzen.

a) $4 \cdot \frac{1}{7} + 6 \cdot \frac{1}{7} + 11 \cdot \frac{1}{7}$

b) $2\frac{1}{2} \cdot \frac{2}{3} + \frac{3}{4} \cdot \frac{2}{3} - 2 \cdot \frac{2}{3}$

c) $5\frac{3}{4} \cdot \frac{5}{22} + \frac{1}{2} \cdot \frac{5}{22} + 4\frac{3}{4} \cdot \frac{5}{22}$

d) $\frac{3}{13} \cdot \frac{2}{7} + \frac{3}{13} \cdot \frac{6}{7} - \frac{3}{13} \cdot \frac{1}{7}$

16

Wo steckt der Fehler? Verbessere!

a) $\frac{1}{5} \cdot (\frac{3}{7} + \frac{4}{9}) = \frac{1}{5} + \frac{3}{7} \cdot \frac{1}{5} + \frac{4}{9}$

b) $\frac{1}{2} \cdot (\frac{3}{4} + \frac{4}{5}) = \frac{1}{2} \cdot \frac{3}{4} + \frac{4}{5}$

c) $(\frac{2}{3} - \frac{1}{4}) \cdot \frac{1}{6} = \frac{2}{3} - \frac{1}{4} \cdot \frac{1}{6}$

d) $\frac{2}{7} + \frac{1}{4} \cdot \frac{2}{7} + \frac{4}{9} = \frac{2}{7} \cdot (\frac{1}{4} + \frac{4}{9})$

17

Hier kannst du in jeder Aufgabe mehrmals ausklammern.

a) $\frac{2}{11} \cdot \frac{9}{25} + \frac{8}{11} \cdot \frac{9}{25} + \frac{3}{11} \cdot \frac{2}{25} + \frac{7}{11} \cdot \frac{2}{25}$

b) $\frac{2}{11} \cdot \frac{4}{13} + \frac{2}{11} \cdot \frac{5}{13} + \frac{4}{11} \cdot \frac{3}{13} + \frac{4}{11} \cdot \frac{6}{13}$

c) $\frac{1}{17} \cdot \frac{3}{19} + \frac{6}{17} \cdot \frac{3}{19} + \frac{4}{17} \cdot \frac{14}{19} + \frac{3}{17} \cdot \frac{14}{19}$

d) $3 \cdot \frac{11}{13} + 3 \cdot \frac{15}{13} + \frac{43}{15} \cdot \frac{8}{15} - \frac{13}{15} \cdot \frac{8}{15}$

18

Schreibe den dazugehörigen Rechenausdruck auf. Manchmal brauchst du dazu Klammern. Berechne den Wert.

a)
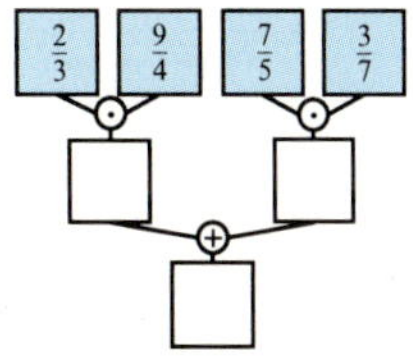

b)
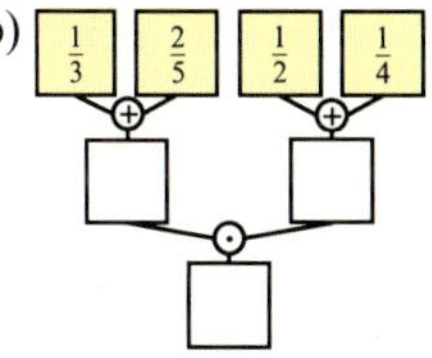

c)
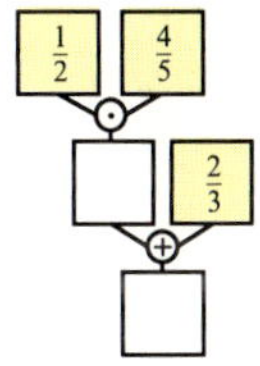

d)
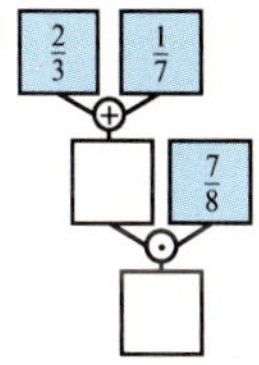

e)
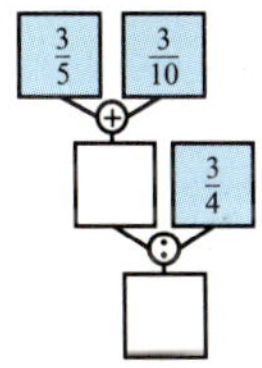

f)
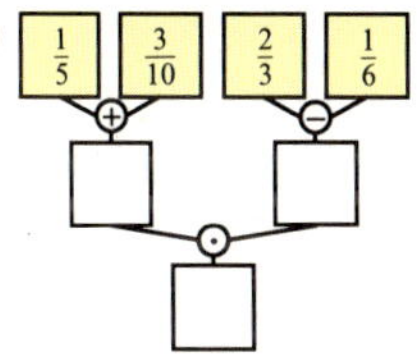

19

Zeichne den passenden Rechenbaum und berechne.

a) $(\frac{2}{9} + \frac{1}{3}) \cdot \frac{3}{4}$ b) $\frac{3}{5} : (\frac{1}{2} - \frac{1}{3})$

c) $\frac{3}{4} - (\frac{7}{6} - \frac{1}{2})$ d) $(\frac{2}{3} - \frac{2}{5}) \cdot \frac{1}{2}$

e) $(\frac{1}{3} + \frac{1}{5}) - \frac{1}{30}$ f) $6 : (\frac{1}{9} \cdot \frac{2}{7})$

g) $\frac{8}{5} : (\frac{1}{2} : \frac{1}{4})$ h) $\frac{7}{2} \cdot (\frac{6}{5} : \frac{1}{2})$

20

Berechne.

a) $\frac{1}{3} \cdot \frac{1}{2} + \frac{2}{9}$ b) $\frac{7}{10} + \frac{3}{5} \cdot \frac{3}{4}$

c) $\frac{2}{3} - \frac{1}{8} \cdot \frac{4}{3}$ d) $\frac{4}{5} - \frac{7}{15} : \frac{2}{3}$

e) $4\frac{3}{4} - 2\frac{7}{10} \cdot \frac{8}{9}$ f) $7\frac{1}{2} + 2\frac{4}{5} : 1\frac{3}{25}$

21

Stelle den Rechenausdruck auf und berechne seinen Wert.

a) 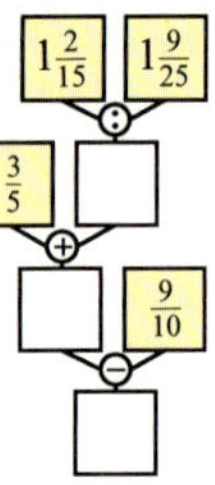

b) 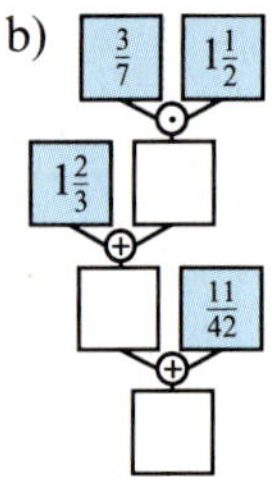

c) 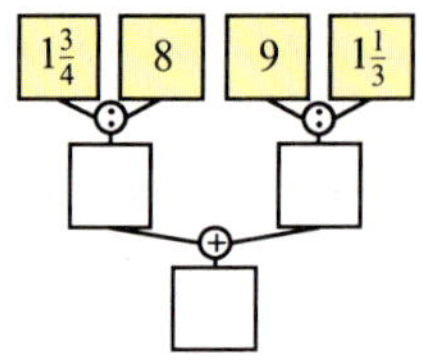

22

Zeichne den passenden Rechenbaum und berechne.

a) $\frac{2}{9}+\frac{1}{3}\cdot\frac{3}{4}$
b) $6-\frac{1}{9}\cdot\frac{2}{7}$
c) $\frac{5}{8}+\frac{7}{8}:\frac{1}{4}$
d) $\frac{8}{5}-\frac{2}{3}:\frac{7}{15}$
e) $\frac{1}{5}\cdot\frac{3}{8}+\frac{4}{5}\cdot\frac{1}{10}$
f) $\frac{2}{5}:\frac{1}{3}+\frac{2}{3}:\frac{4}{5}$

23

Berechne.

a) $\frac{2}{5}\cdot\frac{3}{4}-\frac{1}{4}:\frac{5}{2}$
b) $\frac{1}{3}:\frac{4}{5}-\frac{1}{2}:\frac{4}{3}$
c) $\frac{5}{7}:\frac{10}{11}+\frac{3}{8}\cdot\frac{4}{7}$
d) $\frac{16}{3}:\frac{4}{9}-\frac{10}{3}\cdot\frac{3}{5}$
e) $2\frac{1}{9}\cdot 1\frac{4}{5}+2\frac{1}{10}:\frac{3}{4}$
f) $1\frac{7}{8}\cdot 4\frac{8}{9}-18\frac{2}{3}:3\frac{1}{9}$

24

Berechne.

a) $\frac{8}{9}-(\frac{1}{3}+\frac{1}{6})$
b) $\frac{7}{4}-(\frac{5}{6}-\frac{5}{12})$
c) $\frac{13}{4}-(\frac{14}{3}-2)$
d) $\frac{16}{5}-(\frac{3}{2}+\frac{5}{4})$
e) $\frac{9}{20}-(\frac{1}{10}+\frac{3}{50})$
f) $\frac{11}{15}-(\frac{7}{9}-\frac{3}{5})$

25

Berechne.

a) $3-(\frac{1}{2}+\frac{3}{4}-\frac{6}{5})$
b) $\frac{1}{2}-(\frac{3}{7}+\frac{1}{21}-\frac{1}{4})$
c) $\frac{7}{5}-(5-\frac{6}{5}-\frac{20}{7})$
d) $\frac{6}{5}-(\frac{9}{2}-\frac{4}{3}-\frac{11}{5})$
e) $9-(\frac{3}{2}+\frac{5}{3}+\frac{7}{4})$
f) $\frac{11}{3}-(2-\frac{8}{9}+\frac{2}{3})$

26

Berechne.

a) $(6\frac{2}{5}+2\frac{7}{10}):(3\frac{1}{2}-\frac{9}{10})$
b) $2\cdot(7\frac{1}{3}-2\frac{1}{5})+5\frac{1}{15}$
c) $(9\frac{1}{2}-4\frac{5}{6}):(4\frac{4}{5}-1\frac{1}{3})$

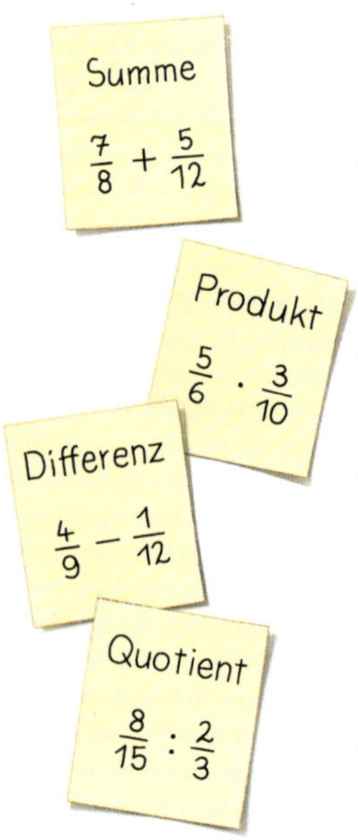

27

Setze für die Leerstellen die Brüche ein und rechne. $\square+\triangle\cdot\bigcirc$ $\square+\triangle:\bigcirc$ $\square\cdot\triangle+\bigcirc$ $\square:\triangle+\bigcirc$

a) Für $\square=\frac{1}{2}$, $\triangle=\frac{1}{3}$ und $\bigcirc=\frac{1}{4}$.
b) Für $\square=\frac{1}{4}$, $\triangle=\frac{1}{5}$ und $\bigcirc=\frac{1}{6}$.

28

Ersetze die Leerstellen jeweils durch dieselbe Zahl und berechne.

a) $\square:\frac{3}{4}+\frac{4}{5}\cdot\square$ $(\square=\frac{1}{5},\frac{3}{8},\frac{4}{7},\frac{3}{2})$
b) $\frac{7}{2}+\triangle\cdot\triangle-\frac{5}{6}$ $(\triangle=\frac{1}{4},\frac{2}{3},\frac{5}{2},\frac{9}{4})$

29

a) Bilde aus den Brüchen $\frac{3}{5}$, $\frac{2}{3}$ und $\frac{1}{6}$ verschiedene Rechenausdrücke und berechne sie.
Beispiel: $\frac{3}{5}\cdot\frac{2}{3}+\frac{1}{6}=\frac{2}{5}+\frac{1}{6}=\frac{17}{30}$
b) Stelle einen Rechenausdruck ohne und einen Ausdruck mit Klammern mit möglichst großem Wert auf.
c) Stelle einen Rechenausdruck ohne und einen Ausdruck mit Klammern mit möglichst kleinem Wert auf.

30

Wie heißt der Rechenausdruck? Berechne.

a) Vermehre das Produkt aus den Zahlen $1\frac{2}{5}$ und 7 um $\frac{4}{15}$.
b) Vermindere den Quotienten aus den Zahlen $4\frac{3}{7}$ und $\frac{5}{14}$ um $7\frac{3}{10}$.
c) Subtrahiere von 54 das Produkt aus den Zahlen $8\frac{5}{9}$ und $2\frac{5}{11}$.
d) Addiere zu $2\frac{9}{10}$ den Quotienten aus den Zahlen $\frac{5}{12}$ und $\frac{5}{24}$.

31

a) Subtrahiere die Differenz von $\frac{1}{3}$ und $\frac{1}{4}$ von der Summe aus $\frac{5}{6}$ und $\frac{2}{9}$.
b) Addiere die Differenz von $\frac{5}{9}$ und $\frac{3}{8}$ zur Differenz von $\frac{7}{5}$ und $\frac{11}{40}$.
c) Dividiere die Summe von $\frac{1}{3}$ und $\frac{1}{8}$ durch die Differenz von $\frac{5}{3}$ und $\frac{3}{4}$.
d) Addiere das Produkt der Zahlen $\frac{21}{8}$ und $\frac{4}{3}$ zum Quotienten der Zahlen $\frac{25}{26}$ und $\frac{5}{13}$.
e) Multipliziere die Summe der Zahlen $\frac{5}{12}$ und $\frac{3}{5}$ mit der Differenz der Zahlen 2 und $\frac{1}{61}$.

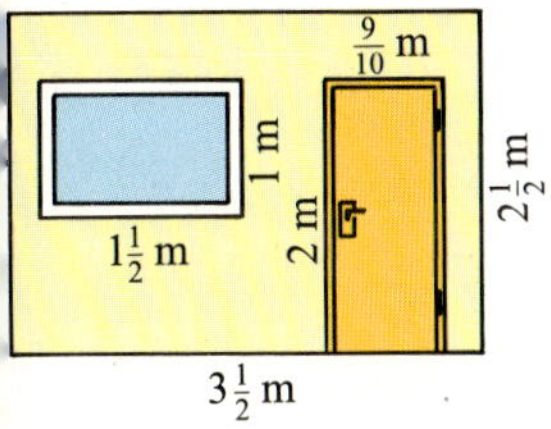

32

Jasmins Zimmer wird neu tapeziert. Nach dem Ausmessen überlegt ihr Vater, wie viel m² Tapete er allein für die Zimmerwand mindestens braucht, wenn er mit $1\frac{1}{2}$ m² Abfall rechnet. Stelle zur Berechnung zuerst einen Rechenausdruck auf.
Berechne die gesamte Tapetenfläche in m².

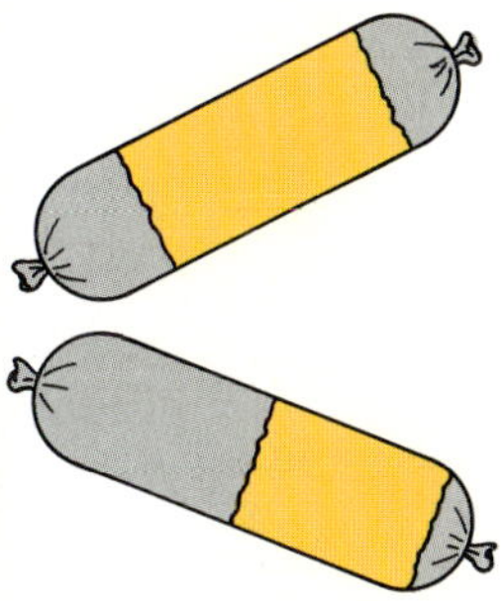

33

Herberts Katze hat eine Wurst stibitzt. Erst frisst sie von der Hälfte ein Drittel, dann vom anderen Ende her noch ein Viertel der ganzen Wurst. Brittas Hund will da nicht zurückstehen und stiehlt ebenfalls eine Wurst. Erst frisst er die Hälfte, dann schafft er noch ein Drittel eines Viertels.
Welchen Rest hat die Katze, welchen hat der Hund übrig gelassen?

34

Bauer Sommer besitzt $22\frac{1}{2}$ ha Land.
Ein Viertel der Nutzfläche ist Wald, $\frac{2}{5}$ davon Nadelwald.
a) Auf wie viel ha Fläche wachsen Nadelbäume?
b) $\frac{5}{9}$ der Ackerfläche bebaut er mit Hackfrüchten. Wie viel ha sind dies?

35

Die Klassen 7 a und 7 b sammeln Altpapier für ihren Schullandheimaufenthalt in den Dolomiten. Die Klassen erzielen folgende Ergebnisse: 7 a: $1\frac{3}{4}$ t und $2\frac{1}{2}$ t, 7 b: $\frac{9}{10}$ t und $3\frac{1}{4}$ t. Berechne, wer mehr gesammelt hat.

36

Frau Malte ist Gesundheitsberaterin. An einem Tag, an dem sie insgesamt $9\frac{1}{2}$ h gearbeitet hat, fuhr sie $3\frac{1}{4}$ h lang im Stadtverkehr und $2\frac{1}{2}$ h lang über Land. Wie viel Zeit blieb ihr für die Beratung der Kunden?

37

Ein Handwerker hat Überstunden gemacht: $\frac{1}{2}$ h, $\frac{3}{4}$ h, 1 h, $\frac{3}{4}$ h, $1\frac{1}{4}$ h. Wie viel Euro erhält er für die zusätzliche Arbeit, wenn für eine Überstunde 21,20 € bezahlt werden?

38

Zum Knobeln!
Die Hälfte des Kirschsafts wird in den Krug mit Apfelsaft umgefüllt. Dann wird gut gemischt. Anschließend wird ein Drittel in den Krug mit dem Kirschsaft zurückgegossen.

a) Wie viel l Saftgemisch ist jetzt in jedem Krug?
b) Wie groß ist der Anteil des Kirschsafts im linken Krug?
c) Wie groß ist der Anteil des Apfelsafts im rechten Krug?

39

Zahlenzauber!
Berechne der Reihe nach:

$\frac{3}{4} - \frac{1}{2}$

$\frac{3}{4} \cdot \frac{8}{9} - \frac{1}{2}$

$\frac{3}{4} \cdot \frac{8}{9} \cdot \frac{15}{16} - \frac{1}{2}$

$\frac{3}{4} \cdot \frac{8}{9} \cdot \frac{15}{16} \cdot \frac{24}{25} - \frac{1}{2}$

$\frac{3}{4} \cdot \frac{8}{9} \cdot \frac{15}{16} \cdot \frac{24}{25} \cdot \frac{35}{36} - \frac{1}{2}$

Beachte, dass die Nenner der Faktoren Quadratzahlen sind.
Erkennst du eine Gesetzmäßigkeit?
Nenne, ohne zu rechnen, die Ergebnisse von:

$\frac{3}{4} \cdot \frac{8}{9} \cdot \frac{15}{16} \cdot \frac{24}{25} \cdot \frac{35}{36} \cdot \frac{48}{49} - \frac{1}{2}$

$\frac{3}{4} \cdot \frac{8}{9} \cdot \frac{15}{16} \cdot \frac{24}{25} \cdot \frac{35}{36} \cdot \frac{48}{49} \cdot \frac{63}{64} \cdot \frac{80}{81} \cdot \frac{99}{100} - \frac{1}{2}$

10 Vermischte Aufgaben

1

Berechne.

a) $\frac{3}{8}+\frac{5}{8}$; $\frac{1}{7}+\frac{6}{7}$; $\frac{3}{11}+\frac{8}{11}$

b) $\frac{1}{12}+\frac{7}{12}$; $\frac{1}{8}+\frac{5}{8}$; $\frac{1}{10}+\frac{3}{10}$

c) $\frac{5}{13}+\frac{11}{13}$; $\frac{18}{19}+\frac{18}{19}$; $\frac{21}{25}+\frac{19}{25}$

d) $\frac{8}{9}-\frac{5}{9}$; $\frac{9}{10}-\frac{7}{10}$; $\frac{3}{4}-\frac{1}{4}$

e) $\frac{8}{11}-\frac{6}{11}$; $\frac{15}{17}-\frac{8}{17}$; $\frac{21}{23}-\frac{9}{23}$

f) $\frac{13}{16}-\frac{11}{16}$; $\frac{22}{25}-\frac{7}{25}$; $\frac{33}{50}-\frac{23}{50}$

2

Ergänze die Leerstellen.

a) $\square+\frac{2}{5}=\frac{4}{5}$ b) $\square+\frac{5}{9}=\frac{7}{9}$

c) $\frac{25}{32}+\square=\frac{31}{32}$ d) $\frac{11}{15}-\square=\frac{4}{15}$

e) $\square-\frac{8}{19}=\frac{5}{19}$ f) $\square-\frac{34}{45}=\frac{13}{45}$

g) $\frac{19}{27}-\square=\frac{8}{27}$ h) $\frac{31}{44}-\square=\frac{15}{44}$

3

Rechne mit gemischten Zahlen.

a) $5\frac{2}{15}+1\frac{8}{15}$; $10\frac{1}{18}+2\frac{11}{18}$; $7\frac{3}{20}+9\frac{13}{20}$

b) $5\frac{11}{12}-3\frac{5}{12}$; $4\frac{13}{16}-1\frac{9}{16}$; $6\frac{17}{25}-4\frac{12}{25}$

c) $8\frac{13}{24}-5\frac{19}{24}$; $12\frac{13}{30}-4\frac{19}{30}$; $34\frac{31}{60}-25\frac{53}{60}$

4

Berechne.

a) $\frac{1}{5}\,l+\frac{2}{5}\,l$; $\frac{2}{5}\,l+\frac{3}{5}\,l$; $\frac{3}{8}\,l+\frac{5}{8}\,l$

b) $\frac{7}{100}\,\text{kg}-\frac{3}{100}\,\text{kg}$; $\frac{9}{10}\,\text{kg}-\frac{7}{10}\,\text{kg}$; $\frac{17}{20}\,\text{kg}-\frac{7}{20}\,\text{kg}$

c) $\frac{11}{15}\,\text{km}+\frac{14}{15}\,\text{km}$; $\frac{11}{12}\,\text{km}+\frac{5}{12}\,\text{km}$; $\frac{29}{50}\,\text{km}+\frac{31}{50}\,\text{km}$

5

Martins Hund Twiggy bekommt ein Medikament. Um die Dosis zu bestimmen, muss Twiggy gewogen werden. Martin nimmt Twiggy mit auf die Waage. Sie wiegen zusammen $72\frac{1}{4}$ kg, Martin alleine $58\frac{3}{4}$ kg. Wie schwer ist Twiggy?

6

Jeder Schrebergarten in der Kleingartenanlage ist $\frac{1}{20}$ der Gesamtfläche groß. Welcher Anteil bleibt für die Zufahrtswege? Schreibe das Ergebnis als gekürzten Bruch.

7

Berechne.

a) $\frac{3}{8}+\frac{1}{4}$; $\frac{5}{6}+\frac{1}{12}$; $\frac{1}{6}+\frac{11}{18}$

b) $\frac{3}{5}-\frac{11}{25}$; $\frac{4}{7}-\frac{11}{21}$; $\frac{1}{11}-\frac{1}{33}$

c) $\frac{3}{8}+\frac{5}{12}$; $\frac{5}{18}+\frac{10}{24}$; $\frac{4}{9}+\frac{7}{15}$

d) $\frac{13}{20}-\frac{17}{30}$; $\frac{7}{16}-\frac{7}{24}$; $\frac{18}{35}-\frac{5}{14}$

e) $\frac{7}{11}+\frac{11}{18}$; $\frac{2}{3}+\frac{13}{19}$; $\frac{9}{16}+\frac{7}{9}$

f) $\frac{8}{15}-\frac{1}{4}$; $\frac{4}{5}-\frac{11}{15}$; $\frac{13}{17}-\frac{7}{12}$

8

Fülle die Leerstellen aus.

a) $\frac{2}{3}+\square=\frac{17}{12}$ b) $\frac{3}{4}+\square=\frac{27}{20}$

c) $\square+\frac{7}{10}=\frac{43}{40}$ d) $\frac{7}{9}-\square=\frac{11}{18}$

e) $\square-\frac{2}{9}=\frac{13}{36}$ f) $\square+\frac{3}{14}=\frac{47}{56}$

9

Bestimme den Umfang der Figur.

a)

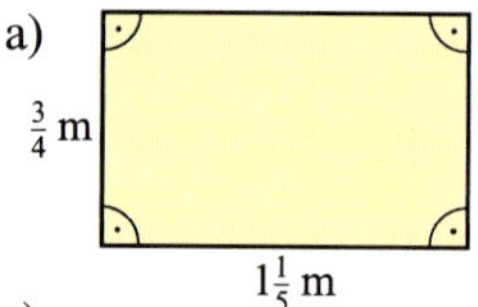

b)

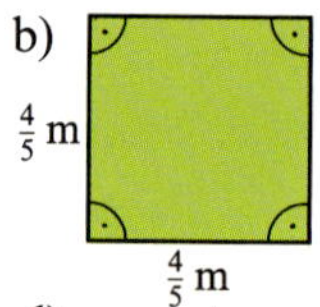

c)

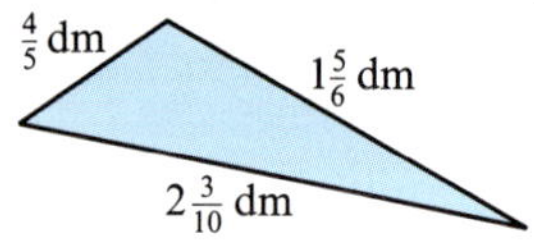

d)

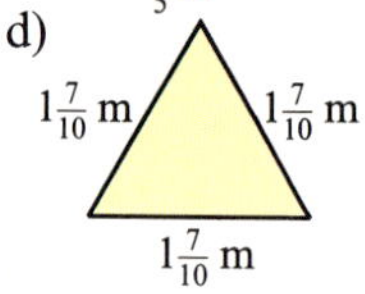

10

Setze die Reihe fort.

a) Bis $5\frac{1}{3}$: $\frac{1}{3}\xrightarrow{+\frac{1}{2}}\frac{5}{6}\xrightarrow{+\frac{1}{2}}\square\xrightarrow{+\frac{1}{2}}\square\ \ldots$

b) Bis 0: $10\xrightarrow{-\frac{2}{3}}9\frac{1}{3}\xrightarrow{-\frac{2}{3}}\square\xrightarrow{-\frac{2}{3}}\square\ \ldots$

11

Berechne.

a) $7-\frac{2}{11}$; $6+\frac{2}{3}$; $9-\frac{4}{13}$

b) $3\frac{3}{8}+6\frac{1}{8}$; $4\frac{2}{7}+\frac{9}{7}$; $1\frac{1}{4}-\frac{5}{8}$

c) $\frac{15}{11}-1\frac{1}{11}$; $1\frac{11}{15}-\frac{21}{30}$; $2\frac{7}{10}+\frac{43}{100}$

d) $7\frac{2}{9}+6\frac{1}{2}$; $3\frac{3}{4}-2\frac{5}{8}$; $4\frac{5}{12}-3\frac{5}{6}$

e) $10\frac{5}{36}+9\frac{5}{108}$; $9\frac{8}{21}-7\frac{97}{105}$; $14\frac{1}{17}-12\frac{57}{85}$

f) $2\frac{1}{8}+5\frac{6}{13}$; $4\frac{5}{13}-2\frac{7}{12}$; $10\frac{9}{11}+7\frac{7}{15}$

12

Setze im Heft das richtige Zeichen >, < oder = ein.

a) $\frac{1}{2}+\frac{1}{3} \;\square\; \frac{1}{3}+\frac{1}{4}$ b) $\frac{4}{5}-\frac{1}{3} \;\square\; \frac{2}{3}-\frac{1}{12}$

c) $\frac{12}{5}+\frac{3}{10} \;\square\; \frac{3}{5}+\frac{37}{20}$ d) $\frac{1}{7}-\frac{1}{9} \;\square\; \frac{2}{9}-\frac{1}{7}$

e) $\frac{11}{12}+\frac{1}{4} \;\square\; \frac{25}{18}-\frac{2}{9}$ f) $\frac{1}{6}-\frac{1}{7} \;\square\; \frac{1}{5}-\frac{1}{8}$

13

Jede Zeile, Spalte und Diagonale in dem Quadrat soll die gleiche Summe ergeben.

a)

$\frac{1}{4}$	3	2	$\frac{13}{4}$
		$\frac{11}{4}$	$\frac{1}{2}$
$\frac{15}{4}$	$\frac{3}{2}$		$\frac{3}{4}$
	$\frac{9}{4}$		

b)

$\frac{1}{12}$		$\frac{2}{3}$	
$\frac{7}{6}$		$\frac{11}{12}$	$\frac{1}{6}$
	$\frac{1}{2}$	$\frac{5}{6}$	
$\frac{1}{3}$		$\frac{5}{12}$	$\frac{4}{3}$

c)

8	$\frac{3}{2}$		$\frac{13}{2}$
	5	$\frac{11}{2}$	4
	3		
2			$\frac{1}{2}$

d)

$\frac{9}{5}$			$\frac{3}{5}$
	$\frac{8}{5}$	$\frac{6}{5}$	
$\frac{4}{5}$	$\frac{3}{2}$	$\frac{11}{10}$	2
		$\frac{7}{5}$	

14

Übertrage ins Heft und ergänze richtig.

a)

$\boxed{\frac{3}{4}} - \boxed{} = \boxed{\frac{4}{7}}$

$+ \quad + \quad +$

$\boxed{} - \boxed{} = \boxed{}$

$\boxed{} - \boxed{\frac{1}{3}} = \boxed{\frac{4}{5}}$

b)

$\boxed{\frac{3}{5}} - \boxed{} = \boxed{}$

$+ \quad + \quad +$

$\boxed{} - \boxed{\frac{2}{9}} = \boxed{\frac{1}{2}}$

$\boxed{} - \boxed{} = \boxed{\frac{9}{10}}$

15

Die Heimatzeitung berichtet:

„In Bruchdorf ist $\frac{1}{8}$ der Fläche mit Wohnhäusern, $\frac{1}{24}$ mit öffentlichen Gebäuden und $\frac{1}{5}$ mit Scheunen und Ställen bebaut. Gärten und Wiesen nehmen den Anteil $\frac{7}{12}$ ein. Der Rest, das ist der Anteil $\frac{1}{10}$, wird von Straßen, Wegen und Plätzen beansprucht."

Die Zeitung hat eine einzige Ziffer falsch gedruckt. Wo steckt der Fehler?

16

Berechne vorteilhaft.

a) $\frac{2}{3}+\frac{9}{11}+\frac{1}{3}$ b) $\frac{5}{7}+\frac{5}{9}+\frac{2}{7}$

c) $\frac{4}{5}+\frac{7}{8}+\frac{6}{5}$ d) $\frac{4}{21}+\frac{8}{9}+\frac{10}{9}$

e) $\frac{13}{24}+\frac{10}{11}+\frac{11}{24}$ f) $\frac{3}{8}+\frac{5}{13}+\frac{29}{8}$

g) $\frac{3}{7}+\frac{11}{14}+\frac{3}{14}$ h) $\frac{5}{17}+\frac{3}{8}+\frac{12}{17}$

17

Fasse geschickt zusammen.

a) $\frac{2}{3}+1\frac{1}{2}+\frac{5}{6}-\frac{1}{2}+\frac{7}{12}$

b) $2\frac{4}{5}+\frac{7}{10}-\frac{13}{15}+\frac{17}{20}-1\frac{3}{10}$

c) $5\frac{3}{8}-\frac{7}{24}+\frac{5}{16}-3\frac{3}{4}+\frac{5}{4}$

d) $3\frac{7}{100}+1\frac{1}{10}-\frac{17}{100}+2\frac{3}{50}-\frac{13}{20}$

18

Berechne.

a) $7\frac{1}{9}-(2\frac{1}{2}-1\frac{1}{3})-(5\frac{5}{6}-3\frac{1}{4})$

b) $11\frac{1}{4}-(6\frac{1}{3}-2\frac{1}{2}+5\frac{1}{6})$

c) $12\frac{4}{5}-4\frac{1}{3}+5\frac{1}{6}-(2\frac{1}{4}+3\frac{3}{4})$

d) $8\frac{1}{6}-(6\frac{1}{4}-(4\frac{1}{5}-2\frac{1}{3}))$

e) $13\frac{1}{2}-(12\frac{1}{3}-(10\frac{1}{5}-8\frac{1}{4}))$

19

Gib das Ergebnis in gekürzter Form an.

a) $\frac{2}{3}-\frac{1}{7}-\frac{2}{9}$ b) $\frac{13}{100}+\frac{25}{12}-\frac{7}{30}$

c) $\frac{1}{11}+\frac{1}{13}+\frac{1}{17}$ d) $\frac{9}{77}+\frac{13}{33}-\frac{10}{77}$

e) $\frac{17}{111}+\frac{15}{37}-\frac{23}{222}$ f) $\frac{1}{9}+\frac{2}{45}-\frac{4}{735}$

20

Babylonische Bruchrechnung.

Im alten Babylon rechnete man mit Brüchen, deren Nenner Potenzen von 60 waren, also 60, 3 600 usw.

Man schrieb 2. 12. 25 und meinte damit $2+\frac{12}{60}+\frac{25}{3600}$, also den Bruch $\frac{7945}{3600}$ oder $2\frac{149}{720}$.

Schreibe die „babylonischen Zahlen" als Brüche mit dem Nenner 3 600:

a) 1.7.25 b) 1.6.10 c) 4.40.15

d) 0.7.50 e) 6.30.00 f) 0.1.00

g) 0.00.01 h) 3.05.02 i) 2.22.22

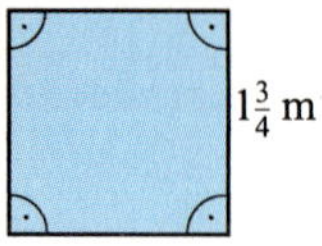

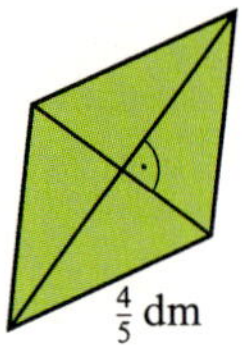

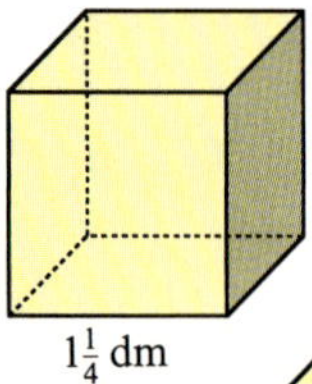

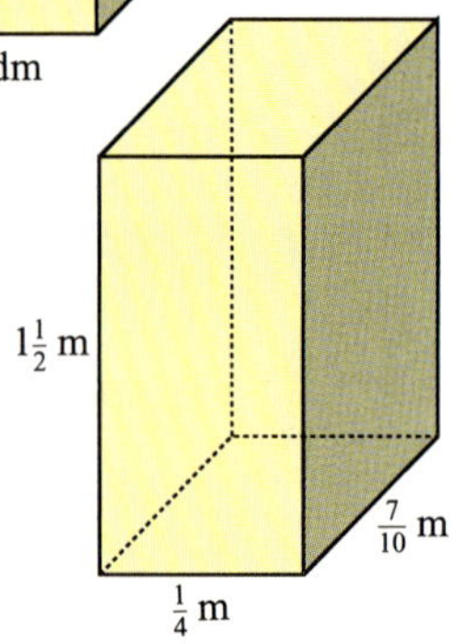

21

a) Berechne den Umfang eines Quadrates mit der Seitenlänge $1\frac{3}{4}$ m.
b) Wie groß ist der Umfang einer Raute mit der Seitenlänge $\frac{4}{5}$ dm?
c) Wie groß ist die Summe aller Kanten eines Würfels mit der Kantenlänge $1\frac{1}{4}$ dm?
d) Berechne ebenso die Summe aller Kanten eines Quaders mit $\frac{1}{4}$ m Breite, $\frac{7}{10}$ m Länge und $1\frac{1}{2}$ m Höhe.

22

Multipliziere.

a) $\frac{2}{5}\cdot\frac{4}{3}$　$\frac{9}{10}\cdot\frac{7}{50}$　$\frac{5}{9}\cdot\frac{8}{11}$

b) $\frac{3}{5}\cdot\frac{4}{3}$　$\frac{5}{7}\cdot\frac{4}{5}$　$\frac{8}{9}\cdot\frac{3}{2}$

c) $\frac{14}{25}\cdot\frac{35}{56}$　$\frac{72}{91}\cdot\frac{39}{108}$　$\frac{102}{65}\cdot\frac{10}{68}$

d) $4\cdot 2\frac{3}{8}$　$6\cdot 5\frac{7}{9}$　$10\cdot 8\frac{3}{5}$

e) $3\frac{7}{16}\cdot\frac{12}{11}$　$5\frac{9}{11}\cdot\frac{7}{8}$　$3\frac{3}{14}\cdot\frac{28}{15}$

f) $1\frac{5}{8}\cdot 2\frac{3}{5}$　$2\frac{1}{5}\cdot 3\frac{2}{3}$　$4\frac{4}{9}\cdot 2\frac{9}{10}$

23

Wie viel sind

a) $\frac{3}{4}$ von $\frac{1}{2}$ kg　b) $\frac{1}{2}$ von $\frac{3}{4}$ kg
c) $\frac{8}{9}$ von $1\frac{1}{4}$ m　d) $\frac{1}{3}$ von 2 t
e) $\frac{4}{5}$ von $3\frac{1}{2}$ km　f) $\frac{5}{2}$ von $\frac{3}{10}$ m^3?

24

Dividiere.

a) $\frac{7}{12}:\frac{8}{9}$　$\frac{9}{10}:\frac{3}{5}$　$\frac{3}{4}:\frac{7}{6}$

b) $\frac{9}{14}:\frac{6}{7}$　$\frac{1}{4}:\frac{7}{16}$　$\frac{7}{12}:\frac{14}{15}$

c) $\frac{5}{6}:6\frac{2}{3}$　$\frac{5}{9}:3\frac{1}{8}$　$\frac{3}{7}:2\frac{1}{4}$

d) $4\frac{1}{3}:\frac{8}{9}$　$6\frac{2}{3}:\frac{10}{21}$　$8\frac{4}{5}:\frac{11}{30}$

e) $1\frac{1}{4}:1\frac{1}{6}$　$2\frac{2}{3}:2\frac{3}{4}$　$3\frac{2}{5}:5\frac{1}{10}$

f) $4\frac{1}{6}:13\frac{3}{4}$　$7\frac{11}{12}:15\frac{5}{6}$　$8\frac{8}{15}:10\frac{2}{3}$

25

Gib einen passenden Bruch an.

a) $\frac{3}{7}\cdot\square=\frac{6}{35}$　b) $\frac{11}{9}\cdot\square=\frac{44}{45}$
c) $\square\cdot\frac{2}{3}=\frac{16}{15}$　d) $\square\cdot\frac{5}{6}=\frac{55}{42}$
e) $\frac{1}{4}\cdot\square=\frac{1}{3}$　f) $\frac{2}{3}\cdot\square=\frac{1}{2}$

26

Gib einen passenden Bruch an.

a) $\square\cdot\frac{1}{2}=\frac{6}{11}$　b) $\frac{3}{4}\cdot\square=2$
c) $\frac{4}{5}\cdot\square=\frac{14}{15}$　d) $\square\cdot\frac{16}{27}=\frac{8}{15}$
e) $3\cdot\square=\frac{6}{5}$　f) $\square\cdot\frac{22}{3}=\frac{11}{20}$
g) $\square\cdot 4\frac{4}{7}=4$　h) $\frac{17}{20}\cdot\square=\frac{1}{4}$

27

Setze das „vergessene" Rechenzeichen ein.

a) $\frac{13}{4}\square\frac{13}{9}=\frac{169}{36}$　b) $\frac{3}{5}\square\frac{3}{8}=\frac{9}{40}$
c) $\frac{169}{30}\square\frac{13}{15}=\frac{13}{2}$　d) $\frac{121}{28}\square\frac{11}{7}=\frac{11}{4}$
e) $\frac{3}{7}\square\frac{5}{14}=\frac{11}{14}$　f) $\frac{11}{4}\square\frac{7}{8}=\frac{15}{8}$
g) $\frac{8}{3}\square\frac{3}{2}=\frac{7}{6}$　h) $\frac{7}{10}\square\frac{7}{3}=\frac{91}{30}$

28

Berechne vorteilhaft, indem du Klammern setzt.

a) $\frac{1}{3}\cdot 3\cdot\frac{5}{6}$　b) $\frac{2}{3}\cdot\frac{3}{4}\cdot\frac{1}{2}$
c) $4\cdot\frac{6}{7}\cdot\frac{14}{3}$　d) $1\frac{3}{5}\cdot\frac{3}{4}\cdot 2$
e) $1\frac{1}{3}\cdot\frac{9}{10}\cdot\frac{5}{27}$　f) $\frac{2}{5}\cdot 2\frac{1}{2}\cdot\frac{1}{4}$

29

Rechne und achte auf das Kürzen.

a) $\frac{32}{35}\cdot 1\frac{5}{16}\cdot 4\frac{2}{3}\cdot\frac{5}{28}$　b) $\frac{36}{49}\cdot 2\frac{1}{5}\cdot\frac{21}{22}\cdot 1\frac{8}{27}$
c) $1\frac{1}{2}\cdot 1\frac{1}{3}\cdot 1\frac{1}{4}\cdot 1\frac{1}{5}$　d) $1\frac{1}{5}\cdot\frac{21}{25}\cdot 6\frac{2}{3}\cdot\frac{25}{42}$

30

Berechne.

a) $(\frac{2}{3}+\frac{1}{6})\cdot 12$　b) $\frac{1}{2}\cdot(18-\frac{8}{3})$
c) $15\cdot(\frac{2}{5}-\frac{1}{30})$　d) $(\frac{35}{8}-\frac{15}{4}):5$
e) $(\frac{7}{8}-\frac{5}{6})\cdot 48$　f) $(\frac{27}{16}+\frac{3}{8}):\frac{3}{2}$
g) $(3+1\frac{1}{3}):13$　h) $(2\frac{3}{4}-1\frac{1}{2}):1\frac{1}{4}$

31

Berechne. Beachte die „Vorfahrtsregeln".

a) $\frac{1}{2}:\frac{1}{3}+3\frac{1}{3}:\frac{1}{4}-\frac{2}{3}\cdot 20\frac{3}{4}$
b) $\frac{6}{7}:\frac{11}{14}+\frac{4}{5}\cdot\frac{21}{22}-\frac{1}{5}\cdot\frac{4}{11}-\frac{2}{11}:\frac{10}{43}$
c) $3\frac{1}{6}:4\frac{1}{5}-\frac{1}{5}:8\frac{2}{5}+\frac{2}{3}:2\frac{8}{17}$

32
Subtrahiere die Summe der Zahlen $\frac{3}{4}$ und $\frac{5}{6}$
a) von der Summe der Zahlen $\frac{7}{4}$ und $\frac{5}{9}$.
b) von der Differenz der Zahlen $\frac{17}{3}$ und $\frac{7}{5}$.
c) von der Summe der Zahlen $\frac{1}{2}$, $\frac{4}{5}$ und $\frac{13}{6}$.
d) von der Differenz der Zahlen $\frac{46}{24}$ und $\frac{9}{60}$.
e) vom Produkt der Zahlen $\frac{2}{3}$ und $\frac{11}{4}$.

33
Von 980 Schülern einer Schule kommen $\frac{2}{7}$ mit dem Bus oder mit der Bahn in die Schule. $\frac{1}{4}$ der Schüler kommt mit dem Fahrrad, die Übrigen kommen zu Fuß.
Wie viele Schüler sind das jeweils?

34
Bei der Gemeinderatswahl haben 1 200 Bürger ihre Stimme abgegeben. Für Partei A haben $\frac{47}{100}$ gestimmt, für Partei B $\frac{34}{100}$, die Übrigen haben für Partei C gestimmt.
Wie viele Stimmen hat jede Partei bekommen?

35
Aus einem Tank werden nacheinander $\frac{1}{4}$, $\frac{1}{5}$, $\frac{1}{8}$ und $\frac{1}{10}$ des ursprünglichen Inhalts abgepumpt.
a) Welcher Anteil bleibt übrig?
b) Wie viel Liter wurden insgesamt abgepumpt, wenn der Tank anfangs 3 400 l enthielt?
c) Wie viel Liter wurden jeweils abgepumpt, wenn der Tank anfangs 8 320 l enthielt?

36

$\frac{1}{2}$ kg Rindfleisch
$\frac{1}{4}$ kg Kartoffeln
$\frac{3}{4}$ kg Gemüse
50 g Fett
25 g Mehl
$\frac{1}{2}$ l Brühe
$\frac{1}{8}$ l saure Sahne

Das Rezept ist für 4 Personen gedacht, es sollen aber 6 Personen satt werden.
Welche Mengen sind nötig?

37
Eine Weinflasche enthält $\frac{7}{10}$ Liter, eine Sektflasche $\frac{3}{4}$ Liter.
a) Welche Flasche enthält mehr? Wie groß ist der Unterschied?
b) Wie viele Gläser mit $\frac{1}{10}$ Liter Inhalt kann man mit jeder der Flaschen füllen?

38
Die Neubaustrecke der Bundesbahn zwischen Mannheim und Stuttgart ist etwa 100 km lang. Sie besteht zu einem großen Teil aus Tunnels, Geländeeinschnitten und Dämmen.

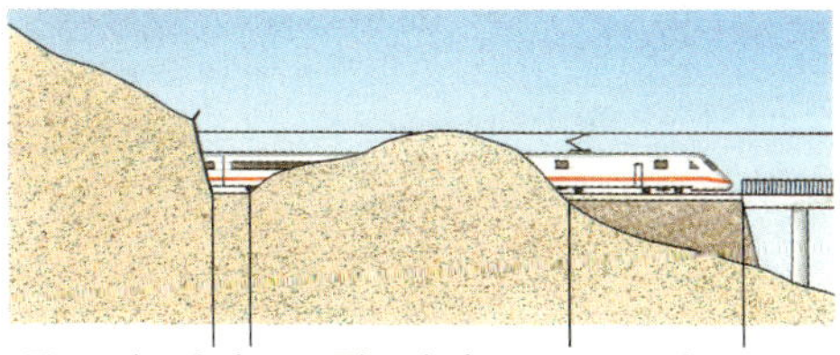

Vervollständige die Tabelle.

	Tunnels	freie Strecken	Geländeeinschnitte	Dämme	Brücken
Länge in km	□	□	□	24	□
Anteil	$\frac{13}{50}$	□	$\frac{2}{5}$	□	$\frac{3}{50}$

39
Zum Knobeln
Kann man mit zwei Gefäßen, die $\frac{3}{4}$ Liter und $\frac{2}{3}$ Liter fassen, eine Flüssigkeitsmenge von 5 Litern abmessen?

Rückspiegel

1
Addiere und subtrahiere.

a) $\frac{1}{3}+\frac{1}{4}$ b) $\frac{2}{3}+\frac{1}{4}$ c) $\frac{4}{5}+\frac{1}{7}$
d) $\frac{2}{3}+\frac{7}{12}$ e) $\frac{6}{7}+\frac{4}{21}$ f) $\frac{15}{24}+\frac{13}{20}$
g) $\frac{4}{7}-\frac{1}{5}$ h) $\frac{7}{10}-\frac{2}{7}$ i) $\frac{4}{9}-\frac{4}{11}$
k) $\frac{11}{15}-\frac{22}{75}$ l) $\frac{5}{21}-\frac{3}{28}$ m) $\frac{7}{18}-\frac{7}{30}$

2
Berechne.

a) $6-\frac{6}{7}$ b) $8+2\frac{3}{4}$ c) $9-2\frac{9}{14}$
d) $7\frac{2}{9}+6\frac{1}{2}$ e) $3\frac{3}{4}-2\frac{5}{8}$ f) $4\frac{5}{12}-3\frac{5}{6}$
g) $5\frac{1}{17}-2\frac{16}{85}$ h) $6\frac{7}{20}-4\frac{7}{12}$ i) $8\frac{8}{21}-5\frac{14}{35}$

3
Berechne.

a) $\frac{1}{2}+\frac{1}{4}+\frac{1}{8}+\frac{1}{16}+\frac{1}{32}$
b) $\frac{1}{3}+\frac{1}{6}+\frac{2}{9}+\frac{1}{12}+\frac{1}{18}$
c) $1+\frac{1}{2}+\frac{1}{3}+\frac{1}{4}+\frac{1}{5}+\frac{1}{6}$
d) $1-\frac{1}{10}+\frac{1}{100}-\frac{1}{1000}+\frac{1}{10000}$

4
Gib das Ergebnis in gekürzter Form an.

a) $\frac{9}{11}+\frac{11}{9}-1$ b) $\frac{3}{4}+\frac{7}{9}+3$
c) $\frac{7}{24}-\frac{3}{16}-\frac{1}{48}$ d) $\frac{11}{12}-\frac{7}{30}-\frac{2}{15}$
e) $\frac{4}{5}+\frac{2}{9}-\frac{3}{20}$ f) $\frac{3}{2}+\frac{116}{125}+\frac{3}{50}$

5
Rechne vorteilhaft.

a) $\frac{5}{7}+\frac{3}{4}+\frac{9}{7}$ b) $\frac{5}{9}+1\frac{1}{2}+\frac{4}{9}$
c) $\frac{4}{5}+\frac{5}{12}-\frac{3}{10}$ d) $\frac{3}{8}-\frac{5}{16}+\frac{2}{3}$
e) $(\frac{7}{15}-\frac{5}{18})+\frac{11}{30}$ f) $\frac{7}{24}+(\frac{9}{10}+\frac{4}{15})$
g) $\frac{3}{7}\cdot\frac{13}{15}+\frac{4}{7}\cdot\frac{13}{15}$ h) $\frac{4}{7}\cdot\frac{29}{5}-\frac{14}{5}\cdot\frac{4}{7}$

6
Kürze vor dem Ausrechnen.

a) $\frac{9}{10}\cdot\frac{5}{2}$ b) $12\cdot\frac{17}{4}$ c) $\frac{36}{25}\cdot\frac{5}{9}$
d) $\frac{26}{19}\cdot\frac{38}{39}$ e) $\frac{25}{36}\cdot\frac{63}{40}$ f) $\frac{45}{49}\cdot\frac{42}{25}$
g) $\frac{27}{68}\cdot\frac{85}{36}$ h) $\frac{99}{69}\cdot\frac{46}{77}$ i) $\frac{72}{86}\cdot\frac{43}{36}$

7
Schreibe auf einen Bruchstrich und kürze rechtzeitig.

a) $\frac{1}{2}\cdot\frac{4}{9}\cdot 2\frac{2}{5}$ b) $1\frac{1}{3}\cdot\frac{5}{8}\cdot 1\frac{4}{5}$
c) $\frac{3}{4}\cdot 3\frac{1}{7}\cdot\frac{14}{15}$ d) $1\frac{2}{3}\cdot 2\frac{3}{4}\cdot 1\frac{9}{11}$

8
Wie oft geht

a) $\frac{4}{5}$ in 1 b) $\frac{3}{2}$ in 2 c) $\frac{5}{8}$ in $\frac{1}{4}$
d) $4\frac{1}{2}$ in $\frac{1}{2}$ e) $\frac{1}{12}$ in $3\frac{1}{6}$ f) $\frac{7}{25}$ in $4\frac{9}{10}$?

9
Dividiere.

a) $\frac{3}{4}:\frac{5}{2}$ b) $\frac{3}{4}:1\frac{2}{3}$ c) $2:1\frac{8}{9}$
$\frac{4}{5}:\frac{8}{15}$ $1\frac{7}{9}:\frac{8}{9}$ $\frac{3}{5}:2\frac{7}{15}$
$\frac{18}{35}:\frac{9}{70}$ $\frac{7}{4}:2\frac{5}{8}$ $3\frac{1}{6}:\frac{7}{12}$

10
Fülle die Leerstellen durch Dividieren aus.

a) $\frac{7}{5}\cdot\square=\frac{14}{15}$ b) $\frac{7}{15}\cdot\square=\frac{28}{55}$
c) $\square\cdot\frac{9}{14}=\frac{2}{3}$ d) $\square\cdot\frac{21}{44}=\frac{12}{55}$
e) $4\frac{4}{5}\cdot\square=6\frac{2}{3}$ f) $\square\cdot 7\frac{1}{3}=1\frac{2}{9}$

11
Rechne vorteilhaft.

a) $(\frac{5}{11}+\frac{4}{11}):\frac{3}{4}$ b) $(\frac{5}{8}-\frac{3}{16}):\frac{21}{32}$
c) $(\frac{7}{12}+\frac{9}{8}):\frac{7}{12}$ d) $(\frac{3}{11}+\frac{3}{16}):3$
e) $(5-\frac{2}{3}):\frac{2}{3}$ f) $(\frac{4}{9}+\frac{7}{18}):\frac{25}{24}$

12
In der Technik benutzt man oft die Längeneinheit Zoll ($1''=2\frac{2}{5}$ cm).
a) Welchen Durchmesser in cm hat ein 26-Zoll-Rad?
b) Berechne den Durchmesser einer $3\frac{1}{2}''$-Diskette und einer $5\frac{1}{4}''$-Diskette.

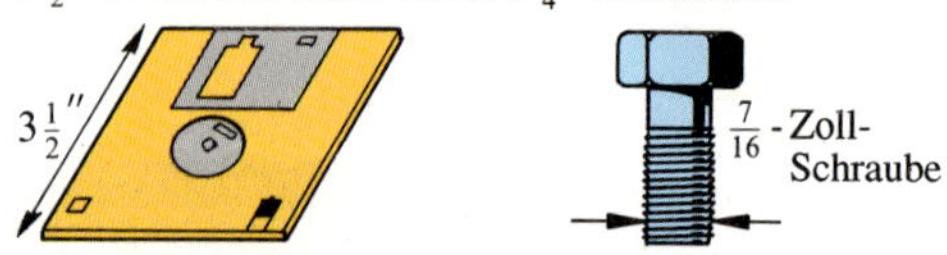

c) Rechne folgende Angaben in cm um: $\frac{1}{2}$ Zoll, $\frac{3}{4}$ Zoll, $\frac{7}{16}$ Zoll, 16 Zoll und 28 Zoll.

V Abbildungen

Im täglichen Leben machen Abbildungen viele Texte in Büchern und Zeitungen verständlich und unterhaltsam. In der Mathematik versteht man unter Abbildungen die Regeln, nach denen aus dem Original ein Bild entsteht.
Die Abbildung der gekrümmten Erdoberfläche auf ein ebenes Kartenblatt folgt recht schwierigen Regeln. Viel einfacher sind solche Abbildungen, bei denen das Bild – wie eine Kopie – die Form und die Größe des Originals behält.
Von Symmetrie spricht man, wenn das Original sich so abbilden lässt, dass Bild und Original deckungsgleich sind. In der Baukunst werden Symmetrien wirkungsvoll verwendet. Die Rosette an der Kathedrale in Chartres zeigt Drehsymmetrie. Die Figur der Fallschirmspringer erinnert an Dreh- und Punktsymmetrie.

Fensterrosette der Kathedrale in Chartres, Frankreich

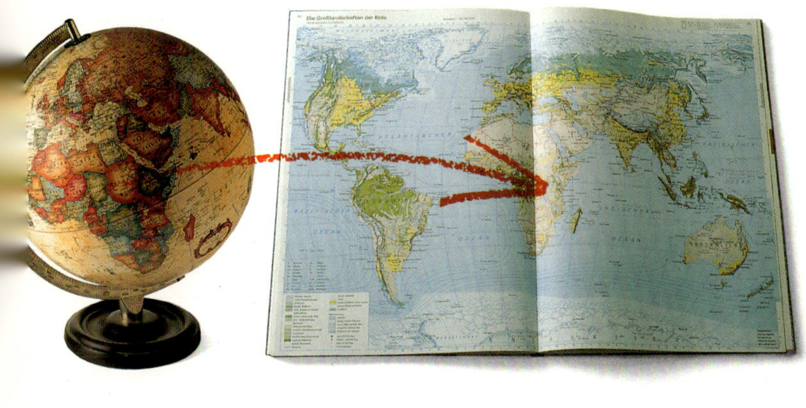

1 Drehsymmetrische Figuren

Schiffspropeller warten auf dem Werftgelände auf ihren Einsatz. Sie wiegen bei einem Durchmesser von etwa fünf Meter zehn bis zwölf Tonnen.

1
Zeichne die Figur ab und schneide sie aus. Stecke eine Nadel durch den Mittelpunkt. Was fällt dir auf, wenn du die Figur um 45°, 90°, 135°, ... drehst?

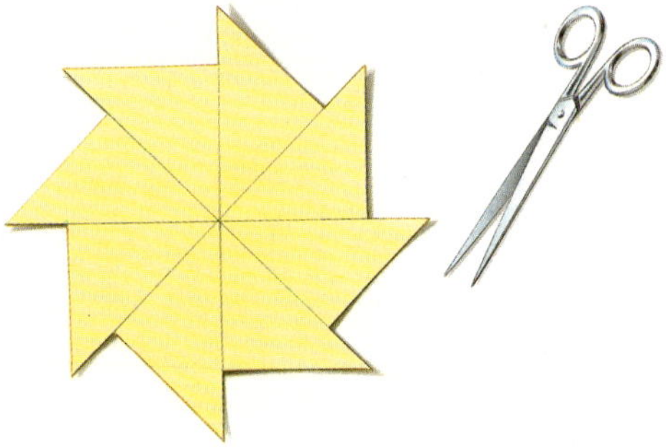

Viele Figuren können durch Drehen mit sich selbst zur Deckung gebracht werden.

Eine **drehsymmetrische Figur** kommt mit ihrem Bild zur Deckung, wenn sie um einen passenden Winkel zwischen 0° und 360° gedreht wird. Ein solcher Winkel heißt **Symmetriewinkel**.

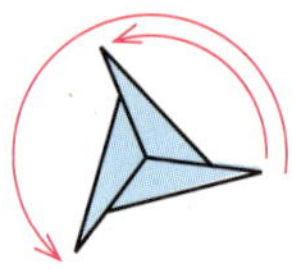

Beispiel
Das linke Windrad hat fünf Symmetriewinkel: 60°, 120°, 180°, 240° und 300°. Wird aber jede zweite Fläche gefärbt, bleiben nur zwei Symmetriewinkel: 120° und 240°.

Die Anzahl der Symmetriewinkel kannst du berechnen, indem du 360° durch den kleinsten Symmetriewinkel teilst und vom Ergebnis noch 1 subtrahierst:
$360°:60° = 6;\ 6-1=5$
$360°:120° = 3;\ 3-1=2$

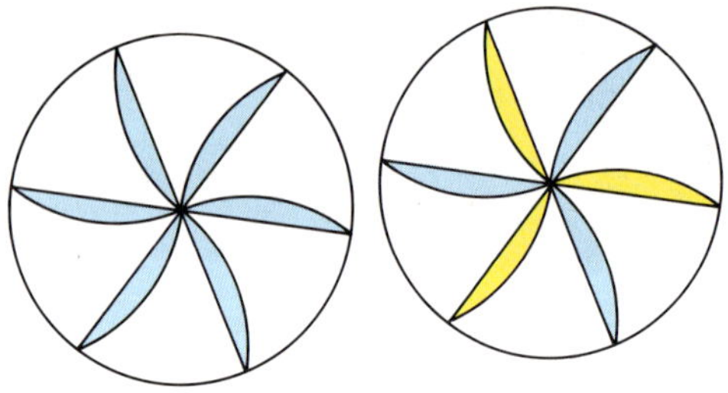

Aufgaben

2
Wo siehst du drehsymmetrische Figuren? Welche Symmetriewinkel kommen vor?

3
Schneide einen großen Kreis aus, falte ihn zu einem Achtel-Kreisausschnitt, schneide geradlinig ab. Was erhältst du nach dem Auffalten?

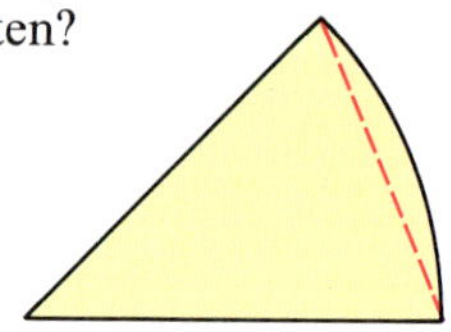

4

Welche der Figuren sind drehsymmetrisch?

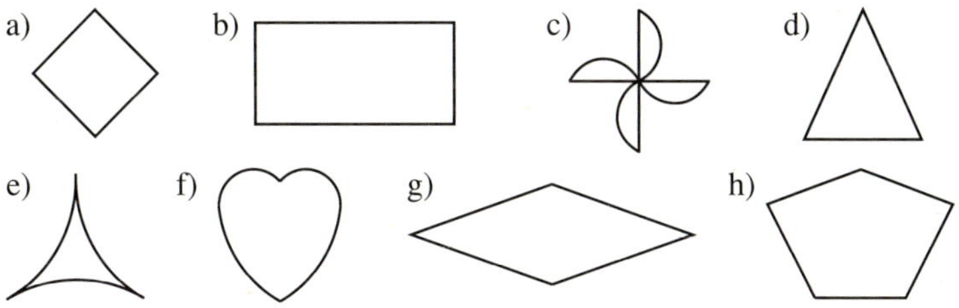

5

Zeichne die Figuren in doppelter Größe, schneide sie aus und drehe sie so, dass du die Symmetriewinkel erkennst.

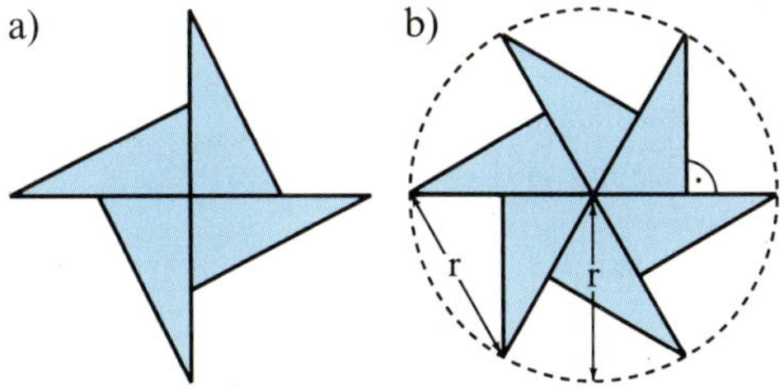

6

Teile eine Kreislinie

a) in 12 b) in 10 c) in 15

gleiche Teile. Verbinde die Teilpunkte. Welche Symmetriewinkel haben die entstehenden Vielecke?

7

Der kleinste Symmetriewinkel einer Figur beträgt

a) 45° b) 30° c) 24° d) 20° e) 15°.

Wie viele Symmetriewinkel hat die Figur?

8

Zeichne das Schaufelrad.

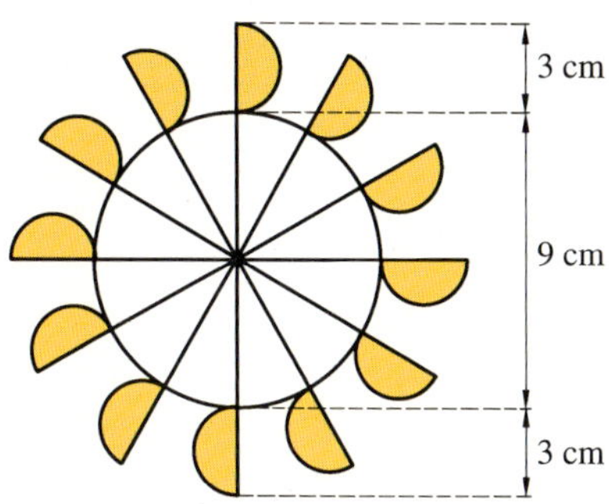

Das Hasenfenster im Dom zu Paderborn

9

Schreibe alle Symmetriewinkel auf.

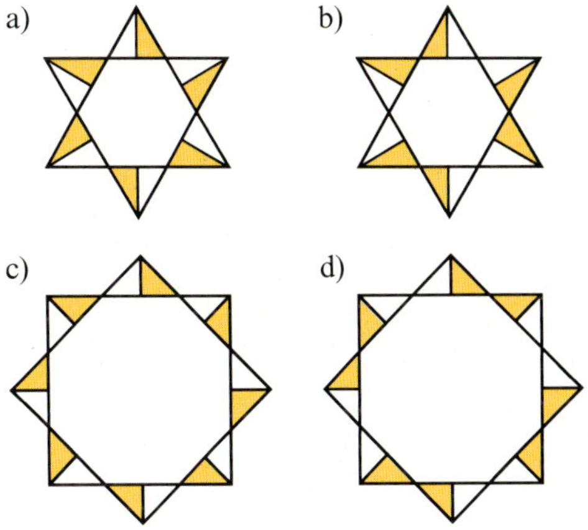

10

Zeichne die Figur viermal ab. Färbe sie so, dass eine Figur entsteht, deren kleinster Symmetriewinkel

a) 60° b) 90° c) 120° d) 180°

beträgt.

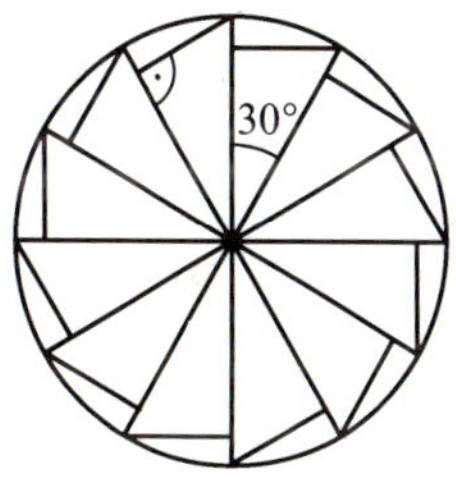

11

Manche drehsymmetrischen Figuren haben auch Symmetrieachsen. Nenne alle Symmetriewinkel und beschreibe die Lage der Symmetrieachsen.

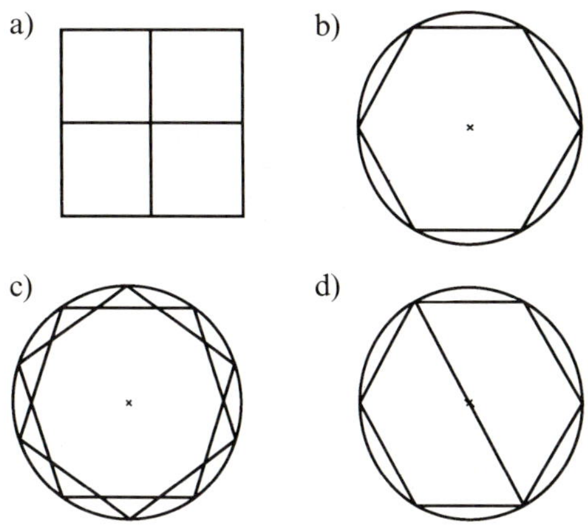

2 Drehung

1
Zeichne die Klappbrücke erst in dein Heft und dann auf Transparentpapier. Zeichne im Heft die Klappbrücke auch in geöffneter Stellung ein.

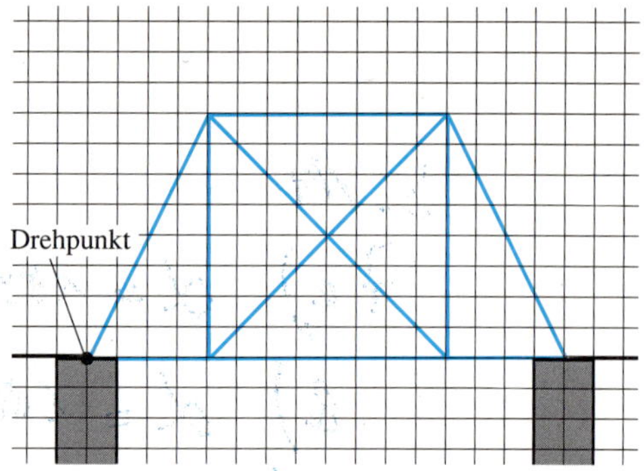

2
Fertige einige Drehschablonen (30°, 45°, 60°, 120°) aus Karton an. Damit kannst du das Drehbild eines Dreiecks ABC bei Drehung um den Punkt Z zeichnen.

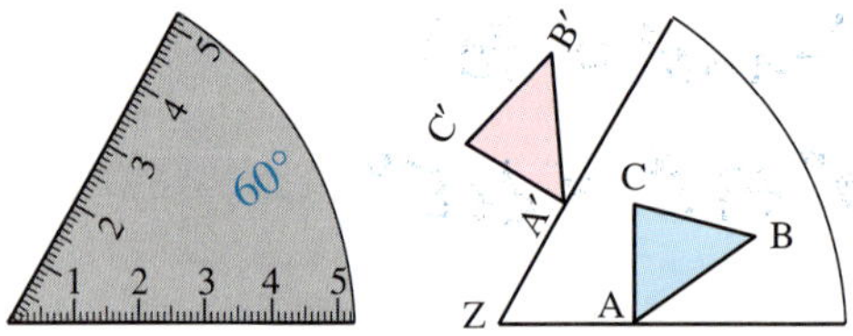

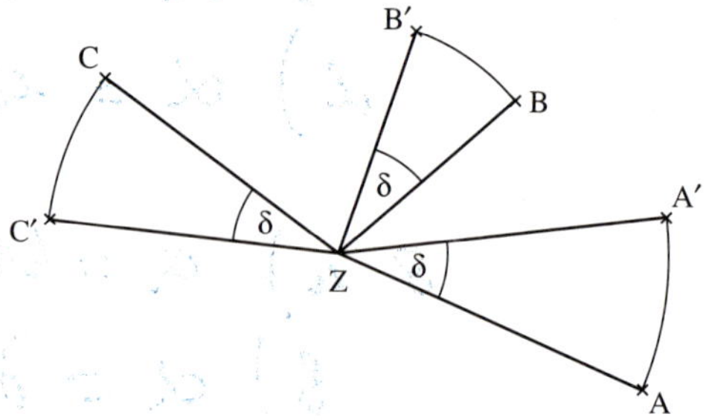

Bei jeder **Drehung** bleibt der **Drehpunkt** Z fest. Alle anderen Punkte bewegen sich auf Kreisen um Z. Sie werden alle um den gleichen Drehwinkel gedreht.

Eine **Drehung** ist durch den **Drehpunkt** (das **Zentrum**) Z und den **Drehwinkel** δ festgelegt. In der Regel wird gegen den Uhrzeigersinn gedreht.

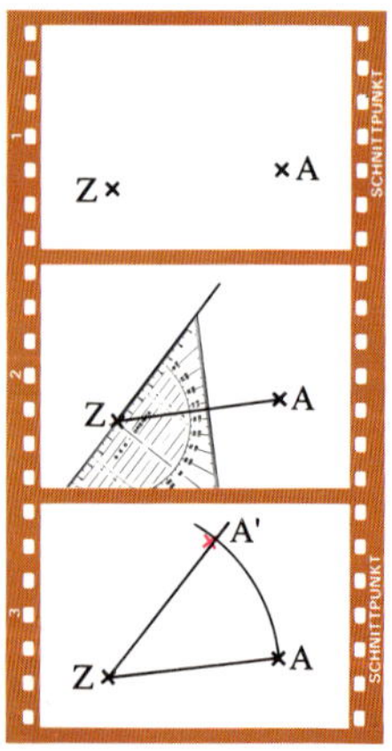

Bemerkung: Der Film am Rand zeigt, wie du mit Hilfe des Geodreiecks und des Zirkels das Drehbild eines Punktes zeichnen kannst.

Beispiele

a) Vierteldrehungen, also Drehungen um 90°, lassen sich im Quadratgitter durch Zählen von Kästchen ausführen.

b) Das Quadrat ABCD wird um den Drehpunkt Z mit dem Drehwinkel 120° gedreht. Zuerst wird das Bild A′ von A mit Hilfe des Geodreiecks gezeichnet. Weil B auf der Verbindungsgeraden ZA liegt, liegt B′ auf der Verbindungsgeraden ZA′.
Die Bildpunkte C′ und D′ liegen auf Senkrechten zur Geraden ZA′ in den Punkten B′ und A′.

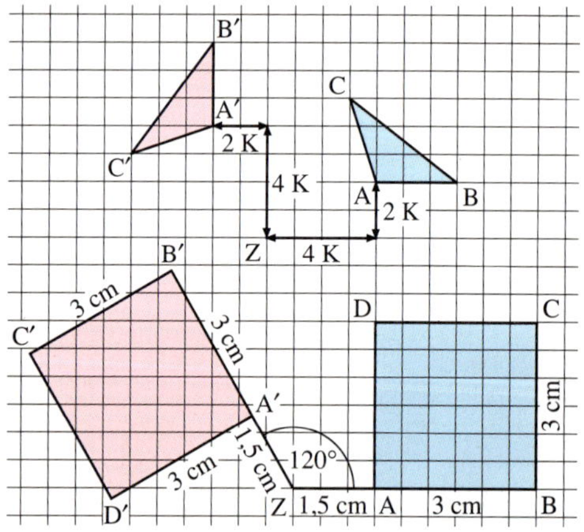

Aufgaben

3
Entwirf selbst Figuren und drehe sie mit Hilfe von Transparentpapier.

4
Wie kann man mit Transparentpapier eine Drehung um 50° ausführen?

Um wie viel Grad wurde gedreht?

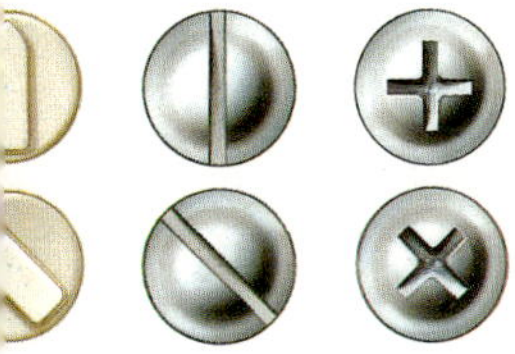

5
Drehe die Figur mit einer Vierteldrehung um den Drehpunkt Z.

	A	B	C	D	Z
a)	$(9 \mid 4)$	$(16 \mid 4)$	$(16 \mid 9)$	–	$(5 \mid 4)$
b)	$(14 \mid 2)$	$(20 \mid 4)$	$(16 \mid 11)$	–	$(8 \mid 6)$
c)	$(10 \mid 2)$	$(16 \mid 2)$	$(16 \mid 6)$	$(10 \mid 6)$	$(6 \mid 2)$
d)	$(12 \mid 5)$	$(17 \mid 5)$	$(17 \mid 9)$	$(12 \mid 9)$	$(8 \mid 4)$
e)	$(14 \mid 3)$	$(18 \mid 0)$	$(22 \mid 3)$	$(18 \mid 6)$	$(9 \mid 1)$
f)	$(2 \mid 3)$	$(9 \mid 2)$	$(8 \mid 9)$	$(3 \mid 8)$	$(11 \mid 12)$

6
Drehe das Viereck um den Punkt Z mit dem Winkel δ.

	A	B	C	D	Z	δ
a)	$(17 \mid 4)$	$(26 \mid 4)$	$(26 \mid 8)$	$(17 \mid 8)$	$(12 \mid 4)$	120°
b)	$(12 \mid 4)$	$(20 \mid 4)$	$(23 \mid 10)$	$(12 \mid 10)$	$(6 \mid 4)$	60°
c)	$(8 \mid 7)$	$(15 \mid 1)$	$(21 \mid 7)$	$(15 \mid 3)$	$(4 \mid 11)$	75°

7
Hier liegen Original und Drehbild teilweise übereinander:

	A	B	C	D	Z	δ
a)	$(13 \mid 5)$	$(20 \mid 5)$	$(6 \mid 13)$	–	$(9 \mid 5)$	90°
b)	$(4 \mid 5)$	$(12 \mid 5)$	$(4 \mid 12)$	–	$(9 \mid 7)$	90°
c)	$(6 \mid 6)$	$(15 \mid 6)$	$(15 \mid 11)$	$(6 \mid 11)$	$(6 \mid 2)$	30°

8
a) Einen Kreis kannst du drehen, indem du den Mittelpunkt M um den Drehpunkt Z drehst und um M′ einen Kreis mit demselben Radius zeichnest. Übertrage die Zeichnung in dein Heft und zeichne das Drehbild.

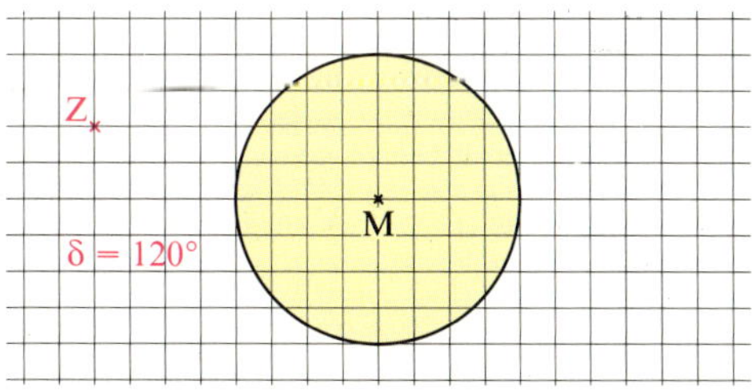

b) Drehe den Halbkreis um das Zentrum Z mit $\delta = 90°$.

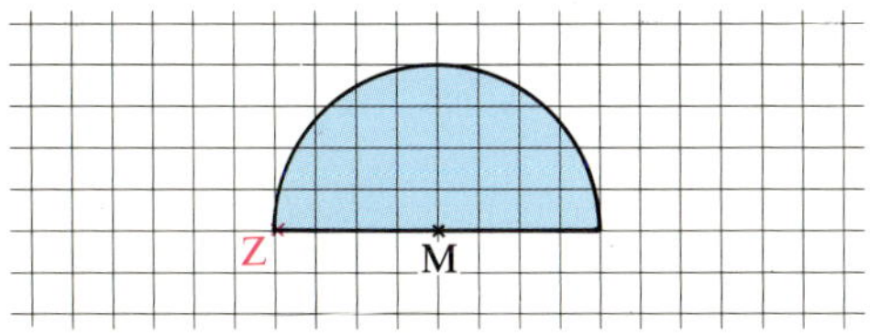

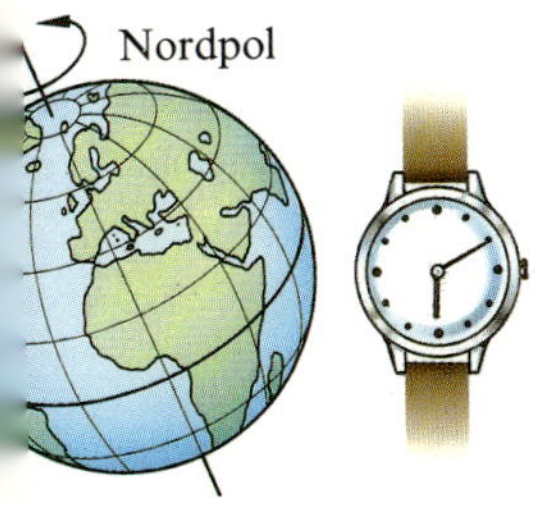

Um wieviel Grad dreht sich die Erde in einem Tag, in einer Stunde? In welcher Richtung dreht sie sich vom Südpol aus betrachtet?

9
Drehe das Rechteck um den Drehpunkt Z so, dass das Bild des Eckpunktes B auf die Gerade g fällt.
Wie viele Möglichkeiten gibt es?

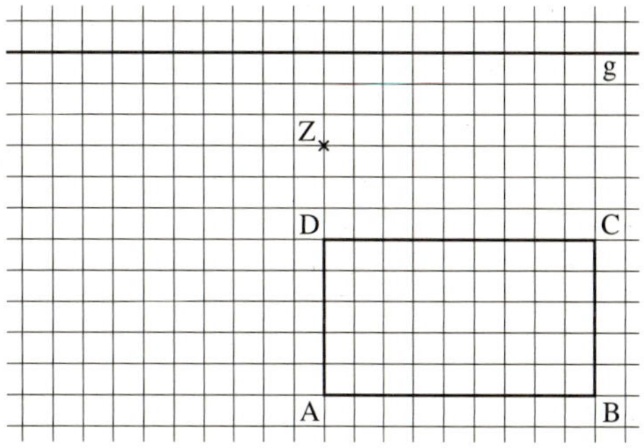

10
Das gelbe Rechteck wurde in das grüne gedreht. Welcher der Punkte P, Q, R war der Drehpunkt?

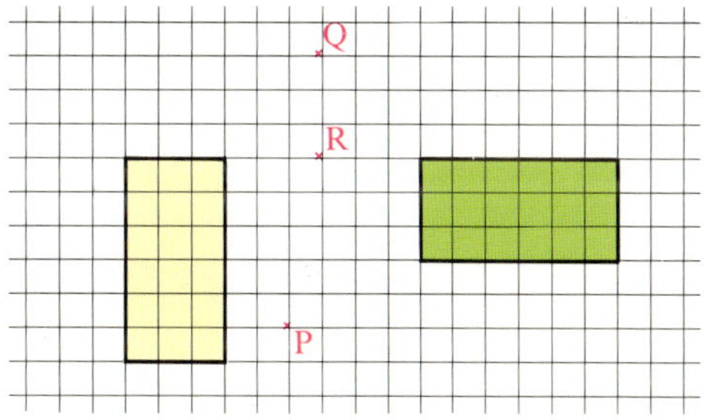

Das Alphabet – leicht verdreht

Nach welcher Regel ist das Alphabet verdreht? Setze fort!
(Du verdirbst dir den Spaß, wenn du schon vor dem Schreiben das Heft drehst.)

Vom Mittelpunkt des Tisches aus kann man die Namen lesen. Schreibe selbst solche Sitzordnungen.

Schreibe Tierquartette.

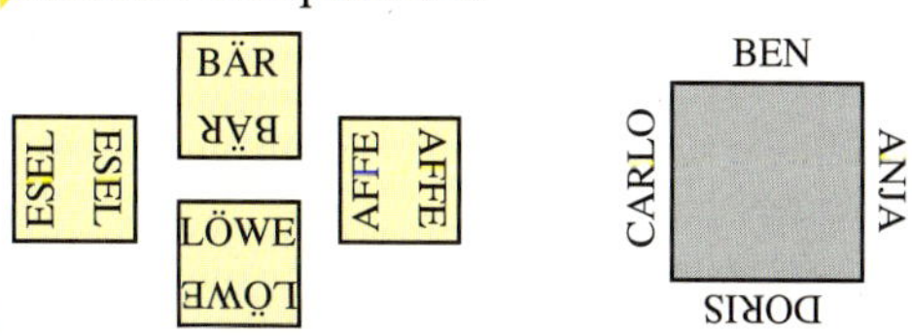

3 Punktspiegelung

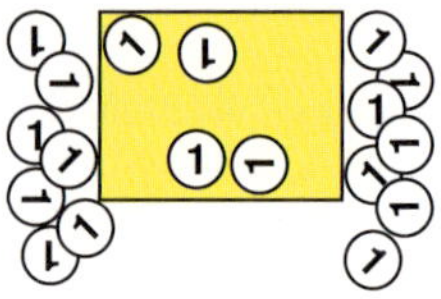

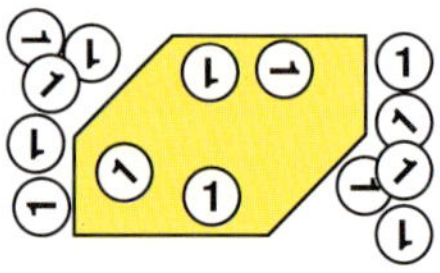

1

Claudia und Stefano legen abwechselnd Cent-Stücke auf das Spielfeld. Wer zuerst keinen freien Platz mehr findet, verliert. Claudia wettet: Wenn ich das erste Cent-Stück legen darf, gewinne ich.
Nach einigen Spielen hat Stefano den Dreh heraus und sagt: Ich gewinne auch auf dem zweiten Spielfeld, wenn ich anfangen darf.

2

Im Geschmack sind die zwei Schnecken gleich. Worin unterscheiden sie sich?

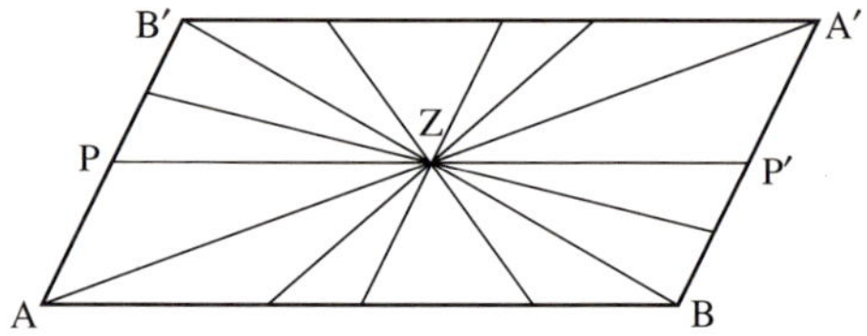

Im abgebildeten Viereck hat der Punkt Z eine besondere Eigenschaft: Jede von Rand zu Rand laufende Strecke wird von Z halbiert. Jeder Randpunkt ist das **Punktspiegelbild** seines Gegenpunkts in Bezug auf den Punkt Z.

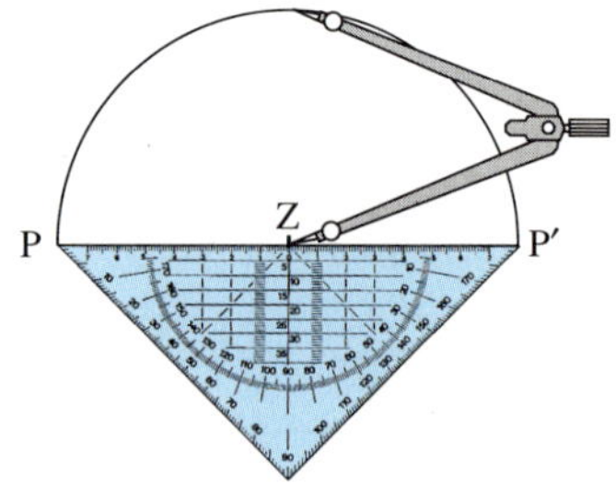

Das Punktspiegelbild kann mit Hilfe von Geodreieck und Zirkel gezeichnet werden. Der Punkt P′ ist auch das Drehbild von P bei der 180°-Drehung um Z.

Die **Punktspiegelung** ist eine Drehung um 180°. Der Drehpunkt heißt hier auch **Spiegelzentrum**.
Figuren, die bei einer Punktspiegelung mit sich selbst zur Deckung kommen, heißen **punktsymmetrisch**.

Bemerkung: Im Quadratgitter findet man das Punktspiegelbild leicht durch Auszählen von Kästchen.

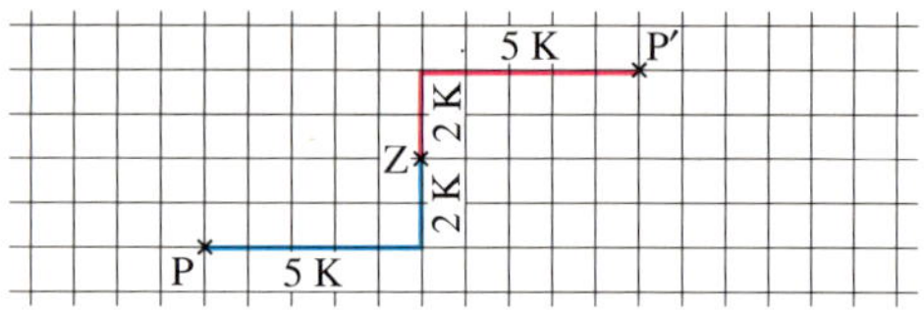

Beispiele

a) Das Dreieck ABC wird am Spiegelzentrum Z gespiegelt. Die Seite $\overline{AB}$ ist parallel zu ihrem Bild $\overline{A'B'}$.
Ebenso ist $\overline{BC}$ parallel zu $\overline{B'C'}$ und $\overline{AC}$ parallel zu $\overline{A'C'}$.

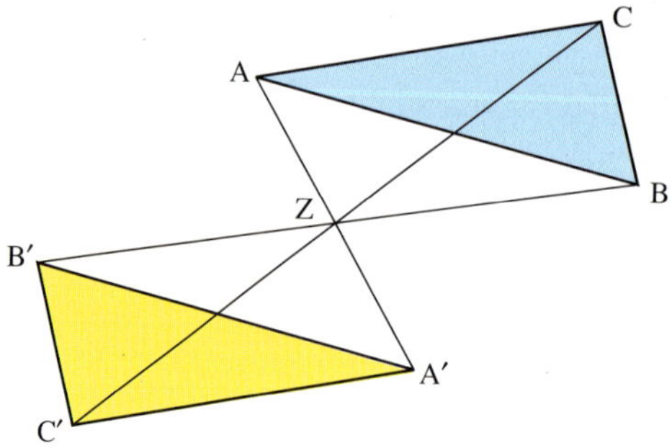

b) Wird ein Dreieck am Mittelpunkt einer Seite gespiegelt, so entsteht aus Original und Bild zusammen ein punktsymmetrisches Viereck mit zwei parallelen Seitenpaaren. Ein solches Viereck heißt **Parallelogramm**. Aus besonderen Dreiecken entstehen besondere Parallelogramme, nämlich das **Rechteck** und die **Raute**.

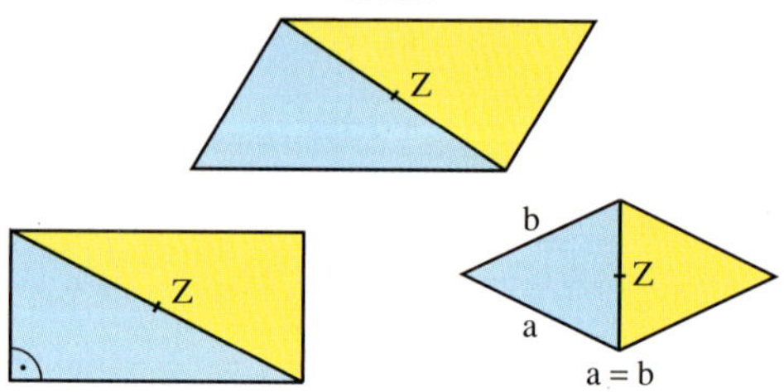

Zwei ineinander verbissene Fabeltiere Germanisches Flechtornament, vor 1400 Jahren hergestellt

Aufgaben

3
Welche der folgenden Figuren sind punktsymmetrisch?

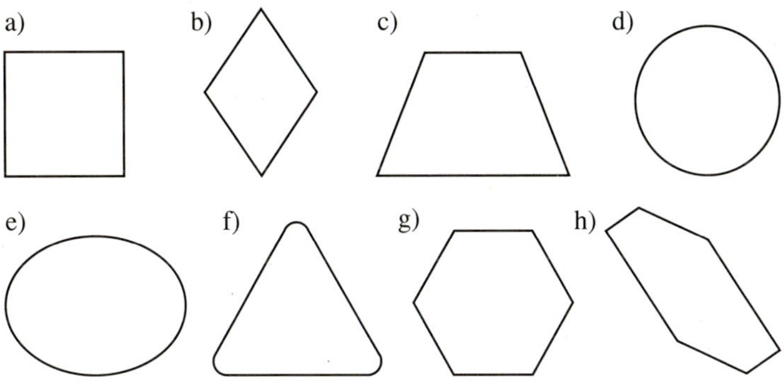

4
Welche Pfeilbilder sind punktsymmetrisch?

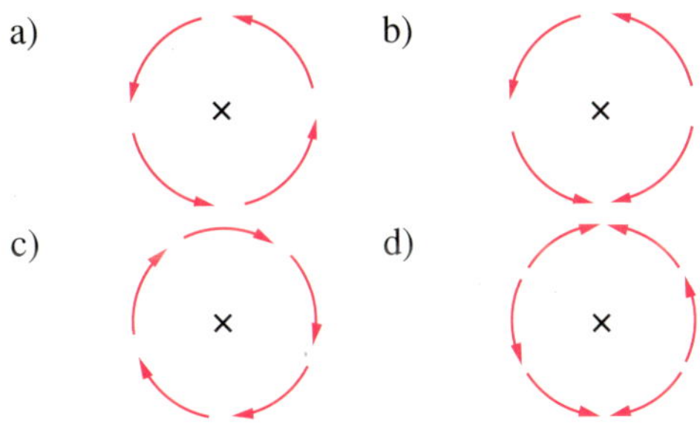

5
Spiegle mit dem Geodreieck am Spiegelzentrum Z.

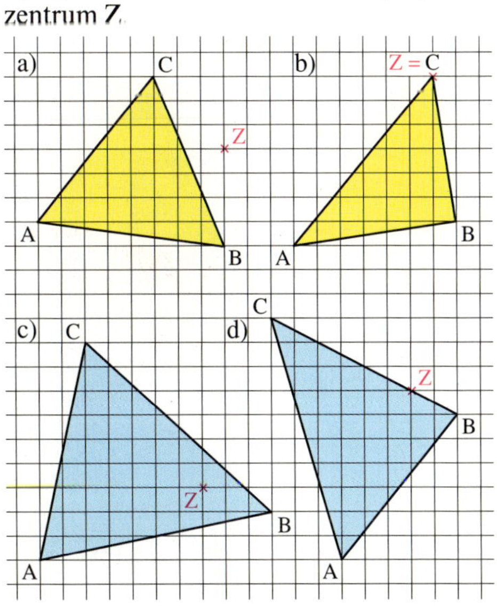

Jeder Stein darf über jeden anderen wegspringen. Startfeld und Zielfeld liegen jeweils punktsymmetrisch zum übersprungenen Stein. Zwei oder mehr in der Zuglinie liegende Steine dürfen nicht auf einmal übersprungen werden. Kommt der schwarze Stein nach weniger als sechs Zügen ins linke obere Eckfeld?

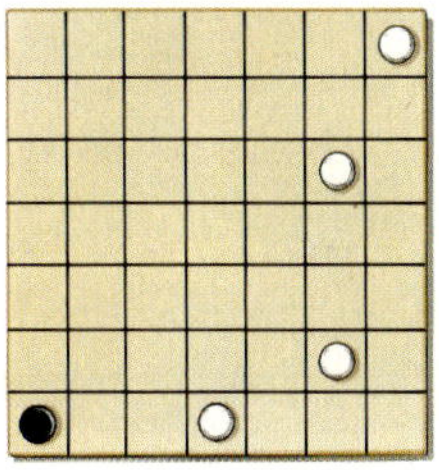

6
Spiegle das Viereck ABCD am Spiegelzentrum Z.

	A	B	C	D	Z
a)	(3|1)	(6|1)	(7|9)	(1|5)	(10|5)
b)	(1|1)	(8|1)	(8|5)	(1|5)	(6|4)
c)	(8|1)	(8|5)	(4|7)	(1|2)	(8|5)
d)	(1|1)	(6|1)	(3|3)	(2|7)	(8|6)

7
Spiegle an Z durch Abzählen von Kästchen.

a) A(8|2), B(4|8), C(1|3); Z(9|6)
b) A(1|6), B(13|2), C(9|13); Z(8|7)
c) A(7|1), B(15|4), C(16|12), D(3|8); Z(10|8)
d) A(8|7), B(11|6), C(15|10), D(13|17), E(8|18), F(4|14); Z(10|10)

8
Zeichne ins Heft und trage das Spiegelzentrum ein.

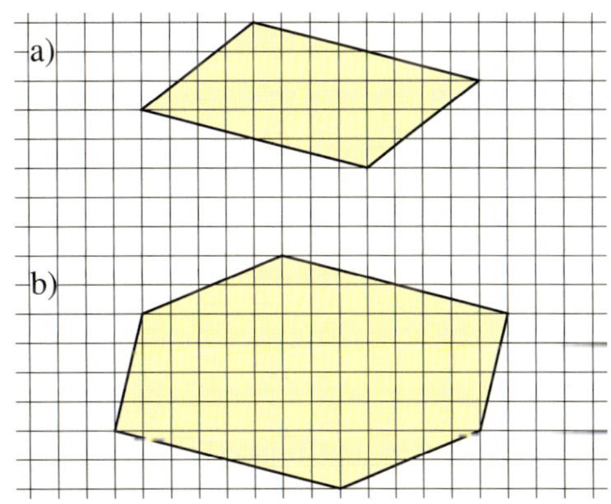

9
Spiegle den Pfeil an Z_1 und dessen Spiegelbild an Z_2.

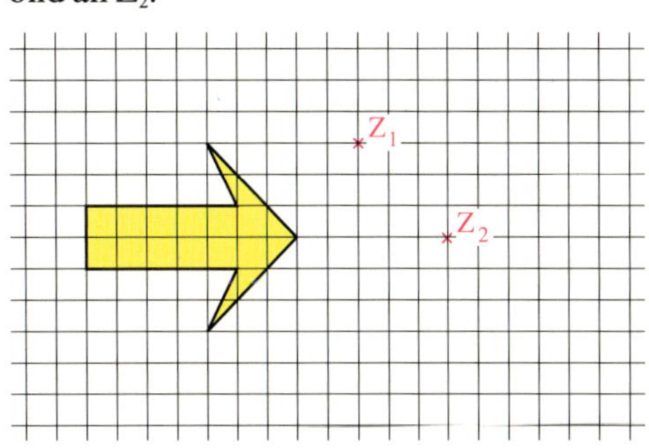

10

Ergänze das Dreieck zu einem Parallelogramm.
Es gibt immer drei Möglichkeiten.
Entstehen auch Rechtecke und Rauten?

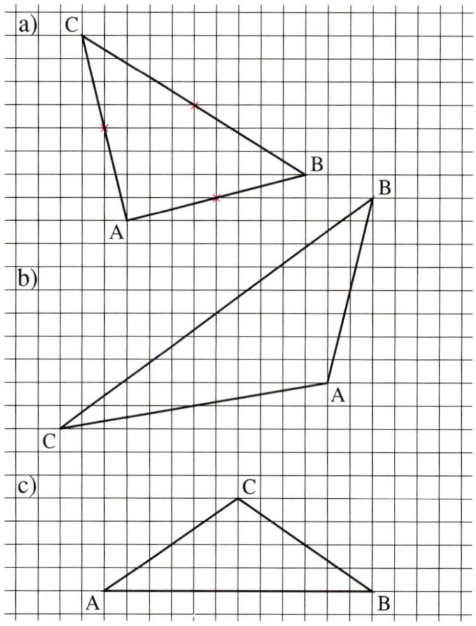

11

Spiegle am Spiegelzentrum Z und färbe die Überlappungsfigur von Original und Bild.
Prüfe, ob diese Figur punktsymmetrisch ist.

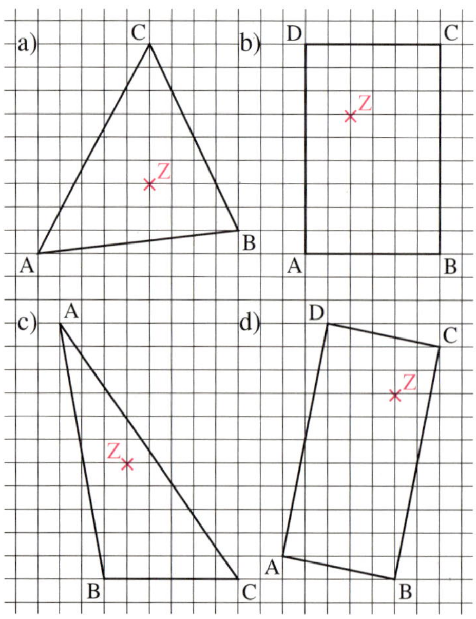

Zweiarmige Spiralen

Zeichne mit freier Hand die Spiralen im Heft weiter; entwirf selbst solche Spiralen!

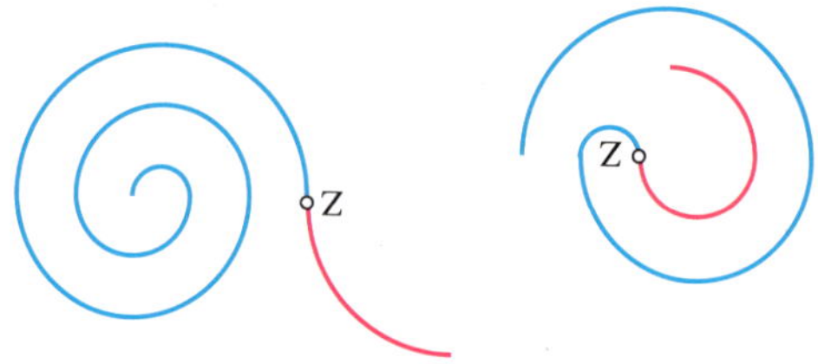

Die hier abgebildete flächige Spirale ist nur aus einer Sorte von Bausteinen zusammengesetzt. Beschreibe die Lage des Spiegelzentrums.

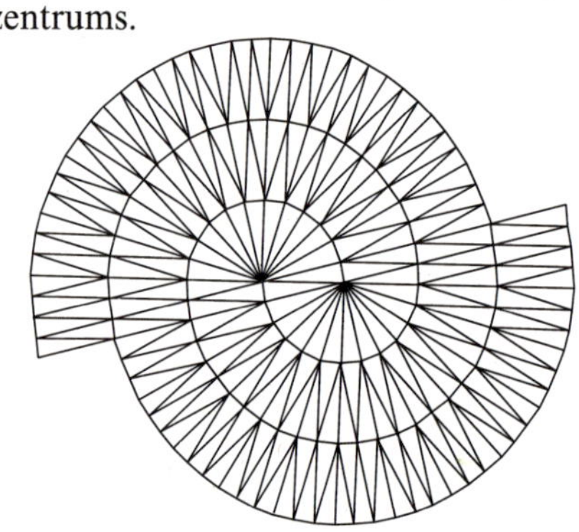

Spiralgalaxien (auch Spiralnebel genannt) sind riesige Ansammlungen von Sternen. Sie können sich über
1 000 000 000 000 000 000 km
erstrecken. Unsere Milchstraße ist eine zweiarmige Spirale.

4 Vermischte Aufgaben

1
Nenne alle Symmetriewinkel.

a)
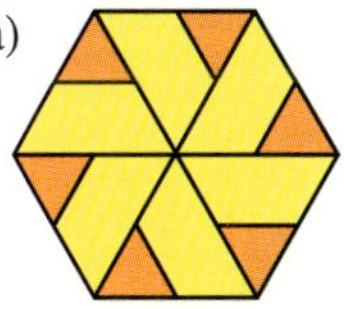
b)

c)
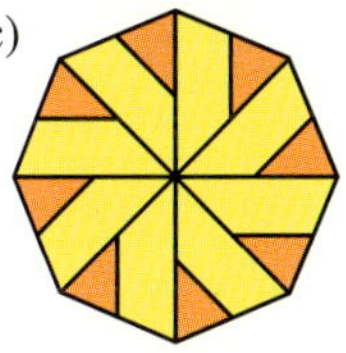
d)
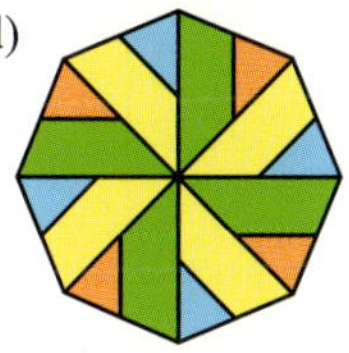
e)
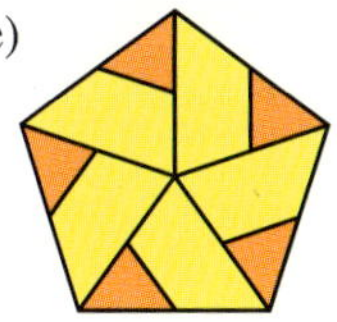
f)

2
Spiegle so oft an den Spiegelachsen, dass jede Teilfigur achtmal vorkommt. Welche Symmetriewinkel hat das entstandene Muster?

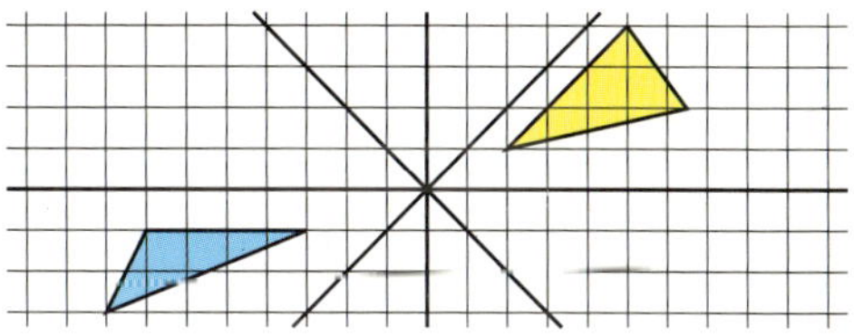

3
Drehe die Figur mit einer Vierteldrehung um den Drehpunkt Z.

	A	B	C	D	Z
a)	$(8\mid 3)$	$(15\mid 3)$	$(15\mid 8)$	$(8\mid 8)$	$(5\mid 5)$
b)	$(2\mid 7)$	$(7\mid 1)$	$(7\mid 6)$	$(12\mid 7)$	$(10\mid 11)$
c)	$(11\mid 1)$	$(14\mid 5)$	$(21\mid 7)$	$(11\mid 8)$	$(6\mid 4)$

4
Drehe das Quadrat um den Drehpunkt Z mit dem Drehwinkel δ.

	A	B	C	D	Z	δ
a)	$(10\mid 4)$	$(14\mid 4)$	$(14\mid 8)$	$(10\mid 8)$	$(4\mid 4)$	45°
b)	$(9\mid 3)$	$(14\mid 3)$	$(14\mid 8)$	$(9\mid 8)$	$(3\mid 8)$	60°
c)	$(1\mid 7)$	$(6\mid 7)$	$(6\mid 12)$	$(1\mid 12)$	$(10\mid 12)$	120°

5
a) Drehe das Rechteck um den Drehpunkt Z so, dass das Bild des Eckpunkts B auf die Seite $\overline{CD}$ fällt.
b) Miss den Drehwinkel δ.

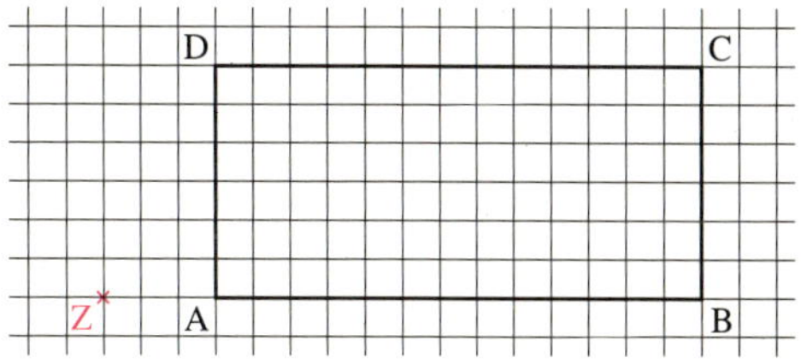

6
a) Drehe das Dreieck um den Drehpunkt Z so, dass B′ auf die Gerade g fällt. Wie viele Möglichkeiten gibt es?
b) Miss die Drehwinkel.

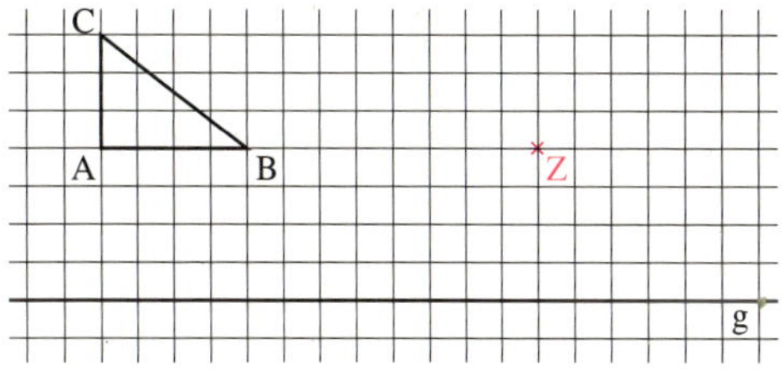

7
a) Drehe den Schmetterling um den Drehpunkt Z_1 mit dem Drehwinkel 45°.
b) Drehe den zweiten Schmetterling um den Drehpunkt Z_2 mit 45°.
Hinweis: Verwende Transparentpapier und ziehe zuerst die Hilfslinien.

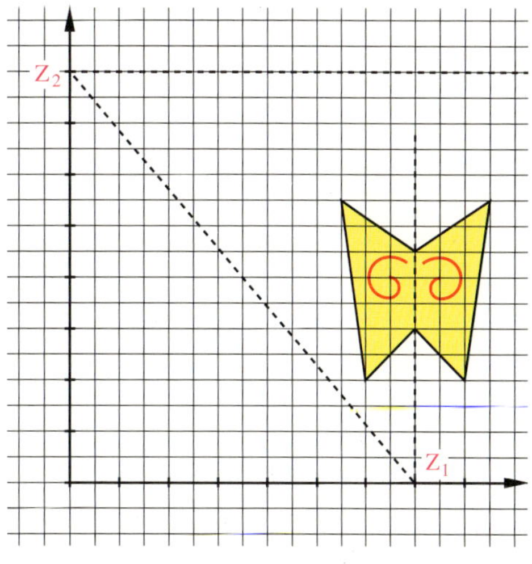

Seestern mit Seesternchen – Symmetrie vererbt sich!

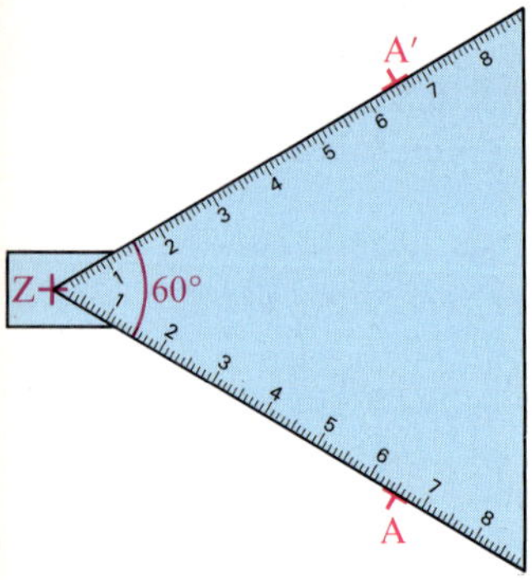

8

Stelle aus Karton eine 60°-Drehschablone her. Sie ist besonders nützlich für Mehrfach-Drehungen.
Zeichne mit Hilfe der Schablone die Bilder des Dreiecks, die durch die Drehungen um 60°, 120°, 180°, . . . entstehen.

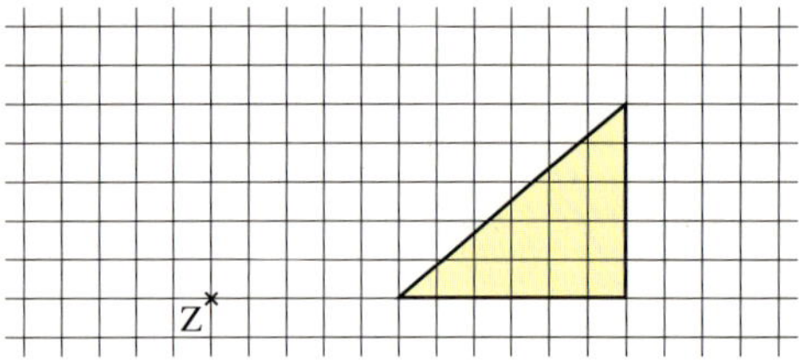

9

Lässt sich das gelbe Dreieck durch eine Drehung mit dem blauen zur Deckung bringen?

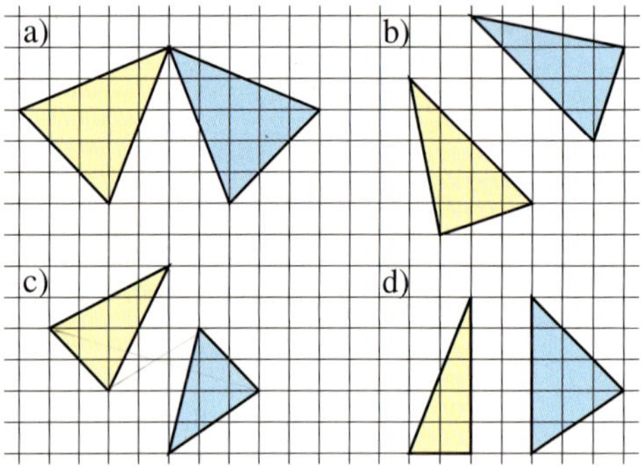

10

Zeichne diejenigen Figuren, die punktsymmetrisch sind, ins Heft und verbinde punktsymmetrisch liegende Eckpunkte.

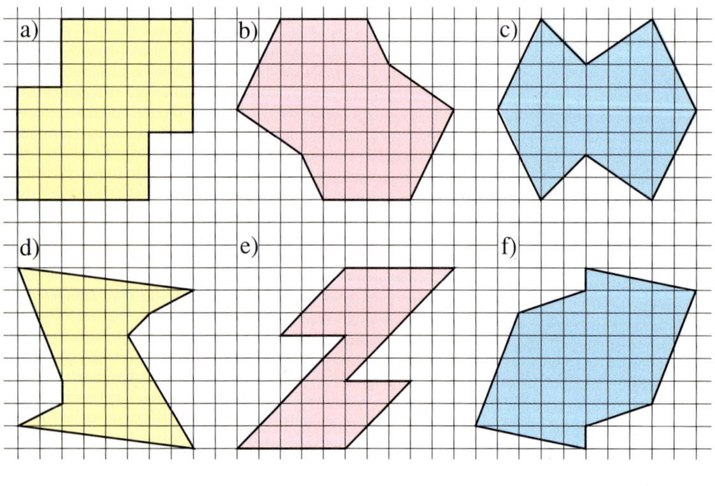

11

Der rote Pfeil wurde in den blauen gedreht. Welcher der vier Punkte Z_1, Z_2, Z_3, Z_4 war der Drehpunkt?

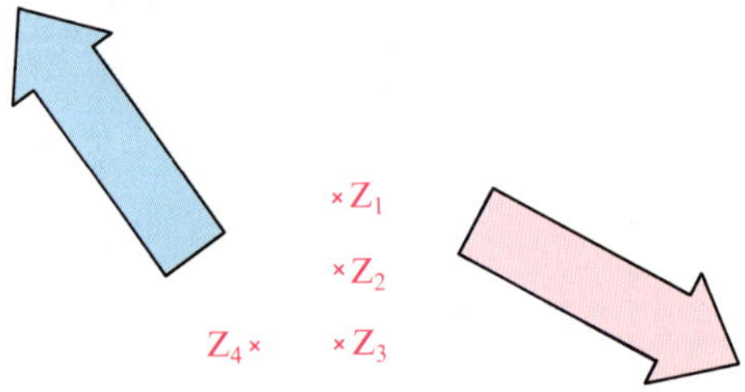

12

Welche der Vierecke sind Parallelogramme, welche sogar Rauten oder Rechtecke?

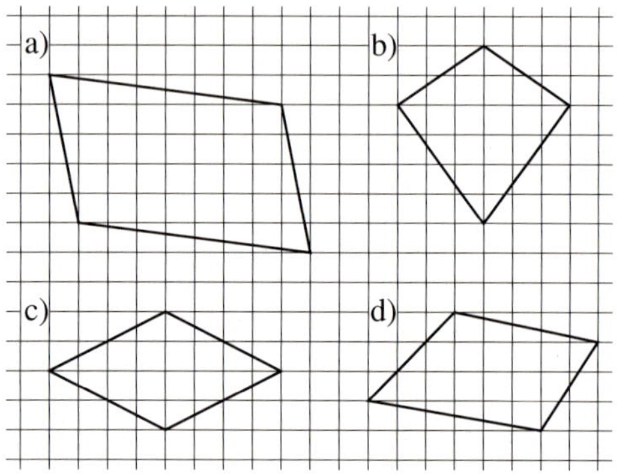

13

Ein einziger Punkt stört die Punktsymmetrie der Figur. Zeichne die punktsymmetrische Figur ins Heft und trage das Spiegelzentrum ein.

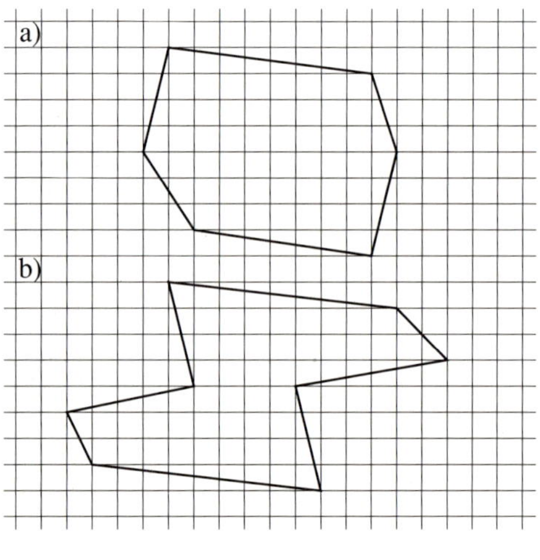

Warum sind Spielkarten punktsymmetrisch?

14

Zeichne das Punktspiegelbild

a) des Dreiecks mit den Eckpunkten A(3|8), B(7|3), C(15|14) am Spiegelzentrum Z(8|8)

b) des Vierecks mit den Eckpunkten A(0|0), B(8|1), C(10|8), D(1|10) am Spiegelzentrum Z(7|7).

15

Ergänze zu einer punktsymmetrischen Figur mit dem Spiegelzentrum Z.

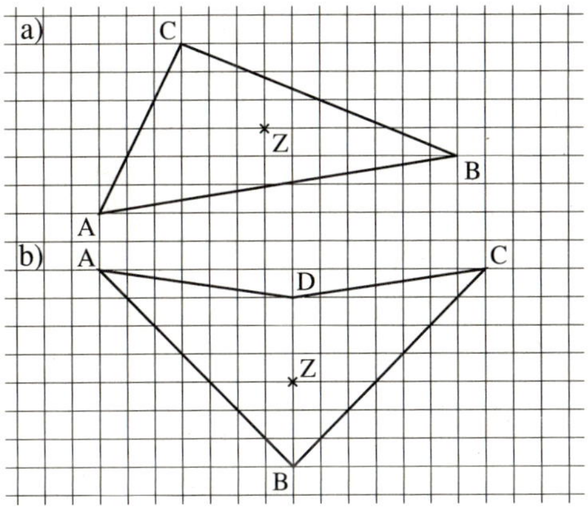

16

Ergänze das Dreieck auf drei Arten zu einem Parallelogramm.

a) A(6|7), B(18|7), C(16|13)

b) A(6|9), B(12|11), C(13|19)

c) A(4|10), B(8|2), C(12|10)

17

Übertrage die Figur ins Heft und spiegle sie an allen Eckpunkten.

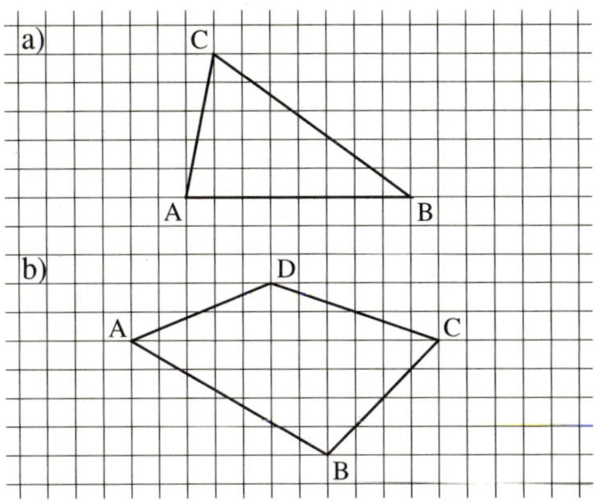

18

Wo wurde gedreht oder sogar an einem Punkt gespiegelt? Wo wurde verschoben, wo an einer Achse gespiegelt?
In manchen Fällen sind mehrere Antworten richtig!

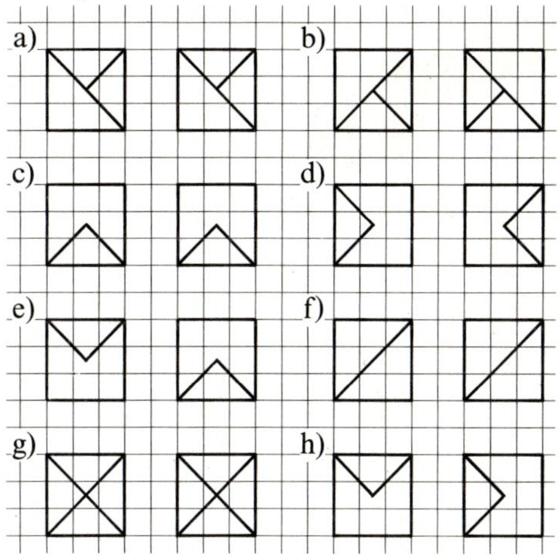

19

a) Spiegle die Punkte A(8|13), B(1|6) und C(4|2) am Spiegelzentrum Z(10|7). Verbinde die Original- und die Bildpunkte zur punktsymmetrischen Figur ABCA′B′C′.

b) Gibt es noch andere Möglichkeiten, die sechs Punkte durch sechs Strecken in einem Zug so zu verbinden, dass eine punktsymmetrische Figur entsteht?

Drei falsche Punkte

Wird in drei der vier Dreiecke je ein Eckpunkt verlagert, so wird jedes Dreieck zu jedem anderen spiegel- oder punktsymmetrisch. Zeichne die vier neuen Dreiecke.

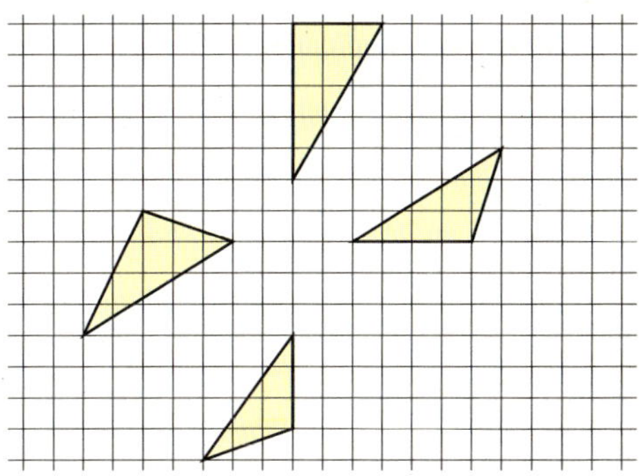

Rückspiegel

1

Nenne alle Symmetriewinkel.

a)
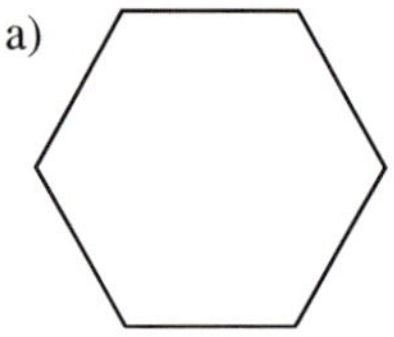
b)
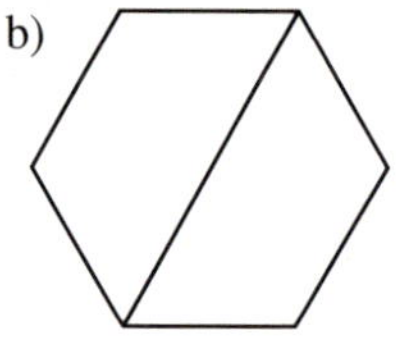
c)
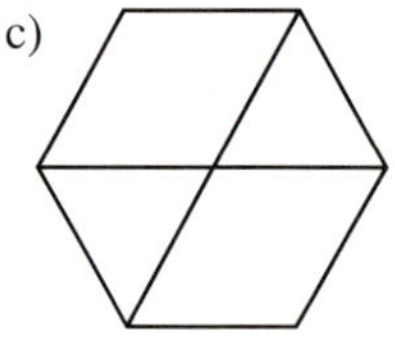
d)
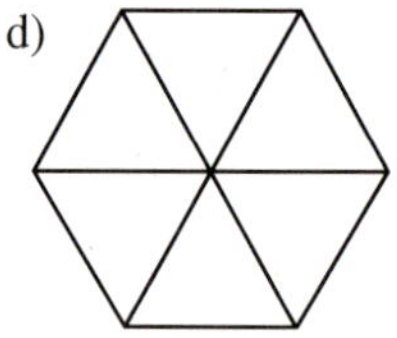

2

Eine drehsymmetrische Figur hat den kleinsten Symmetriewinkel

a) 30° b) 90° c) 15° d) 36°

Wie viele Symmetriewinkel hat die Figur?

3

Ergänze das Dreieck zu einer drehsymmetrischen Figur mit dem Drehzentrum Z und den Symmetriewinkeln 60°, 120°, 180°, ...

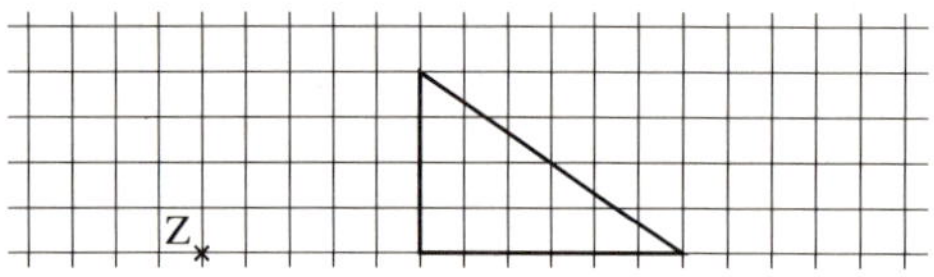

4

Welche der Figuren sind drehsymmetrisch, welche sind punktsymmetrisch?

a)
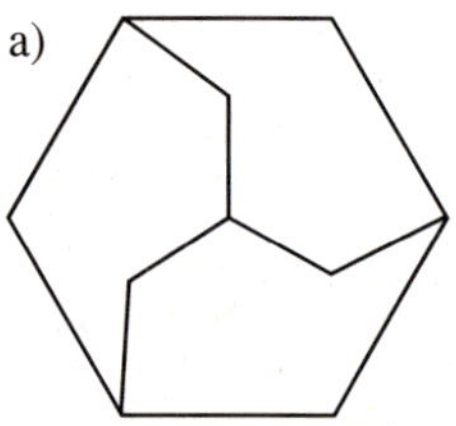
b)
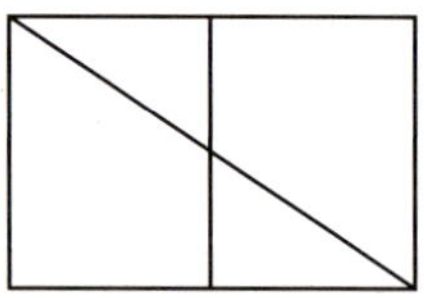
c)
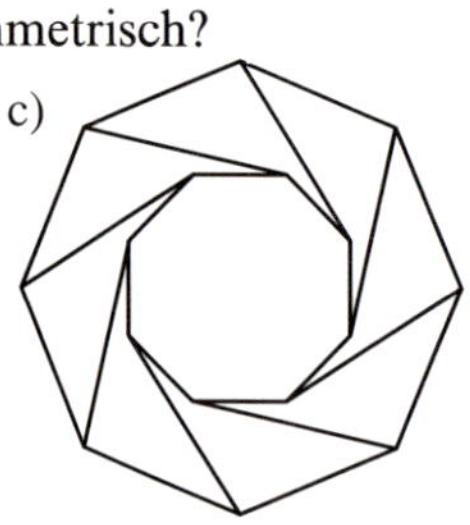
d)
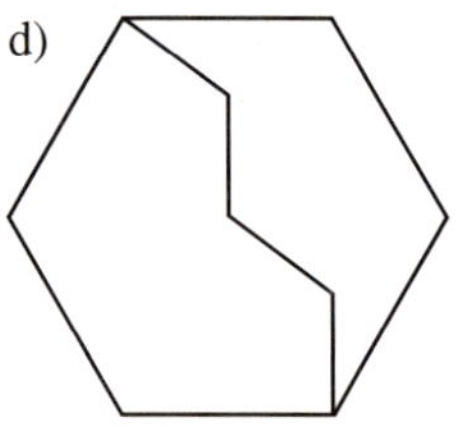
e)
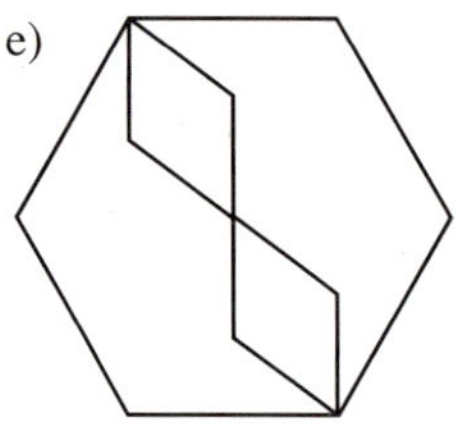
f)
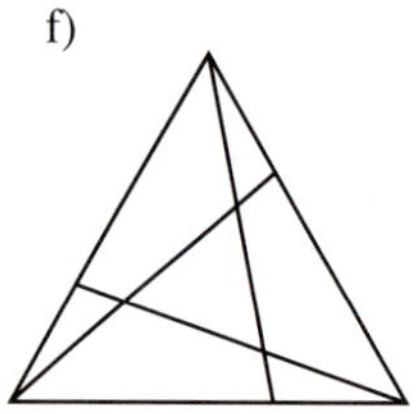

5

Drehe das Viereck ABCD mit A(15|2), B(20|3), C(20|8), D(13|5) mit einer Vierteldrehung um den Drehpunkt Z(9|1).

6

Drehe das Rechteck ABCD mit A(4|1), B(11|1), C(11|5), D(4|5) mit dem Drehwinkel δ = 120° um den Drehpunkt Z(4|11).

7

Spiegle die Figur am Spiegelzentrum Z.

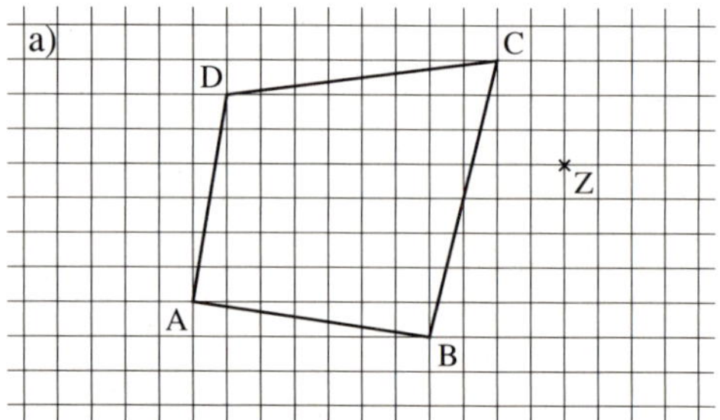

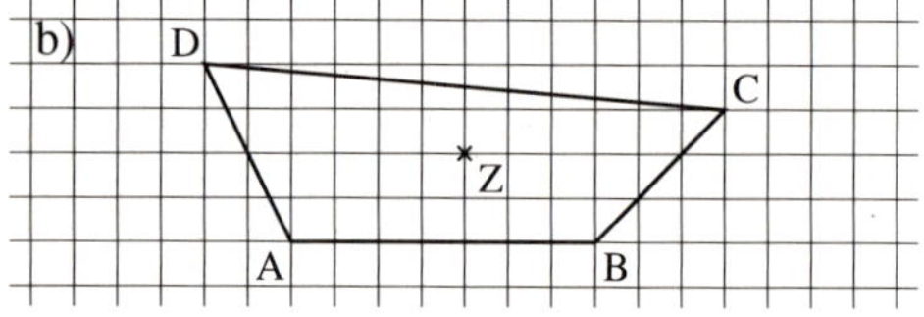

8

a) Zeichne die Figur ins Heft und trage das Spiegelzentrum ein.

b) Verbinde punktsymmetrisch liegende Eckpunkte.

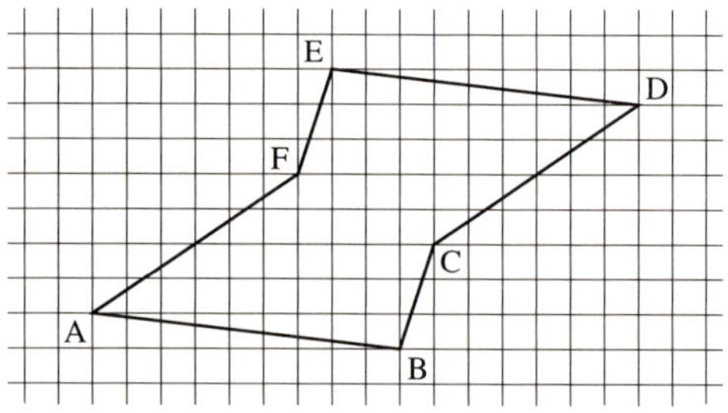

9

Ergänze das Dreieck ABC auf drei Arten zum Parallelogramm.

a) A(5|8), B(13|12), C(10|18)

b) A(2|8), B(11|5), C(11|11)

Ergeben sich auch ein Rechteck und eine Raute?

VI Körper

Louvre, Paris

Natur und Mensch formen Körper in unübersehbarer Vielfalt.
In der Architektur finden wir neben sehr verschnörkelten Formen auch klare geometrische Formen.
Lange Zeit glaubten die Menschen, die Erde sei eine Scheibe. Nur sehr schwer waren sie von der Kugelgestalt der Erde zu überzeugen. Dies änderte sich erst im Zeitalter der großen Weltumsegelungen. Wind und Regen lassen in der Natur die seltsamsten Formen entstehen.

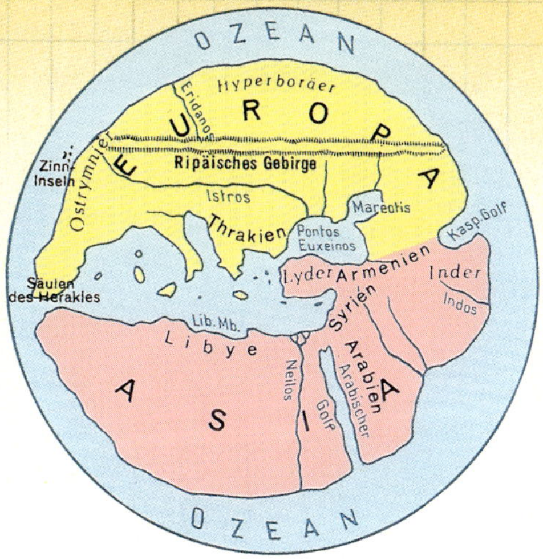

Karte des Hekataios (um 500 v. Chr.)

Göreme, Türkei

1 Prisma

Giant's Causeway in Nordirland, Mosaikpflaster aus vieleckigen Basaltsäulen.

1
Diese Basaltsäulen entstanden vor vielen Millionen Jahren, als glutflüssiges Gestein abkühlte und erstarrte.
Wie viele Ecken kannst du an den sichtbaren Flächen zählen?

2
Ein Quader soll so zerschnitten werden, dass sich die zwei Teile zu einem Dach zusammensetzen lassen. Wie kannst du schneiden? Probiere dies mit einem Quader aus Knetmasse.

Sägt man einen Quader senkrecht zu seiner Grundfläche mit einem oder mehreren Schnitten durch, so entstehen Prismen. Die Einzahl heißt „Prisma". Dieses Wort kommt vom griechischen Wort für Säge.

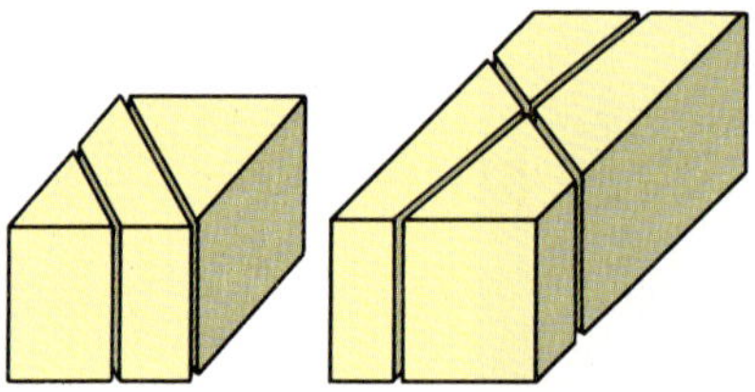

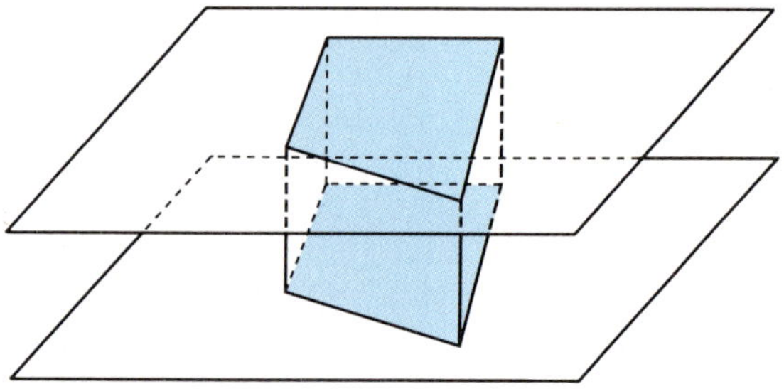

Ein **Prisma** ist begrenzt durch die Grundfläche, die Deckfläche und die aus Rechtecken zusammengesetzte Mantelfläche.
Die Grund- und die Deckfläche sind von gleicher Form und gleich groß.
Quader und Würfel sind besondere Prismen.

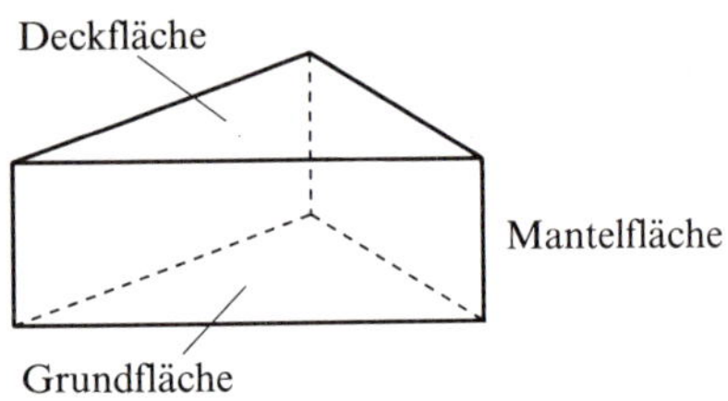

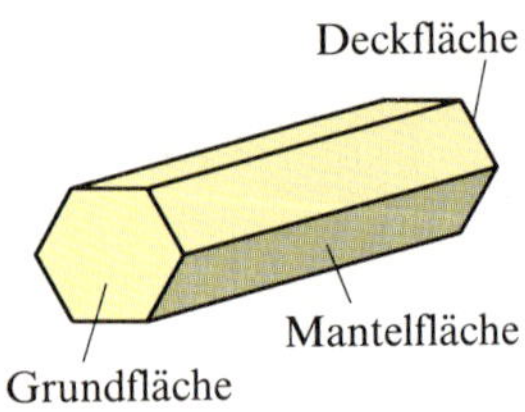

Bemerkung: Ein Prisma muss nicht auf seiner Grundfläche stehen.

Beispiel
Das Bild zeigt das Netz eines Dreiecksprismas.
Seiten, die zu einer Kante zusammenzukleben sind, haben die gleiche Länge.
Du zeichnest also zuerst die drei Mantelrechtecke. Dann überträgst du die Seiten mit dem Zirkel und erhältst so die Grund- und die Deckfläche.

Überall Prismen!

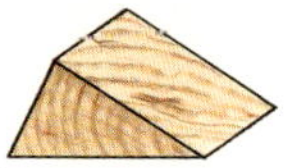

Bremsklotz

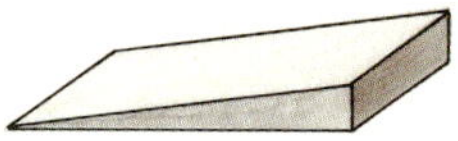

Rampe

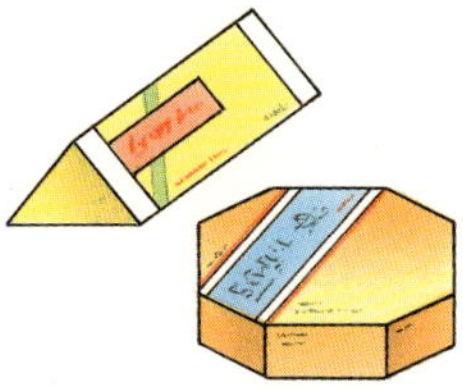

Schokoladenschachteln

Dächer

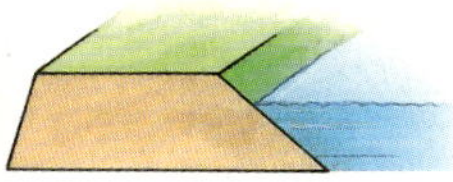

Damm

Löwenkäfig

Aufgaben

3

Beschreibe die Prismen auf dem Rand. Wo kannst du in deiner Umgebung noch weitere Prismen entdecken?

4

Welcher Würfel wird in Prismen zerschnitten?

a) 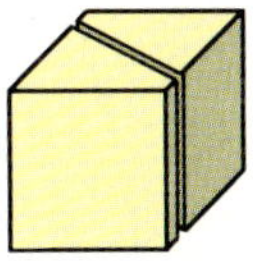

b) 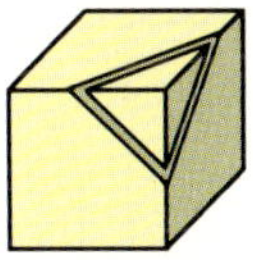

c) 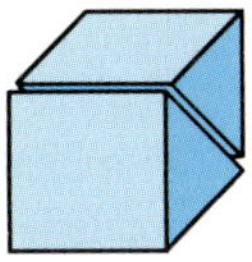

d) 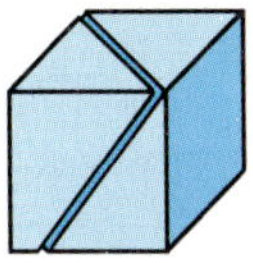

5

Zeichne die Netze ab und stelle Prismen her.

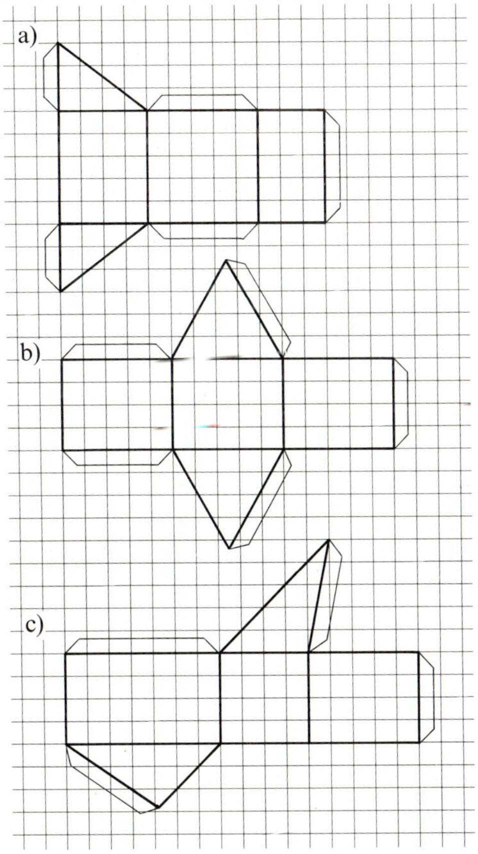

6

Zeichne das Netz ab, schneide es aus und falte es zu einem Körper.

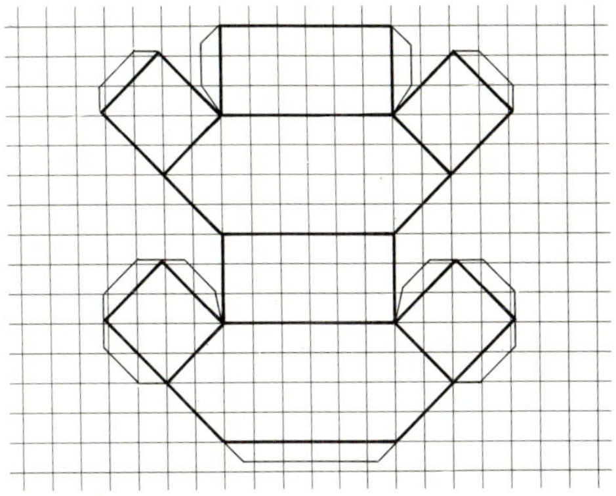

7

Zeichne mit freier Hand ein Prisma mit der abgebildeten Deckfläche.

a) 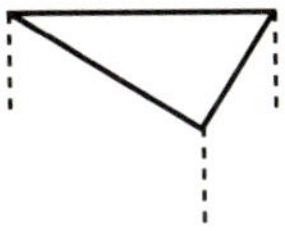

b) 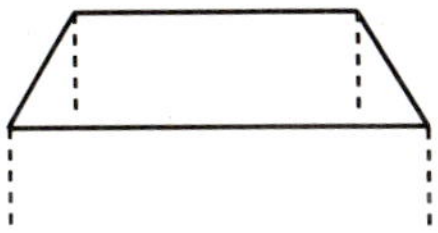

c) 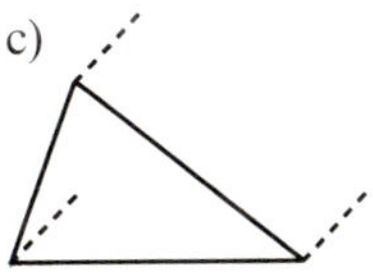

d) 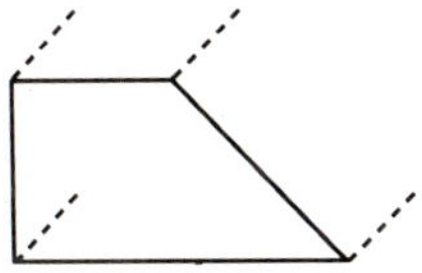

8

Zähle die Ecken, Kanten und Flächen.

a) 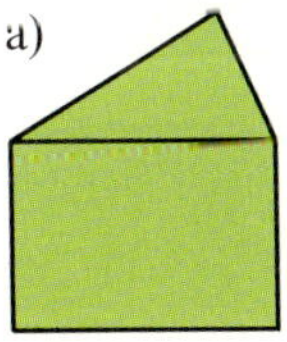

b) 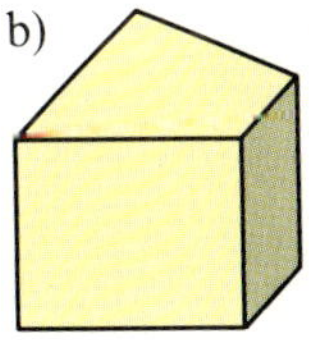

c) 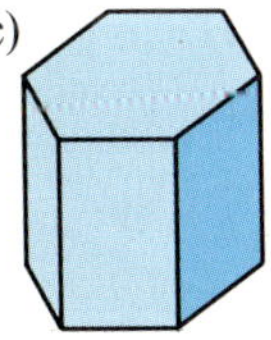

9

Wie viele Kanten und wie viele Ecken hat der Körper, den du aus dem Netz falten kannst?

a) 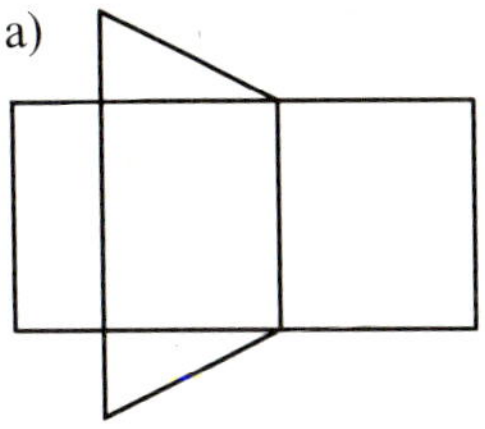

b) 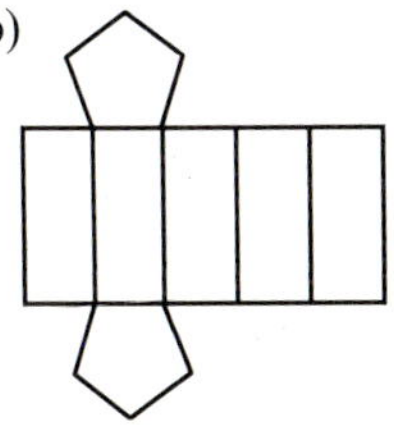

10

Welche Seiten der Abwicklung vereinigen sich beim Zusammenfalten zu einer Kante? Welche Eckpunkte vereinigen sich zu einem Eckpunkt des Prismas?

Hinweis: Skizziere die Prismen.

a)

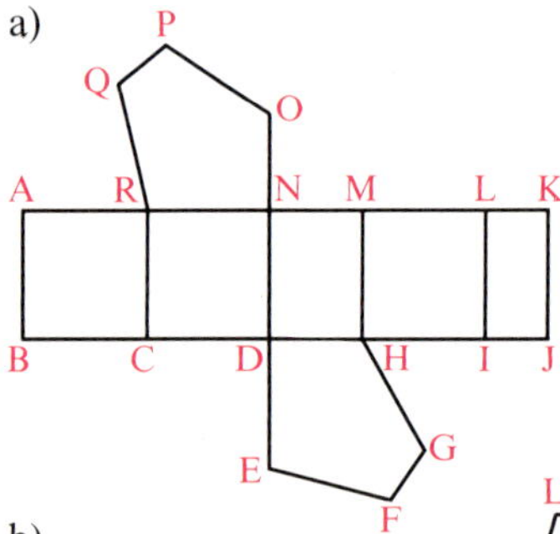

b)

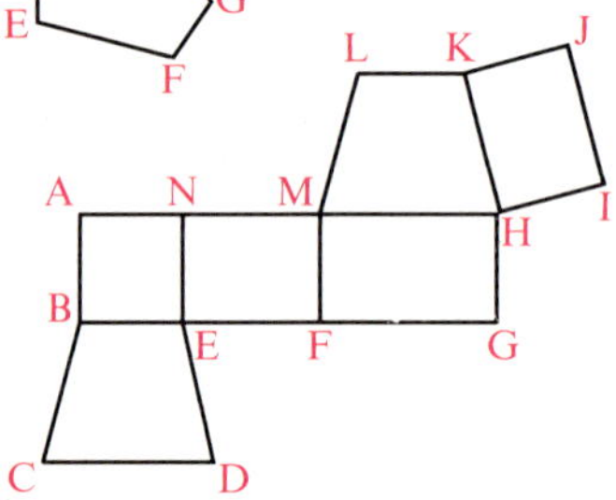

11

Du siehst Bauteile für zwei Prismen. Welche gehören zusammen?

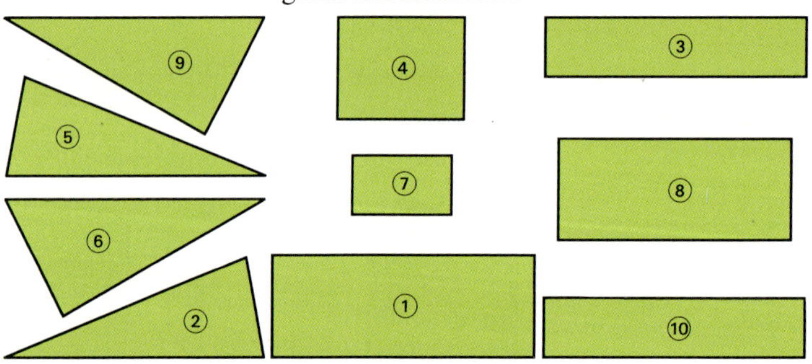

12

Zeichne ein Netz des Prismas.

a)

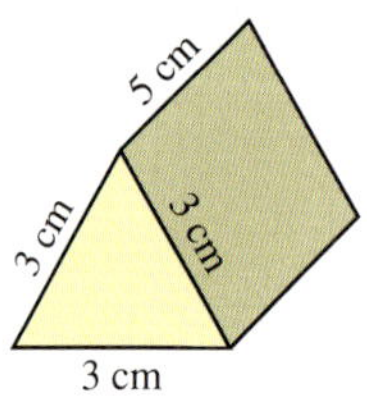

b)

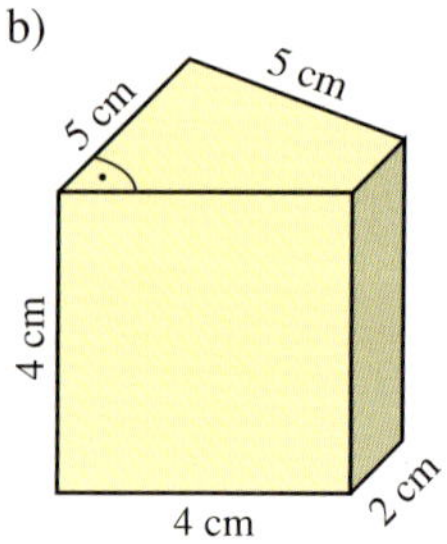

13

Zeichne ein Netz des Prismas mit der Höhe 7 cm und der abgebildeten Grundfläche.

a)

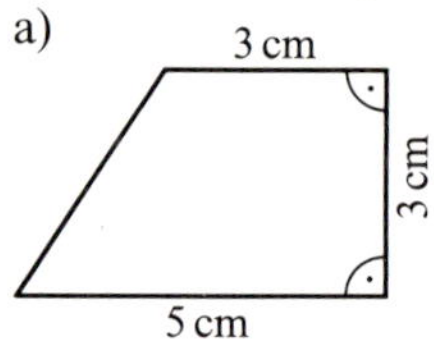

b)

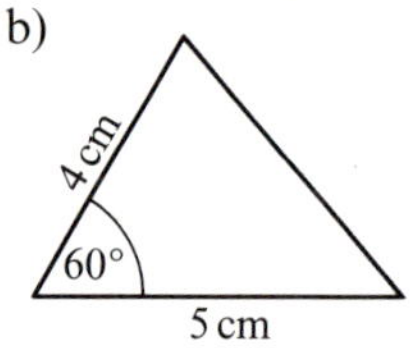

c)

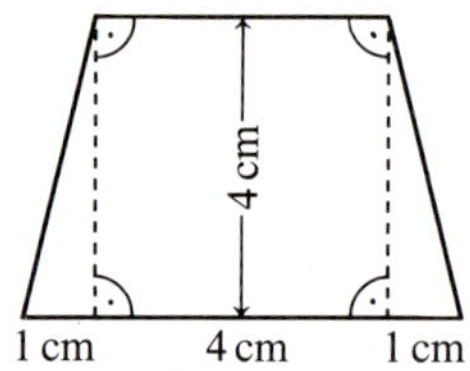

14

Welche Möglichkeiten gibt es, die fehlende Fläche anzulegen? Zeichne alle Netze.

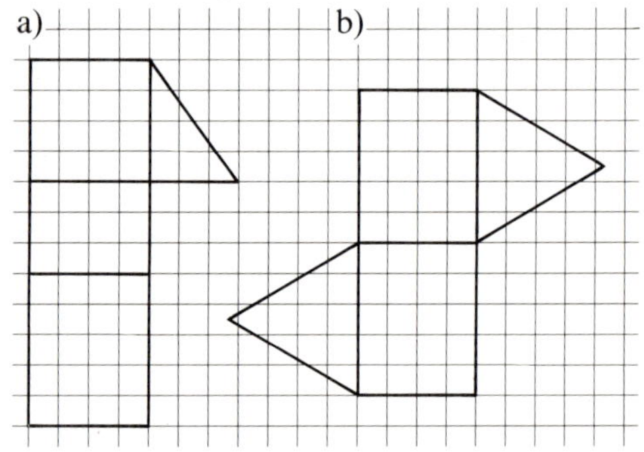

15

a) Stelle aus dünnem Karton vier Prismen mit dem abgebildeten Netz her.

b) Wie viele unterschiedliche Prismen kannst du aus zwei solchen Bauteilen zusammensetzen?

c) Versuche es auch mit drei oder allen vier Prismen.

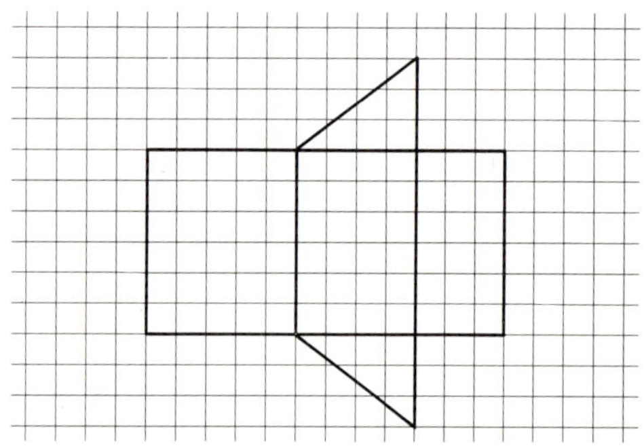

2 Pyramide

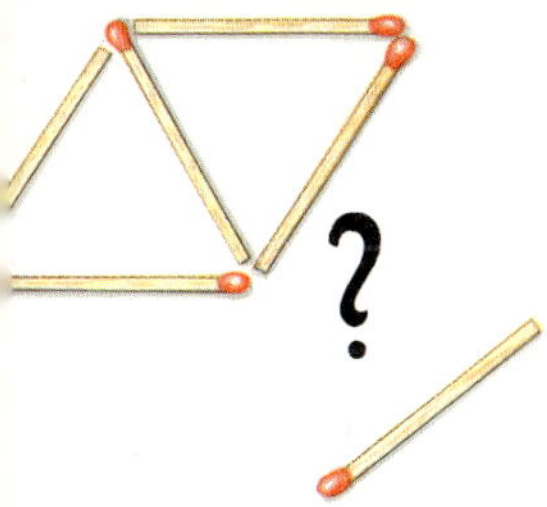

1
Ein alter Streichholztrick:
Kannst du aus sechs Hölzchen vier Dreiecke bilden, deren Seiten alle gleich lang sind?

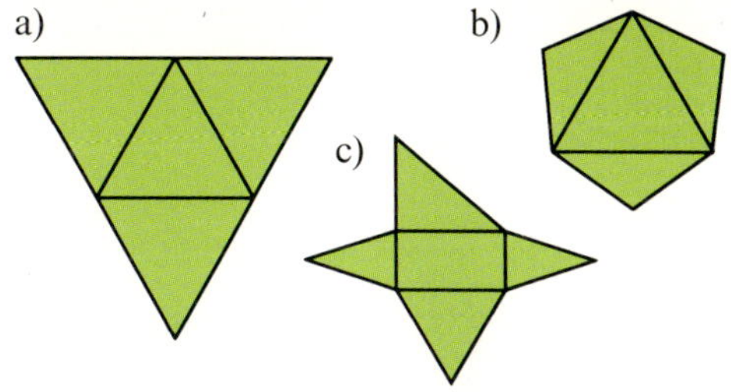

2
Aus welchen der drei Figuren kannst du keinen Körper falten? Warum nicht?

Die Körper, die du abgebildet siehst oder gefaltet hast, sind **Pyramiden**. So nannten die alten Ägypter die Grabdenkmäler ihrer Könige.

Eine **Pyramide** ist begrenzt durch die Grundfläche und die aus Dreiecken zusammengesetzte Mantelfläche. Die Grundfläche kann 3, 4, 5 oder mehr Eckpunkte haben. Der Eckpunkt der Pyramide, in dem sich die Dreiecke der Mantelfläche treffen, heißt Spitze.

Beispiele

a) Für das Netz dieser Pyramide mit einem Quadrat als Grundfläche kannst du die Gitterpunkte verwenden.

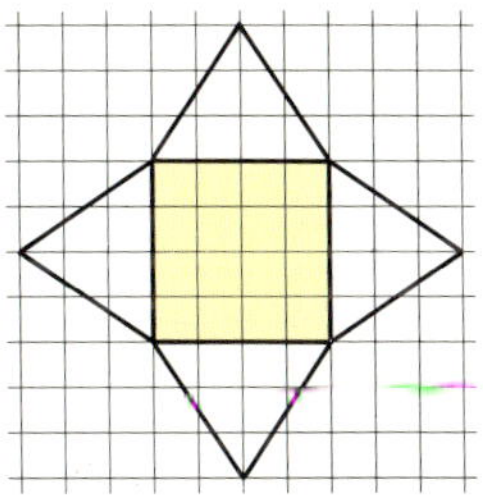

b) Für das Netz dieser Pyramide mit einem Dreieck als Grundfläche musst du den Zirkel verwenden, um die Seiten abzutragen.

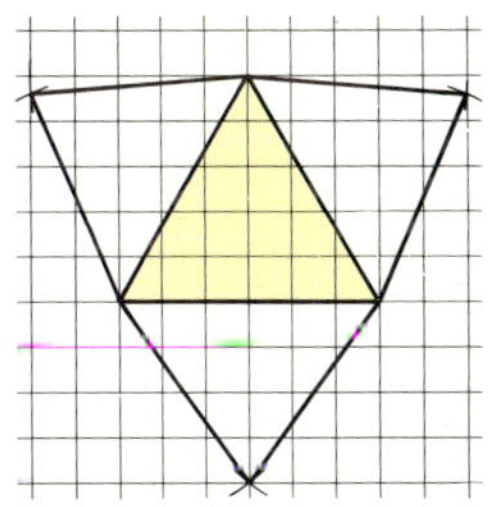

Aufgaben

3
Nenne Pyramiden, die du in deiner Umgebung siehst. Manchmal findest du auch Pyramiden, von denen nur Kanten und Eckpunkte vorhanden sind.

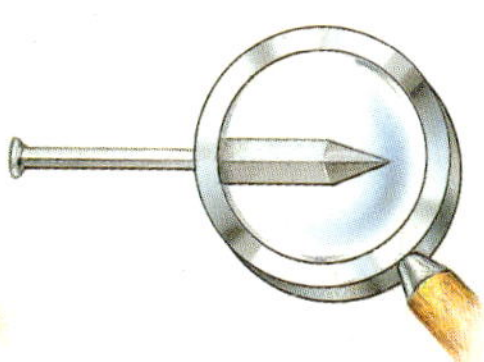

4
Zerschneide einen Quader aus Knetmasse mit vier Schnitten wie in der Abbildung. Welche Körper erhältst du?

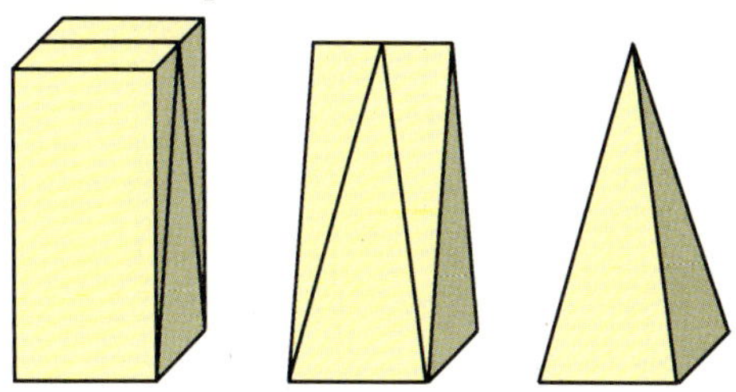

5
Wie viele Eckpunkte, Kanten und Flächen hat eine Pyramide, deren Grundfläche
a) ein Dreieck b) ein Viereck
c) ein Fünfeck d) ein Sechseck
e) ein Zehneck f) ein Hunderteck ist?

6
Zeichne das Netz ab, schneide es aus und falte es zu einem Körper.

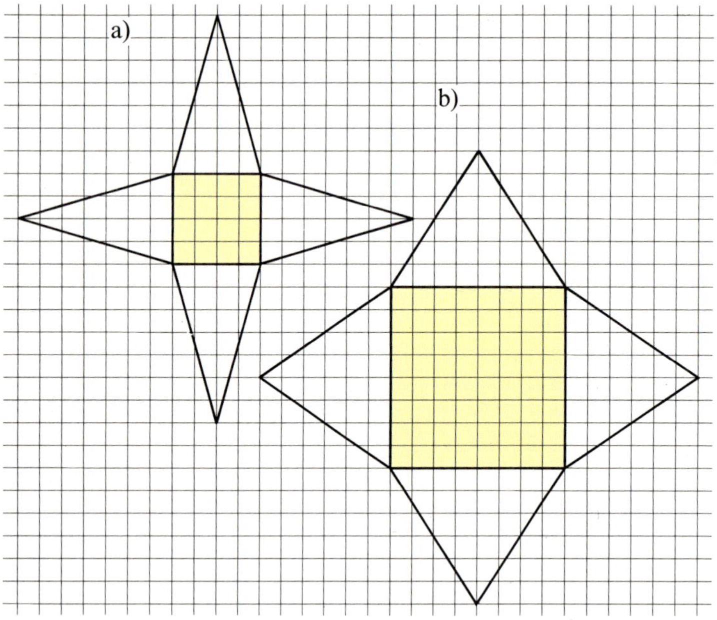

7
Stelle die Pyramide mit dem in doppelter Größe gezeichneten Netz her.

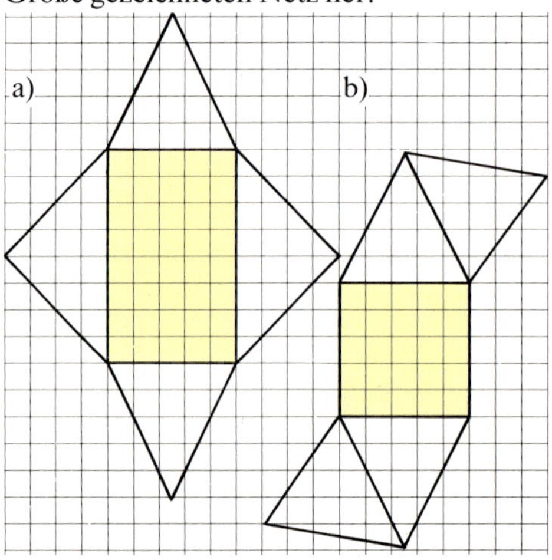

8
Welche Eckpunkte des Netzes treffen sich beim Zusammenfalten im selben Eckpunkt der Pyramide?
Welche Seiten des Netzes treffen sich beim Zusammenfalten an derselben Kante?

a)

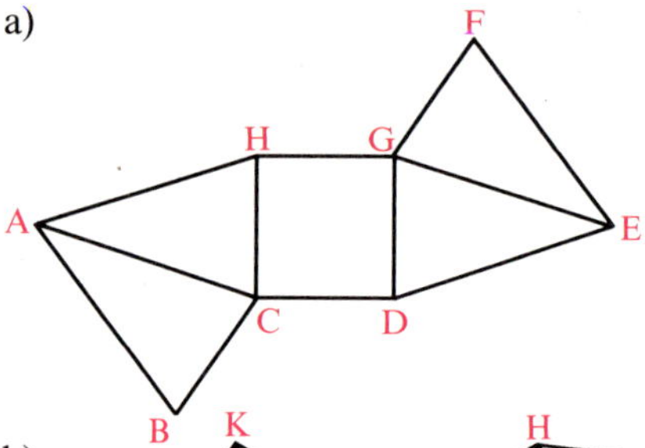

b)

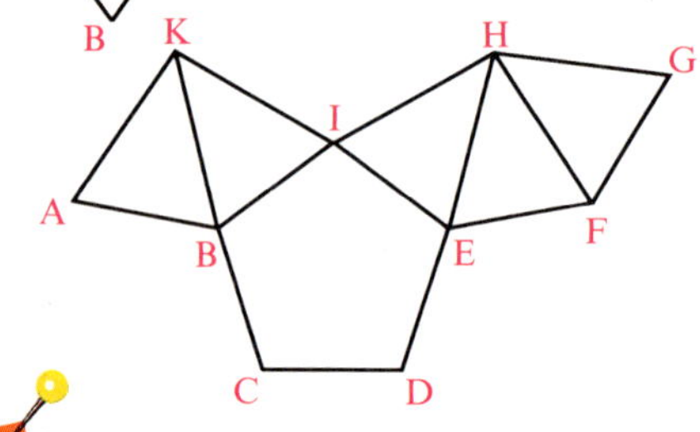

9
Warum ist keine der Figuren ein Pyramidennetz?

a)

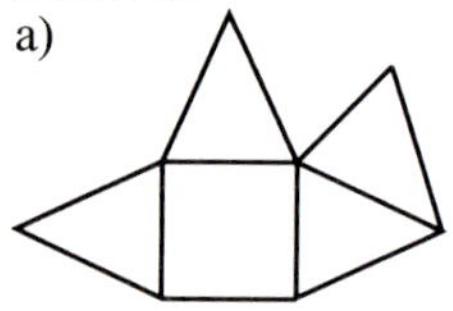

b)

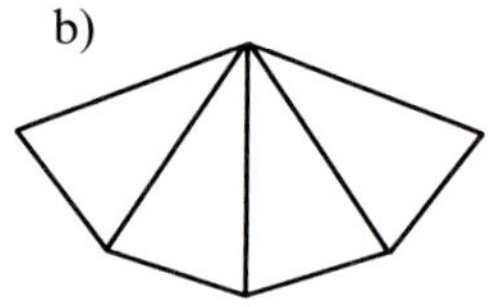

c)

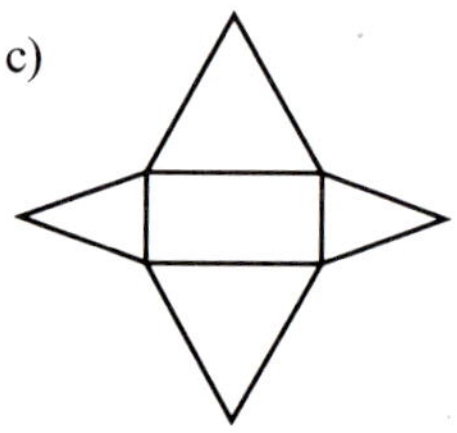

d)

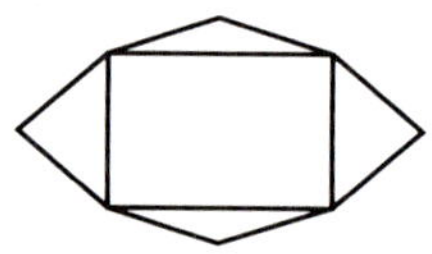

10
Zeichne das vollständige Netz der Pyramide, schneide es aus und falte es.

a)

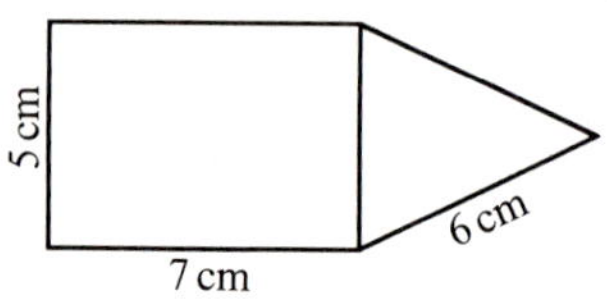

b)

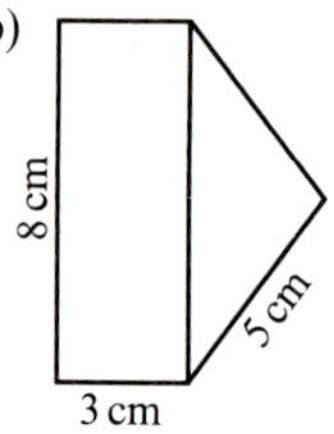

11
Zeichne das Netz mit Hilfe des Zirkels, schneide es aus und falte es.

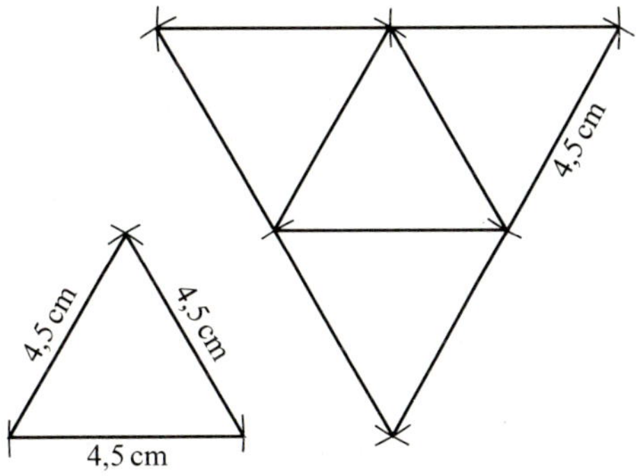

12
Zeichne das Netz vollständig und in doppelter Größe ab. Du erhältst nach dem Falten eine schöne Pyramide.

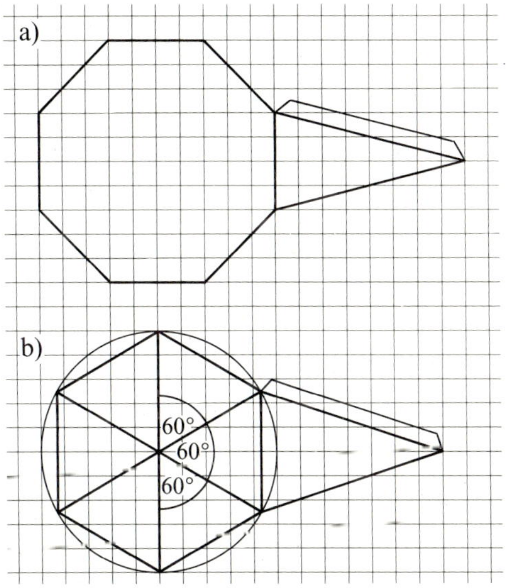

13
a) Fertige zwei Pyramiden mit quadratischer Grundfläche an, bei denen alle Kanten 5 cm lang sind. Klebe die zwei Pyramiden so zusammen, dass die Grundflächen sich decken.

b) Warum wohl nennt man diese Doppelpyramide einen regelmäßigen Körper?

c) Male den Körper mit zwei Farben so an, dass Flächen mit gemeinsamer Kante unterschiedlich gefärbt sind.

14
Aus dem in doppelter Größe gezeichneten Netz bekommst du eine seltsame Pyramide.

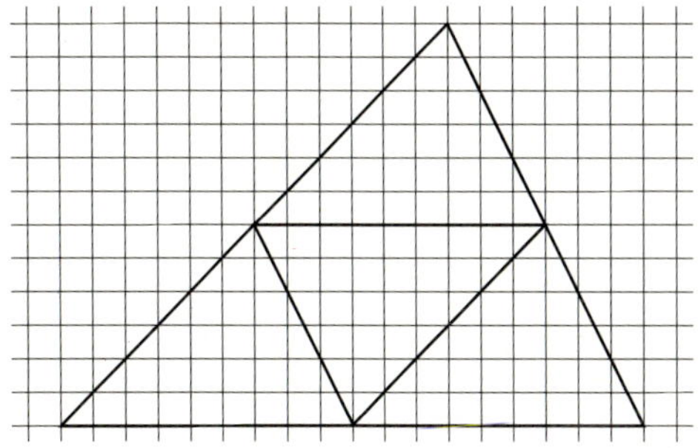

15
Wenn du weißt, wie man aus 6 Streichhölzern 4 gleich große Dreiecke bilden kann, kannst du vielleicht noch schwierigere Streichholztricks lösen:

a) Wie kann man aus 9 Hölzern 6 gleich große Dreiecke bilden?

b) Wie kann man aus 12 Hölzern 4, 5, 6, 7 oder 8 gleich große Dreiecke bilden?

Der eingepackte Würfel

Stellt gemeinsam sechs Pyramiden mit dem abgebildeten Netz und dazu einen Würfel mit 6 cm Kantenlänge her.

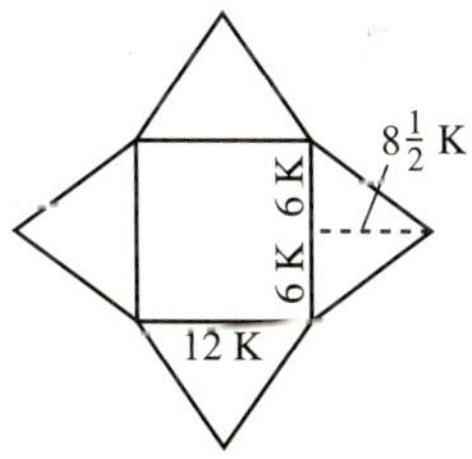

Klebt die Pyramiden auf ein Würfelnetz.

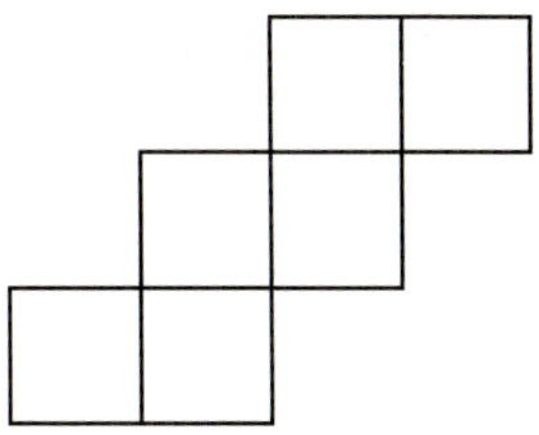

Aus den sechs Pyramiden und aus den Pyramiden zusammen mit dem Würfel lassen sich Körper zusammensetzen. Versucht es!

3 Prisma und Pyramide im Schrägbild

1
Vergleiche die Dreiecke im Netz und im Schrägbild der Pyramide.
Was beobachtest du?

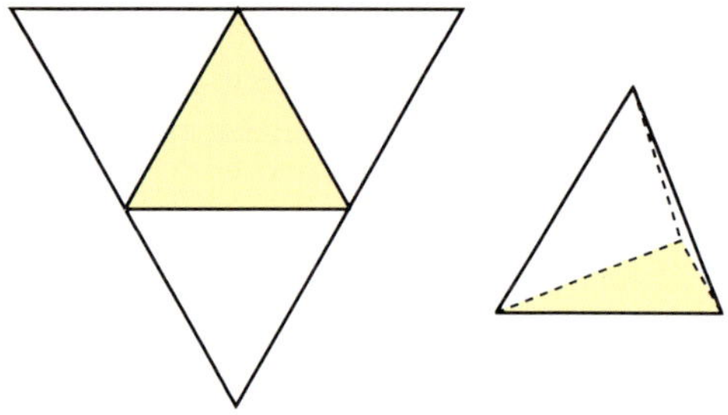

Wenn wir **Schrägbilder** von Prismen und Pyramiden zeichnen, beachten wir dieselben Regeln wie bei Quadern und Würfeln.

Flächen und Kanten, die in der Frontebene oder parallel zu ihr liegen, bleiben im Schrägbild unverändert.

Senkrecht zur Frontebene laufende Kanten werden unter einem 45°-Winkel und auf die Hälfte verkürzt dargestellt.

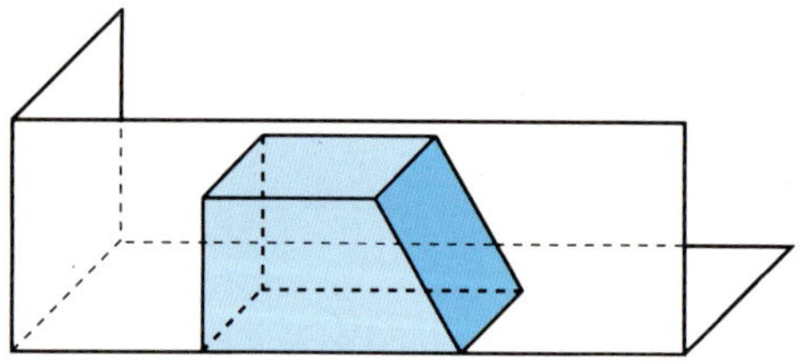

Bemerkung: Du darfst den Verkürzungsmaßstab $\frac{1}{2}$ etwas abändern, wenn du dadurch erreichen kannst, dass Eckpunkte auf Gitterpunkte fallen.

Beispiele
a) Dreiecksprisma, das auf einem Mantelrechteck liegt:
Die dreieckige Grundfläche bleibt unverzerrt, die Kanten des Mantels verlaufen schräg mit 45° und werden verkürzt.
b) Dreiecksprisma, das auf der Grundfläche steht:
Die Grundfläche wird verzerrt, die Mantellinien bleiben unverändert.
c) Pyramide über einem Quadrat mit Seitenlänge 4 cm und Höhe 5 cm:
Die Spitze liegt senkrecht über dem Mittelpunkt des Quadrats. Im Schrägbild wird der Mittelpunkt zum Diagonalenschnittpunkt eines Parallelogramms. Die Höhe behält ihre wahre Größe.

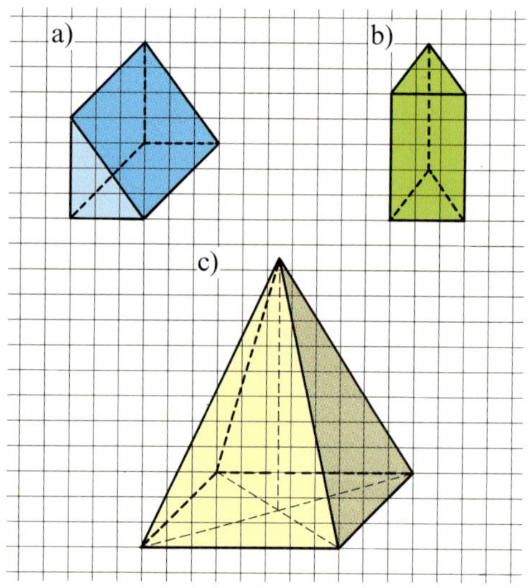

Aufgaben

2
Zeichne ein Dreiecksprisma wie im ersten Beispiel.

	a)	b)	c)
Grundfläche	rechtwinkliges Dreieck 7 cm, 5 cm	rechtwinkliges Dreieck 6 cm, 8 cm	rechtwinkliges Dreieck 9 cm, 9 cm
Länge der Mantellinien	10 cm	8 cm	9 cm

3
Zeichne eine Pyramide, deren Grundfläche ein Quadrat mit der Seitenlänge 8 cm ist und deren Höhe
a) 2 cm b) 4 cm c) 6 cm d) 8 cm
beträgt.
Achte darauf, welche Kanten sichtbar und welche unsichtbar sind.

4

Zeichne mit freier Hand ein Prisma mit
a) dreieckiger b) viereckiger
c) fünfeckiger Grundfläche.

5

Zeichne mit freier Hand eine Pyramide mit
a) dreieckiger b) sechseckiger
Grundfläche.

6

Zeichne Pyramiden mit rechteckiger Grundfläche:

	Seiten des Rechtecks		Höhe
a)	6 cm	8 cm	6 cm
b)	6 cm	10 cm	8 cm
c)	8 cm	4 cm	2 cm

7

Zeichne im Schrägbild das liegende Prisma mit der abgebildeten Grundfläche. Die Kanten des Mantels sollen 8 cm lang sein.

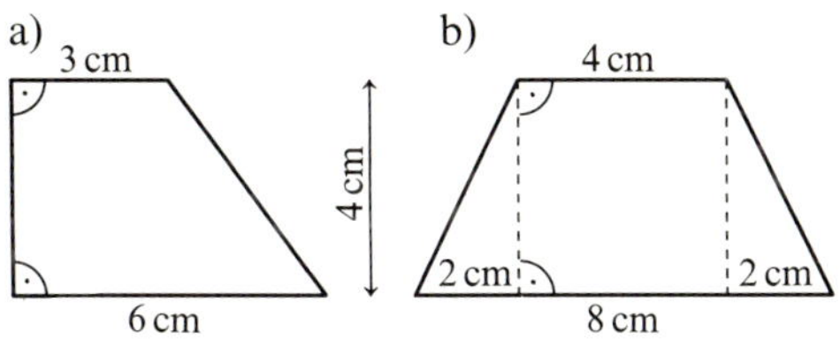

8

Wie lang sind die Kanten des Prismas, das in der Abbildung in zwei Lagen gezeichnet ist? Achte darauf, welche Seiten verzerrt abgebildet sind.

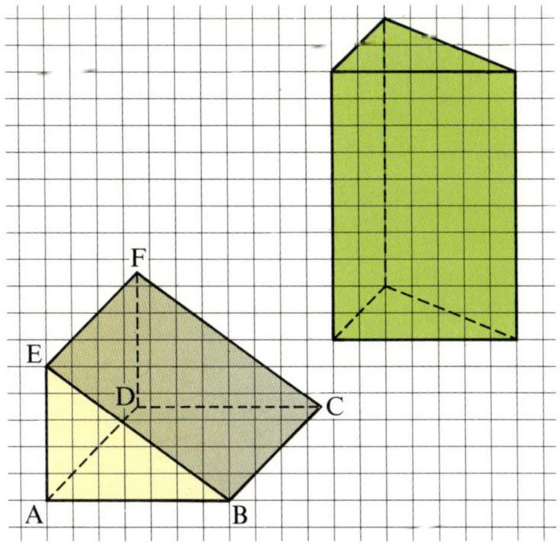

9

Zeichne einen Würfel mit 5 cm Kantenlänge, dessen oben liegende Fläche zugleich die Grundfläche einer 5 cm hohen Pyramide ist.

10

Zeichne die in einen Würfel eingeschlossene Doppelpyramide. Beginne mit dem Würfel. Die Diagonalen der Grundfläche und der Deckfläche geben deren Mittelpunkte.

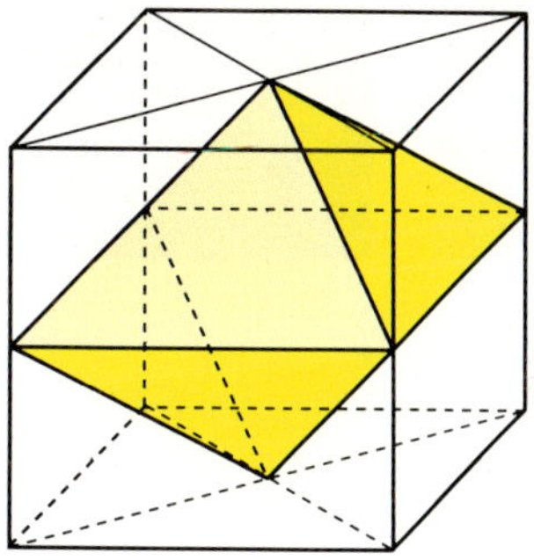

11

Zeichne den Würfel, aus dem von oben eine Pyramide herausgeschnitten ist, nach.

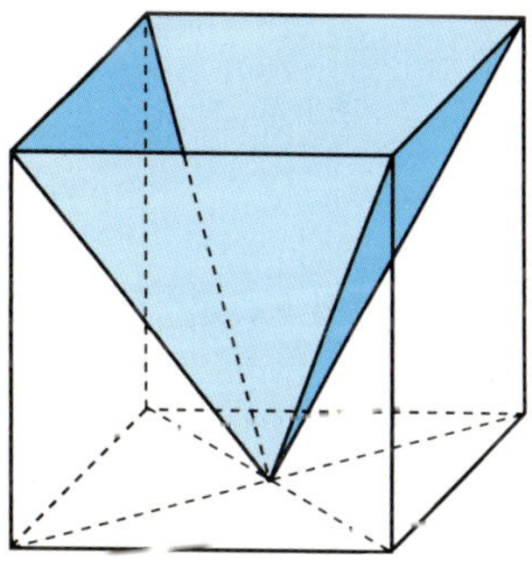

12

Zeichne ein stehendes Prisma mit der abgebildeten Grundfläche. Es soll 8 cm hoch sein. (Hinweis: Zeichne das Rechteck, in das die Grundfläche eingefügt ist, im Schrägbild und achte auf die Gitterpunkte.)

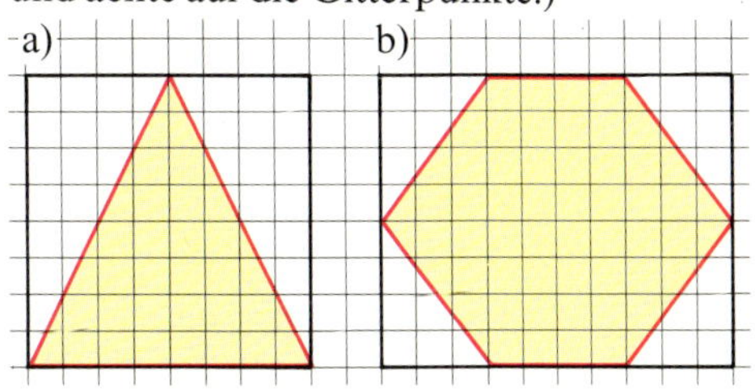

4 Zylinder. Kegel. Kugel

Gaskessel in Bochum;
Vulkan Llaima in Chile;
La Villette in Paris,
Frankreich.

1
Betrachte die Bilder und beschreibe, was du auf ihnen erkennen kannst.

Zylinder, Kegel und Kugel sind Körper mit gekrümmten Flächen.
Der **Zylinder** wird von zwei Kreisflächen und dem Mantel begrenzt.

Der **Kegel** wird von einer Kreisfläche und dem Mantel begrenzt.

Zylinder und Kegel berühren eine ebene Unterlage entweder mit einer Kreisfläche oder mit einer Strecke auf dem Mantel.
Die **Kugel** ist allseits gleich gekrümmt. Sie berührt eine ebene Unterlage in einem einzigen Punkt und hat daher kein Netz.

Das Netz eines **Zylinders** ist ein Rechteck mit zwei angehängten Kreisflächen.
Das Netz eines **Kegels** ist ein Kreisausschnitt mit einem angehängten Kreis.

Bemerkung: Weil die Kreisflächen nur in einem einzigen Punkt am abgewickelten Mantel hängen, kannst du das Netz nicht in einem Stück ausschneiden.

Beispiele

Die Bildleisten zeigen, wie du einen Zylinder und einen Kegel aus Papier herstellen kannst.

a) Zylinder

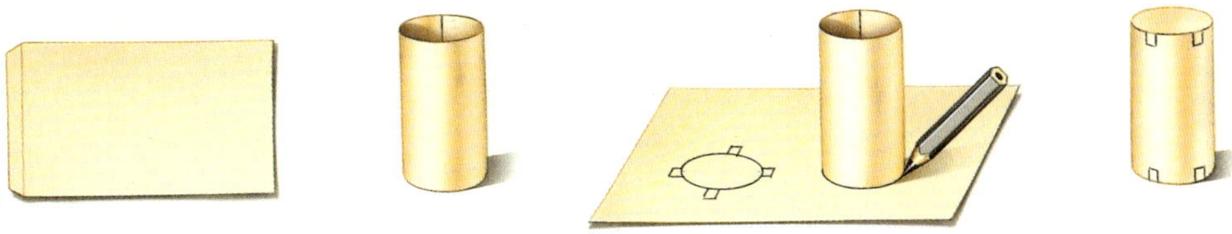

b) Kegel

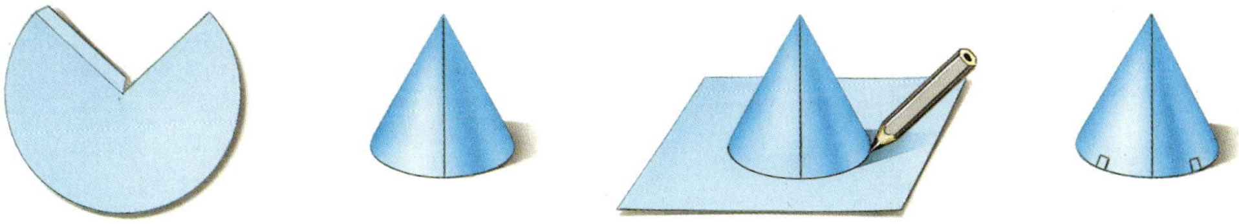

Aufgaben

2

Wo siehst du Zylinder, Kegel und Kugeln in deiner Umgebung? Wo siehst du wenigstens Teile dieser Körper? Denke auch an Kleidungsstücke, Hüte und Taschen.

3

Nenne Körper, die aus Zylindern, Kegeln und Kugeln oder aus Teilen dieser Körper zusammengesetzt sind.

4

Wickle einen Ball in einen Bogen Papier. Was beobachtest du? Warum gibt es Plakatsäulen, aber keine Plakatkugeln?

5

Zeichne die zwei Vierecke in doppelter Größe ab, schneide sie aus und wickle sie so auf, dass entweder die mit a oder die mit b bezeichneten Seiten zusammenkommen.

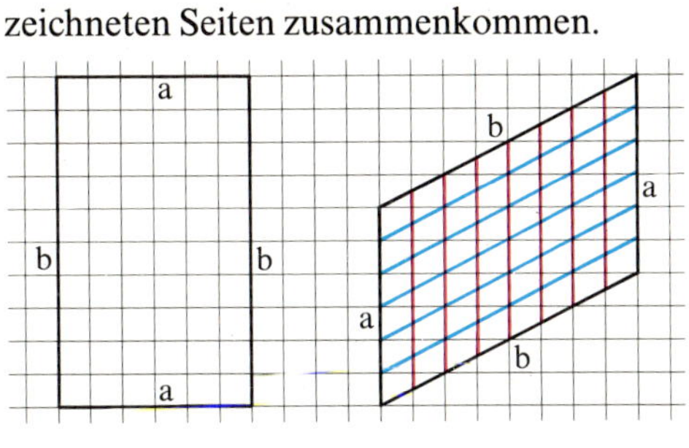

6

Stelle einen Zylinder her, dessen Mantelrechteck

a) 15 cm breit und 5 cm hoch

b) 9 cm breit und 3 cm hoch ist.

7

Stelle einen Kegel mit dem abgebildeten Mantel her.

a) 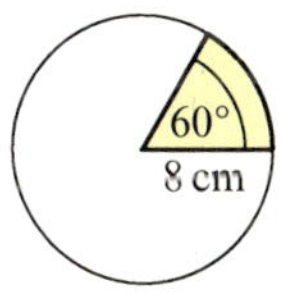

b) 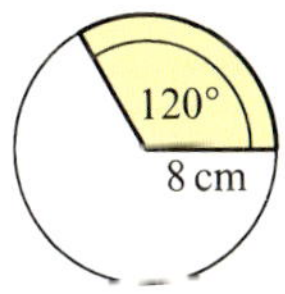

c) 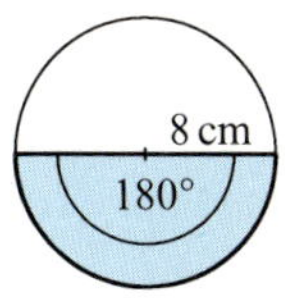

d) 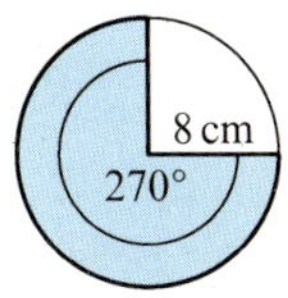

8

Zwei Fastnachtshüte aus einem einzigen Kreis. Zu welchen Kostümen passen sie?

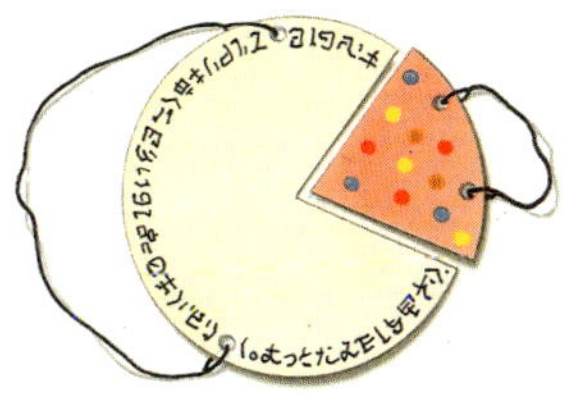

9

Aus welchen der Figuren könntest du einen Zylindermantel zusammenkleben?

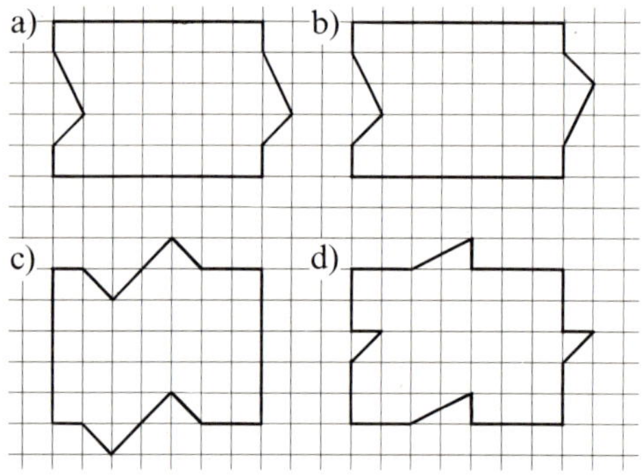

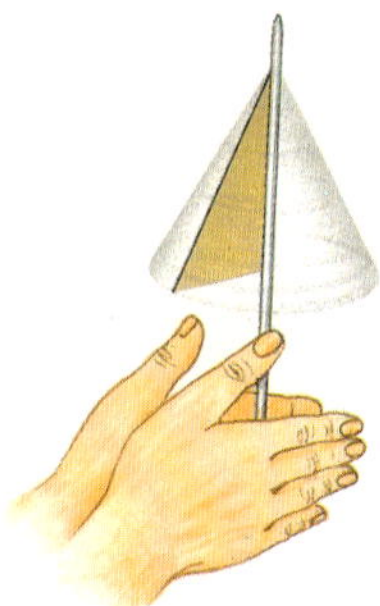

10

Welche Körper erscheinen, wenn du die gezeichneten Flächenstücke um die eingezeichnete Achse drehst? Experimentiere mit Karton und Stricknadel.

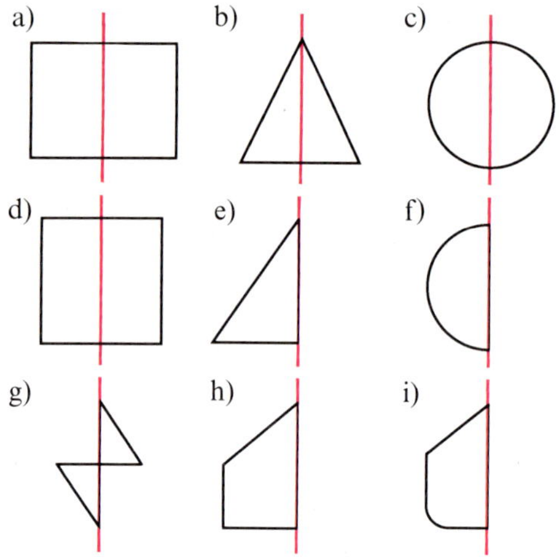

11

Zeichne auf ein Blatt Transparentpapier oder eine Folie eine Strecke, die schräg von einem Rand zum gegenüberliegenden Rand verläuft.

Wickle das Blatt auf, auch so, dass mehrere Schichten übereinander liegen.

Was beobachtest du?

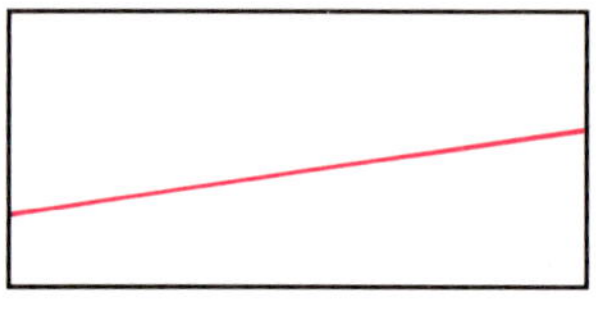

12

Zeichne auf einen Kreisausschnitt aus Transparentpapier oder Folie eine Strecke. Bilde damit einen Kegel und experimentiere wie in Aufgabe 11.

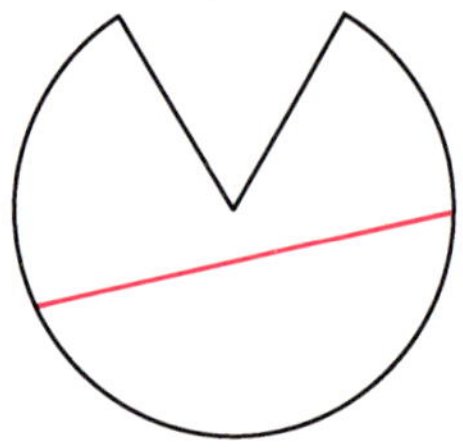

13

Kristina und Michael wollen Kegel herstellen:

Der Mantel des ersten Kegels soll ein Kreisausschnitt mit 10 cm Radius sein, und der Grundkreis soll 1 cm Radius haben.

Beim zweiten Kegel sollen die Maße gerade umgekehrt sein.

Was sagst du dazu?

14

a) Kann man einen Zylinder mit einem ebenen Schnitt in zwei Zylinder zerlegen?

b) Kann man einen Kegel mit einem ebenen Schnitt so zerlegen, dass beide Teile oder wenigstens ein Teil wieder ein Kegel ist?

c) Kann man auch eine Kugel so zerlegen?

15

Schneide einen Zylinder (beispielsweise eine dicke Kerze) schräg ab. Lass den Körper rollen und verfolge die Bahn des Punktes, in dem die Schnittfläche die Unterlage berührt. Zeichne diese Bahn mit freier Hand nach.

5 Vermischte Aufgaben

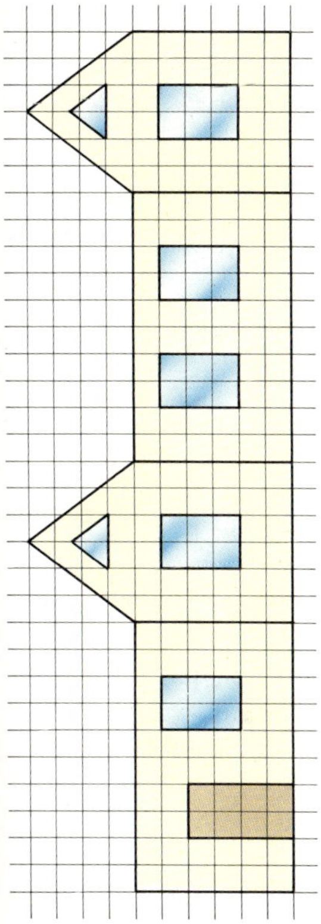

1
Im Netz des Hauses fehlen die Flächen für das Dach. Zeichne das Netz ab, füge die Dachflächen in der richtigen Größe an den passenden Kanten an, schneide die Figur aus und falte sie zum Haus.

2
a) An welchem Rechteck muss die Tür ausgeschnitten werden?

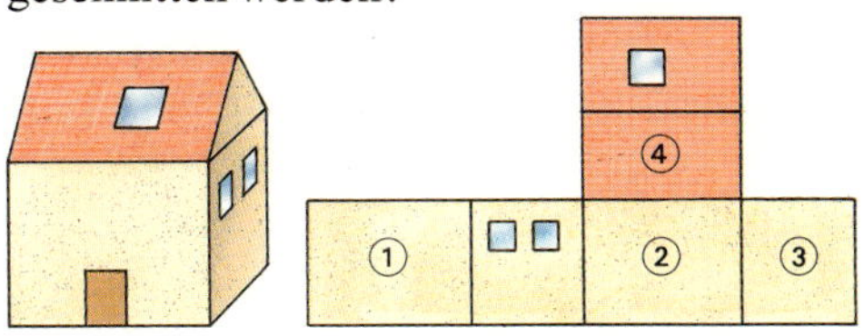

b) An welches Dreieck gehört die Dachgaube?

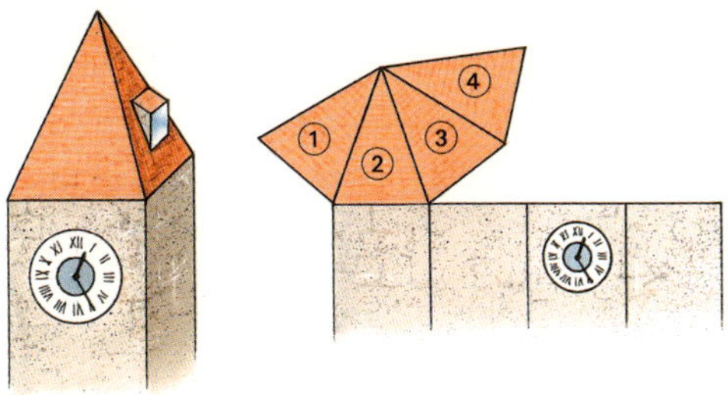

c) Über welchem Fenster hängt die Fahne heraus?

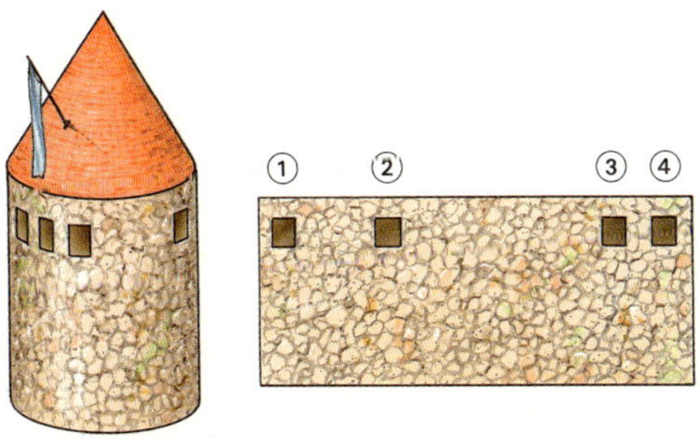

d) Welche zwei Zeltbahnen sind zurückgeschlagen?

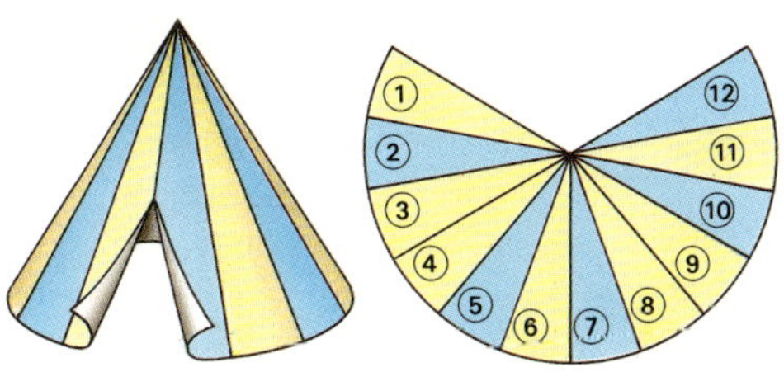

3
Wie viele Eckpunkte, wie viele Kanten und wie viele Flächen hat ein Prisma, dessen Grundfläche

a) ein Dreieck
b) ein Viereck
c) ein Fünfeck
d) ein Sechseck
e) ein Zwanzigeck
f) ein Tausendeck

ist?

4
Begründe, warum sich aus drei der vier Figuren kein Prisma falten lässt.

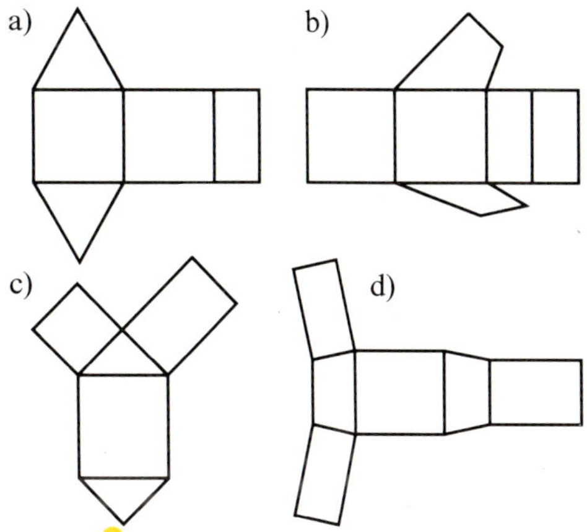

5
Welche Figuren sind keine Pyramidennetze? Begründe.

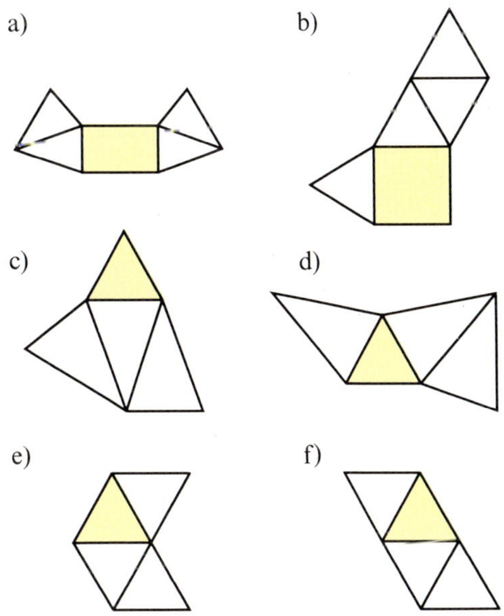

Zeichne den Vampir ab und falte ihn zu einem Körper.

6

Welche Pyramide wird am höchsten, welche am spitzesten?

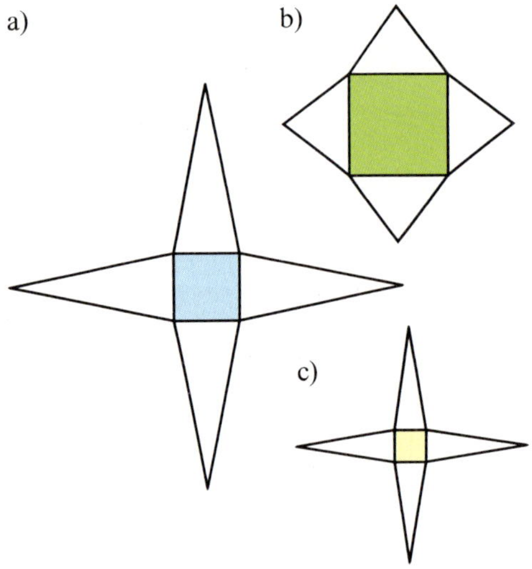

7

Wo kannst du das fehlende Dreieck ankleben, damit ein Pyramidennetz entsteht? Zeichne mit freier Hand.
Wie viele Möglichkeiten gibt es jeweils?

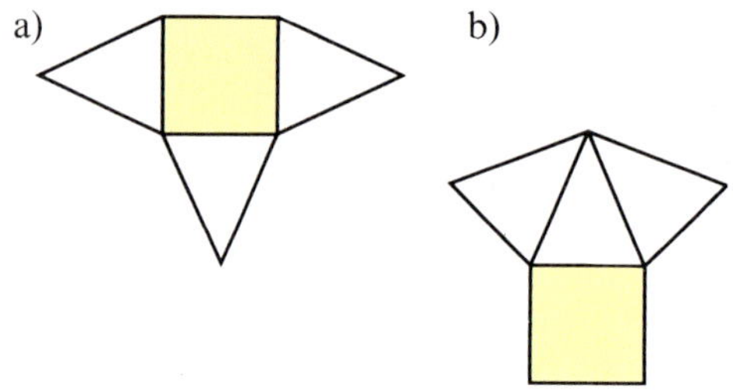

8

Aus wie vielen Kugeln besteht eine Kugelpyramide mit 2, 3, 4, 5, ... Schichten?

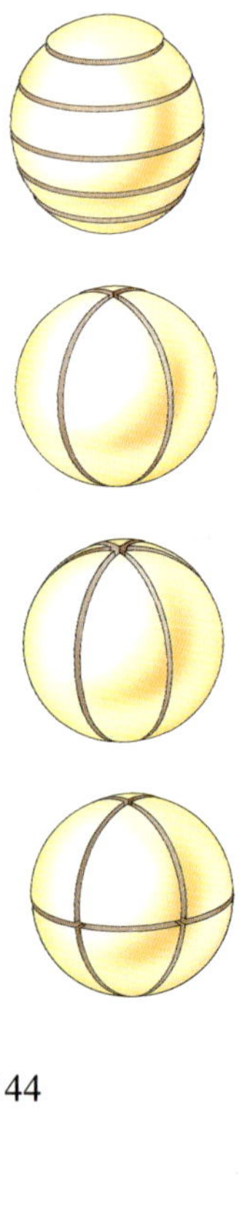

9

In wie viele Teile zerfällt die Kugel jeweils? Beschreibe die Schnittflächen der Teile.

10

Von einem Prisma wird jeweils ein Prisma mit dreieckiger Grundfläche abgeschnitten. Fülle die Tabelle im Heft aus.

	Anzahl der		
	Eckpunkte	Kanten	Flächen
ganzes Prisma			
Restprisma a)			
b)			
c)			

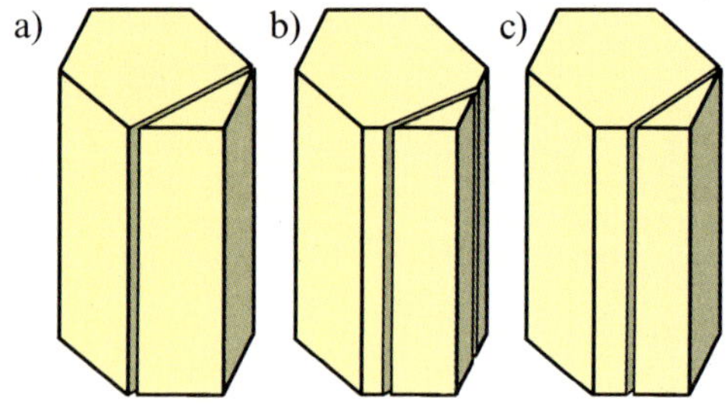

11

Eine Walze mit Muster ist in drei verschiedenen Lagen abgebildet.
Wie sieht das Muster aus, das die Walze auf ein Papierband druckt?

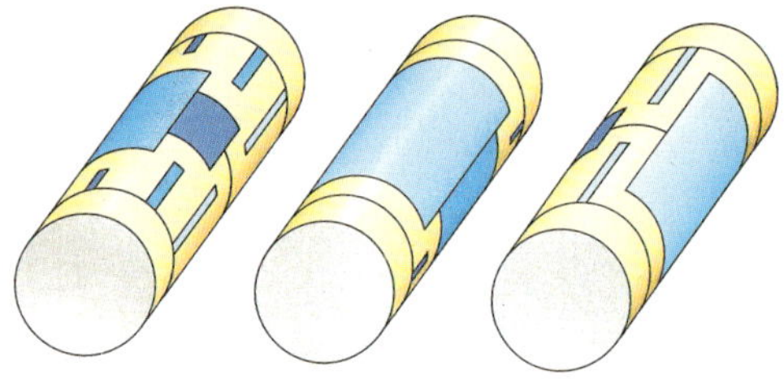

12

Für messerscharfe Denker:
a) Wie kann man eine Pyramide mit einem ebenen Schnitt in zwei Pyramiden zerschneiden?
b) Wie kann man einen Zylinder oder einen Kegel mit zwei ebenen Schnitten in vier Teile gleicher Größe und Form zerschneiden?
c) Wie kann man einen Zylinder durch drei ebene Schnitte in Teile gleicher Größe und Form zerlegen?
Welche Anzahlen von Teilen sind möglich? Beschreibe die Teile und ihre Schnittflächen.

Welche Körper kannst du in den Gegenständen erkennen?

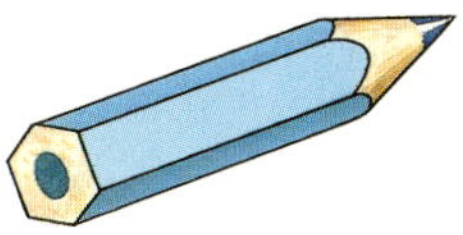

13

Wie kann man einen Würfel so durchschneiden, dass
a) zwei Dreiecksprismen entstehen?
b) ein Dreiecksprisma und ein Vierecksprisma entstehen?
c) ein Dreiecksprisma und ein Fünfecksprisma entstehen?
d) zwei Vierecksprismen entstehen, die keine Quader sind?
e) drei Dreiecksprismen entstehen?
Hier musst du zweimal schneiden.

14

Welcher der vier Kegel wird am höchsten, welcher am niedrigsten?
Kannst du das ohne auszuschneiden und zusammenzufalten entscheiden?

1)
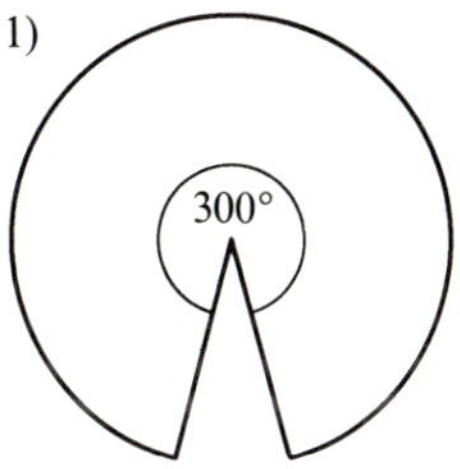

2)
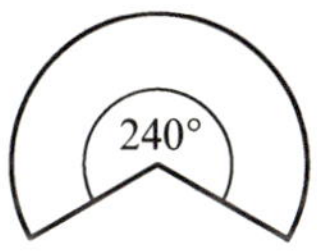

3)
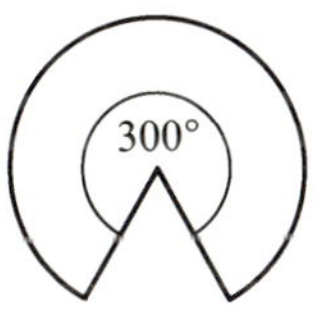

4)
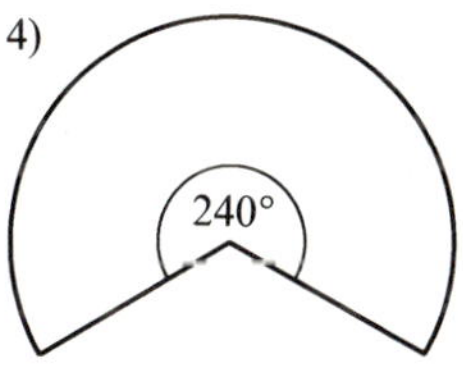

15

Der Turm mit quadratischem Grundriss braucht ein Dach.
Zeichne ihn mit dem Dach im Schrägbild.
Die Höhe des Dachs beträgt im Bild
a) 2 cm b) 8 cm.

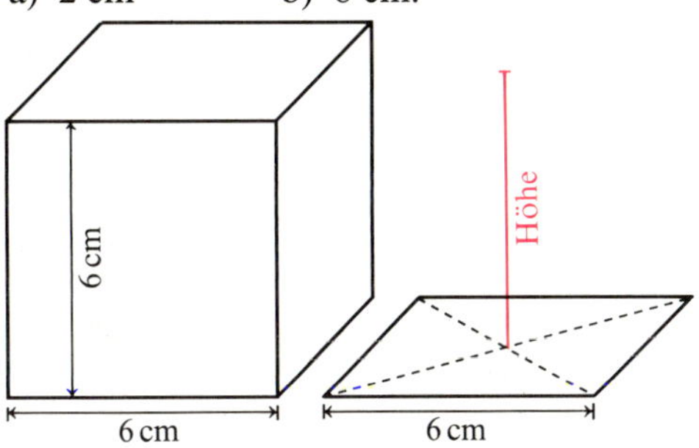

16

Zeichne die abgestumpfte Pyramide.
Beginne mit der ganzen Pyramide.

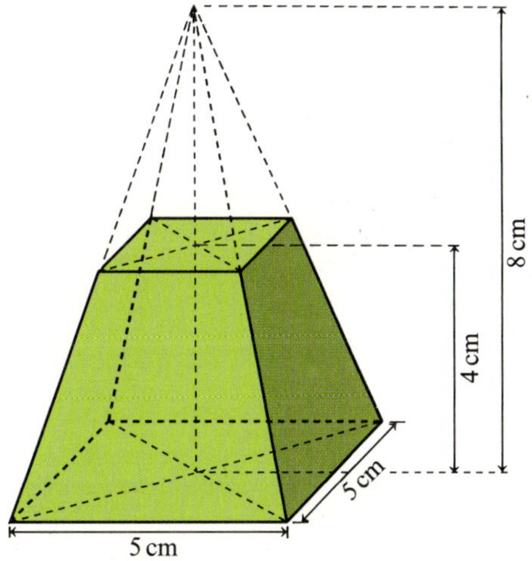

17

Übertrage das Schrägbild in dein Heft.
Welcher Körper steckt im Würfel?

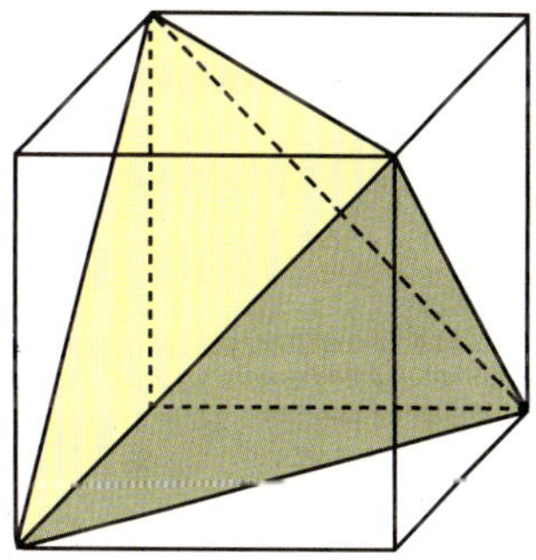

18

Zeichne den Würfel mit der eingeschlossenen Doppelpyramide.
Ihre Eckpunkte sind die Mittelpunkte der Würfelflächen.

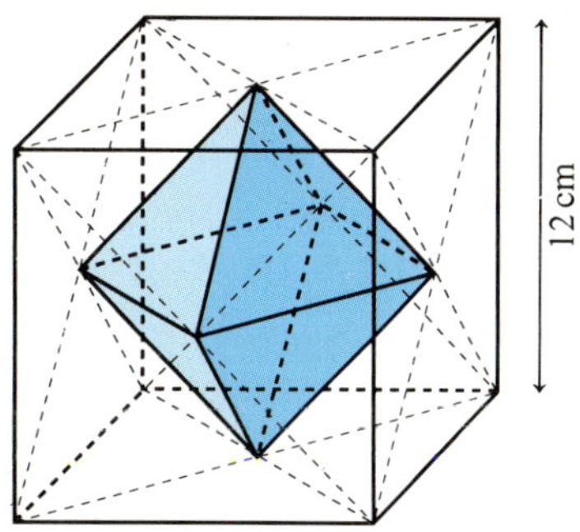

Rückspiegel

1
Zeichne ein Netz des Prismas.

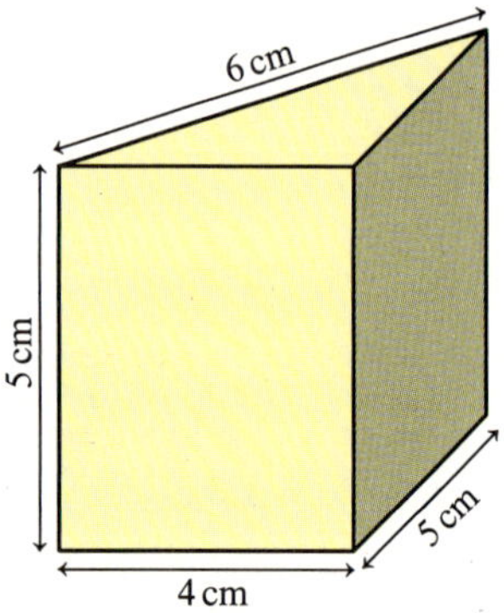

2
Zeichne ein Schrägbild des Prismas mit der abgebildeten Grundfläche und der Höhe 8 cm. Dabei soll das Prisma
a) auf einem Mantelrechteck liegen
b) auf der Grundfläche stehen. (Das angedeutete Rechteck hilft dir beim Zeichnen des Schrägbildes der Grundfläche.)

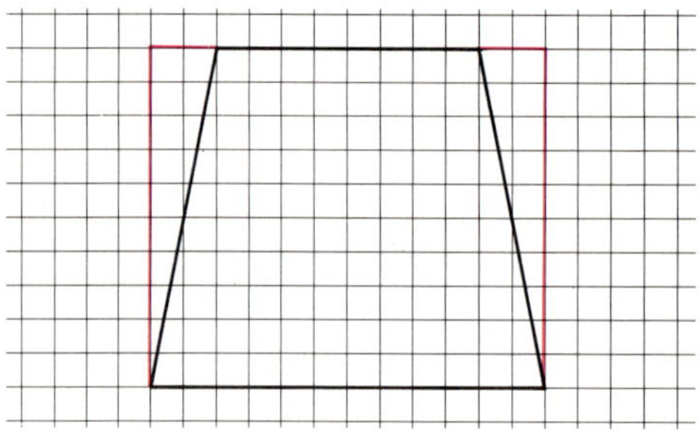

3
Welche der Figuren sind keine Pyramidennetze? Begründe.

a)
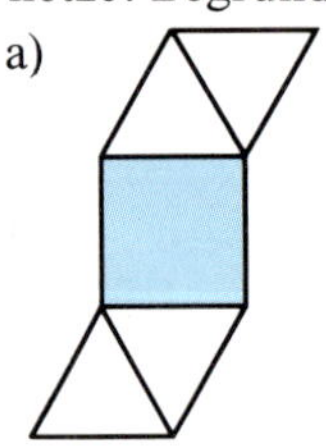

b)
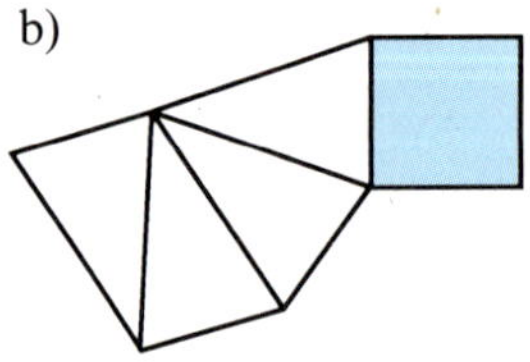

c)
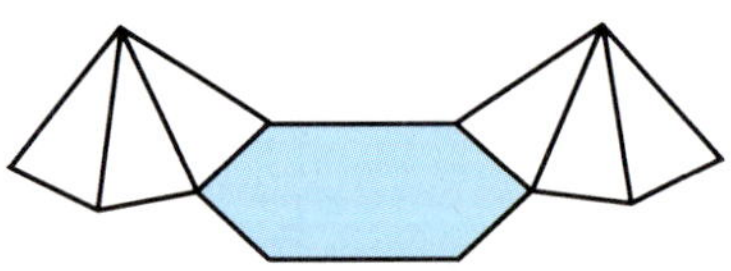

4
Zeichne im Schrägbild eine 8 cm hohe Pyramide über einem Quadrat mit der Seitenlänge 6 cm.

5
Wie viele Flächen, wie viele Kanten und wie viele Eckpunkte hat eine Pyramide über einem Achteck? Mit einer Skizze kannst du dir das Zählen erleichtern.

6
Beschreibe die Körper, die entstehen, wenn die abgebildeten Figuren um die rot gezeichnete Achse gedreht werden.
Aus welchen Körpern können sie zusammengesetzt werden?

a)
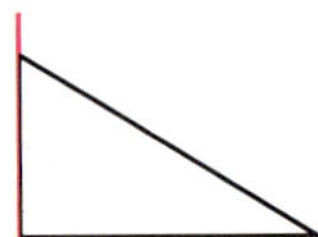

b)
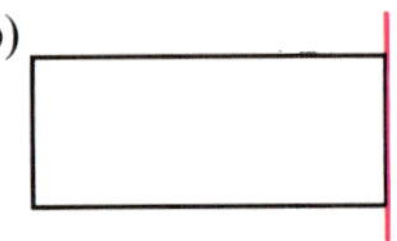

c)
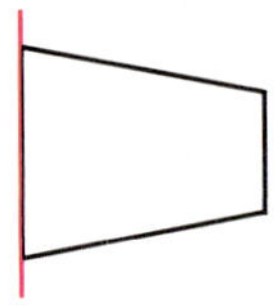

d)

e)
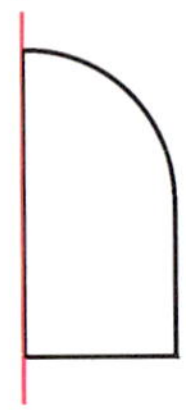

f)
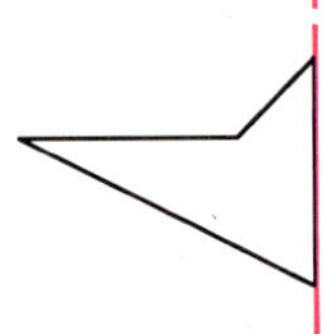

7
Wo kann die fehlende Fläche des Prismennetzes angefügt werden?
Es gibt mehrere Möglichkeiten. Skizziere einige mit freier Hand.

a)
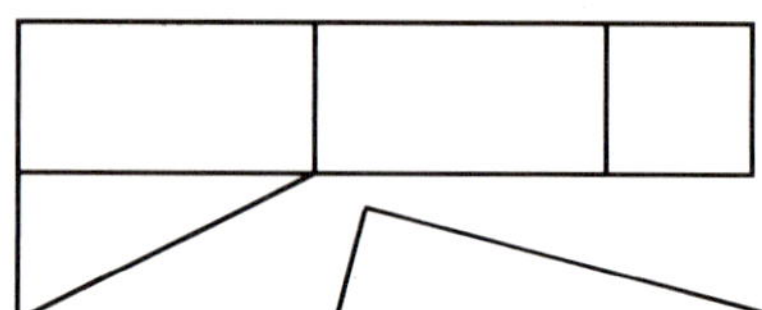

b)
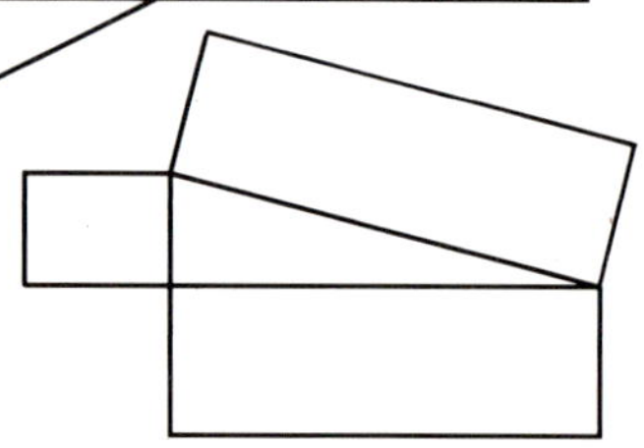

VII Dezimalbrüche

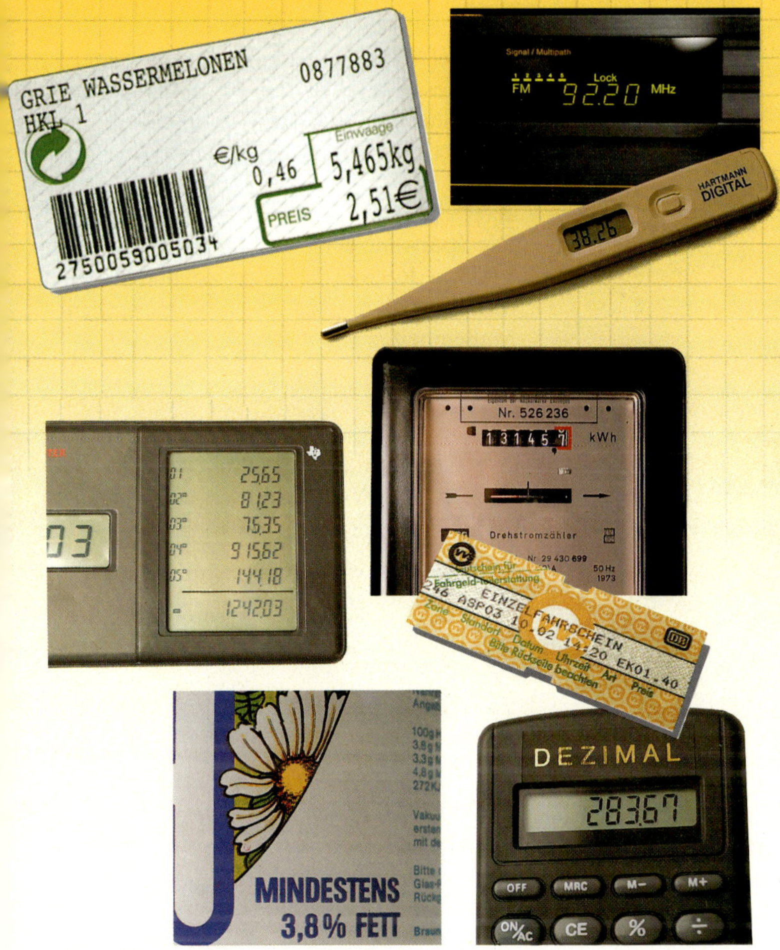

Zur Geschichte

Zahlen mit Komma begegnen uns vielfach im Alltag. Im Zusammenhang mit Geld, Länge und Gewicht gehen wir ganz selbstverständlich mit ihnen um.
Aber woher kommt diese Schreibweise?
*Die Vorsilbe **„dezi“** kennen wir von Dezimeter. Aber auch in dem Monatsnamen Dezember ist sie enthalten. Dezember war ursprünglich der 10. Monat im römischen Kalender. Mit einer Dekade wird ein Abschnitt von 10 Jahren beschrieben. Ein Dekan war im Mittelalter ein Führer von 10 Mann. Für den Musiker ist eine Dezime ein Intervall von 10 Tonstufen.*

c’ e”

Die Dezimalschreibweise für Bruchzahlen hat der Holländer Simon Stevin (1548–1620) 1585 erstmals systematisch behandelt; gleichzeitig forderte er einheitliche dezimale Münz- und Maßsysteme. Allerdings verwendete er noch kein Komma, dieses wurde 1617 von dem Schotten John Neper eingeführt.
Großen Einfluss übte das Rechenbuch „Arithmetica integra“ (Gesamte Arithmetik, 1544) von Michael Stifel auf die Entwicklung der europäischen Rechenkunst aus. In dieser Zeit setzten sich die noch heute üblichen mathematischen Symbole durch wie etwa die Zeichen +, −, =, der Bruchstrich und die Schreibweise für die Dezimalbrüche. Michael Stifel wurde 1487 in Esslingen geboren, er lebte also zu Zeiten von Martin Luther.

Simon Stevin
1548–1620

Am Zahlwort für 10 zeigt sich die Verwandtschaft vieler Sprachen:

althochdeutsch	*zehan*	*italienisch*	*dieci*
altirisch	*deich*	*lateinisch*	*decem*
dänisch	*ti*	*niederländisch*	*tien*
englisch	*ten*	*russisch*	*desatj*
französisch	*dix*	*schwedisch*	*tio*
gotisch	*taihun*	*spanisch*	*diez*
griechisch	*deka*	*tschechisch*	*deset*

1 Dezimalschreibweise

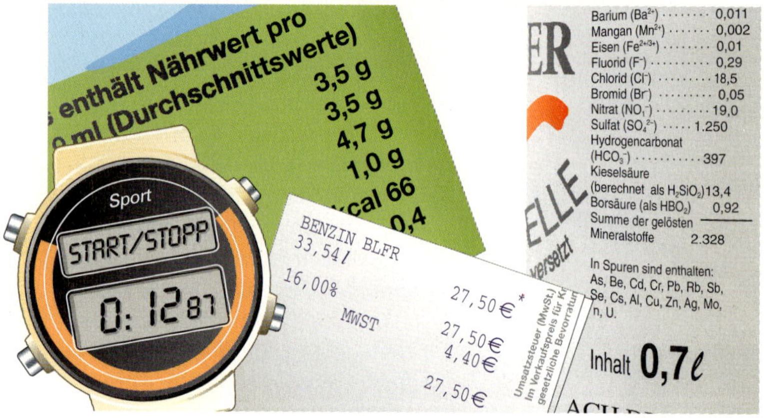

1
Auf vielen Packungen oder Anzeigefeldern von Messgeräten finden wir „Kommazahlen“. Suche selbst weitere Beispiele und schreibe die Größenangaben ohne Komma.

2
Die Spurweite der Eisenbahn beträgt 1,435 m. Rechne die verschiedenen Stellen rechts vom Komma in die entsprechenden Maßeinheiten um.

Die **Dezimalschreibweise** oder **Kommaschreibweise** ist eine einfachere Schreibweise für Brüche mit einer 10, 100, 1 000, ..., also einer Zehnerpotenz, im Nenner:

0,4 m sind 4 dm oder $\frac{4}{10}$ m; die erste Stelle nach dem Komma gibt Zehntel (dezi) an.

0,08 € sind 8 ct oder $\frac{8}{100}$ €; die zweite Stelle sind Hundertstel (zenti).

0,009 kg sind 9 g oder $\frac{9}{1000}$ kg; die dritte Stelle sind Tausendstel (milli).

An der Stellenwerttafel kannst du die Bedeutung der Stellen nach dem Komma erkennen:

Hunderter H		Zehner Z		Einer E	,	Zehntel z		Hundertstel h		Tausendstel t
4		3		6	,	7		8		5
400	+	30	+	6	+	$\frac{7}{10}$	+	$\frac{8}{100}$	+	$\frac{5}{1000}$
				436	,	785				

Lies: vierhundertsechsunddreißig Komma sieben acht fünf

Von links nach rechts erhalten wir den Wert der nächsten Stelle jeweils durch Division mit 10:

$$100 \xrightarrow{:10} 10 \xrightarrow{:10} 1 \xrightarrow{:10} \frac{1}{10} \xrightarrow{:10} \frac{1}{100} \xrightarrow{:10} \frac{1}{1000}$$

$$100 \xrightarrow{:10} 10 \xrightarrow{:10} 1 \xrightarrow{:10} 0{,}1 \xrightarrow{:10} 0{,}01 \xrightarrow{:10} 0{,}001$$

Bei der **Dezimalschreibweise** (Kommaschreibweise) stehen nach dem Komma Zehntel, Hundertstel, Tausendstel, ...
Die Ziffern hinter dem Komma heißen **Nachkommaziffern** oder **Dezimalen**.

Beispiele

a) $0{,}7 = \frac{7}{10}$; $\quad 0{,}76 = \frac{7}{10} + \frac{6}{100} = \frac{70}{100} + \frac{6}{100} = \frac{76}{100}$

b) $0{,}45\text{ m} = \frac{4}{10}\text{ m} + \frac{5}{100}\text{ m} = \frac{40}{100}\text{ m} + \frac{5}{100}\text{ m} = \frac{45}{100}\text{ m} = 45\text{ cm}$

c) $2{,}3 = 2 + \frac{3}{10} = 2\frac{3}{10}$; $\quad 13{,}27 = 13 + \frac{2}{10} + \frac{7}{100} = 13 + \frac{27}{100} = 13\frac{27}{100}$

d) $0{,}07 = \frac{0}{10} + \frac{7}{100} = \frac{7}{100}$; $\quad 3{,}091 = 3 + \frac{0}{10} + \frac{9}{100} + \frac{1}{1000} = 3\frac{91}{1000}$

e) $0{,}3 = \frac{3}{10} = \frac{30}{100} = 0{,}30 = \frac{300}{1000} = 0{,}300$

Beachte: Anhängen oder Weglassen von Nullen nach der letzten von Null verschiedenen Ziffer ändert den Wert des Dezimalbruchs nicht.

Wandle um in Dezimalschreibweise

$\frac{4}{10}$; $\frac{40}{100}$; $\frac{400}{1000}$; $\frac{4000}{10\,000}$

$\frac{5}{10}$; $\frac{5}{100}$; $\frac{5}{1000}$; $\frac{5}{10\,000}$

$\frac{660}{1000}$; $\frac{606}{1000}$; $\frac{66}{1000}$; $\frac{666}{1000}$

$\frac{7}{100}$; $\frac{77}{100}$; $\frac{777}{100}$; $\frac{7777}{100}$

$\frac{88}{1000}$; $\frac{8080}{1000}$; $\frac{8800}{1000}$; $\frac{8808}{1000}$

Aufgaben

3

Schreibe die Zahlen in der Stellenwerttafel in der Dezimalschreibweise auf.

	ZT	T	H	Z	E	z	h	t	zt
a)			5	7	1	5			
b)			3	3	4	0	9		
c)						4	1	6	
d)		7	7	0	7	7	0	7	7
e)	1	2	2	1	0	0	4		
f)	3	8	0	0	0	0	0	0	1
g)	1	2	3	4	5	6	7	8	9

4

Zeichne eine Stellenwerttafel und trage folgende Dezimalzahlen ein.

a) 39,86 b) 526
c) 412,541 d) 0,0781
e) 9,725 f) 0,906
g) 23,01 h) 30,303
i) 0,345 k) 78,9987

5

Schreibe in der Dezimalschreibweise.

a) 4 H + 3 Z + 5 E + 7 z + 3 h
b) 7 Z + 3 E + 8 z + 6 h + 9 t
c) 1 E + 1 z + 9 h + 9 t
d) 7 E + 7 h + 3 t + 4 zt
e) 6 H + 3 E + 4 z + 3 t
f) 9 Z + 9 z + 6 h + 1 zt

6

Zerlege den Dezimalbruch in eine Summe wie in Aufgabe 5.

a) 436,852 b) 99,841
c) 0,3456 d) 2,047
e) 0,208 f) 0,10101
g) 4,04004 h) 0,00330

7

Schreibe als Bruch und in der Kommaschreibweise.

a) 25 Hundertstel b) 786 Tausendstel
c) 909 Tausendstel d) 7 Hundertstel
e) 33 Tausendstel f) 632 Hundertstel
g) 4 325 Tausendstel h) 85 Zehntel

8

Schreibe als Dezimalbruch.

a) $\frac{5}{10}$; $\frac{8}{100}$; $\frac{4}{1\,000}$; $\frac{14}{100}$; $\frac{275}{1\,000}$; $\frac{13}{1\,000}$; $\frac{4376}{10\,000}$

b) $\frac{44}{1\,000}$; $\frac{17}{10\,000}$; $\frac{3}{100} + \frac{4}{1\,000} + \frac{5}{10\,000}$

c) $1 + \frac{3}{10}$; $4 + \frac{17}{100}$; $15 + \frac{3}{10} + \frac{2}{100} + \frac{7}{1\,000}$

9

Schreibe als Bruch.

a)	b)	c)
0,9	0,38	3,5
0,07	0,472	4,82
0,004	0,028	15,9
0,0005	0,0101	23,072

10

Schreibe als Bruch und kürze, wenn es möglich ist.

a)	b)	c)
0,6	0,25	2,5
0,04	0,125	4,9
0,37	0,75	12,25
0,45	0,375	1,625

11

Wandle jeweils in einen Bruch um und vergleiche. Welche Nullen kann man weglassen, ohne dass sich am Wert des Dezimalbruchs etwas ändert?

a)	b)	c)
0,40	0,3	1,01
0,404	0,303	1,100
0,040	0,300	1,10
0,04	0,330	1,011

12

Suche die Fehler und verbessere sie.

a) $\frac{101}{1\,000} = 0{,}0101$ b) $\frac{2\,222}{1\,000} = 0{,}2222$

c) $\frac{45}{100} = 0{,}45$ d) $0{,}808 = \frac{808}{1\,000}$

e) $3\frac{4}{100} = 3{,}4$ f) $6{,}50 = 6\frac{5}{10}$

13

Schreibe die Größen ohne Komma in einer anderen Maßeinheit.

a) 2,52 € b) 3,2 € c) 26,4 m
17,86 € 0,75 € 13,8 cm
d) 0,45 m e) 2,456 kg f) 7,007 t
17,638 km 3,09 kg 3,50 t

Gas in m^3

14

Bei Größenangaben haben die Dezimalen verschiedene Bedeutung. So gibt bei 2,46 dm die zweite Dezimale mm an.
Was gibt die zweite Nachkommaziffer an bei

a) 5,43 m; 7,755 km; 5,75 m^2; 99,08 cm^2
b) 6,875 dm^3; 1,25 l; 6,250 kg; 50,33 g?

15

Wenn bei Dezimalbrüchen Endnullen angehängt oder weggelassen werden, so wird erweitert oder gekürzt.
Beispiel: $0{,}9 = \frac{9}{10} = \frac{90}{100} = 0{,}90$.

a) Erweitere mit 100.

8,3	0,62	12,3 kg
0,71	1,04	0,4 km

b) Kürze so weit wie möglich.

0,360	3,4040	27,600 m
40,100	12,20	74,040 ha

16

Bei Flächenmaßen sind für jede Einheit jeweils zwei Stellen vorgesehen.
Beispiel: 7,85 m^2 = 7 m^2 85 dm^2.
Schreibe die Größen ohne Komma.

a)	b)	c)
26,35 m^2	576,5 ha	1,462 dm^2
317,98 dm^2	19,7 cm^2	4,981 m^2
2,45 a	0,9 km^2	0,048 a
79,02 km^2	71,2 m^2	0,007 dm^2

17

Bei Raummaßen entsprechen einer Einheit jeweils drei Stellen.
Beispiel: 15,372 dm^3 = 15 dm^3 372 cm^3.
Schreibe ohne Komma.

a)	b)	c)
6,954 dm^3	7,111 m^3	12,482 cm^3
2,048 cm^3	0,202 dm^3	0,384 cm^3
36,84 m^3	7,95 cm^3	19,31 dm^3
9,8 cm^3	4,052 l	38,04 m^3

18

Schreibe ohne Komma in benachbarten Einheiten.
Beispiel: 3,46 m = 3 m 4 dm 6 cm.

a)	b)	c)
1,36 m	1,05 dm^2	3,0492 ha
12,47 dm	5,384 m^3	237,63 m^2
23,84 m^2	312,46 t	5,389 l
6,91 a	10,7 kg	0,2 hl

19

Schreibe ohne Komma.

a)	b)	c)
1,234 m	0,111 m	1,234 kg
1,234 m^2	0,011 m^2	12,34 kg
1,234 m^3	0,001 m^3	123,4 kg

d)	e)	f)
1,111 t	1,234 l	1,111 m^3
10,01 t	12,34 l	11,11 m^3
1,001 t	123,4 l	111,1 m^3

20

Schreibe in der größten Einheit mit Komma.

a)	6 cm 4 mm	3 m 6 dm 5 cm
b)	11 m 8 cm	4 m 6 cm 8 mm
c)	72 ha 25 a	12 km^2 45 ha 12 a
d)	9 ha 54 m^2	5 km^2 77 a 12 m^2
e)	6 kg 470 g	50 t 700 kg 875 g
f)	5 m^3 738 dm^3	3 l 536 ml
g)	6 dm^3 77 cm^3	126 l 58 ml
h)	20 ha 2 a 20 m^2	30 m^3 30 dm^3
i)	1 t 1 kg 1 g	1 km 1 m 1 cm
k)	3 m^3 30 dm^3 300 cm^3	5 a 5 m^2 5 dm^2

21

Durch geschicktes Umwandeln der Größenangaben lassen sich die Sätze sinnvoll schreiben.

a) Die Straße von Anhausen nach Beerdorf ist 6 500 000 mm lang.
b) Das Haus ist 1 200 cm lang, 8 000 mm breit und 0,007 km hoch.
c) Das Grundstück hat eine Fläche von 0,000450 km^2.
d) Der Lastwagen hat 4 500 000 g Sand geladen.
e) Im Kuchenteig sind 0,0005 t Mehl und 150 000 mg Zucker enthalten.
f) Peter ist 0,075 km in $\frac{1}{5}$ min gelaufen.

Suche selbst noch mehr solcher Sätze.

22

Schreibe mit Komma in der in Klammern angegebenen Einheit.

Breite des Fußballtores	732 cm (m)
Höhe des Fußballtores	244 cm (m)
Gewicht des Fußballs	453 g (kg)
Umfang des Fußballs	71 cm (dm)
Länge der Marathonstrecke	42 195 m (km)
Gewicht einer Männerkugel	7 257 g (kg)
Gewicht eines Frauenspeers	600 g (kg)

2 Vergleichen und Ordnen von Dezimalbrüchen

1

Bei den Bundesjugendspielen wurden folgende Zeiten beim 50-m-Lauf erzielt:

Susanne	8,97 s	Erwin	9,03 s
Peter	8,79 s	Britta	9,13 s
Evelyn	8,58 s	Roman	8,77 s

Wer war am schnellsten? Ordne die Zeitangaben.

2

Suche folgende Längen auf einem Meterstab und gib an, in welcher Reihenfolge sie von links nach rechts zu finden sind.

1,3 m 0,98 m 12,99 dm
0,745 m 131,2 cm

Dezimalbrüche wie 0,42 und 0,427 lassen sich leicht nach ihrer Größe vergleichen:
Auf dem Zahlenstrahl steht die kleinere Zahl links von der größeren Zahl.

Zum Vergleichen der Nachkommaziffern können wir die Einteilung auf dem Zahlenstrahl immer mehr verfeinern. Dazu muss die Unterteilung so fein gemacht werden, dass wir auch die letzte Dezimale noch ablesen können. Beispiel für 0,427:

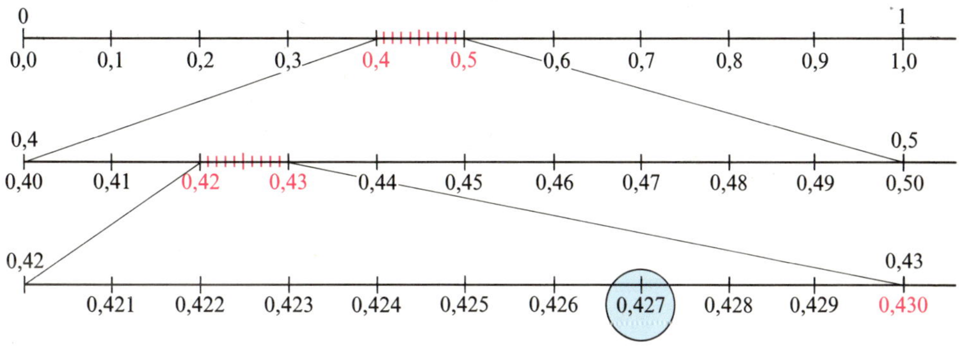

> Beim Größenvergleich von Dezimalbrüchen musst du die Stellenwerte der Zahlen **von links nach rechts** vergleichen. Es entscheidet die erste Stelle, an der die Ziffern verschieden sind.
>
> 0,32[5]71
> 0,32[6]4 also 0,32571 < 0,3264

Beispiele

a) 4,6[3]4
4,6[4]3 also 4,634 < 4,643

b) 428,[8]24
428,[9]24 also 428,824 < 428,924

c) 0,763[1]
0,763[0] also 0,7630 < 0,7631

d) 0,00[1]
0,00[0]99 also 0,00099 < 0,001

e) [ ]91,98
[1]00,02 also 91,98 < 100,02

f) [1]0,01
[ ]0,1 also 0,1 < 10,01

g) Wenn du die Dezimalbrüche 2,64; 2,46 und 12,04 ordnest, so ergibt sich:
2,46 < 2,64 < 12,04.

Bemerkung: Aus der fortschreitend feineren Unterteilung des Zahlenstrahls erkennst du, dass zwischen zwei Dezimalbrüchen stets weitere Dezimalbrüche vorhanden sind. Zwischen 4,8 und 4,9 liegen neun weitere Dezimalbrüche mit **zwei** Dezimalen (4,81; 4,82; ...; 4,89). Zwischen 4,81 und 4,82 liegen dann neun Dezimalbrüche mit **drei** Dezimalen (4,811; 4,812; ...; 4,819).

Da zwischen zwei verschiedenen Dezimalbrüchen stets weitere Dezimalbrüche liegen, sagt man, die Dezimalbrüche liegen **dicht**.

Beispiele

h) Zwischen 1,8 und 1,9 liegen 9 Dezimalbrüche mit 2 Dezimalen (1,81; 1,82; ...; 1,89).

i) In der Mitte von 0,43 und 0,44 liegt auf dem Zahlenstrahl 0,435.

Aufgaben

3

Setze das Zeichen < oder > ein.

a) 4,96 □ 21,87	b) 3,94 □ 2,987
c) 20,4 □ 20,3	d) 10,767 □ 10,77
e) 7,98 □ 7,899	f) 0,321 □ 0,312
g) 0,05 □ 0,006	h) 3,701 □ 3,71

Beispiel:
4,3 * < 4,34
4,30
4,31
4,32
4,33
6

4

Welche Ziffern kannst du für das Sternchen einsetzen? Dein Ergebnis kannst du mit der angegebenen Prüfsumme kontrollieren.

a)	9,78*	<	9,789	(36)
b)	14,3*5	>	14,325	(42)
c)	0,73*9	<	0,7345	(6)
d)	126,*5	<	126,5	(10)

5

Was ist größer?

a) 4,55 m oder 4,555 m
b) 17,86 l oder 17,688 l
c) 7,03 kg oder 7,3 kg
d) 21,88 a oder 21,879 a

6

3 | 4 | 0 | 5 | ,

a) Lege aus diesen fünf Kärtchen fünf Zahlen, die kleiner als 0,5 sind.
b) Lege mindestens fünf Zahlen, die zwischen 0,3 und 0,5 liegen.
c) Lege alle Zahlen, die größer als 5 sind und ordne sie nach der Größe.

7

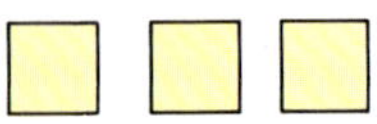

Wie viele Zahlen kannst du in die Kästchen eintragen, die zwischen 1,0 und 1,1 liegen?

8

Welche Zahlen müssen an den roten Teilstrichen stehen?

a) 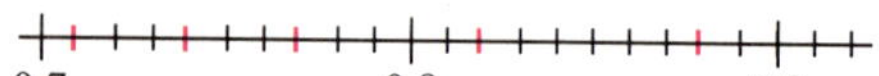

b) 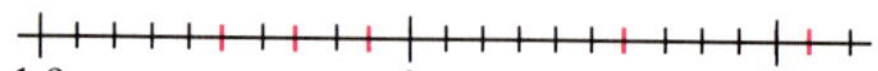

c) 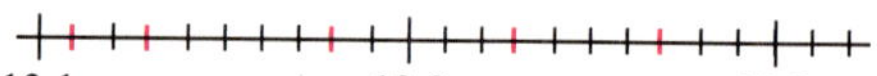

d) 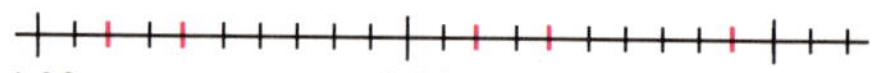

e) 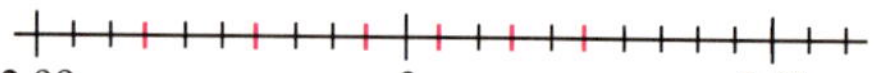

9

Zeichne einen geeigneten Ausschnitt aus dem Zahlenstrahl und trage die Dezimalbrüche ein. (Achte darauf, dass die Unterteilung fein genug ist.)

a) 1,01; 1,10; 1,05
b) 0,762; 0,758; 0,76
c) 4,1; 4,111; 4,098
d) 3,05; 3,02; 3
e) 7,99; 8,01; 8,05

10

Markiere die beiden Dezimalbrüche jeweils auf einem Ausschnitt des Zahlenstrahls und lies den Dezimalbruch ab, der genau in der Mitte liegt.

a) 3,48 und 3,51
b) 0,43 und 0,444
c) 6,08 und 6,80
d) 0,02 und 0,032

11

Ordne die Dezimalbrüche nach steigender Größe.

a) 23,847; 795,4; 459,87; 238,26
b) 6,849; 6,871; 6,85; 6,865
c) 8,0981; 8,0109; 8,0389; 8,072
d) 459,8; 45,98; 49,58; 458,9
e) 0,09; 0,0901; 0,0899; 0,0980
f) 0,80808; 0,80088; 0,88008; 0,8008

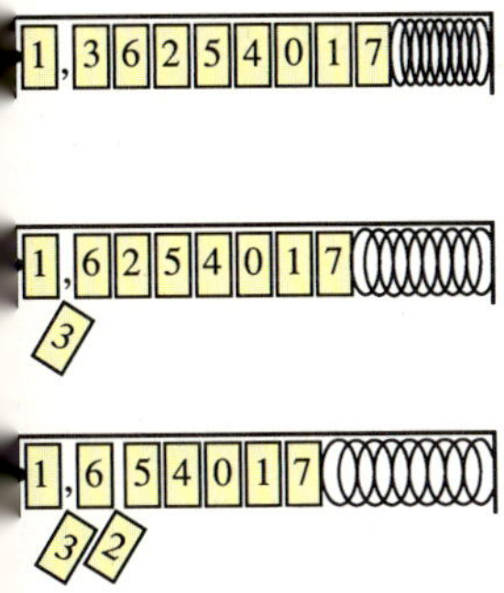

12

Ordne nach der Größe.

a) 81,57 m; 81,75 m; 8,175 m; 8,71 m
b) 2,22 kg; 2,2 kg; 2,202 kg; 2,02 kg
c) 99,9 €; 99,09 €; 99,99 €
d) 336,6 cm³; 363,6 cm³; 366,3 cm³

13

Ordne nach der Größe. Achte dabei auf die verschiedenen Maßeinheiten.

a) 333,3 g; 0,3 kg; 0,00003 t
b) 1,23 a; 12,3 m²; 1234,5 dm²
c) 99,9 dm³; 9,99 l; 9999,9 cm³
d) 0,75 ml; 0,075 l; 0,075 cm³

14

Beim Sportfest erzielten die Mädchen der Klasse 6b folgende 50-m-Zeiten. Stelle die Platzierungen fest.

Anita	8,93 s	Franca	9,02 s
Barbara	9,21 s	Lisa	8,88 s
Doris	8,99 s	Mechthild	8,98 s
Eleni	9,00 s	Marja	9,20 s
Sabine	8,78 s	Petra	9,03 s
Fatma	8,96 s	Annegret	9,04 s

①	②
3466,98	1991,19
298,098	991,91
281,99	9911,9
980,6	999,91
76,09	9,91
2,98	9191,91
3,98	191,99
14,9	991,9
348,001	99,1
298,089	9,9911
2,9801	91,1
15,1	1119,91
4921,109	1919,11
300,01	999,991
281,991	919,191

③	④
45,691	45,701
44,79	45,68
35,9	43,27
34,99	35,0
34,09	34,19
23,78	23,02
22,578	22,577
22,576	22,5683
22,568	22,5682
22,557	22,55

15

a) Ordne die beiden oberen Listen ① und ② jeweils der Größe nach.
b) Die beiden Listen ③ und ④ sollen zu einer geordneten Liste vereinigt werden.

16

a) Wie viele Dezimalbrüche mit einer Dezimalen liegen zwischen 3,3 und 3,9?
b) Wie viele Zahlen mit zwei Nachkommaziffern liegen zwischen 3,03 und 3,09?
c) Wie viele Dezimalbrüche mit drei Dezimalen liegen zwischen 3,003 und 3,009?

17

Lege aus den Kärtchen

[0] [1] [2] [,]

alle möglichen Zahlen und ordne sie nach der Größe.
Wie viele verschiedene Möglichkeiten erhältst du mehr, wenn du noch ein Kärtchen mit einer [0] dazunimmst?

18

a) Durch Herausnehmen von 1 (2; 3; 4; 5) Dezimalen aus der Zahl 1,36254017 soll jeweils eine möglichst große Zahl gebildet werden. Die entstehenden Zahlen ordnest du nach der Größe (vgl. Rand).
b) Durch Vertauschen von 2 (4; 6; 8) Dezimalen der Zahl 3,12048763 soll jeweils eine möglichst kleine Zahl gebildet werden. Ordne die neuen Zahlen.

19

Welche Ziffern kannst du für das Sternchen setzen? Nenne jeweils drei Möglichkeiten.

a) 10,5* < 10,6 < 10,*5
b) 0,3*6 < 0,356 < 0,35*
c) 8,*7 < 8,66 < 8,6*
d) 5,*12 < 5,213 < 5,21*
e) 5,4*2 < 5,432 < 5,*32

20 €

Die Preisschilder der Beutel mit Äpfeln sind durcheinander geraten.
Auf den Schildern stehen folgende Preise:

1,41 €;	1,63 €;	1,95 €;
1,25 €;	1,83 €;	1,37 €

Die Beutel wiegen:

0,95 kg;	1,32 kg;	1,235 kg
1,1 kg;	0,845 kg;	0,925 kg

Ordne in einer Tabelle den Beuteln die richtigen Preise zu.

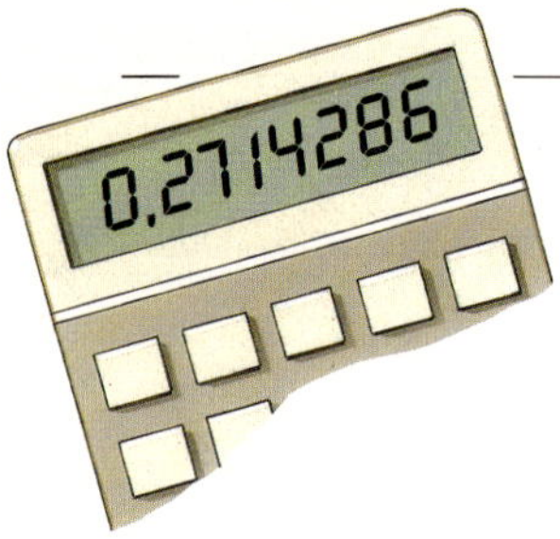

3 Runden

1
Aus einem 1,90 m langen Holzstab sollen 7 gleich lange Teilstücke gemacht werden. Mutter nimmt Peters Taschenrechner und erhält als Ergebnis 0,2714286. Auf welche Länge muss ein Teil gesägt werden?

2
Zum letzten Schulkonzert kamen fast 400 Zuhörer. Kannst du sagen, wie viele Besucher mindestens bei dieser Veranstaltung waren?

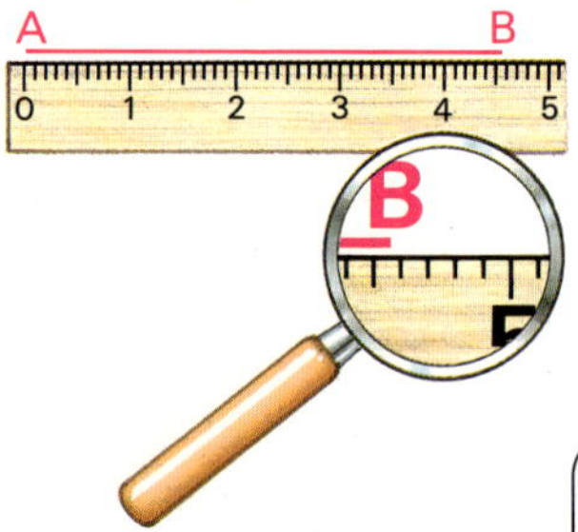

Die im täglichen Leben verwendeten Zahlen sind häufig Näherungswerte. So entstehen beim Messen fast immer gerundete Größen. Die Genauigkeit ist abhängig von den verwendeten Messinstrumenten (z. B. Küchenwaage, Briefwaage, Apothekerwaage).
Wenn du auf der Personenwaage mit Digitalanzeige stehst und 49,7 kg abliest, so ist auch diese Maßzahl eine gerundete Zahl. Die Waage zeigt auf 100 g genau an.

Für das **Runden** von Dezimalbrüchen gelten dieselben Regeln wie für natürliche Zahlen.

Mit der auf die Rundungsstelle folgenden Ziffer entscheidest du, ob aufgerundet oder abgerundet wird.
Die Ziffer an der Rundungsstelle bleibt unverändert, wenn eine der Ziffern 0, 1, 2, 3 oder 4 folgt. Wir runden dann ab.
Die Ziffer an der Rundungsstelle wird um 1 erhöht, wenn eine der Ziffern 5, 6, 7, 8 oder 9 folgt. Wir runden dann auf.

Bemerkung: Abrunden verkleinert, Aufrunden vergrößert die Zahl.

Beispiele
a) 3,654 gerundet auf eine Nachkommaziffer ergibt 3,7, weil auf die Rundungsstelle die Ziffer 5 folgt; es wird also aufgerundet.
b) 3,654 gerundet auf zwei Nachkommaziffern ergibt 3,65, weil auf die Rundungsstelle die Ziffer 4 folgt; es wird also abgerundet.
c) Die Zahl 436,545 soll gerundet werden
auf Ganze: $436{,}545 \approx 437$
auf Zehntel: $436{,}545 \approx 436{,}5$
auf Hundertstel: $436{,}545 \approx 436{,}55$
d) Wenn du errechnet hast, dass man 4,3 Rollen zum Tapezieren des Zimmers benötigt, musst du 5 Rollen statt 4 kaufen.

Beachte: Beim Runden von Größen musst du überlegen, ob das Anwenden der Rundungsregeln sinnvoll ist.

Aufgaben

3
Runde auf eine Nachkommaziffer.

a)	b)	c)
23,46	4,853	0,451
7,33	19,445	0,926
0,05	212,391	0,962
16,61	48,285	0,893

4
Runde auf die Einerstelle.

a)	b)	c)
55,8	0,96	99,52
112,4	7,45	990,84
944,5	46,41	999,99
146,6	34,59	789,98

5

a) Runde auf Zehntel:
2,46; 18,25; 7,43; 100,05; 0,34.
b) Runde auf Hundertstel:
76,362; 12,644; 9,8765; 1,045.
c) Runde auf drei Stellen:
1,4444; 45,5555; 0,66666; 3,3333.
d) Runde auf zwei Dezimalen:
6,368; 24,3545; 0,5353; 9,898.

6

a) Runde auf volle Euro:
3,40 €; 12,85 €; 7,45 €; 99,50 €.
b) Runde auf Cent:
112,665 €; 0,7638 €; 99,0729 €.

7

Runde auf volle Meter:
76 cm; 27 dm; 5 488 mm; 6,55 m.
b) Runde auf volle Quadratmeter:
46,5 m^2; 0,254 a; 1 450 dm^2; 15 000 cm^2.
c) Runde auf volle Liter:
7,5 l; 3,75 hl; 625 ml; 5,7 dm^3; 1250 cm^3.

8

Runde auf die angegebene Maßeinheit.
Beispiel: 45,6 dm (dm) ergibt 46 dm.
a) 27,4 kg (kg); 105,6 g (g); 9,5 m (m)
b) 7,68 m (m); 2,35 s (s); 34,45 m^2 (m^2)
c) 9 436 m (km); 455 l (hl); 327 600 kg (t)
d) 4,96 cm (mm); 0,6855 kg (g)

9

Runde auf die nächstgrößere Maßeinheit.
a) 278 cm; 1 240 m; 748 mm; 77 840 g
b) 312,3 mm; 19,38 a; 399,48 cm^3
c) 955 ct; 658,5 ha; 4 545, 45 kg; 72,5 l

10

Runde die Angaben sinnvoll.
a) Jeder Schüler müsste einen Anteil von 15,3333 € bezahlen.
b) Die Rundwanderung für den Ausflug ist 17,462 km lang.
c) Vater hat ausgerechnet, dass das Auto durchschnittlich 8,162 Liter pro 100 km verbraucht hat.
d) Die Essensvorräte der Expedition reichen noch für 13,157 Tage.

11

In einer Zeitungsnotiz steht:

„Die Kosten für die neue Schule betrugen rund 9,5 Millionen €.“

Zwischen welchen Beträgen (in ganzen Euro) lagen dann die genauen Kosten?

12

Zwischen welchen Größen liegen die gerundeten Werte? Beispiel: 4,6 cm liegt zwischen 4,55 cm und 4,65 cm.
a) 5,3 cm; 16,5 cm; 4,9 t; 2,5 l
b) 112 €; 25,8 kg; 1,0 ha; 13,5 s
c) 0,6 t; 2,34 mm; 3,06 m^2; 6,8 t

13

Beispiel: 4,05 cm ist der kleinste und 4,14 cm der größte Wert mit zwei Dezimalen, der gerundet 4,1 cm ergibt.
Markiere den Abschnitt der Zahlen auf dem Zahlenstrahl, die gerundet 4 bzw. 7,4 ergeben.

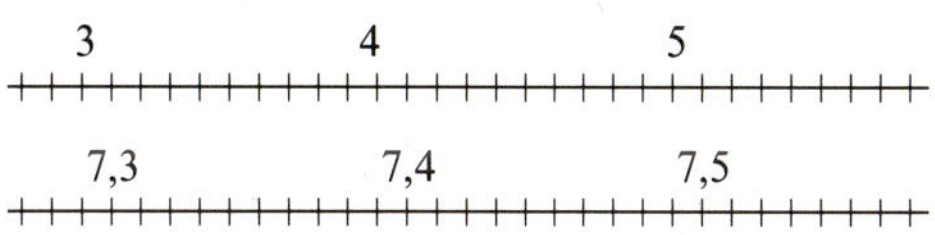

14

Pint, Quart, Gallon und Barrel sind englische bzw. amerikanische Hohlmaße.

	englisch	amerikanisch
1 Pint	0,5683 l	0,4732 l
1 Quart	1,1365 l	0,9464 l
1 Gallon	4,5461 l	3,7854 l
1 Barrel	159,11 l	158,99 l

Runde die Literangaben auf 1 Dezimale.

15

Runde die Einwohnerzahlen auf Millionen mit einer Nachkommaziffer.
Beispiel: 7 773 000 = 7,8 Millionen

Hamburg	1 648 000
München	1 299 000
Köln	977 000
Stuttgart	582 000
Leipzig	550 000
Hannover	535 000
Dresden	520 000
Halle	327 000

4 Umwandeln von Brüchen in Dezimalbrüche

1

Heiko soll $\frac{1}{4}$ kg Hackfleisch einkaufen. Die Waage zeigt das Gewicht in der Kommaschreibweise an. Welche Zahl liest er an der Anzeige ab? Was erscheint bei $\frac{1}{2}$ kg und bei $\frac{3}{4}$ kg?

2

Bei Getränken finden wir häufig verschiedene Volumenangaben.
Was ist mehr, $\frac{1}{4}$ l oder 0,3 l, $\frac{1}{8}$ l oder 0,1 l, $\frac{3}{4}$ l oder 0,7 l?

Brüche mit einer 10, 100, 1 000, ... (einer Zehnerpotenz) im Nenner lassen sich bequem in Dezimalbrüche umwandeln.
Andere Brüche können wir häufig so kürzen oder erweitern, dass eine Zehnerpotenz im Nenner entsteht: Aus $\frac{3}{5}$ werden $\frac{6}{10}$, aus $\frac{142}{200}$ werden $\frac{71}{100}$.

> Brüche, die durch Erweitern oder Kürzen den Nenner 10, 100, 1 000, ... erhalten, kannst du sehr einfach in der Dezimalbruchschreibweise darstellen.

Beispiele

a) $\frac{3}{10}=0{,}3$; $\frac{23}{10}=2{,}3$; $\frac{4}{100}=0{,}04$; $\frac{14}{100}=0{,}14$; $\frac{214}{100}=2{,}14$

b) $\frac{1}{2}=\frac{5}{10}=0{,}5$; $\frac{4}{5}=\frac{8}{10}=0{,}8$; $\frac{3}{20}=\frac{15}{100}=0{,}15$

c) $\frac{12}{20}=\frac{6}{10}=0{,}6$; $\frac{42}{30}=\frac{14}{10}=1{,}4$; $\frac{12}{400}=\frac{3}{100}=0{,}03$

d) $\frac{5}{8}=\frac{5\cdot 125}{8\cdot 125}=\frac{625}{1000}=0{,}625$; $\frac{3}{16}=\frac{3\cdot 625}{16\cdot 625}=\frac{1875}{10000}=0{,}1875$

Wenn das Erweitern oder Kürzen nicht sofort erkennbar ist, kann die Umwandlung auch dadurch gemacht werden, dass der Bruchstrich als Rechenanweisung für die Division gelesen wird.

$\frac{11}{4}=11:4=2$ Rest 3. Der Rest kann wieder dividiert werden.

Z	E	z	h		E		E	z	h	t
1	1,	0	0	:	4	=	2,	7	5	
−	8									
	3	0								
−	2	8								
		2	0							
	−	2	0							
			0							

Wenn der Einerrest dividiert wird, musst du auch im Ergebnis das Komma setzen.

3 Einer sind 30 Zehntel — 30 z : 4 = 7 z Rest 2 z

2 Zehntel sind 20 Hundertstel — 20 h : 4 = 5 h

> Auch durch Division des Zählers durch den Nenner lässt sich ein Bruch in einen Dezimalbruch umwandeln.
> Das Komma wird gesetzt, wenn der Einerrest dividiert wird.

e) $\frac{4}{5}=4{,}0:5=0{,}8$

```
 −0
 40
−40
  0
```

f) $\frac{23}{20}=23{,}00:20=1{,}15$

```
 −20
  30
 −20
 100
−100
   0
```

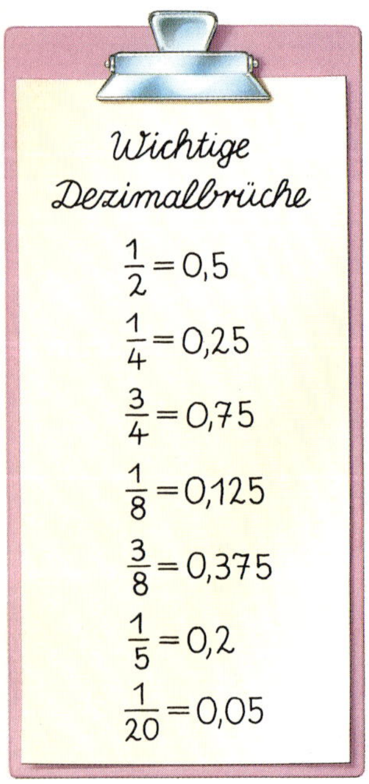

Aufgaben

3
Kürze die Brüche geschickt und schreibe sie als Dezimalbruch.
a) $\frac{6}{20}$; $\frac{8}{40}$; $\frac{12}{60}$; $\frac{16}{80}$; $\frac{6}{30}$; $\frac{27}{30}$; $\frac{144}{120}$; $\frac{99}{90}$
b) $\frac{4}{200}$; $\frac{75}{300}$; $\frac{24}{120}$; $\frac{8}{400}$; $\frac{33}{330}$; $\frac{36}{60}$; $\frac{56}{80}$

4
Erweitere die Brüche und wandle sie in Dezimalbrüche um.
a) $\frac{7}{20}$; $\frac{9}{50}$; $\frac{4}{5}$; $\frac{2}{500}$; $\frac{3}{200}$ b) $\frac{3}{4}$; $\frac{43}{20}$; $\frac{12}{5}$; $\frac{91}{50}$
c) $\frac{3}{8}$; $\frac{4}{25}$; $\frac{9}{40}$; $\frac{4}{125}$; $\frac{7}{16}$ d) $\frac{5}{8}$; $\frac{7}{4}$; $\frac{21}{20}$; $\frac{65}{50}$; $\frac{17}{8}$

5
Schreibe in reiner Bruchschreibweise und verwandle dann in einen Dezimalbruch.
a) $2\frac{1}{2}$; $3\frac{2}{5}$; $6\frac{1}{4}$ b) $2\frac{3}{20}$; $7\frac{3}{5}$; $3\frac{1}{25}$
c) $9\frac{1}{8}$; $4\frac{7}{125}$; $10\frac{1}{625}$ d) $5\frac{2}{5}$; $6\frac{5}{16}$; $8\frac{1}{125}$

6
Kürze vollständig und verwandle dann in einen Dezimalbruch.
a) $\frac{4}{8}$; $\frac{9}{12}$; $\frac{16}{80}$; $\frac{21}{70}$ b) $\frac{45}{18}$; $\frac{48}{32}$; $\frac{35}{28}$; $\frac{57}{15}$
c) $\frac{55}{88}$; $\frac{3}{75}$; $\frac{9}{1500}$; $\frac{6}{240}$ d) $\frac{21}{28}$; $\frac{42}{30}$; $\frac{39}{75}$; $\frac{9}{375}$

7
Verwandle, indem du dividierst, in einen Dezimalbruch.
a) $\frac{1}{4}$; $\frac{3}{5}$; $\frac{11}{20}$; $\frac{13}{25}$ b) $\frac{13}{8}$; $\frac{29}{20}$; $\frac{110}{25}$; $\frac{32}{80}$
c) $\frac{3}{25}$; $\frac{30}{25}$; $\frac{33}{25}$; $\frac{303}{25}$ d) $\frac{1000}{125}$; $\frac{100}{125}$; $\frac{10}{125}$; $\frac{1}{125}$

8
In Koch- und Backrezepten kommen oft Brüche als Maßzahlen vor.
a) Schreibe die Angaben des Rezeptes in Dezimalschreibweise.
b) Schreibe in Dezimalschreibweise und in Milliliter: $\frac{1}{8}$ l; $\frac{3}{4}$ l; $1\frac{1}{2}$ l; $\frac{5}{8}$ l
c) Schreibe in Dezimalschreibweise und in Gramm: $\frac{1}{2}$ kg; $1\frac{1}{4}$ kg; $\frac{3}{4}$ Pfd.; $\frac{1}{4}$ Pfd.

9
Welche Regelmäßigkeit erkennst du beim Umwandeln der Brüche in Dezimalbrüche?
a) $\frac{1}{2}$; $\frac{2}{2}$; $\frac{3}{2}$; $\frac{4}{2}$; $\frac{5}{2}$; $\frac{6}{2}$ b) $\frac{1}{4}$; $\frac{2}{4}$; $\frac{3}{4}$; $\frac{4}{4}$; $\frac{5}{4}$; $\frac{6}{4}$
c) $\frac{1}{5}$; $\frac{2}{5}$; $\frac{3}{5}$; $\frac{4}{5}$; $\frac{5}{5}$; $\frac{6}{5}$ d) $\frac{1}{8}$; $\frac{2}{8}$; $\frac{3}{8}$; $\frac{4}{8}$; $\frac{5}{8}$; $\frac{6}{8}$
e) $\frac{1}{16}$; $\frac{2}{16}$; $\frac{3}{16}$; $\frac{4}{16}$; $\frac{5}{16}$; $\frac{6}{16}$

10
Wandle um durch Dividieren und runde auf eine Dezimale.
Beispiel: $5:6=0{,}83\ldots$, $\frac{5}{6}\approx 0{,}8$.
a) $\frac{7}{8}$; $\frac{9}{16}$; $\frac{11}{20}$; $\frac{27}{40}$; $\frac{19}{80}$ b) $\frac{1}{7}$; $\frac{1}{11}$; $\frac{1}{13}$; $\frac{1}{17}$; $\frac{1}{19}$
c) $\frac{2}{3}$; $\frac{4}{9}$; $\frac{11}{6}$; $\frac{6}{11}$; $\frac{13}{15}$ d) $\frac{5}{9}$; $\frac{3}{7}$; $\frac{2}{11}$; $\frac{7}{15}$; $\frac{9}{17}$

11
Runde die Dezimalbrüche auf zwei Stellen nach dem Komma.
a) $\frac{5}{7}$; $\frac{7}{9}$; $\frac{9}{11}$; $\frac{11}{13}$; $\frac{13}{15}$ b) $\frac{2}{9}$; $\frac{20}{99}$; $\frac{21}{99}$; $\frac{22}{99}$; $\frac{200}{99}$

12

Eine Eintrittskarte für das Freibad kostet 1,50 €. Der 12er-Block kostet 15 €. Vergleiche die Preise.

13
a) Für die 400-m-Runde benötigt ein guter Läufer 48 s. Wie viel s braucht er für 100 m?
b) Für die 800-m-Strecke braucht eine Läuferin 2 min 2 s. Wie viel s braucht sie für 100 m?
c) Im 10 000-m-Lauf wird eine Zeit von 28 min 45 s erzielt. In wie viel s wird die Stadionrunde (400 m) durchlaufen? Rechne in Sekunden.

5 Periodische Dezimalbrüche

1
Bei einem Weltrekordversuch im Bahnradfahren über 1 000 m sollen genau 3 Runden gefahren werden.
Das Wettkampfgericht will sehr genau die Länge einer Runde berechnen. Was fällt dir bei der Rechnung auf?

2
Versuche die folgenden Brüche in Dezimalbrüche umzuwandeln:
$\frac{1}{2}$; $\frac{1}{3}$; $\frac{1}{4}$; $\frac{1}{5}$; $\frac{1}{6}$.
Bei welchen Umwandlungen treten Schwierigkeiten auf?

Wenn wir den Nenner eines gekürzten Bruchs in Primfaktoren zerlegen, stellen wir fest, dass die Division von Zähler und Nenner nur dann nach einer bestimmten Anzahl von Schritten abbricht, wenn in der Zerlegung lediglich die Faktoren 2 und 5 enthalten sind. Wir bezeichnen diese Zahlen als **abbrechende Dezimalbrüche**.

Bei allen anderen gekürzten Brüchen bricht die Division nicht ab. Wir erhalten stets einen Rest. Bei der Umwandlung von $\frac{1}{3}$ rechnen wir

```
 1:3 = 0,33 ...
-0
 10
 -9
  10
  -9
   10
    ⋮
```

Der Rest 1 wiederholt sich, also wiederholt sich auch die entsprechende Dezimale 3.

```
 5:11 = 0,4545 ...
-0
 50
-44
  60
 -55
   50
  -44
    60
   -55
     5
     ⋮
```

Die Reste 5 und 6 wiederholen sich, also wiederholen sich auch die entsprechenden Dezimalen 4 und 5.

> Wenn sich bei der Division von Zähler durch Nenner eines Bruchs die Reste wiederholen, bezeichnet man den entstehenden Dezimalbruch als **periodischen Dezimalbruch**.
> Die sich wiederholende Ziffer oder Zifferngruppe heißt Periode.
> $\frac{1}{3} = 0{,}333\ldots = 0{,}\overline{3}$ (lies: null Komma Periode drei)

Beispiele

a) $\frac{8}{7} = 8:7 = 1{,}142857142857\ldots = 1{,}\overline{142857}$

b) $\frac{2}{15} = 2:15 = 0{,}1333\ldots = 0{,}1\overline{3}$ (lies: null Komma eins Periode drei)

c) $\frac{101}{300} = 101:300 = 0{,}33666\ldots = 0{,}33\overline{6}$

Bemerkung: Dezimalbrüche, deren Periode nicht gleich nach dem Komma beginnt, heißen **gemischt periodische Dezimalbrüche**.

$\frac{1}{97} = 0,\overline{0103092783505154639175257731958762886597938144329896907216494845360824742268041237113402061855 67}$

$\frac{1}{61} = 0,\overline{016393442622950819672131147540983606557377049180327868852459}$

!

Aufgaben

3
Wandle die Brüche in periodische Dezimalbrüche um.

a) $\frac{2}{3}$; $\frac{4}{9}$; $\frac{3}{11}$; $\frac{4}{33}$; $\frac{4}{7}$; $\frac{5}{13}$; $\frac{7}{11}$

b) $\frac{1}{15}$; $\frac{5}{6}$; $\frac{7}{36}$; $\frac{1}{24}$; $\frac{5}{12}$; $\frac{7}{30}$; $\frac{11}{18}$

c) $\frac{13}{6}$; $\frac{22}{15}$; $\frac{23}{22}$; $\frac{37}{30}$; $\frac{11}{9}$; $\frac{15}{11}$; $\frac{50}{33}$

4
Prüfe durch Primfaktorzerlegung des Nenners, welcher Bruch beim Umwandeln einen periodischen Dezimalbruch ergibt.
Wandle diese Brüche um.

a) $\frac{2}{30}$; $\frac{4}{15}$; $\frac{7}{40}$; $\frac{8}{49}$; $\frac{9}{80}$; $\frac{6}{70}$; $\frac{11}{64}$

b) $\frac{5}{12}$; $\frac{8}{25}$; $\frac{11}{60}$; $\frac{69}{125}$; $\frac{13}{120}$; $\frac{18}{81}$; $\frac{16}{75}$

5
Runde auf die letzte Ziffer der Periode.

a) $0,\overline{3}$; $0,\overline{65}$; $0,\overline{451}$; $0,3\overline{5}$; $0,\overline{54}$

b) $0,1\overline{6}$; $1,2\overline{3}$; $3,4\overline{73}$; $2,0\overline{6}$; $8,3\overline{45}$

c) $1,0\overline{50}$; $1,0\overline{5}$; $1,\overline{05}$; $1,0\overline{55}$; $1,\overline{505}$

6
Verwandle die Brüche in Dezimalbrüche.
Wenn du die Ergebnisse innerhalb einer Teilaufgabe vergleichst, kannst du dir Arbeit ersparen.

a) $\frac{1}{9}$; $\frac{2}{9}$; $\frac{3}{9}$; $\frac{4}{9}$; $\frac{5}{9}$; $\frac{6}{9}$; …

b) $\frac{1}{11}$; $\frac{2}{11}$; $\frac{3}{11}$; $\frac{4}{11}$; $\frac{5}{11}$; $\frac{6}{11}$; …

c) $\frac{1}{15}$; $\frac{2}{15}$; $\frac{3}{15}$; $\frac{4}{15}$; $\frac{5}{15}$; $\frac{6}{15}$; …

d) $\frac{1}{18}$; $\frac{2}{18}$; $\frac{3}{18}$; $\frac{4}{18}$; $\frac{5}{18}$; $\frac{6}{18}$; …

7
Welcher Bruch hat in der Dezimalbruchdarstellung die längste Periode:

$\frac{1}{13}$; $\frac{1}{17}$; $\frac{1}{19}$ oder $\frac{1}{23}$?

8
Setze die Zeichen <, > oder = ein.

a) $0,3 \square 0,\overline{3}$ b) $0,67 \square 0,\overline{6}$

c) $1,45 \square 1,4\overline{5}$ d) $0,1\overline{2} \square 0,123$

e) $2,3\overline{4} \square 2,\overline{34}$ f) $4,5\overline{2} \square 4,\overline{51}$

g) $0,09 \square 0,\overline{09}$ h) $5,5\overline{6} \square 5,\overline{58}$

9
Hier haben sich Fehler eingeschlichen.
Überprüfe und verbessere die Fehler.

a) $\frac{1}{9} = 0,111$ b) $0,027027\ldots = 0,\overline{027}$

c) $0,5333\ldots = 0,\overline{53}$ d) $\frac{1}{101} = 0,00\overline{9}$

10
Kannst du, ohne zu dividieren, die weiteren Brüche in periodische Dezimalbrüche umformen? Überprüfe deine Vermutung durch Rechnung.

a) $\frac{1}{9} = 0,\overline{1}$ b) $\frac{1}{11} = 0,\overline{09}$

$\frac{1}{99} = 0,\overline{01}$ $\frac{1}{101} = 0,\overline{0099}$

$\frac{1}{999} = 0,\overline{001}$ $\frac{1}{1001} = 0,\overline{000999}$

⋮ ⋮

11
Zur genauen Berechnung ist es oft sinnvoll, periodische Dezimalbrüche in Brüche zurückzuverwandeln.

$\frac{1}{3} = 0,\overline{3}$ $\frac{1}{9} = 0,\overline{1}$ $\frac{1}{6} = 0,1\overline{6}$

Verwandle mit Hilfe dieser Angaben die Dezimalbrüche in Brüche.

a) $0,\overline{7}$; $0,\overline{2}$; $0,\overline{5}$; $0,\overline{4}$

b) $1,\overline{3}$; $2,\overline{2}$; $5,1\overline{6}$; $0,\overline{9}$

Zum Knobeln

Die Brüche

$\frac{1}{81} = 0,\overline{012345679}$

$\frac{1}{891} = 0,\overline{001122334455667789}$

$\frac{1}{8991} = 0,\overline{000111222333444555666777889}$

haben sehr lange, aber erstaunliche Perioden.

Welche Periode findest du wohl bei $\frac{1}{89991}$?

Bestimme nacheinander die Periode von

$\frac{1}{17}$; $\frac{10}{17}$; $\frac{15}{17}$; $\frac{14}{17}$; $\frac{4}{17}$; $\frac{6}{17}$; $\frac{9}{17}$; $\frac{5}{17}$; $\frac{16}{17}$; $\frac{7}{17}$.

Für diese Aufgabe brauchst du Ausdauer, aber vielleicht findest du schon sehr bald eine Regel. Schau dir die Perioden genau an.

6 Vermischte Aufgaben

Wandle um in einen Bruch

0,1	0,51
0,22	0,15
0,333	0,515
0,4444	0,151
1,23	0,2
12,3	0,033
1,234	0,004
12,34	0,0555
11,01	0,303
1,010	0,033
1,001	0,333
1,101	3,003

0,0000007
0,0007000

1

Schreibe jede Zahl in der Stellenwerttafel als Dezimalbruch in dein Heft.

T	H	Z	E	z	h	t	zt
0	3	4	6	2	0	0	2
0	0	2	3	6	4	0	3
0	0	0	3	1	0	4	1
0	7	0	6	2	4	0	8
1	0	0	5	6	2	0	5
3	3	3	3	3	3	0	0

2

Trage die Dezimalbrüche in eine Stellenwerttafel ein.

a) 56,92
345,968
2,978
509,9055
600,7
10,08

b) 408,068
100,01
0,001
1,101
20,202
0,0202

3

Wandle die Brüche in Dezimalbrüche um.

a) $\frac{4}{10}$; $\frac{15}{100}$; $\frac{236}{1000}$; $\frac{1234}{10000}$; $\frac{37892}{100000}$

b) $\frac{9}{100}$; $\frac{18}{1000}$; $\frac{471}{10000}$; $\frac{47}{10000}$; $\frac{512}{100000}$

c) $\frac{38}{10}$; $\frac{746}{100}$; $\frac{1246}{100}$; $\frac{11111}{1000}$; $\frac{53219}{10000}$

d) $\frac{2}{1000}$; $\frac{3625}{10}$; $\frac{987654321}{100000000}$; $\frac{74026}{100}$

4

Diese Brüche kannst du durch Kürzen oder Erweitern jeweils in einen Dezimalbruch umwandeln.

a) $\frac{4}{5}$; $\frac{1}{2}$; $\frac{3}{4}$; $\frac{7}{20}$; $\frac{12}{30}$; $\frac{18}{60}$

b) $\frac{12}{15}$; $\frac{1}{8}$; $\frac{3}{25}$; $\frac{81}{30}$; $\frac{11}{125}$; $\frac{352}{110}$

c) $\frac{3}{24}$; $\frac{27}{18}$; $\frac{6}{75}$; $\frac{3}{16}$; $\frac{9}{375}$; $\frac{66}{48}$

5

Rechne in die größte Einheit um und schreibe mit Komma.

a) 6 dm 4 cm
5 m 5 dm
17 cm 8 mm

b) 5 kg 458 g
34 kg 590 g
8 t 120 kg

c) 60 dm^2 44 cm^2
7 m^2 6 dm^2
10 cm^2 5 mm^2

d) 50 cm^3 125 mm^3
7 m^3 29 dm^3
1 dm^3 9 mm^3

6

Schreibe in der Dezimalschreibweise mit der in Klammer angegebenen Maßeinheit.

a) 5 m 55 cm (m); 10 m 5 cm (m)
b) 6 m^2 6 cm^2 (dm^2); 30 dm^2 50 mm^2 (cm^2)
c) 7 dm^3 350 cm^3 (dm^3); 9 dm^3 5 mm^3 (cm^3)
d) 2 dm^3 2 cm^3 2 mm^3 (cm^3); 1 m^3 1 dm^3 (cm^3)
e) 5 dm^3 5 cm^3 (l); 8 l 8 ml (cm^3)

7

Setze für die Kästchen entsprechende Längenmaße so ein, dass die Umwandlungen richtig sind.
Es gibt mehrere Möglichkeiten.

a) 5 □ 78 □ = 5,78 □
b) 5 □ 78 □ = 5,078 □
c) 57 □ 8 □ = 57,8 □
d) 57 □ 8 □ = 57,08 □
e) 578 □ = 5,78 □
f) 578 □ = 0,578 □

8

Schreibe ohne Komma in der kleinsten Einheit, die in der Größe vorkommt.

a) 4,321 m; 4,321 m^2; 4,321 m^3
b) 1,001 dm^3; 1,001 m^3; 0,1 cm^3
c) 20,3 a; 111,36 ha; 0,4 cm^2
d) 2,125 l; 52,25 hl; 0,75 l

9

Kleiner (<), größer (>) oder gleich (=)?

a) 7,00362 □ 7,000362
b) 0,70703 □ 0,707030
c) 11,1111 □ 11,11011
d) 0,89999 □ 0,9000
e) 237,864 □ 237,86
f) 0,076543 □ 0,1076543
g) 123,456 □ 1234,57
h) 0,10101 □ 0,101009

10

Welche Ziffern kannst du für das Sternchen einsetzen?

a) $0{,}6 > \frac{*}{10}$
b) $4{,}*2 < \frac{42}{10}$
c) $0{,}0* > \frac{5}{100}$
d) $\frac{6}{5} < 1{,}*1$
e) $0{,}* < \frac{2}{5}$
f) $0{,}0*5 > \frac{1}{20}$
g) $0{,}\overline{3} < \frac{1}{*}$
h) $10{,}45 < \frac{100}{*}$

11
Was ist größer?
a) 10,2 cm oder 1,20 dm
b) 456,7 g oder 4,567 kg
c) 33,3 m^2 oder 3,33 a
d) 753,1 ml oder 0,753 l

12
Welcher Flächeninhalt ist am größten?
a) 34 dm^2; 0,33 m^2; 3 410 cm^2
b) 46,8 a; 0,47 ha; 467 m^2
c) 620,5 dm^2; 6 205,9 cm^2; 6,2 m^2
d) 0,3 km^2; 30,3 ha; 303,3 a

13
Welches Volumen ist am größten?
a) 1,0 m^3; 100,1 dm^3; 10 000,1 cm^3
b) 987,6 cm^3; 0,98 dm^3; 999,9 ml
c) 350 l; 305,5 dm^3; 0,305 m^3
d) 2,5 l; 0,002 m^3; 250,5 ml

14
Ordne nach der Größe. Beginne mit der kleinsten Zahl.
a) 1,2; 1,02; 1,21; 1,201
b) 0,43; 0,34; 0,434; 0,343
c) 88,8; 88,08; 888,8; 88,88
d) 12,1; 11,2; 1,21; 2,12
e) 1 001,1; 1 010,1; 1 010,01
f) 0,000321; 0,003021; 0,0031

15
Die Abbildung zeigt maßstäblich verkleinert die Entfernungen zwischen dem Bahnhof und anderen Einrichtungen der Stadt. Die Längenangaben sind aber vertauscht worden. Lege eine Tabelle mit den richtigen Entfernungen an.

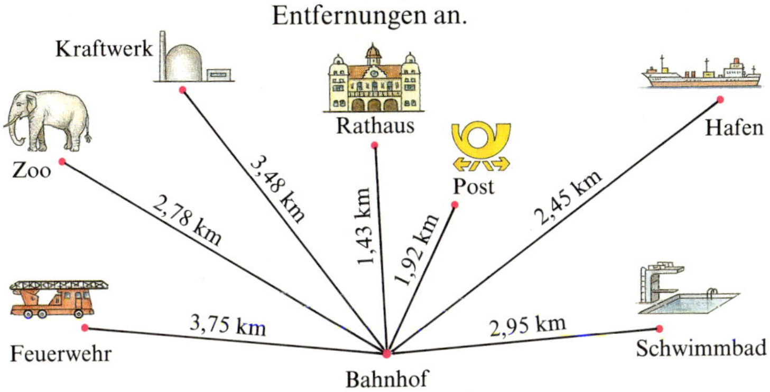

16
Welche Zahlen müssen an den roten Teilstrichen stehen?

a)

b)

c)

17
Gib die Zahlen an, die auf den Zahlenstrahlausschnitten markiert sind.

a)

b)
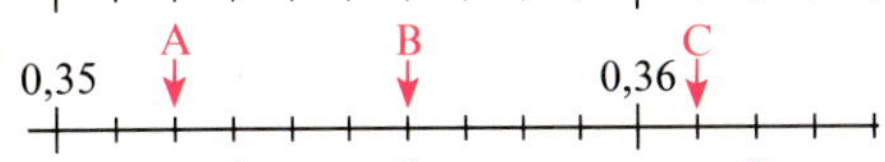

c)
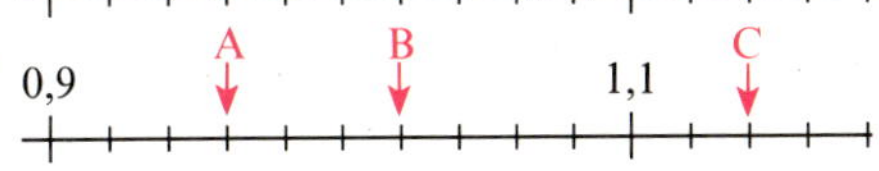

18
Suche mit Hilfe eines entsprechenden Ausschnitts auf dem Zahlenstrahl die Zahl, die genau in der Mitte der beiden anderen Zahlen liegt. Markiere die Zahl.
a) 4,5 und 5,3; 3,9 und 4,9
b) 12,2 und 12,9; 8,4 und 9,1
c) 0,36 und 0,39; 0,28 und 0,35
d) 1,007 und 1,023; 3,001 und 3,006

19
Welches Zeichen ist richtig? Die Buchstaben ergeben je ein Lösungswort.

a)

0,0908	> O < S = M	0,098	8,098	> R < O = M	8,809
8,89	> M < E = S	8,889	9,898	> O < M = R	9,989
9,908	> E < S = O	9,899	0,898	> O < R = E	0,988

b)

4,509	> F < S = P	3,875	0,2876	> E < I = U	0,2867
0,92	> T < R = G	0,9203	0,538	> A < I = H	0,605
0,4098	> N < E = L	0,4109	0,1505	> N < M = E	0,105

20
Wandle die Brüche in Dezimalbrüche um.

a) $\frac{1}{2}$; $\frac{1}{4}$; $\frac{3}{4}$; $\frac{1}{5}$; $\frac{3}{5}$; $\frac{1}{8}$

b) $\frac{4}{25}$; $\frac{3}{20}$; $\frac{7}{25}$; $\frac{3}{8}$; $\frac{7}{8}$; $\frac{13}{20}$

c) $\frac{24}{200}$; $\frac{39}{300}$; $\frac{24}{40}$; $\frac{125}{500}$; $\frac{7}{70}$; $\frac{39}{130}$

d) $\frac{9}{12}$; $\frac{7}{28}$; $\frac{11}{88}$; $\frac{14}{40}$; $\frac{32}{12}$; $\frac{68}{8}$

21
Suche in dem Sack jeweils Paare gleicher Zahlen.

22
Wandle alle Zahlen in Dezimalbrüche um und ordne sie dann nach der Größe.

a) 0,6; $\frac{1}{2}$; 0,55; $\frac{2}{5}$; $\frac{3}{4}$; 0,7

b) 0,95; $\frac{9}{10}$; $\frac{99}{100}$; 0,98; $\frac{999}{1000}$

c) 1,11; $1\frac{1}{10}$; $1\frac{11}{100}$; 1,01; 1; 1,001

d) $2\frac{1}{2}$; 2,4; $2\frac{7}{8}$; $2\frac{3}{4}$; 2,45; $2\frac{2}{5}$

23
Beim Umwandeln dieser Brüche erhältst du periodische Dezimalbrüche.

a) $\frac{5}{12}$; $\frac{13}{18}$; $\frac{4}{15}$; $\frac{17}{36}$

b) $\frac{3}{22}$; $\frac{5}{44}$; $\frac{41}{45}$; $\frac{25}{66}$

c) $\frac{46}{45}$; $\frac{100}{27}$; $\frac{10}{27}$; $\frac{83}{72}$

d) $\frac{15}{22}$; $\frac{25}{36}$; $\frac{7}{24}$; $\frac{11}{48}$

24
Kürze, bevor du in einen Dezimalbruch umwandelst.

a) $\frac{5}{15}$; $\frac{3}{18}$; $\frac{15}{24}$; $\frac{10}{12}$

b) $\frac{20}{48}$; $\frac{21}{96}$; $\frac{39}{27}$; $\frac{65}{56}$

c) $\frac{68}{102}$; $\frac{190}{171}$; $\frac{297}{132}$; $\frac{144}{198}$

25
Wandle die Brüche um in Dezimalbrüche und runde

a) auf zwei Stellen nach dem Komma.
$\frac{1}{7}$; $\frac{1}{3}$; $\frac{3}{13}$; $\frac{7}{11}$; $2\frac{1}{9}$; $\frac{24}{17}$

b) auf Tausendstel.
$\frac{1}{14}$; $\frac{2}{3}$; $\frac{19}{21}$; $3\frac{2}{7}$; $4\frac{5}{9}$; $1\frac{1}{11}$

c) auf zwei Nachkommaziffern.
$\frac{4}{15}$; $\frac{8}{3}$; $\frac{17}{6}$; $\frac{9}{11}$; $3\frac{5}{9}$; $8\frac{1}{7}$

26
Verwandle die Brüche in Dezimalbrüche und runde auf so viele Stellen, dass du die Zahlen eindeutig nach der Größe ordnen kannst.

a) $\frac{2}{3}$; $\frac{3}{5}$; $\frac{7}{10}$; $\frac{34}{50}$

b) $\frac{10}{3}$; $\frac{19}{6}$; $\frac{33}{10}$; $\frac{54}{17}$

c) $1\frac{2}{5}$; $\frac{15}{11}$; $1\frac{3}{7}$; $\frac{18}{13}$

27
Ordne nach der Größe.

a) 0,1; $0,\overline{1}$; 0,12; 0,111; 0,11

b) 0,444; $0,\overline{4}$; 0,04; $0,0\overline{4}$; $0,\overline{04}$

c) 0,03; $0,\overline{03}$; $0,0\overline{3}$; 0,033; $0,\overline{003}$

d) 0,028; $0,02\overline{8}$; $0,0\overline{28}$; $0,\overline{028}$

e) 0,555; 0,556; $0,\overline{5}$; $0,5\overline{6}$; $0,\overline{56}$

28
Wandle die Brüche $\frac{1}{11}$, $\frac{1}{111}$, $\frac{1}{1111}$ in Dezimalbrüche um.
Betrachte die entsprechenden Zahlen und versuche, die Umwandlungen von $\frac{1}{11111}$ und $\frac{1}{111111}$ ohne Rechnung herauszufinden.

29
Was fällt dir bei den Perioden von $\frac{3}{7}$, $\frac{2}{7}$, $\frac{6}{7}$, $\frac{4}{7}$, $\frac{5}{7}$ und $\frac{1}{7}$ auf?

Geheimzahlen
Zur Verschlüsselung von Dezimalbrüchen haben sich zwei Freunde eine Zifferntauschregel ausgedacht:
Aus der Zahl 123,456 wird nach Anwenden der Regel

H	Z	E	z	h	t
↓	↓	↓	↓	↓	↓
E	t	z	h	Z	H

die Zahl 651,342.

Überprüfe dieses Beispiel.

Verschlüssle die Zahlen 875,893; 103,612 und 675,386 nach dieser Regel.

Entschlüssle die Zahlen 321,597; 602,085 und 230,406.

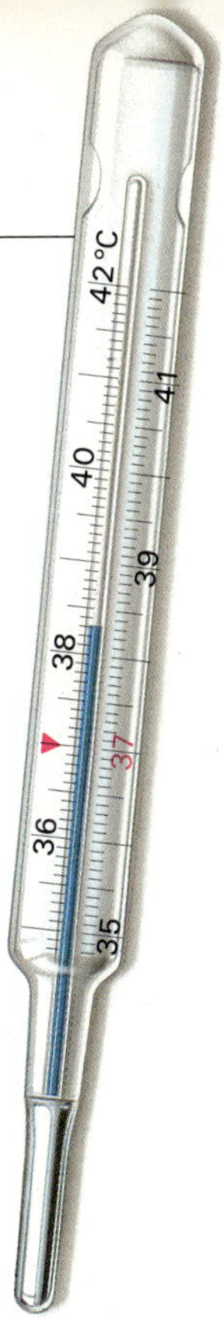

30

Die Körpertemperatur von Menschen und Tieren wird in °C angegeben.
Ordne die Liste, beginne dabei mit der niedrigsten Angabe.

Amsel	43,6	Gans	40,7
Elefant	36,2	Fuchs	38,5
Mensch	37,0	Maus	38,9
Spitzmaus	42,0	Wal	36,5

31

In der Tabelle sind die Werte für die Oberfläche der Großhirnrinde einiger Säugetiere und des Menschen in cm² angegeben.
Erstelle eine neue Tabelle, in der du die Werte nach ihrer Größe ordnest.

Elefant	3 018,43	Schaf	140,14
Meerkatze	146,41	Schimpanse	395,72
Mensch	1 124,71	Schwein	130,02
Pferd	569,95	Tümmler	469,94
Rind	498,49	Ziege	120,05

32

Ein Zählwerk zeigt 12,21 an. Bei diesem Dezimalbruch sind die Ziffern „spiegelbildlich" zum Komma.

a) Wie oft muss das Zählrad für die erste Dezimale um eine Ziffer weiterrücken, bis wieder ein Dezimalbruch erscheint, bei dem die Ziffern zum Komma spiegelbildlich sind?

b) Wie oft muss die zweite Dezimale weiterrücken, bis wieder ein spiegelbildlicher Dezimalbruch entsteht?

33

Brückenbau und Tunnelbau

a) Die ältesten Steinbrücken stammen aus der Steinzeit. Die Römer bauten vor 2 000 Jahren die ersten großen Brückenanlagen in Europa. So ließ Julius Cäsar 55 v. Chr. eine 550 m lange Holzbrücke über den Rhein errichten.
Die Technik des Brückenbaus wurde stets verbessert; anstelle der Baumaterialien Stein und Holz traten Eisen und Beton.

Köhlbrand-Brücke, Hamburg	3 940 m
Rhein-Brücke, Düsseldorf	590 m
Loire-Brücke, Frankreich	3 357 m
Pont du Gard, Frankreich	273 m
Europa-Brücke, Innsbruck	785 m
Bosporus-Brücke, Istanbul	1 560 m
Golden Gate Bridge, San Francisco	2 150 m

b) Die Geschichte des Tunnelbaus ist dagegen sehr jung. Die ersten längeren Tunnel wurden erst im vorigen Jahrhundert gebaut, als die technische Entwicklung die Konstruktion großer Tunnelbaumaschinen ermöglichte.

Simplon-Tunnel, Schweiz–Italien	19 803 m
Gotthard-Tunnel, Schweiz	16 289 m
Frejm-Tunnel, Italien–Schweiz	12 832 m
Seikan-Tunnel, Japan	53 788 m
Elb-Tunnel, Hamburg	3 342 m
Ärmelkanal-Tunnel, England–Frankreich	50 532 m

Gib die Entfernungsangaben in km mit einer Nachkommaziffer an und ordne sie nach ihrer Größe.

Golden Gate Bridge, San Francisco
Pont du Gard, Frankreich

Bundesjugend-

Für die Klassen 6 der Schloss-Realschule finden Bundesjugendspiele statt. Petra und Keno aus der 6b können leider nicht am Sportfest teilnehmen, da sie verletzt sind. Deshalb helfen sie beim Sportfest mit, indem sie die Weiten, Zeiten und Punkte notieren.

Barbara	9,9 s
Maren	8,02 s
Stefanie	9,36 s
Kerstin	9,14 s
Christine	8,7 s
Nadine	9,4 s
Alexandra	9,1 s
Meral	8,04 s
Nicole	8,1 s

1

Beim Schlagballweitwurf wird mit einem 80-g-Ball geworfen. Hier siehst du die besten Weiten der Jungen. Runde auf $\frac{1}{2}$ m.

Gerriet	36,35 m	Tim	33,33 m
Johannes	20,46 m	Frank	29,99 m
Frederick	18,67 m	Patrick	31,23 m
Serdal	28,67 m	Oliver	26,34 m
Alexander	17,45 m	Manuel	26,78 m

2

Die Mädchen erzielen beim Weitwurf folgende auf $\frac{1}{2}$ m gerundete Weiten:

Barbara	14,5 m; 13 m; 18 m
Maren	31 m; 32,5 m; 32,5 m
Stefanie	18 m; 20,5 m; 17 m
Kerstin	18,5 m; 16 m; 20 m
Christine	16,5 m; 16,5 m; 16 m
Nadine	19,5 m; 23,5 m; 18 m
Alexandra	17,5 m; 16,5 m; 16 m
Meral	33,5 m; 33 m; 33 m
Nicole	22,5 m; 18,5 m; 24 m

Notiere den weitesten Wurf.

3

Die Jungen der 6b laufen beim 50-m-Lauf folgende Zeiten:

Gerriet	7,8 s	Tim	8,2 s
Johannes	9,5 s	Frank	7,9 s
Frederick	9,2 s	Patrick	8,7 s
Serdal	8,0 s	Oliver	9,0 s
Alexander	9,8 s	Manuel	8,4 s

Petra und Keno ordnen die Schüler nach den Laufzeiten. Sie beginnen mit dem Schnellsten.

4

Petra und Keno stoppen die Zeiten beim 50-m-Lauf. Petras Stoppuhr zeigt Zehntelsekunden an, Kenos Stoppuhr sogar Hundertstelsekunden; diese Zeiten werden auf Zehntelsekunden gerundet. Für welche Mädchen werden dieselben Zeiten notiert? (s. Rand)

5

Während des Sportfestes soll ein 1000-m-Staffellauf stattfinden, an dem die sechs schnellsten Mädchen und Jungen einer Klasse teilnehmen sollen. Petra und Keno geben ihren Klassenkameradinnen und Klassenkameraden die notwendigen Informationen:

a) Wer wird laufen?

b) In welchem Abstand stehen die Läuferinnen und Läufer?

SPIELE

Hier siehst du Ausschnitte aus den Wettkampfkarten für den Weitsprung.

Jungen

2,19	2,21	2,23	2,25	2,27	2,29	2,31	2,33	2,35	2,37	2,39	2,41	2,43	2,45	2,47	2,49	**2,51**	2,53	2,55	2,57	2,59	2,61	2,63	2,65	2,67
215	221	226	232	237	242	247	253	258	263	268	273	279	284	289	294	**299**	304	309	314	319	324	329	334	339
2,69	2,71	2,73	2,75	2,77	2,79	2,81	2,83	2,85	2,87	2,89	2,91	2,93	2,95	2,97	2,99	**3,01**	3,03	3,05	3,07	3,09	3,11	3,13	3,15	3,17
344	348	353	358	363	368	373	377	382	387	392	396	401	408	414	420	**427**	433	439	445	451	458	464	470	476
3,19	3,21	3,23	3,25	3,27	3,29	3,31	3,33	3,35	3,37	3,39	3,41	3,43	3,45	3,47	3,49	**3,51**	3,53	3,55	3,57	3,59	3,61	3,63	3,65	3,67
482	488	494	500	506	512	518	524	530	536	542	548	554	560	566	571	**577**	583	589	595	600	603	609	614	620
3,69	3,71	3,73	3,75	3,77	3,79	3,81	3,83	3,85	3,87	3,89	3,91	3,93	3,95	3,97	3,99	**4,01**	4,03	4,05	4,07	4,09	4,11	4,13	4,15	4,17
626	632	637	643	649	654	660	666	671	677	682	688	693	699	704	710	**716**	721	727	732	737	743	748	754	759

Mädchen

2,15	2,17	2,19	2,21	2,23	2,25	2,27	2,29	2,31	2,33	2,35	2,37	2,39	2,41	2,43	2,45	2,47	2,49	**2,51**	2,53	2,55	2,57	2,59	2,61	2,63
220	225	229	233	236	240	244	247	251	255	258	262	266	269	273	276	280	283	**287**	290	294	297	302	310	316
2,65	2,67	2,69	2,71	2,73	2,75	2,77	2,79	2,81	2,83	2,85	2,87	2,89	2,91	2,93	2,95	2,97	2,99	**3,01**	3,03	3,05	3,07	3,09	3,11	3,13
323	329	336	342	349	355	362	368	375	381	388	394	400	407	413	419	425	432	**438**	444	450	456	462	469	475
3,15	3,17	3,19	3,21	3,23	3,25	3,27	3,29	3,31	3,33	3,35	3,37	3,39	3,41	3,43	3,45	3,47	3,49	**3,51**	3,53	3,55	3,57	3,59	3,61	3,63
481	487	493	499	505	511	517	523	529	534	540	546	552	558	564	569	575	581	**587**	593	598	604	610	615	621
3,65	3,67	3,69	3,71	3,73	3,75	3,77	3,79	3,81	3,83	3,85	3,87	3,89	3,91	3,93	3,95	3,97	3,99	**4,01**	4,03	4,05	4,07	4,09	4,11	4,13
627	632	638	643	649	655	660	666	671	677	682	688	693	698	704	709	715	720	**725**	731	736	742	747	752	757

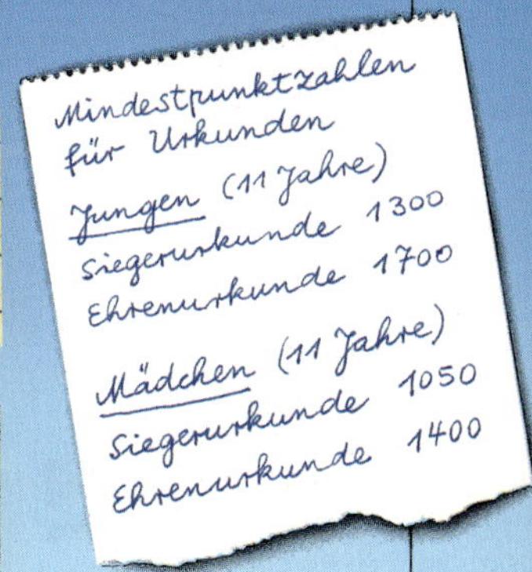

6

Die Schüler haben bisher folgende Punkte erreicht:

Gerriet	1354	Tim	1210
Johannes	721	Frank	1275
Frederick	732	Patrick	1061
Serdal	1176	Oliver	924
Alexander	607	Manuel	1057

Der beste der drei Sprünge wird gewertet. Erhält der Schüler mit dieser Weite eine Siegerurkunde oder gar eine Ehrenurkunde? Zwischenleistungen werden immer nach unten abgerundet.

Gerriet	3,45 m; ---; 3,23 m
Tim	2,68 m; 2,55 m; 2,78 m
Johannes	2,67 m; 2,56 m; ---
Frank	3,02 m; 3,18 m; 2,98 m
Frederick	2,88 m; 2,79 m; 2,85 m
Patrick	2,98 m; ---; 3,00 m
Serdal	---; 3,24 m; 3,04 m
Oliver	2,97 m; 3,01 m; 2,67 m
Alexander	2,67 m; 2,45 m; 2,57 m
Manuel	3,56 m; ---; ---

7

Wie viel cm hätte Serdal weiter springen müssen, um eine Ehrenurkunde zu erhalten?

8

Wie viel cm hätten die Schüler, die keine Urkunde erhalten haben, weiter springen müssen, um eine Siegerurkunde zu erhalten?

9

Die Schülerinnen haben bisher in den Disziplinen Weitwurf und 50-m-Lauf die folgenden Punkte erreicht.

Barbara	679	Maren	1304
Stefanie	809	Kerstin	852
Christine	853	Nadine	867
Alexandra	799	Meral	1320
Nicole	1135		

Wie weit müssten sie jeweils springen, um eine Sieger- oder eine Ehrenurkunde zu erhalten?

10

Welche Punktzahl müssen Petra und Keno in die Siegerurkunde eintragen, wenn Patrick sie erhalten soll?

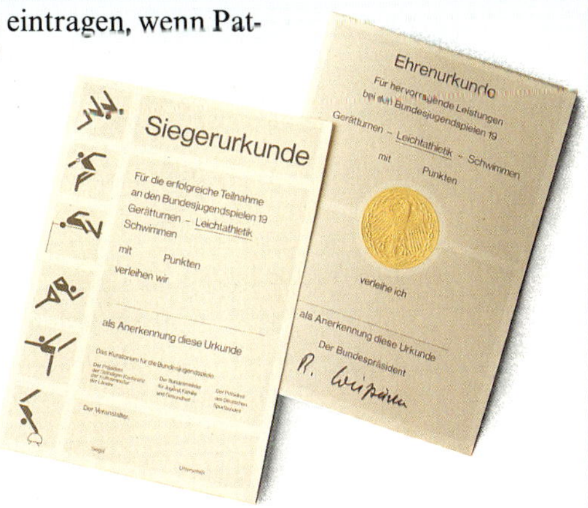

11

Petra und Keno entwerfen zusätzlich eine Urkunde **für alle**, die am Sportfest teilgenommen und sich tüchtig angestrengt haben. Hilfst du ihnen?

Rückspiegel

1

Schreibe die Brüche als Dezimalbrüche.

a) $\frac{8}{10}$; $\frac{17}{100}$; $\frac{9}{1000}$; $\frac{413}{100}$; $\frac{111}{10}$; $\frac{1110}{1000}$

b) $\frac{2}{5}$; $\frac{3}{8}$; $\frac{7}{4}$; $\frac{9}{20}$; $\frac{4}{25}$; $\frac{19}{5}$; $\frac{11}{16}$; $\frac{13}{40}$

2

Schreibe die Dezimalbrüche als Brüche. Kürze, wenn es möglich ist.

a) 0,8; 0,75; 0,9; 0,76; 0,02; 0,65

b) 1,3; 2,64; 3,001; 8,55; 0,33

3

Schreibe die Größen ohne Komma in einer kleineren Einheit.

a) 3,52 €; 6,43 m; 1,5 kg; 0,7 km

b) 1,45 m^2; 3,9 l; 0,75 cm^3; 14,03 a

c) 2,643 m; 9,285 ha; 7,0926 m^3

4

Schreibe die Größen mit Komma in der größten Einheit, die vorkommt.

a) 5 m 6 dm 3 cm; 12 m 4 cm 3 mm

b) 4 kg 12 g; 3 t 33 kg; 4 kg 666 mg

c) 2 l 22 ml; 4 m^3 18 dm^3 312 cm^3

d) 18 hl 18 l; 205 hl 5 l; 50 l 50 ml

5

Setze >, < oder = ein.

a) 124,863 □ 124,836

b) 0,731 □ 0,7311

c) 3,6020 □ 3,602

d) 0,23 m □ 0,0023 km

e) 127,86 a □ 1278,6 m^2

f) $\frac{3}{4}$ l □ 0,75 l

g) 12,5 hl □ 1 250 l

6

Ordne die Zahlen nach der Größe.

a) 0,36; 0,63; 0,306; 0,603; 0,6

b) 1,11; 11,1; 11,01; 1,101; 11,0

c) 2,345; 2,3045; 2,0345; 2,3405

7

Ordne die Größen. Beginne jeweils mit der kleinsten Größe.

a) 0,8 kg; 0,788 kg; 0,775 kg; 0,778 kg

b) 13,2 dm^2; 0,13 m^2; 0,00013 ha

c) 4,07 l; 4,7 dm^3; 4 500,5 cm^3

8

Runde die Dezimalbrüche

a) auf Zehntel:
1,245; 0,765; 23,88; 0,0999.

b) auf drei Nachkommaziffern:
2,4567; 0,0924; 14,2874; 1,234567.

c) auf zwei Dezimalen:
19,8611; 2,048; 117,2639; 0,0051.

9

Runde die Größen auf die in Klammern angegebene Einheit.

a) 27,6 m (m); 404,853 kg (kg)

b) 7 268 m (km); 8 653 a (ha);
0,426 m (cm)

c) 8,394 cm^2 (mm^2); 0,9318 l (ml)

10

Verwandle die Brüche in Dezimalbrüche.

a) $\frac{9}{20}$; $\frac{28}{40}$; $\frac{18}{25}$; $\frac{24}{80}$ b) $\frac{15}{8}$; $\frac{8}{125}$; $\frac{33}{88}$; $\frac{72}{108}$

11

Verwandle in einen Dezimalbruch.

a) $\frac{1}{3}$; $\frac{5}{6}$; $\frac{4}{9}$; $\frac{8}{11}$ b) $\frac{12}{18}$; $\frac{7}{12}$; $\frac{24}{7}$; $\frac{112}{9}$

12

Runde die Dezimalbrüche auf zwei Nachkommaziffern.

a) $\frac{4}{7}$; $\frac{11}{13}$; $\frac{91}{15}$; $\frac{77}{17}$ b) $\frac{16}{99}$; $\frac{17}{111}$; $\frac{4}{23}$; $\frac{999}{31}$

13

Setze >, < oder = ein.

a) $1\frac{1}{3}$ □ 1,3

b) 0,066 □ $0,0\overline{6}$

c) $\frac{3}{8}$ l □ 300 ml

14

Welche Zahlen sind auf den Zahlenstrahlausschnitten dargestellt?

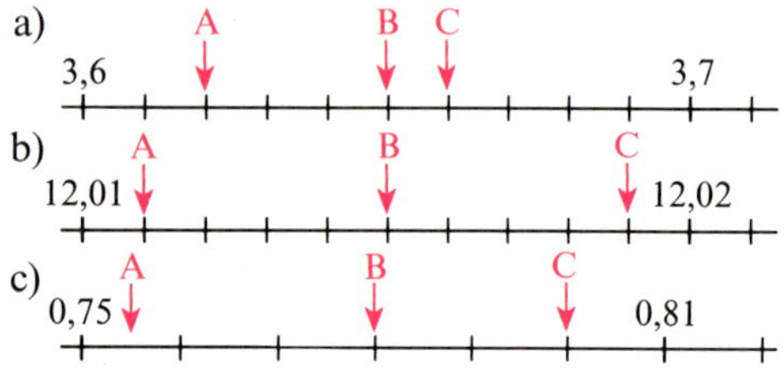

VIII Rechnen mit Dezimalbrüchen

Supermarkt am Platz

25.2.2002

Fleisch	49,00
Getränke	19,95
Getränke	20,00
Papierwa	1,79
Gem/Obst	4,95
Gem/Obst	4,31
Lebensm	12,50
Summe	112,50
geg.	200,00
zurück	87,50

Vielen Dank!

Rechnen im Alltag

Im Alltag rechnen wir in vielen Situationen mit Dezimalzahlen. Die Kasse in einem Supermarkt addiert die Preise der einzelnen Waren und berechnet blitzschnell den Endbetrag. Viele Kassen berechnen auch den Geldbetrag, den wir zurückbekommen, wenn wir nicht genau passend bezahlt haben.
Mit Hilfe einer Preistabelle für Heizöl kann die Lieferfirma den Rechnungsbetrag für den Kunden leicht berechnen.

Heizölpreise	jeweils für 100 l
0 bis 1000 l	41,98 €
1000 bis 1500 l	35,80 €
1501 bis 2000 l	32,40 €
2001 bis 2500 l	30,78 €
2501 bis 3500 l	29,80 €
3501 bis 4500 l	28,26 €
4501 bis 5500 l	27,24 €
5501 bis 6500 l	26,78 €
6501 bis 7500 l	26,40 €
7501 bis 8500 l	26,10 €
8501 bis 9500 l	25,90 €
9501 bis 10500 l	25,76 €

Heizen mit Fa. Heinz
Brennstoff aller Art
KOKS * BRIKETT * HEIZÖL

Rechnung
für Maier 24.08.2002
Kd.Nr. 3786

Wir lieferten 3275 l Heizöl
Einzelpreis pro Liter 0,2980 €

Gesamt: 3275 · 0,2980
zahlbar sofort = 975,95 €

1 Addieren und Subtrahieren

1

Bei einem Gerätevierkampf erzielten drei Turnerinnen an den einzelnen Geräten folgende Wertungen:

	Boden	Balken	Sprung	Stufenbarren
Beate	8,4	7,4	8,0	7,2
Corinna	7,9	8,6	8,2	7,5
Daniela	8,2	7,8	7,6	8,1

Welches Mädchen liegt in Führung?

2

Zwei Wanderwege sind 6,8 km bzw. 9,3 km lang. Wie groß ist der Unterschied? Musst du unbedingt in Meter umwandeln, um diese Differenz berechnen zu können?

Wie beim schriftlichen Addieren und Subtrahieren von natürlichen Zahlen müssen wir auch bei den Dezimalbrüchen genau darauf achten, dass die Zahlen stellengerecht untereinander geschrieben werden.

Dazu schreiben wir zunächst die Summanden übersichtlich in eine Stellentafel.

		Z	E	z	h	t
12,862 + 4,575		1	2	8	6	2
	+		4	5	7	5
			1	1		
= 17,437		1	7	4	3	7

		Z	E	z	h	t
73,287 − 19,68		7	3	2	8	7
	−	1	9	6	8	
		1	1			
= 53,607		5	3	6	0	7

Schreibe beim **Addieren** und **Subtrahieren** von Dezimalbrüchen diese so untereinander, dass Komma unter Komma steht.
Beginne dann von rechts mit dem stellengerechten Addieren oder Subtrahieren.

Beispiele

a)
```
   3,94
+ 14,37
+  8,05
   1 1 1
  26,36
```

b)
```
  12,06
+  4,00
+  0,70
  16,76
```

c)
```
  0,0320
+ 4,3800
+ 0,0009
      1
  4,4129
```

d)
```
  12,84
-  9,90
   11
   2,94
```

e)
```
  29,800
- 17,456
     11
  12,344
```

f)
```
  13,678
-  6,030
-  5,271
-  0,600
   1 1 1
   1,777
```

Bemerkung: Wenn du die Summanden untereinander schreibst, ist es am Anfang hilfreich, Endnullen zu ergänzen.

Mit einer **Überschlagsrechnung** kannst du schnell einen Näherungswert finden oder kontrollieren, ob dein Ergebnis ungefähr stimmen kann. Geschicktes Runden der einzelnen Zahlen ermöglicht eine Rechnung im Kopf.

	123,86 + 37,41 = 161,27	1,736 − 0,497 = 1,239
Überschlag:	120 + 40 = 160	1,7 − 0,5 = 1,2

Bei manchen Berechnungen reicht es auch, das Ergebnis mit der größten Zahl, die in der Rechnung vorkommt, zu vergleichen.

5,8 + 98,64 + 0,7 = 105,14 — 100 ⟶ ↑

308,62 − 12,4 − 0,913 = 295,307 — 300 ⟶ ↑

Aufgaben

3

Addiere im Kopf.

a) 3,8 + 4,1 b) 6,2 + 8,7
c) 12,4 + 13,5 d) 9,2 + 8,9
e) 212,6 + 14,2 f) 22,4 + 7,9
g) 0,4 + 0,7 h) 0,62 + 0,11
i) 0,92 + 0,12 k) 0,45 + 2,56

4

Subtrahiere im Kopf.

a) 9,6 − 4,2 b) 18,2 − 6,1
c) 12,3 − 5,4 d) 26,3 − 13,5
e) 0,75 − 0,32 f) 0,90 − 0,55
g) 3,8 − 0,9 h) 1,47 − 0,47
i) 5,66 − 4,67 k) 10 − 0,99

+	1,1	2,22	3,333
0,9			
0,08			
0,007			

−	0,3	0,22	0,111
1,1			
2,22			
3,333			

5

Rechne im Kopf.

a) 2,5 + 3,8 b) 4,8 − 2,9
c) 13,7 − 11,9 d) 17,8 + 9,9
e) 0,76 + 0,23 f) 0,73 − 0,45
g) 1,2 − 0,85 h) 0,04 + 0,47
i) 0,7 + 0,4 + 0,12 k) 3,5 − 0,9 − 0,8
l) 0,05 + 0,7 + 0,12 m) 4,5 − 0,05 − 2,75
n) 5,5 + 0,55 + 0,055 o) 6,6 + 0,66 + 0,066

6

a) Um wie viel sind die Zahlen größer als 1?
1,5; 1,04; 1,33; 2,22; 1,001
b) Wie viel fehlt noch bis 1?
0,5; 0,04; 0,33; 0,85; 0,001
c) Welche Summe oder Differenz hat den größten Wert?
0,9 + 0,11; 1,1 − 0,01; 0,99 + 0,01

7

Übertrage die Aufgaben ins Heft und berechne.

a) 3,6875 + 4,2113 b) 19,284 + 24,397
c) 0,2243 + 5,7685 d) 0,4861 + 0,0347
e) 1,3476 + 3,67 f) 19,86 + 26,762
g) 0,062 + 4,7195 h) 0,431 + 27,6
i) 0,0055 + 0,55 k) 9,999 + 99,99
l) 11,1 + 0,0111 m) 20,202 + 2,0202

8

a) 2,5685 − 1,3471 b) 8,9315 − 7,4205
c) 36,823 − 28,678 d) 3,2143 − 2,5976
e) 50,683 − 9,49 f) 17,4 − 8,962
g) 0,67 − 0,6088 h) 3 − 0,9821
i) 0,043 − 0,0268 k) 0,265 − 0,0265
l) 11,1 − 1,11 m) 50,505 − 5,0505

9

Berechne.

a) 3,785 + 5,991 + 1,801

b) 12,964 + 16,842 + 9,741

c) 5,912 + 17,84 + 9,6

d) 0,384 + 82,47 + 1,0426

e) 438,2 + 0,753 + 19,9 + 6,31

f) 1007,28 + 0,9 + 236,44 + 99

g) 30,303 + 6,06 + 42,224 + 0,4

h) 30,003 + 0,3 + 4,04 + 62,026

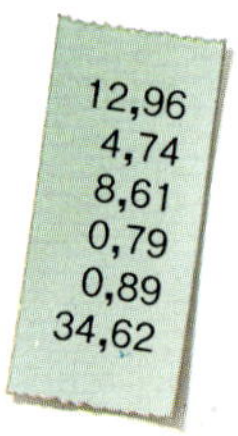

10

Berechne den Rechungsbetrag auf dem Kassenzettel. Überschlage, ob 60 € zum Bezahlen reichen.

11

Setze im Ergebnis das Komma an die richtige Stelle.

a) 0,4 + 0,8 = 1 2
b) 0,55 + 2,35 = 2 9
c) 1,04 + 0,4 = 1 4 4
d) 99,6 + 10,4 = 1 1 0 0
e) 1,1 + 11,1 + 111,1 + 0,1 = 1 2 3 4

12

Schreibe untereinander und addiere.

a) 3,62 + 4,86 + 12,49 + 7,08
b) 11,1 + 1,11 + 0,111 + 111
c) 3,9 + 3,09 + 3,99 + 3,90
d) 124,8 + 234,65 + 3 780,3
e) 12,34 + 1,234 + 0,1234

13

Was wurde hier falsch gemacht? Verbessere die Fehler.

a) 4,96 + 12,7 (Übertrag: 1 1) = 62,3

b) 12,43 + 0,416 = 1,659

c) 5 + 0,8 (Übertrag: 1) = 1,3

d) 0,9876 + 0,562 = 0,4256

14

Berechne.

a) 19,878 − 4,243 − 1,314

b) 624,387 − 48,926 − 17,135

c) 179,32 − 88,86 − 4,39

d) 18,9256 − 0,434 − 9,21

e) 58,3 − 7,456 − 18,17

f) 10,03 − 9,8645 − 0,061

15

Setze im Ergebnis das Komma an die richtige Stelle.

a) 15,43 − 4,32 − 2,31 = 8 8 0
b) 100 − 54,9 − 43,44 = 1 6 6
c) 989 − 89,8 − 0,987 = 8 9 8 2 1 3

16

Schreibe die Zahlen untereinander und subtrahiere.

a) 9,87 − 6,42 − 2,24
b) 173,65 − 89,59 − 36,45
c) 10,04 − 4,23 − 3,76 − 2,02
d) 25,85 − 3,867 − 1,4 − 0,6111
e) 0,762 − 0,4 − 0,13 − 0,0025
f) 15,05 − 3 − 0,428 − 6,619
g) 2 351,57 − 0,6 − 800,006 − 8,43
h) 1 − 0,9 − 0,01 − 0,001

17

□ □ , □ − 0, □ = ?

Setze die Ziffern 4, 5, 6, 7 so ein,

a) dass das Ergebnis möglichst groß wird.
b) dass das Ergebnis möglichst klein wird.
c) dass genau 55,7 herauskommt.

18

Hier haben sich einige Fehler eingeschlichen. Verbessere im Ergebnis.

a) 8,70 − 6,05 = 2,2
b) 5,54 − 5,53 = 0,1
c) 0,82 − 0,78 = 0,4
d) 1,09 − 0,06 = 1,3
e) 0,582 − 0,579 = 0,3
f) 8,01 − 7,99 = 0,002

19
Welche Zahl musst du einsetzen?

a) $7{,}2 + \square = 9{,}6$ b) $\square + 0{,}4 = 0{,}9$
c) $4{,}01 + \square = 4{,}1$ d) $\square + 1{,}3 = 1{,}42$
e) $5{,}8 - \square = 4{,}9$ f) $\square - 3{,}2 = 1{,}25$
g) $1{,}1 - \square = 0{,}09$ h) $\square - 0{,}01 = 0{,}02$

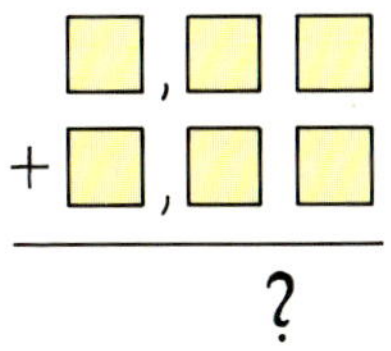

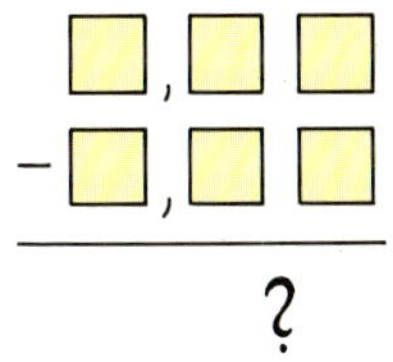

20
Setze für die Kästchen folgende Ziffern ein: 2, 3, 6, 7, 9, 0.
Jede Ziffer darf nur einmal vorkommen.
a) Der Wert der Summe soll möglichst groß sein.
b) Der Wert der Summe soll möglichst klein sein.
c) Der Wert der Summe soll 9,45 betragen.
d) Der Wert der Differenz soll möglichst klein sein.
e) Der Wert der Differenz soll möglichst groß sein.
f) Der Wert der Differenz soll 6,12 betragen.
g) Warum gibt es bei den Aufgaben mit Summen immer mehrere Lösungen?

21
Berechne möglichst geschickt.
a) $2{,}2 + 4{,}7 + 3{,}8 + 3{,}5 + 5{,}3$
b) $14{,}9 + 30{,}5 + 69{,}5 + 35{,}1 + 17{,}7$
c) $0{,}85 + 2{,}36 + 6{,}5 + 1{,}14 + 0{,}15$
d) $0{,}02 + 0{,}07 + 1{,}981 + 0{,}98 + 0{,}009$

22
Übertrage in dein Heft und setze Zahlen ein.

a)
$1 \xrightarrow{+0{,}5} \square \xrightarrow{-0{,}35} \square$
$\downarrow +3{,}6 \quad \downarrow +3{,}85 \quad \downarrow +4{,}3$
$\square \xrightarrow{+0{,}75} \square \xrightarrow{+0{,}1} \square$
$\downarrow -1{,}06 \quad \downarrow -1{,}8 \quad \downarrow -4{,}45$
$\square \xrightarrow{+0{,}01} \square \xrightarrow{-2{,}55} 1$

b)
$100 \xrightarrow{\square} 96{,}2 \xrightarrow{\square} 8{,}35$
$\downarrow \square \quad \downarrow \square \quad \downarrow \square$
$50{,}5 \xrightarrow{\square} 34{,}8 \xrightarrow{\square} 77{,}5$
$\downarrow \square \quad \downarrow \square \quad \downarrow \square$
$14{,}3 \xrightarrow{\square} 1{,}05 \xrightarrow{\square} 0{,}1$

23
Achte auf die verschiedenen Rechenzeichen.
a) $22{,}222 + 2{,}222 - 0{,}222$
b) $22{,}222 - 2{,}222 + 0{,}222$
c) $3{,}0303 + 0{,}303 - 3{,}303$
d) $3{,}303 - 0{,}333 + 3{,}003$
e) $4{,}44 - 0{,}4 + 0{,}04 - 4{,}04$
f) $44{,}4 - 4{,}04 - 4{,}444 + 4{,}404$
g) $999 - 99{,}9 + 9{,}99 - 0{,}999 - 0{,}099$

24
Führe zunächst eine Überschlagsrechnung durch und vergleiche mit dem errechneten genauen Ergebnis.
a) $1 + 0{,}1 + 0{,}45 - 0{,}567$
b) $39{,}8 + 0{,}7 + 57{,}2 - 0{,}365$
c) $47{,}47 + 52{,}52 - 19{,}19 - 63{,}83$
d) $9{,}98 - 0{,}026 + 90{,}2 - 0{,}13$
e) $0{,}6 + 56{,}89 - 2{,}613 + 245{,}06$
f) $1{,}01 + 10{,}01 + 100{,}001 - 0{,}101$

25
Wandle in die größte Einheit um und berechne dann.
a) 6,3 m + 18,9 dm − 436 cm
b) 17 a − 325 m^2 + 4 836 dm^2
c) 3,85 m^3 + 83 775 dm^3
d) 4,9 t + 12,676 kg − 206,8 kg
e) 66,4 ml + 3,25 dm^3 − 1,1 l
f) 9,52 ha − 117,2 a − 436,35 m^2

26
Beachte die Klammern.
a) $4{,}62 - (1{,}92 + 1{,}81)$
b) $21{,}63 - (12{,}75 + 8{,}36)$
c) $61{,}51 - (30{,}82 - 15{,}44)$
d) $1{,}625 - (4{,}981 - 3{,}443)$
e) $(5{,}38 - 0{,}61) + (12{,}9 - 8{,}52)$
f) $(14{,}31 - 6{,}25) - (2{,}64 - 1{,}46)$
g) $(0{,}92 - 0{,}431) - (1{,}42 - 1{,}387)$
h) $(1 - 0{,}09) - (1 - 0{,}99) - (1 - 0{,}9)$

27
$8{,}7 \square 5{,}6 \square 4{,}3 \square 1{,}2$

Setze +, − und Klammern und berechne.
a) Das Ergebnis soll möglichst groß sein.
b) Das Ergebnis soll möglichst nahe bei 1 liegen.

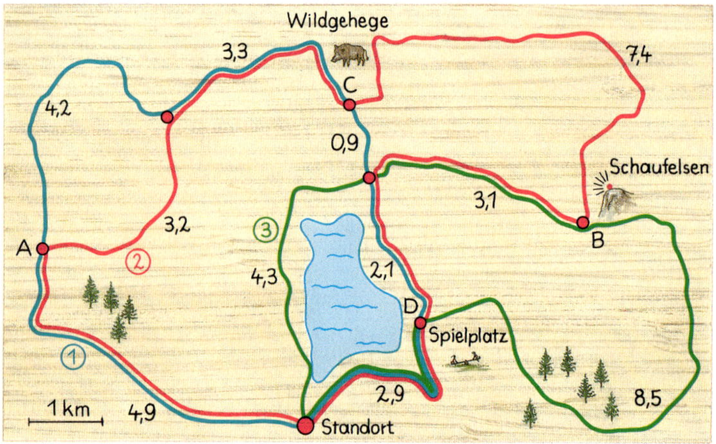

28

Auf der Wanderkarte sind verschiedene Wandertouren eingezeichnet.

a) Gib die Länge der Rundwege ①, ② und ③ in km an.

b) Berechne den Unterschied zwischen den Streckenlängen von A nach B über C und von A nach B über D.

c) Stelle eine Wanderung zusammen, die möglichst genau 30,0 km lang ist.

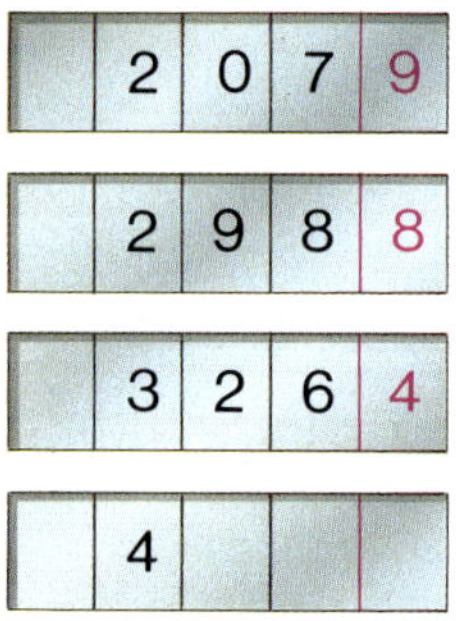

29

Tim hat an seinem Fahrrad einen Kilometerzähler, der auch eine Nachkommaziffer anzeigt.

a) Was bedeutet die Nachkommaziffer?

b) Gib die Längen der gefahrenen Strecken zwischen den einzelnen Zählerständen an.

c) Um wie viel war die zweite Strecke kürzer als die erste?

d) Wie viel km muss Tim noch fahren, bis die erste Ziffer auf 4 springt?

30

Die Entfernung Erde – Sonne beträgt bei Sonnenferne 152,099 Mio. km, bei Sonnennähe 147,096 Mio. km. Berechne den Unterschied.

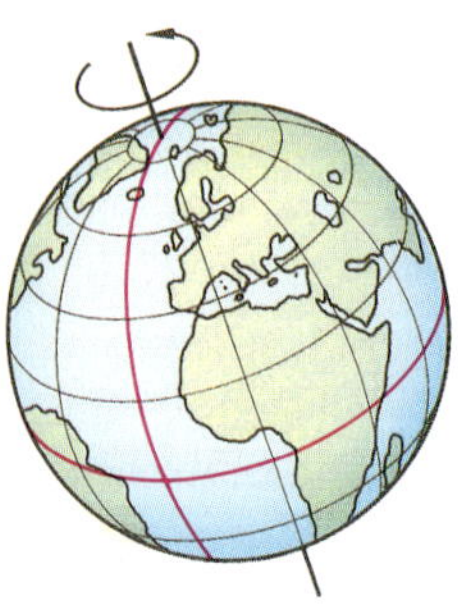

31

Der Erdumfang über die Pole gemessen beträgt 40 008,006 km und entlang des Äquators 40 075,161 km. Wie groß ist der Unterschied?

32

Berechne jeweils die drei Unterschiede zwischen den drei Zahlen.

a) 5,8; 6,3; 6,9
b) 0,45; 0,57; 0,58
c) 1,01; 1,11; 1,111
d) 10; 9,9; 0,99

33

Wie wachsen die Unterschiede? Setze fort.

a) 1,1; 2,2; 3,4; 4,7; 6,1; ...
b) 0,01; 0,02; 0,12; 1,12; 11,12; ...
c) 0,1; 1,11; 3,13; 6,16; 10,20; ...

34

Berechne jeweils die Summe und die Differenz der beiden Zahlen.

a) 5,7; 3,6 b) 123,5; 23,5
c) 1,8; 0,9 d) 99,9; 9,99
e) 0,52; 0,25 f) 10,01; 1,1

35

a) Wie groß ist die Summe der Zahlen 12,8 und 14,9 vermindert um 19,5?

b) Subtrahiere die Summe von 9,8 und 0,8 von 48,4.

c) Addiere die Differenz von 6,38 und 3,86 zur Summe von 9,62 und 1,35.

d) Wie groß ist der Unterschied zwischen 12,98 und der Differenz aus 6,3 und 4,7?

e) Welche Zahl muss man zur Differenz von 3,65 und 2,42 addieren, um 10 zu erhalten?

36

Zahlenbilder

1,1	1,1
+ 11,11	+ 10,01
+ 111,111	+ 100,001
+ 1111,1111	+ 101,101
+ 111,111	+ 11,11
+ 11,11	+ 1,1
+ 1,1	

?

1111,1	1,111
+ 111,11	+ 11,11
+ 11,111	+ 111,1
+ 1,1111	+ 1111
+ 11,111	+ 111,1
+ 111,11	+ 11,11

37

Aus den verschiedenen Zählerständen zum Monatsanfang kannst du den Stromverbrauch im jeweiligen Monat ablesen.

a) Bestimme jeweils den Verbrauch in Kilowattstunden (kWh) für die Monate März und April.

b) Wie viel kWh wurden im April mehr verbraucht?

c) Wie lautet der Zählerstand am 1. 6., wenn im Mai 437,7 kWh verbraucht wurden?

38

Zwei Haushalte hatten in einem Jahr folgenden Wasserverbrauch.

	Familie Walter	Familie Peters
Januar	15,8 m³	8,4 m³
Februar	16,2 m³	8,8 m³
März	15,9 m³	9,2 m³
April	16,3 m³	7,9 m³
Mai	16,7 m³	8,5 m³
Juni	24,6 m³	8,4 m³
Juli	23,7 m³	1,6 m³
August	19,5 m³	6,3 m³
September	16,8 m³	7,9 m³
Oktober	16,5 m³	8,3 m³
November	15,9 m³	8,1 m³
Dezember	16,0 m³	7,8 m³

a) Berechne den Jahresverbrauch für jeden Haushalt in m³.

b) Wie groß ist der Unterschied zwischen dem geringsten und dem höchsten Verbrauch in jeder Familie?

c) Kannst du Gründe nennen, warum der Verbrauch bei Familie Walter im Juni und Juli sehr hoch war, bei Familie Peters im Juli sehr gering?

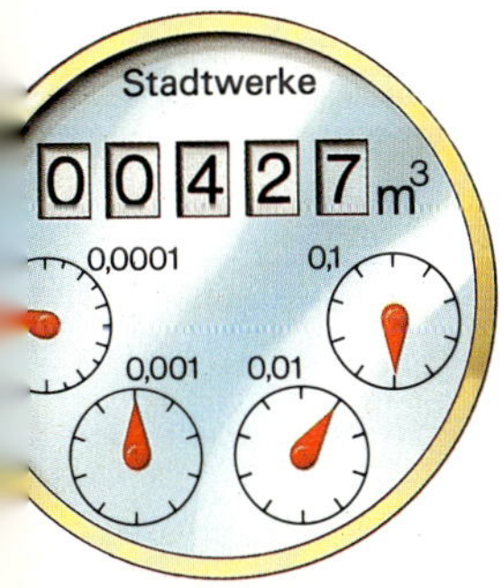

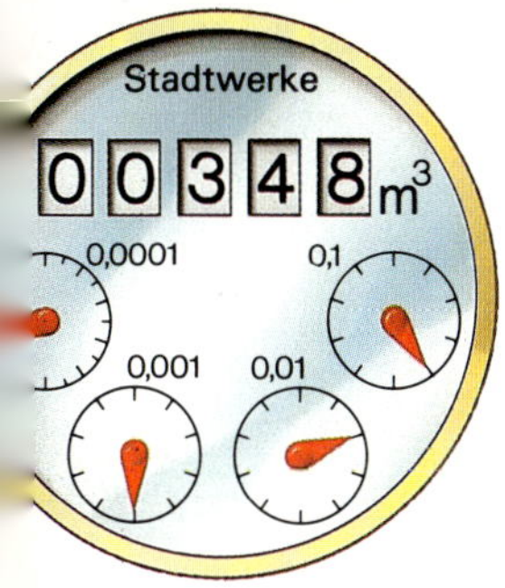

39

Die obere Wasseruhr zeigt einen Verbrauch von 427,5108 m³ an.

a) Welche Zeiger der oberen Wasseruhr bewegen sich bei einem Verbrauch von 0,36 m³; 0,04 m³; 12,5 l?

b) Zeichne den Zeigerstand nach einem Verbrauch von 2 465 l; 3,54 m³; 15,59 m³ Wasser.

c) Wie groß ist die Differenz der beiden Zählerstände?

40

Beim Ski-Slalom gibt es jeweils zwei Wertungsläufe.

Name	1. Lauf	2. Lauf
Brunner	58,73 s	56,56 s
Dangel	54,56 s	55,79 s
Maier	56,32 s	57,67 s
Noppinger	57,58 s	57,43 s
Samland	59,19 s	58,12 s
Weck	56,87 s	56,92 s

a) Wer wurde Sieger? Berechne für jeden Läufer die Gesamtzeit aus beiden Läufen.

b) Berechne jeweils den Zeitunterschied zur Siegerzeit.

41

Bei den Olympischen Spielen 1988 in Seoul erhielt die UdSSR die Goldmedaille im Mannschafts-Zwölfkampf der Geräteturner mit 593,350 Punkten. Die Mannschaft der damaligen Bundesrepublik Deutschland wurde 12. mit folgenden Turnern:

D. Winkler	114,500 Punkte
M. Beckmann	114,450 Punkte
J. Brummer	114,150 Punkte
R. Kern	113,900 Punkte
B. Simmelbauer	113,600 Punkte

a) Wie viel Punkte erreichte die Mannschaft der Bundesrepublik Deutschland insgesamt?

b) Wie groß war die Differenz zum Goldmedaillengewinner?

c) Der beste Einzelturner erhielt 118,950 Punkte. Wie groß war die Differenz zum besten bundesdeutschen Turner?

2 Multiplizieren und Dividieren mit Zehnerpotenzen

1

Der Faden der Seidenraupe wiegt bei einer Länge von 1 m etwa 0,00013 g. Wie schwer sind 10 m, 100 m, 1 km Faden?

2

Es ist schwierig, die Dicke eines Blatts in deinem Buch durch Messen zu bestimmen. Wenn du aber die Dicke von 100 Blättern misst, kannst du das Problem durch Rechnen lösen.

Wir erkennen, dass bei der Multiplikation und bei der Division von Dezimalbrüchen mit Zehnerpotenzen die Ziffernfolge unverändert bleibt. Das Komma wird jedoch verschoben.

$0{,}26 \cdot 10 = \frac{26}{100} \cdot 10 = \frac{26}{10} = 2{,}6$ $\qquad$ $32{,}8 : 10 = \frac{328}{10} \cdot \frac{1}{10} = \frac{328}{100} = 3{,}28$

Beim **Multiplizieren** von Dezimalbrüchen mit Zehnerpotenzen (10; 100; ...) musst du das **Komma** um so viele Stellen **nach rechts** verschieben, wie die Zehnerpotenz Nullen hat.

Beim **Dividieren** von Dezimalbrüchen durch Zehnerpotenzen (10; 100; ...) musst du das **Komma** um so viele Stellen **nach links** verschieben, wie die Zehnerpotenz Nullen hat.

Beispiele

a) 0,2967 · 10 = 2,967
0,2967 · 100 = 29,67
0,2967 · 1 000 = 296,7

b) 327,2 : 10 = 32,72
327,2 : 100 = 3,272
327,2 : 1 000 = 0,3272

c) 5,82 · 1 000 = 5 820
58,2 · 1 000 = 58 200
582,0 · 1 000 = 582 000

d) 126 : 100 = 1,26
12,6 : 100 = 0,126
1,26 : 100 = 0,0126

Beachte: Wenn die Anzahl der Ziffern nicht reicht, werden Nullen vorangesetzt (**b**)) oder angehängt (**c**)).

Aufgaben

3

Multipliziere im Kopf.

a) 3,9 · 10; 12,8 · 10; 4,92 · 100
b) 4,37 · 10; 1,888 · 100; 14,07 · 10
c) 7,4 · 100; 0,63 · 1 000; 0,5 · 100
d) 1,85 · 100; 0,05 · 100; 20,3 · 100
e) 0,425 · 100; 4,07 · 10; 5,2 · 100
f) 0,04 · 1 000; 3,33 · 1 000; 12,12 · 100

4

Dividiere im Kopf.

a) 23,8 : 10; 136,6 : 100; 4 368,2 : 1 000
b) 4,2 : 10; 56,13 : 100; 1,67 : 100
c) 0,4 : 1 000; 4,04 : 100; 0,02 : 100
d) 611,3 : 100; 40,8 : 10; 70,11 : 1 000
e) 34,2 : 1 000; 70,4 : 100; 3,07 : 1 000
f) 1,1 : 10 000; 0,2 : 1 000; 0,05 : 1 000

	H	Z	E	z	h	
	2	4	0			
·10		2	4			:10
·10			2	4		:10
·10			0	2	4	:10

5

Erstelle für jede Aufgabe eine Stellenwerttafel und trage die Ergebnisse untereinander ein.

a) 3,265 · 10 / · 100 / · 1 000 / · 10 000
b) 0,043 · 10 / · 100 / · 1 000 / · 10 000
c) 426,8 : 10 /: 100 /: 1 000 /: 10 000
d) 7,86 : 10 /: 100 /: 1 000 /: 10 000

6

a) $\square \xleftarrow{:10} 24{,}85 \xrightarrow{\cdot 10} \square$
b) $\square \xleftarrow{:100} 417{,}2 \xrightarrow{\cdot 100} \square$
c) $\square \xleftarrow{:1\,000} 0{,}58 \xrightarrow{\cdot 1\,000} \square$
d) $\square \xleftarrow{:1\,000} 26{,}01 \xrightarrow{\cdot 1\,000} \square$
e) $\square \xleftarrow{:10\,000} 1{,}01 \xrightarrow{\cdot 10\,000} \square$

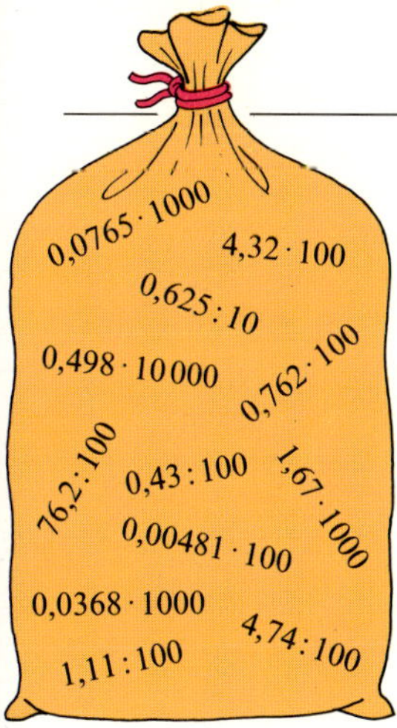

7

Kopfrechentraining. Berechne die Aufgaben in dem Rechensack.

8

Findest du die Ergebnisse der Rechnungen, ohne die Zwischenergebnisse aufzuschreiben?

a) $0{,}31 \cdot 100 \cdot 10 \cdot 10$

b) $((1\,736{,}2 : 10) : 100) : 100$

c) $((22{,}83 : 100) \cdot 1\,000) : 10$

d) $((0{,}0439 \cdot 1\,000) : 100) \cdot 1\,000$

9

Welche Rechnung wurde durchgeführt?

a) $6{,}83 \xrightarrow{?} 0{,}683$ b) $1{,}41 \xrightarrow{?} 1\,410$

c) $0{,}362 \xrightarrow{?} 0{,}00362$ d) $0{,}07 \xrightarrow{?} 7$

e) $111{,}1 \xrightarrow{?} 0{,}1111$ f) $0{,}039 \xrightarrow{?} 0{,}0039$

10

Das Umwandeln in andere Maßeinheiten geschieht durch Multiplikation oder Division mit Zehnerpotenzen.

Beispiel: $1\ dm^2 = 1 \cdot 100\ cm^2 = 100\ cm^2$.

Gib die Rechenoperation bzw. die Kommaverschiebung bei folgenden Umwandlungen an.

a) $m^2 \rightarrow dm^2$ b) $cm^3 \rightarrow l$

c) $kg \rightarrow g$ d) $a \rightarrow dm^2$

e) $mm^3 \rightarrow ml$ f) $km \rightarrow cm$

11

Übertrage die Aufgaben in dein Heft.

a) 0,6835 $\downarrow \cdot 100$ □ $\downarrow \cdot 1\,000$ □

b) 56,12 $\downarrow : 100$ □ $\downarrow : 10$ □

c) 4,872 $\downarrow \cdot 1\,000$ □ $\downarrow : 1\,000$ □

d) □ $\downarrow \cdot 100$ 138,2 $\downarrow : 10$ □

e) □ $\downarrow \cdot 10$ □ $\downarrow : 1\,000$ 0,04382

f) □ $\downarrow : 100$ □ $\downarrow \cdot 1\,000$ 1,035

12

Ein Teebeutel enthält 1,2 g Tee.
Wie viel g Tee sind dann in einem Karton mit 100 Beuteln?

13€

a) Ein Kilogramm Schinken kostet 18,50 €. Was kosten 100 g?

b) 10 g eines Gewürzes kosten 0,45 €. Wie hoch ist der Kilopreis?

c) 0,1 l Parfüm kostet 74,75 €. Was würde 1 l kosten?

14

Ein Stapel Papier mit 1 000 Blatt ist 10,8 cm dick und 5,650 kg schwer.

a) Wie dick ist ein Blatt? Gib die Dicke in cm und in mm an.

b) Wie schwer ist ein Blatt? Gib das Gewicht in kg und in g an.

15

Einige Landkarten haben besonders praktische Maßstäbe zum Umrechnen.

a) Welcher Streckenlänge in der Natur entsprechen 5 cm auf der Karte beim Maßstab 1 : 1 000; 1 : 100 000; 1 : 1 000 000?

b) Wie lang wird eine 400 m lange Straße auf der Karte mit dem Maßstab 1 : 10 000; 1 : 100 000; 1 : 1 000 000?

16

Die Skala des Drehzahlmessers eines Autos gibt 1 000 Umdrehungen pro Minute an.

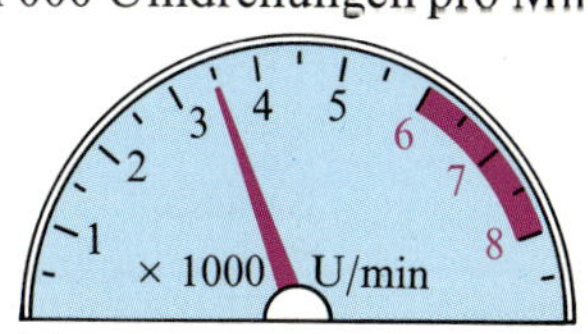

Wie viel Umdrehungen pro Minute zeigt der Drehzahlmesser an?

17

Der Samen eines Riesenmammutbaums wiegt 4,7 mg. Das Gewicht eines ausgewachsenen Baumes beträgt mehr als das 1 000 000 000 000fache.
Gib das Gewicht des Baumes in einer sinnvollen Maßeinheit an.

3 Multiplizieren von Dezimalbrüchen

1€

Im Urlaub sieht Frau Sauer in der französischen Schweiz ein Paar schöne Schuhe im Schaufenster. Sie kosten 98 Schweizer Franken. Sie weiß, dass 1 sFr 0,63 € wert ist. Wie viel Euro kosten die Schuhe?

2

Nadine und Marcel bekommen in der neuen Wohnung Kinderzimmer mit folgenden Maßen: Nadines Zimmer ist 3,5 m breit und 4,2 m lang, das von Marcel 3,2 m breit und 4,5 m lang. Wer bekommt das größere Zimmer?

Wenn wir Dezimalbrüche miteinander multiplizieren, können wir sie dazu in gewöhnliche Brüche umwandeln.

$0{,}4 \cdot 0{,}6 = \frac{4}{10} \cdot \frac{6}{10} = \frac{24}{100} = 0{,}24$

Beim Umwandeln in die Bruchschreibweise wird deutlich, dass das Ergebnis dieselbe Ziffernfolge hat wie das Produkt der Faktoren ohne Komma. Besteht das Produkt aus zwei Faktoren mit je einer Dezimalen (Zehntel), so wird das Ergebnis des Produkts in Hundertstel angegeben, also ein Dezimalbruch mit zwei Dezimalen.

Beim **Multiplizieren** von Dezimalbrüchen kannst du zunächst die Multiplikation ohne Berücksichtigung des Kommas durchführen. Dann setzt du das Komma. Das Ergebnis hat so viele Dezimalen wie beide Faktoren zusammen.

2,3	·	4,05	=	9,315
1 Dezimale		2 Dezimalen		3 Dezimalen

zuerst einen Überschlag

Beispiele

a)
```
4,5·13
    45
   135
  58,5
```

b)
```
0,436·0,35
      1308
      2180
         1
  0,15260
```

c)
```
0,038·1,4
       38
      152
        1
   0,0532
```

Beachte: Um auf die richtige Anzahl von Dezimalen zu kommen, musst du manchmal Nullen ergänzen, vgl. Beispiel c).

Bemerkung: Vor der genauen Berechnung ist es sinnvoll, wenn du eine **Überschlagsrechnung** durchführst. Die Zahlen hierfür sollten so einfach sein, dass du im Kopf rechnen kannst: 212,4·0,028 wird überschlagen mit 200·0,03 = 6. Das genaue Ergebnis ist 5,9472.

Beim Überschlagen eines Produkts von Dezimalbrüchen hilft dir das **Verschieben des Kommas** bei beiden Faktoren. Wenn du beim einen Faktor das Komma um eine Stelle nach rechts verschiebst und beim anderen Faktor um eine Stelle nach links, so vervielfachst du den ersten Faktor mit 10 und teilst den zweiten Faktor durch 10. Also ändert sich am Wert des Produkts nichts.

0,006·12 000,0 = 72	400,0·0,05 = 20
0,06·1 200,0 = 72	40,0·0,5 = 20
0,6·120,0 = 72	4,0·5,0 = 20
6·12,0 = 72	

Aufgaben

3
Rechne im Kopf.
a) 0,8·7; 1,2·6; 0,4·5
b) 1,5·9; 17·0,3; 25·0,4
c) 0,02·11; 0,005·5; 0,07·8
d) 0,6·15; 18·0,06; 17·0,03
e) 1,3·50; 2,2·400; 1,5·600
f) 0,07·40; 20·0,12; 0,4·0,5

4
Rechne geschickt.
a) 0,25·8; 2,5·0,8; 25·0,08
b) 7·1,4; 70·0,14; 0,7·14
c) 900·0,3; 90·3,0; 0,9·30
d) 5·1,8; 50·0,018; 5,0·0,18
e) 12·0,6; 1,2·0,06; 12·0,006
f) 1,1·1,1; 0,11·1,1; 0,11·0,11

5
Es ist 426·538 = 229 188. Nun kannst du die folgenden Produkte leicht berechnen.
a) 426·0,538
b) 0,0426·0,538
c) 42,6·5,38
d) 0,426·0,0538
e) 4,26·53,8
f) 426,0·53,8
g) 0,426·538
h) 4 260·0,00538

6
Wo musst du beim zweiten Faktor das Komma setzen, damit das Ergebnis stimmt?

1. Faktor		2. Faktor	Ergebnis
8,3	·	25	20,75
70,4	·	56	39,424
0,23	·	79	0,01817
0,076	·	48	0,3648
120,3	·	62	7,4586
12,25	·	35	4,2875

·	1,1	2,2	3,3
,75			
9,9			
,84			
1,05			
707			
,09			
0,09			
0,01			

7
a) Hier musst du im Ergebnis Nullen setzen:
0,002·0,4; 0,45·0,002
0,7·0,01; 0,03·0,25
0,03·0,02; 0,015·0,0011
b) Hier kannst du im Ergebnis Nullen streichen:
0,5·0,12; 0,14·5
20·0,008; 0,3·400
150·0,04; 0,05·0,18

8
Berechne.
a) 3,4·2,6; 1,3·4,5; 2,9·2,1; 3,5·9,8
b) 1,25·4,26; 3,04·2,15; 8,28·1,07; 10,2·7,09
c) 0,32·0,54; 0,26·0,682; 0,75·0,043; 0,091·0,026
d) 24,8·0,023; 112,3·0,707; 476·0,039; 0,628·1 010,1

9
Hier wurde einige Male falsch gerechnet. Suche die Fehler und verbessere sie.
a) 70·0,4 = 2,8
b) 0,9·0,075 = 0,0675
c) 4·0,08 = 4,08
d) 0,06·11,1 = 6,666
e) 12,8·0,9 = 11,52
f) 0,27·12,7 = 34,29

10
Führe zuerst eine Überschlagsrechnung durch und vergleiche mit dem genauen Ergebnis.
a) 27,86·7; 0,0285·12; 0,142·19
b) 7,843·192; 4,962·111; 2,831·571
c) 71,48·0,942; 173,8·0,086; 83,8·0,042
d) 35,5·22,22; 134,2·0,027; 0,683·918,5
c) 64,3·0,06; 0,04·72,61; 24,03·6,083
f) 84,07·0,073; 0,063·0,085; 120,07·80,08

11
Durch geschicktes Kommaverschieben kommst du schnell zu einem guten Näherungswert.
a) 834,2·0,243; 3 000,5·0,0021; 2 560,5·0,101
b) 0,0402·605; 87,25·0,098; 102,5·1,045
c) 98,62·0,0031; 471,8·0,092; 150,5·0,121
d) 120,3·0,081; 807,5·0,998; 10,5·0,084

Überprüfe an einigen Aufgaben deine Überschlagsrechnung.

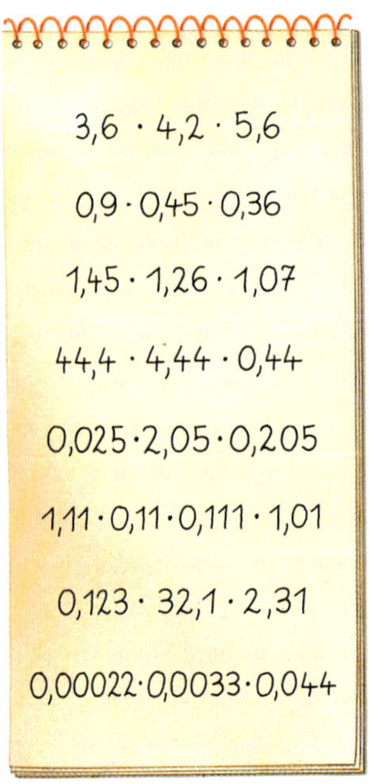

12

Übertrage die Figur in dein Heft und fülle die leeren Felder aus.

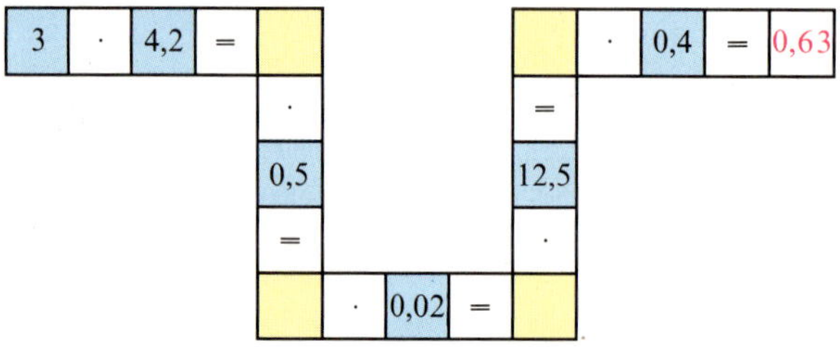

13

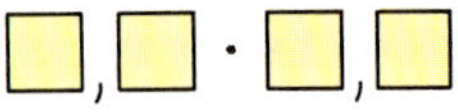

Setze die Ziffern 1, 3, 5, 0 so in die Kästchen ein, dass
a) ein möglichst großer Wert entsteht.
b) ein möglichst kleiner Wert entsteht.
c) das Ergebnis 1,55 lautet.
d) das Produkt den Wert 4,5 hat.

14

Berechne.

a) $1{,}2\cdot 2{,}3\cdot 3{,}4$	b) $0{,}1\cdot 1{,}9\cdot 9{,}1$
c) $9{,}9\cdot 8{,}8\cdot 7{,}7$	d) $0{,}9\cdot 8{,}08\cdot 7{,}07$
e) $4{,}5\cdot 0{,}45\cdot 0{,}045$	f) $3{,}1\cdot 1{,}03\cdot 10{,}3$
g) $0{,}5\cdot 1{,}5\cdot 2{,}5\cdot 3{,}5\cdot 4{,}5$	h) $1{,}02\cdot 2{,}1\cdot 0{,}12$

15

Für gute Kopfrechner!
Wenn du die Faktoren geschickt zusammenfasst, kannst du die Aufgaben leicht lösen.
a) $50\cdot 0{,}2\cdot 0{,}43$
b) $0{,}02\cdot 40\cdot 500$
c) $0{,}4\cdot 2{,}5\cdot 0{,}2$
d) $0{,}2\cdot 7{,}5\cdot 0{,}5\cdot 10$
e) $3{,}2\cdot 0{,}2\cdot 100\cdot 0{,}05$

16

Berechne und runde das Ergebnis auf eine Nachkommaziffer.

a) $3{,}8\cdot 4{,}2$	b) $17{,}2\cdot 18{,}4$
c) $0{,}3\cdot 4{,}78$	d) $126{,}1\cdot 0{,}42$
e) $8{,}88\cdot 9{,}99$	f) $0{,}764\cdot 25$
g) $0{,}451\cdot 0{,}111$	h) $0{,}026\cdot 0{,}98$

17

Berechne, indem du jedes Zwischenergebnis auf eine Dezimale rundest.
$1{,}3\cdot 2{,}5\cdot 7{,}5\cdot 12{,}1$
Vergleiche mit dem exakten Ergebnis.

18

Berechne den Flächeninhalt der Rechtecke:

	a)	b)	c)
Länge	8,40 m	13,82 dm	0,68 m
Breite	6,55 m	9,5 dm	3,46 dm

19€

Ein Quadratmeter Teppichboden kostet 44,25 €. Zwei rechteckige Zimmer mit den Längen 4,80 m und 3,80 m und den Breiten 4,20 m und 3,50 m sollen ausgelegt werden.
Wie hoch sind die Kosten?

20

Ein Grundstück ist 15,5 m lang und 9,80 m breit. Die Erschließungskosten für einen Quadratmeter betragen 49,20 €.
Wie viel Euro muss der Besitzer bezahlen?

21

Berechne das Volumen der Quader.

	a)	b)	c)
Länge	3,2 m	1,44 dm	37,5 cm
Breite	2,4 m	0,75 dm	18,05 cm
Höhe	6,8 m	3,86 dm	4,08 cm

22

Ein Liter Luft wiegt 1,29 g. Wie schwer ist die Luft in eurem Klassenzimmer?
Miss dazu Länge, Breite und Höhe des Zimmers in dm.

23

Das Hallenbadbecken eines Hotels ist 12,50 m lang und 6,50 m breit. Es soll bis zu einer Höhe von 1,60 m mit Wasser gefüllt werden. Der Kubikmeterpreis für Wasser beträgt 1,60 €.
a) Wie teuer ist es, das Hallenbecken einmal zu füllen?
b) Wie groß ist der Unterschied in den Kosten, wenn das Becken 1,40 m hoch bzw. 1,80 m hoch gefüllt wird?
c) Berechne a) und b) für einen Kubikmeterpreis von 2,78 €.

Queen Elisabeth II im Hafen von Sydney, Australien.

24
Die Maße eines Tennisfeldes sind in Yard festgelegt worden.
1 Yard entspricht 0,9144 m.
Das Spielfeld für das Einzel ist 26 Yards lang und 9 Yards breit. Gib die Maße in Meter auf 2 Dezimalen genau an.

25
Wenn man Zeitangaben mit Dezimalbrüchen schreiben und umrechnen will, entspricht 1 Sekunde = $0{,}01\overline{6}$ min.
Runde auf drei Dezimalen und rechne so 15 s; 38 s und 110 s in Minuten um. Überprüfe mit der Umwandlung in die Bruchschreibweise.

26
Die Leistung bei Autos wurde früher in PS (Pferdestärken) angegeben. Heute verwendet man die Maßeinheit kW (Kilowatt).
1 kW = 1,36 PS
1 PS = 0,736 kW
Wie viel PS entsprechen 70 kW und wie viel kW entsprechen 75 PS?

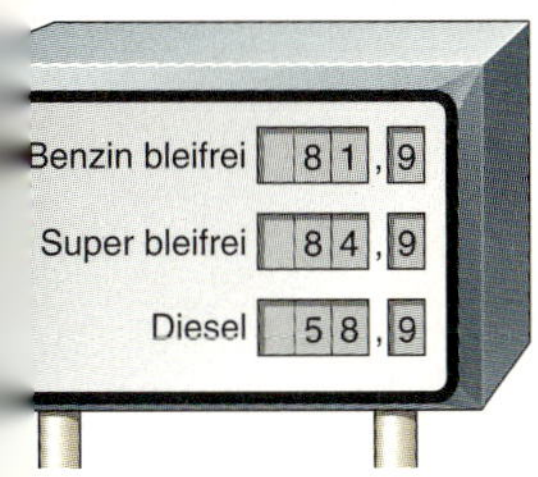

27€
Benzinpreise werden in Cent mit einer Nachkommaziffer angegeben.
Berechne die unterschiedlichen Kosten für Benzin, Super und Diesel jeweils für 30 l; 46 l; 58 l und 115 l in Euro und runde sinnvoll.

28
Ein gebräuchliches Schiffsraummaß ist die Registertonne (RT).
1 RT entspricht 2,832 m³.
Das größte Segelschiff der Welt, die russische Sedow, ist 3 556 RT groß.
Das größte Passagierschiff ist die Queen Elisabeth II mit 67 140 RT.
Das größte Walfangschiff der Welt ist die russische Sovjetskaja Ukraina mit 32 034 RT.
Das größte Frachtschiff der Welt für den Transport von Trockengütern ist der norwegische Erzfrachter Berge Stahl mit 175 720 RT.
Gib die Größe der Schiffe in m³ an.

29
Früher wurden in den verschiedenen deutschen Einzelstaaten unterschiedliche Längenmaße verwendet. So kam es, dass für gleiche Entfernungen in zwei verschiedenen Staaten unterschiedliche Meilenangaben gemacht wurden.

Baden	1 Meile = 8,88 km
Bayern	1 Meile = 7,42 km
Preußen	1 Meile = 7,50 km
Sachsen	1 Meile = 9,06 km
Württemberg	1 Meile = 7,45 km

a) Rechne für jeden Staat 15 Meilen und 55 Meilen in km um.
b) Wie viel km musste jemand in Baden mehr zurücklegen als in Württemberg, wenn auf dem Wegweiser 2,5 Meilen stand?

30
Eine gebräuchliche Flächeneinheit in der Landwirtschaft war früher der Morgen. Auch hier gab es sehr unterschiedliche Angaben.

Baden	1 Morgen = 36 a
Bayern	1 Morgen = 34,07 a
Preußen	1 Morgen = 25,53 a
Sachsen	1 Morgen = 27,67 a
Württemberg	1 Morgen = 31,5 a

a) Wie viel ha besaß ein Bauer mit 25 Morgen Land in den einzelnen Staaten?
b) Wie viel m² musste ein Bauer in Bayern mehr bearbeiten als einer in Württemberg, wenn sie beide 1,5 Morgen Ackerland zu pflügen hatten?

4 Dividieren durch eine natürliche Zahl

1€

In zwei Supermärkten werden Schulhefte im Sonderangebot verkauft:
8 Stück zu 3,52 € und 15 Stück zu 6,15 €. Welches Angebot ist günstiger?

2

In einem Sprudelkasten sind 12 Flaschen. Was kostet eine Flasche, wenn der ganze Kasten 4,32 € kostet?

Bei der Division von Dezimalbrüchen durch eine natürliche Zahl verfährt man wie bei der Division von natürlichen Zahlen.

```
 E,zh      E,zh
 4,95:3 = 1,65
−3
  19
−18
  15
 −15
   0
```

```
 E,zh      E,zh
14,20:5 = 2,84
−10
  42
 −40
  20
 −20
   0
```

Das Komma trennt die Einer und die Zehntel. Hier muss auch im Ergebnis das Komma gesetzt werden.

> Wenn beim **Dividieren** eines Dezimalbruchs durch eine natürliche Zahl das Komma überschritten wird, musst du auch im Ergebnis das Komma setzen.
> Rechne ansonsten wie bei den natürlichen Zahlen.

Beispiele

a)
```
 27,90:6 = 4,65
−24
  39
 −36
   30
  −30
    0
```

b)
```
 10,70 €:6
 10,700...:6 = 1,783...
− 6
  47
 −42
   50
  −48
    20
   −18
     2
    ...
```

10,70 € geteilt durch 6 ist ungefähr 1,78 €.

Bemerkung: Zur vollständigen Berechnung aller Nachkommaziffern müssen manchmal noch Endnullen ergänzt werden.

Bemerkung: Beim Dividieren von Maßzahlen musst du auf die Einheit achten. Dividiere nur so lange, bis du für diese Einheit sinnvoll runden kannst.

Aufgaben

3

Rechne im Kopf.

a) 15,8 : 10
218,5 : 10
4530,9 : 100

b) 2,1 : 7
3,6 : 6
4,8 : 6

4

Rechne im Kopf.

a) 14,2 : 2
25,5 : 5
18,6 : 6

b) 9,9 : 11
8,4 : 12
3,9 : 13

5
Dividiere im Kopf.

a) 440,4 : 20
186,6 : 30
555,5 : 50

b) 86,4 : 20
99,9 : 30
80,8 : 40

6
Wenn du durch 5 oder durch 50 teilen musst, kannst du geschickt rechnen: Verdopple die Zahl und teile dann durch 10 bzw. durch 100.
Rechne im Kopf.

a) 17,5 : 5
38,2 : 5
48,6 : 5

b) 180,5 : 50
242,2 : 50
421,1 : 50

7
Das Ergebnis von 156 : 6 ist 26.
Nun kannst du die folgenden Quotienten leicht berechnen.

a) 15,6 : 6
1,56 : 6
0,156 : 6
0,0156 : 6

b) 156 : 60
15,6 : 60
1,56 : 60
0,156 : 60

8
Wo musst du beim Dividenden das Komma setzen, damit das Ergebnis stimmt?

	Dividend		Divisor	Ergebnis
a)	124	:	4	3,1
b)	395	:	5	7,9
c)	984	:	8	12,3
d)	5472	:	12	4,56
e)	11835	:	15	0,789

9
Berechne schriftlich.

a) 40,3 : 8
6,05 : 5
34,2 : 9

b) 127,5 : 4
322,8 : 5
337,8 : 6

c) 4,32 : 16
54,3 : 12
100,5 : 15

d) 1016,6 : 13
623,9 : 17
1698,6 : 19

e) 34,65 : 21
53,28 : 24
86,67 : 27

f) 0,1524 : 6
0,8757 : 7
0,8984 : 8

g) 0,282 : 12
0,7952 : 14
0,387 : 15

h) 40,5 : 110
325,6 : 120
11,04 : 90

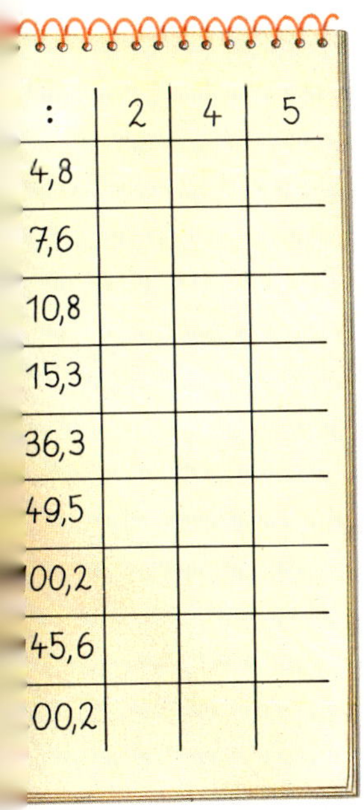

10
Suche die Fehler.

a) 0,5 : 5 = 0,1
b) 0,21 : 7 = 0,3
c) 6,06 : 6 = 1,1
d) 5,6 : 8 = 0,7
e) 0,99 : 9 = 0,9
f) 0,144 : 0,12 = 12

11
Ersetze das Kästchen durch die richtige Zahl.

a) □ : 7 = 2,36
49,92 : 8 = □
□ : 9 = 2,48

b) □ : 11 = 0,25
13,23 : 12 = □
□ : 13 = 0,36

12
Für die Kästchen kannst du natürliche Zahlen einsetzen. Schätze und überprüfe deine gefundene Zahl durch Rechnung.

a) 8,28 : □ = 1,38
19,32 : □ = 2,76
12,84 : □ = 3,21
42,64 : □ = 5,33

b) 2,97 : □ = 0,27
8,46 : □ = 0,94
2,34 : □ = 0,18
25,74 : □ = 2,34

13
Rechne auf zwei Nachkommaziffern genau, ohne zu runden.

a) 8,45 : 3
4,87 : 6
3,95 : 7
7,32 : 9

b) 125,6 : 11
438,2 : 13
619,4 : 17
913,6 : 19

14
□ □ , □ : □ = ?

Setze die Ziffern 4, 5, 6 und 1 so für die Kästchen ein, dass

a) ein möglichst großes Ergebnis entsteht.
b) ein möglichst kleines Ergebnis entsteht.
c) das Ergebnis 3,28 ist.
d) das Ergebnis 12,9 ist.

15
Hier wurden die Ergebnisse der verschiedenen Aufgaben vertauscht.
Du musst nicht alle Aufgaben nachrechnen, um die richtige Ordnung zu finden.

a) 39,42 : 9 = 0,869
b) 5,334 : 21 = 9,39
c) 10,428 : 12 = 4,38
d) 140,85 : 15 = 0,254

16

Berechne auf Hundertstel genau.

a)	b)
3,8 : 3	5,85 : 27
0,8 : 12	29,2 : 24
70,6 : 15	0,235 : 21
1,7 : 13	0,967 : 31

17

Rechne und runde sinnvoll.

a)	b)
4,36 € : 7	0,39 € : 12
12,58 € : 8	0,76 € : 21
24,36 € : 9	0,94 € : 17

18

Berechne und runde auf die in Klammern angegebene Maßeinheit.

Beispiel: 4,0 m : 3 (in cm)
4,0 m : 3 = 1,333 m
= 133 cm.

a)	b)
6,5 m : 3 (in cm)	912,7 m^3 : 12 (in ℓ)
12,4 dm : 7 (in mm)	405,3 a : 4 (in m^2)
4,8 t : 9 (in kg)	18,65 hl : 6 (in ℓ)

19 €

a) Petra will die Dicke eines 1-Euro-Stücks genau bestimmen. Sie legt 20 Münzen aufeinander und misst 2,1 cm. Kannst du die Dicke einer Münze in mm angeben?
b) Robert will das Gewicht eines 50-Cent-Stücks ermitteln. Auf einer Briefwaage wiegt er 15 Stück. Die Waage zeigt 117 g.
c) Der Inhalt eines Pakets Würfelzucker wiegt 500 g. Es enthält 168 Stück. Wie viel wiegt 1 Stück Würfelzucker?

20 €

a)

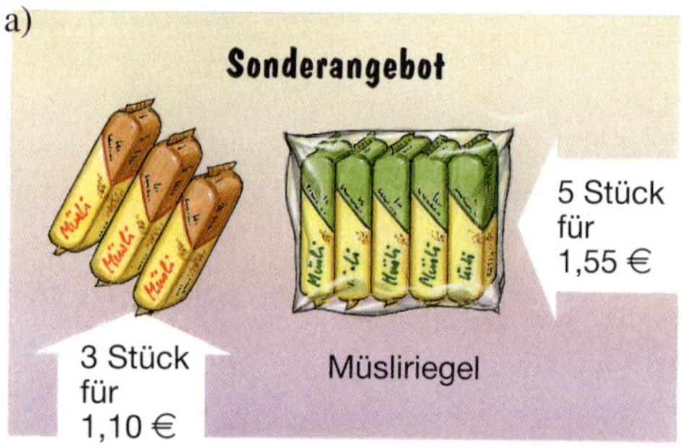

Welches Angebot ist günstiger? Begründe deine Antwort.
b) Marion vergleicht die Angebote für Hundefutter. Ein Paket mit 5 kg kostet 12,80 €, ein Paket mit 8 kg 28,00 €. Wie viel kostet jeweils 1 kg?

21

Der bekannte Wolkenkratzer World Trade Center in New York ist 411,50 m hoch. Er besitzt 110 Stockwerke. Wie hoch ist ein Stockwerk im Durchschnitt?

22 €

Für den Griechenland-Urlaub wechselt Frau Beck bei der Bank Euro in griechische Drachmen um. Für 999,89 € erhält sie 303 000 Dr. Wie viel Euro muss sie für 100 Drachmen bezahlen? Runde sinnvoll.

23

In verschiedenen Laufdisziplinen der Leichtathletik gibt es folgende Weltrekorde (Stand 1992).

4 × 100-m-Staffel Frauen	41,37 s
100 m Frauen	10,49 s
4 × 400-m-Staffel Frauen	3 : 15,18 Min.
400 m Frauen	47,60 s
4 × 100-m-Staffel Männer	37,50 s
100 m Männer	9,86 s
4 × 400-m-Staffel Männer	2 : 56,16 Min.
400 m Männer	43,29 s

Dividiere die Zeitangaben für die Staffelwettbewerbe jeweils durch 4 und vergleiche die Ergebnisse deiner Rechnung mit den Zeiten in den Einzelwettbewerben. Kannst du die Abweichungen erklären?

5 Dividieren durch einen Dezimalbruch

1

Aus einem 3,50 m langen Regalbrett sollen 0,50 m lange Brettchen gesägt werden. Wie viele können hergestellt werden?

2

Für den Tag der offenen Tür haben die Schülerinnen und Schüler der Klasse 6 a zwölf Literflaschen Apfelsaft gekauft. Sie wollen Gläser mit je 0,25 l Inhalt verkaufen. Wie viele Gläser gibt es insgesamt?

Dividiert man zwei Dezimalbrüche durcheinander, muss so erweitert werden, dass der Divisor (Nenner) zur natürlichen Zahl wird.

$22{,}82 : 1{,}4 = \frac{22{,}82 \cdot 10}{1{,}4 \cdot 10} = \frac{228{,}2}{14} = 228{,}2 : 14$

Durch das Erweitern wird das Komma im Zähler und im Nenner um gleich viele Stellen in dieselbe Richtung verschoben.

Wenn du einen Dezimalbruch durch einen Dezimalbruch dividierst, musst du zuerst bei Dividend (Zähler) und Divisor (Nenner) das Komma um so viele Stellen nach rechts verschieben, bis der **Divisor** (Nenner) eine **natürliche Zahl** ist.
Rechne dann nach dem bekannten Verfahren.

Beispiele

a) $5{,}865 : 1{,}7 = 3{,}45$

$58{,}65 : 17 = 3{,}45$
-51
76
-68
85
-85
0

b) $15 : 1{,}25 = 12$

$1500 : 125 = 12$
-125
250
-250
0

c) $44{,}184 : 0{,}56 = 4418{,}4 : 56 = 78{,}9$

Bemerkung: Hat der Divisor mehr Nachkommaziffern als der Dividend, so musst du Nullen anhängen (Beispiel b)).
Dividiert man durch einen Dezimalbruch, der kleiner als 1 ist, so wird das Ergebnis größer als die zu teilende Zahl (Beispiel c)).

Gerade bei der Division von Dezimalbrüchen durch Dezimalbrüche ist es sinnvoll und hilfreich, eine **Überschlagsrechnung** durchzuführen. Hierbei hilft dir das Verschieben der Kommas von Dividend und Divisor nach rechts. Du solltest die Zahlen für die Überschlagsrechnung geschickt auswählen, damit du im Kopf rechnen kannst.

d) $2{,}9328 : 0{,}47$ lässt sich mit $30 : 5 = 6$ überschlagsmäßig berechnen.
Das genaue Ergebnis ist 6,24.

e) Überschlag:
$1\,064{,}25 : 0{,}0215$
$1\,000 : 0{,}02$
$= 100\,000 : 2$
$= 50\,000$

Genaue Rechnung:
$1\,064{,}25 : 0{,}0215$
$= 10\,642\,500 : 215$
$= 49\,500$

Aufgaben

3
Rechne im Kopf.

a) 10 : 0,2
15 : 0,3
24 : 0,6

b) 20,4 : 0,4
25,5 : 0,5
35,7 : 0,7

c) 0,8 : 0,2
0,9 : 0,3
0,5 : 0,25

d) 0,75 : 0,05
1,50 : 0,03
4,2 : 0,07

4
Dividiere im Kopf. Denke an geschicktes Überschlagsrechnen.

a) 7,2 : 0,36
4,8 : 0,16
62,5 : 2,5

b) 0,7 : 0,02
0,32 : 0,001
0,75 : 0,025

c) 0,064 : 0,008
42,7 : 0,7
12,1 : 0,011

d) 40 : 0,08
3,03 : 0,101
5 000 : 0,025

5
Zeige durch die Berechnung auf zwei Arten,
dass [:0,5] ebenso wirkt wie [·2],
[:0,25] ebenso wirkt wie [·4],
[:0,2] ebenso wirkt wie [·5] und
[:0,1] ebenso wirkt wie [·10].

a) 6,5 : 0,5
9,03 : 0,5
13,4 : 0,5

b) 3,1 : 0,25
0,21 : 0,25
0,64 : 0,25

c) 4,3 : 0,2
54,1 : 0,2
7,07 : 0,2

d) 6,9 : 0,1
1,07 : 0,1
0,03 : 0,1

:	0,8	1,6	2,5
5,2			
10,5			
0,75			
0,1			
0,49			
2,04			
3,03			
8,8			

6
Berechne schriftlich.

a) 3,24 : 1,2
5,46 : 1,5
3,08 : 1,1
6,89 : 1,3

b) 13,84 : 0,4
18,96 : 0,8
25,89 : 0,3
31,71 : 0,7

c) 9,216 : 3,6
23,856 : 4,2
29,148 : 8,4
19,012 : 9,7

d) 86,76 : 24,1
1 479,28 : 32,8
383,25 : 17,5
712,42 : 39,8

e) 4,5 : 0,18
9,1 : 0,14
48,3 : 0,23
75,4 : 0,29

f) 1,695 : 0,03
1,7574 : 3,03
13,6956 : 0,303
16,968 : 30,3

7
Rechne geschickt weiter, nachdem du jeweils das erste Ergebnis schriftlich bestimmt hast.

a) 1 792 : 7
1,792 : 0,7
1,792 : 0,07
179,2 : 0,7
17,92 : 0,07

b) 1 512 : 36
15,12 : 3,6
151,2 : 36
1,512 : 3,6
1,512 : 0,36

c) 30 858 : 111
30,858 : 1,11
30,858 : 11,1
308,58 : 0,111
3,0858 : 0,0111

d) 5 401 : 491
540,1 : 49,1
54,01 : 49,1
5,401 : 0,491
0,5401 : 4,91

8
Setze mit Hilfe einer geschickten Überschlagsrechnung das Komma im Ergebnis an die richtige Stelle.

	Dividend		Divisor	Ergebnis
a)	10,7616	:	4,56	236
b)	579,916	:	12,83	452
c)	57,904	:	0,47	1232
d)	0,02052	:	0,038	54
e)	5033,7	:	0,765	658

9
Suche die Fehler.

a) 0,48 : 0,06 = 0,8
b) 1,44 : 1,2 = 1,2
c) 3 : 0,6 = 0,2
d) 12,4 : 0,02 = 620
e) 0,035 : 0,07 = 0,5

10
Berechne auf die erste Dezimale genau.

a) 16,2 : 0,3
417,8 : 0,7
7,94 : 1,1

b) 1,04 : 0,21
0,38 : 0,06
51,39 : 3,9

11
Berechne und runde das Ergebnis auf Ganze. (Achte auf die Einheiten.)

a) 26,20 € : 0,80 €
173,4 m : 0,7 m
4,865 kg : 1,1 kg
8,65 l : 0,75 l

b) 3,5 dm : 2,3 cm
0,47 kg : 0,12 g
4,5 a : 85,5 m²
13 hl : 1,5 l

12
Familie Brenner hat 100 Liter Apfelsaft gepresst und will ihn in 0,7-Liter-Flaschen abfüllen. Wie viele Flaschen werden voll?

13€
Berechne jeweils den Preis für 1 Kilogramm.
a) 2,5 kg Äpfel kosten 4,00 €.
b) 3,2 kg Pflaumen kosten 6,72 €.
c) 10,5 kg Aprikosen kosten 18,90 €.
d) 0,8 kg Trauben kosten 1,99 €.

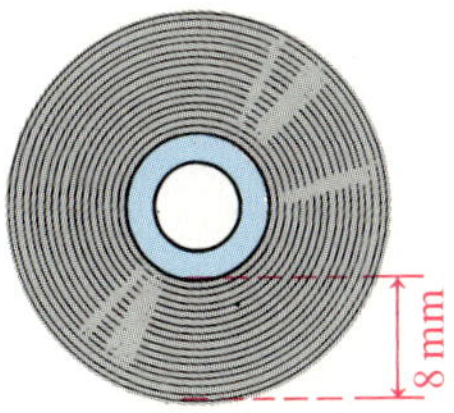

14
Kunststofffolien für die Küche sind etwa 0,05 mm stark. Berechne die Anzahl der Lagen auf einer Rolle, die 8 mm dick gewickelt ist.

15€
Eine Einheit beim Telefonieren kostet bei einem bestimmten Anbieter zurzeit 4,5 Cent. Berechne die Anzahl der Einheiten für: 5,04 €; 9,18 €; 44,91 €.

16
Berechne jeweils den Benzinverbrauch für 100 km. Runde das Ergebnis auf Zehntel.
a) 32,9 l für 450 km
b) 41,2 l für 550 km
c) 49,6 l für 650 km

17
Im Prospekt für einen Kleinwagen wird mit einem Benzinverbrauch von durchschnittlich nur 4,8 l für 100 km geworben. Mit einer Tankfüllung von 40 l fährt Frau Schauz einmal 850 km, das andere Mal 790 km. Vergleiche mit der Herstellerangabe.

18
Berechne die Länge der zweiten Seite.

a)
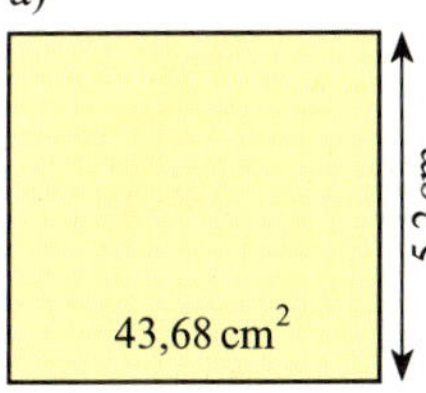

b)
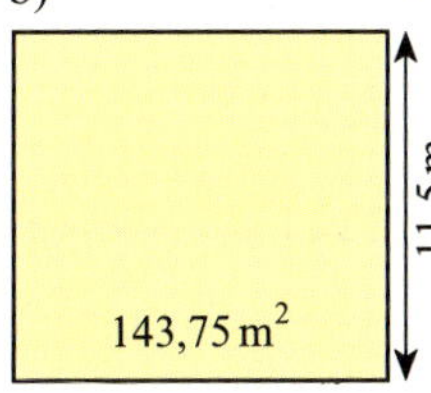

c)
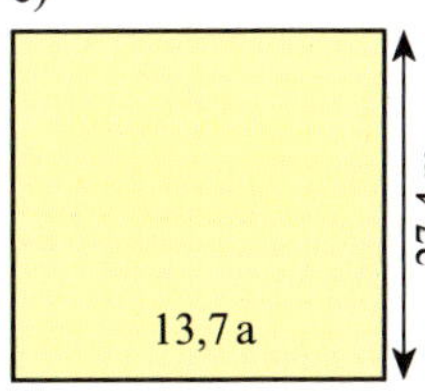

19
Ein Aquarium ist 1,8 m lang und 0,7 m breit. Wie hoch steht das Wasser, wenn 900 Liter enthalten sind?
Berechne die Höhe in Meter auf eine Nachkommaziffer genau.

20
In Nahrungsmitteltabellen werden die Energiewerte je 100 g in Kalorien und Joule angegeben. Dabei ist 1 Joule = 0,239 Kal.
Gib die Kalorienwerte der Lebensmittel in Joule an.

Pfannkuchen	200 Kal.	Schokolade	560 Kal.
Joghurt	95 Kal.	Kartoffeln	85 Kal.
Rindfleisch	180 Kal.	Hartkäse	380 Kal.
Tomaten	25 Kal.	Honigmelone	52 Kal.

Runde auf Ganze.

21
Einige Längenangaben beim Fußball sind nicht in ganzen Metern angegeben. Da das Spiel in England erfunden wurde, wurden die Maße in Fuß festgelegt.
1 Fuß misst 0,305 Meter.
a) Rechne die Breite und Höhe des Tores in Fuß um. Wie oft ist die Höhe in der Breite enthalten?

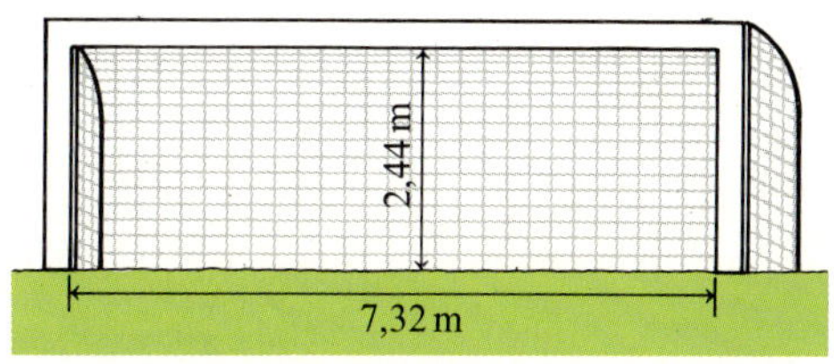

b) Der Abstand, den die gegnerischen Spieler bei Freistößen einhalten müssen, beträgt 9,15 m. Wie viel Fuß sind dies?
c) Eigentlich müsste der „11-m-Punkt“ für den Strafstoß bei 10,98 m sein. Rechne die beiden Entfernungen in Fuß um und begründe dies.

6 Verbindung der Rechenarten

2,99 €
14,99 €
7,99 €
4,99 €
€

1
Frau Nagel kauft gern günstig ein. Als sie aber die Preise von 2,99 €, 14,99 €, 7,99 € und 4,99 € addieren will, ärgert sie sich über die Rechnerei. Ihre Tocher Simone hat das genaue Ergebnis sofort. Wie rechnet sie?

2
Aus einem 10-l-Kanister Traubensaft werden 17-mal 0,3 l in Fläschchen abgefüllt. Wie viel Liter sind noch in dem Kanister?

Wenn in einer Rechnung verschiedene Rechenarten und Klammern vorkommen, musst du an die Regeln denken, die für die Reihenfolge der Berechnung dieser Rechenausdrücke vereinbart wurden.

> Was in Klammern steht, muss zuerst berechnet werden.
> Punktrechnung geht vor Strichrechnung.

Beispiele

a) Klammer zuerst

$14{,}3-(3{,}8+2{,}6)$
$=14{,}3-6{,}4$
$=7{,}9$

$4{,}1\cdot(2{,}5+3{,}1)$
$=4{,}1\cdot 5{,}6$
$=22{,}96$

$2{,}8\cdot(9{,}7-2{,}9)$
$=2{,}8\cdot 6{,}8$
$=19{,}04$

$48{,}1:(3{,}1+4{,}3)$
$=48{,}1:7{,}4$
$=6{,}5$

b) Punktrechnung vor Strichrechnung

$5{,}2+3{,}4\cdot 8{,}1$
$=5{,}2+27{,}54$
$=32{,}74$

$29{,}3-3{,}8\cdot 5$
$=29{,}3-19{,}0$
$=10{,}3$

$2{,}6+13{,}5:3$
$=2{,}6+4{,}5$
$=7{,}1$

$25{,}9-4{,}2:0{,}7$
$=25{,}9-6{,}0$
$=19{,}9$

c)
$9{,}2+3{,}1\cdot(14{,}2-3\cdot 3{,}2)$
$=9{,}2+3{,}1\cdot(14{,}2-9{,}6)$ Klammerregel
$=9{,}2+3{,}1\cdot 4{,}6$ Punkt vor Strich
$=9{,}2+14{,}26$
$=23{,}46$

d)
$[0{,}8\cdot(5{,}4-1{,}4)-0{,}5]:(2{,}2-1{,}9)$ innere
$=[0{,}8\cdot 4-0{,}5]:0{,}3$ Klammer
$=[3{,}2-0{,}5]:0{,}3$ zuerst
$=2{,}7:0{,}3$
$=9$

Aufgaben

3
Rechne im Kopf.
a) $5{,}0+0{,}5-1{,}5-2{,}5-1{,}0$
b) $9{,}8-4{,}8+3{,}5-1{,}5+2{,}5$
c) $6{,}3+1{,}7-2{,}5+1{,}5-3{,}5$
d) $9{,}0+0{,}9-0{,}9+3{,}2-2{,}2$
e) $5{,}6-4{,}5+6{,}4-5{,}4+4{,}6$

4
Berechne.
a) $4{,}25+3{,}16-2{,}45+1{,}39-4{,}31$
b) $12{,}6-3{,}98+4{,}21-5{,}04+1{,}27$
c) $9{,}85+0{,}91-2{,}735+3{,}9625$
d) $17{,}84-3{,}075+1{,}87-0{,}0043$

5
Berechne.
a) $14{,}5-3{,}2-4{,}15-1{,}35-2{,}68$
b) $15{,}95-1{,}8-2{,}07-8{,}7-0{,}93$
c) $2{,}91+3{,}845-2{,}45-1{,}386$
d) $936{,}2+11{,}87-26{,}39-148{,}6$
e) $412{,}2-314{,}4+2{,}13-1{,}234$

6
Berechne.
a) $27{,}98+(14{,}95-13{,}69)$
b) $114{,}14-(23{,}865+47{,}362)$
c) $(12{,}36-4{,}81)+(41{,}28-36{,}54)$
d) $(0{,}987-0{,}789)-(0{,}321-0{,}123)$

7

Rechne im Kopf.

a) $5+3\cdot 1{,}1$
$7+4\cdot 1{,}2$

b) $0{,}5 + 3\cdot 1{,}5$
$0{,}7 + 8\cdot 0{,}9$

c) $10-4\cdot 2{,}1$
$8-3\cdot 1{,}6$

d) $0{,}9 - 2\cdot 0{,}4$
$0{,}8 - 3\cdot 0{,}2$

e) $1{,}5+4{,}5:3$
$2{,}3+4{,}9:7$

f) $3{,}5 - 3{,}5:7$
$5{,}2 - 4{,}5:5$

8

Berechne.

a) $2{,}63+0{,}3\cdot 4{,}2$
$1{,}94+1{,}6\cdot 3{,}2$
$7{,}09+4{,}9\cdot 1{,}8$

b) $9{,}84-1{,}7\cdot 4{,}3$
$4{,}32-0{,}5\cdot 4{,}7$
$8{,}25-2{,}3\cdot 2{,}5$

c) $2{,}86+7{,}2:5$
$4{,}95+5{,}6:4$
$6{,}27+10{,}4:8$

d) $10{,}96-14{,}7:3$
$17{,}21-21{,}2:4$
$25{,}43-28{,}8:6$

9

a) $3{,}25+4{,}3\cdot 5{,}4+1{,}86$
b) $7{,}21+2{,}6\cdot 0{,}7-3{,}09$
c) $9{,}3\cdot 17{,}1+18{,}6\cdot 7{,}4$
d) $4{,}3\cdot 2{,}25-1{,}45\cdot 2{,}3$

10

Schreibe für jeden Rechenbaum den zugehörigen Rechenausdruck auf und berechne.

a)
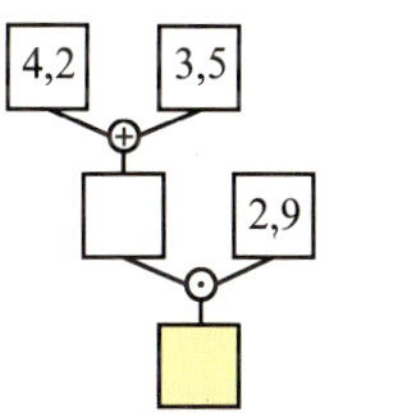

b)
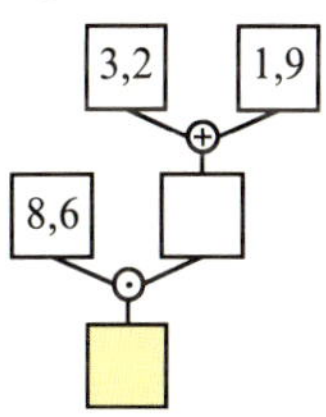

c)
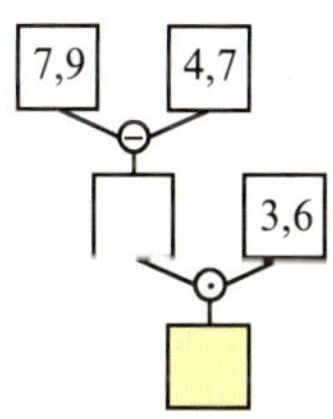

d)
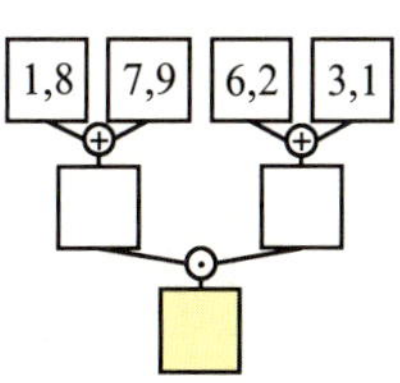

e)
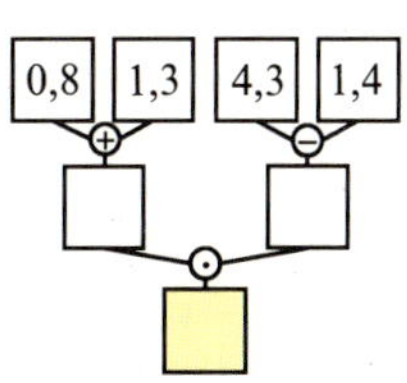

f)
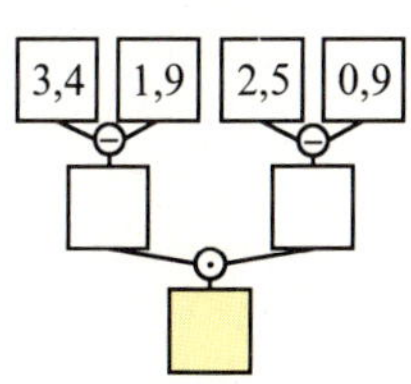

11

Berechne.

a) $(2{,}6+4{,}2)\cdot 1{,}8$
$2{,}4\cdot(7{,}2+3{,}7)$
$(1{,}9+6{,}4)\cdot 9{,}9$

b) $(4{,}6-1{,}8)\cdot 7{,}9$
$8{,}4\cdot(9{,}7-7{,}6)$
$(6{,}3-5{,}7)\cdot 0{,}4$

c) $(11{,}6+4{,}6):6$
$(26{,}8-13{,}5):7$
$30{,}1:(6{,}7+1{,}9)$

d) $(2{,}2+1{,}9)\cdot(4{,}2+1{,}8)$
$(9{,}1-4{,}6)\cdot(7{,}2+2{,}4)$
$(8{,}4-4{,}8)\cdot(6{,}3-3{,}6)$

12

Berechne den Quotienten.

a) $\frac{5{,}8+7{,}5}{5}$

b) $\frac{14{,}7-6{,}3}{4}$

c) $\frac{4{,}8+8{,}7}{0{,}2+0{,}3}$

d) $\frac{27{,}2-11{,}3}{1{,}4-1{,}3}$

e) $\frac{1+2\cdot 0{,}7}{0{,}45+0{,}35}$

f) $\frac{8-3\cdot 1{,}2}{4-2\cdot 0{,}9}$

g) $\frac{5{,}5+5\cdot 0{,}5}{12-2{,}3}$

h) $\frac{6\cdot 5{,}4-32}{4\cdot 1{,}1-1{,}2}$

13

Rechne vorteilhaft.

a) $3{,}75\cdot 7+1{,}45\cdot 7+2{,}3\cdot 7$
b) $2{,}5\cdot 3{,}4+2{,}5\cdot 6{,}8+2{,}5\cdot 9{,}7$
c) $8\cdot 6{,}2+3{,}8\cdot 8+8\cdot 5{,}55$
d) $4{,}1\cdot 7+5{,}9\cdot 7-2{,}8\cdot 4-7{,}2\cdot 4$
e) $0{,}3\cdot 1{,}8+0{,}3\cdot 8{,}2-0{,}7\cdot 0{,}9-0{,}7\cdot 0{,}1$

14

Hier fehlt in jeder Rechnung ein Komma.

a) $48+3{,}2\cdot 1{,}6=9{,}92$
b) $27-43\cdot 5{,}1 = 5{,}07$
c) $2{,}3\cdot 14+5{,}2\cdot 1{,}8=12{,}58$
d) $0{,}9\cdot 17-1{,}5\cdot 36 = 9{,}9$

15

Welche Zahl musst du für das Kästchen einsetzen?

a) $4{,}25+3{,}76+\square = 12{,}28$
b) $14{,}4+2{,}53-\square = 8{,}43$
c) $\square\cdot 3+7{,}26=23{,}16$
d) $5\cdot\square-5{,}45=10{,}55$

16

Schreibe zuerst einen entsprechenden Rechenausdruck und berechne dann seinen Wert.

a) Addiere 4,6 zu der Differenz von 17,4 und 3,9.

b) Subtrahiere von 29,8 die Summe von 9,3 und 0,35.

c) Multipliziere die Summe von 4,8 und 7,3 mit 8,6.

d) Multipliziere 12,4 mit der Differenz von 14,9 und 8,45.

e) Berechne das Produkt aus der Summe von 8,5 und 4,4 und der Differenz dieser beiden Zahlen.

f) Dividiere die Summe von 13,3 und 8,4 durch 7.

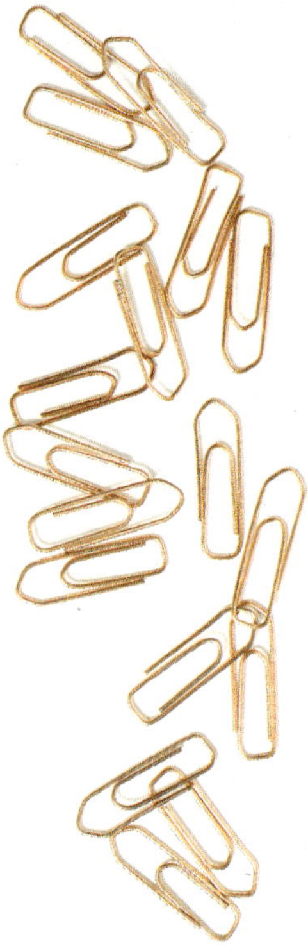

17

Hier fehlen die Klammern.

a) $3{,}2 + 4{,}7 \cdot 2{,}5 = 19{,}75$

b) $4{,}2 \cdot 10{,}6 - 6{,}8 = 15{,}96$

c) $0{,}5 + 3{,}6 \cdot 4{,}2 + 0{,}8 = 20{,}5$

d) $2{,}5 \cdot 4{,}2 - 2{,}4 - 1{,}8 = 2{,}7$

18

Hier sind mehrere Klammern. Berechne zuerst die innere Klammer.

a) $[1{,}2 \cdot (3{,}5 + 4{,}5) - 3{,}2] \cdot (5{,}6 + 1{,}7)$

b) $0{,}9 \cdot [2{,}5 \cdot (1{,}8 + 1{,}2) - 2{,}4 \cdot 1{,}2]$

c) $3{,}6 + 1{,}4 \cdot [5{,}4 - (2{,}6 - 1{,}5) \cdot 0{,}8]$

19 €

Yvonne kauft 12 Farbstifte, das Stück für 0,80 €, und 12 Hefte für je 0,45 €. Wie viel muss sie bezahlen?

20 €

Für eine Reparatur der Wasserleitung berechnet der Installateur 2,5 Arbeitsstunden zu je 36,50 €, Materialkosten von 136,35 € und Fahrtkosten von zweimal 17,30 €. Wie hoch ist der gesamte Rechnungsbetrag?

21

Die Kosten für den Schulausflug setzen sich aus 480,00 € Buskosten und 76,40 € für Eintritt und Führung auf dem Schloss zusammen. Die Klasse hat 26 Schülerinnen und Schüler. Wie hoch ist der Einzelbetrag?

22 €

Familie Rehbein bekommt ihre Telefonrechnung für den Monat August. Zu einer Grundgebühr von 16 € muss sie 314 Einheiten zu je 3,5 Cent bezahlen. Wie hoch ist ihre Rechnung?

23

Bei einer Flurbereinigung wird ein quadratischer Acker mit 129,6 m langen Seiten gegen einen rechteckigen Acker der Länge 172,8 m eingetauscht. Wie breit ist der neue Acker?

24

Ein Lkw darf höchstens 2,5 t laden. Es sind bereits aufgeladen: 8 Fässer zu je 22,6 kg; 25 Kisten zu je 36,5 kg und 40 Säcke zu je 17,5 kg. Nun soll noch eine Maschine aufgeladen werden, die 858 kg wiegt. Wie viele Säcke muss man wieder abladen, damit der Lkw nicht überladen wird?

25

Der Aufzug in einem Hochhaus steigt 2,6 m in einer Sekunde.

a) Wie viel m steigt er in einer Minute?

b) Wie lange dauert die Fahrt vom 12. ins 25. Stockwerk, wenn die Stockwerkhöhe 4,2 m beträgt?

26

100 g Buttermilch enthält 3,3 g Eiweiß, 4,0 g Kohlenhydrate, 0,7 g Mineralstoffe und 0,5 g Fett. Der Rest ist Wasser. Wie viel Wasser ist in einem kg Buttermilch enthalten?

27

Familie Hoffmann und Familie Mosler besuchen gemeinsam den Zoo. Ihre Gruppe besteht aus 5 Kindern und 4 Erwachsenen. Der Eintritt für Kinder kostet 3,60 € und für Erwachsene 8,80 €.

a) Wie viel müssen die Familien zusammen bezahlen?

b) Wie viel muss Familie Hoffmann (2 Erwachsene, 2 Kinder) bezahlen?

c) Wie viel muss Familie Mosler bezahlen?

7 Rechnen mit Größen. Genauigkeit

1:3 000 000
0 20 40 60 80
km

1

Andrea und Benjamin wollen die Länge des Schulhofs bestimmen. Benjamin macht einen Schritt mit 85 cm Länge. Für die gesamte Strecke benötigt er 43 Schritte. Nach kurzem Überlegen sagt Andrea: „Dann ist unser Schulhof genau 36,55 m lang.“ Ist diese genaue Längenangabe sinnvoll?

2

Die Strecke einer Radrundfahrt hat eine Länge von 436 km. Kim, Tim und Tom wollen dies in 9 Tagen schaffen. Kim sagt: Wenn wir jeden Tag etwa 50 km fahren, reicht das. Ist Kims Rechnung genau genug?

Beim Rechnen mit Größen ist es wichtig, die **Genauigkeit** der vorgegebenen Größen und der berechneten Ergebnisse zu vergleichen. Eine sinnvolle und erreichbare Genauigkeit beim Rechnen muss für jede Situation und Aufgabe neu überlegt werden.

Um bei einer Rechnung das Ergebnis mit einer bestimmten Genauigkeit angeben zu können, müssen die verwendeten Größen mit ausreichender Genauigkeit gemessen worden sein.

Die Ausgangsgrößen bestimmen die Genauigkeit des Ergebnisses einer Aufgabe. Kommen Größen mit verschiedener Genauigkeit vor, so bestimmt der gröbste Wert die Genauigkeit des Ergebnisses.

Bemerkung: Gemessene Größen sind stets Näherungswerte, die durch Runden entstanden sind. An der letzten Stelle kann man den Bereich ablesen, aus dem der Wert entstammt.

Beispiele

a) Misst man mit einem Lineal eine Strecke und liest 7,4 cm ab, so bedeutet das, dass der gemessene Wert im Bereich von 7,35 cm bis 7,45 cm liegt.

b) Wenn eine Waage in 200-g-Schritten Gewichte anzeigt, werden alle Gewichte zwischen 45,9 kg und 46,1 kg mit 46 kg angezeigt.

Aufgaben

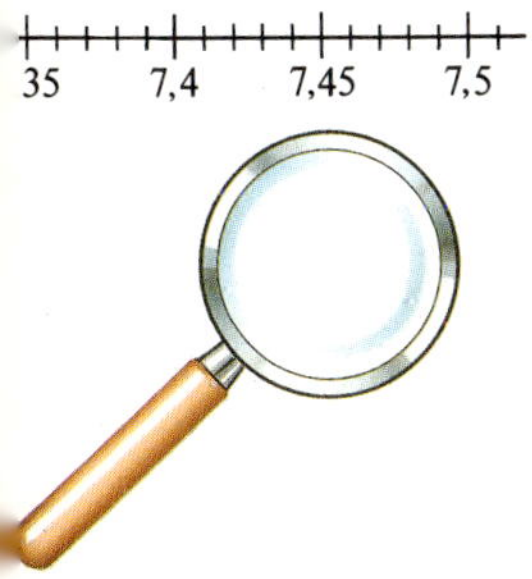

3

Gib in den folgenden Sätzen sinnvoll gerundete Werte an.

a) Ein Teil kostet dann 12,3876 €.

b) Das Auto wiegt 942,362 kg.

c) Die Fahrradtour am Samstag dauerte etwa 10 h 14 min 12 s.

d) Der Bauplatz ist 872,66 m² groß.

e) Das Fass hat einen Inhalt von 40,536 l.

f) Der Wanderweg ist 4 658,53 m lang.

4

Was bedeuten diese Aussagen?

a) Die Wanderung dauerte etwa 4 Stunden.

b) Die Baukosten für die Villa betragen ungefähr 800 000 €.

c) Der Rundkurs war etwa 12 km lang.

d) Die gesamten Einnahmen des Turnvereins lagen etwa bei 1 200 €.

e) Erde und Mond sind etwa 300 000 km voneinander entfernt.

5

Bei Leichtathletikwettbewerben werden die Zeiten elektronisch auf hundertstel Sekunden genau gestoppt.
Der Apotheker misst mit seiner Waage auf tausendstel Gramm genau.
Der Mechaniker misst mit seiner Schieblehre auf zehntel Millimeter genau.
Kennst du weitere Beispiele, wo sehr genau gemessen wird?
Beschreibe diese Vorgänge.

6

In einer Firma für Feinmechanik ist bei Konstruktionen eine Genauigkeit auf tausendstel Millimeter vorgeschrieben. Runde die folgenden Angaben nach dieser Vorschrift:
2,6543261 dm; 0,3276455 m
27,836244 cm; 0,003187 cm
3,9764582 mm; 12,31962 mm
Anmerkung: Die Ingenieure benennen tausendstel Millimeter auch mit μm (lies: Mikrometer; μ ist ein griechischer Buchstabe).

7

Petra und Eberhard lesen auf ihren Fahrradkilometerzählern beide 178 km ab. Petra behauptet aber, sie sei schon etwas mehr gefahren, und sie hat Recht. Nachdem beide noch 100 m weitergefahren sind, merkt es auch Eberhard.
Kannst du das erklären?

8

Auf einem Zahlenstrahl mit Millimetereinteilung sollen folgende Zahlen eingetragen werden (Einheitsstrecke 1 cm):
4,3; 5,35; 6,37; 7,39; 3,215
Welche Schwierigkeiten treten auf?

9€

Berechne den Näherungswert im Kopf:
a) Frau Bach hat ein 492 m^2 großes Grundstück gekauft. Sie hat 100 000 € dafür bezahlt. Wie hoch ist der Preis für einen Quadratmeter?
b) Tanja ist mit dem Fahrrad in 28 Minuten 9,6 km weit gefahren. Wie viel km schafft sie bei diesem Tempo in einer Stunde?
c) Für 1 € tauscht man etwa 7 dänische Kronen. Wie viel Euro bekommt man für 353,25 dkr.
d) Herr Frey hat im Außendienst mit dem Firmenwagen bei einer Gesamtstrecke von 2953 km 311 l Benzin verbraucht. Wie viel Liter sind dies etwa für 100 km?

10

Bettina will einen 70 cm breiten Stoffrest in sechs gleich breite Streifen schneiden. Wie breit soll sie die Streifen ausmessen?

11

Herr Sommer will seinen Garten mit einer Hecke aus Sträuchern zur Straße abgrenzen. Pro Strauch rechnet er 60 cm Platzbedarf. Mit einem Messband hat er eine Länge von 11,36 m gemessen.
a) War diese Messgenauigkeit notwendig?
b) Wie hättest du die Länge des Straßenstückes gemessen?
c) Wie viele Sträucher braucht Herr Sommer für seine Hecke?

12

Eine Jugendgruppe organisiert eine Wochenendausfahrt. Die Gesamtkosten betragen 1025 €. Es fahren mindestens 25, höchstens aber 30 Jugendliche mit.
Berechne den Höchstbetrag und den Mindestbetrag, den jeder Teilnehmer bezahlen muss.

8 Mittelwert. Durchschnitt

1
Was meint Michael, wenn er sagt: „Wir sind mit einer Durchschnittsgeschwindigkeit von 85 Kilometer pro Stunde gefahren."

2
Auf dem Frühlingsfest werden Lose verkauft. Weil der Verkäufer sagt, dass jedes dritte Los gewinnt, kauft sich Erna drei Lose, um sicher einen Gewinn mit nach Hause nehmen zu können.
Was meinst du dazu?

In vielen Situationen des täglichen Lebens werden **Mittelwerte** oder **Durchschnittsgrößen** angegeben oder berechnet. Mit diesen Zahlen oder Größen werden Vergleiche angestellt oder Vorhersagen gemacht. In der Mathematik spricht man vom arithmetischen Mittel. Zur Berechnung des Mittelwerts werden alle Zahlen oder Größen addiert und durch die Anzahl der Werte dividiert. Sind zum Beispiel 5 Werte addiert worden, so wird die Summe durch 5 dividiert.

$$\text{Mittelwert (arithmetisches Mittel)} = \frac{\text{Summe aller Werte}}{\text{Anzahl aller Werte}}$$

Beispiele

a) Der Mittelwert der Zahlen 5, 9, 23 und 34 lässt sich so berechnen:
$(5+9+23+34):4=17{,}75$

b) Petra ist 1,42 m groß, Paula 1,52 m und Patrick 1,60 m.
Aus $(1{,}42\text{ m}+1{,}52\text{ m}+1{,}60\text{ m}):3=1{,}51\overline{3}\text{ m}$ ergibt sich gerundet eine durchschnittliche Größe von 1,51 m für die drei.

Bemerkung: Bevor du den Mittelwert berechnest, müssen alle Größen in dieselbe Maßeinheit umgewandelt werden.

c) Das Durchschnittsgewicht von 900 kg und 1,3 t ergibt sich aus
$(900\text{ kg}+1\,300\text{ kg}):2=1\,100\text{ kg}$.

Aufgaben

3
Berechne den Mittelwert im Kopf.

a) 2 und 8
1 und 4
1,5 und 8,5
2,5 und 4

b) 2; 6 und 10
10; 15 und 50
1; 1,5 und 3,5
21; 22 und 26

4
Bestimme das arithmetische Mittel von
a) 1, 2, 3, 4, 5, 6, 7, 8, 9
b) 8, 7, 6, 5, 4, 3, 2, 1
c) 2, 4, 6, 8, 10, 12, 14, 16, 18
d) 16, 14, 12, 10, 8, 6, 4, 2.

Welchen Notendurchschnitt erzielte die 6 c in ihrer Klassenarbeit?

3,75
1,75
5,0
1,0
3,75
4,25
2,25
3,25
4,0
1,0
5,0
5,5
3,5
2,0
1,25
2,25
4,0
6,0
3,25
2,75
3,5
1,75
3,25
3,0
4,0

Ø ?

Ø ist ein Zeichen für den Durchschnitt

5

Berechne den Mittelwert von

a) 3; 3; 3; 4; 4; 4; 4; 4
b) 149; 178; 236; 354; 412
c) 3,8; 4,9; 5,2; 6,3; 7,7
d) 0,5; 0,8; 0,7; 0,4; 0,9
e) 12; 17; 9; 84; 23
f) 1,1; 11,1; 111,1; 1 111,1
g) 0,4; 4,0; 0,5; 5,0; 0,6; 6,0
h) 123; 1 234; 12 345; 123 456.

6

Bestimme geschickt das arithmetische Mittel.

a) 1; 4; 7; 10; 13; 16; 19
b) 17; 21; 25; 29; 33; 37; 41
c) 0,1; 0,5; 0,4; 0,2; 0,3
d) 111; 222; 333; 555; 666; 777
e) 1; 1,5; 2; 2,5; 3; 3,5

7

Was bedeuten die folgenden Angaben?

a) Durchschnittlich kamen 26 000 Zuschauer zu den Heimspielen.
b) Eine deutsche Durchschnittsfamilie hat 1,7 Kinder.
c) Der Notendurchschnitt lag bei 3,1.
d) Der Benzinverbrauch beträgt im Schnitt 8,6 ℓ für 100 km.
e) Durchschnittlich wurden im Diktat 6 Fehler gemacht.

8

Berechne den Mittelwert der Größen.

a) 156 m; 248 m; 304 m; 317 m
b) 48 kg; 51 kg; 43 kg; 49 kg; 52 kg
c) 126,2 km; 174,8 km; 156,3 km
d) 29,42 €; 35,68 €; 27 €; 19,06 €; 13,84 €

9

Achte beim Berechnen des Durchschnitts auf die unterschiedlichen Maßeinheiten bei den Größen.

a) 4 m 36 cm; 2 m 38 cm; 3 m 16 cm
b) 2 h 12 min 40 s; 2 h 15 min 18 s
c) 1,3 t; 958 kg; 0,98 t; 1 040 kg
d) 3 333 m^2; 33 a; 0,033 ha
e) 2 ℓ; 3,5 dm^3; 1 980 ml; 2 400 cm^3

10

Berechne die fehlenden Zahlen.

a) $\frac{5+\square}{2}=8$ b) $\frac{17+\square}{2}=11$

c) $\frac{5+9+\square}{3}=12$ d) $\frac{2{,}5+\square+6{,}5}{3}=5{,}5$

e) $\frac{1+2+4+5}{\square}=3$ f) $\frac{3{,}2+11+9+1{,}8}{\square}=\square$

11

Der Mittelwert für die folgenden Zahlen soll jeweils 10 sein.
Wie muss die letzte Zahl heißen?

a) 7; 9; 11; □
b) 2,5; 7,5; 12; □
c) 0,3; 0,7; 0,9; 1,1; □
d) 3,4; 4,5; 6,6; 8,7; □

12

Elfriede und Fridolin streiten sich über den Mittelwert der Zahlen 2; 4; 7; 9 und 11. Fridolin sagt: Der Mittelwert ist 7. Warum widerspricht ihm Elfriede?

13

Berechnet die Durchschnittsgröße aller Schüler und Schülerinnen in eurer Klasse auf cm genau.
Wie genau solltet ihr dann messen?
Welche Durchschnittswerte erhaltet ihr, wenn ihr Mädchen und Jungen getrennt berechnet?

14

Bei einem Geschicklichkeitsrennen werden Punkte vergeben:
27; 36; 24; 43; 29; 30; 30; 28; 11; 24; 32; 44; 27; 30; 23; 31; 19; 27.

a) Berechne den Durchschnitt.
b) Wie viele Teilnehmer lagen über dem Durchschnitt, wie viele darunter?

15

Karoline und Yvonne vergleichen ihre Noten.

Karoline	1,5	3	3,5
Yvonne	2	3	2,5

Berechne die Durchschnittsnoten.
Wer ist besser? Bei wem war die Rechnung einfacher?

16
Silke und Andrea legten auf einer einwöchigen Radtour durch die Bretagne folgende Etappen zurück (Angaben in km):

MO	DI	MI	DO	FR	SA	SO
40	58	49	62	35	43	51

a) Welcher Tagesschnitt ergibt sich aus diesen Angaben? Runde.
b) Welcher Tagesschnitt ergibt sich, wenn die Tour auf 5 Tage verkürzt wird, die Gesamtstreckenlänge aber bleibt?

17
a) Welchen Notendurchschnitt hat Joachim, wenn er folgende Noten geschrieben hat: 2; 2,5; 4; 3,5?
b) In den beiden ersten Arbeiten hat Eva 1,5 und 3,0 geschrieben. Welche Note muss sie in der dritten Arbeit schreiben, wenn sie einen Durchschnitt von 2,0 erreichen will?
c) Warum kann Eric keine Zwei mehr erreichen, wenn er zweimal eine Vier geschrieben hat und nur noch eine Klassenarbeit geschrieben wird?

18
In Cherrapunji (Vorderindien) betrug die durchschnittliche Niederschlagsmenge im Monat Dezember 13 mm, im Juni waren es 2695 mm.
Warum ist der Durchschnittswert von beiden Monaten zusammen für diese Region nicht aussagekräftig?

19
Bei den Bundesjugendspielen soll die Klasse Schulmeister werden, die im Durchschnitt die meisten Punkte erreicht hat.

Klasse	Anzahl der Schüler	Punkte
5	28	46200
6	26	44330
7	25	42600
8	29	48865
9	24	40176
10	18	29952

a) Berechne die durchschnittliche Punktzahl pro Schüler einer Klasse.
b) Lege die Rangfolge fest.

Mittelwert bei Brüchen
Ulla sagt: Der Mittelwert von 5 und 9 ist 7, also ist der Mittelwert von $\frac{1}{5}$ und $\frac{1}{9}$ gleich $\frac{1}{7}$. Überprüfe diese Aussage von Ulla. Wie heißt der genaue Mittelwert?

Berechne die Mittelwerte der Brüche.
a) $\frac{1}{10}$ und $\frac{5}{10}$ b) $\frac{3}{8}$ und $\frac{5}{6}$
c) $\frac{2}{17}$ und $\frac{16}{17}$ d) $\frac{2}{3}$ und $\frac{2}{5}$
e) $\frac{1}{11}$ und $\frac{6}{11}$ f) $\frac{2}{5}$ und $\frac{3}{5}$
g) $\frac{1}{6}$ und $\frac{1}{8}$ h) $\frac{1}{9}$ und $\frac{1}{10}$

Melanie hat die Mittelwerte von zwei Stammbrüchen berechnet.
$\frac{1}{2}$ und $\frac{1}{3}$ haben den Mittelwert $\frac{5}{12}$
$\frac{1}{3}$ und $\frac{1}{4}$ haben den Mittelwert $\frac{7}{24}$
$\frac{1}{4}$ und $\frac{1}{5}$ haben den Mittelwert $\frac{9}{40}$
Sie hat für die weiteren Berechnungen eine einfache Methode gefunden. Versuche sie auch zu finden.

Ulrich hat ebenfalls die Mittelwerte von zwei Stammbrüchen berechnet und dabei einen einfachen Rechenweg gefunden:
Der Mittelwert von $\frac{1}{2}$ und $\frac{1}{4}$ ist $\frac{3}{8}$.
Der Mittelwert von $\frac{1}{3}$ und $\frac{1}{5}$ ist $\frac{4}{15}$.
Der Mittelwert von $\frac{1}{4}$ und $\frac{1}{6}$ ist $\frac{5}{24}$.
Wie hat Ulrich den Mittelwert jeweils berechnet? Für welche Stammbrüche klappt sein Verfahren?

9 Vermischte Aufgaben

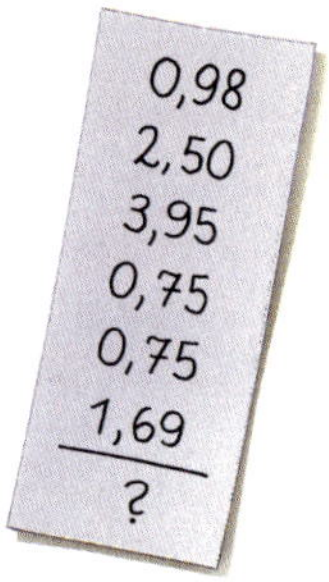

+	12,3	1,23	0,123
32,1			
3,21			
0,321			

−	1,11	0,11	1,01
11,1			
10,1			
10,01			
1,111			
1,101			

1
Rechne im Kopf.

a) 2,6 + 3,2
4,9 + 5,8
0,72 + 0,26
1,84 + 0,3

b) 7,9 − 3,5
12,8 − 2,9
426 − 25,5
0,68 − 0,39

c) 1,8 · 4
0,6 · 0,5
3,2 · 0,2
0,9 · 1,2

d) 4,8 : 0,8
10 : 0,5
0,25 : 0,05
0,3 : 0,6

2
Berechne schriftlich.

a) 0,3526 + 7,9362 + 1,7112
b) 5,748 + 2,676 + 1,575
c) 7,6857 + 34,6 + 0,78 + 0,088
d) 6 + 0,5 + 0,463 + 0,0842
e) 1 + 2,2 + 3,33 + 4,444 + 5,5555
f) 7,777 − 2,884 − 1,97 − 1,0825
g) 0,368 − 0,0368 − 0,00368
h) 6,4321 − 1,0001 − 2,002 − 3,03

3
Welche Zahl musst du jeweils für das Kästchen einsetzen?

a) 4,5 + □ = 6,7
3,9 + □ = 12,8
□ + 3,7 = 9,9

b) □ − 8,2 = 4,7
□ − 2,6 = 11,11
3,5 = □ + 1,07

c) □ + 0,4 = 2,04
27,5 − □ = 12,6
0,58 + □ = 0,23

d) 7,95 = 2,4 + □
99 = 100,9 − □
0,66 = □ − 0,6

4
Runde folgende Zahlen auf zwei Nachkommaziffern und berechne den Unterschied zwischen ungerundeter und gerundeter Zahl.
3,947; 14,888; 247,06499; 2,995
Wie groß kann der Unterschied höchstens sein?

5
Berechne Summe und Differenz der beiden Zahlen jeweils exakt und nach dem Runden auf Zehntel.

a) 5,555 und 4,444
b) 0,999 und 0,888
c) $\frac{1}{8}$ und 0,0625
d) 1 und $\frac{1}{16}$
e) $\frac{77}{100}$ und 0,66
f) $\frac{1}{3}$ und $\frac{33}{100}$

6
Berechne geschickt.

a) $\frac{1}{2} + 0{,}9 + 4{,}25$
b) $2\frac{1}{4} + 0{,}7 + \frac{2}{5}$
c) $\frac{12}{25} + 0{,}05 - \frac{7}{20}$
d) $\frac{3}{4} + 0{,}25 - \frac{1}{3}$
e) $0{,}7 + \frac{13}{10} - \frac{1}{8}$
f) $\frac{3}{8} + \frac{2}{5} + 0{,}8$

7
Übertrage die Figur in dein Heft und fülle die leeren Felder aus.

3,8	+	1,25	=	
=	⟶			−
	↑		↓	0,07
−	⟵			=
	=	0,705	+	

8
Berechne schriftlich.

a) 6,8 · 9,6
0,7 · 0,45
1,35 · 0,91

b) 4,44 · 4,4
0,23 · 0,78
0,75 · 405

c) 0,08 · 3,67
2,09 · 0,29
0,4 · 0,074

d) 0,36 · 123,4
73,8 · 0,808
41,2 · 0,412

9
Setze das Komma im Ergebnis an die richtige Stelle.

a) 4,26 · 30,6 = 1 3 0 3 5 6
b) 17,4 · 0,35 = 6 0 9
c) 142,8 · 0,75 = 1 0 7 1
d) 555,5 · 0,024 = 1 3 3 3 2

10
Dividiere schriftlich.

a) 1,888 : 8
54,72 : 12
352,5 : 15

b) 3,29 : 1,4
73,44 : 1,6
1,6296 : 2,1

c) 11,076 : 0,13
0,07788 : 0,022
0,00182 : 0,65

d) 151,2 : 12,6
4,55 : 0,35
688,94 : 49,21

11
Setze das Komma im Ergebnis richtig.

a) 958,72 : 22,4 = 4 2 8
b) 553,7268 : 6,49 = 8 5 3 2
c) 30,6 : 0,068 = 4 5
d) 0,011745 : 0,015 = 7 8 3

???

$0{,}076923 \cdot 12 = ?$
$0{,}153846 \cdot 6 = ?$
$0{,}230769 \cdot 4 = ?$
$0{,}307692 \cdot 3 = ?$
$0{,}461538 \cdot 2 = ?$

$0{,}076923 : 0{,}1 = ?$
$0{,}153846 : 0{,}2 = ?$
$0{,}230769 : 0{,}3 = ?$
$0{,}307692 : 0{,}4 = ?$
$0{,}461538 : 0{,}6 = ?$

12

Runde das Ergebnis auf Hundertstel.

a) $200:7$; $157:3$; $1200:13$
b) $4{,}364 \cdot 9$; $19{,}843 \cdot 72$; $99{,}279 \cdot 109$
c) $30{,}267:11$; $3{,}842 \cdot 19$; $11{,}385 \cdot 27$

13

Runde das Ergebnis auf ganze Einheiten.

a) $9{,}54\ \text{m} \cdot 212 + 3{,}68\ \text{m} \cdot 25$
b) $370{,}5\ \text{m}^3 : 4 + 212{,}6\ \text{m}^3 : 5$
c) $11{,}35\ \text{kg} \cdot 18 + 9{,}42\ \text{kg} : 0{,}5$

14

Achte auf „Punkt vor Strich“!

a) $4{,}8 \cdot 0{,}5 + 5{,}7 : 0{,}5 + 2{,}3 \cdot 0{,}5$
b) $2{,}4 \cdot 8{,}6 - 1{,}6 : 0{,}2 + 3{,}4 \cdot 4{,}8$
c) $11{,}4 : 0{,}6 - 0{,}7 \cdot 0{,}09 - 4{,}1 \cdot 0{,}07$

15

Beachte die Klammern.

a) $4{,}2 \cdot (3{,}2 + 1{,}9)$
$(8{,}2 + 7{,}4) \cdot 1{,}3$
$0{,}7 \cdot (4{,}1 + 3{,}5)$

b) $(2{,}8 - 1{,}6) \cdot 3{,}9$
$(14{,}3 - 7{,}4) \cdot 9{,}8$
$0{,}8 \cdot (8{,}4 - 6{,}7)$

c) $(6{,}9 + 3{,}5) : 4$
$(11{,}2 + 13{,}4) : 8$
$(0{,}9 + 36{,}6) : 15$

d) $(7{,}9 - 3{,}85) : 5$
$10 : (4{,}2 - 3{,}95)$
$25{,}5 : (6{,}9 - 1{,}8)$

16

Rechne möglichst geschickt.

a) $(3{,}6 + \frac{4}{5}) \cdot 2{,}1$
b) $(\frac{1}{2} + 2{,}8) \cdot 1{,}5$
c) $0{,}45 \cdot (2{,}4 + \frac{7}{5})$
d) $0{,}9 \cdot (\frac{10}{9} + 3{,}2)$
e) $(1{,}03 + \frac{3}{20}) : \frac{4}{20}$
f) $(\frac{5}{4} - 0{,}26) : \frac{4}{5}$
g) $(6{,}9 - 2{,}05) : \frac{3}{10}$
h) $(3{,}07 - 1{,}57) : \frac{3}{7}$

17

Berechne.

a) $4{,}5 + 2 \cdot (11{,}3 + 8{,}4)$
$7{,}6 + 5 \cdot (6{,}4 - 1{,}45)$
$9{,}45 - 3 \cdot (0{,}76 - 0{,}43)$

b) $12{,}8 + (2{,}6 + 1{,}4) : 5$
$0{,}99 - (0{,}8 - 0{,}45) : 7$
$3 \cdot (6{,}2 - 4{,}3) - (0{,}8 + 3{,}4) : 1{,}4$

18

Setze die richtigen Rechenzeichen ein.

a) $2{,}5 \ \square\ 3{,}4 \ \square\ 6{,}2 = 23{,}58$
b) $0{,}35 \ \square\ 9{,}4 \ \square\ 2{,}8 = 0{,}49$
c) $29{,}4 \ \square\ 6{,}8 \ \square\ 0{,}25 = 2{,}2$

− + · :

19

Eine Tischtennisplatte ist 2,74 m lang und 1,53 m breit, ein Billardtisch ist 2,84 m lang und 1,42 m breit. Welcher Flächeninhalt ist größer?
Runde die Ergebnisse auf Hundertstel.

20

Ein Wandschrank soll 1 475 € kosten.
Das Versandhaus bietet verschiedene Ratenzahlungen an.

Monate	monatliche Rente
6	250,00 €
9	172,55 €
12	132,85 €
24	69,95 €

a) Berechne den Gesamtpreis bei allen Angeboten. Wie viel Euro werden jeweils mehr bezahlt?
b) Wie groß ist der Unterschied zwischen dem billigsten und dem teuersten Angebot?

21

Tierolympiade
Nach Protesten einiger Teilnehmer beim Weitsprungwettbewerb wurde eine neue Bewertungsmethode beschlossen:
Für jeden Teilnehmer wird die Sprungweite durch die Körperlänge dividiert. Aus dem Ergebnis ergibt sich die neue Reihenfolge.

Alte Wertung:		Körperlänge
1. Harald Hirsch	11,03 m	2,45 m
2. Klara Känguru	8,98 m	1,32 m
3. Leo Löwe	4,98 m	1,92 m
4. Helga Heuschrecke	1,95 m	0,06 m
5. Willi Waldmaus	0,76 m	0,09 m
6. Fritz Floh	0,58 m	0,003 m

Berechne die neue Reihenfolge.

Rückspiegel

1
Berechne.
a) $4{,}76+9{,}35$ $11{,}3+0{,}426$
b) $8{,}42-4{,}38$ $17{,}4-9{,}395$
c) $2{,}8+4{,}95+13{,}7+0{,}628+7{,}09$
$24{,}9-6{,}07-0{,}38-3-1{,}455$
d) $97{,}3+128{,}65-4{,}8+0{,}91-24{,}325$
$112{,}35-17{,}475+2{,}8-0{,}3084$

2
Welche Zahl musst du für □ einsetzen?
a) $6{,}85+\square=97{,}6$ $\square+0{,}92=5{,}34$ $0{,}35+\square=1{,}9$
b) $9{,}76-\square=3{,}17$ $\square-0{,}68=4{,}71$ $2{,}65-\square=0{,}3$

3
Berechne.
a) $146{,}25-(69{,}84+32{,}6)$
b) $483{,}9+(19{,}6-8{,}45)$
c) $(8{,}35+22{,}7)-(0{,}437+0{,}374)$
d) $(112{,}8-48{,}35)+(6{,}2-5{,}93)$

4
a) $12{,}856\cdot 100$ $0{,}9341\cdot 10\,000$ $1\,000\cdot 0{,}32$
b) $6\,438{,}9:1\,000$ $42{,}93:100$ $0{,}76:10\,000$

5
a) $3{,}62\cdot 4{,}7$ $14{,}04\cdot 2{,}86$ $9{,}72\cdot 0{,}34$
b) $11{,}6\cdot 409{,}35$ $0{,}47\cdot 88{,}19$ $0{,}031\cdot 0{,}645$
c) $143{,}2\cdot 6{,}84\cdot 0{,}035$
$4\,026{,}1\cdot 0{,}436\cdot 1{,}02$

6
a) $4{,}93:5$ $11{,}74:4$ $612{,}9:8$
b) $16{,}32:12$ $144{,}25:25$ $13{,}95:31$

7
a) $4{,}55:1{,}4$ $22{,}36:2{,}6$ $4{,}641:8{,}5$
b) $5{,}22:0{,}9$ $2{,}875:0{,}23$ $4{,}455:0{,}45$

8
Runde das Ergebnis auf Hundertstel.
a) $74{,}8:6$ $128{,}2:13$ $49{,}85:17$
b) $312{,}7:3{,}4$ $7{,}26:12{,}8$ $9:0{,}69$

9
Welche Zahl musst du für das Kästchen einsetzen?
a) $2{,}3\cdot\square=8{,}28$ $\square\cdot 9{,}8=24{,}5$ $0{,}48\cdot\square=15{,}6$
b) $78{,}8:\square=19{,}7$ $9{,}56:\square=38{,}24$ $\square:0{,}35=5{,}6$

10
Berechne.
a) $4{,}25+3{,}84\cdot 2{,}76$
b) $152{,}3-17{,}5\cdot 0{,}385$
c) $59{,}2+53{,}4:15$
d) $0{,}53\cdot 5{,}3+3{,}5\cdot 0{,}35$
e) $7{,}2\cdot 11{,}9-2{,}15\cdot 1{,}05$

11
a) $26{,}5\cdot(1{,}3+4{,}58)$
b) $7{,}38\cdot(14{,}7-13{,}4)$
c) $(2{,}95+6{,}45)\cdot(11{,}9+7{,}2)$
d) $(0{,}47+0{,}08)\cdot(6{,}32-4{,}16)$

12
Schreibe den entsprechenden Rechenausdruck auf und berechne seinen Wert.
a) Multipliziere die Summe von 14,2 und 13,3 mit 4,7.
b) Addiere das Doppelte von 8,9 und die Differenz von 9,2 und 7,5.
c) Subtrahiere das Produkt aus 1,5 und 3,5 vom Produkt aus 7 und 9,3.
d) Multipliziere die Summe der Zahlen 12,2 und 4,8 mit deren Differenz.

13
Reichen 200 € aus, um folgende Ausgaben zu bezahlen? 56,27 €; 48,44 €; 23,77 €; 36,17 € und 35,04 €.

14
Eine Einzelkarte für das Freibad kostet 3,25 €, der 12er-Block 35 €.
Wie oft musst du das Freibad besuchen, damit sich der 12er-Block lohnt?

15
Für 36 Liter Benzin hat Frau Mager 32,04 € bezahlt, Herr Degele für dieselbe Menge 30,96 €. Wie hoch ist jeweils der Literpreis?

IX Sachrechnen. Dreisatz

Ware – Preis

In vielen Situationen des täglichen Lebens, z. B. auf dem Wochenmarkt, taucht die Frage auf, was eine bestimmte Anzahl oder eine bestimmte Menge einer Ware kostet.

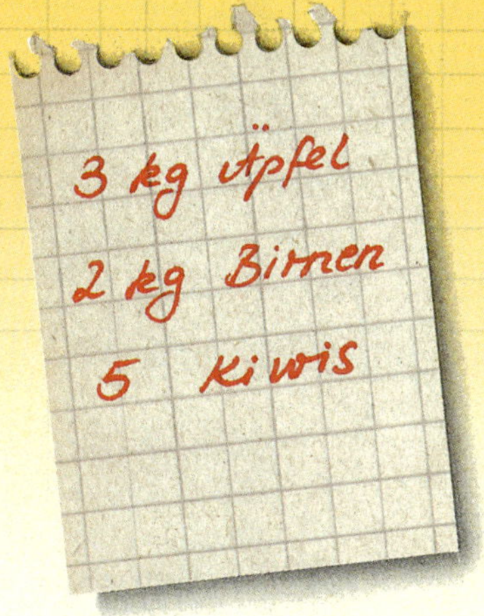

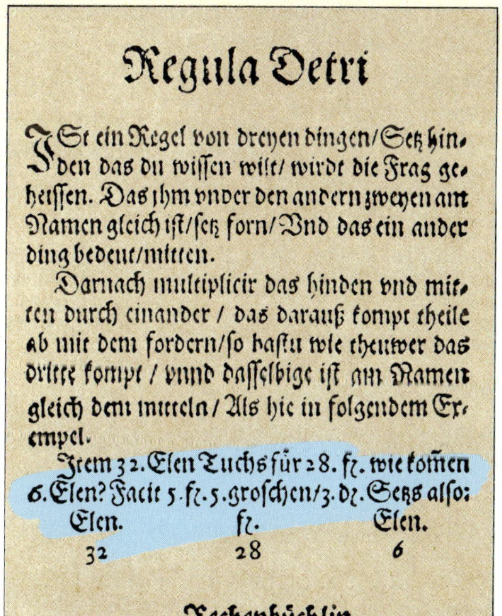

Regula Detri

JSt ein Regel von dreyen dingen/Setz hinden das du wissen wilt/ wirdt die Frag geheissen. Das jhm vnder den andern zweyen am Namen gleich ist/setz forn/Vnd das ein ander ding bedeut/mitten.

Darnach multiplicir das hinden vnd mitten durch einander / das darauß kompt theile ab mit dem fordern/so hastu wie theuwer das dritte kompt / vnnd dasselbige ist am Namen gleich dem mitteln/ Als hie in folgendem Exempel.

Jtem 32. Elen Tuchs für 28. fl. wie kommen 6. Elen? Facit 5. fl. 5. groschen/3. dl. Setz also:

Elen.	fl.	Elen.
32	28	6

Rechenbüchlin

In der damaligen Zeit gab es noch kein Dezimalsystem.
In dem Beispiel von Adam Ries gilt:
1 Gulden (fl.):
21 Groschen
1 Groschen:
12 Pfennige (dl.)

Aus den Angaben für die Einzelpreise können wir nun berechnen, wie viel für die Waren auf dem Einkaufszettel berechnet werden muss. Seit jeher war das eine der täglichen Rechenübungen. In einem alten Rechenbuch von Adam Ries aus dem Jahre 1574 finden wir die Beschreibung der „Regula Detri" oder dem „Dreisatz", wie er heute bezeichnet wird. Der Name Dreisatz kommt daher, dass drei Angaben gesetzt (gegeben) sind und daraus eine vierte berechnet werden soll:

3 kg Äpfel kosten 4,80 €
5 kg Äpfel kosten ? €

1 Dreisatz

1 €

Im Supermarkt werden drei verschiedene Sorten Hundefutter angeboten:
3-kg-Packung WAU für 8,25 €
5-kg-Packung BELL für 12,50 €
10-kg-Packung NEU für 27,00 €
Wie kannst du herausfinden, welche der drei Sorten am billigsten ist?

2

Drei Arbeiter brauchen zum Bau einer Garage fünf Tage. Sie verdienen dabei zusammen 750 €. Was würden fünf Arbeiter verdienen und wie lange würden diese für den Bau der Garage brauchen?

In vielen Rechnungen des täglichen Lebens müssen wir von einem Vielfachen auf ein anderes Vielfaches schließen.
Wenn zum Zweifachen (Dreifachen, ...) einer Größe immer das Zweifache (Dreifache, ...) der anderen Größe gehört, spricht man von einer „je mehr – desto mehr"-Beziehung.
Bei dieser Art von Aufgaben, zum Beispiel beim Zusammenhang von Menge und Preis einer Ware, kann man in drei Schritten von einem Vielfachen ein anderes Vielfaches berechnen.
Beim Preis von 17,00 € für 5 kg kannst du zunächst den Preis für 1 kg durch Dividieren berechnen: 17,00 € : 5 = 3,40 €. Damit lässt sich der Preis für 7 kg berechnen.

Beim **Dreisatz**, dem eine „je mehr – desto mehr"-Beziehung zugrunde liegt, schließt man zuerst auf das Einfache durch Dividieren, dann auf das gesuchte Vielfache durch Multiplizieren.

Beispiele:

In Großbritannien heißt dieses Verfahren **rule of three.**

a) 8 Ordner kosten 19,20 €. Wie viel muss man für 13 Ordner bezahlen?
1. Satz: 8 Ordner kosten 19,20 €
2. Satz: 1 Ordner kostet 19,20 € : 8 = 2,40 €
3. Satz: 13 Ordner kosten 2,40 · 13 = 31,20 €.

Man bezeichnet dieses Verfahren als Dreisatz, weil drei Zahlen gegeben (gesetzt) sind.

Bemerkung: Oft ist es geschickt, beim Rechnen nicht über die Einheit, sondern über ein Vielfaches davon zu rechnen.
b) 240 Schrauben wiegen 2160 g. Wie schwer sind 800 Schrauben dieser Sorte?
Die Rechnung kann man auch kürzer in einer Tabelle darstellen:

	Anzahl der Schrauben	Gewicht in g	
:3	240	2160	:3
	80	$\frac{2160}{3}$	
·10	800	$\frac{2160 \cdot 10}{3}$	·10

Nebenrechnung (NR):
$\frac{2160 \cdot 10}{3} = 7200$

Die Schrauben wiegen 7200 g.

Besonders geschickt ist der größte gemeinsame Teiler (hier 80).

Beachte: Prüfe vorher ob eine „je mehr – desto mehr"-Beziehung vorliegt.

Vorsicht!

Für den Aushub einer Baugrube brauchen 3 Bagger einen Tag. Wie lange würde 1 Bagger brauchen? Wie lange brauchen 3000 Bagger?

Aufgaben

3€

Rechne im Kopf.

a) Eine Kiste wiegt 8 kg. Wie viel wiegen 14 Kisten?

b) Zwölf Bilderrahmen kosten 240 €. Wie viel kostet einer?

c) Ein Kilogramm Äpfel kostet 1,60 €. Was kosten 5 Kilogramm?

d) Sechs Bleistifte kosten 4,50 €. Was musst du für einen bezahlen?

e) Ein Liter Benzin kostet 0,86 €. Wie viel kosten 40 Liter?

f) Marc ist in drei Stunden 60 km mit dem Fahrrad gefahren. Wie viel km waren das durchschnittlich in einer Stunde?

g) Der Futtervorrat für Monikas Goldfische reicht 14 Tage. Wie lange würde er für doppelt so viele Fische reichen?

h) Welches Angebot ist günstiger: drei Kilogramm Waschpulver für 6,66 € oder fünf Kilogramm für 10 €?

4

Eine Maschine stellt Kartons her. Sie produziert 320 Stück in einer Stunde. Sie läuft 12 Stunden täglich und 5 Tage pro Woche. Wie viele Kartons werden in einer Woche produziert?

5

Auf einer Rechnung sind 7 Arbeitsstunden mit 269,50 € aufgeführt.

a) Was kostet eine Arbeitsstunde?

b) Was kosten dann 25 Stunden?

6€

René soll einkaufen:

300g Schinken
2kg Lauch
5 Zitronen
1,5kg Kartoffeln
½ Pfd. Hackfleisch

Preisliste

Zitronen	Stck	-,40
Kartoffeln	1 kg	-,85
Lauch	1 kg	1,35
Hackfleisch	1 kg	4,90
Schinken	100 g	1,80

a) Berechne die einzelnen Preise.

b) Wie viel muss René insgesamt bezahlen?

7

Wir vergleichen die Preise. Was ist jeweils am billigsten?
Suche eine geeignete Vergleichsgröße.

a) Limonade	b) Ketschup
0,3 l für 45 ct	600 ml für 1,29 €
0,7 l für 98 ct	800 ml für 1,58 €
1 l für 1,35 €	1 l für 1,98 €

8€

Die 4,5-kg-Packung Waschpulver kostet im Supermarkt 8,55 € und das 3-kg-Paket 6,15 €.

a) Berechne jeweils den Preis für 1 kg.

b) Welches Angebot ist billiger?

9€

Eine 250-g-Packung Butter kostet 1,00 €, eine 200-g-Packung Margarine kostet 0,65 €.

a) Was kostet jeweils 1 kg Butter und 1 kg Margarine?

b) Wie viel Kilogramm Butter kann man zum selben Preis wie 16 kg Margarine kaufen?

10€

Rechne im Kopf. Berechne zunächst eine geeignete Zwischengröße.

a) 5 Flaschen Sprudel kosten 3,00 €. Was kosten 6 Flaschen?

b) 40 Brezeln kosten 18,00 €. Was musst du für 30 Brezeln bezahlen?

c) Ein Radfahrer fährt in 50 Minuten 20 Kilometer. Welche Strecke legt er in einer Stunde zurück, wenn er mit derselben Geschwindigkeit weiterfährt?

d) Eine Maschine stellt in 20 Minuten 1 500 Deckel her. Wie viele Deckel kann sie bei gleicher Leistung in 24 Minuten herstellen?

e) Wenn man für 6 € beim Tauschen 42 dänische Kronen bekommt, wie viel bekommt man dann für 10 €?

f) 7 Bände eines Lexikons wiegen 6,30 kg. Die Gesamtausgabe hat 30 Bände. Wie schwer ist sie?

Amazonas, Brasilien

11

Der Amazonas ist der wasserreichste Fluss der Erde. Er fließt in Südamerika. In jeder Sekunde fließen 120 Millionen Liter Wasser in den Atlantischen Ozean. Ein 4-Personen-Haushalt in Deutschland verbraucht etwa 150 m^3 Wasser im Jahr.
Wie viele Haushalte könnten ihren Jahreswasserbedarf innerhalb nur einer Minute mit dem Wasser des Amazonas decken?

12

Anne fängt 500 Tropfen Wasser in einem Messbecher auf. Das sind 150 cm^3.
a) Wie viele Tropfen ergeben einen Liter?
b) Anne überlegt, wie viele Tropfen ihr kleines Aquarium füllen. Es ist 40 cm lang, 20 cm breit und 25 cm hoch.

13

Ein Wasserhahn tropft alle 2 Sekunden. Mit den Angaben in Aufgabe 12 kannst du ausrechnen, welchen Rauminhalt 1 Tropfen ungefähr hat.
a) Wie viel Wasser tropft an einem Tag aus dem Wasserhahn?
b) Wie viel Wasser tropft während eines dreiwöchigen Urlaubs?
c) Wie ändern sich die Ergebnisse von a) und b), wenn der Wasserhahn nur alle 5 Sekunden tropft?

14 €

a) 12 Orangen kosten 4,68 €. Was kosten fünf Stück?
b) Neun Tafeln Schokolade kosten 4,95 €. Was muss man für sieben Tafeln bezahlen?
c) Drei Leerkassetten kosten 8,10 €. Wie viel Euro kosten sieben Kassetten?
d) Der Handwerker hat für sieben Arbeitsstunden 238 € berechnet.
Wie teuer wären dann 12 Stunden?

15 €

a) 150 g Käse kosten 2,10 €.
Berechne jeweils den Preis für 250 g; 500 g; 175 g; 230 g.
b) Ein 2,2 kg schweres Stück Rindfleisch kostet 25,30 €. Was kosten zwei andere Stücke, die 1,7 kg und 2,8 kg wiegen?
c) 35 Liter Benzin kosten 31,50 €. Was muss man für 55 Liter bezahlen?

16

Felix und Markus wollen eine 60 km lange Strecke mit dem Fahrrad in höchstens drei Stunden zurücklegen. Nach 40 Minuten machen sie die erste Zeitkontrolle, sie haben 13 km zurückgelegt.
a) Können sie ihre Zeitvorgabe einhalten, wenn sie mit derselben Geschwindigkeit weiterfahren?
b) Wie weit würden sie bei dieser Geschwindigkeit in 3 Stunden kommen?
c) Wie lange brauchen sie tatsächlich, bis sie die 60 km zurückgelegt haben?
Runde auf volle Minuten.

17

Beim längsten Radrennen der Berufsradfahrer wurde eine 220 km lange Etappe vom Sieger in 4 Stunden und 50 Minuten zurückgelegt. Der Letzte dieser Etappe hatte einen Rückstand von 1 Stunde und 20 Minuten auf den Sieger.
a) Wie viel Kilometer fuhren die beiden Fahrer durchschnittlich in einer Stunde?
b) Wie lange würden die beiden bei entsprechender Geschwindigkeit für 180 km benötigen?

18

Das Gewicht von Edelsteinen wird in Karat angegeben. Ein Stein mit 430 Karat wiegt 86 Gramm.
Im Jahre 1905 wurde in Südafrika der Cullinan-Diamant gefunden. Er wog 3106 Karat. Wie groß war sein Gewicht in g?

19

In China gibt es die höchste Treppe der Erde. Sie hat eine Gesamthöhe von 1452 m. Es sind insgesamt 6600 Stufen.
a) Nach wie vielen Stufen hat man eine Höhe von 352 m erreicht?
b) Wie hoch ist man gestiegen, wenn man 4800 Stufen gestiegen ist?
c) Wie lange braucht man für den Aufstieg, wenn man 3 Stufen in 5 Sekunden nehmen kann?

20

Die dickste Zeitung, die jemals gedruckt worden ist, war die Sonntagsausgabe der New York Times vom 17. 10. 1965. Sie hatte 964 Seiten bei einem Gewicht von tatsächlich 3,402 kg.
a) Eine normale Mittwochsausgabe hatte 360 Seiten. Wie groß war das Gewicht dieser Zeitung?
b) Wie viele Seiten hatte eine andere Ausgabe, die etwa 1 Kilogramm wog? Schätze zuerst. Du kannst nur ungefähr die Seitenzahl bestimmen.

21

Bei einem Boxkampf der Berufsboxer kassierte der Sieger bei einer Kampfdauer von 91 Sekunden die unglaubliche Summe von 22 Millionen Dollar.
Welcher Stundenlohn würde sich ergeben?

22

Die längste Haarpracht hat Diane Witt aus Worcester (USA). Im Mai 1989 waren die Haare 309 cm lang. Sie waren bis zu dieser Länge 17 Jahre lang pro Monat 1,3 cm gewachsen.
a) Wie viel Zentimeter waren die Haare in den 17 Jahren gewachsen?
b) Wie lang waren ihre Haare vor 17 Jahren?
c) Wie viele Jahre müsste Diana Witt ihre Haare noch wachsen lassen, bis sie 4 m lang wären?

23

Am 29. Mai 1986 stellte Tim Leier von der Universität Saskatchewan auf der Teststrecke des Forschungszentrums in Ontario (Kanada) einen Sparmobil-Rekord auf. Er legte mit 4,54 l Treibstoff eine Strecke von 9158 km zurück.
Rechne mit gerundeten Werten.
a) Wie weit kam er mit 1 l Treibstoff?
b) Wie weit hätte er mit einer Tankfüllung von 60 l fahren können?
c) Wie viel Treibstoff hat er für 100 km verbraucht?

New York mit World Trade Center

2 Tabellen

Fläche m^2	Menge kg
7	1
14	2
35	5
70	10
175	25
350	50
700	100

1

Im Baumarkt findet Christian eine Tabelle, aus der man ablesen kann, wie viel kg Farbe man für den Anstrich einer bestimmten Fläche benötigt.
Kannst du mit Hilfe der Tabelle auch den Bedarf für 100 m^2 bestimmen?

2

Bei den Bundesjugendspielen liest man die Punkte für die erreichten Leistungen aus Punktetabellen ab.
Conny sprang 3,82 m weit, warf 28 m und lief die 50 m in 7,5 s. Wie viel Punkte hat sie erreicht?

Sprung (m)	3,77	3,79	3,81	3,83	3,85	3,87
Punkte	660	666	671	677	682	688
Wurf (m)	27	27,5	28	28,5	29	29,5
Punkte	572	580	589	598	606	614
Lauf (s)	7,9	7,8	7,7	7,6	7,5	7,4
Punkte	665	689	714	740	767	794

In vielen Bereichen des Alltags werden **Tabellen** angefertigt, ausgefüllt oder auch zum Ablesen von Informationen verwendet. Tabellen sind vor allem dort nützlich und vorteilhaft, wo viele Größenangaben oder Zahlen übersichtlich angeordnet werden sollen.
Auch beim Lösen von Aufgaben kann das Verwenden von Tabellen oder das Zusammenstellen der Informationen in Tabellenform sehr hilfreich sein.

Tabellen helfen, Größen oder Zahlen übersichtlich anzuordnen.
Umgekehrt lassen sich aus Tabellen schnell und leicht Informationen ablesen.

Beispiele

a) Claudia hat eine Woche lang morgens und mittags die Außentemperatur abgelesen und in die Tabelle eingetragen.

	MO	DI	MI	DO	FR	SA	SO
morgens	8°	6°	11°	4°	9°	7°	5°
mittags	15°	18°	23°	20°	18°	14°	13°

Nun kann sie schnell die höchste Temperatur (23° C), die tiefste Temperatur (4° C) und die höchste Temperaturdifferenz (DO 20° C – 4° C = 16° C) bestimmen.

b) Eine begonnene Tabelle kann man leicht ergänzen.

Volumen	Gewicht
50 cm	34 g
100 cm	68 g
150 cm	102 g
200 cm	136 g
250 cm	170 g

c) Aus dieser Tabelle lassen sich leicht die Ergebnisse der Spiele ablesen.

	6a	6b	6c
6a		2:1	1:4
6b	1:2		3:3
6c	4:1	3:3	

6a–6b 2:1
6b–6c 3:3
6c–6a 4:1

Auch Punkte, Torverhältnis und Platzierung ergeben sich aus der Tabelle.

Aufgaben

3

Suche in Zeitungen, Zeitschriften und Katalogen Tabellen zu verschiedenen Themen, z. B. Sporttabellen, Preistabellen.
Erkläre, was du alles aus den Tabellen ablesen kannst.

4

Trage in eine Tabelle ein:

Bernd:	1,52 m;	12 Jahre;	46,2 kg
Renate:	1,54 m;	13 Jahre;	43,2 kg
Tim:	12 Jahre;	48,1 kg;	1,51 m
Caroline:	1,48 m;	12 Jahre;	41,8 kg

1 cm³  Kork

1 cm³ 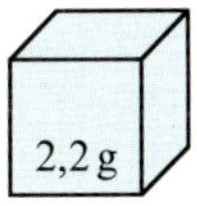 Glas

1 cm³ 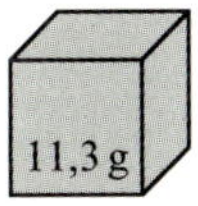 Blei

5
Verschiedene Materialien sind verschieden schwer. Entnimm aus der nebenstehenden Zeichnung die fehlenden Werte für die Tabelle.

Volumen (cm^3)	Gewicht (g) Kork	Glas	Blei
100			
200			
...			
1000			

6
Die drei 6er-Klassen einer Schule haben vier Altpapiersammlungen durchgeführt:

Klasse	1. Sammlung	2. Sammlung	3. Sammlung	4. Sammlung
6a	113 kg	124 kg	213 kg	178 kg
6b	128 kg	134 kg	171 kg	159 kg
6c	211 kg	225 kg	198 kg	108 kg

a) Wie viel kg hat jede Klasse gesammelt?
b) Wie viel kg kamen bei den einzelnen Sammlungen zusammen? Wie viel Altpapier wurde insgesamt gesammelt?

km bis	2. Klasse €	1. Klasse €
5	1,10	1,70
10	1,50	2,30
15	2,10	3,20
20	2,50	3,80
30	3,20	4,80
40	4,20	6,30
50	5,40	8,10
60	6,30	9,50
70	7,40	11,10
80	8,40	12,60
90	9,50	24,30
100	10,50	15,80

7€
Dies ist eine Kostentabelle der Bahn.
a) Was kostet eine Fahrkarte 2. Klasse für 20 km; 50 km; 51 km; 59 km?
b) Wie viel Kilometer 1. Klasse kann man für 8,10 € fahren?
c) Wie groß ist der Preisunterschied zwischen 1. Klasse und 2. Klasse bei 65 km Fahrt?
d) Ergänze die Tabelle durch eine Spalte mit den Preisdifferenzen zwischen 1. Klasse und 2. Klasse.
e) Wie viel kosten 75 km? Könntest du mit zwei Fahrkarten billiger fahren?

8
Übertrage die Tabelle in dein Heft und ergänze die fehlenden Angaben.

a)

Anzahl	1	2	3	4	5	6	7
Preis (€)	1,50	3,00	4,50				

b)

Zeit (h)	1	2	3	4	6	9	10
Lohn (€)		56	84				

c)

Gewicht (g)	10	20	30	50	55	62	70
Preis (€)	5,50	11,00					

9
Vervollständige die Tabelle in deinem Heft.

a)

Gewicht (kg)	1	5	10	12	21
Preis (€)		19	38		

b)

Menge (l)	10	30	50	70	110
Preis (€)		45		105	

c)

Weg (km)	10	50	75	200	230
Zeit (h)		10	15		

d)

Anzahl	1	15	35	45	65
Gewicht (g)			245	315	

e)

Rauminhalt (dm^3)	20	30	45	95
Gewicht (kg)		36	54	

f)

Fläche (m^2)	1	12	25	30	102
Preis (€)		480		1200	

10
Auf einem Schulfest werden selbst gedruckte Glückwunschkarten verkauft. Der Stückpreis beträgt 0,95 €. Bei Abnahme einer größeren Anzahl soll jeweils die fünfte Karte kostenlos sein. Stelle eine Preisliste auf, in der man die Preise bis zu einer Anzahl von 25 Karten ablesen kann.

11
In der Tabelle ist die durchschnittliche Körpergröße von Jungen und Mädchen in Abhängigkeit vom Lebensalter eingetragen.

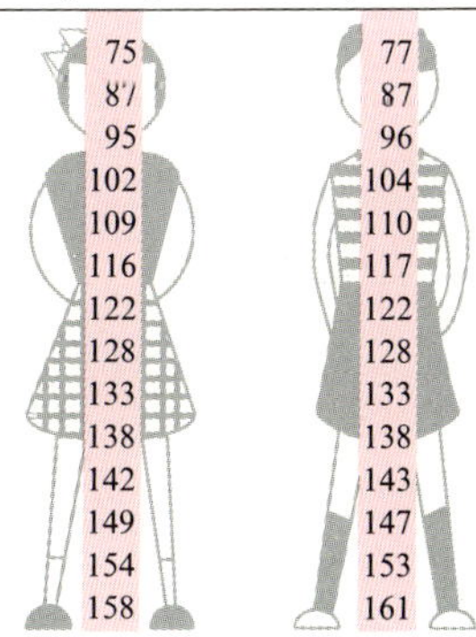

Alter (in Jahren)	Mädchen (in cm)	Jungen (in cm)
1	75	77
2	87	87
3	95	96
4	102	104
5	109	110
6	116	117
7	122	122
8	128	128
9	133	133
10	138	138
11	142	143
12	149	147
13	154	153
14	158	161

a) In welchem Alter sind Jungen durchschnittlich größer als Mädchen?
b) In welchem Alter ist der Unterschied am größten?
c) Wie groß sind 15-Jährige? Wie sicher ist diese Aussage?

dkr	€
0,10	0,01
⋮	⋮
1	0,13
⋮	⋮
10	1,28
⋮	⋮
100	12,83

12 €

a) Die Geldumrechnungstabelle für dänische Kronen in Euro ist unvollständig. Übertrage sie in dein Heft und ergänze jeweils die acht fehlenden Zwischenwerte.

b) Warum kannst du mit dem Wert für 0,10 dkr nicht die gesamte €-Spalte berechnen? Überprüfe deine Berechnungen mit dem Wert für 100 dkr.

c) Erstelle selbst eine aktuelle Tabelle für englische Pfund.
Du kannst den gültigen Kurs bei einer Bank erfragen.

13

Die Entwicklung des Fremdenverkehrs im Tuxer Tal in den Alpen ist in der Tabelle dargestellt:

Jahr	1952	1962	1972	1982	1992
Einwohner	1350	1500	1768	1735	1740
Bettenzahl	408	1000	2500	4000	4050
Übern. Sommer	25292	111119	212591	245272	232634
Übern. Winter	9331	74725	146115	385604	480732

a) Vergleiche die Einwohnerzahl mit der Zahl der Gästebetten.

b) Vergleiche die Übernachtungen im Sommer und Winter.

c) 1964 wurde die Sommerbergbahn eröffnet, 1970 die Gletscherbahn. Kannst du an der Tabelle erkennen, wie sich dies auf den Fremdenverkehr ausgewirkt hat?

14

Aus dieser Tabelle kannst du die Entfernungen zwischen zwei Städten ablesen.

	Athen	Barcelona	Berlin	London	Paris	Rom
Athen	–	3291	2518	3360	3061	1394
Barcelona	3291	–	1908	1499	1092	1463
Berlin	2518	1908	–	1024	1067	1555
London	3360	1499	1024	–	399	1883
Paris	3061	1092	1067	399	–	1435
Rom	1394	1463	1555	1883	1435	–

a) Bestimme die Entfernungen:
Athen – Rom, Berlin – Paris und London – Barcelona.

b) Welche zwei Städte liegen am weitesten voneinander entfernt?

c) Welche Städte sind weniger als 1400 km voneinander entfernt?

d) Von welcher Stadt lassen sich alle anderen am günstigsten erreichen?

15

Hier sind die Entfernungen von fünf größeren deutschen Städten Berlin, Hamburg, Frankfurt/Main, Stuttgart und München aufgelistet (Angaben in km):

B–H 294 H–S 668 B–F 555 H–M 782
B–S 634 F–S 217 B–M 585 F–M 400
H–F 495 S–M 220

a) Stelle eine Entfernungstabelle auf.

b) Wie viel km muss jeweils ein Bewohner aus einer Stadt zurücklegen, wenn er alle anderen Städte besuchen möchte?

3 Schaubilder. Grafische Darstellungen

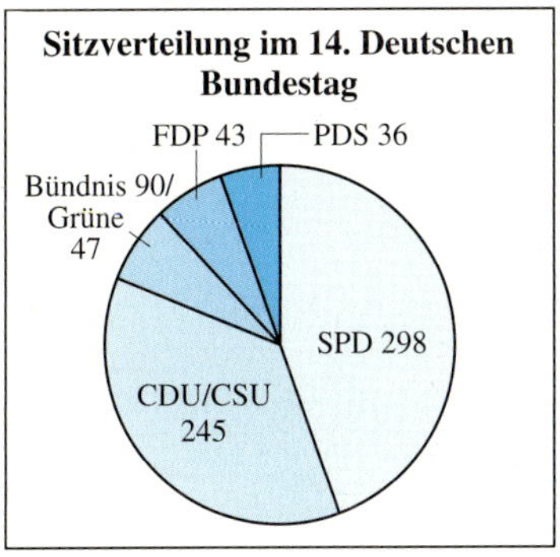

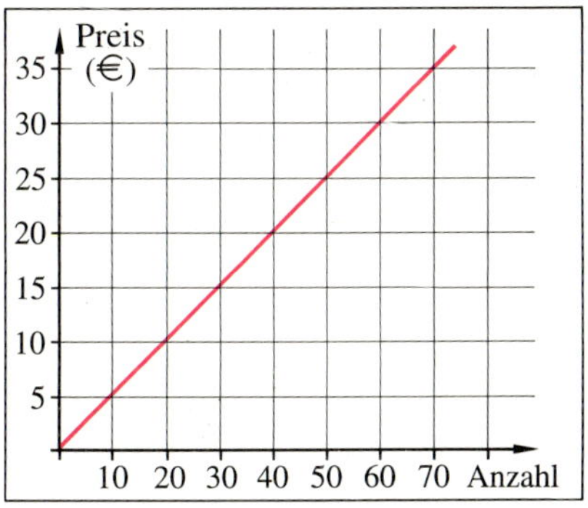

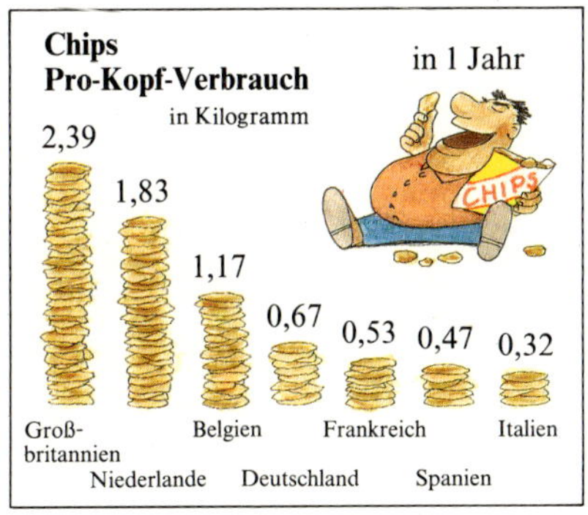

1
Welche Informationen kannst du diesen Schaubildern entnehmen?

In Zeitungen, Prospekten und Büchern findest du häufig Veranschaulichungen von Zahlenangaben. Man nennt diese Art der Darstellung Schaubild oder Diagramm.

Zahlen, Größenangaben und Anteile lassen sich in **Schaubildern** übersichtlich darstellen.

Beispiele

a) Streckendiagramm für die Länge der Transportwege in der Bundesrepublik Deutschland.

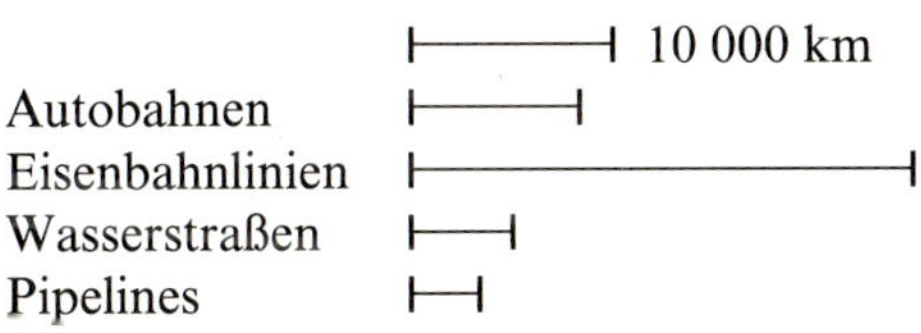

Mit Hilfe des Maßstabs lassen sich die wirklichen Längenangaben der einzelnen Transportwege bestimmen.

b) Bilddiagramm für die größten Autohersteller der Erde.

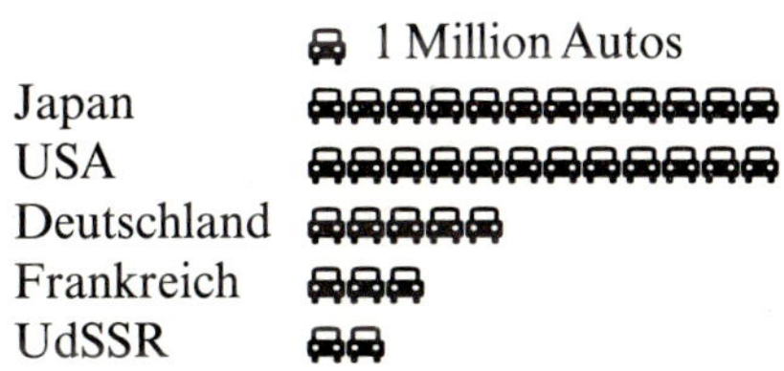

Mit Hilfe der Pkw-Symbole kann man die ungefähre Anzahl der jeweiligen Autos bestimmen.

c) In dem Streifendiagramm ist die Zusammensetzung von Pommes frites, jeweils bezogen auf 100 g, veranschaulicht.

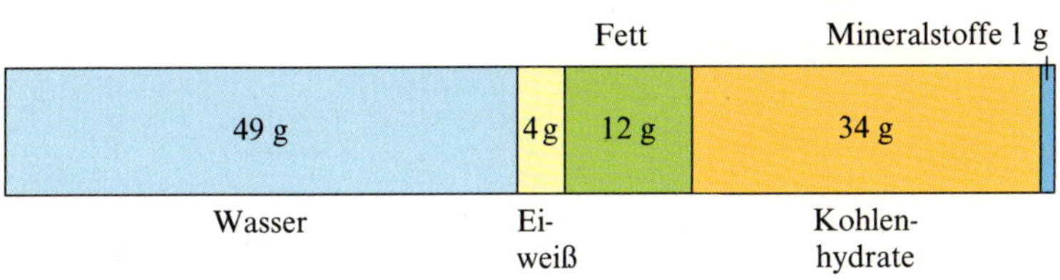

Für das Zeichnen des Streifendiagramms ist es geschickt, eine Gesamtlänge von 10 cm zu nehmen. Wenn 100 g dann 10 cm entsprechen, trägst du z. B. für 49 g im Streifen 4,9 cm ab.

d) Das Kreisdiagramm veranschaulicht die Anteile des Stromverbrauchs im Haushalt. Von 100 Kilowattstunden entfallen auf:

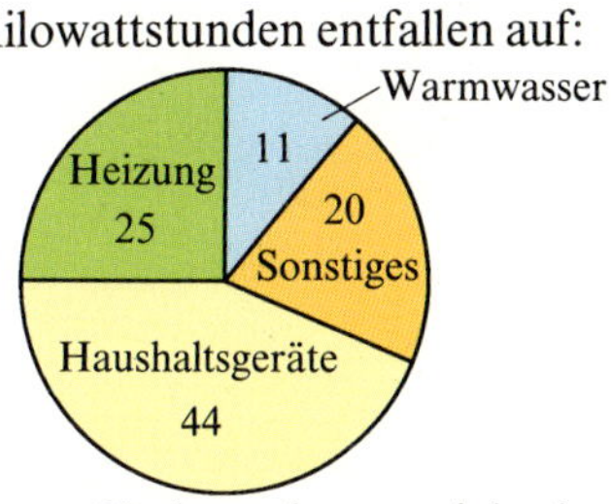

Dem gesamten Verbrauch entspricht der Vollwinkel, also 360°. Zu einer Kilowattstunde gehört dann der 100ste-Teil, also 3,6°. Die Anteile werden dann entsprechend in Winkelgrade umgerechnet.

Aufgaben

2

In diesem Schaubild ist der Zusammenhang zwischen Menge und Preis dargestellt.

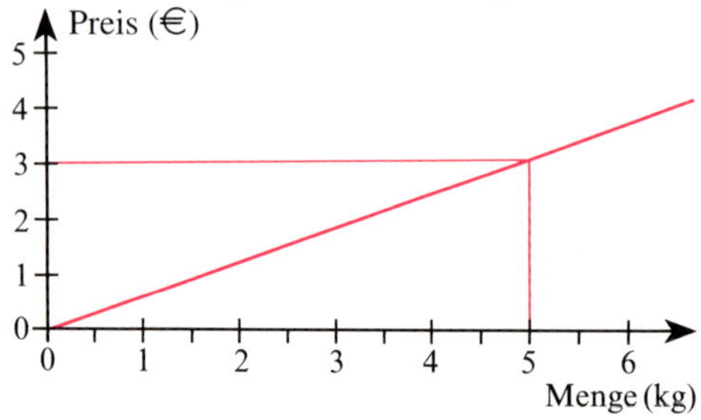

a) Lies aus dem Schaubild die Preise für 1 kg, 2 kg, 3 kg, 4 kg, 5 kg ab.

b) Wie viel kg bekommt man für 1 €, 2 €, 3 €?

3

Der Zusammenhang zwischen Anzahl und Gewicht von Schrauben kann auch in einem Schaubild dargestellt werden. Hier siehst du zwei verschiedene Schrauben-Sorten.

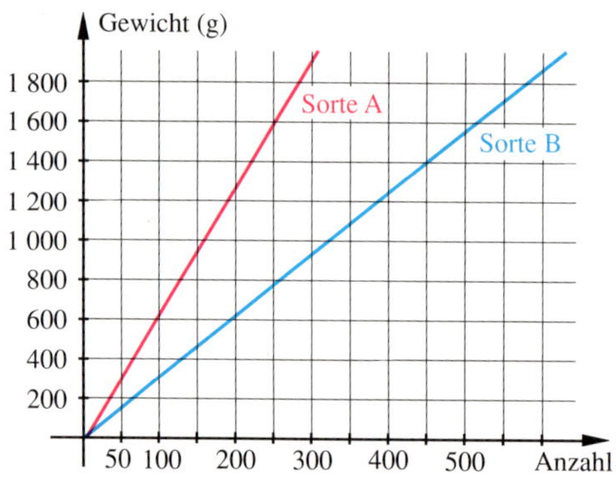

a) Übertrage das Schaubild in dein Heft und lies das Gewicht für 100, 350, 450, 550 Schrauben der beiden Sorten ab.

b) Wie viel Schrauben der jeweiligen Sorte wiegen 400, 700, 1 100, 1 250 g?

4

Erstelle selbst Schaubilder für den Zusammenhang zwischen Menge und Preis bzw. zwischen Anzahl und Preis. Du kannst beispielsweise Kilogrammpreise für verschiedene Obstsorten nehmen oder Anzahlpreise von Heften.

5

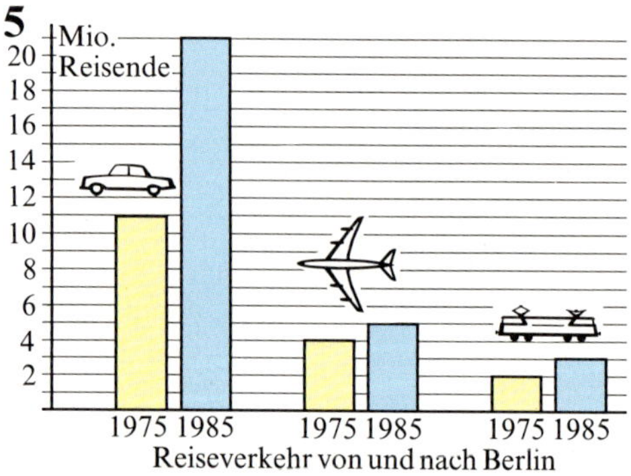

a) Bei welchem Verkehrsmittel ist der Unterschied am größten?

b) Gib die Unterschiede in Mio. Reisenden an.

6

Während einer Verkehrssicherheitswoche hat die Klasse 6 c vor der Schule eine Verkehrszählung durchgeführt. In der Zeit von 11.30 Uhr bis 12.30 Uhr wurden am Zebrastreifen gezählt: 58 Autos, 5 Omnibusse, 28 Motorräder und 107 Fahrräder.
Stelle die Angaben in einem Bilddiagramm zusammen.

7

Hier sind in einem Gitternetz zwei Schaubilder gezeichnet. Es werden die Zahl der Verletzten von 1989 (die Zahlen findest du in der Tabelle) und von 1990 verglichen.

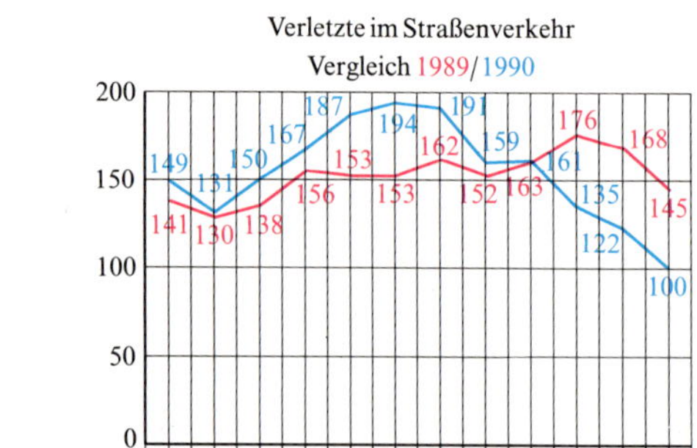

Verletzte 1990	Jan	Feb	März	Apr	Mai	Jun	Jul	Aug	Sept	Okt	Nov	Dez
Verletzte 1989	141	130	138	156	153	153	162	152	163	176	168	145

a) Ermittle für 1989 und 1990 die Gesamtzahl aller Verletzten.

b) Wie groß ist der Unterschied?

c) Worauf ist der Unterschied hauptsächlich zurückzuführen?

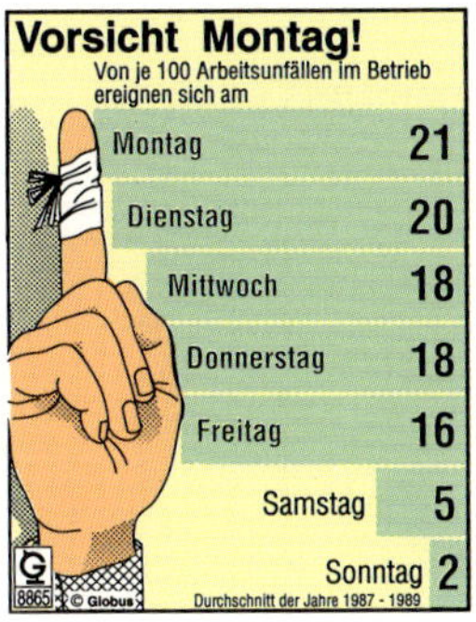

Kontinente und ihre Flächen

Europa	10 Mio. km²
Asien	44 Mio. km²
Afrika	30 Mio. km²
Nordamerika	24 Mio. km²
Südamerika	18 Mio. km²
Australien und Ozeanien	9 Mio. km²
Antarktis	14 Mio. km²
Landfläche der Erde	149 Mio. km²

Weltmeere und ihre Flächen

Pazifischer Ozean (Pazifik)	180 Mio. km²
Atlantischer Ozean (Atlantik)	105 Mio. km²
Indischer Ozean (Indik)	75 Mio. km²
Wasserfläche der Erde	360 Mio. km²

8

In der Tabelle sind dieselben Angaben wie im Bild links dargestellt:

MO	DI	MI	DO	FR	SA	SO
21	20	18	18	16	5	2

Vergleiche die beiden Darstellungen miteinander. Welche Wirkung stellst du fest? Hast du noch andere Ideen, wie man diese Daten übersichtlich und wirkungsvoll darstellen kann?

9

Die verbreitetsten Sprachen der Welt:

Chinesisch	920 Mio. Menschen
Englisch	390 Mio. Menschen
Französisch	280 Mio. Menschen
Russisch	270 Mio. Menschen
Spanisch	250 Mio. Menschen
Deutsch	120 Mio. Menschen

Vergleiche mit Hilfe eines Stabdiagramms. Nimm für 100 Mio. Menschen eine Streckenlänge von 1 cm.

10

Im Jahr 1990 gab es etwa 5,5 Milliarden Menschen auf der Erde.

Afrika	510 Mio.
Amerika	730 Mio.
Asien	3 630 Mio.
Europa	610 Mio.
Australien und Ozeanien	20 Mio.

Stelle die verschiedenen Zahlen in einem Bilddiagramm dar.
(🯅 entspricht dabei 100 Mio. Einwohner.)

11

Stelle die Anteile der einzelnen Erdteile an der gesamten Landfläche der Erde in einem Streifendiagramm dar.
Für 1 Mio. km² kannst du geschickt 1 mm nehmen.

12

a) Stelle die Anteile der Ozeane an der gesamten Wasserfläche der Erde in einem geeigneten Streifendiagramm dar.
b) Die Zahlen für die Wasserflächen erleichtern dir das Zeichnen eines Kreisdiagramms. Warum? Nimm einen Kreis mit dem Radius 5 cm.

13

In der Tabelle kannst du erkennen, wie viele Menschen der Erde den einzelnen Religionsgemeinschaften angehören.
Stelle die Zahlen in einem Stabdiagramm dar. Nimm für 100 Millionen eine Streckenlänge von 1 cm.

Religionsgemeinschaften:	
Katholiken	1 650 Mio. Menschen
Protestanten	340 Mio. Menschen
Mohammedaner	970 Mio. Menschen
Buddhisten	850 Mio. Menschen
Hindus	670 Mio. Menschen

14

Für die flächengrößten Bundesländer sind Flächen und Einwohnerzahlen gegeben.

	Fläche (km²)	Einwohner (Mio.)
Bayern	70 551	11,0
Niedersachsen	47 426	7,3
Bad.-Württ.	35 752	9,3
Nordrhein-Westf.	34 067	16,9

a) Stelle die Flächen (10 000 km² = 1 cm) und die Einwohnerzahlen (2 Mio. = 1 cm) in einem gemeinsamen Säulendiagramm dar.
b) Was kannst du über die Bevölkerungsdichte der Bundesländer aussagen?

15

In dem Diagramm sind Angaben zur Bevölkerung und zur Fläche der Staaten der EG dargestellt.

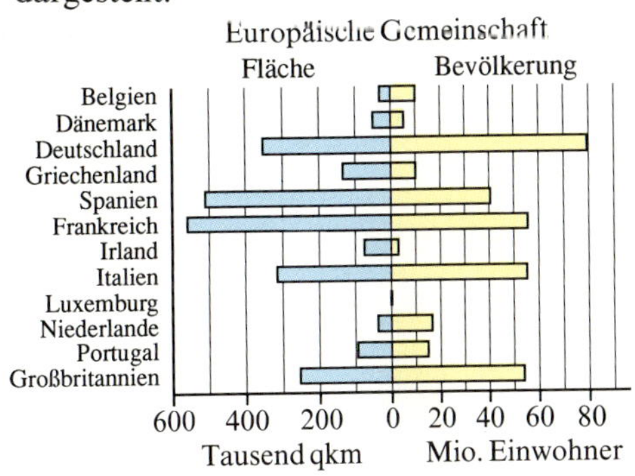

Wenn du die Zahl der Einwohner durch die Maßzahl der Fläche teilst, hast du eine Vergleichszahl für die Bevölkerungsdichte. Nenne drei dicht bevölkerte Staaten und drei Staaten mit geringer Dichte.

16

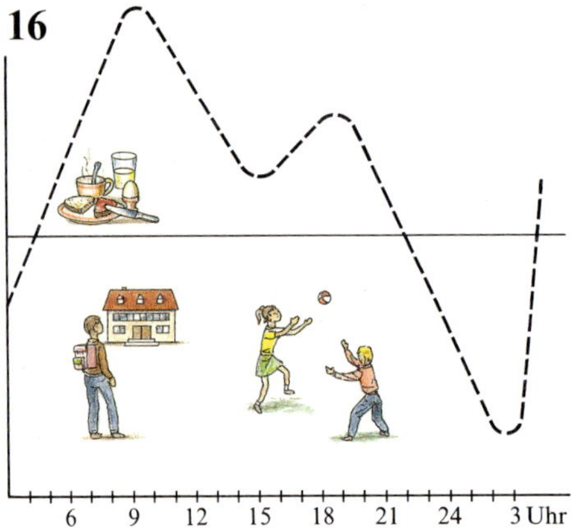

a) Lies aus der Grafik ab, zu welchen Zeiten du besonders leistungsfähig bist.
b) Zu welchen Zeiten solltest du Mahlzeiten einnehmen?

17

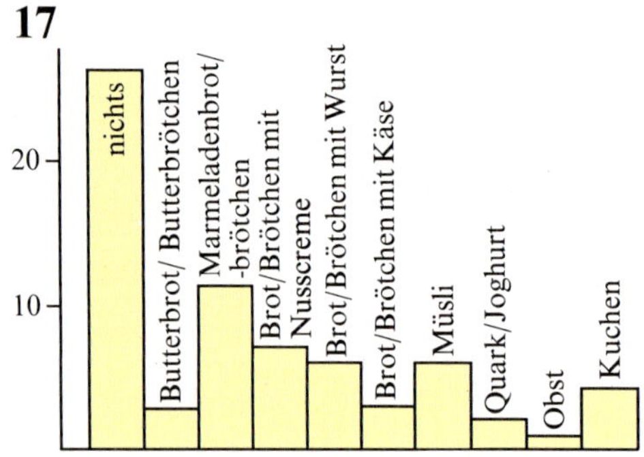

a) Welche Informationen kannst du dem Schaubild entnehmen?
b) Führe in deiner Klasse eine Umfrage durch und stelle die Ergebnisse in einem entsprechenden Schaubild dar.

18

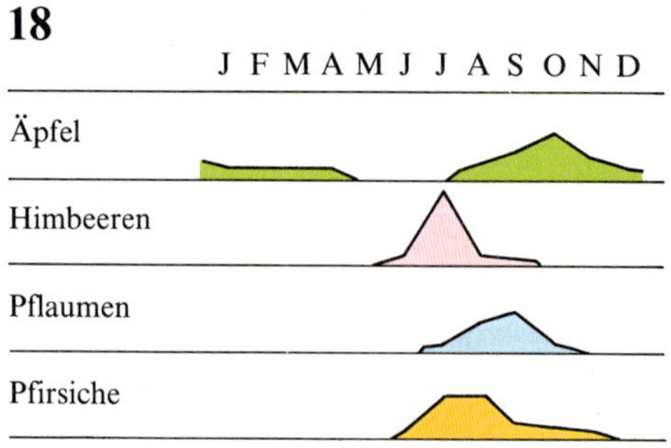

a) In welchen Monaten ist das Angebot jeweils am größten?
b) Welche 3 Monate sind für alle vier Obstsorten am günstigsten?

19

Nahrungsmittelverbrauch 1955 und 1990

1955	kg je Person und Jahr	1990
160	Kartoffeln	73
130	Trinkmilch	93
94	Brot, Mehl	73
71	Obst, Südfrüchte	111
46	Fleisch	90
42	Gemüse	72
26	Zucker	36
25	Fett	26

a) Stelle die Angaben in einem Balkendiagramm dar. Anleitung: Stelle die Balken für 1955 und 1990 direkt nebeneinander (vgl. Seite 198, Aufgabe 5). Wähle in der Zeichnung 1 mm für 1 kg.
b) Stelle auch die Unterschiede in einem Diagramm dar.

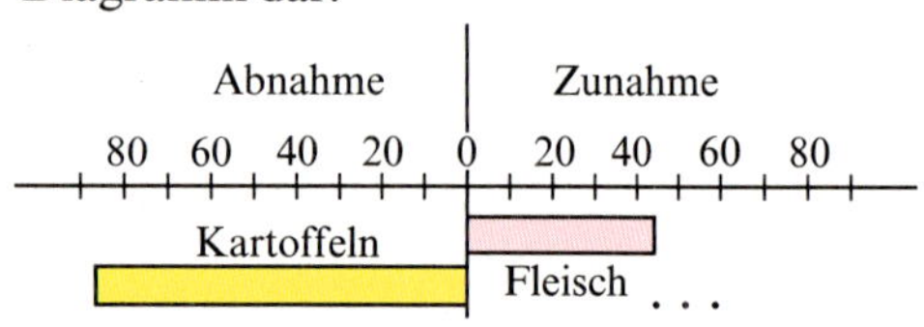

20

In den Streifendiagrammen ist der Nährstoffgehalt von Nahrungsmitteln angegeben. Die Angaben beziehen sich bei jedem Nahrungsmittel auf 100 g.

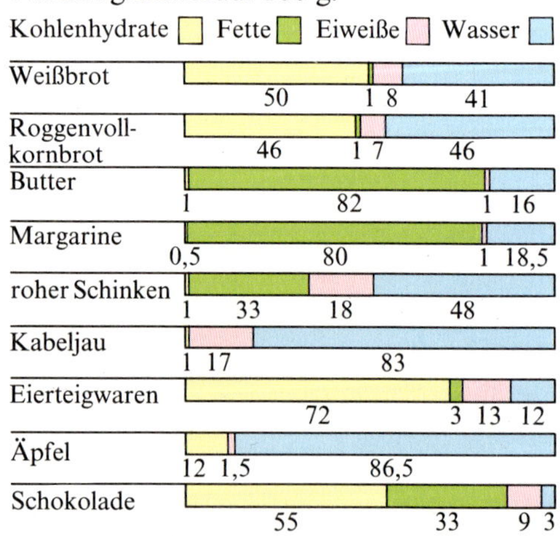

a) Welche Lebensmittel haben einen hohen Anteil an Kohlenhydraten?
b) Welche Nahrungsmittel eignen sich für eine fettarme Kost?
c) Welche Nahrungsmittel eignen sich für eine eiweißreiche Kost?

4 Vermischte Aufgaben

1

Rechne im Kopf:

a) Zwei Flaschen Saft kosten 1,60 €.
Was kosten 7 Flaschen?

b) Drei Müsliriegel kosten 2,70 €.
Was muss man für 5 Stück bezahlen?

c) Fünf Ordner kosten 15 €.
Wie hoch ist der Preis für drei Ordner?

d) Zehn Holzkugeln wiegen 700 g.
Wie schwer sind 8 Kugeln?

e) Heinz fährt in 50 Minuten 20 km mit dem Fahrrad.
Wie weit kommt er bei gleicher Geschwindigkeit in 30 Minuten?

2

a) Drei Liter Apfelsaft kosten 3,75 €.
Was kosten 11 Liter?

b) Lea bezahlt für sieben Grapefruits 3,85 €. Dora kauft 9 Grapefruits.
Wie viel muss sie bezahlen?

c) Mit 7 kg Rasensamen hat Herr Pohl 315 m^2 Fläche eingesät. Welche Fläche könnte man mit 15 kg einsäen?

d) Marc hat für seine Mutter einen Strauß Tulpen für 11,40 € gekauft.
Es waren 12 Blumen; wie viel hätte er für 15 Blumen bezahlen müssen?

3

Familie Hauswald hat sich ein sparsameres Auto gekauft. Der alte Wagen verbrauchte für 500 km 62 Liter Benzin, der neue für 600 km 51 Liter.

a) Was verbraucht jedes Auto für 100 km?

b) Wie viel Liter Benzin können bei einer Strecke von 2800 km mit dem neuen Wagen gespart werden?

4

BITTE MOTOR ABSTELLEN!

Wenn alle Autofahrer bei Rot den Motor abstellen würden, könnten pro Ampel in Deutschland etwa 3 000 Liter Kraftstoff pro Jahr gespart werden. Es gibt etwa 45 000 Ampeln.
Wie viel Liter könnten dann insgesamt eingespart werden?

5

Geschwindigkeiten von Schiffen werden in Knoten angegeben. 1 Knoten bedeutet, dass das Schiff in einer Stunde 1 Seemeile zurücklegt (1 Seemeile sind 1 852 m).
Ein Katamaran kann etwa 30 Knoten erreichen.
Welche Strecke segelt er in fünf Stunden?
Gib die Strecke sowohl in Seemeilen als auch in Metern und Kilometern an.

6

Ein Flugzeug des Typs DC 10 fliegt in einer Stunde durchschnittlich 900 km.

a) Wie weit fliegt das Flugzeug in 5 h (7,5 h; 4,5 h)?

b) Wie lange braucht das Flugzeug für die Strecke von Frankfurt nach Rio de Janeiro (9 600 km)?

7

Das Radrennen Tour de France hatte 1926 eine Gesamtstreckenlänge von 5 743 km. Sie wurde in 29 Tagen bewältigt.

a) Wie lang war durchschnittlich eine Tagesetappe?

b) Wie lange waren die Fahrer täglich unterwegs, wenn sie mit einer Durchschnittsgeschwindigkeit von 31 km/h (also 31 km in 1 h) gefahren sind?

c) 1991 betrug die Gesamtstrecke der Tour de France 3 900 km.
Berechne a) und b) mit diesem Wert.

8
Der Mensch macht 11 Atemzüge pro Minute, der Kolibri dagegen 250 in einer Minute.
Wie lange braucht der Mensch für 250 Atemzüge, wie lange der Kolibri für 11? Rechne mit Sekunden und runde auf volle Sekunden.

9
Ein Auto fährt mit gleich bleibender Geschwindigkeit.
Stelle in einer Tabelle die Zeiten und die Strecke zusammen.

Zeit (h)	$\frac{1}{2}$	1	$1\frac{1}{2}$	2	$2\frac{1}{2}$	3	$3\frac{1}{2}$
Strecke (km)		80					

Mauersegler	288 km/h
Schwalbe	216 km/h
Brieftaube	180 km/h
Buchfink	54 km/h

10
In der Tabelle stehen die Geschwindigkeiten, die einige Vögel kurzfristig erreichen können. (54 km/h bedeutet 54 km in einer Stunde).
Berechne die Streckenlängen, die in fünf Minuten bzw. in 15 Sekunden zurückgelegt werden.

11
Auf einer 100 km langen Strecke erreicht ein Eilzug eine Durchschnittsgeschwindigkeit von 75 km/h. Der Interregiozug fährt um 25 km/h schneller, der Intercity wieder um 25 km/h schneller.
Wie groß sind die zeitlichen Unterschiede der Züge?

12
Für 45 m² Teppichboden musste Frau Wohl 1350 € bezahlen.
a) Wie hoch sind die Kosten für 70 m²?
b) Wie viel m² bekommt man für 2850 €?
c) Was kostet der Teppichoden für ein 4,2 m langes und 3,5 m breites Zimmer?

13€
Eine 25 m² große Wohnung kostet 205 € Miete, eine mit 75 m² Wohnfläche 480 €.
Was würden beide bei vertauschtem Preis für 1 m² kosten?

14
Übertrage die folgende Preistabelle in dein Heft und ergänze sie.

a)

Gewicht (kg)	1	2	5	10	30	60
Preis (€)			9,00			

b)

Größe (m)	1	5	10	15	50	78
Preis (€)			89,50			

15
Verschiedene Käsesorten kosten unterschiedlich viel. Ergänze die Tabellen.

Gewicht (g)	50	100	150	200	250	300
Sorte Allgäu Preis (€)		1,80				
Sorte Brie Preis (€)				3,90		
Sorte Gouda Preis (€)	0,75					

16
Eine Obsthändlerin kauft 720 kg Birnen ein und bezahlt dafür 1 080 €.
Ein Drittel der Ware verkauft sie zu einem Kilopreis von 2,30 €. Nachdem ein Viertel der gesamten Ware verdorben ist, verkauft sie den Rest zu einem Kilopreis von 1,70 €.
a) Wie viel Geld nimmt die Obsthändlerin insgesamt ein?
b) Erzielt sie Gewinn?

17€
Der Literpreis für Heizöl richtet sich nach der Liefermenge.
Firma Maier & Brenner hat derzeit folgende Bedingungen:

Menge	Literpreis
bis 1 500 Liter	35,8 ct
bis 2 000 Liter	32,6 ct
bis 3 000 Liter	30,3 ct
bis 4 000 Liter	28,4 ct
bis 5 000 Liter	27,2 ct
bis 10 000 Liter	25,8 ct

a) Was kosten 2 000 l; 3 500 l?
b) Familie Schneider kauft 3 990 l, ihre Nachbarn 4 010 l. Berechne die Kosten und erkläre das erstaunliche Ergebnis!
c) Warum bestellt Frau Weber nicht genau 5 000 l, sondern ein paar Liter mehr?

Wangerooge: Fremdenverkehr 1990

Monat	Feriengäste	Übernachtungen
Januar	107	1589
Februar	187	2870
März	3900	29641
April	3657	53233
Mai	5985	63618
Juni	9173	113680
Juli	14541	204641
August	12707	203065
September	4681	81752
Oktober	4114	37818
November	129	3531
Dezember	474	4385
insgesamt	59655	799823

18

Wenn du die Anzahl der Übernachtungen durch die Zahl der Feriengäste in jedem Monat teilst, weißt du, wie lange ein Gast durchschnittlich blieb.

a) Berechne diese Werte, runde dabei jeweils auf volle Tage.

b) Zeichne ein Säulendiagramm. Nimm 1 cm für 2 Tage.

c) Was erkennst du aus dem Diagramm?

19

Ute und Jürgen sparen für ein Fahrrad. Ute beginnt in der ersten Woche mit 1 €, in der 2. Woche spart sie 2 €, in der 3. Woche 3 € usw.

Jürgen beginnt mit 0,10 € und spart dann jede Woche das Doppelte.

a) Stelle in einer Tabelle für die ersten 10 Wochen dar, wie viel jeder angespart hat.

b) Wer hat nach 5 Wochen, wer nach 10 Wochen mehr gespart?

20 €

Stelle die Zusammenhänge von Menge und Preis in einer Tabelle und dann in einem Schaubild (Gitternetz) dar.

a) 5 kg Kartoffeln kosten 4 €.
Auf der Rechtsachse Werte bis 10 kg.

b) 150 g Salami kosten 1,80 €. Auf der Rechtsachse bis 600 g in Schritten von 50 g.

21

Für eine Partnerschule in Peru sammelten vier Klassen einer Schule an drei verschiedenen Tagen Geld.

	1. Tag	2. Tag	3. Tag
Klasse 5	53,20	61,20	20,30
Klasse 6	62,40	40,50	61,80
Klasse 7	41,70	59,20	58,30
Klasse 8	60,30	41,50	42,90

Welche Fragen kannst du mit Hilfe dieser Tabelle beantworten? Kannst du die Zahlen in verschiedenen Schaubildern darstellen?

22

Hockeyturnier der Klassen 6:

6a–6b 2:1 6b–6c 3:3 6a–6c 0:4
6b–6d 3:2 6a–6d 1:0 6c–6d 5:1

a) Übertrage die Tabelle in dein Heft und trage die restlichen Ergebnisse ein.

	6a	6b	6c	6d
6a	×	2:1		
6b	×	×		
6c	×	×	×	

b) Für einen Sieg bekommt man 2 Punkte, für ein Unentschieden 1 Punkt. Stelle die Summe der Punkte zusammen und ermittle daraus die Rangfolge.

23

Startdaten des Spaceshuttle „Challenger“:

Zeit	Höhe	Geschwindigkeit
30 s	2,0 km	147 m/s
1 min	9,8 km	381 m/s
2 min	40,8 km	1216 m/s
3 min	84,6 km	1748 m/s
4 min	117,0 km	2100 m/s
5 min	132,8 km	2641 m/s
6 min	135,4 km	3481 m/s
7 min	134,5 km	4726 m/s
8 min	122,1 km	6427 m/s
8 min 20 s	117,7 km	7012 m/s

Stelle die Angaben in zwei Schaubildern im Gitternetz dar. Auf beiden Rechtsachsen trägst du die Zeit ab: 1 cm für 1 min.

a) Im ersten Schaubild trägst du nach oben die Höhe ab (1 cm für 10 km).

b) Im zweiten Schaubild trägst du nach oben die Geschwindigkeit ab (1 cm für 1000 m/s).

BODENSEE –

Eine Jugendgruppe aus Ulm plant eine fünftägige Bodenseereise. Die Fahrräder sollen von Ulm über Ravensburg und Friedrichshafen nach Lindau mit der Bahn mitgenommen werden. In Lindau soll zum ersten Mal übernachtet werden. Am zweiten Tag will die Gruppe mit dem Rad nach Bregenz fahren. Von dort aus am nächsten Tag in die Schweiz nach Romanshorn, dann nach Konstanz. Am letzten Tag soll es mit der Fähre nach Meersburg und mit dem Rad weiter nach Friedrichshafen, von dort soll es mit dem Zug zurück nach Ulm gehen.

DB-TARIFE	
km bis	Einzelpreis 2. Kl.
60	6,30
70	7,40
80	8,40
90	9,50
100	11,50
120	12,50
160	14,90
Fahrräder:	
bis 100 km:	3,00 €
über 100 km:	6,00 €
Gruppenermäßigung:	
6–24 Personen:	$\frac{11}{20}$

1

a) Die Entfernung von Ulm nach Friedrichshafen beträgt 90 km. Ermittle nun mit Hilfe der Karte die gesamte Streckenlänge der Reise.

b) Wie viel Kilometer werden davon mit der Bahn, wie viel Kilometer mit dem Rad zurückgelegt?

2 €

a) Wie hoch sind die Gesamtkosten für die Bahnfahrt bei einer Gruppengröße von 12 bzw. 15 Jugendlichen einschließlich der Kosten für die Räder?

b) Wie würden sich die Kosten ändern, wenn auf der Hinfahrt die Bahn nur bis Friedrichshafen benutzt werden soll?

3

Für die Radetappen sollen Zeitpläne erstellt werden.

a) Welche Fahrzeiten ergeben sich, wenn man annimmt, dass durchschnittlich 16 km in einer Stunde gefahren werden?

b) Wie ändern sich die Zeiten, wenn man mit 18 km Fahrstrecke in einer Stunde rechnet?

c) Bei einer Probefahrt mit Gepäck hat ein Teil der Gruppe für 23 km etwa 1 h und 20 min gebraucht. Welcher Geschwindigkeit entspricht dies?

4

Die Fährstrecke von Konstanz nach Meersburg ist 18 km lang. Die Fähre benötigt dafür 11 Minuten.

a) Wie viel Kilometer legt die Fähre bei gleicher Geschwindigkeit in einer Stunde zurück?

b) Wie lange würde die Gruppe bei einer Geschwindigkeit von 18 km in der Stunde brauchen, wenn sie um den Überlinger See mit dem Rad nach Meersburg fahren würde?

5 €

In Bregenz fährt eine Gondelbahn auf den 1064 m hohen Pfänder. Die Gruppe möchte mit der Pfänderbahn fahren.

a) Berechnet die Gesamtkosten für eine Bergfahrt mit 15 Jugendlichen in Euro.

b) Wie viel Euro muss die Gruppe bei einer Berg- und Talfahrt mehr zahlen?

Pfänderbahn-Fahrpreise in €

Einzeltarife		
Berg- und Talfahrt	Erwachsene	9,10
	Kinder bis 14 Jahre	3,65
Berg- oder Talfahrt	Erwachsene	5,10
	Kinder bis 14 Jahre	2,20
Reisegruppen ab 15 Personen		
Berg- und Talfahrt	Erwachsene	7,15
	Kinder bis 14 Jahre	2,85
Berg- oder Talfahrt	Erwachsene	4,75
	Kinder bis 14 Jahre	2,05

6

Auf einer Länge von 2000 m steigt die Gondel von der Talstation bis zur Bergstation.
a) Wie groß ist der Höhenunterschied pro Meter auf der gesamten Strecke?
b) Nach wie viel m Fahrt ist die Gondel 200 m gestiegen?
c) Wie viel m ist die Gondel nach 200 m Fahrt gestiegen?
d) Zeichnet ein Schaubild des Bahnverlaufs in einem geeigneten Maßstab.
(Bei den Berechnungen könnt ihr ein gleichmäßiges Ansteigen der Bahn annehmen.)

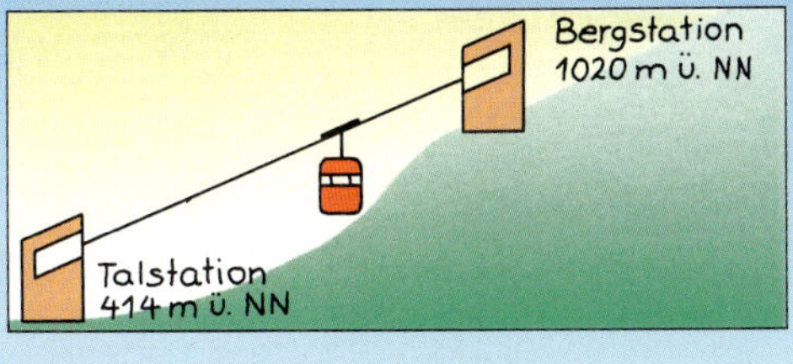

7 €

Die Gruppe kommt auf der Reise durch drei verschiedene Länder mit teilweise unterschiedlichen Währungen.
a) Erkundigt euch auf der Bank nach den aktuellen Wechselkursen für Schweizer Franken.
b) Legt dafür eine Tabelle an, aus der ihr alle Beträge bis 200 € bequem zusammenstellen könnt.
c) Wie viel Schweizer Franken bekommt man für 70 €; 115 €; 143 €?
d) Wie viel Euro erhält man beim Rücktausch von 30 sFr; 45 sFr; 96 sFr?
e) Die Übernachtungskosten in Romanshorn betragen für 12 Personen zusammen 138 sFr. Das Geld soll in Euro überwiesen werden. Wie viel muss jeder bezahlen?

8 €

Auf der Bank werden für die einzelnen Währungen Ankauf- und Verkaufskurse angegeben.

Beispiel:	Ankauf	Verkauf
100 sFr	61,10	63,50

a) Am Ende der Reise sind noch 80 sFr in der Gemeinschaftskasse. Wie viel Euro bekommt man dafür?
b) Wie groß ist der Verlust, wenn man 100 € in sFr umtauscht und diese anschließend wieder zurücktauscht?

9 €

Durch das Tauschen von Geld in verschiedenen Währungen entstehen Verluste. Mit folgenden Angaben könnt ihr berechnen wie viel Euro nach dem Ringtausch Euro – dänische Kronen – schwedische Kronen – Euro von 500 € noch bleiben.

in Deutschland:

100 €	710,50 dkr

in Dänemark:

100 dkr	125 skr

in Schweden:

100 skr	10,70 €.

Rückspiegel

1

a) Drei Dosen Mais kosten 1,77 €. Was kosten 7 Dosen?
b) Was wiegen 12 Würstchen, wenn fünf 275 g wiegen?
c) 12 Flaschen Mineralwasser kosten 4,20 €. Was kosten 11 Flaschen?
d) Ein Stoß mit 15 Brettern ist 33 cm hoch. Wie hoch ist ein Stoß mit 65 Brettern?

2

a) 100 g Wurst kosten 1,60 €. Was kosten 850 g?
b) 250 g Käse kosten 4,00 €. Wie teuer sind 325 g?
c) 500 g Gurken haben einen Kaloriengehalt von 80 Kalorien. Wie viel Kalorien hat eine 1,6 kg schwere Gurke?

3

a) 400 g Pralinen kosten 8,60 €, 600 g einer anderen Sorte 13 €.
Welches Angebot ist günstiger?
b) Familie Mohr zahlt für ihre 98 m^2 Wohnung 637 € Miete. Ihre Nachbarn zahlen für 85 m^2 Wohnfläche 595 €.
Welche Wohnung ist preisgünstiger?
c) Für 450 km hat Herr Pahl mit seinem Auto 41,4 Liter Benzin verbraucht.
Frau Lehnen fuhr mit dem Auto mit 44,2 Litern eine Strecke von 520 km.
Wer hat das sparsamere Fahrzeug?

4

Thorsten hat vor seiner Urlaubsreise auf der Bank für 500 US-Dollar 480 € bezahlt.
In den Vereinigten Staaten hat er für 392 € einen Betrag von 400 US-Dollar erhalten.
a) Wo hat Thorsten günstiger getauscht?
b) Wie viel US-Dollar hätte er vor der Reise auf der Bank für 465,60 € bekommen?

5

Wenn der Blitz einschlägt, braucht der Schall für 1000 m etwa 3 Sekunden.
Berechne, wie weit der Blitz entfernt ist, wenn du den Schall nach 7 Sekunden hörst.

6

Ergänze die Tabelle im Heft.

a)

€	1	5	20	80	150
dkr					1050

b)

Menge (kg)	1	8	17	35	110
Preis (€)			37,40		

7

In dem Schaubild ist der Zusammenhang zwischen zurückgelegtem Weg und verbrauchter Zeit dargestellt.

a) Lies ab, wie viel Kilometer in 30 Minuten; 10 Minuten; 45 Minuten zurückgelegt wurden.
b) Lies ab, wie lange der Radfahrer bei dieser Geschwindigkeit für 8 km; 16 km und 20 km braucht.
c) Zeichne selbst ein Schaubild für eine Geschwindigkeit von 16 km in einer Stunde.

8

Stelle die folgenden Tunnellängen in einem Streckendiagramm dar. (1 km soll im Diagramm 5 mm lang sein.)

Tauernbahn	8,5 km	Gotthardbahn	15,0 km
Simplonbahn	19,8 km	MT. Cenisbahn	12,2 km
Arlbergbahn	10,3 km	Moselbahn	4,2 km

9

Bei einer Befragung von 100 Arbeitern, mit welchem Verkehrsmittel sie zur Arbeit kommen, ergab sich:

Auto	38	Fahrrad	10
Bahn, Bus	43	zu Fuß	9

Stelle diese Anteile in einem Streifendiagramm dar.

X Terme mit Platzhaltern

In vielen Formularen, z. B. dem Fahrradpass oder dem Schülerausweis, wird für die Eintragungen ein Platz freigehalten. Dort sind dann Namen, Geburtsdaten und andere Zahlen einzutragen.
Auch die Tischkarte dient als Platzhalter, bis Familie Maier ins Restaurant kommt.
Im Mathematikunterricht haben wir dies auch schon kennengelernt. Für einen Rechenausdruck

wie $5 + \square = 12$
oder $\square + 3 < 9$

suchen wir für den Platzhalter $\square$ *die richtigen Zahlen.*

Viele Rechenanweisungen, z. B. die einer Telefonrechnung können mit Hilfe von Platzhaltern deutlicher ausgedrückt werden.

Multipliziere die Einheiten mit 0,052 € und addiere die Grundgebühr von 11,83 €.

$\boxed{\square \cdot 0{,}052 + 11{,}83}$

173 Einheiten → **20,83 € Rechnungsbetrag**

1 Terme mit Platzhaltern

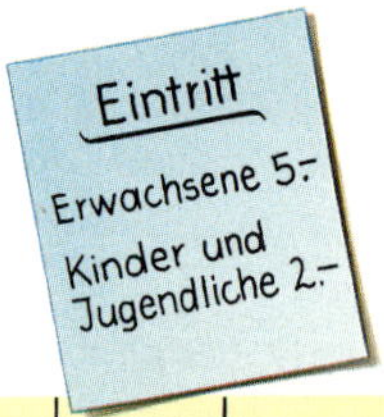

	Erwachs.	Jugendl.
Mo	12	33
Di	18	46
Mi	25	38
Do	20	51
Fr	39	32
Sa	88	112
So	125	148

1

Familie Peters besucht auf ihrem Sonntagsausflug das Freilichtmuseum.
Wie viel Euro kostet der Eintritt für die Eltern und die beiden Kinder?
Berechne die Tageseinnahmen des Museums während einer Woche. Beschreibe deine Rechnung mit Worten.

2

Denke dir eine Zahl. Verdreifache sie und addiere 37 hinzu. Subtrahiere nun das Doppelte deiner gedachten Zahl und vermehre das Zwischenergebnis um 63.
Wie heißt die Zahl?

In vielen Situationen setzen sich Berechnungen aus festen Kosten und aus veränderlichen Kosten zusammen. Die Mietpreisberechnungen eines Ferienhauses kann etwa so aussehen:

Familie	Nebenkosten	Preis pro Tag	Anzahl der Ferientage
Weber	90 €	70 €	10
Stark	90 €	70 €	14
Gruber	90 €	70 €	17

Der sich wiederholende Rechenvorgang kann in einem **Rechenausdruck** oder **Term** kürzer geschrieben werden. Für die veränderliche Größe, hier die Anzahl der Ferientage, verwendet man ein Kästchen oder einen Buchstaben. Dies nennt man einen **Platzhalter** oder eine **Variable**. Der Term für die Berechnung der Miete des Ferienhauses heißt dann:

$$90 + 70 \cdot \square \text{ bzw. } 90 + 70 \cdot x.$$

Terme sind Rechenausdrücke, in denen Zahlen, **Platzhalter** (Variablen) und Rechenzeichen vorkommen können.

Beispiele

a) $3+18$; $5+\square$; $\triangle : 7$; $2 \cdot x$; $a+b+5$; $6+a^2$ sind Beispiele für Terme.
Aber auch 3; 7; $\square$ oder x können als Terme aufgefasst werden.

b) Die monatlichen Telefonkosten der Familie Becker setzen sich aus der Grundgebühr in Höhe von 11,83 € und den Kosten der Gesprächseinheiten zu je 0,052 € zusammen.
Wenn man die Zahl der Gesprächseinheiten mit x bezeichnet, lautet der Term für die Berechnung der Telefonkosten: $11{,}83 + 0{,}052 \cdot x$.

Aufgaben

3

Was ist damit gemeint?

a) Bernd nimmt eine x-beliebige Karte.

b) Diana hat x-mal versucht, Beate telefonisch zu erreichen.

c) „Aktenzeichen XY ungelöst“.

4

Erkläre die Bedeutung.

a) Die Ameise trägt ein Vielfaches ihres Gewichtes.

b) Wer A sagt, muss auch B sagen.

c) Am Tage X.

5

Setze die Buchstaben in die Leerstellen so ein, dass möglichst viele Wörter entstehen.

□ □ G E □

6

Der Flächeninhalt eines Rechtecks lässt sich als Produkt aus Länge und Breite berechnen. Wenn man für die Länge a und für die Breite b wählt, kann man für den Flächeninhalt kurz $a \cdot b$ schreiben.

a) Die Seitenlängen a und b gehören zu einem Rechteck. Beschreibe den Umfang des Rechtecks mit a und b.

b) Die Länge einer Quadratseite sei a. Wie kann man den Umfang des Quadrats ausdrücken?

c) Die Länge einer Quadratseite sei x. Wie kann man für den Flächeninhalt des Quadrats schreiben?

d) Die Kantenlänge eines Würfels sei a. Gib die Gesamtlänge aller Kanten mit einem Term an.

7

Bilde aus den Kärtchen

a) eine Summe b) ein Produkt.

8

a) Nimm Kärtchen aus dem Termbaukasten und bilde verschiedene Terme. Du musst nicht immer alle Kärtchen verwenden.

b) Bilde Terme aus 4 Kärtchen.

c) Baue mit 5 Kärtchen aus dem Baukasten unterschiedliche Terme zusammen.

9

a) Bilde mit höchstens 4 Kärtchen aus dem Termbaukasten eine Summe, eine Differenz, ein Produkt und einen Quotienten.

b) Bilde mit mindestens 5 Kärtchen 10 verschiedene Terme.

c) Bilde 3 Terme, in denen $+, -, \cdot, :$ zusammen vorkommen.

10

Wofür stehen jeweils die Buchstaben?

a) Umfang eines Dreiecks: $a + b + c$

b) Umfang einer Raute: $4 \cdot x$

c) Umfang eines Parallelogramms: $2 \cdot a + 2 \cdot b$

d) Oberfläche eines Würfels: $6 \cdot a \cdot a$

e) Volumen eines Quaders: $a \cdot b \cdot c$

11

Drücke □ mit einem Term aus.

a)
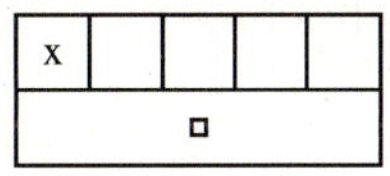

b)
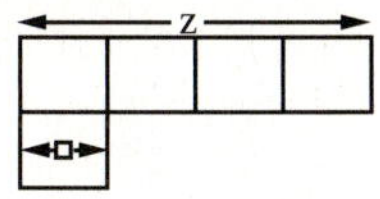

c)
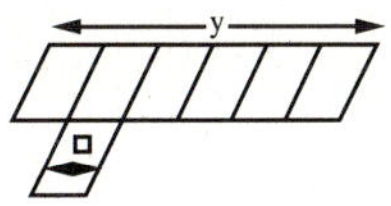

d)
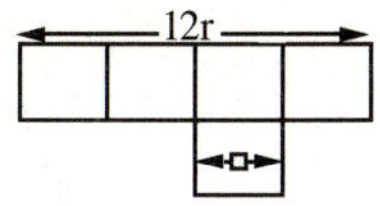

12

Was drückt der Term aus? Wofür steht der Buchstabe?

Beispiel: „Peter ist 2 Jahre jünger als Ute.“ Der Term y–2 drückt das Alter von Peter aus, der Buchstabe y das Alter von Ute.

a) Gerd ist 5 Jahre älter als Yaşar: $y + 5$.

b) Arno ist dreimal so groß wie Britta: $t \cdot 3$.

c) Sara hat fünfmal mehr Münzen als Geldscheine bei sich: $5 \cdot y$.

d) Wim besitzt 10 Gänse weniger als Hühner: $x - 10$.

e) Vater wiegt doppelt so viel wie Anna und noch 8 kg dazu: $2 \cdot x + 8$.

13

Ordne die Terme den Sätzen zu und erkläre die Bedeutung des Platzhalters. $x + 3$ | $3 \cdot y$ | $z - 5$ | $a + 18$ | $b \cdot 5$ | $60 + x$ | $a : 2$ | $2 \cdot y + 60$

a) Der Schlot ist 18 m höher als der Turm.

b) Melanie ist halb so alt wie Yvonne.

c) Das Päckchen wiegt 5 kg weniger als das Paket.

d) Heinz besitzt dreimal so viele Briefmarken wie Andreas.

e) Die Hütte ist fünfmal so lang wie breit.

f) Tina hat 60 € mehr gespart als Jens.

g) Tonio ist 3 Jahre älter als Axel.

h) Marina besitzt 60 € mehr als doppelt so viel wie Lars.

2 Berechnen von Termwerten

1

Zum Abschätzen der Entfernung eines Gewitters zählt man die Sekunden, die zwischen Blitz und dem folgenden Donner liegen. Vergeht eine Sekunde, dann ist der Ort des Blitzeinschlags etwa 330 m entfernt. Berechne die Entfernungen für 2 s, 3 s, ... mit dem Term $330 \cdot t$ in einer Tabelle. Der Platzhalter t steht für die Zeit.

2

Der Notendurchschnitt von drei Tests lässt sich mit dem Term $\frac{a+b+c}{3}$ ermitteln. Welche Durchschnittsnote ergibt sich aus den Einzelnoten 2, 2 und 3?

t	1	2	3	4	5
$330 \cdot t$	330	□	□	□	□

Setzt man für die Platzhalter in einem Term Zahlen ein, erhält man als Ergebnis wiederum eine Zahl. So hat der Term $3 + a$ für $a = 10$ den Wert 13.
Sollen in einem Term wiederholt Zahlen eingesetzt und dessen Wert berechnet werden, benutzt man zur besseren Darstellung eine **Wertetabelle**.

Beim Berechnen von Termen gelten somit auch die bekannten „Vorfahrtsregeln“:
Was in Klammern steht, wird zuerst berechnet.
Terme mit Hochzahlen vor Punktrechnung.
Punktrechnung vor Strichrechnung.

Werden die Platzhalter in einem Term durch Zahlen ersetzt, lässt sich der Wert des Terms berechnen.

Beispiele

a) $4 \cdot x + 3 \cdot (x + 5)$ für $x = 2$
$= 4 \cdot 2 + 3 \cdot (2 + 5)$
$= 8 + 21$
$= 29$

b) $6 \cdot x^2 + x$ für $x = 3$
$= 6 \cdot 3^2 + 3$
$= 6 \cdot 9 + 3$
$= 57$

In einem Term können verschiedene Platzhalter vorkommen.

c) $3 \cdot x + 4 \cdot y$ für $x = 5$ und $y = 2$
$= 3 \cdot 5 + 4 \cdot 2$
$= 15 + 8$
$= 23$

d) $2 \cdot a + 3 \cdot b + 4 \cdot c$ für $a = 5$, $b = 6$, $c = 7$
$= 2 \cdot 5 + 3 \cdot 6 + 4 \cdot 7$
$= 10 + 18 + 28$
$= 56$

Auf Klammern musst du besonders achten.

e) $4 \cdot x + 3 \cdot (x - 1)$ für $x = 5$
$= 4 \cdot 5 + 3 \cdot (5 - 1)$
$= 20 + 3 \cdot 4$
$= 32$

f) $3 \cdot x + (y - 5)$ für $x = 7$ und $y = 8$
$= 3 \cdot 7 + (8 - 5)$
$= 21 + 3$
$= 24$

Beachte: Für gleiche Platzhalter in einem Term muss dieselbe Zahl eingesetzt werden.
$(x + 5 \cdot y) + x - y$ ergibt für $x = 10$ und $y = 8$
$= (10 + 5 \cdot 8) + 10 - 8$
$= 10 + 40 + 10 - 8 = 52$

x	2·x	9·x	9+2·x
1			
3			
5			
4			
6			
$\frac{1}{2}$			
$\frac{3}{4}$			

Aufgaben

3

Setze nacheinander die Zahlen 1, 2, 3, . . , 10 für x ein und berechne jeweils den Wert des Terms mit Hilfe einer Wertetabelle wie im Beispiel:

x	1	2	3	4	5	6	7	8	9	10
$2\cdot x+1$	3	5	7	9	11	13	15	17	19	21

a) $x+2$
b) $26-x$
c) $7\cdot x$
d) $x\cdot 25$
e) $x\cdot(5+x)$
f) $x+3\cdot x$

4

Berechne den Wert des Terms für die Zahlen 3, 4, 5, 8, 12 mit Hilfe einer Wertetabelle.

a) $x+4$
b) $4\cdot x$
c) $16+x$
d) $x\cdot 12$
e) $x\cdot(x+11)$
f) $3\cdot x+x$

5

Setze die Zahlen 4, 5, 6, 10, 20 in die Terme ein und berechne jeweils den Wert.

a) $y-2$
b) $22-y$
c) $y-3{,}5$
d) $(35-y)-1$
e) $100-y-y$
f) $2\cdot y-6$

6

Berechne den Wert des Terms
$3\cdot x-2\cdot x+1-x$
für $x=2$, $x=7$, $x=17$, $x=729$.
Was fällt dir auf?

7

Setze in die Terme $z+4$, $z:2$, $z:\frac{1}{2}$, $1:z$ ein und berechne.

a) $z=4$
b) $z=100$
c) $z=12$
d) $z=1\,000$
e) $z=\frac{1}{3}$
f) $z=\frac{3}{4}$

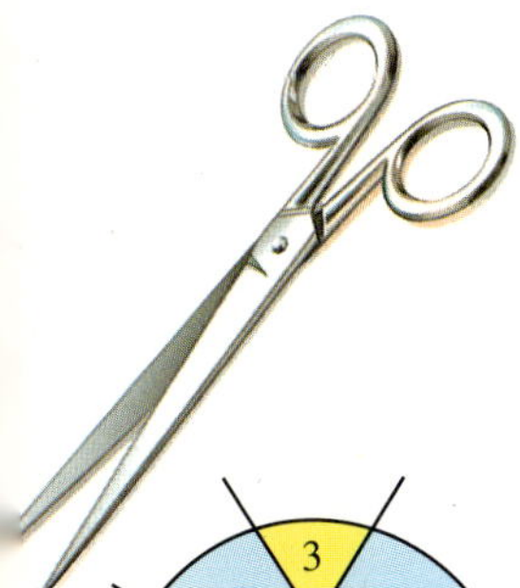

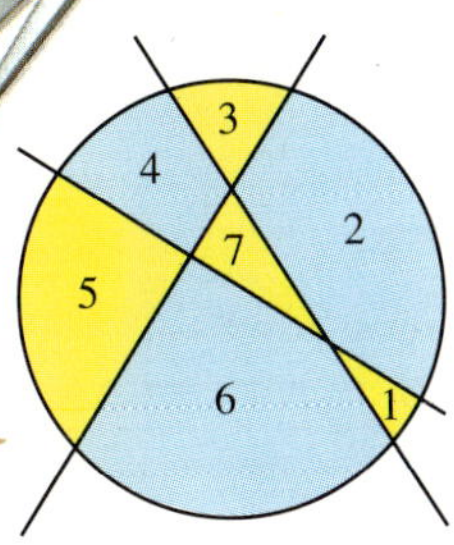

8

Trage in die Tabelle für x und y alle natürliche Zahlen mit der Summe 20 ein. Für welches Zahlenpaar hat das Produkt $x\cdot y$ den größten Wert?

x	y	x·y
1	19	19
2	18	36

9

Setze für x die Zahl 2 und für y die Zahl 3 ein und berechne den Term.

a) $2\cdot x+3\cdot y$
b) $2\cdot y+3\cdot x$
c) $3\cdot x-2\cdot y$
d) $3\cdot y-2\cdot x$
e) $2\cdot(x+y)$
f) $3\cdot(2\cdot x-y)$
g) $2\cdot(3\cdot x+y)$
h) $3\cdot(2\cdot y-x)$

10

Für welche Einsetzungen ist der Wert des Terms $6\cdot x+5\cdot y$ durch 7 teilbar?

a) $x=3;\ y=2$
b) $x=1;\ y=10$
c) $x=4;\ y=1$
d) $x=4;\ y=5$
e) $x=8;\ y=3$
f) $x=5;\ y=13$

11

Setze ein und bestimme den Wert des Terms $5+q\cdot(p+3)$.

a) $p=2; q=1$
b) $p=1; q=2$
c) $p=3; q=3$
d) $p=3; q=4$
e) $p=0{,}5; q=2$
f) $p=3{,}5; q=0$

12

Welche natürlichen Zahlen x und y muss man in den Term $7\cdot x+11\cdot y$ einsetzen, um den Wert 100 zu erhalten? Lege eine Tabelle an.

x	y	7·x	11·y	7·x + 11·y
1	1	7	11	18
2	1	14	11	25

13

Ein Kreis wird durch Geraden in Teile zerlegt (siehe Rand). Schneiden sich die Schnittlinien und verlaufen dabei nicht durch schon bestehende Schnittpunkte, so lässt sich die Anzahl der Teile mit dem Term $\frac{n^2+n}{2}+1$ ausdrücken.
Die Anzahl der Geraden ist dabei n. Berechne die jeweilige Anzahl der Teile.

Anzahl der Geraden	1	2	3	4	5	6
Anzahl der Teile	2	4				

Auf dem Rand siehst du eine Möglichkeit, deine Ergebnisse recht praktisch nachzuprüfen.

14

Berechne die Summe aller Kantenlängen des Körpers durch Einsetzen in den angegebenen Term.

a) $8 \cdot a + 4 \cdot b$

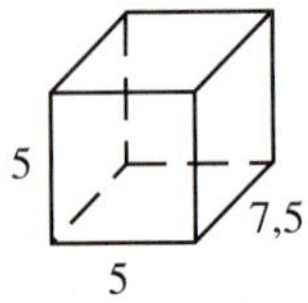

b) $4 \cdot a + 4 \cdot b + 4 \cdot c$

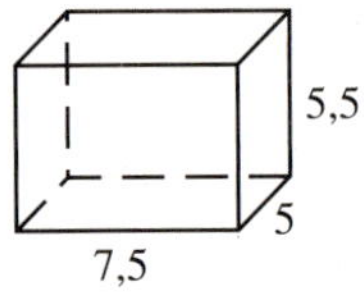

c) $6 \cdot a + 3 \cdot b$

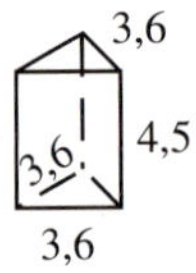

d) $8 \cdot a + 4 \cdot b + 5 \cdot c$

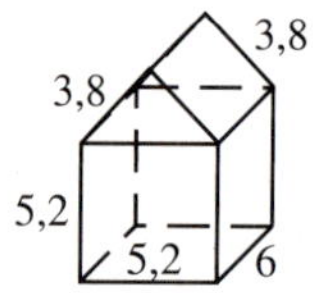

e) $4 \cdot a + 4 \cdot s$

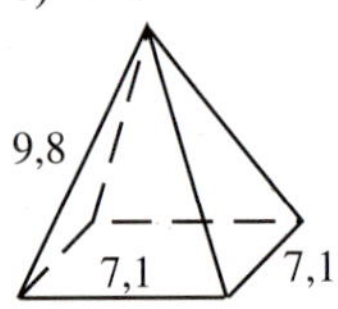

f) $6 \cdot a + 6 \cdot s$

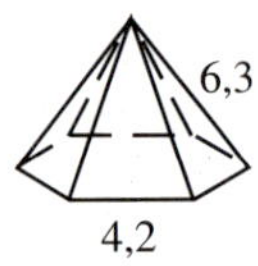

15 €

Die Stromrechnung setzt sich aus der Grundgebühr und den Verbrauchskosten zusammen:
Grundgebühr pro Monat: 19,25 €,
Preis je Kilowattstunde: 10,3 ct.
Der Rechungsbetrag für den Jahresverbrauch lässt sich mit dem Term $19{,}25 \cdot 12 + 0{,}103 \cdot x$ berechnen.
Fertige eine Kostentabelle an für den Verbrauch von 350 kWh bis 450 kWh.

kWh	350	360	370	380	...
€	...	...	...	...	...

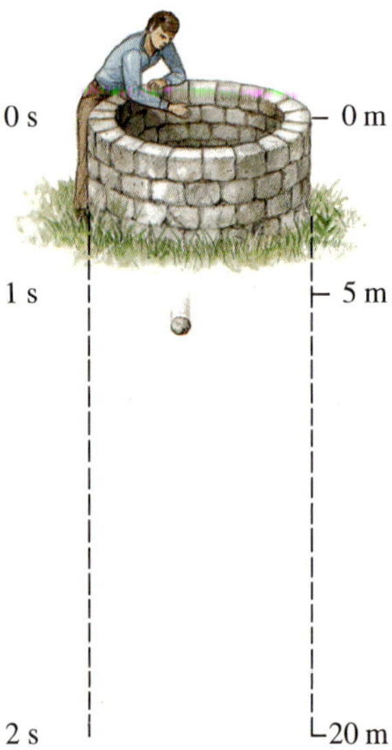

16

Um die Höhe eines Turmes oder die Tiefe eines Brunnens näherungsweise zu bestimmen, wird die Fallzeit eines Steines vom Abwurf bis zum Aufschlag in Sekunden gemessen. Berechne mit dem Term $\frac{1}{2} \cdot 10 \cdot t^2$ die Fallhöhe in m für verschiedene Fallzeiten t.

Beispiel: $t = 1$ s $\quad \frac{1}{2} \cdot 10 \cdot 1 \cdot 1 = 5$ (m)

a) $t = 2$ s b) $t = 3$ s c) $t = 4$ s
d) $t = 5$ s e) $t = 1{,}5$ s f) $t = 2{,}5$ s
g) $t = 3{,}5$ s h) $t = 0{,}5$ s i) $t = 1{,}8$ s

17

Die Einnahmen eines Wildparks bestehen aus Eintrittsgeldern und dem Verkauf von Futter. Berechne die Einnahmen für jeden Wochentag mit Term $2{,}5 \cdot x + 5 \cdot y + 1{,}5 \cdot z$.

	Mo	Di	Mi	Do	Fr	Sa	So
Kinder (2,50 €) x	18	24	22	68	32	86	82
Erwachsene (5,00 €) y	32	38	42	24	42	92	78
Futter (1,50 €) z	11	18	16	32	24	36	42
Einnahmen							

18

Setze ein und berechne. Vergleiche die Ergebnisse der 4. und 5. Zeile mit den beiden darüberliegenden Zeilen.

a	2	5	9	15	20	25
$7 \cdot a$						
$3 \cdot a$						
$10 \cdot a$						
$4 \cdot a$						

19

Berechne. Was fällt dir auf?

x	3	7	10	6	20
y	2	5	8	12	25
$4 \cdot x$					
$5 \cdot y$					
$20 \cdot x \cdot y$					

3 Aufstellen von Termen

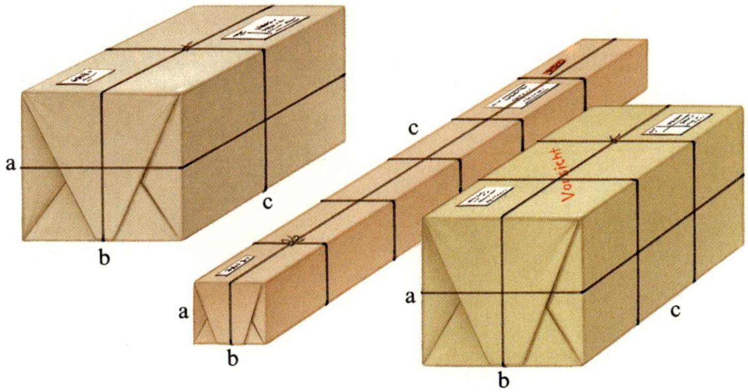

1
Drei Pakete sollen wie in der Abbildung unterschiedlich verschnürt werden. Bezeichnet man die Höhe mit a, die Breite mit b und die Länge mit c, lässt sich die benötigte Länge der Paketschnur (ohne Knoten) mit Termen ausdrücken:

$6 \cdot a + 6 \cdot b + 4 \cdot c$
$4 \cdot a + 4 \cdot b + 4 \cdot c$
$12 \cdot a + 10 \cdot b + 2 \cdot c$

Welcher Term gehört zu welcher Verpackung?

2
Multipliziere das Dreifache einer Zahl mit 5, subtrahiere davon 10 und verdopple das Ergebnis. Beschreibe die Rechenvorschrift mit einem Term.

Um eine Rechenvorschrift wie „Addiere zum Doppelten einer Zahl die Zahl 3 und dividiere dann das Ergebnis durch 4" in einem Term auszudrücken, geht man schrittweise vor. Zuerst wird für die gesuchte Zahl oder Größe ein Platzhalter festgelegt. Anschließend überträgt man die Rechenvorschriften in mathematische Schreibweise:

Bezeichne die gesuchte Zahl mit einem Platzhalter	x
Verdopple die Zahl	$2 \cdot x$
Addiere die Zahl 3	$2 \cdot x + 3$
Dividiere das Ergebnis durch 4	$(2 \cdot x + 3) : 4$

Ein Term wird aufgestellt, indem man
1) Platzhalter für unbekannte Zahlen oder Größen festlegt
2) Platzhalter und Zahlen durch Rechenzeichen in der richtigen Reihenfolge verbindet.

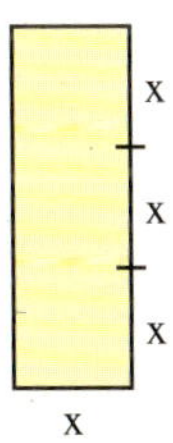

Beispiele

a) Der Umfang eines Rechtecks, das dreimal so lang wie breit ist, lässt sich als Term schreiben.

Breite des Rechtecks	x
Länge des Rechtecks	$3 \cdot x$
Umfang des Rechtecks	$(3 \cdot x + x) \cdot 2$

b) Addiere zu einer Zahl das Vierfache einer zweiten Zahl und dividiere das Ergebnis durch 3.

Die gesuchte erste Zahl	x
Das Vierfache der zweiten Zahl	$4 \cdot y$
Die Summe daraus	$x + 4 \cdot y$
Division durch 3	$(x + 4 \cdot y) : 3$

Aufgaben

3
Schreibe als Term.
a) Die Hälfte einer Zahl.
b) Der vierte Teil einer Zahl.
c) Die Summe aus einer Zahl und 3.
d) Die Summe aus 8 und einer Zahl.

4
Stelle einen Term auf.
a) Addiere eine Zahl mit der Zahl 7.
b) Subtrahiere von einer Zahl die Zahl 10.
c) Multipliziere eine Zahl mit 12.
d) Dividiere eine gesuchte Zahl durch 15.

5
Schreibe als Term.
a) Verdopple die Summe von x und 4.
b) Verdopple die Differenz aus 9 und a.
c) Halbiere die Summe von x und 1.
d) Halbiere das Produkt aus z und 5.
e) Verdreifache den Quotienten aus a und y.

6
Drücke mit einem Term aus.
a) Addiere zur Summe aus der Zahl 2 und x die Zahl 10.
b) Addiere zur Differenz aus y und 3 die Zahl 10.
c) Subtrahiere die Zahl 9 vom Produkt aus x und z.
d) Multipliziere das Produkt aus x und 5 mit a.
e) Dividiere die Summe aus $3 \cdot a$ und z durch 4.
f) Addiere zum Produkt aus a und $\frac{1}{2}$ die Summe aus 7 und y.

7
Stelle den Term auf.
a) Füge zur Hälfte einer Zahl das Fünffache einer anderen Zahl hinzu.
b) Vermindere das Doppelte einer Zahl um das Dreifache einer anderen Zahl und subtrahiere anschließend 10.
c) Vergrößere das Dreifache einer Zahl um die Differenz dieser Zahl und 5.
d) Verdopple eine Zahl. Addiere dazu das Dreifache der um 1 verminderten Zahl.

8
Durch welchen Term lassen sich die Rechenausdrücke beschreiben?

Beispiel:
$8 \cdot 2 + 7$
$11 \cdot 2 + 3$
$15 \cdot 2 + 10$
$\vdots \quad \vdots \quad \vdots$
$x \cdot 2 + y$

a) $10 : 2 + 3$, $17 : 2 + 3$, $55 : 2 + 3$
b) $9 \cdot 5 + 9$, $12 \cdot 5 + 12$, $137 \cdot 5 + 137$
c) $18 \cdot 18 - 8$, $26 \cdot 26 - 8$, $51 \cdot 51 - 8$
d) $11 \cdot (109 - 11)$, $11 \cdot (217 - 11)$, $11 \cdot (318 - 11)$
e) $4 \cdot 6 + 3 \cdot 9$, $4 \cdot 9 + 3 \cdot 2$, $4 \cdot 15 + 3 \cdot 10$

„Übersetzungshilfen“

addieren, hinzufügen, vermehren	+
subtrahieren, abziehen, vermindern	−
multiplizieren, vervielfachen	·
dividieren, teilen	:
die Hälfte, halbieren	:2
der □. Teil	: □
das □fache	· □
um □ größer, vergrößert um □	+ □
um □ kleiner, vermindert um □	− □
Summe	□ + □
Differenz	□ − □
Produkt	□ · □
Quotient, Bruch	$\frac{□}{□}$

9
Stelle für den Umfang der Figur einen Term auf.

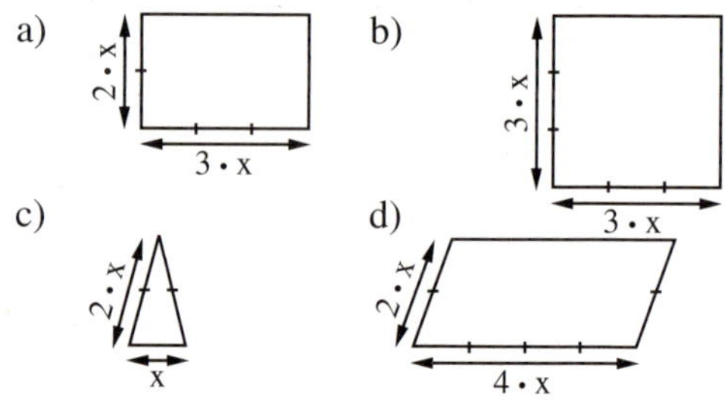

10
Stelle für die Summe aller Teilstrecken einen Term auf.

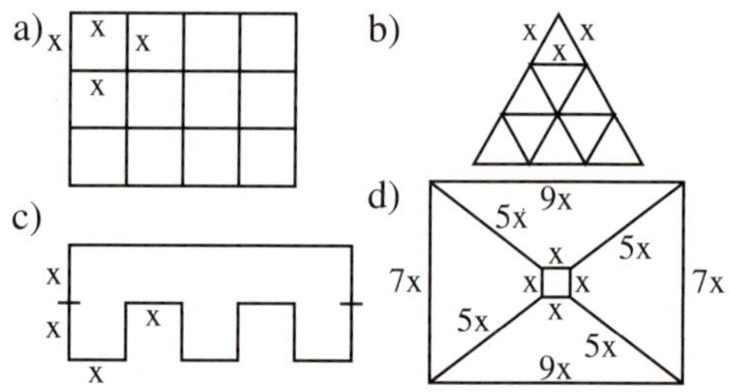

11 €
Die Kosten für Wasser und Abwasser eines Haushalts setzen sich zusammen aus
– der jährlichen Grundgebühr 38,50 €
– Frischwasser pro Kubikmeter 2,02 €
– Abwasser pro Kubikmeter 1,53 €
Die Abwassermenge ist ebenso groß wie die Frischwassermenge.
a) Stelle einen Term für die jährlichen Wasserkosten auf.
b) Berechne die Kosten für 200 m^3, 210 m^3, 220 m^3, …, 300 m^3.

12
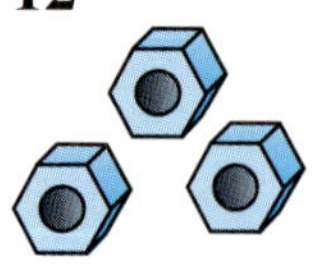

In einer Firma, die Stahlmuttern herstellt, produziert eine Maschine 350 Stück in der Stunde.
a) Stelle einen Term auf, mit dem man für x Maschinen und y Stunden die Gesamtproduktion angeben kann.
b) Berechne die Stückzahlen für

x	4	8	12	8
y	8	8	8	12

4 Vermischte Aufgaben

x	y	z
x+y	x–y	x–z
x·z	x·y	x·z+y·z

1

Übertrage die Tabellen und setze ein.

a)

8	5	2
□	□	□
□	□	□

b)

14	□	4
26	□	□
□	□	□

c)

12	□	□
20	□	□
60	□	□

d)

□	□	4
□	2	□
36	□	□

2

Berechne die Terme.

x	y	5 + x	10 − y	5·x + 10·y	5 + x + 10·y
2	6				
4	3				
6	1,5				
0,1	2,5				

3

Setze in den Term 30 : x für x nacheinander die Zahlen 1, 2, . . ., 15 ein.
Wann geht die Divisionsaufgabe auf?

4

Übersetze in einen mathematischen Term:

a) Das Fünffache einer Zahl.
b) Das Quadrat einer Zahl.
c) Die Differenz zweier Zahlen.
d) Die Summe aus dem Dreifachen einer Zahl und 15.
e) Die Summe aus einer Zahl und ihrem Doppelten.
f) Addiere zu 2·x das Produkt aus 5·a und 4·b.

5

Gib je einen Term für den Umfang der Flächen an.

a)

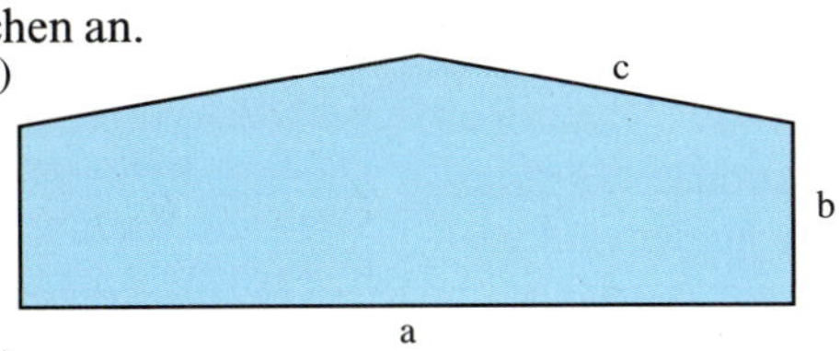

b)

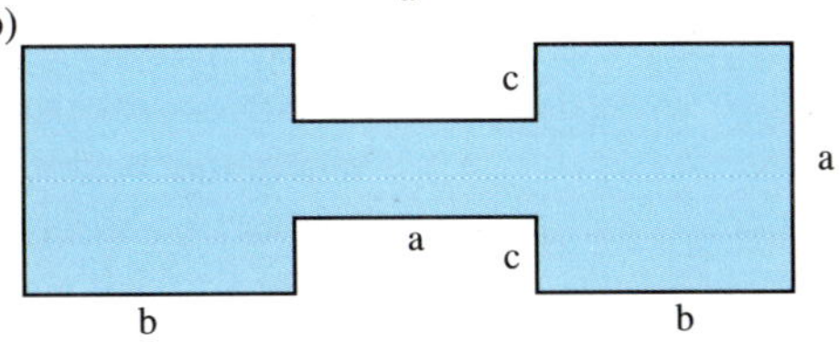

6

Gib je einen Term für den Flächeninhalt der Figuren an.

a)

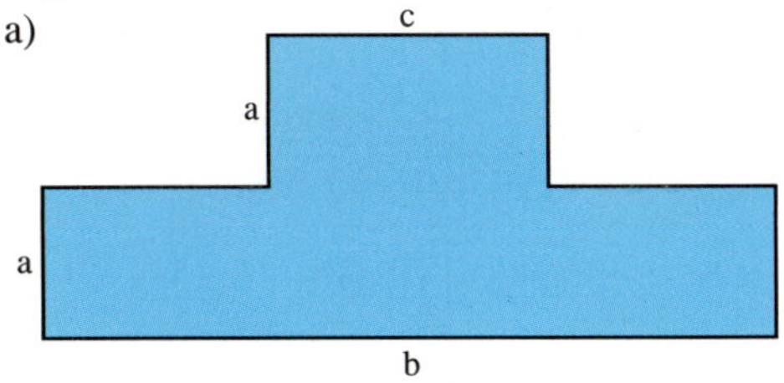

b)

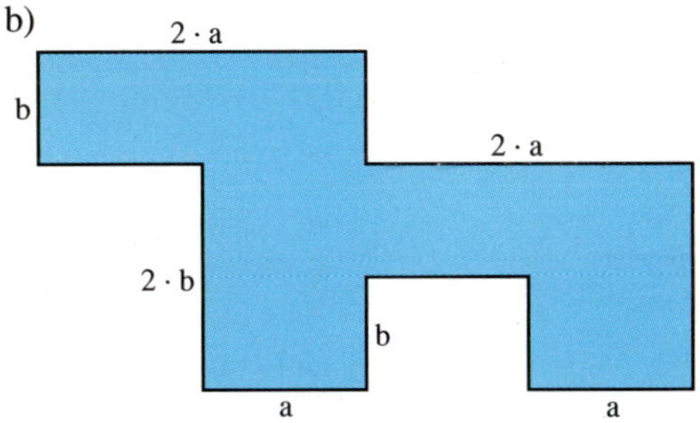

Das Termspiel
(je Gruppe 3 bis 6 Personen)

Herstellung des Spiels: Jeder Schüler stellt drei Quartette her. Er schreibt auf vier Karten (z. B. 5 cm breit und 6 cm lang) Rechnungen, die jeweils durch den gleichen Term beschrieben werden können:

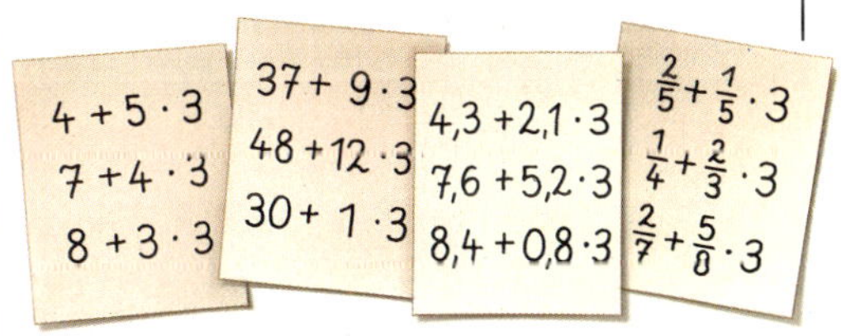

Dies ist ein Quartett für den Term x + y·3.

Spielanleitung: Die Karten werden gemischt und gleichmäßig an die Spielerinnen und Spieler einer Gruppe verteilt. Ein Spieler beginnt, indem er einen seiner Mitspieler nach einer Karte mit einem bestimmten Term fragt. Den Term muss er, so wie seine Mitspieler, aus der Art der Rechnungen entnehmen. Sollte der Mitspieler die Karte haben, muss er sie abgeben, sonst kann er die nächste Frage stellen. Gewinner ist, wer am Ende die meisten Quartette besitzt.

7

Beschreibe mit Worten; vgl. Seite 222, Aufgaben 5 bis 7.

a) $2 \cdot x + 2 \cdot y$ b) $x : 2 - x : 3$
c) $x^2 - y^2$ d) $3 \cdot x - 2 \cdot y$
e) $2 \cdot x + 5$ f) $8 + 4 \cdot x$
g) $5 \cdot x - 4 + 2 \cdot y$ h) $2 \cdot x + x^2 + 2$

8

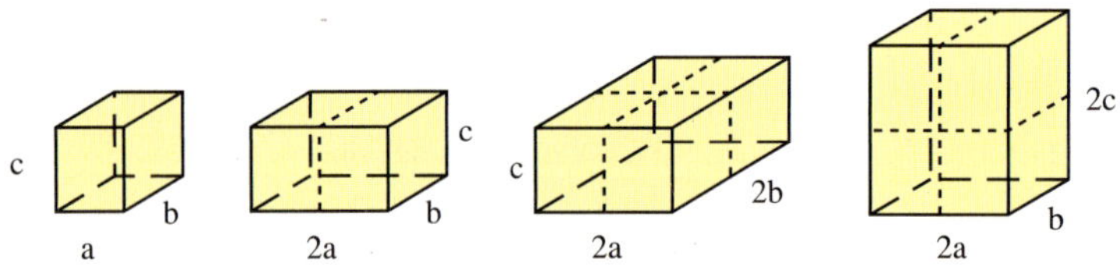

a) Drücke die gesamte Kantenlänge jedes Quaders mit einem Term aus.
b) Gib die Oberfläche jedes einzelnen Quaders mit einem Term an.
c) Wie lauten die Terme für die Rauminhalte der vier Quader?

9

Axel und Nina haben den Vorverkauf für eine Aufführung des Schulchors übernommen. Erwachsene zahlen 6 €, Schüler 3 €, und das Programmheft kostet 1,50 €.
a) Sie notieren sich einen Term, mit dessen Hilfe sie alle Möglichkeiten berechnen können.
b) Welche Geldbeträge haben sie an den einzelnen Tagen eingenommen?

	Erwachsene	Schüler	Programmhefte
Freitag	12	5	3
Samstag	9	11	8
Sonntag	17	20	12

10

Bücher mit einem Gewicht von je 350 g werden in einen Karton verpackt, der ein Leergewicht von 450 g hat.
a) Gib einen Term für das Gesamtgewicht bei x Büchern an.
b) Berechne das Gesamtgewicht für acht Bücher.
c) Das Gesamtgewicht beträgt 4,65 kg. Wie viele Bücher sind im Karton enthalten?

11

Den Mittelwert mehrerer Zahlen a, b, c ... erhält man, indem man ihre Summe durch ihre Anzahl n dividiert. Für den Mittelwert zweier Zahlen gilt daher der Term $\frac{a+b}{2}$.
a) Stelle einen Term für die Mittelwertberechnung von 3 Zahlen auf.
b) Wie heißt der Term, wenn der Mittelwert von 4 Zahlen bestimmt werden soll?
c) Berechne jeweils den Mittelwert von
3; 10   5; 12,6   15; 76   4,2; 1,7
4; 5; 9   25; 27; 29   3,5; 2,2; 3,6

12

Setze ein und berechne.

x	7	19	30	2,5	0,5	1,8
$12 \cdot x$						
$8 \cdot x$						
$4 \cdot x$						
$20 \cdot x$						

Kleine Knobeleien

Berechne den Wert des Terms $x^2 + x + 11$ für $x = 1, 2, 3, \ldots$ Für welchen Wert von x ergibt sich erstmals eine Zahl, die keine Primzahl ist?

Beginne mit einer beliebigen natürlichen Zahl x als Startzahl und rechne dann nach folgender Regel:
Ist x gerade, dann berechne $\frac{x}{2}$. Ist x aber ungerade, dann berechne $3 \cdot x + 1$.
Verfahre mit dem Ergebnis immer wieder wie mit der Startzahl. Was beobachtest du?

€ Stelle jeweils einen Term auf und löse durch Probieren. Gibt es mehrere Möglichkeiten?
a) Ein Kleinlastwagen hat 50 kg schwere Kartons und 70 kg schwere Kisten geladen. Die Last wiegt insgesamt 860 kg.
Wie viele Kartons und Kisten sind geladen?
b) Frau Beckers und Herr Kraus kaufen zusammen auf dem Markt Möhren, das kg zu 1,40 €, und Äpfel, das kg zu 1,60 €.
Frau Beckers bezahlt mit einem 50-Euro-Schein und bekommt 33,40 € zurück.
Wie viel kg Möhren und wie viel kg Äpfel tragen sie nach Hause?

Rückspiegel

1
Der Umfang von Flächen lässt sich durch Terme ausdrücken. Was bedeuten jeweils die Platzhalter?
a) Quadrat: $4 \cdot a$
b) Rechteck: $2 \cdot a + 2 \cdot b$
c) Regelmäßiges Sechseck: $6 \cdot x$

2
Gib □ mit einem Term an.

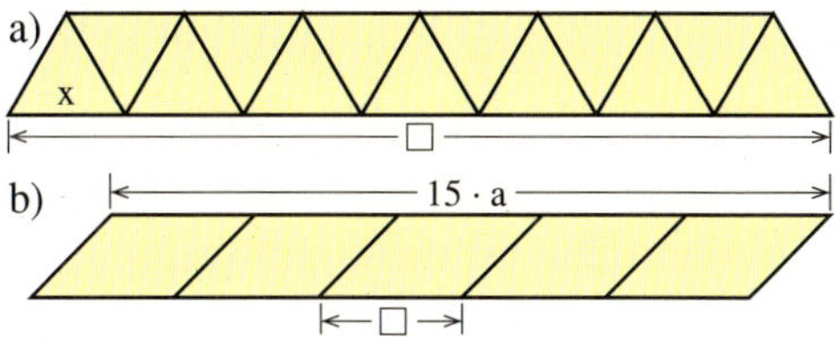

3
Übertrage die Tabelle ins Heft und berechne die Werte der Terme.

x	y	$x+y$	$2\cdot x-y$	$x^2+2\cdot y$	$x\cdot(2\cdot x+y)$
2	1				
8	5				
1,5	2				
2,5	0,5				

4
Setze nacheinander die Zahlen 3, 2, 1 und 0 ein und berechne den Wert des Terms.
a) $2\cdot x+5$ b) $4+3\cdot x$ c) $6\cdot x-2\cdot x$
d) $3\ x^2+x$ e) $10-(5-x)$ f) $4\cdot x+(4-x)$

5
Ersetze die Platzhalter und berechne den Wert des Terms: $x+5\cdot(y-4)$
a) $x=3;\ y=5$ b) $x=9;\ y=4$
c) $x=1,5;\ y=10$ d) $x=0,25;\ y=4,25$
e) $x=\frac{1}{3};\ y=4\frac{1}{3}$ f) $x=2,5;\ y=9,5$

6
Gib die gesamte Kantenlänge des Körpers mit einem Term an.

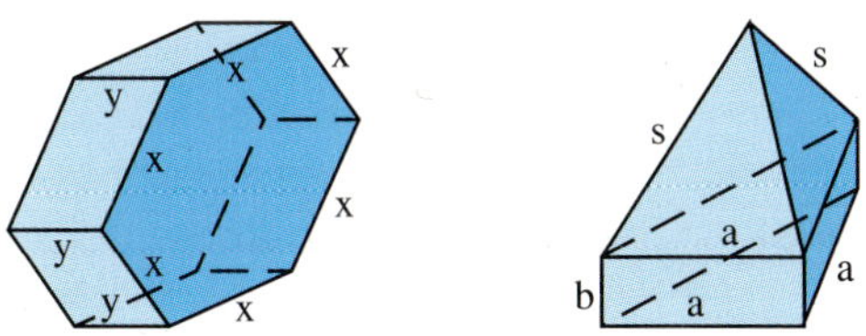

7
Gib den Umfang der Flächen mit einem Term an.

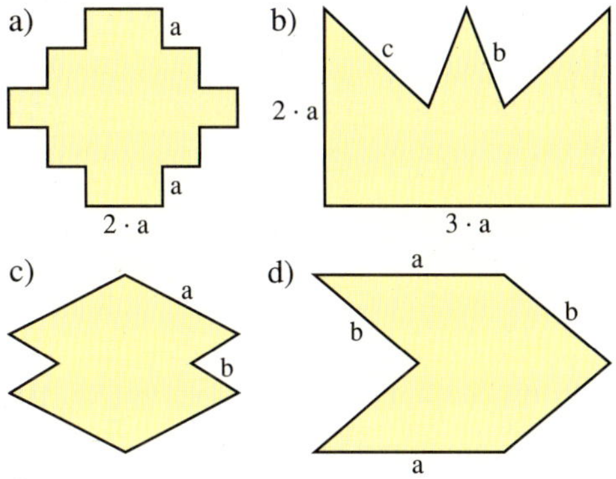

8
Drücke mit einem Term aus.
a) Die Summe aus dem Vierfachen einer Zahl und dem Dreifachen der Zahl.
b) Die Differenz des Fünffachen einer Zahl und ihrem Quadrat.
c) Der Quotient aus einer Zahl und 5.
d) Das Produkt aus dem Doppelten einer Zahl und dem Dreifachen einer zweiten Zahl.

9
Gib jeweils einen Term für den Umfang eines Quadrats an, wenn dessen Seitenlänge x
a) verdoppelt b) verdreifacht
c) um die Strecke a verlängert wird.

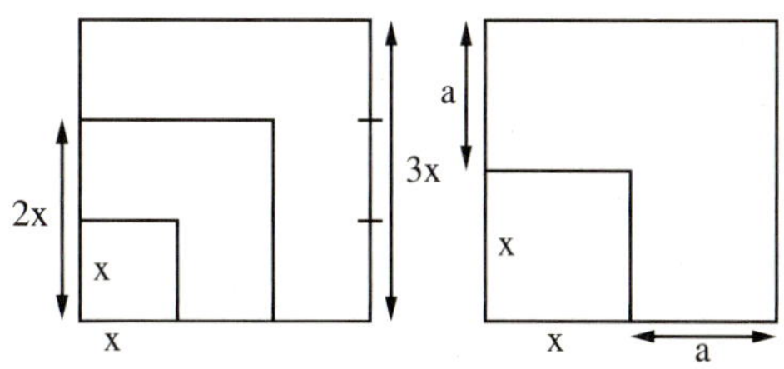

10
Die Entwicklung eines Films mit 36 Aufnahmen kostet 1,60 €. Von jedem Bild wird ein Abzug hergestellt.
a) Gib den Gesamtpreis an, wenn ein Abzug x Euro kostet.
b) Berechne den Gesamtpreis für die Formate 7 × 10 mit 0,29 € je Bild und 9 × 13 mit 0,39 € je Bild.

Lösungen

Rückspiegel, Seite 34

1
Zeichnen von Kreisen.

2
Zeichnen von Kreisen im Quadratgitter.

3
Zeichnen von Kreismustern.

4

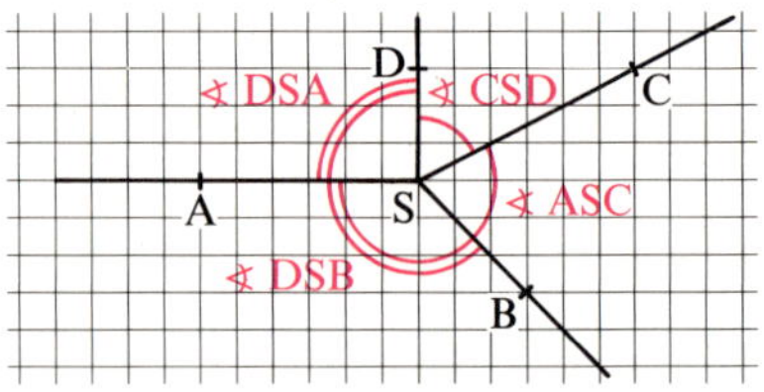

5

$\alpha = \sphericalangle$ BAS $\beta = \sphericalangle$ CBA
$\gamma = \sphericalangle$ DSC $\delta = \sphericalangle$ SDC
$\varepsilon = \sphericalangle$ BSC $\varphi = \sphericalangle$ CSD

6
Zeichnen von Winkeln.

7
a) $\alpha = 65°$, spitz; $\beta = 21°$, spitz; $\gamma = 94°$, stumpf
b) $\alpha = 155°$, stumpf; $\beta = 75°$, spitz; $\gamma = 90°$, rechter Winkel; $\delta = 40°$, spitz.

8
a) $\alpha = 66°$, $\beta = 66°$, $\gamma = 114°$, $\delta = 114°$
b) $\alpha = 54°$, $\beta = 54°$, $\gamma = 126°$, $\delta = 54°$

9

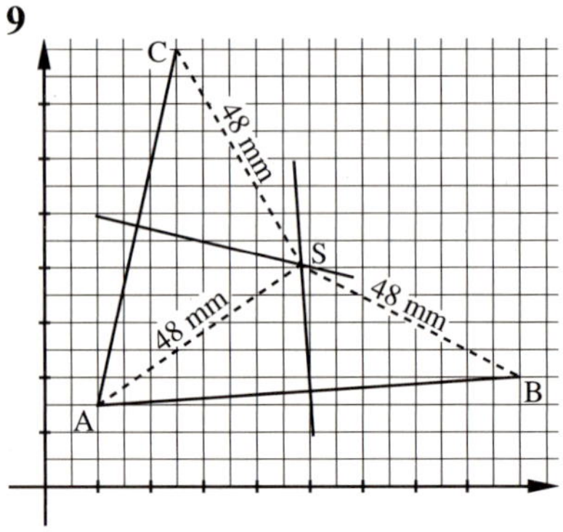

10

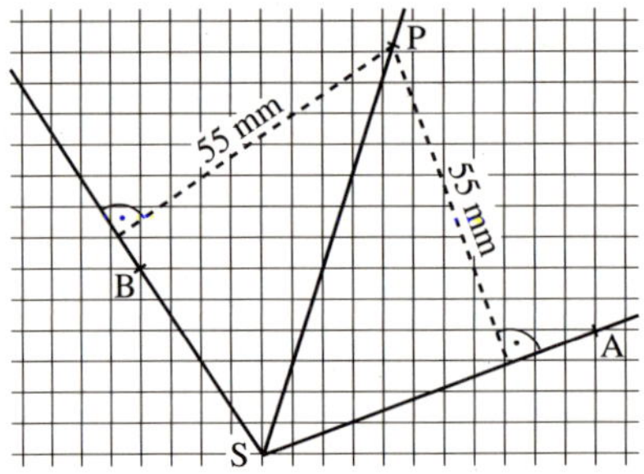

Rückspiegel, Seite 54

1
a) 1, 2, 3, 4, 6, 12 b) 1, 2, 4, 8, 16
c) 1, 2, 3, 6, 9, 18 d) 1, 2, 4, 7, 14, 28
e) 1, 2, 3, 4, 6, 9, 12, 18, 36
f) 1, 2, 3, 4, 6, 8, 12, 16, 24, 48
g) 1, 2, 29, 58 h) 1, 2, 4, 8, 16, 32, 64
i) 1, 2, 3, 4, 6, 8, 9, 12, 18, 24, 36, 72

2
a) 7, 14, 21, 28, 35, ...
b) 9, 18, 27, 36, 45, ...
c) 13, 26, 39, 52, 65, ...
d) 15, 30, 45, 60, 75, ...
e) 17, 34, 51, 68, 85, ...
f) 19, 38, 57, 76, 95, ...
g) 23, 46, 69, 92, 115, ...
h) 27, 54, 81, 108, 135, ...
i) 31, 62, 93, 124, 155, ...

3
a) ja b) ja c) ja d) ja

4
a) ja b) ja c) ja d) ja

5
a) 15, 75, 755, 775
b) 75, 125, 225, 775, 1025

6
a) 24, 44, 72, 104
b) 96, 112, 368, 648, 1008

7
a) 18, 51, 123, 234, 2121
b) 108, 459, 630, 711, 2304

8
a) 78, 114, 264, 636, 3210
b) 180, 372, 540, 1188

9
a) 2 oder 8 b) 0, 3, 6 oder 9 c) nur 0
d) 2, 5 oder 8 e) nur 8 f) 0, 3, 6 oder 9
g) 2, 5 oder 8 h) nur 0 i) 3, 6 oder 9

10
41, 61, 53, 73, 97

11
a) $60 = 2 \cdot 2 \cdot 3 \cdot 5$
b) $126 = 2 \cdot 3 \cdot 3 \cdot 7$
c) $252 = 2 \cdot 2 \cdot 3 \cdot 3 \cdot 7$
d) $336 = 2 \cdot 2 \cdot 2 \cdot 2 \cdot 3 \cdot 7$
e) $432 = 2 \cdot 2 \cdot 2 \cdot 2 \cdot 3 \cdot 3 \cdot 3$
f) $594 = 2 \cdot 3 \cdot 3 \cdot 3 \cdot 11$
g) $2310 = 2 \cdot 3 \cdot 5 \cdot 7 \cdot 11$
h) $5148 = 2 \cdot 2 \cdot 3 \cdot 3 \cdot 11 \cdot 13$
i) $6732 = 2 \cdot 2 \cdot 3 \cdot 3 \cdot 11 \cdot 17$

12
a) 6 b) 7 c) 9 d) 17 e) 13
f) 11 g) 1 h) 1 i) 1

13
a) 15 b) 30 c) 60 d) 28 e) 65
f) 90 g) 72 h) 75 i) 252

14
Der ggT von 147, 357 und 231 ist 21.
Die Treppenstufen sind 21 cm hoch.

Rückspiegel, Seite 82

1

a) $\frac{9}{20}$ b) $\frac{9}{16}$ c) $\frac{2}{9}$ d) $\frac{3}{11}$

2

a)

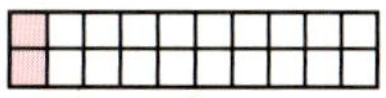

$\frac{1}{10}$

b) $\frac{3}{4}$

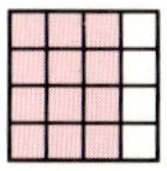

c)

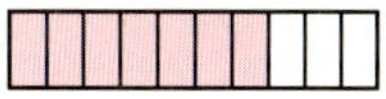

$\frac{7}{10}$

d) $\frac{7}{12}$

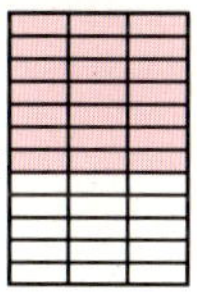

3

a) 250 m, 700 m, 125 m, 375 m
b) 75 m², 10 m², 3 m², 80 m²
c) 750 dm³, 200 dm³, 125 dm³, 60 dm³

4

a) 30 l b) 54 l c) 4 kg
d) 45 kg e) 18 ha f) 162 ha

5

a) 300 m b) 90 a c) 25 min
d) 350 ml e) 5 kg f) 10 s
g) 625 dm³ h) 280 g i) 275 mm³

6

a) $\frac{1}{10}$, $\frac{1}{6}$, $\frac{3}{4}$, $\frac{3}{10}$, $\frac{1}{12}$
b) $\frac{1}{8}$, $\frac{1}{16}$, $\frac{1}{4}$, $\frac{5}{8}$, $\frac{7}{8}$
c) $\frac{1}{2}$, $\frac{1}{4}$, $\frac{3}{5}$, $\frac{2}{5}$, $\frac{1}{15}$

7

a) $\frac{25}{7}$ b) $\frac{68}{9}$ c) $\frac{53}{6}$
d) $\frac{81}{8}$ e) $\frac{145}{14}$ f) $\frac{113}{15}$

8

$\frac{2}{3}$, $\frac{12}{18}$ und $\frac{10}{15}$; $\frac{9}{12}$ und $\frac{12}{16}$; $\frac{4}{5}$, $\frac{8}{10}$ und $\frac{12}{15}$

9

a) $\frac{2}{7}$, $\frac{2}{15}$, $\frac{1}{8}$ b) $\frac{1}{3}$, $\frac{3}{5}$, $\frac{3}{8}$ c) $\frac{2}{3}$, $\frac{8}{11}$, $\frac{5}{8}$

10

a) $\frac{50}{100}$, –, $\frac{80}{100}$, –, $\frac{95}{100}$ b) $\frac{100}{100}$, $\frac{150}{100}$, $\frac{75}{100}$

11

a) $\frac{2}{5} < \frac{7}{15}$ b) $\frac{1}{6} > \frac{1}{7}$ c) $\frac{7}{8} > \frac{10}{12}$
$\frac{11}{24} > \frac{3}{8}$ $\frac{5}{12} > \frac{2}{5}$ $\frac{9}{16} > \frac{13}{24}$
$\frac{7}{45} < \frac{2}{9}$ $\frac{5}{7} > \frac{7}{10}$ $\frac{11}{30} < \frac{17}{45}$
$\frac{6}{11} > \frac{23}{44}$ $\frac{2}{9} < \frac{3}{11}$ $\frac{7}{50} < \frac{3}{20}$

12

Es gibt viele Möglichkeiten, z. B.:
a) $\frac{4}{5}$ b) $\frac{5}{12}$ c) $\frac{7}{40}$ d) $\frac{31}{36}$

Rückspiegel, Seite 118

1

a) $\frac{7}{12}$ b) $\frac{11}{12}$ c) $\frac{33}{35}$ d) $1\frac{1}{4}$
e) $1\frac{1}{21}$ f) $1\frac{11}{40}$ g) $\frac{13}{35}$ h) $\frac{29}{70}$
i) $\frac{8}{99}$ k) $\frac{11}{25}$ l) $\frac{11}{84}$ m) $\frac{7}{45}$

2

a) $5\frac{1}{7}$ b) $10\frac{3}{4}$ c) $6\frac{5}{14}$
d) $13\frac{13}{18}$ e) $1\frac{1}{8}$ f) $\frac{7}{12}$
g) $2\frac{74}{85}$ h) $1\frac{23}{30}$ i) $2\frac{103}{105}$

3

a) $\frac{31}{32}$ b) $\frac{31}{36}$ c) $2\frac{9}{20}$ d) $\frac{9091}{10000}$

4

a) $1\frac{4}{99}$ b) $4\frac{19}{36}$ c) $\frac{1}{12}$
d) $\frac{11}{20}$ e) $\frac{157}{180}$ f) $2\frac{61}{125}$

5

a) $2\frac{3}{4}$ b) $2\frac{1}{2}$ c) $\frac{11}{12}$ d) $\frac{35}{48}$
e) $\frac{5}{9}$ f) $1\frac{11}{24}$ g) $\frac{13}{15}$ h) $1\frac{5}{7}$

6

a) $2\frac{1}{4}$ b) 51 c) $\frac{4}{5}$
d) $1\frac{1}{3}$ e) $1\frac{3}{32}$ f) $1\frac{19}{35}$
g) $\frac{15}{16}$ h) $\frac{6}{7}$ i) 1

7

a) $\frac{8}{15}$ b) $1\frac{1}{2}$ c) $2\frac{1}{5}$ d) $8\frac{1}{3}$

8

a) $1\frac{1}{4}$ b) $1\frac{1}{3}$ c) $\frac{2}{5}$
d) $\frac{1}{9}$ e) 38 f) $17\frac{1}{2}$

9

a) $\frac{3}{10}$, $1\frac{1}{2}$, 4 b) $\frac{9}{20}$, 2, $\frac{2}{3}$ c) $1\frac{1}{17}$, $\frac{9}{37}$, $5\frac{3}{7}$

10

a) $\frac{2}{3}$ b) $1\frac{1}{11}$ c) $1\frac{1}{27}$
d) $\frac{16}{35}$ e) $1\frac{7}{18}$ f) $\frac{1}{6}$

11

a) $1\frac{1}{11}$ b) $\frac{2}{3}$ c) $2\frac{13}{14}$
d) $\frac{27}{176}$ e) $6\frac{1}{2}$ f) $\frac{4}{5}$

12

a) $62\frac{2}{5}$ cm b) $8\frac{2}{5}$ cm, $12\frac{3}{5}$ cm
c) $1\frac{1}{5}$ cm, $1\frac{4}{5}$ cm, $1\frac{1}{20}$ cm, $38\frac{2}{5}$ cm, $67\frac{1}{5}$ cm

Rückspiegel, Seite 130

1

a) und d): 60° und Vielfache
b) und c): 180°

2

a) 11 b) 3 c) 23 d) 9

3

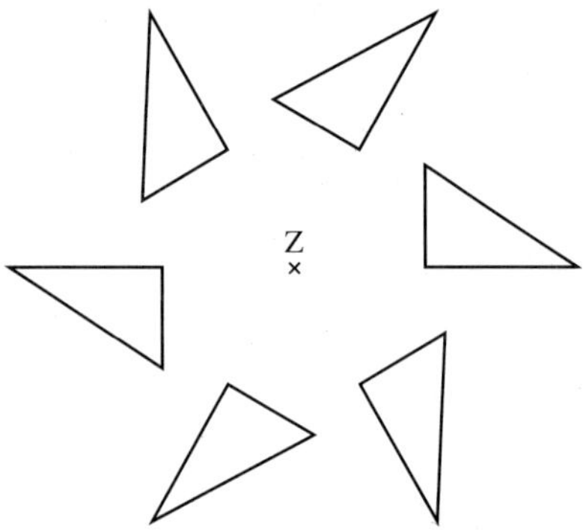

4

Alle Figuren außer d) sind drehsymmetrisch. Punktsymmetrisch sind die Figuren b), c), e).

5

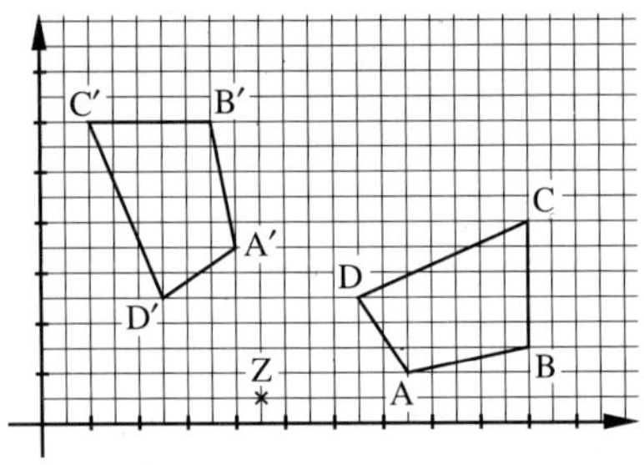

6

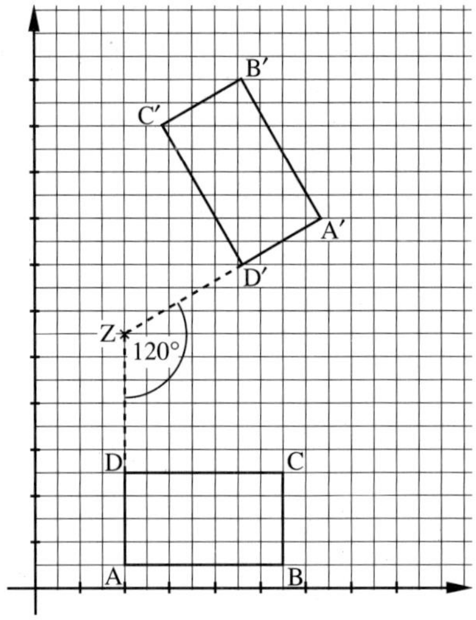

7

a)

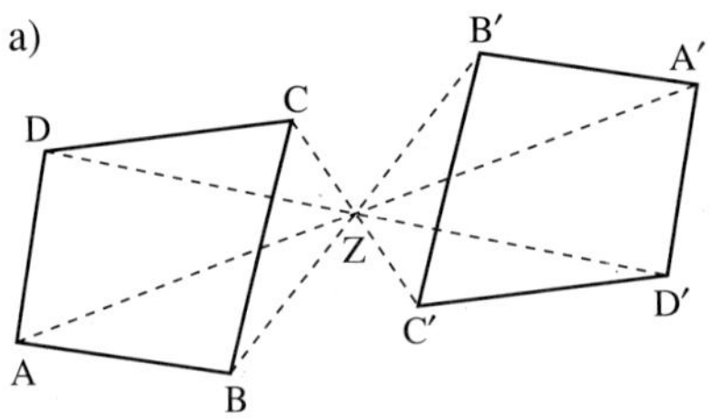

b)

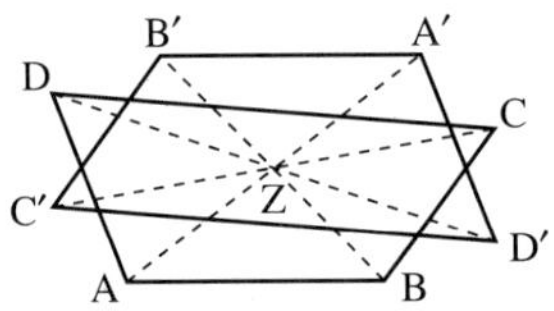

8

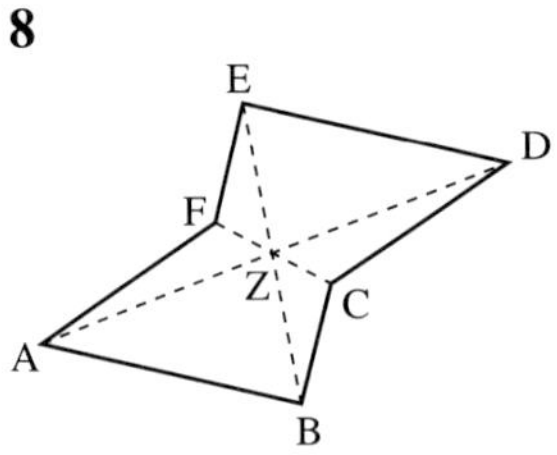

9

Die erste Punktspiegelung (an der Seitenmitte von BC) ergibt A_1, die zweite (an der Seitenmitte von AC) ergibt B_2, die dritte (an der Seitenmitte von AB) ergibt C_3.
Bei a) ist $ABCB_2$ ein Rechteck, bei b) ist ABA_1C eine Raute.

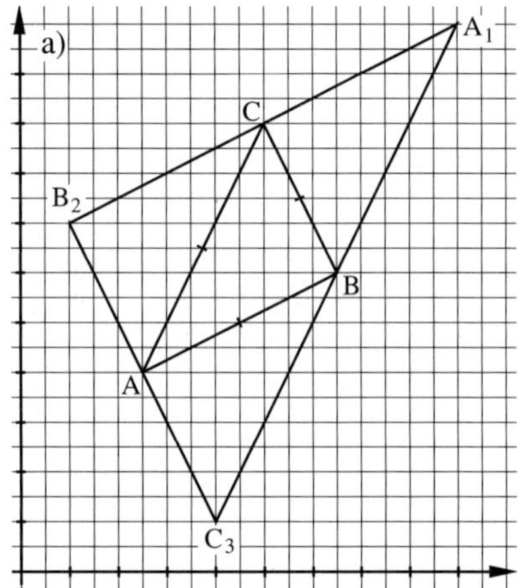

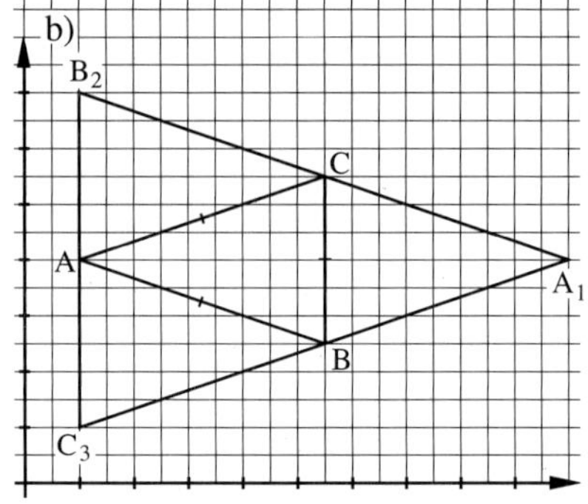

Rückspiegel, Seite 146

1
Es gibt verschiedene Möglichkeiten. Siehe in Abschnitt „Prisma“ ab Seite 128.

2
a) Am einfachsten ist es, die abgebildete Grundfläche als Vorderfläche zu wählen.
b) Zeichne zunächst das Schrägbild des Rechtecks und trage danach das Viereck der Grundfläche des Prismas ein.

3
a) Ja b) Nein. Das vierte Dreieck ist verdreht.
c) Nein. Zwei Seiten der Grundfläche sind zu lang.

4
Siehe im Abschnitt „Pyramide“ ab Seite 131.

5
9 Flächen: 1 Grundfläche
8 Manteldreiecke
16 Kanten und 9 Eckpunkte

6
a) Kegel b) flacher Zylinder
c) Zylinder mit aufgesetzten Kegeln.
d) Halbkugel mit aufgesetztem Kegel.
e) Halbkugel mit aufgesetztem Zylinder.
f) Zwei zusammengesetzte Kegel.

7
Es gibt jeweils drei Möglichkeiten.

a)

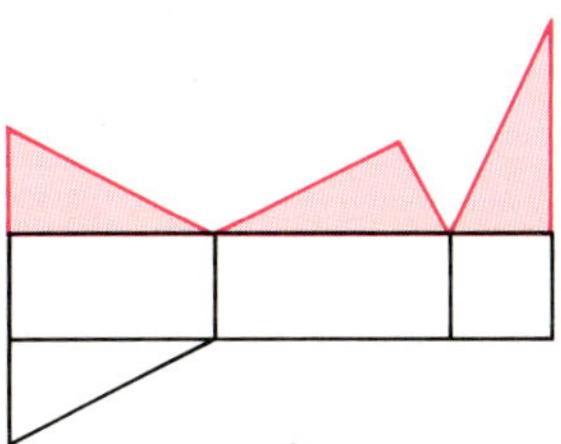

b)

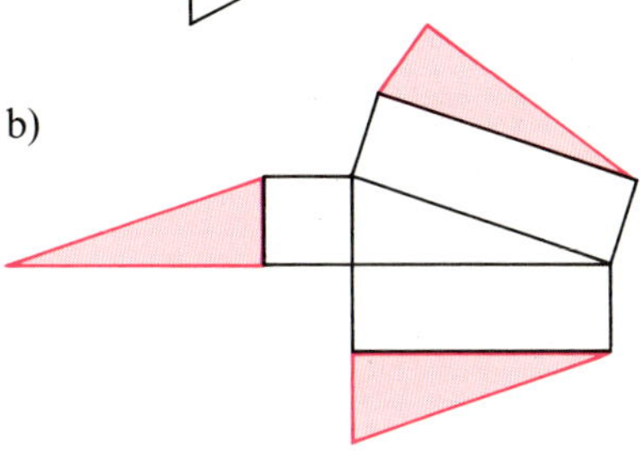

Rückspiegel, Seite 166

1
a) 0,8; 0,17; 0,009; 4,13; 11,1; 1,11
b) 0,4; 0,375; 1,75; 0,45; 0,16; 3,8

2
a) $\frac{4}{5}$; $\frac{3}{4}$; $\frac{9}{10}$; $\frac{19}{25}$; $\frac{1}{50}$; $\frac{13}{20}$
b) $1\frac{3}{10}$; $2\frac{16}{25}$; $3\frac{1}{1000}$; $8\frac{11}{20}$; $\frac{33}{100}$

3
a) 352 ct; 643 cm; 1500 g; 700 m
b) 145 dm^2; 3900 ml; 750 mm^3; 1403 m^2
c) 2643 mm; 92 850 m^2; 7 092 600 cm^3

4
a) 5,63 m; 12,043 m
b) 4,012 kg; 3,033 t; 4,000666 kg
c) 2,022 l; 4,018312 m^3
d) 18,18 hl; 205,05 hl; 50,050 l

5
a) > b) < c) = d) <
e) > f) = g) =

6
a) 0,306 < 0,36 < 0,6 < 0,603 < 0,63
b) 1,101 < 1,11 < 11,0 < 11,01 < 11,1
c) 2,0345 < 2,3045 < 2,3405 < 2,345

7
a) 0,775 kg < 0,778 kg < 0,788 kg < 0,8 kg
b) 0,13 m^2 < 13,2 dm^2 < 0,00013 ha
c) 4,07 l < 4500,5 cm^3 < 4,7 dm^3

8
a) 1,2; 0,8; 23,9; 0,1
b) 2,457; 0,092; 14,287; 1,235
c) 19,86; 2,05; 117,26; 0,01

9
a) 28 m; 405 kg
b) 7 km; 87 ha; 43 cm
c) 839 mm^2; 932 ml

10
a) 0,45; 0,7; 0,72; 0,3
b) 1,875; 0,064; 0,375; $0,\overline{6}$

11
a) $0,\overline{3}$; $0,8\overline{3}$; $0,\overline{4}$; $0,\overline{72}$
b) $0,\overline{6}$; $0,58\overline{3}$; $3,\overline{428571}$; $12,\overline{4}$

12
a) 0,57; 0,85; 6,07; 4,53
b) 0,16; 0,15; 0,17; 32,23

13
a) > b) < c) >

14
a) 3,62; 3,65; 3,66
b) 12,011; 12,015; 12,019
c) 0,755; 0,78; 0,8

Rückspiegel, Seite 196

1
a) 14,11; 11,726 b) 4,04; 8,005
c) 29,168; 13,995 d) 197,735; 97,3666

2
a) 90,75; 4,42; 1,55 b) 6,59; 5,39; 2,35

3
a) 43,81 b) 495,05
c) 30,239 d) 64,72

4
a) 1285,6; 9341; 320
b) 6,4389; 0,4293; 0,000076

5
a) 17,014; 40,1544; 3,3048
b) 4748,46; 41,4493; 0,019995
c) 34,28208; 1790,487192

6
a) 0,986; 2,935; 76,6125
b) 1,36; 5,77; 0,45

7
a) 3,25; 8,6; 0,546
b) 5,8; 12,5; 9,9

8
a) 12,47; 9,86; 2,93
b) 91,97; 0,57; 13,04

9
a) 3,6; 2,5; 32,5
b) 4; 0,25; 1,96

10
a) 14,8484 b) 145,5625 c) 62,76
d) 4,034 e) 83,4225

11
a) 155,82 b) 9,594
c) 179,54 d) 1,188

12
a) $4{,}7 \cdot (14{,}2 + 13{,}3) = 129{,}25$
b) $2 \cdot 8{,}9 + (9{,}2 - 7{,}5) = 19{,}5$
c) $9{,}3 \cdot 7 - 1{,}5 \cdot 3{,}5 = 59{,}85$
d) $(12{,}2 + 4{,}8) \cdot (12{,}2 - 4{,}8) = 125{,}8$

13
Ja, die Summe ergibt 199,69 €.

14
11-mal, denn 11 · 3,25 € = 35,75 €.

15
Bei Frau Mager kostet der Liter 0,89 €, bei Herrn Degele 0,87 €.

Rückspiegel, Seite 214

1
a) 4,13 €
b) 660 g
c) 3,85 €
d) 143 cm

2
a) 13,60 €
b) 5,20 €
c) 256 Kalorien

3
a) Die erste Sorte ist preiswerter.
b) Die Wohnung von Familie Mohr ist preisgünstiger (6,50 € pro m^2).
c) Frau Lehnen hat das sparsamere Fahrzeug.

4
a) Auf der Bank war das Tauschen günstiger (0,96 € für 1 US-Dollar).
b) 485 US-Dollar.

5
Ungefähr 2 333 m entfernt ist der Blitz.

6
a)

€	1	5	20	80	150
dkr	7	35	140	560	1050

b)

Menge (kg)	1	8	17	35	110
Preis (€)	2,20	17,60	37,40	77,00	242,00

7
a) 30 Minuten/12 km
10 Minuten/4 km
45 Minuten/18 km
b) 8 km/20 Minuten
16 km/40 Minuten
20 km/50 Minuten
c)

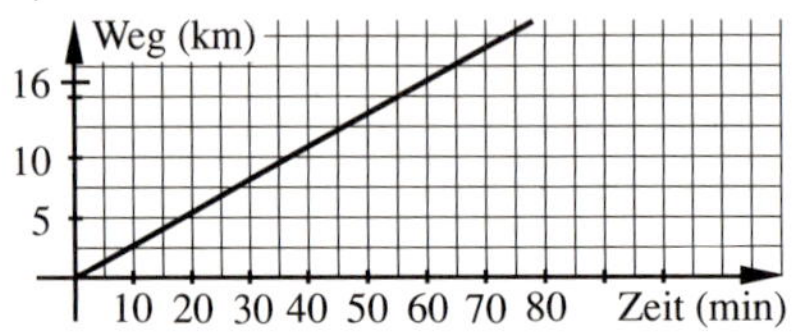

8

Tauernbahn	8,5 km → 42,5 mm
Simplonbahn	19,8 km → 99,0 mm
Arlbergbahn	10,3 km → 51,5 mm
Gotthardbahn	15,0 km → 75,0 mm
Mt. Cenisbahn	12,2 km → 61,0 mm
Moselbahn	4,2 km → 21,0 mm

9

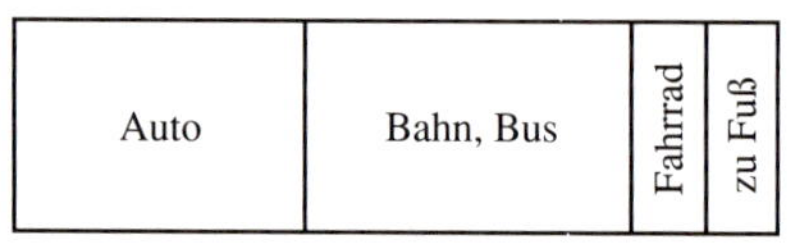

Nimm einen 100 mm langen Streifen, dann entsprechen die Angaben der jeweiligen Länge in mm.

Rückspiegel, Seite 225

1
a) a bezeichnet die Seite eines Quadrats.
b) a und b bezeichnen aneinander liegende Seiten eines Rechtecks.
c) x bezeichnet eine Sechseckseite.

2
a) $7 \cdot x$ b) $3 \cdot a$

3

x	y	x + y	2·x − y	x² + 2·y	x·(2·x + y)
2	1	3	3	6	10
8	5	13	11	74	168
1,5	2	3,5	1	6,25	7,5
2,5	0,5	3	4,5	7,25	13,75

4
a) 11; 9; 7; 5 b) 13; 10; 7; 4
c) 12; 8; 4; 0 d) 30; 14; 4; 0
e) 8, 7; 6; 5 f) 13; 10; 7; 4

5
a) 8 b) 9 c) 31,5
d) 1,5 e) 2 f) 30

6
1. Körper: $12 \cdot x + 6 \cdot y$
2. Körper: $6 \cdot a + 3 \cdot b + 3 \cdot s$

7
a) $22 \cdot a$ b) $7 \cdot a + 2 \cdot b + 2 \cdot c$
c) $4 \cdot a + 4 \cdot b$ d) $2 \cdot a + 4 \cdot b$

8
a) $4 \cdot x + 3x$ b) $5 \cdot x - x^2$
c) $\frac{x}{5}$ d) $2 \cdot x \cdot 3 \cdot y$

9
a) $u = 8 \cdot x$ b) $u = 12 \cdot x$
c) $u = 4 \cdot x + 4 \cdot a$

10
a) $36 \cdot x + 1{,}60$ (€)
b) 12,04 € bzw. 15,64 €

Register

Mathematische Symbole und Bezeichnungen

$=$	gleich
$<$	kleiner als
$>$	größer als
$\mathbb{N}$	Menge der natürlichen Zahlen
$g \perp h$	die Geraden g und h sind zueinander senkrecht
⊾	rechter Winkel
$g \parallel h$	die Geraden g und h sind zueinander parallel
g, h, ...	Buchstaben für Geraden
A, B, ..., P, Q, ...	Buchstaben für Punkte
$\overline{AB}$	Strecke mit den Endpunkten A und B
$\overrightarrow{AB}$	Verschiebungspfeil
A (2/4)	Gitterpunkt mit dem Rechtswert 2 und dem Hochwert 4
$\sphericalangle$ ASB	Winkel mit dem Scheitel S und dem Punkt A auf dem ersten Schenkel und dem Punkt B auf dem zweiten Schenkel
$\alpha, \beta, \gamma, \ldots$	Bezeichnungen für Winkel

Maßeinheiten und Umrechnungen

Zeiteinheiten

Jahr	Tag	Stunde	Minute	Sekunde
1 a	= 365 d			
	1 d	= 24 h		
		1 h	= 60 min	
			1 min	= 60 s

Gewichtseinheiten

Tonne	Kilogramm	Gramm	Milligramm
1 t	= 1000 kg		
	1 kg	= 1000 g	
		1 g	= 1000 mg

Längeneinheiten

Kilometer	Hektometer	Dekameter	Meter	Dezimeter	Zentimeter	Millimeter
1 km	= 10 hm		= 1000 m			
	1 hm	= 10 dam				
		1 dam	= 10 m			
			1 m	= 10 dm		
				1 dm	= 10 cm	
					1 cm	= 10 mm

Flächeneinheiten

Quadratkilometer	Hektar	Ar	Quadratmeter	Quadratdezimeter	Quadratzentimeter	Quadratmillimeter
1 km^2	= 100 ha					
	1 ha	= 100 a				
		1 a	= 100 m^2			
			1 m^2	= 100 dm^2		
				1 dm^2	= 100 cm^2	
					1 cm^2	= 100 mm^2

Raumeinheiten

Kubikmeter	Kubikdezimeter	Kubikzentimeter	Kubikmillimeter
1 m^3	= 1 000 dm^3		
	1 dm^3	= 1 000 cm^3	
	1 l	= 1 000 ml	
		1 cm^3	= 1 000 mm^3